科学出版社“十四五”普通高等教育研究生规划教材

固体催化剂制备与表征

主　编　龙金林　付贤智

副主编　张子重　戴文新

　　　　翁羽翔　周天华

福州大学教材建设基金资助出版

科学出版社

北　京

内 容 简 介

本书主要介绍固体催化剂的制备方法及成型技术，基本物理化学性质和宏观性质的测定方法，表面组成、结构和形貌表征测试方法以及催化反应活性评价方法，详细阐述了X射线衍射技术、红外光谱、Raman光谱、热分析技术、紫外-可见漫反射光谱、原子力显微镜、扫描电子显微镜、透射电子显微镜、电子顺磁共振谱、X射线光电子能谱、X射线吸收精细结构分析和时间分辨瞬态吸收光谱等表征技术和分析方法的基本物理原理，并对催化反应器种类及其催化反应动力学的测试方法进行了分类描述。各章内容注重融合相应的催化前沿研究成果，通过前沿研究进展详细解读固体催化剂制备和表征方法的基本原理、目标以及应用对象和范围。

本书可作为高等学校化学、化工、能源、材料、环境及相关专业的高年级本科生、研究生教材，也可作为从事催化科学研究、催化剂研发和设计的科技人员、工程师和管理人员的参考书。

图书在版编目（CIP）数据

固体催化剂制备与表征 / 龙金林，付贤智主编. -- 北京 : 科学出版社，2025. 8. --（科学出版社“十四五”普通高等教育研究生规划教材）. -- ISBN 978-7-03-080240-8

Ⅰ. TQ426

中国国家版本馆CIP数据核字第2024W1S073号

责任编辑：丁　里/责任校对：杨　赛
责任印制：张　伟/封面设计：有道文化

科 学 出 版 社 出版
北京东黄城根北街16号
邮政编码：100717
http://www.sciencep.com
北京中石油彩色印刷有限责任公司印刷
科学出版社发行　各地新华书店经销
*
2025年8月第　一　版　开本：787×1092　1/16
2025年8月第一次印刷　印张：24 1/2
字数：636 000

定价：118.00元

（如有印装质量问题，我社负责调换）

前　言

人类使用微生物酿酒、腌菜的历史悠久，在我国至少可以追溯到夏商时期甚至更早，但这些应用只是经验性的，是在几千年的生产生活中偶然发现的。直到1836年Berzelius提出催化(catalysis)这个概念，人们才对这类现象的化学本质有了初步的认识。之后，热力学的发展为认识催化剂与催化作用的本质提供了科学描述。1895年，德国科学家Ostwald对催化给予了科学的定义，为现代催化科学和技术的蓬勃发展奠定了基础。

一个多世纪以来，催化剂及其催化反应已成为现代化学工业的支柱。然而，催化剂制备中的技术始终远多于科学，将催化剂的制备技术科学化成为催化科学家一直努力奋斗的目标。随着纳米科学技术的深入发展和固体材料各种先进表征技术的不断涌现，将固体催化剂的制备方法、物理化学基础和科学原理以及各类表征技术和研究方法进行系统总结势在必行。编者结合多年的科研实践经验，在"催化剂制备与表征"研究生课程讲义的基础上整理编写了本书。编写采用"模块化教学设计"与"学科前沿知识"相融合的方式，以期引导学生扩展学科知识、外延并洞悉学科前沿、激发学习动力和创造力、提升创新思维和创新能力，对培养满足"双创"发展需求的复合型和创新型人才进行了探讨。

全书共14章内容，分为四大模块。模块一重点讲述各类固体催化剂的制备方法以及工业催化剂的成型方法与技术，共5章内容，包括第1章绪论、第2章纳米结构固体催化剂的制备方法、第3章薄层结构催化剂的制备方法、第4章多孔结构催化剂的制备方法和第5章固体催化剂的成型方法与技术。模块二重点讲述固体催化剂的宏观性能测评方法，共3章内容，包括第6章固体催化剂的颗粒分析与机械强度测定、第7章固体催化剂的宏观物性测定和第8章催化反应器及催化剂活性评价方法。模块三重点讲述固体催化剂结构表征技术与构效关系研究方法，共4章内容，包括第9章热分析技术和程序升温分析技术、第10章催化剂结构表征方法、第11章催化剂表面组成分析技术和第12章催化剂形貌结构分析技术。模块四重点讲述催化反应原位动态光谱检测技术与方法，共2章内容，包括第13章原位光谱检测技术与方法和第14章时空分辨的光谱技术。各模块按照研究固体催化剂的基本思路和一般方法设计分类，重在创新知识和研究技能的灵活应用，以满足不同专业方向和不同层次学生的个性化需求。每章都附有习题，供学生课后复习、练习。本书还配套了部分内容的前沿研究实例和大量彩图，读者可扫描书中二维码观看。

本书第1章、第8章、第10章由龙金林研究员和付贤智院士编写；第2章由许紫婷老师编写；第3章和第12章由徐超教授编写；第4章和第5章由王鹏照副研究员编写；第6章由温娜副教授编写；第7章由丁正新研究员编写；第9章由戴文新教授编写；第11章由张子重教授编写；第13章由汪颖老师编写；第14章由中国科学院物理研究所翁羽翔研究员、龙金林研究员和中国科学院福建物质结构研究所周天华研究员共同编写。主编龙金林研究员和付贤智院士对全书进行了统稿。同时，张璞、王朔、吴舒鸿、岳宣宇、庄严、隋晓钰、王硕文、娄淑云、吕昱静等博士研究生和厉超、赵强、杨琴等硕士研究生参与了本书的校稿、绘图和公式编辑工作，在此一并表示感谢。

在本书编写过程中，编者力求做到物理图像表述清晰、数学公式推导准确、文字叙述流畅。但由于编者学识有限，加之时间紧迫，书中不妥及疏漏之处在所难免。特别是，与近年催化学科的高速发展相比，本书仍有不够全面和完善之处，有些最新理论和成果处于文献记载阶段，仅供学生学习和读者参阅。各院校可根据不同专业、不同学时取舍内容，选择使用。最后，衷心希望本书能得到广大师生和同行的批评、指正，以便在后续再版中不断完善。

编　者

2024 年春于福州大学

目　录

第 1 章　绪　　论

催化反应和催化过程在工业领域有非常广泛的应用，如石油炼制、石油化工、无机化工、煤化工、基本化学品、精细和特殊化学品、医用药品、环境保护、生物化工、食品及饲料等。80%以上的化学品和 90%以上的液体燃料与催化反应密切相关，绝大多数日常生活用品也与催化过程直接或间接相关。催化反应和催化工程的核心是高效催化剂的研发、催化反应器的设计与优化。催化剂的特点是只在动力学层面改变化学反应速率，不改变化学反应的热力学平衡。典型的例子是 N_2 与 H_2 反应合成 NH_3，该反应在热力学上是非常有利的，但是没有催化剂存在时其反应速率非常慢或根本不发生，一旦有催化剂存在则合成氨的速率大大加快。合成氨是第一个实现大规模工业化的催化反应。又如，H_2 与 O_2 反应生成水，该反应在热力学上非常有利，但是反应速率慢到几乎无法感知，加入催化剂后才可以快速发生反应生成水。此外，在自然界中也广泛存在催化反应和催化过程。例如，藻类和植物能利用太阳光将 CO_2 和 H_2O 转化为有机物，这是由于叶绿素的催化作用。各类生物有机体内都存在多种多样的催化反应过程，起催化作用的物质是各种各样的酶，它们是非常高效的催化剂，使各类生物反应得以进行。因此，催化反应不仅在工业中应用广泛，还广泛存在于整个自然界。本章主要介绍催化剂、催化反应和催化作用的基本知识，固体催化剂及其表征方法的发展趋势、分类、内容、任务和研究方法，以及固体催化剂设计制备的一般原则和方法。

1.1　催化作用与催化剂

1.1.1　催化作用和催化剂的定义

催化反应和催化过程的应用早于催化理论的形成和发展。早在公元前，我国就会利用生物酶和生物催化进行发酵，促进了酿酒、制醋、制酱(酱油)等轻工行业的快速发展。之后，陆续出现非生物催化过程的相关研究。例如，1740 年，英国的 Ward 用硝酸钾促进硫磺的燃烧反应；1781 年，法国的 Parmentier 用硫酸促进淀粉水解；1816 年，英国的 Davy 用铂促进甲烷和醇的氧化反应；1820 年，德国的 Dobereiner 用铂粉促进氢气和氧气的化合。那时人们只是无意识地应用了催化作用。

1824～1895 年，人们对催化现象有了更进一步的认识，认识到了吸附与接触和催化作用的关系，并提出了“催化力”的概念。例如，1824 年，意大利的 Bellani 认识到氢饱和的海绵铂(platinum sponge)具有催化作用，提出“吸附”使物质的质点相互接近的观点；1831 年，英国的 Phillips 用铂催化 SO_2 的空气氧化，发展出接触法生产硫酸的新工艺，日本和我国台湾地区至今仍沿用“触媒”表示催化剂；1834 年，德国的 Mitscherlich 用接触反应解释乙醇的醚化和金属上气体的反应；1835 年，瑞典的 Berzelius 首次提出“催化作用”概念。他提出只有当第三种物质存在时，反应才能发生，而这种物质在反应过程中并没有发生变化。他认为必然存在一种新的力，并称之为催化力(catalysis)。

1895 年，德国科学家 Ostwald 指出：应该把起催化作用的物质看成是可以改变化学反应速率而不存在于产物中的物质。1906 年，Lewis 和 von Falkenstein 指出：对于可逆反应，催化剂必须同时加速正向反应和逆向反应。1981 年，国际纯粹与应用化学联合会(International Union of Pure and Applied Chemistry，IUPAC)对催化作用和催化剂给出的明确定义是：催化剂是一种在不改变反应总标准 Gibbs 自由能变化的情况下提高反应速率的物质。这种作用称为催化作用，涉及催化剂的反应称为催化反应。

1.1.2　催化作用的特征

1. 只改变反应速率，不改变化学反应平衡

对于可逆化学反应，反应进行到什么程度，即反应的化学平衡是由热力学函数决定的。由 $\Delta G^{\ominus}=-RT\ln K_p$ 可知，化学反应平衡常数 K_p 取决于产物与反应物的标准 Gibbs 自由能之差 $\Delta G^{\ominus}$ 和反应温度 T。$\Delta G^{\ominus}$ 是状态函数，它取决于过程的始态和终态，与过程无关。当反应体系确定，反应物和产物的种类、状态以及反应温度一定时，反应的平衡位置即被确定，催化剂存在与否不影响 $\Delta G^{\ominus}$ 的数值。因此，催化剂只能加速热力学上允许的化学反应达到化学平衡状态，而不能实现热力学上不能发生的反应。反应停止时催化剂的化学性质没有改变，不会影响反应体系的标准 Gibbs 自由能变 $\Delta G^{\ominus}$，因而也不会影响平衡常数 K_p。若加入某种物质，反应体系的 $\Delta G^{\ominus}$ 改变，则该物质不能看作催化剂。

以苯与 CO 反应生成苯甲醛为例：

$$C_6H_6(l)+CO(g)\longrightarrow C_6H_5CHO(l)\quad \Delta G^{\ominus}_{198\,K}=8.63\ kJ/mol;\ \Delta G^{\ominus}_{398\,K}=18.21\ kJ/mol \tag{1-1-1}$$

$$C_6H_6(l)+CO(g)+AlCl_3(g)\longrightarrow C_6H_5CHO\cdot AlCl_3(l)\quad \Delta G^{\ominus}_{198\,K}=-1.67\ kJ/mol \tag{1-1-2}$$

根据微观可逆性原理，如果催化反应按单一步骤进行，则能加速正向反应速率的催化剂也应该能加速逆向反应速率，以保持 K_p 不变（$K_p=k_{正}/k_{逆}$）。对于多步骤反应，其中一步是速率控制步骤时其他步骤相互处于平衡，同样一个能加速正向反应速率控制步骤的催化剂也应该能加速逆向反应速率。总之，对正向反应有效的催化剂同样应该对逆向反应有效。理解这个概念时要注意两个问题：第一，进行正向反应和进行逆向反应的操作条件(温度、压力、进料组成)有很大差别，这对催化剂可能会产生一定影响。例如，反应温度高容易引起金属催化剂晶粒变大，导致活性随反应时间延长而迅速下降；反应压力大会引起催化剂表面吸附物种数量增加，导致催化剂活性和选择性发生变化。第二，副反应可能会引起催化剂性能变化。例如，苯催化加氢反应，Pt、Pd、Ni 催化剂对于加氢反应非常活泼，反应温度只需 200～240℃，但脱氢反应需要更高的温度(260～300℃)且反应活性及稳定性差，这是因为脱氢反应中伴随的积碳副反应会使催化剂迅速失活。因此，虽然理论上加氢和脱氢可以使用相同的催化剂，但实际往往采用不同的催化剂。

2. 改变化学反应历程，降低反应活化能

催化剂加速化学反应是通过改变化学反应历程，降低反应活化能，使反应沿一条更容易进行的途径发生。以反应 A + B ⟶ C 为例，如图 1-1-1 所示，无催化剂时，反应需跨过能垒为 E 的 A---B 过渡态才能进行。催化剂 K 参与反应时，反应途径发生改变。反应物 A 需克服能

垒 E_1 经过渡态 A---K 后与催化剂 K 形成中间物种 AK，再与反应物 B 反应，跨过能垒为 E_3 的 A---B---K 过渡态，最终生成产物 C。经过一个化学循环后催化剂再生。

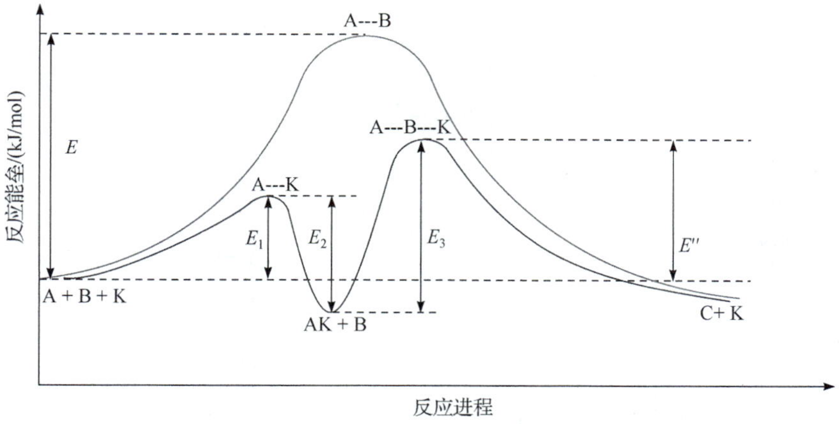

图 1-1-1　反应活化能与反应途径示意图

催化剂 K 参与时，反应的基元步骤可用下式表示：

$$A + K \underset{k_2}{\overset{k_1}{\rightleftharpoons}} AK \tag{1-1-3}$$

$$AK + B \xrightarrow{k_3} C + K \tag{1-1-4}$$

如果 $k_3 \ll k_2$ 和 k_1，则在反应达到平衡时反应速率为

$$r = r_3 = k_3 c_{AK} c_B \tag{1-1-5}$$

因 $r_1 = r_2$，$r_1 = k_1 c_A c_K$，$r_2 = k_2 c_{AK}$，则可求得

$$c_{AK} = \frac{k_1}{k_2} c_A c_K \tag{1-1-6}$$

将式(1-1-6)代入式(1-1-5)，得

$$r = \frac{k_1 k_3}{k_2} c_K c_A c_B \tag{1-1-7}$$

则反应速率常数 $k = \frac{k_1 k_3}{k_2} c_K$，根据 Arrhenius 方程 $k = A\mathrm{e}^{-E/RT}$ 可得到最终速率常数：

$$k = \frac{A_1 A_3}{A_2} c_K \mathrm{e}^{-(E_1 + E_3 - E_2)/RT} \tag{1-1-8}$$

显然，在催化剂参与后，反应的活化能 $E' = E_1 + E_3 - E_2$。因为 E' 小于 E_1 与 E_3 之和，则 $E' < E$。

以合成氨反应为例[1]，由图 1-1-2 可见：在非催化过程中欲使 N_2 分子和 H_2 分子解离生成 N+3H 活化态，需要克服 1124 kJ/mol 能垒(其中 N_2 分子的解离需要克服 942 kJ/mol 能垒)。如此高的反应能垒使反应物分子在无催化剂参与的情况下难以具有足够的能量克服障碍进行反应。当向反应体系中加入熔铁催化剂时，吸附在 Fe 催化剂表面的 N_2 分子只需克服 23 kJ/ mol 能垒就可以解离为 N 原子，形成 N+3H 活化吸附态所需活化能只有 276 kJ/mol。根据反应速率常数与活化能的指数关系式估算，催化反应由于反应活化能降低，其反应速率比非催化反应

速率约高 10^{60} 倍。因此，熔铁催化合成氨可以实现工业化规模生产。

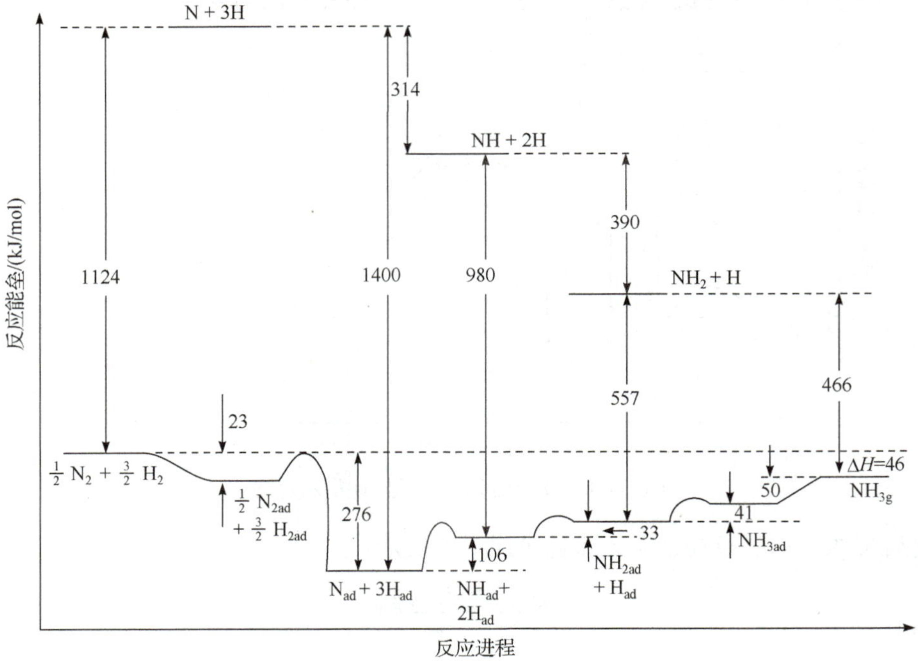

图 1-1-2　合成氨过程非催化和催化反应能垒变化示意图

3. 催化剂对加速化学反应有选择性

催化剂并不是对热力学上允许的所有化学反应都能起催化作用，而是特别有效地加速平行反应或串联反应中的某一个反应。这种特定催化剂只能催化加速特定反应的性能称为催化剂的选择性。例如，以合成气($CO + H_2$)为原料在热力学上可以沿不同途径进行反应，使用不同催化剂可得到不同产物，如表 1-1-1 所示。

表 1-1-1　催化剂对可能进行的特定反应的选择催化作用

反应物	催化剂及反应条件	产物
$CO+H_2$	$Rh/Pt/SiO_2$，573 K，7×10^6 Pa	乙醇
	Cu-Zn-O，Zn-Cr-O，573 K，1.0133×10^7～2.0266×10^7 Pa	甲醇
	Rh 络合物，473～563 K，3.0399×10^7～5.0665×10^7 Pa	乙二醇
	Cu、Zn，493 K，3×10^6 Pa	二甲醚
	Ni，473～573 K，1.0133×10^5 Pa	甲烷
	Ni、Co，473 K，1.0133×10^5 Pa	合成汽油

催化剂具有选择性是因为在多个可能同时进行的反应中，催化剂使生成特定产物的反应活化能降低程度远远大于其他反应，最终使反应容易向生成特定产物的方向进行。从甲醇氧化反应可以看出，甲醇可以部分氧化生成甲醛和水，也可以完全氧化生成 CO_2 和 H_2O。

$$CH_3OH + \frac{1}{2}O_2 \rightleftharpoons HCHO + H_2O \tag{1-1-9}$$

$$CH_3OH + \frac{3}{2}O_2 \rightleftharpoons CO_2 + 2H_2O \tag{1-1-10}$$

若使甲醇氧化按部分氧化反应途径进行，必须加入 Ag 催化剂。Ag 可以改变上述反应的能垒，从而改变其选择性。图 1-1-3 为甲醇氧化反应的能垒变化示意图，图中细线代表热反应(完全氧化)，粗线代表催化反应。当按热反应进行时，完全氧化过程生成 CO_2 的能垒(c)比生成甲醛的能垒(b)小很多，因此反应主要按方程式(1-1-10)进行。相反，当 Ag 催化剂参与时，则生成 CO 和 CO_2 的能垒(d)明显高于生成甲醛的能垒(a)，因此反应就以生成甲醛为主。由此可见，催化剂对某一特定反应产物具有选择性的主要原因是催化剂可以显著降低主反应的活化能，而副反应活化能的降低不明显。此外，对于有些反应，催化剂空隙结构和颗粒大小不同也会引起扩散控制，导致选择性发生变化。选择性是催化剂非常重要的性质，对化学工业生产至关重要。

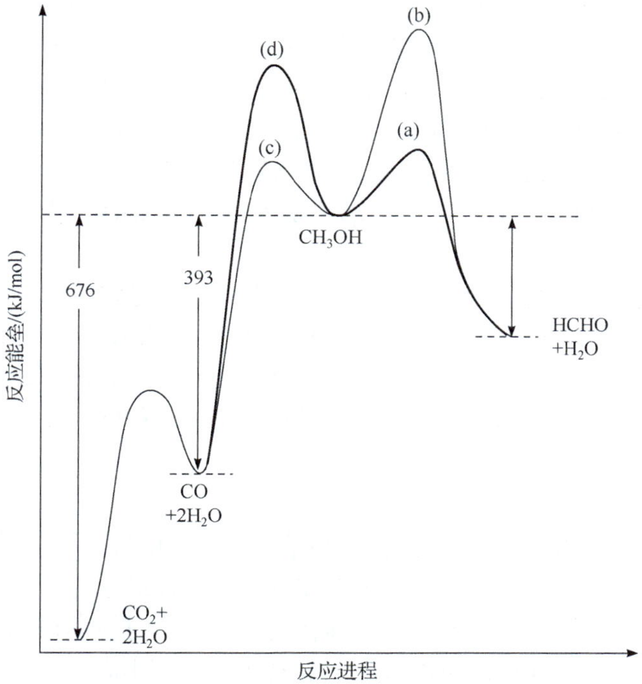

图 1-1-3　甲醇氧化反应的能垒变化示意图

1.1.3　固体催化剂的组成、结构与重要性质

1. 固体催化剂的组成

固体催化剂从组成上可以分为单组分催化剂和多组分催化剂。单组分催化剂是指由一种物质组成的催化剂，如用于氨氧化制硝酸的铂网催化剂。多组分催化剂是指催化剂由多种物质构成。根据这些物质在催化剂中的作用可将其分为主催化剂、共催化剂、助催化剂和载体[2]。

1) 主催化剂

主催化剂(main catalyst)又称活性组分(active composition)，它是多组分催化剂中的主体，是必须具备的组分，没有它就没有催化作用。例如，加氢反应常用的 Ni/Al_2O_3 催化剂，其中 Ni 为主催化剂。有些主催化剂由多种物质组成，但其功能有所不同，缺少其一就不能完成所要进行的催化反应。例如，重整反应使用的 Pt/Al_2O_3 催化剂，Pt 和 Al_2O_3 均为主催化剂。多活性组分使催化剂具有多种催化功能，所以这种主催化剂又称双功能(多功能)催化剂。

2) 共催化剂

共催化剂(co-catalyst)是与主催化剂同时起催化作用的物质，二者缺一不可。例如，丙烯氨氧化反应使用的 MoO_3 和 Bi_2O_3 两种组分的催化剂，二者单独使用时活性很低，但同时使用时表现出很高的催化活性，所以二者互为共催化剂。

3) 助催化剂

助催化剂(promoter)是添加到催化剂中的少量物质，这种物质本身没有活性或者活性很低甚至可以忽略，但能显著地改善催化剂效能，包括催化剂活性、选择性和稳定性等。根据助催化剂的功能可将其分为以下 4 种。

(1) 结构型助催化剂。

结构型助催化剂能增加催化剂活性组分微晶的稳定性，延长催化剂的寿命。通常工业催化剂都在较高反应温度下使用，其中不稳定的微晶很容易被烧结，导致催化剂活性降低。结构型助催化剂的加入能阻止或减缓微晶的增长速度，从而延长催化剂的使用寿命。例如，合成氨催化剂中的 Al_2O_3 就是一种结构型助催化剂。用 Fe_3O_4 还原得到的活性 α-Fe 微晶对合成氨具有很高的活性，但在高温高压(820 K，3.0339×10^7 Pa)条件下使用时很快烧结，催化剂活性迅速下降，以致寿命不超过几小时。若在熔融 Fe_3O_4 中加入适量的 Al_2O_3，则可大大减缓微晶增长速度，使催化剂寿命长达数年。

有时加入催化剂中的结构型助催化剂可以提高载体结构稳定性，并间接提高催化剂的稳定性。例如，用 Al_2O_3 作载体时，活性组分 MoO_3 对载体 Al_2O_3 结构稳定性有不良影响，而加入适量 SiO_2 可使载体 Al_2O_3 结构稳定，SiO_2 就是一种结构型助催化剂。有时也可加入少量 CaO，与活性组分 MoO_3 形成 $CaMoO_4$，从而减少活性组分 MoO_3 对载体的影响，因此 CaO 也可称为结构型助催化剂。

(2) 调变型助催化剂。

调变型助催化剂又称电子型助催化剂。它与结构型助催化剂不同，结构型助催化剂通常不影响活性组分的本性，而调变型助催化剂能改变催化剂活性组分的本性，包括结构和化学特性。对于金属和半导体催化剂，调变型助催化剂可以改变其电子因素(d 带空穴数、电导率和电子逸出功)和几何因素；对于绝缘体催化剂，可以改变其酸碱中心的数量和强度。例如，向合成氨催化剂中加入 K_2O，可以降低铁催化剂的逸出功，使其活性提高，因此 K_2O 可称为调变型助催化剂。

(3) 扩散型助催化剂。

扩散型助催化剂可以改善催化剂的孔结构，改变催化剂的扩散性能。这类助催化剂多为矿物油、淀粉和有机高分子等物质。制备催化剂时加入这些物质，可在催化剂干燥焙烧过程中分解和氧化为 CO_2 和 H_2O 逸出，留下大量空隙。因此，也称这些物质为制空剂。

(4) 毒化型助催化剂。

毒化型助催化剂可以毒化催化剂中一些有害的活性中心，消除有害活性中心造成的一些副反应，保留目的反应所需的活性中心，从而提高催化剂的选择性和寿命。例如，通常使用的酸催化剂，为防止积碳反应发生，可以加入少量碱性物质，毒化引起积碳副反应的强酸中心。这些碱性物质为毒化型助催化剂。

虽然助催化剂用量很少，但对催化剂的催化性能影响很大。除选择适宜的助催化剂组分外，其含量也要适当。这些都是催化剂组成的关键。

4) 载体

载体(supporter 或 carrier)是催化剂中主催化剂和助催化剂的分散剂、黏合剂和支撑体。载体的作用是多方面的，可以归纳如下。

(1) 分散作用。

多相催化是一种界面现象，因此要求催化剂的活性组分具有足够大的比表面积，这就需要提高活性组分的分散度，使其处于微米/纳米级甚至原子级的分散状态。载体可以将活性组分分散为很小的粒子，并保持其稳定性。例如，将 Pt 负载于 Al_2O_3、TiO_2、石墨烯等载体上，使 Pt 分散为纳米级粒子，成为高活性催化剂，从而大大提高贵金属的利用率。但并非所有催化剂都是比表面积越大越好，而应根据不同反应选择具有适宜表面积和孔结构的载体。

(2) 稳定作用。

除结构型助催化剂可以稳定催化剂活性组分微晶外，载体也可以起到这种作用，防止活性组分的微晶发生半熔或再结晶。载体能将微晶阻隔开，防止微晶在高温条件下迁移。例如，烃类蒸气转化制氢催化剂，选用铝镁尖晶石作载体时，可以防止活性组分 Ni 微晶在高温(1073 K)下的晶粒生长。

(3) 支撑作用。

载体可赋予固体催化剂一定的形状和大小，使其符合工业反应对其流体力学条件的要求。载体还可以使催化剂具有一定机械强度，在使用过程中使其不易破碎或粉化，以避免催化剂床层阻力增大，从而使流体分布均匀，保持工艺操作条件稳定。

(4) 传热和稀释作用。

对于强放热或强吸热反应，通过选用导热性好的载体，可以及时移走反应热量，防止催化剂表面温度过高。对于高活性的活性组分，加入适量载体可起到稀释作用，降低单位容积催化剂的活性，保证热平衡。载体的这两种作用都可以使催化剂床层反应温度恒定，也可以提高活性组分的热稳定性。

(5) 助催化作用。

载体除上述物理作用外，还有化学作用。载体与活性组分或助催化剂产生化学作用会导致催化剂活性、选择性和稳定性发生变化。在高分散负载型催化剂中氧化物载体可对金属原子或离子活性组分产生强相互作用或诱导效应，起到助催化作用。载体的酸碱性质还可以与金属活性组分产生多功能催化作用，使载体也成为活性组分的一部分，组成双功能催化剂。

除选择合适载体类型外，确定活性组分与载体含量的最佳配比也很重要。一般活性组分的含量至少应能在载体表面构成单分子覆盖层，使载体充分发挥其分散作用。若活性组分不能完全覆盖载体表面，载体又是非惰性的，则载体表面也会发生一些副反应。

工业催化剂大多采用固体催化剂，而固体催化剂通常由多组分构成，要严格区别每个组分的单独作用是很困难的。人们观察到的催化性能通常是这些组分之间相互作用表现出的总效应。

2. 固体催化剂的结构

固体催化剂的结构与其组成有直接关系，但是化学组成不是决定催化剂结构的唯一条件，制备方法对催化剂结构的影响往往更明显。使用不同制备方法可制备出组成相同而结构不同的催化剂，这些催化剂表现出的催化性能差异很大。图 1-1-4 说明固体催化剂的组成与结构的关系。

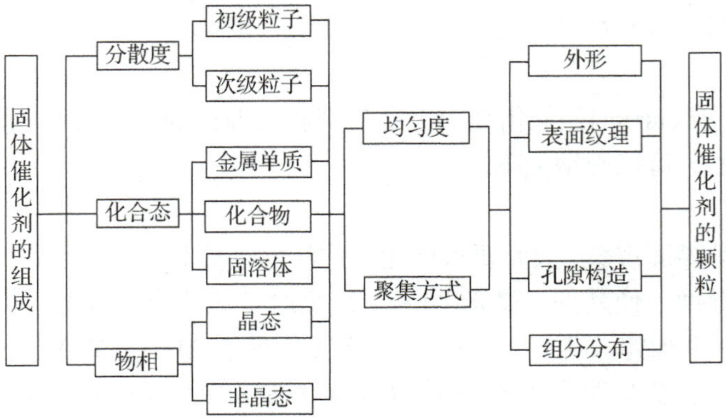

图 1-1-4　固体催化剂的组成与结构关系

大多数固体催化剂是由多组分物质构成的、具有一定外形和大小的颗粒，这种颗粒又由大量的细颗粒聚集而成。聚集方式不同，可形成粗糙度不同的表面(表面纹理)，而在颗粒内部形成孔隙结构。这些分别表现为催化剂的微观结构特征，即表面积、孔体积、孔径大小和孔分布。催化剂的微观结构特征不但影响催化剂的反应性能，而且影响催化剂的颗粒强度，还会影响反应系统中质量和能量传递过程。

制备方法不但影响固体催化剂的微观结构特性，还影响固体催化剂中各组分(主催化剂、助催化剂和载体)的存在状态，即分散度、化合态和物相，这些直接影响催化剂的催化特性。

1) 分散度

固体催化剂中可将组成颗粒的细度按其形成次序分为两类：一类为初级粒子，其尺寸多为纳米(10^{-9} m)级甚至埃(Å，10^{-10} m)级，其内部为紧密结合的原始粒子；另一类为次级粒子，尺寸为微米级(10^{-6} m)，是由初级粒子以较弱的附着力聚集而成的。催化剂颗粒的宏观尺寸一般为毫米级(10^{-3} m)，由次级粒子构成。图 1-1-5 形象地说明了初级粒子、次级粒子和催化剂颗粒的构成关系。催化剂的空隙大小和形状取决于这些粒子的大小和聚集方式。初级粒子聚集时，在颗粒中造成细孔，而次级粒子聚集时造成粗孔。因此，在制备催化剂时调节初、次级粒子的大小和聚集方式，就可以控制催化剂的比表面积和孔结构。还应该注意，负载金属催化剂时高分散度金属的物理化学特性会发生很大的变化。这是因为高分散度的粒子由少量原子或离子组成，其性质往往与大量原子组成时不同，同时受载体的影响也更明显。

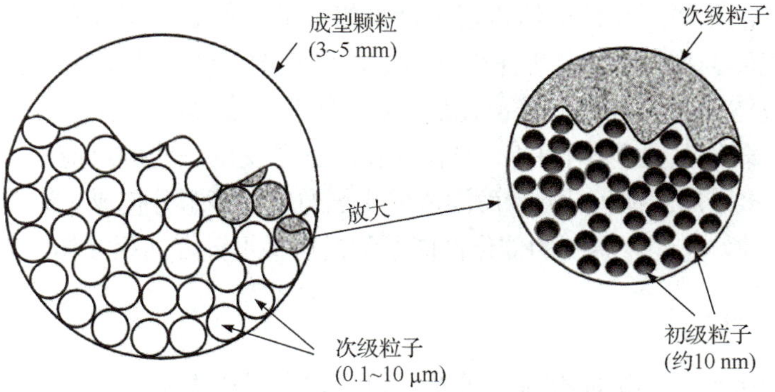

图 1-1-5　初级粒子、次级粒子和催化剂颗粒的构成关系

2) 化合态

固体催化剂中活性组分可以以不同化合态(金属单质、化合物和固溶体)存在，化合态主要

指初级粒子中物质的化合状态。具有不同化合态的活性组分以不同催化机理催化各种反应。例如，过渡金属单质(Ni、Pt、Pd)、过渡金属氧化物和硫化物(V_2O_5、MoO_3，NiS、CoS)及过渡金属固溶体(Ni-Cu 合金、Pd-Ag 合金)都可以催化氧化还原型反应。而氧化物(Al_2O_3、SiO_2-Al_2O_3)分子筛和盐类($NiSO_4$、$AlPO_4$)则催化酸碱反应。有时制备的催化剂化合态并不是反应需要的，但通过催化剂预处理可以转化为需要的化合态。例如，硫化物催化剂通常是制备出氧化物催化剂，再经硫化变为硫化状态。催化剂中组分的化合态与催化剂制备方法有直接关系。因此，选择适宜的制备方法可以满足催化剂对各组分化合态的要求。

3) 物相

固体催化剂中各组分的物相也很重要。因为同一物质处于不同物相时，其物理化学性质不同，致使其催化性能也不同。通常催化剂物相可分为非晶态(无定形相)和晶态(晶相)两种，结晶相物质又有多种不同晶相。例如，氧化铝就有α、γ、δ、η、θ、κ、χ、ρ共 8 种晶相。当氧化铝处于α相时，比表面积很小，对多数反应无催化活性。但氧化铝为γ相时，比表面积较大，对许多反应都有催化活性。在一定条件下非晶态物质可转变为晶态物质，各种晶相之间也可以相互转变，温度与气氛对这种晶相转变起重要作用。固体催化剂也会由于晶相转变而改变催化活性和选择性。

4) 均匀度

在研究多组分固体催化剂时必须考虑组分的均匀度，包括化学组成和物相组成的均匀度。例如，合金催化剂要求各部分组成一致，但是由于制备方法与物质的固有特性，常出现组分不均一现象。又如，合成氨用的α-Fe-Al_2O_3-K_2O 催化剂，K 在催化剂表面的浓度高于体相浓度。在 Ni-Cu 合金催化剂中，由于 Cu 的表面富集，表面层 Cu 的浓度高于体相浓度。因此，必须注意组分在催化剂的某部分集中分布带来的影响。

综上所述，固体催化剂的组成和结构都是影响催化性能的主要因素。人们在设计和制备固体催化剂时，除关注催化剂的组成外，其制备方法和工艺也非常关键。

3. 固体催化剂的性质

催化剂的反应性能是评价催化剂优劣的主要指标，包括催化剂的活性、选择性和稳定性。

1) 催化剂的活性

催化剂的活性又称催化活性，是指催化剂加速反应的程度，可作为衡量催化剂效能高低的标准，一般用以下几种方法表示。

(1) 转换频率(turnover frequency，TOF)。

转换频率是指在给定反应条件及一定反应程度下，单位时间内每个活性位上发生的总包反应次数。这是催化活性的本质表示方法，但由于催化活性位的组成、结构和数量难以确定，实际上难以实现，只限于理论研究。一般情况下，酶催化剂的转换频率＞1000 s^{-1}，而合成催化剂的转换频率为 0.01～100 s^{-1}，通常为 1。

$$\mathrm{TOF}=\frac{\text{Avogadro常量}(6.022\times10^{23}\text{个/mol})\times\text{催化反应速率(mol/s)}}{\text{催化活性位总数}(N)} \tag{1-1-11}$$

(2) 反应速率。

反应速率表示反应的快慢，不同场合使用不同速率表示。多数情况下，以反应物消耗的速率或产物生成的速率表示反应的快慢。

反应物消耗速率定义为

$$r_{反} = \frac{-\mathrm{d}n_{反}}{Q\mathrm{d}t} \tag{1-1-12}$$

产物生成速率定义为

$$r_{产} = \frac{\mathrm{d}n_{产}}{Q\mathrm{d}t} \tag{1-1-13}$$

式中，反应速率 $r_{反}$ 和 $r_{产}$ 分别为在单位时间内单位质量、体积、表面积催化剂上反应物的转化量和产物的生成量；t 为反应时间(接触时间)；$n_{反}$ 和 $n_{产}$ 分别为反应物和产物的物质的量；$\frac{\mathrm{d}n_{反}}{Q\mathrm{d}t}$ 和 $\frac{\mathrm{d}n_{产}}{Q\mathrm{d}t}$ 分别为反应物量或产物量对反应时间的变化率。在 $r_{反}$ 的定义中，负号保证速率的数值为正。在气固多相催化反应使用固体催化剂情况下，Q 可以是催化剂的体积(单位体积的反应速率，V)、质量(单位质量的反应速率，m)或表面积(单位面积的反应速率，A)。在均相催化时，Q 是反应体系的体积。

值得注意的是，用反应速率比较催化剂的活性时，应保证反应进行时的温度、压力和原料气的组成相同。工业上常用时空收率表示催化剂的活性，其定义是每小时每升或每克(或千克)催化剂所得产物量。它是一段时间内速率的平均值。虽然这种表示活性的方法不精确，但较实用。用时空收率表示活性时除要求温度、压力、原料气组成相同外，还要求接触时间(空速)相同。收率可分为单程收率和总收率。单程收率是指反应物一次通过催化反应床层得到的产物量。当反应物没有完全反应，再循环回催化床层，直至完全转化，得到的产物总量为总收率。

$$单程收率 = \frac{某一产物量}{反应物进料量} \times 100\% = \frac{x}{c_0} \times 100\% \tag{1-1-14}$$

(3) 反应速率常数。

对于某一催化反应，如果知道反应速率与反应物浓度(或压力)的函数关系及具体数值，即 $r = k \times f(c)$ 或 $r = k \times f(p)$，则可求出反应速率常数 k。用速率常数比较活性时，要求温度相同。在不同催化剂上反应，仅当反应的速率方程有相同的形式时，用速率常数比较活性大小才有意义。

(4) 反应转化率。

用转化率表示催化剂活性是工业和实验室常用的比较催化剂活性的方法。转化率定义为

$$C_{\mathrm{A}} = \frac{反应物\mathrm{A}转化量}{流经催化剂床层中反应物\mathrm{A}的总量} \times 100\% = \frac{c_0 - c}{c_0} \times 100\% \tag{1-1-15}$$

用转化率 C_{A} 比较活性时，要求反应温度、压力、原料气浓度和接触时间(停留时间)相同。若为一级反应，由于转化率与反应物浓度无关，则不要求原料气浓度相同。此外，还可用催化反应的活化能高低、一定转化率下所需反应温度的高低比较催化剂活性大小。通常，活化能越低，或者所需反应温度越低，催化剂活性越高。

2) 催化剂的选择性

某些反应在热力学上可以沿不同途径进行得到不同的产物。例如，乙醇脱氢反应有三条反应途径，如图 1-1-6 所示。反应沿哪条途径进行，与催化剂的种类、性质密切相关，也与反应

条件有关。反应物沿某一途径进行的程度与沿其余途径进行的程度的比较，即为催化剂对某反应的选择性。这里介绍两种催化剂的选择性的表示方法。

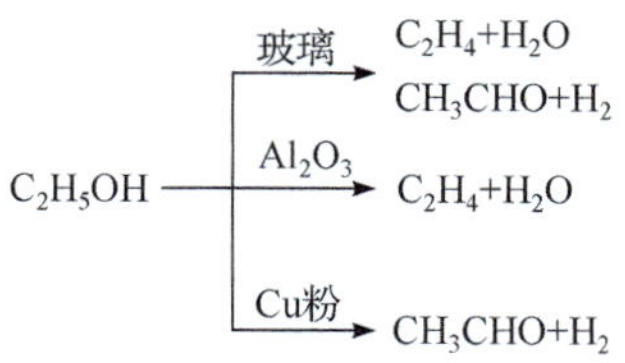

图 1-1-6　使用不同催化剂时乙醇脱氢反应途径

(1) 选择性。

选择性(selectivity)定义为反应物转化为目的产物的量占反应物总转化量的比例。

$$\text{选择性}=\frac{\text{反应物转化为目的产物的量}}{\text{反应物总转化量}}\times 100\% \tag{1-1-16}$$

例如，反应物可以同时进行两个反应 A$\longrightarrow$B 和 A$\longrightarrow$C，则催化剂对 B 的选择性为

$$S_B=\frac{n_B}{n_{A_0}-n_A}\times 100\% \tag{1-1-17}$$

工业上有时用目的产物的产率表示选择性，即生成的目的产物量与反应物的初始量的百分比。

$$\text{产率}(Y)=\frac{\text{生成的目的产物量}}{\text{反应物的初始量}}\times 100\%=\text{转化率}\times\text{选择性} \tag{1-1-18}$$

催化反应过程中不可避免地伴随着副反应的产生，因此选择性总是小于 100%。

(2) 选择度。

如果反应物在某一催化剂添加下可有两种途径进行反应，且这两种途径有相同的速率表达式，那么催化剂对第一途径反应的选择度(S)为

$$S=\frac{k_1}{k_2} \tag{1-1-19}$$

式中，k_1 和 k_2 分别为两个反应途径的速率常数；选择度 S 为反应中主、副反应的表观速率常数或真实速率常数之比。

对于一个催化反应，催化剂的活性和选择性是两个最基本的性能。人们在催化剂研究开发过程中发现催化剂的选择性往往比活性更重要，也更难解决。因为一个催化剂尽管活性很高，若选择性不好，会生成多种副产物，给产物的分离带来更大麻烦，大大降低催化过程的效率和经济效益。

3) 催化剂的稳定性

催化剂的催化活性随运转时间的变化曲线分为成熟期、稳定期和衰老期三个阶段，如图 1-1-7 所示。一般情况下，催化剂的熟化时间很短。在这个阶段催化剂的催化活性经历缓慢升高(b)或降低(a)过程，之后进入稳定期。催化剂的稳定期时间决定了催化剂的总寿命，与催化剂的制备方法和工艺密切相关。大部分工业催化剂的寿命短则几个月，长则一年甚至几年。催化剂进入衰老期后就会快速失活失效。因此，催化剂的稳定性是指催化剂在使用条件下具有稳定活性的时间。时间越长，催化剂的稳定性越好。催化剂的稳定性包括以下多个方面。

(1) 化学稳定性。催化剂在使用过程中其活性组成和助催化剂不产生挥发、流失或其他化学变化，具有稳定的化学组成和化合状态。如此，催化剂才能有较长的寿命。

(2) 耐热稳定性。催化剂在反应和再生条件下，在一定温度变化范围内，不因受热而破坏其物理化学状态，产生烧结、微晶长大和晶相变化，从而保持良好的活性稳定性。

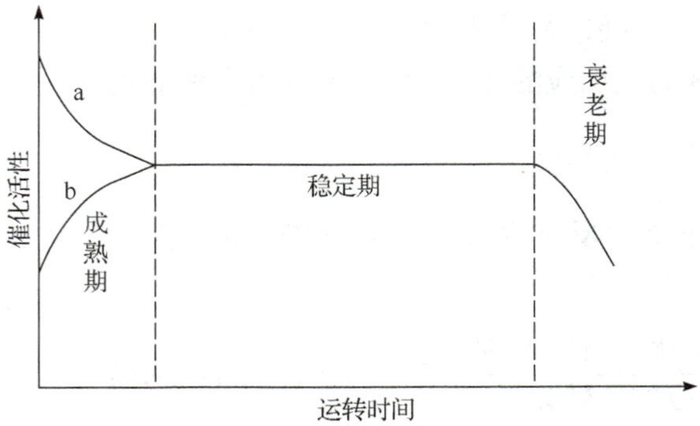

图 1-1-7　催化剂的催化活性随运转时间的变化曲线

(3) 抗毒稳定性。催化剂不因在反应过程中吸附原料中杂质或毒性副产物而中毒失活。对有毒杂质、毒物的抵抗能力越强，抗毒稳定性就越好。

(4) 机械稳定性。固体催化剂颗粒在反应过程中可以抵抗摩擦、冲击、重压及温度骤变等引起的各种应力，使催化剂不产生粉碎破裂、不导致反应床层阻力升高或堵塞管道，使反应过程平稳进行。

催化剂稳定性通常用催化剂寿命表示，催化剂的寿命是指催化剂在一定反应条件下维持一定反应活性和选择性的使用时间。这段时间称为催化剂的单程寿命。活性下降后经再生又可恢复活性，继续使用，累积的总反应时间称为总寿命。

1.1.4　催化循环

催化剂参与反应，但经历几个反应组成的循环过程后，催化剂又恢复到始态，而反应物变为产物，此循环过程称为催化循环。以水煤气变换反应($CO + H_2O \longrightarrow CO_2 + H_2$)为例，$H_2O$ 分子首先与催化剂*反应裂解为 H_2 和 O 原子，O 原子与催化剂*形成络合物中间体 O^*，CO 再与 O^*反应生成 CO_2，催化剂*恢复到始态，如图 1-1-8 所示。

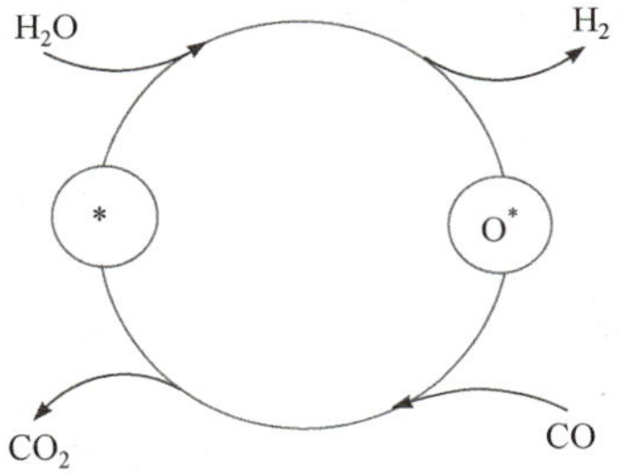

图 1-1-8　水煤气变换反应的催化循环

1.2　催化反应与催化剂的分类

根据催化反应的不同特点，目前可从不同角度对催化反应进行科学分类，大致有以下几种分类方法。

1.2.1　按催化反应体系物相的均一性分类

按催化反应体系物相的均一性进行分类，可将催化反应分为均相催化、多相催化和酶催化反应。

1. 均相催化反应

均相催化(homogeneous catalysis)反应是指反应物和催化剂分散在一个相中。反应物和催化剂均为气相的催化反应称为气相均相催化反应，如 SO_2 与 O_2 在催化剂 NO 作用下氧化为 SO_3

的反应。反应物和催化剂均为液相的催化反应称为液相均相催化反应，如乙酸和乙醇在硫酸水溶液催化作用下生成乙酸乙酯的反应。均相催化的反应物种容易鉴别，反应机理研究比较容易，但较难实现工业化，催化剂分离回收困难。将均相催化剂附着或“锚定”在固体载体上，既可以保持均相催化剂高效的催化效能，又解决了均相催化剂与产物的分离和回收问题。

2. 多相催化反应

多相催化(heterogeneous catalysis)反应也称非均相催化反应，是指催化剂和反应物处于不同的相，并由相界面隔开的反应体系。由气体反应物与固体催化剂组成的反应体系称为气固相催化反应，如 Fe 催化的合成氨反应，乙烯与氧在负载银的固体催化剂上氧化生成环氧乙烷的反应等。由液态反应物与固体催化剂组成的催化反应称为液固相催化反应，如在 Ziegler-Natta 催化剂作用下的丙烯聚合反应，金属催化的过氧化氢分解反应等。由液态和气态两种反应物与固体催化剂组成的催化反应称为气液固三相催化反应，如苯在 Raney 镍催化剂上加氢生成环己烷的反应，Pd 催化的硝基苯加氢制苯胺等。由气态反应物与液相催化剂组成的催化反应称为气液相催化反应，如乙烯与氧气在 $PdCl_2$-$CuCl_2$ 水溶液催化剂作用下氧化生成乙醛的反应，磷酸催化的烯烃聚合等。显然，多相催化反应的产物容易分离，便于工业规模应用。但由于异相界面的高度复杂性，多相催化科学研究至今仍存在一系列极具挑战性的难题，如难以严格区分传递过程与表面化学反应，活性表面结构和反应中间物的本质难以分析，反应机理研究困难等。

3. 酶催化反应

酶(enzyme)的化学本质是蛋白质(protein)或 RNA(ribonucleic acid)，具有一级、二级、三级甚至四级结构，其分子量在一万以上，大的可达百万。酶是一类极为重要的生物催化剂(biocatalyst)。由于酶的作用，生物体内的化学反应在极为温和的条件下也能高效、特异地进行。酶催化(enzyme catalysis)反应的特点是酶催化剂本身是一种胶体，可以均匀地分散在水溶液中，对于液相反应物可认为是均相催化反应。但是在反应时反应物却需在酶催化剂表面进行积聚，也可认为是非均相催化反应。因此，酶催化反应同时具有均相和非均相反应的特性。此外，酶还具有不同于一般催化剂的显著特点。酶对底物具有高度的特异性和极高的催化效率，如过氧化氢酶分解 H_2O_2 的效率是无机催化剂的 10^9 倍。

这种分类方法对于反应系统的宏观动力学因素考虑和工程工艺过程的组织是有意义的。在均相催化反应中，催化剂与反应物间的作用为分子与分子间的接触作用，通常质量传递过程对动力学的影响较小；而在多相催化反应中，反应物分子必须从气相或液相向固体催化剂表面扩散(包括内外扩散)，吸附于催化剂表面后才能进行催化反应，在很多场合下都要考虑扩散和吸附过程对反应动力学和反应速率的影响。因此，在多相催化反应中催化剂和反应器的设计与均相催化反应不同，需要考虑传质过程的影响。

1.2.2 按催化反应类型分类

这种分类方法是根据催化反应进行的化学反应类型分类，如加氢反应、氧化反应、裂解放氢反应等。这种分类方法不是着眼于催化剂，而是化学反应。因为同一类型的化学反应具有一定共性，催化剂的作用也具有相似之处，这就有可能用一种反应的催化剂催化同类型的另一反应。例如，$AlCl_3$ 催化剂是苯与乙烯烃化反应的催化剂，它也可用作苯与丙烯烃化的催化剂。

按反应类型分类的一些常见的反应和常用的催化剂见表 1-2-1。这种对类似反应模拟选择催化剂是开发新催化剂常用的一种方法。然而，这种分类方法未涉及催化作用的本质，所以不可能利用此方法准确地筛选催化剂。

表 1-2-1 一些常见的反应和常用催化剂

反应类型	常用催化剂	反应举例
加氢	Ⅷ族金属、ⅠB 族金属、Re、NiS、MoS_2、WS_2 等	$C_2H_2+2H_2 \longrightarrow C_2H_6$ 噻吩$+H_2 \longrightarrow C_4H_{10}+H_2S$
脱氢	Ni、Pd、Pt、Cr_2O_3、Fe_2O_3、ZnO 等	$(CH_3)_2CHOH \longrightarrow CH_3COCH_3+H_2$ 苯乙烷 ⟶ 苯乙烯$+H_2$
部分氧化	V_2O_5、CuO、Fe_2O_3-MoO_3、Ag、多组分氧化物、复合的钼酸盐等	$C_2H_4+1/2O_2 \longrightarrow$ 环氧乙烯(C_2H_4O) $C_3H_6+NH_3+3/2O_2 \longrightarrow H_2C{=}CHCN+3H_2O$
完全氧化	Pd、Pt、Pt-Rh、V_2O_5、多组分氧化物等	$2NH_3+5/2O_2 \longrightarrow 2NO+3H_2O$ $SO_2+1/2O_2 \longrightarrow SO_3$
水煤气变换	Fe_3O_4-Cr_2O_3、Cu-ZnO-Al_2O_3	$CO+H_2O \longrightarrow CO_2+H_2$
合成气	ZnO-Cr_2O_3、Cu-ZnO-Al_2O_3、Ni/载体等	$CO+2H_2 \longrightarrow CH_3OH$ $CO+3H_2 \longrightarrow CH_4+H_2O$
羰基化	$RhCl(CO)[P(C_6H_5)_3]_2 + CH_3I$	$CH_3OH+CO \longrightarrow CH_3COOH$
聚合	CrO_3、MoO_2、$TiCl_4$-$Al(C_2H_5)_3$、$TiCl_4$、$VOCl_3$、烷基铝	乙烯聚合、乙烯与丙烷聚合
氧氯化	$CuCl_2$-KCl/Al_2O_3	$C_2H_4+2HCl+1/2O_2 \longrightarrow C_2H_4Cl_2+H_2O$
裂化、歧化、水合、烷基化、异构化	SiO_2-Al_2O_3、沸石、无机酸、离子交换树脂、H_3PO_4/白土、Pd/沸石、Pt-Re/Al_2O_3-Cl	苯+乙烯 ⟶ 苯乙烷 n-$C_7H_{16} \longrightarrow i$-$C_7H_{16}$ 甲苯 ⟶ 间二甲苯+对二甲苯+苯

1.2.3 按催化反应机理分类

按催化反应机理分类，催化反应可分为酸碱型催化反应、氧化还原型催化反应和配位催化反应三种类型。

1. 酸碱型催化反应

酸碱型催化反应机理可认为是催化剂与反应物分子之间通过电子对的授受而配位，或者发生强烈极化，形成离子型活性中间物种进行的催化反应。例如，烯烃与质子酸作用，烯烃双键发生非均裂，与质子配位形成碳-碳 σ 键，生成碳正离子，反应式如下：

$$R—CH=CH_2+H^+ \longrightarrow R—\underset{+}{C}H—CH_3$$

这种机理可以看作质子转移的结果，所以又称质子型反应或碳正离子型反应。烯烃与 Lewis 酸作用也可生成碳正离子，它是通过形成 π 键化合物并进一步异裂为碳正离子。

2. 氧化还原型催化反应

氧化还原型催化反应机理可认为是催化剂与反应物分子间通过单个电子转移，形成活性中间物种进行催化反应。例如，在金属镍催化剂上的加氢反应，氢分子均裂与镍原子产生化学吸附，在化学吸附过程中氢原子从镍原子上得到电子，以负氢金属键键合。负氢金属键合物即为活性中间物种，它能进一步发生加氢反应，反应式如下：

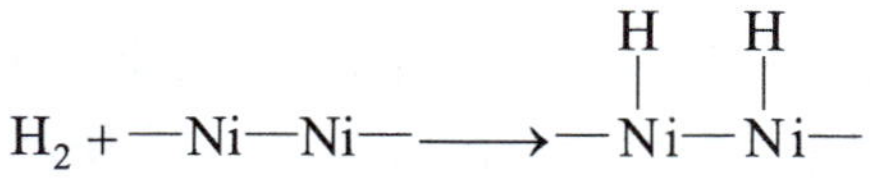

3. 配位催化反应

配位催化反应机理可认为是催化剂与反应物分子间通过配位作用将后者活化，形成活性中间物种进行催化反应。或者在总反应的每一个基元步骤中，至少有一个反应物是配位催化作用。配位催化反应的催化剂绝大多数是过渡金属的配合物或盐类，其原因是：

(1) 催化剂活性中心的前沿分子轨道都含有 d 轨道的成分，而且 nd 与$(n+1)$s 和$(n+1)$p 的轨道能级相当接近，容易组成含 d、s 和 p 的杂化轨道，因而共有 9 个可以使用的价轨道。对催化作用尤为重要的是，活性中心的某些 d 轨道具有与反应分子(或其他反应基团)的 σ^*反键轨道或 π^*反键轨道匹配的合适对称性，从而对反应分子中待破坏的 σ 键或重键起高效的活化作用。同时，由于 d 轨道的参与，催化反应中许多基元步骤(如邻位插入、含金属的环状中间态的形成等)构成对称性允许的、低能垒的反应途径成为可能。

(2) 过渡金属元素价态变化的能量比较小，有利于作为氧化还原的电子传递中心。

(3) 由于配位催化反应是在催化剂活性中心的配位界内进行的，催化剂能通过电子因素或空间因素，如定向络合、在过渡金属原子簇配合物情况下的多核络合、围绕活性中心的配位体微环境的位阻效应或不参加催化反应的配位体对于对映体选择性的诱导效应等，对催化反应的中间体结构和产物结构起控制作用。

1.2.4　按催化剂分类

元素周期表中的元素分为主族元素和副族元素。用作催化剂的主族元素多以化合物形式存在。主族元素的氧化物、氢氧化物、卤化物、含氧酸盐及氢化物等由于在反应中容易形成离子键，主要用作酸碱催化剂。但是ⅣA～ⅥA 族的部分元素，如铟、锡、锑、铋等氧化物也常用作氧化还原型催化剂。而副族元素无论是金属单质还是化合物，由于在反应中容易得失电子，主要用作氧化还原型催化剂。特别是Ⅷ族过渡金属元素及其化合物是最主要的金属催化剂、氧化还原型催化剂和络合物催化剂。

酸碱催化剂又分为均相酸碱催化剂和固体酸碱催化剂。均相酸碱催化剂包括 H_2SO_4、H_3PO_4、HF、HCl 等无机酸，乙酸、甲磺酸等有机酸，NH_3、NaOH、KOH、Na_2CO_3 等无机碱，RNH_2、$R_3N^+Cl^-$等有机碱，它们主要用于烷基化、脱水、酯化、酯水解、酰胺水解、卤代、硝化等反应。固体酸碱催化剂包括磷酸/硅酸铝、磷酸/硅藻土(SiO_2-Al_2O_3)、酸性阳离子交换树脂等负载型酸碱催化剂，钼酸、磷钼酸、磷钨酸、硅钨酸等杂多酸，SiO_2、Al_2O_3、SiO_2-Al_2O_3、MgO-Al_2O_3、分子筛等金属氧化物及复合氧化物酸碱催化剂，$NiSO_4$、K_2SO_4、$FeSO_4$、$NaNO_3$ 等无机盐酸碱催化剂。它们主要用于脱水、水合、异构化、裂化、烷基化、聚合(叠合、齐聚)等反应。

络合物催化剂主要包括过渡金属的有机络合物或金属有机化合物，常用的有氨络合物、烷基金属、烷氧基金属化合物、烷基铝、烷氧基铝、羰基络合物[$Co(CO)_6$、$Fe(CO)_6$等]和膦络合物[如 $Rh(PR_3)_3Cl$、$Ru(PR_3)_3Cl$、$Os(PR_3)_3Cl$ 等]。它们主要用于聚合反应，如橡胶、纤维、塑料等高聚物的合成。

金属催化剂主要包括大多数过渡金属、ⅣB、ⅤB、ⅥB 族和Ⅷ族金属，如 Cu、Zn、Cr、Fe、Co、Ni、Pt、Rh、Pd、Ir、Ru、Os、W、Mo、Ag 和 Au 等。它们主要以负载型、合金和部分骨架金属形式存在，主要用于加氢、脱氢和选择性氧化等反应。

按照固体催化剂本身的导电性及化合形态，催化剂也可分为导体催化剂、半导体催化剂和绝缘体催化剂三类。其中，半导体催化剂也称氧化还原型催化剂，主要包括过渡金属氧化物，如 ZnO、NiO、Fe_2O_3、TiO_2 等；过渡金属硫(硒)化物，如 CdS、CdSe、NiS、ZnS、MoS_2、WS_2 等；过渡金属卤氧化物，如 BiOCl、BiOBr、BiOF 等。它们主要用于氧化、氨氧化、加氢、脱氢等涉及电子转移的反应。这种分类方法对于认识多相催化作用中的电子因素对催化作用的影响具有重大意义。

1.3 催化学科发展及催化表征方法概述

1.3.1 催化学科的发展

从 1895 年德国科学家 Ostwald 定义催化概念开始，催化学科经历了 130 年的发展历程，至今还没有完全摆脱“技艺”称谓，还无法“照方抓药”，不能按照理论进行催化剂设计。这主要体现在以下几个方面：①催化剂的活性和选择性与制备条件有很大关系，组成完全相同，但活性和选择性相差很大，少量(微量)杂质存在就对催化剂的催化性能产生非常大的影响；②催化剂的晶体和表面微观结构对催化活性起决定性作用，晶体和表面结构的细微差别就会导致催化活性的巨大差异；③实验室制备的催化剂与中试生产或工业生产的催化剂在催化性能方面差异巨大，放大效应十分显著。

导致催化学科发展缓慢的主要原因有：①催化作用理论不完善；②催化作用是表层原子的作用，而不是体相原子的作用，目前的仪器分析手段大部分是体相分析，如 X 射线粉末衍射(XRD)、X 射线光电子能谱(XPS)、扫描电子显微镜(SEM)、透射电子显微镜(TEM)等，表面分析手段和方法相对缺乏；③表面原子键力的不饱和、缺陷和位错的作用十分关键，但它们数量少、作用大，难以分析；④目前的分析和研究大多是静态的，而不是原位的；⑤催化活性和选择性与反应条件和反应工程有很大关系。同类反应，不同催化剂活性相差极大，如负载型镍催化剂对芳烃加氢反应活性很高，但对腈类加氢反应活性很低，而骨架镍催化剂对芳烃和腈类加氢反应活性都很高。

至今，还没有统一的、公认的催化作用理论，但是为了解释个别的或者小类别的催化反应的作用机理，现已提出了许多看似合理、有可能自圆其说的催化作用理论或假设，如表 1-3-1 所示。

表 1-3-1 部分催化作用理论或假设

催化作用理论或假设	主要贡献者
中间化合物理论	N. Clement, C. N. Hinshlwood 等

续表

催化作用理论或假设	主要贡献者
表面固有不均一性和活性中心概念	H. S. Tayler
催化活化过渡态理论	E. Wigner, H. Eyring, M. Polanyi
多位催化理论	A. A. Balangin
活性基团催化理论	H. I. Kobazeff
半导体催化电子理论	F. F. Volkenshtein
化学吸附的晶体场效应理论	D. A. Dowden
配位催化或络合活化催化作用理论	G. Natta 等
均相催化与多相催化相互关联的理论	E. L. Muettertties, R. Ugo
分子筛晶内催化和择形催化作用概念	P. B. Weisz
催化剂的结构敏感和不敏感概念	M. Boudart
金属-载体强相互作用(SMSI)和协同催化作用概念	S. J. Tauster
催化抗体的催化作用	L. C. Pauling 等

尽管这些理论、概念、假设与催化剂本身的特性和反应类型相关，但是仍对催化学科的发展起到了很重要的促进作用，加深了人们对催化作用的理论认识，为改进催化剂、研发新催化剂、开发新催化反应和进行催化剂的分子设计提供了有用的理论基础，并促进了其他相关学科的理论发展。

1901～2010 年共有 32 项诺贝尔化学奖与催化研究相关，其中主要贡献见表 1-3-2。德国化学家 Ertl 因在“固体表面化学过程”研究中的突出贡献获得 2007 年诺贝尔化学奖，其获奖评语为“今年的化学奖授予在表面化学方面的开创性研究”。表面化学对于化学工业而言非常重要，而且能够帮助人们理解铁为什么会生锈、燃料电池如何工作、汽车里的催化剂如何工作。2010 年，诺贝尔化学奖授予“钯催化交叉偶联反应”研究的三位科学家。钯催化剂相当于一把剪刀，它可以“剪断”原有的碳化学键，然后把新的功能性基团“缝制”到剪开的碳骨架上。

表 1-3-2　催化与诺贝尔化学奖

年份	国籍	诺贝尔化学奖得主	获奖成就
1909	德国	奥斯特瓦尔德(F. W. Ostwald)	催化、化学平衡和反应速率
1912	法国	萨巴捷(P. Sabatier)	有机化合物加氢催化反应
1918	德国	哈伯(F. Haber)	工业合成氨方法
1932	美国	朗缪尔(I. Langmuir)	表面化学和吸附理论
1956	苏联	谢苗诺夫(N. Semyonov)	气相反应化学动力学
1963	意大利 联邦德国	纳塔(G. Natta) 齐格勒(K. Ziegler)	乙烯和丙烯的催化聚合反应
1983	美国	陶布(H. Taube)	金属配合物中的电子转移和固氮反应机理

续表

年份	国籍	诺贝尔化学奖得主	获奖成就
1989	美国	奥尔特曼(S. Altman)	RNA 的催化作用
1998	美国 英国	科恩(W. Kohn) 波普尔(J. A. Pople)	量子化学理论计算中的密度泛函理论
2001	美国 日本 美国	诺尔斯(W. S. Knowles) 野依良治(R. Noyori) 沙普利斯(K. B. Sharpless)	手性催化氢化和手性催化氧化反应
2005	法国 美国 美国	肖万(Y. Chauvin) 格拉布斯(R. H. Grubbs) 施罗克(R. R. Schrock)	烯烃复分解反应及其催化剂
2007	德国	埃特尔(G. Ertl)	固体表面化学过程
2010	美国 日本 日本	赫克(R. Heck) 根岸英一 铃木章	钯催化交叉偶联反应

从表 1-3-1 中看到，催化科学研究主要围绕催化作用机理、催化剂(催化材料)和催化反应过程三个方面展开，包括固体表面的吸附、催化反应动力学、催化剂的制备、催化剂组成与结构表征、催化剂的失活与再生、催化作用机理、催化反应及机理、各类催化剂及应用等。

催化科学研究发展的重点聚焦在催化反应的原位(*in-situ*)研究、实际催化剂催化活性的原子水平表征、新催化剂和新催化剂载体的合成以及与实验证据相关的催化反应机理和动态学理论模型等。为了赶超国际前沿，21 世纪初，国家自然科学基金委员会提出了催化学科发展的三个优先方向：①新催化材料和新催化过程的开拓；②催化剂的原位动态表征及催化反应机理的高时空灵敏度、高分辨率的新实验技术与方法；③催化研究的新理论方法。概括起来是新催化材料(如纳米材料、无机-有机杂化材料、介孔与微孔分子筛和树状高分子材料等)及其应用，与能源、化工、环境等有关的多相、均相和酶催化(尤指它们之间的关联)，催化剂和催化反应机理的原位动态表征和理论分子模拟研究。2015 年，国家自然科学基金委员会专门设立了几个重大研究计划，包括“多相反应过程中的介尺度机制及调控”、“碳基能源转化利用的催化科学”和“山西煤基低碳联合基金”。2021 年，科学技术部还专门设立了国家重点研发计划催化专项，充分体现了国家对催化学科发展的高度重视。

1.3.2　催化表征方法的发展概况

催化是一门复杂的跨学科交叉科学。催化科学研究的进展取决于其他相关学科领域的平行发展和催化表征方法的发展。尤其是在发展能在原位飞秒时间分辨水平上观察催化反应步骤或至少在原子空间分辨率水平上考察催化活性位的方法等领域取得重大进展和科学突破，对推动催化学科发展有非常重要的作用。目前，人们已经有很多研究、表征催化剂的方法，有的给出宏观层次信息，有的给出微观层次信息，并且还在不断探索将物理-化学新效应、新现象用于催化剂和催化过程的研究和表征，力求更精确地测定活性位的结构、数量，并向原子、分子层次发展，力求从时间和空间两个方面提高对催化剂表面发生过程的分辨能力。例如，利用扫描隧道电子显微镜(STEM)技术研究氧化物(如 TiO_2)表面的气固相光催化反应机理，用核磁共振(NMR)谱原位观察烯烃与沸石酸性位络合情况，用紫外-Raman 光谱表征杂原子分子筛的活性中心结构，以及用各种分子光谱技术原位表征反应中间体，用飞秒瞬态吸收光谱研究半导体光催化剂的电荷分离过程及其转移诱导的界面反应过程，用空间分辨的原子力显微镜研究电催化剂在原位反应条件下微区结构的动态变化等。

习 题

1. 为什么说催化过程本质上是一种动力学过程?

2. 加氢功能催化剂往往对脱氢反应也有活性，水合功能催化剂往往对脱水反应也有活性，试给出解释。

3. 试比较各种表示催化剂活性方法的特点和要求。

4. 依照功能大致可将催化剂分为几类?

5. 为某原料寻找加氢催化剂时，利用简单的反应器试验过许多样品，催化剂均是粉末或仔细研磨过的材料。每次试验均加 0.1 g 催化剂到 50 mL 原料内，搅拌，经过一定时间测定 H_2 的吸收速率。在某些情况下，如果加入两倍量的催化剂，反应速率却提高至 4～6 倍，这可能是什么原因?

参 考 文 献

[1] Bowker M, Parker I B, Waugh K C. Extrapolation of the kinetics of model ammonia synthesis catalysts to industrially relevant temperatures and pressures. Appl Catal, 1985, 14:101-108.

[2] 王桂茹. 催化剂与催化作用. 大连: 大连理工大学出版社, 2000.

第 2 章　纳米结构固体催化剂的制备方法

催化剂的性能主要取决于其化学组成和物理结构。同一种催化剂，由于起始原料组成不同、制备方法不同、工艺路线不同，即使成分用量完全相同，表现出来的催化性能也可能有很大的差异，这也正是催化剂制备的关键和困难所在。换言之，催化剂制备技术和方法的创新是催化剂创新的首要和核心问题。与其他化工产品一样，催化剂的制备需要从合成、性能和应用三个方面进行研究，但催化剂又与大多数以纯化学品为主要形态的其他化工产品不同，其组成和结构的复杂性、品种和用途多样性以及专利特色等使催化剂的制备具有更大的研究价值和更多效益。

不同形态的催化剂需要不同的制备方法。在催化剂生产和科学研究实践中，多种化工单元操作，如溶解、熔融、沉淀(胶凝)、浸液离子交换、洗涤、过滤、干燥、混合、成型、焙烧和还原等，组合成不同的催化剂制备方法和生产流程。习惯上把制备方法中关键而有特色的操作单元名称定为催化剂制备方法的名称。本章对目前应用最广的纳米结构固体催化剂的常用制备方法加以介绍，主要包括沉淀法、浸渍法、球磨法、水热和溶剂热法、溶胶-凝胶法。

2.1　沉　淀　法

沉淀法是以沉淀操作为关键和特殊步骤的制造方法，是制备固体催化剂最常用的方法之一，广泛用于制备高含量的非贵金属、金属氧化物、金属盐等催化剂或催化剂载体。

沉淀法不仅是一种广泛应用的制备固体催化剂的方法，也是制备合成载体(如硅胶、铝胶、分子筛等)常用的方法。该方法的优点是：能使活性组分、载体均匀混合，高度分散；制备多组分催化剂时，各组分可以紧密结合，且可以有效地控制孔径大小和分布；活性组分与载体结合较紧密，活性组分不易流失，利于杂质的清除。缺点是：过程机理和操作影响因素较复杂，不易掌握；两种或两种以上金属化合物同时存在时，沉淀速率和次序的差异会影响固体的最终结构，制备重复性欠佳；制备多组分催化剂时，不能保证均匀度；制备工艺流程较长，操作步骤较多，消耗较大，经济成本较高。

2.1.1　沉淀法的基本原理及分类

1. 沉淀法的基本原理

沉淀是指在液相中发生化学反应生成难溶物质，形成新固相并从液相中沉降出来的过程。沉淀法制备催化剂大多是在搅拌情况下，向金属盐类的水溶液中加入沉淀剂(碱性类物质)，经过复分解反应，生成难溶的金属水合氧化物(氢氧化物)或金属盐类的结晶或凝胶，从溶液中沉降出来，经洗涤、过滤、干燥、成型和焙烧等工序处理后，制得催化剂载体或产品。在某些特殊情况和需求下，金属盐溶液也可以选择非水溶液，如酸、碱或有机溶剂的溶液。沉淀物的化学组成和物理结构对催化剂性能有很大影响，沉淀物的晶相、形状、粒子大小及沉淀速率等与沉淀物质种类有关，也随沉淀条件(溶液浓度、温度、pH、沉淀剂种类、加入方式、溶剂、搅拌、老化条件、洗涤条件等)的不同而变化。因此，控制好沉淀条件是保证催化剂质量的关键[1]。

沉淀法的关键设备是沉淀槽，其结构如一般的带搅拌的釜式反应器。沉淀槽的设计应满足工艺需要(如容量、搅拌方式、物料停留时间等)，加热方便，便于控制，同时可随时用肉眼观察沉淀过程中溶液颜色及胶体稠度的变化，并便于测量溶液 pH 等。

沉淀法的生产流程如图 2-1-1 所示，以沉淀单元为核心，对于不同类型及性质的催化剂，可根据要求对图中所示单元操作进行相应的组合或增减。

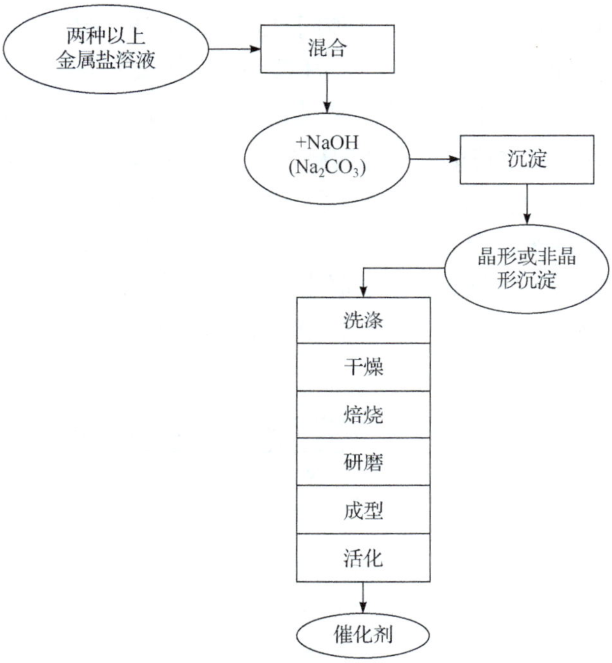

图 2-1-1　沉淀法的生产流程

2. 沉淀法的分类

随着催化研究的进展，沉淀法也不断发展和更新。目前，沉淀法主要分为单组分沉淀法、共沉淀法、均匀沉淀法、超均匀共沉淀法、浸渍沉淀法、导晶沉淀法和配位沉淀法等。

1) 单组分沉淀法

单组分沉淀法是通过沉淀剂与只含一种金属盐的溶液作用制备单一组分沉淀物的方法。这是制备催化剂最常用的方法之一，可用于制备非贵金属的单组分催化剂或载体。由于沉淀物只含一个组分，操作不太困难，如与机械混合和其他操作单元组合使用，可制备多组分催化剂。例如，氧化铝是最常见的催化剂载体，其晶体可形成 8 种变体，如α-Al_2O_3、γ-Al_2O_3、η-Al_2O_3等。为了适应催化剂或载体的特殊要求，各类氧化铝变体通常由相应的水合氧化铝加热失水而得。文献报道的水合氧化铝制备实例中采用单组分沉淀法的占绝大多数，一般分为酸法和碱法两大类。

酸法以碱性物质为沉淀剂，从酸化铝盐溶液中沉淀水合氧化铝。

$$Al^{3+} + OH^- \longrightarrow Al_2O_3 \cdot nH_2O\downarrow$$

碱法则以酸性物质为沉淀剂，从偏铝酸盐溶液中沉淀水合物，所用的酸性物质包括 HNO_3、HCl、CO_2 等。

$$AlO_2^- + H_3O^+ \longrightarrow Al_2O_3 \cdot nH_2O \downarrow$$

2) 共沉淀法

共沉淀法是将催化剂所需的两个或两个以上组分同时沉淀的一种方法，常用来制备高含量的多组分催化剂或催化剂载体。其特点是一次可同时获得多个组分的混合物，且各组分间的比例比较恒定，分布比较均匀。

共沉淀法的操作原理与沉淀法基本相同，为了避免各组分的分步沉淀，各金属盐的浓度、沉淀剂的浓度、介质的 pH 以及其他条件必须同时满足各组分一起沉淀的要求。例如，共沉淀法制备 Cu-ZnO 系催化剂时，由于在不同的 pH 范围内共沉淀物各组分的比例不同，就会出现分步结晶的现象。混合金属盐与沉淀剂碱式碳酸盐反应时，由于碱式碳酸盐的水解性质，溶液中同时存在 CO_3^{2-} 和 OH^-，不仅可能形成金属碳酸盐(如碳酸镍或碱式碳酸镍)与氢氧化物(如氢氧化铝)共沉淀混合物，而且可能含有少量复合金属碳酸盐(如碱式镍铝碳酸盐)。如表 2-1-1 所示，使用 Na_2CO_3 作为沉淀剂，在 Cu、Zn、Fe、Ni、Mg、Ca 等金属盐溶液中沉淀时，可能形成铜-铝或铜-锌碳酸盐，不会形成铜-镁或铜-钙碳酸盐。复盐化合物的形成进一步增加了沉淀物组成的均匀性，这对焙烧过程中形成化合物或固溶体有很大影响，从而影响成品催化剂的性能。

表 2-1-1　共沉淀时是否形成复合碳酸盐的金属

金属	Al	Mg	Ca	Zn
Cu	是	否	否	是
Fe	是	是	否	否
Ni	是	是	否	否
Zn	是	否	否	×
Mg	是	×	是	否
Ca	否	是	×	否

3) 均匀沉淀法

均匀沉淀法是控制溶液中的沉淀剂浓度缓慢增大，使沉淀在整个溶液体系中均匀缓慢地出现，从而得到均匀纯净的沉淀物。首先将待沉淀金属盐溶液与沉淀剂母体充分混合，预先形成一种十分均匀的体系，然后通过调节温度和时间逐渐提高 pH，或者采用在体系中逐渐生成沉淀剂等方式，创造形成沉淀的条件，使沉淀缓慢进行。例如，为了制取氢氧化铝沉淀，可向铝盐溶液中加入尿素，混合均匀后，加热升温至 90～100℃，溶液中各处的尿素同时水解，释放出 OH^-，反应式如下：

$$(NH_2)_2CO + 3H_2O \longrightarrow 2NH_4^+ + 2OH^- + CO_2$$

随即氢氧化铝沉淀在整个体系内均匀同步形成。调节温度可以控制尿素的水解速度，从而控制沉淀反应在所需的 OH^- 浓度下进行。

均匀沉淀不限于利用中和反应，还可以利用酯类或其他有机物的水解、配合物的分解或氧化还原等方式进行。除尿素外，均匀沉淀法常用的类似沉淀剂母体列于表 2-1-2 中[2]。

表 2-1-2　均匀沉淀法常用的类似沉淀剂母体

沉淀剂	母体	化学反应
OH^-	尿素	$(NH_2)_2CO + 3H_2O \longrightarrow 2NH_4^+ + CO_2 + 2OH^-$
PO_4^{3-}	三甲基磷酸	$(CH_3)_3PO_4 + 3H_2O \longrightarrow 3CH_3OH + H_3PO_4$
$C_2O_4^{2-}$	尿素与 $HC_2O_4^-$	$2HC_2O_4^- + (NH_2)_2CO + H_2O \longrightarrow 2NH_4^+ + CO_2 + 2C_2O_4^{2-}$
SO_4^{2-}	二甲基硫酸	$(CH_3)_2SO_4 + 2H_2O \longrightarrow 2CH_3OH + 2H^+ + SO_4^{2-}$
SO_4^{2-}	磺酰胺	$NH_2SO_3H + H_2O \longrightarrow NH_4^+ + H^+ + SO_4^{2-}$
S^{2-}	硫代乙酰胺	$CH_3CSNH_2 + H_2O \longrightarrow CH_3CONH_2 + H_2S$
S^{2-}	硫脲	$(NH_2)_2CS + 4H_2O \longrightarrow 2NH_4^+ + CO_2 + 2OH^- + H_2S$
CO_3^{2-}	三氯乙酸盐	$2CCl_3CO_2^- + H_2O \longrightarrow 2CHCl_3 + CO_2 + CO_3^{2-}$
CrO_4^{2-}	尿素与 $HCrO_4^-$	$2HCrO_4^- + (NH_2)_2CO + H_2O \longrightarrow 2NH_4^+ + CO_2 + 2CrO_4^{2-}$

4) 超均匀共沉淀法

超均匀共沉淀法的基本原理是借助缓冲剂将两种反应物盐溶液暂时隔开形成分层混合物，然后快速搅拌混合，瞬间使整个体系同时形成均匀的过饱和溶液，使沉淀颗粒大小一致，组分分布均匀，达到超均匀效果。该方法和均匀沉淀法可以解决沉淀过程中沉淀剂与待沉淀组分混合不均匀、沉淀颗粒粗细不等、杂质带入较多等问题。

5) 浸渍沉淀法

浸渍沉淀法是在普通浸渍法的基础上辅以沉淀法发展起来的一种新方法，即待盐溶液浸渍操作完成之后再加入沉淀剂，从而使待沉淀组分沉积在载体上。

6) 导晶沉淀法

导晶沉淀法是借助晶化导向剂(晶种)引导无定形沉淀转化为晶形沉淀的快速有效的方法。近年来，这种方法普遍用于制备以廉价易得的硅酸钠为原料的高硅钠型分子筛，包括丝光沸石、Y 型与 X 型合成分子筛。分子筛催化剂的晶型和结晶度至关重要，利用结晶学中预加少量晶种引导结晶快速完整形成的规律，可简便有效地解决这一难题。

7) 配位沉淀法

配位沉淀法的基本原理是先将金属盐溶液与配位剂混合形成金属配位物溶液，然后与沉淀剂一起并流到沉淀槽中进行沉淀。由于配位剂的加入，金属离子和沉淀剂之间可以缓慢发生反应，从而使沉淀物的粒度均匀分布。

2.1.2　晶核生成与生长

1. 沉淀的生成

从化学角度来看，在难溶盐溶液中，当难溶盐的浓度大于其在该温度下的溶解度时就出现沉淀，或者说在难溶电解质溶液中，如果溶解的正、负离子的离子浓度幂的乘积(简称离子积)

大于该难溶盐的溶度积，这种物质就会沉淀出来[3]。

溶度积可从有关手册中查阅。由不同金属离子浓度可计算开始生成氢氧化物沉淀的 pH。表 2-1-3 为常见金属氢氧化物沉淀的 pH。

表 2-1-3　常见金属氢氧化物沉淀的 pH

氢氧化物	溶度积	开始沉淀(0.1 mol/L)时的 pH	沉淀完全(<10^{-5} mol/L)时的 pH
$Al(OH)_3$	1.3×10^{-33}	3.37	4.71
$Co(OH)_2$	1.6×10^{-15}	7.10	9.10
$Cr(OH)_3$	6.3×10^{-31}	4.27	5.60
$Cu(OH)_2$	2.2×10^{-20}	4.67	6.67
$Fe(OH)_2$	8.0×10^{-16}	6.95	8.95
$Fe(OH)_3$	4.0×10^{-38}	1.87	3.20
$Mg(OH)_2$	1.8×10^{-11}	9.13	11.13
$Ni(OH)_2$	2.0×10^{-15}	7.15	9.15
$Zn(OH)_2$	1.2×10^{-17}	6.04	8.04

沉淀是溶解的逆过程。固体在溶剂(水)中不断溶解，在一定温度下，当溶液达到饱和时，固体与溶液呈平衡状态，此时溶液中溶质浓度称为饱和浓度，没有固体沉淀出来。当溶质在溶液中的浓度超过饱和浓度时，才有可能析出固体沉淀物。溶质浓度超过其饱和浓度的溶液称为过饱和溶液，常用溶液过饱和度衡量其超过饱和的程度。用溶解度曲线表示析出沉淀与溶液过饱和度的关系，见图 2-1-2。*AB* 为正常溶解度曲线或称饱和曲线。基本平行于 *AB* 的曲线 *CD* 为较高浓度，即过饱和曲线。在曲线 *AB* 下方 *P* 点处，溶液浓度尚未达到饱和，不能析出沉淀，溶液处于稳定区。在曲线 *CD* 上方 *S* 点处，溶液已超过临界过饱和度，能自动析出沉淀，称为不稳定区。两个区域之间为介稳区，在此区域中 *Q* 点处，如存在外加晶种，将有沉淀物生成，但不会自发沉淀。

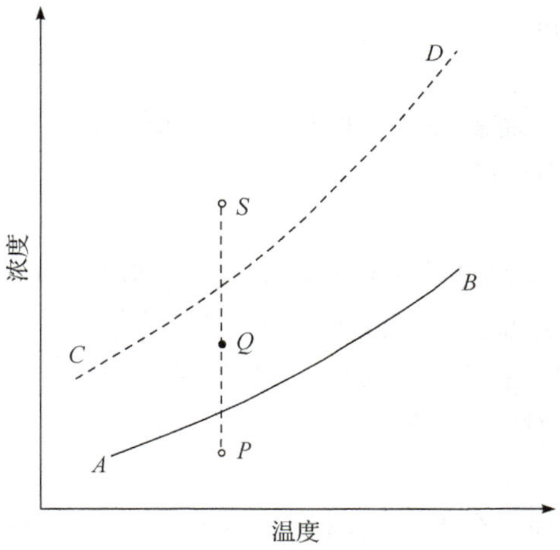

图 2-1-2　溶液过饱和度示意图

产生沉淀物就会形成新相，这是因为溶质分子必须有足够的能量，才能克服液固相界面阻力，碰撞聚集生成新的固相晶核。同时，为使溶液中生成的晶核长大成晶体，也必须有一定的浓度差作为扩散的推动力，因此只有在饱和溶液中才能形成沉淀。

2. 晶核生成

溶液处于过饱和介稳态中，由于分子或离子不断碰撞运动，局部区域的分子聚集成簇团，聚集的产生不仅是由于溶液中运动粒子间发生碰撞，也通过弱作用力(范德华力)相互黏附，还通过晶体生成化学键，聚集体固化。这种簇团的构型在不同程度上接近生成新相的结构，并与周围介质处于平衡，可能聚集更多的分子而长大，也可能分解消失，两种趋势的概率相同。簇团又称胚芽，不太稳定，在过饱和溶液中簇团形成速率大于分解速率，它就随时间延长而长大；当簇团达到临界粒度、体积达到相当程度后，它能稳定地发展而不会消失，此时称其为晶核。在晶核形成过程中分子或离子聚集通常不是无序的，而是按照固相晶格有序排列，所以分子或离子的一次碰撞不一定排列在晶格中，通常是几个分子先形成松散的簇团，在溶液中局部过饱和度较小的地方可能消失，在局部过饱和度较大的地方再不断地碰撞而聚集起来。如此多次反复的有效碰撞才能逐渐聚集一定数量的分子形成胚芽，胚芽发展成晶核。

3. 晶体生长

形成晶核后，溶质在晶核上不断沉积，晶粒不断长大。晶粒长大过程与化学反应的传质过程相似，分两步：一是溶质分子向晶粒的扩散过程；二是溶质分子在晶粒表面的沉淀反应过程。但当溶液的过饱和度很大而使聚集速率较快时，分子可能来不及有序地排列，从而生成非晶态粒子，在沉淀物老化过程中再逐渐转变为有序排列的晶体。

Haber 认为晶核聚集速率是离子聚集成晶核的速率[4]。定向速率是离子按一定晶格定向排列成晶体的速率。聚集速率取决于沉淀条件和沉淀物的过饱和度。过饱和度大，聚集速率快，大于定向速率，离子来不及在晶格上定向排列形成微小的无定形沉淀。定向速率取决于沉淀物的本性。极性分子或离子(如 AgCl、ZnS、CuS、HgS 等)体积小、极性大，具有较大的定向速率，易形成晶形沉淀或具有晶体结构的胶粒。硅胶、硅铝胶等结合的羟基多(还有水分子结合在其中)，结构复杂，分子极性较小，溶解度极低，故其聚集速率远大于定向速率，因而易生成无定形的凝胶状沉淀。$Fe(OH)_3$、$Al(OH)_3$ 等也是结合的羟基多，定向排列困难，定向速率小，一开始很难形成晶形沉淀，经过一段时间老化，晶型逐渐完善，进行晶型转化。

综上所述，沉淀物可分为晶形沉淀和无定形沉淀。晶形沉淀有 AgCl、ZnS、$BaSO_4$ 等无机盐类，$Fe(OH)_3$、$Al(OH)_3$ 等非导晶沉淀，沸石分子筛类导晶沉淀。无定形沉淀指无定形溶胶，然后变为凝胶，如硅胶、硅铝胶等。

2.1.3 沉淀法晶核生成的经典理论

从液相中生成沉淀过程比较复杂，研究尚不充分，理论也不完善，还缺乏令人满意的解释和预测动力学数据的相应理论。苏联学者布亚诺夫对沉淀领域先前的经典理论作了评述[5]，这里作简要介绍。

1. 晶核生成热力学

晶核生成过程中，给定物质(原子、分子、离子)的 n 个粒子在原始相(状态 1)的容积内生成新相(状态 2)。要产生新相，必须先生成临界晶核，然后临界晶核自发生长为宏观结晶粒度。生成临界晶核需要做功，其值等于体系 Gibbs 自由能变，包括两种状态的化学势差和新相界面的生成能。

$$\Delta G = (\mu_2 - \mu_1)n + A\sigma \tag{2-1-1}$$

式中，ΔG 为 Gibbs 自由能变；μ_1 和 μ_2 分别为物质在状态 1 和状态 2 的化学势；n 为晶核中的粒子数；A 为表面积；σ 为表面自由能。

物质从状态 1 转变为状态 2 的推动力是两种状态的化学势差，其化学亲和势为

$$\varphi = -\Delta\mu = \mu_1 - \mu_2 \tag{2-1-2}$$

因化学势定义为

$$\mu = \mu_0 + kT\ln a \tag{2-1-3}$$

则有

$$\varphi = kT\ln(a_1 / a_2) \tag{2-1-4}$$

$$\Delta G = -n\varphi + A\sigma \tag{2-1-5}$$

式中，k 为 Boltzmann 常量；a 为物质的活度；μ_0 为稳定态物质的化学势；T 为温度。

因为在结晶过程中 $\Delta\mu<0$，故 φ 恒为正值。

又因 $A=$ 常数$\times n^{2/3}$，新相生成时，ΔG 取决于生成此相的粒子数 n。当存在某临界值 n^* 时，ΔG 出现一极大值，$A\sigma>1$。这种由 n^*个粒子形成的簇团称为新相的临界晶核，它生成的条件是 $\mathrm{d}\Delta G/\mathrm{d}n=0$。因此，晶核生长与分解的概率是相等的。如果晶核本身的粒度大于临界晶核，在其生长时 ΔG 降低，此后可自发生长。临界晶核尺寸由式(2-1-5)对 n 的微分而得：

$$\mathrm{d}\Delta G/\mathrm{d}n = -\varphi + \sigma\,\mathrm{d}A/\mathrm{d}n \tag{2-1-6}$$

因为 $nv=V$，所以

$$\mathrm{d}A/\mathrm{d}n = v\,\mathrm{d}A/\mathrm{d}V \tag{2-1-7}$$

式中，v 为一个粒子的体积；V 为固相的体积。

因为 $A=K_\mathrm{A}r^2$，$V=K_\mathrm{v}r^3$，由式(2-1-6)、式(2-1-7)即可得出临界晶核半径：

$$r^* = 2K_\mathrm{A}\sigma v/K_\mathrm{v}\varphi \tag{2-1-8}$$

式中，r 为晶核半径或当量尺寸；K_A 和 K_v 分别为晶核表面积和体积的计算系数。

当新相生成临界晶核时，Gibbs 自由能变化，将临界参数引入式(2-1-5)得

$$\Delta G^* = -n^*\varphi + A^*\sigma = -K_\mathrm{v}r^{*3}\varphi/v + K_\mathrm{A}\sigma r^{*2} = \beta v^2\sigma^3/\varphi^2 \tag{2-1-9}$$

式中，$\beta = 4K_\mathrm{A}^3/27K_\mathrm{v}^2$。对于立方晶核，$K_\mathrm{v}=1$，$K_\mathrm{A}=6$，则 $\beta=32$；对于球形粒子，$K_\mathrm{A}=16\pi$，$K_\mathrm{v}=32\pi/3$，则 $\beta=16\pi/3$。

2. 晶核生成动力学

成核即生成新相，该过程取决于系统内部条件，可按下述任一可能的历程进行：

- 成核
  - 一次
    - 均相历程
    - 多相历程
  - 二次
    - 表面层历程
    - 接触历程

一次成核历程的特点是在没有沉淀结晶的情况下产生固相，而二次成核历程是在自身物质结晶存在下形成新粒子。均相成核历程是在不含固相的介质中生成晶核。多相成核由系统内存在的其他固体物质粒子引起，而且是在系统(胶体等)内的相界面上进行的。对于从水溶液中

沉淀出难溶固相，由于大部分是细结晶，机械破损的可能性不大，因此不同于易溶物质易于实现二次成核。而对于沸石分子筛合成体系，这几种成核历程往往共同存在。因此，实际成核过程中这些历程往往交叉在一起。

1) 均相成核过程

成核要引起 ΔG 变化，在热力学上是不利的，只有当系统内有热的涨落时才会发生。ΔG^* 值可看作成核能垒的高度，类似于化学反应经典理论中的活化能。成核速率用 Arrhenius 近似方程表示

$$J = \Omega \exp(-\Delta G^*/RT) \tag{2-1-10}$$

式中，指前因子 Ω 不能借热力学推导确定。式(2-1-10)可作为成核过程的现象描述。

Becker 和 Doring 提出成核速率方程[1]：

$$J = (2D/d^5)\exp(-\Delta G^*/kT) \tag{2-1-11}$$

式中，D 为溶液中的扩散系数；d 为结晶中的分子间距。

由式(2-1-4)及式(2-1-9)可得到

$$J = \Omega \exp\left\{-\beta v^2\sigma^3/[(kT)^3\ln^2 S]\right\} \tag{2-1-12}$$

式中，$\Omega = 10^{33\pm3}$；S 为过饱和度(c/c^*)。可以看出，过饱和度 S 越大，界面张力 σ 越小，生成晶核的速率越大。

2) 多相成核过程

多相成核速率可用类似式(2-1-10)的公式表示[1]：

$$J_{多相} = \Omega' \exp(-\Delta G^*_{多相}/kT) \tag{2-1-13}$$

一些研究者从不同实验中归纳出一些公式。为应用方便，有人把晶核析出速率与过饱和度的关系简化为

$$N = k(c - c^*)^m \tag{2-1-14}$$

式中，$m = 3$～4；c 为晶核析出前过饱和溶液的浓度；c^*为溶液的饱和浓度。

应用最方便的是 Weimarn 提出的式(2-1-15)：

$$N = k\frac{c - c^*}{c^*} \tag{2-1-15}$$

对于上述公式，主要需理解其物理意义，以定性地讨论其影响因素。

3. 晶体生长动力学

按成核历程生长的超临界粒度晶核与过饱和溶液内的物质结合而自发生长。晶体生长过程中经扩散或对流，将物质传递至晶体表面，并使其在晶体表面上连续进行反应，从而深入晶体之中，其总速率取决于较慢的过程。

表面反应包括以下步骤：①粒子吸附于晶体表面，伴有不完全脱水；②粒子沿表面迁移；③生长中心粒子结合，同时脱水；④与最终脱水相关的是粒子进入晶格。对于生长中心，根据形貌学理论，结晶可能有三种表面：平面(F)、阶梯面(S)及螺旋面(K)。K 与 S 表面含有大量生长中心，它们比 F 表面生长得快，而且会很快消失或生长的仅是晶体总表面的很小一部分表

面。因此，晶体生长的总速率主要取决于 F 表面的生长速率。F 表面的生长历程分为扩散历程、表面反应历程(包括二维成核、单核生长、多核生长、螺型位错等历程)、复合历程。

各种生长历程可用以下动力学方程描述。

扩散：

$$dr/dt = Dv(c - c_{eq})/r \tag{2-1-16}$$

对流——当晶体在液相中沉降时：

$$dr/dt = FDv(c - c_{eq})/r \tag{2-1-17}$$

式中，$c - c_{eq}$ 为过饱和度；$F = (1 + 2r^3 g\Delta\rho/9D\eta)^{0.285}$，$\Delta\rho$ 为晶体与溶液的密度差；g 为重力加速度。

对于二维成核过程，由于吸附层分子的非弹性碰撞，晶体表面生长出一层新晶核(类似于三维成核)，界面成核速率的关系式为

$$J' = (D\omega^2/v^{4/3})\exp(-\Delta G'^*/kT) \tag{2-1-18}$$

式中，指前因子 $D\omega^2/v^{4/3} \approx 10^{22.5}\,\text{cm}^{-2}\cdot\text{s}^{-1}$。

如果产生的全部晶核都导致新层的生成，则称为单核历程，可用下式描述：

$$dr/dt = (4D\omega r^2/v)\exp\left\{-\beta'\sigma^2 v^{4/3}/[(kT)^2\ln S]\right\} \tag{2-1-19}$$

二维成核历程只适用于最细的结晶或过饱和度很低的情况。如果结晶较大或过饱和度较高，则多核历程起作用。其特征是晶体上同时存在多个晶核，新层同时从生长中心开始生成，晶体生长的速率为[1]

$$dr/dt = D\omega v^{1/3}(c - c_{eq})^{2/3}\exp\left\{-\beta'\sigma^2 v^{4/3}/[3(kT)^2\ln S]\right\} \tag{2-1-20}$$

经计算机处理后，用于多核历程描述[1]：

$$dr/dt = A(1+\ln S)^{2/3}(\ln S)^{1/6}\exp(-B/\ln S) \tag{2-1-21}$$

式中，A 为常数，包括系统物理参数；$B = (\pi/3)(\sigma'/kT)^2$。

螺型位错历程大多发生在结晶较粗的情况下。晶体表面出现螺型位错时，会形成阶梯系统，它的迁移速率决定界面生长速率。如果阶梯迁移速率取决于粒子朝向阶梯的表面扩散，则晶体生长速率表示为

$$dr/dt = C(\ln^2 S/\sigma_1)\text{th}(\sigma_1/\ln S) \tag{2-1-22}$$

式中，C 为常数；$\sigma_1 = 9.5\sigma d/(\varepsilon kT\lambda_s)$，$\lambda_s$ 为晶体表面生长单位的平均位移。

确定晶体生长主要历程是不容易的，而且主要历程也随时间变化，开始时应以单核历程描述晶体的生长，然后以多核历程描述，最后才用扩散历程描述。为适用于沉淀的工程模型，晶体生长速率和过饱和度的关系可用简化形式表示为[1]

$$dr/dt = k_r c^n \tag{2-1-23}$$

式中，k_r 为晶体生长速率常数；c 为起始过饱和溶液的浓度。

综上所述，由于沉淀经典理论在推导一些基本公式时做了一些假设，有本质上的缺陷，在

处理复杂系统的简化过程中也引起了误差。虽然这些理论基础很早以前就已奠定，但对于晶核生成、晶体生长动力学方面的研究仍有指导意义。

2.1.4　沉淀法的控制因素

1. 浓度

从 2.1.3 小节讨论可知，晶核生成速率方程 $N=k(c-c^*)^m$ [式(2-1-14)]，其中 $m=3\sim4$。晶体生长速率方程 $\mathrm{d}r/\mathrm{d}t=k_r c^n$ [式(2-1-23)]，当扩散控制时 n=1，反应控制时 $n=1\sim2$。因此，溶液浓度对晶核生成与晶体生长速率都有较大影响。但浓度对晶核生成速率影响更大，溶液浓度增大，即过饱和度增加，更有利于晶核生成，晶粒数目增多。它们的关系如图 2-1-3 所示。曲线 1 表示晶核生成速率与溶液过饱和度的关系，随着过饱和度增加，生成速率急剧增大。曲线 2 表示晶体生长速率随过饱和度增加缓慢增大的情况。总结果是曲线 3，随着过饱和度增加，晶体颗粒尺寸减小。

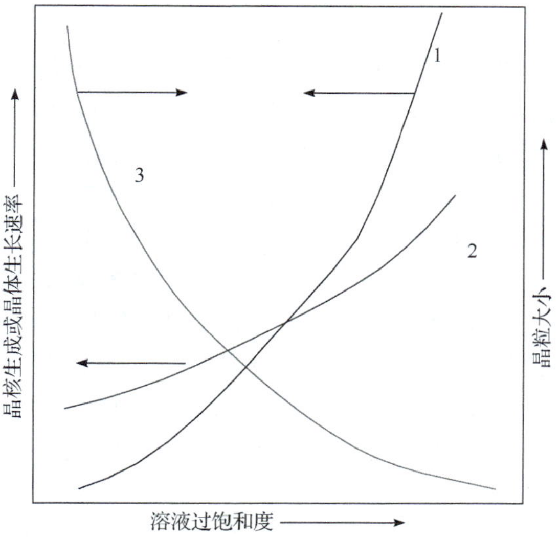

图 2-1-3　溶液过饱和度与晶核生成和晶体生长速率及晶粒大小的关系

实验得出晶粒大小与溶液过饱和度的变化关系如图 2-1-4 所示。曲线上出现一极大值，随晶粒出现的诱导期(t_i)增长，极大值向低过饱和度移动。这一规律表明，用稀溶液进行沉淀时，晶粒出现的诱导期越长，晶粒越大。同时实验也证明，从对沉淀物的溶解度大的溶剂中进行沉淀，可得到大的颗粒，反之则得到小的颗粒[6]。例如，从醇的溶液中沉淀硅胶或硅铝胶易得到小的颗粒，这是由于加入醇使硅胶或硅铝胶的溶解度变小。又如，在盐酸溶液中容易得到大颗粒的硫酸钡，这是由于加入盐酸可使硫酸钡在水中的溶解度变大。再如，一氧化碳中温变换催化剂，用硫酸铵溶液从硫酸亚铁溶液中沉淀硫酸亚铁时，采用不太高的浓度(或过饱和度)和加料速度先慢后快的方式控制沉淀颗粒大小，其原因是溶液浓度高，则晶核生成速率快，生成晶粒多且小，因晶核生长速率慢来不及长大。若溶液浓度较低，过饱和度不太大，生成晶核的数目相应减少。若能维持适当的过饱和度，提供晶核长所需物料，则可得到较大颗粒沉淀。采用先慢后快的加料方式即可达到此目的。

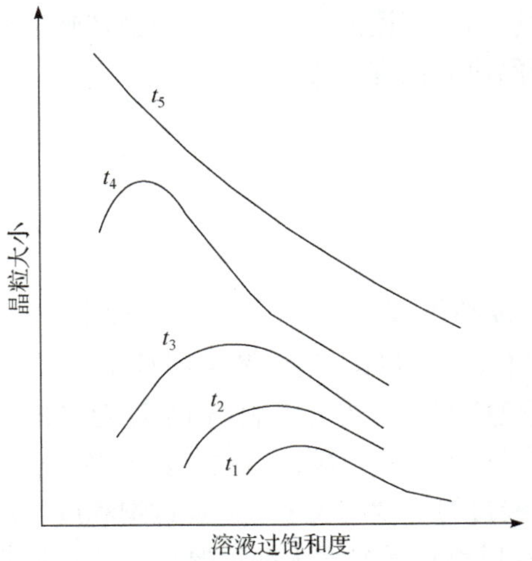

图 2-1-4　晶粒大小与溶液过饱和度的关系($t_1<t_2<t_1<t_2<t_5$)

2. 温度

温度对晶核生成和晶体生长都有较大影响。当溶液中溶质含量一定时，升高温度，一般过饱和度随之下降，因为过饱和度的变化对晶核生成速率的影响比对晶体生长速率的影响更大。当温度很低时，虽然过饱和度可以很大，但溶质分子的能量很低，所以晶核生成速率很小。随着温度升高，晶核生成速率可达到极大值，继续升高温度，一方面由于过饱和度下降，溶液中分子动能增加，不利于形成稳定的晶核，因此晶核生成速率又趋于下降。虽然升高温度使各个过程的速率都有提高，但由于过饱和度降低，晶核生成速率的增加受到较多的削弱，相对而言晶体生长速率受到的削弱少，因此升高温度更有利于晶粒生长。另一方面，升高温度能促进小颗粒晶种溶解并重新沉积在大颗粒表面。一般来说，低温沉淀有利于形成小晶粒，而高温沉淀有利于较大晶核的生成。实验证明，温度升高 20℃，不同沉淀盐的晶粒增大 10%～25%。表 2-1-4 给出沉淀温度对 B104 型中温变换催化剂性能的影响。由表可见，沉淀温度升高，晶粒变大，对活性不利。

表 2-1-4　沉淀温度对 B104 型中温变换催化剂性能的影响

沉淀温度/℃	65～75	80～90	比表面积/(m^2/g)	38.0	16.4
平均孔径/nm	6.4	12.5	活性	耐热后合格	耐热后不合格

3. 搅拌

搅拌能加强溶液湍动，减小扩散层厚度，加大扩散系数，有利于晶粒长大，同时促进晶核的生成，但对晶核生成的影响不明显。有报道称在超声波或声波场中，晶核生成速率能提高百倍、千倍。这可能是搅拌有利于缩短诱导时间，初始晶核生成所需临界过饱和度下降，生成晶核数目更多的缘故。

实验证明，随着搅拌速度提高，初始晶核生成速率急剧增加，当达到一定值时，再继续提高搅拌速度，晶核生成速率基本不变，说明搅拌速度高于某一数值后，沉淀过程已由扩散控制转为表面反应控制。

4. pH

水合氧化物(或氢氧化物)沉淀 pH 直接影响溶液的饱和浓度 c^*值。例如，碱沉淀铝盐，其他条件相同、pH 不同时可得到三种产品：

$$Al^{3+} + OH^- \xrightarrow{pH<7} Al_2O_3 \cdot mH_2O\text{(无定形胶体)}$$

$$Al^{3+} + OH^- \xrightarrow{pH=9} \alpha\text{-}Al_2O_3 \cdot H_2O\text{(针状胶体)}$$

$$Al^{3+} + OH^- \xrightarrow{pH>9} \beta\text{-}Al_2O_3 \cdot nH_2O\text{(球形结晶)}$$

β-$Al_2O_3 \cdot nH_2O$ 是球形颗粒紧密堆积形成的结晶，易洗涤过滤，在 400℃下焙烧得到比表面积为 45 m^2/g 的η-Al_2O_3。其他两种产品因颗粒过细，难以洗涤过滤。

5. 表面活性剂

许多表面活性剂和可溶性多聚物对分子筛晶核生成和晶体生长有影响。其中一部分作为模板剂为人们所认识，还有许多尽管对合成没有定向作用，但对晶核生成和晶体生长起促进和抑制作用的物质。据报道，在 A、X 型沸石合成胶体过程中加入三乙胺，可以增大最终产品粒度。二甲基亚砜溶剂有可能增大正离子的溶剂化程度，降低硅铝前驱体的溶解度，减少羟基离子的溶剂化程度，使最终产品粒度减小。Myatl 较系统地研究了一些表面活性剂和水溶性多聚物在合成均一细小的 NaA 沸石时对晶核生成的作用[7]。实验结果表明，加入阳离子表面活性剂十二烷基硫酸钠，NaA 沸石晶粒变小。加入阴离子表面活性剂琥珀酸二(2-乙基己酯)磺酸钠，则沸石粒度变大。在制备铝酸钙过程中加入表面活性剂可使粒度明显变小，由平均粒径 1.5～2 μm 降至 400～600 nm。

6. 杂质

可溶性杂质对晶核生成速率有不同影响，有些杂质存在时会加速晶核生成，有的杂质会使晶核生成速率减慢。例如，向碳酸氢钠中加入氯化钠、碳酸钠会大大缩短碳酸氢钠结晶的诱导期，这是因为这些盐在溶液中发生水合，降低了碳酸氢钠的水合程度，增加了碳酸氢钠的过饱和度，从而加速了晶核析出。相反，若氯化钾溶液中存在 Pb^{2+}、Na^+、SO_4^{2-} 等杂质，由于生成复盐及混晶，晶核生成速率降低。杂质除影响晶核生成外，对结晶形状及其成长过程也有影响。杂质吸附在晶体或晶核表面上，有碍晶体的生长。有时杂质在某个特殊晶面上选择吸附，会使晶型改变。从含有少量尿素溶液中结晶出来的氯化钠不是通常的立方晶体，而是八面晶型。这主要是因为杂质使晶面的单位表面能发生改变，从而使晶体的定向生长速率相对改变。杂质存在还能破坏晶格的周期性，出现晶格缺陷或位错。有时加入调变型助催化剂，就是为了增加晶格缺陷或位错，以提高催化剂活性。

2.1.5　沉淀条件对催化剂性能的影响

沉淀条件，如金属盐类溶液的性质及浓度、沉淀剂、加料方式与加料速度、温度、pH、搅拌强度、老化条件、洗涤条件等对催化剂的活性或化学结构组成均有显著影响。不同的沉淀条件会使催化剂的表面结构、热稳定性、选择性、机械强度、成型性能及寿命产生很大差别，必须在实验室研究中全面考察[8]。

1. 金属盐类溶液的性质及浓度

催化剂生产常用各种金属盐作为原料，一般首选硝酸盐提供催化剂材料所需的阳离子，因为绝大多数硝酸盐易溶于水，可由硝酸与金属或其氧化物、氢氧化物、碳酸盐等反应制得，且在后处理工序中易除去，不影响催化剂质量。硫酸虽然比硝酸便宜，但硫酸根易被催化剂溶液中的沉淀物及盐类吸附而不易洗净，而且有些催化剂本身含硫量高，容易发生催化剂不可逆中毒。盐酸和金属生成的卤化物，除特殊用途(如 $TiCl_3$ 催化剂)外，都不应有氯离子(Cl^-)。因此，沉淀法制取催化剂大多数采用硝酸溶解金属，以制得高纯度的催化剂。两性金属铝，除可以用硝酸溶解外，还可用氢氧化钠等强碱溶解其氧化物制得盐溶液。

金属盐类溶液的浓度也影响催化剂性能。浓度过低，有些沉淀物溶解于水的量会增加，生产设备的体积也相应增大，经济上不合算；浓度过高，不但会增加杂质的吸留，不易洗净，还会影响催化剂的活性。

进行沉淀反应时，原料中如含有可溶性杂质，则会随生成的沉淀混杂于沉淀物中。产生这一现象的原因是表面吸附、包藏和吸留、生成混晶等。例如，用 $BaCl_2$ 沉淀 SO_4^{2-} 时，溶液中所含少量的 Fe^{3+}本来与 SO_4^{2-} 不形成沉淀，而是生成可溶性 $Fe_2(SO_4)_3$，但当 $BaSO_4$ 沉淀时，$Fe_2(SO_4)_3$ 也会混杂于沉淀中一起析出。因此，减少原料液中杂质离子的浓度对于提高催化剂的纯度也是十分重要的。

2. 沉淀剂

沉淀剂是使制备的催化剂从溶液中以沉淀形式分离出来所用的化学试剂。选择沉淀剂时应考虑以下几个方面：

(1) 尽可能选用易分解并含易挥发成分的物质作沉淀剂。常用的沉淀剂有碱类(氢氧化钠、氢氧化钾等)、尿素、氨气、氨水、铵盐(碳酸铵、碳酸氢铵、硫酸铵、草酸铵等)、二氧化碳、碳酸盐(碳酸钠、碳酸钾、碳酸氢钠等)等。这些沉淀剂的各个成分在沉淀反应结束后，经过洗涤、干燥或焙烧时，有的可以被洗去(如 Na^+、SO_4^{2-})，有的可转化为挥发性气体逸出(如 CO_2、NH_3、H_2O)，这为制备高纯度催化剂创造了有利条件。

(2) 在保证催化剂活性的基础上，形成的沉淀物必须便于过滤和洗涤。沉淀可分为晶形沉淀和无定形沉淀，晶形沉淀又分为粗晶沉淀和细晶沉淀两种。粗晶沉淀带入的杂质少，便于过滤和洗涤。例如，用 OH^-沉淀 Fe^{2+}时，生成的 $Fe(OH)_2$ 颗粒细，可使催化剂活性提高，但颗粒过细，就难以过滤和洗涤。而用 CO_3^{2-} 沉淀 Fe^{2+}时，所得 $Fe(OH)_2$ 颗粒较粗，便于过滤和洗涤，但所得催化剂活性有所下降。

(3) 沉淀剂本身溶解度要大，这样可以制成较高浓度的沉淀剂溶液，使金属离子沉淀完全。并且溶解度大的沉淀剂被沉淀物吸附的量较少，也容易被洗脱。

(4) 沉淀物的溶解度要小，这是制备沉淀物最基本的要求。沉淀物溶解度越小，沉淀反应越完全，原料利用越充分，这对铂、镍、银等贵重金属更为重要。

(5) 沉淀剂应无毒，避免造成环境污染。尽可能不带入不溶性杂质，以减少后处理工序。

3. 加料方式与加料速度

沉淀用金属盐溶液配制好后，下一步就是进行中和沉淀，它是沉淀法制备催化剂的重要单元操作过程。根据中和沉淀时的加料方式，可分为顺加法(正加法)、逆加法(反加法)及并加法

(并流法)三种。

将沉淀剂加入金属盐溶液中的操作称为顺加法，其溶液 pH 由低到高，沉淀物在 pH 逐渐增大的酸性介质中被沉淀出来。将金属盐溶液加入沉淀剂中的操作称为逆加法，其溶液 pH 由高到低，沉淀物在 pH 逐渐减小的碱性介质中被沉淀出来。顺加法和逆加法溶液 pH 不断变化，使产品均匀性变差。而将沉淀剂和金属盐溶液同时按比例加入沉淀槽中的操作称为并加法，沉淀过程溶液维持一定 pH，操作较稳定，产品比较均匀。催化剂生产制备常用并加法。

加料方式是影响沉淀物结构和颗粒分布的重要因素。例如，在甲醇合成催化剂生产中，加料方式与催化活性的关系如表 2-1-5 所示。由表可见，制备甲醇合成催化剂，逆加法活性较差，顺加法和并加法基本相同。

表 2-1-5　加料方式与甲醇合成催化剂活性的关系

催化剂活性温度/℃	催化剂活性/(mL 甲醇/h)		
	顺加法	逆加法	并加法
350	25	14	23
380	30	17	30
400	28	15	28

此外，加料速度也影响晶型、沉淀颗粒大小及孔结构。在催化剂制备过程中，减慢加料速度，延长沉淀时间，产品结晶及物化性能可以得到改善。沉淀剂若加入过快，则容易产生包藏及吸留现象。包藏是指母液机械地包藏在沉淀中，吸留是指被吸附的杂质机械地嵌入沉淀中。沉淀剂加入过快，沉淀表面吸附的杂质来不及离开就被随后生成的沉淀覆盖，使杂质或母液被包藏或吸留在沉淀内部。这样产生的沉淀物中的杂质不能借洗涤方法除去，只有通过改变沉淀条件或沉淀老化等方法避免。

4. 沉淀 pH

由于经常选用碱性或酸性物质作沉淀剂，因此 pH 对沉淀物性能影响很大。不仅对金属盐水解、溶液的凝胶聚合速率、颗粒大小、初级粒子与次级粒子的堆积、晶相等有影响，而且对催化剂孔结构、比表面积、强度及催化性能也有影响。制备活性氧化铝时，pH 的影响就是最突出的例子。在相同制备条件下，pH 不同，所得产品的晶相也会有显著差别。

使用共沉淀法由盐类溶液制备氢氧化物沉淀物时，由于不同氢氧化物的溶度积不同，开始沉淀和沉淀完全时的 OH^-浓度或 pH 也不相同。因此，各种氢氧化物不是同时沉淀出来，而是在不同 pH 下先后沉淀出来。即使发生共沉淀，也仅限于形成沉淀所需 pH 相近的氢氧化物，见表 2-1-3 中所示的常见金属氢氧化物沉淀的 pH。如果不考虑形成氢氧化物沉淀所需 pH 相近这一因素，则制得的很可能是不均匀的产物。例如，当两种金属硝酸盐溶液用氨水进行中和沉淀时，氨会先沉淀一种氢氧化物，再沉淀另一种氢氧化物。若要使所得共沉淀物更为均匀，可以采用两种方法：一是将两种硝酸盐溶液同时加入氨水溶液中，此时两种氢氧化物就会同时沉淀；二是将一种原料溶解在酸性溶液中，另一种原料溶解在碱性溶液中，如 SiO_2-Al_2O_3 的共沉淀可以由硫酸铝与硅酸钠的稀溶液混合制得。

氢氧化物共沉淀时有混合晶体形成，这是少量的一种氢氧化物进入另一种氢氧化物的晶格中，或是生成的沉淀包藏或吸留另一种沉淀所致。

5. 沉淀温度

溶液的过饱和度对晶核生成与晶体生长有直接影响，而溶液的过饱和度又与温度有关。当溶液中溶质数量一定时，温度升高，过饱和度下降，晶核生成速率减小；温度降低，溶液的过饱和度增大，晶体生长速率加快。由于晶核生成最大时的温度比晶体最快生长所需温度低得多，因此低温沉淀并增加过饱和度有利于晶核生成。此时，溶液中会形成极细的沉淀，所得产品粒子的堆密度大，成型后机械强度高。为使沉淀物结合稳定且均匀，通常在升温(如 50～60℃)下沉淀，沉淀温度高时，所得沉淀物容易过滤和洗涤。

不同沉淀温度下会获得不同产品，这在制备活性氧化铝的例子中也很明显。例如，CO_2 通入 $NaAlO_2$ 溶液制备氢氧化铝沉淀时，低于 40℃时生成的是湃铝石，高于 40℃时则生成三水铝石。

6. 搅拌速度

搅拌对沉淀反应中初级粒子的形成具有重要作用。沉淀时加快搅拌速度，可增强溶液湍动，增大反应中各种离子的扩散速度，有利于晶粒生成，从而易生成大量的小颗粒。但搅拌速度过大不利于颗粒的生长。沉淀物的颗粒尺寸影响催化剂的比表面积、孔容、结晶度等物化性能。

7. 沉淀物的老化

沉淀法制备催化剂时，沉淀反应结束后，沉淀物与母液在一定条件下还需接触一定时间，沉淀物在这一过程中会发生晶型完善及晶型转变，发生的不可逆结构变化称为老化(或陈化、熟化)。老化过程从形成沉淀开始到过滤、洗涤至除去水分为止。老化期间发生的变化主要有以下几种。

1) 初生沉淀颗粒进行再结晶

同一种沉淀质量相同时，其晶粒越小，总表面积就越大。这是由于小晶粒比大晶粒有更多的角、边和表面，位于这些地方的离子受晶体内部离子的吸引力较小，易于在溶剂分子的作用下进入溶液中，因此小晶粒沉淀的溶解度比大晶粒的大。而将沉淀物和母液一起放置老化时，同一溶液如果对大晶粒是饱和的，那么对小晶粒就是不饱和的，则晶粒将发生溶解，此时溶液对大晶粒是过饱和的，溶液中的构晶离子就在大晶粒表面上沉积下来。这样溶液对小晶粒又将不饱和，则小晶粒继续溶解，如此反复，晶粒逐渐长大，因此老化作用可使小晶粒逐渐转变成大晶粒。有时初生的沉淀晶型不完整，有更多的棱角而易被逐渐溶解，在晶体比较完整的部分再结晶，从而形成结构更加完整的晶体。

此外，初生沉淀中结合杂质离子较多，这种杂质离子的存在也增大了再结晶的趋势。杂质离子易溶于母液中，在晶体表面留下了空位，晶格中的构晶离子失去相邻离子对它的作用，相对于完整晶格中的离子更易溶解并沉积在较完整的晶体上，因此老化的再结晶作用可使沉淀物更加纯净。

2) 发生晶型转变

用沉淀法生产活性氧化铝时，新生成的水合氧化铝通常是无定形的，有较高的水合度，在稀酸或水中易发生胶溶，对阴离子的吸附能力很强。而经过室温下 14 h 的老化，则变成结晶完整的湃铝石和诺水铝石。

老化过程中加热、搅拌、pH 等条件对沉淀物的晶粒生长和晶型转变也有很大的影响。加热与搅拌将增大沉淀的溶解速率和离子在溶液中的扩散速率，从而缩短老化时间，pH 的升高也会加速老化。应该注意的是，对于含有混合晶体的沉淀，老化不一定能提高纯度；对于伴随有后沉淀(指沉淀放置过程中，溶液中的杂质离子慢慢沉淀到原来沉淀上的现象)的沉淀物，老化有时反而会降低纯度，有时后沉淀引入的杂质较多。因此，应根据沉淀的类型及性质决定得到的沉淀是否需进行老化或如何进行老化。

2.1.6　沉淀的后处理过程

1. 过滤和洗涤

制备催化剂及载体时对杂质离子的含量有一定的限制，即使含有很少量的杂质离子也会影响催化剂的性质。在催化剂制备过程中，催化剂的原料中不可避免地会带入杂质离子，这时需用过滤及洗涤方法除去沉淀物中的杂质离子。沉淀法制备催化剂时，沉淀之后就是过滤和洗涤，过滤可使沉淀物与水分离，同时除去硝酸根(NO_3^-)、硫酸根(SO_4^{2-})、铵根(NH_4^+)、氯离子(Cl^-)及钠离子(Na^+)、钾离子(K^+)。酸根与沉淀剂中的 Na^+、K^+、NH_4^+ 生成的盐类都溶于水，在过滤时可除掉大部分，过滤后的滤饼仍含有 60%～90%的水分，这些水分中仍含部分盐类。因此，过滤后的滤饼还需要进行洗涤。

洗涤是催化剂制备中固液分离的一个重要步骤。沉淀过程中，由于表面吸附、形成混晶、机械吸留和包藏等，沉淀物中常会带入一定量的杂质。在酸性或碱性条件下进行中和沉淀时，形成的晶体颗粒也会附着大量酸根或氢氧化物。这些杂质或氢氧化物等都必须通过洗涤除去。用于洗涤的溶液或蒸馏水称为洗涤剂或洗涤液。沉淀法制备催化剂过程中，洗涤也是老化过程的继续(尤其在老化不充分情况下更明显)。洗涤看起来简单，但影响洗涤过程的因素很多。

洗涤过程既要达到除去杂质的目的，又要尽量减少沉淀物的溶解损失，并避免形成胶体溶液。其选用原则大致如下：①如果仅洗除剩余的氢氧化物或酸根，可用自来水或蒸馏水；②对于溶解度很小又不易形成胶体的沉淀，可使用蒸馏水、去离子水洗涤；③对于溶解度较小的无定形沉淀，应选用去离子水或易分解、易挥发的电解质稀溶液(如硝酸铵稀溶液)洗涤；④对于溶解度较大的晶形沉淀，宜用沉淀剂的稀溶液洗涤，但只能使用易分解并含易挥发成分的沉淀剂，如用草酸铵稀溶液洗涤草酸钙沉淀；⑤温热的洗涤液容易将沉淀洗净(因为杂质的吸附量随温度的升高而减少)，通过过滤介质也较快，还能防止胶体溶液的生成，但温度升高，沉淀损失也较大，因此溶解度小的无定形沉淀宜用热洗涤液洗涤，溶解度大的晶形沉淀以冷洗涤液洗涤为宜。

最常用的洗涤液是由电渗析器或离子交换树脂柱产生的去离子水(或称纯水)。有时在去离子水中还可加入适量易分解、易挥发的洗涤剂，以增强洗涤效果。洗涤的开始阶段，先将沉淀槽中的母液除尽，加入适量洗涤液，充分搅拌后过滤，重复洗涤数次直到沉淀洗净为止。洗涤操作必须连续进行，不能中途停顿或使沉淀物干涸，尤其是一些无定形沉淀，放置凝聚后就很难将杂质洗除。通常用尽量少的洗涤液多次洗涤，并在每次洗涤后过滤。判断沉淀是否已经洗净，应进行检查，一般是定性检查最后的洗涤液中是否还显示某种离子反应。

不同的洗涤条件对所得催化剂或载体的性质也会产生一定的影响。洗涤条件包括洗涤液的种类、用量、温度、pH 及洗涤次数等，要根据沉淀的性质及洗涤目的选择合适的洗涤条件。

2. 干燥和焙烧

干燥和焙烧是催化剂制备过程非常重要的两个步骤。

干燥的目的是脱除吸附水，一般在 60～200℃空气中进行。干燥过程是传热、传质过程。对流、传导和辐射三种传热方式在干燥中相互伴随、同时存在。经洗涤、过滤后的滤饼含水率一般为 60%～90%，需加热进行脱水，脱水过程中水分从沉淀物内部通过扩散作用到达表面，再从表面吸收热能汽化脱除，催化剂的部分孔结构也在这个过程形成。干燥过程对催化剂的孔结构、机械强度及活性组分分布都有较大影响。

载体或催化剂在不低于其使用温度下，在空气或惰性气流中进行热处理的过程称为焙烧。一般来说，300～600℃称为中温焙烧，高于 600℃称为高温焙烧。焙烧是催化剂的热处理过程，其目的主要有：①通过物料的热分解，除去化学结合水和挥发性杂质(如 CO_2、NO_2、NH_3 等)，使其转化成所需的化学成分和化学形态，形成稳定的结构；②焙烧时发生固态反应、互溶和再结晶，使催化剂获得一定的晶型、微晶粒度、孔径和比表面积等；③使微晶适当烧结，以提高催化剂的机械强度。因此，焙烧条件(如焙烧温度、焙烧时间等)对催化剂的比表面积和孔结构、表面酸性、晶型和微晶大小、机械强度、催化剂活性和稳定性等都有很大影响。

2.2 浸 渍 法

浸渍法广泛应用于制备负载型催化剂，尤其是低含量的贵金属负载型催化剂。负载型催化剂的表面由催化活性组分组成，本体内部由相对惰性的材料组成。催化剂的性质不但与活性组分的种类、含量有关，而且多数催化剂还与活性组分在载体上的分散状态有关。影响催化剂性质的因素除制备方法(负载金属组分的方法)外，溶液的浓度、pH、后处理等也是不可忽视的重要因素。

2.2.1 浸渍法的基本原理及分类

1. 浸渍法的基本原理

以浸渍为关键和特殊步骤制备催化剂的方法称为浸渍法。该方法的基本原理是活性组分(或连同助催化剂)以盐溶液形态浸渍到多孔载体上并渗透到内表面形成高效催化剂。固体的孔隙与液体接触时，由于表面张力的作用而产生毛细管压力，溶液在毛细管压力的作用下，由表面吸入载体细孔中，溶质的活性组分向细孔内壁渗透、扩散，进而被载体表面的活性点吸附，或发生沉积、离子交换，甚至发生化学反应，使活性组分负载在载体上，这些过程都伴随传质过程。当催化剂被干燥时，随着溶剂的蒸发，也会造成活性组分的迁移。这些传质过程不是单纯、孤立地发生，而是大部分同时进行且相互影响，所以浸渍过程必须同时考虑吸入、沉积、吸附与扩散的影响。

液体与多孔载体接触时，毛细管压力 p_K 可以按照下式计算：

$$p_K = 2\sigma\cos\theta/r \tag{2-2-1}$$

式中，σ 为表面张力；θ 为液体与固体的浸润角；r 为细孔半径。

液体在毛细管力的作用下，沿着载体的细孔内壁渗透，这一过程与载体的细孔结构、大小、形状和孔径有关，也与溶液的黏度、浓度等物理性质有关。通常，使用氧化物载体、浸渍溶液为水溶液时，毛细管力足够大，载体不需要事先进行抽真空排气处理，就可以顺利进行浸渍。为了增加浸渍量或浸渍深度，有时可使用真空浸渍法预先抽空载体内空气；升高浸渍液温度(降低其黏度)，增加搅拌。使用疏水性载体时，$\cos\theta<0$，浸渍操作在常压下不能进行，除考虑进行加压浸渍外，还可以利用某些有机溶剂调整浸润角。

浸渍法通常包括载体预处理、浸渍液配制、浸渍、除去过量液体、干燥和焙烧、活化等过程，其制备生产流程如图 2-2-1 所示。

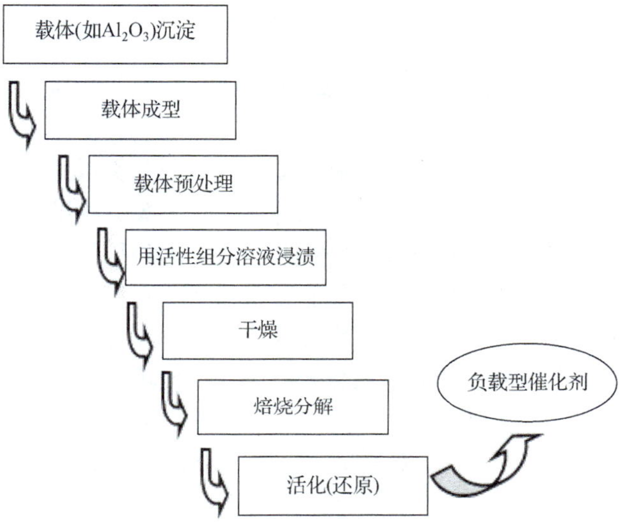

图 2-2-1　浸渍法制备负载型催化剂生产流程

2. 浸渍法的分类

1) 等体积浸渍法

等体积浸渍法就是载体的体积(一般情况下是指孔体积)与浸渍液的体积一致，浸渍液刚好能完全进入孔中，只需充分混合，浸渍溶液恰好浸没载体颗粒而无过剩，可省去废浸渍液的过滤与回收操作。该方法的特点是可以连续或间歇进行，设备投资少，生产能力大，能比较方便地控制活性组分的负载量(且容易算出)；但是活性组分的分散度很差，有的地方颗粒小，有的地方颗粒则很大(在实际实验中，载体加入时存在前后顺序，先与溶液接触的载体会吸附更多的活性组分)。因此，对颗粒大小要求不是很严的催化剂，该方法效果较好。

实际操作过程通常采用喷雾法，即把预先配制好的浸渍液喷到装于转动容器中的载体上。根据所需浸渍的载体量和吸水率可算出需要加入溶液的体积，再按照活性组分的负载量配制所需浓度的浸渍液。浸渍时间取决于载体的结构、溶液的浓度和温度等条件，通常为 30～90 min。该方法适用于载体对活性组分吸附能力很强的情况，就活性组分在载体上的均匀分布而言，此法不如过量浸渍法。当需要活性组分在载体的全部内表面上均匀分布时，载体在浸渍前可进行真空处理，抽出载体内的气体，或同时升高浸渍液温度，以增加浸渍深度。

2) 过量浸渍法

过量浸渍法是将载体浸入过量的浸渍溶液中(浓度 x%的浸渍液体积超过载体可吸收体积)，待活性组分在载体上的负载达到吸附平衡后，再滤掉(而不是蒸发掉)多余的溶液，干燥、活化后得到催化剂成品，此时催化剂的活性组分负载量需要重新测定。该方法的优点是活性组分分散比较均匀，并且吸附量能达到最大值(相对于浓度为 x%时，浓度不同，最大值不同，不同载体的最大值也不同)；缺点是不能控制活性组分的负载量(可以通过改变浓度实现，需要花大量的时间进行筛选)。通常并不是负载量越大活性越好，因为负载量过多离子也容易聚集。

过量浸渍法的实际操作步骤比较简单。例如，先将干燥后的载体放入不锈钢或搪瓷容器中，加入调好酸碱度的活性组分在水溶液中浸渍。此时，载体细孔内的空气依靠液体的毛细管压力被逐出，一般不必预先抽空。过量的浸渍液用过滤、沥析或离心分离的方法除去后，一般还经过与沉淀法相近的干燥、焙烧等工序。多余的浸渍液一般不处理或简单处理后，还可以再次使用。

3) 多次浸渍法

多次浸渍法是指为了制得活性组分含量较高的催化剂，反复多次进行浸渍、干燥和焙烧的制备方法。

以下三种情况可采用多次浸渍法：①配制浸渍液的金属盐类或化合物的溶解度小，一次浸渍时载体负载量小，需重复浸渍多次；②载体的孔容小，一次负载量过多时，易造成活性组分分布不均，需重复浸渍多次；③多组分溶液浸渍时，由于各活性组分在载体上的吸附能力不同，吸附能力强的组分易富集于孔口，而吸附能力弱的组分则分布在孔内，为避免各组分的分布不均，应将各个组分按顺序先后浸渍。每次浸渍后，必须进行干燥和焙烧，使其转化为不溶性物质，这样可以防止上次浸渍在载体上的化合物下一次浸渍时又重新溶解于浸渍液中，也可以提高下一次浸渍时载体的吸附量。

多次浸渍法工艺过程复杂，劳动效率低，生产成本高，一般只在上述特殊情况下采用。

4) 沉淀浸渍法

沉淀浸渍法是在浸渍法基础上辅以均匀沉淀法的一种新方法，是指将能在 40～120℃下分解且造成 pH 变化的试剂与浸渍液混合后再浸渍载体，升温使试剂分解，改变孔中溶液的 pH，使组分沉淀在载体表面上的制备方法。该方法是某些贵金属浸渍型催化剂常用的方法。因浸渍液多用氯铂酸、氯钯酸、氯铱酸或氯金酸等氯化物的盐酸溶液，这些浸渍液在被载体吸收、吸附达到饱和后，往往紧接着再加入 NaOH 溶液，使氯化物中的盐酸被中和，进而使金属氯化物转化为氢氧化物，并沉淀于载体的内孔和表面。这种先浸渍后沉淀的方法有利于 Cl^-的洗净脱除，可使生成的贵金属化合物在较低温度下用肼、甲醛、H_2O_2 等含氢化合物水溶液进行预还原。在这种条件下制得的贵金属活性组分不仅易于还原，而且颗粒较细，还不产生高温焙烧分解氯化物时的废气污染。

5) 流化喷洒浸渍法

流化喷洒浸渍法是指将浸渍液直接喷洒到流化床中处于流化状态的载体上，完成浸渍以后再进行升温干燥和焙烧。该方法适用于流化床反应器使用的细粉状催化剂，以及多孔载体的浸渍，制得的催化剂与浸渍法制备的催化剂没有区别，但具有流程简单、操作方便、周期短、劳动条件好等优点。其缺点是成品率(80%～90%)低、催化剂易结块、性质不均匀等。

6) 蒸气相浸渍法

除溶液浸渍外，也可借助浸渍化合物的挥发性，以蒸气相将其负载到载体上。例如，应用此方法制备正丁烷异构化催化剂 $AlCl_3$/铁矾土。在反应器内，先装入铁矾土载体，然后以热的正丁烷气流将活性组分 $AlCl_3$ 升华并带入反应器，使其浸渍在载体上，当负载量足够时，便可切断气流中的 $AlCl_3$，通入正丁烷进行异构化反应。该方法制备的催化剂在使用过程中活性组分也容易流失，必须随反应气流连续补加浸渍组分以维持催化性能稳定。适用于蒸气相浸渍法的活性组分沸点通常比较低。

7) 真空浸渍法

真空浸渍法的操作与传统的浸渍法基本相同，其基本原理是先对多孔材料进行抽真空处理，然后加入浸渍液，在真空环境的低压力下，浸渍液会自动渗透到材料内部，填充材料的孔隙和空隙，使其充分浸透。该方法的优点是抽真空可以脱除多孔材料孔道内部吸附的气体和水分，有利于金属离子进入孔道内部，尤其对于微孔分子筛，与传统的湿法浸渍相比，采用真空浸渍得到的最后材料，其金属离子分布较均匀且更容易进入孔道内部；缺点是操作相对麻烦。

8) 加压浸渍法

加压浸渍法是先将载体置于高温、真空条件下脱气处理一段时间，然后将含有金属的溶液加入预处理后的载体材料中(此步骤与真空浸渍类似)，接下来将浸渍后的样品与过量的浸渍液一起转移到高压釜中，充入一定压力的惰性气体(如氩气、氮气等)并维持一段时间。对于一些微孔、介孔和含有超笼的载体，为了使活性金属尽可能进入孔道内部，可采用加压浸渍法。

9) 超声浸渍法

超声浸渍法是在催化剂制备过程中，将浸渍体系置于超声波场，浸渍液在高温高压下产生空化气泡，利用这些气泡溃陷时产生的高速射流束将活性组分负载于载体表面；同时利用超声波的机械振荡效应，使组分均匀分散。与普通浸渍法相比，超声浸渍法除了可以减小金属晶粒的粒度、增大催化剂的比表面积外，还可以使活性组分均匀分散于载体上，从而提高催化剂的活性和稳定性。该方法具有操作简单、高效、易于控制和节能环保等优点。

2.2.2　浸渍法载体与活性组分

1. 载体

载体是催化剂的重要组成部分。用浸渍法制备负载型催化剂时，载体的种类、性质与浸渍效果直接相关，对催化剂的物理及化学性能都会产生很大影响。早期研究中通常只把载体作为支撑平台，催化剂的金属或氧化物组分尽可能均匀分布于其表面，具有足够的强度及稳定结构，以免固、气、液体流动冲刷而破碎。随着催化技术的发展，人们对载体的了解逐渐深化，载体的用途越来越广泛，在大多数场合下，载体也是一种助剂，在广义复合催化材料中载体是一种催化组分。

1) 载体的作用

使用不同载体，催化剂的活性会产生差异。载体的作用可归纳为：①与活性组分形成新的化合物，发挥特有复合功能；②增加有效表面积，提供合适孔结构；③提高催化剂的机械强度；④改善催化剂的热稳定性：⑤提供活性中心；⑥节省活性组分用量，降低成本；⑦增强催化剂抗毒能力；⑧均相催化剂负载化[9]。

2) 载体的分类

载体的种类繁多，性质差别很大，一般没有统一和规范的分类方法。因为载体的比表面积和催化剂的催化性能密切相关，而且载体的比表面积千差万别，所以按比表面积大小将载体分为小表面载体和大表面载体。表 2-2-1 给出了一些小表面载体和大表面载体的物理性质。

表 2-2-1　一些小表面载体和大表面载体的物理性质

载体		比表面积/(m^2/g)	比孔容/(mL/g)	孔径/nm
小表面载体	浮石	<1	—	—

续表

载体		比表面积/(m^2/g)	比孔容/(mL/g)	孔径/nm
小表面载体	刚玉	<1	0.08	—
	耐火砖	<1	—	—
	刚铝石	<1	0.33～0.45	—
	碳化硅	<1	0.40	—
大表面载体	SiO_2	600	0.2～0.4	2
	γ-Al_2O_3	150～300	0.3～1.2	～8
	η-Al_2O_3	130～390	0.2	—
	低铝硅酸铝	550～600	0.65～0.75	10
	高铝硅酸铝	400～500	0.80～0.85	5
	丝光沸石	550	0.17	—
	13X 分子筛	525	0.28	1
	4A 分子筛	650	0.23	0.4
	活性炭	500～1500	0.3～2.0	—

3) 常用载体的性质

某些载体材料的物理性质、酸碱性和熔点分别列于表 2-2-2、表 2-2-3 中。从表中可以看出，这些载体的熔点和导热系数都比较高，且不同的载体具有不同的酸碱性。

表 2-2-2　某些载体材料的物理性质

名称	熔点/℃	热膨胀系数/(×10^{-6}/℃)	导热系数/[kJ/(m·h·℃)]	密度/(g/cm^3)	耐氧化性/℃	耐热冲击/(×10^2℃)
Al_2O_3	2050	8.5	104	3.98	—	0.7
α-BeO	2570	10	753	3.01	—	0.7
MgO	2800	14	125	3.57	—	0.5
SiO_2	1700	0.5～17	0.8～29	2.27～2.65	—	—
ZrO_2	2550	9	8.4	5.49～5.60	—	—
β-SiC	2200(升华)	4.5	297	3.21	～1500	1.4
B_4C	2450	4.5	104	2.52	～600	8
TiC	3250	8.0	121	4.92	～600	2

表 2-2-3　某些载体材料的酸碱性和熔点

碱性物质	两性物质	中性物质	酸性物质
MgO (2800℃)	Al_2O_3 (2050℃)	$MgAl_2O_4$ (2135℃)	SiO_2 (1713℃)
CaO (1975℃)	TiO_2 (1825℃)	$CaAl_2O_4$ (1600℃)	SiO_2-Al_2O_3
ZnO (1975℃)	ThO_2 (3050℃)	$MgSiO_3$ (1910℃)	沸石
MnO (1600℃)	Ce_2O_3 (1692℃)	$Ca_3Al_2O_6$ (1535℃)	铝磷酸盐
	CeO_2 (2600℃)	Ca_2SiO_4 (2130℃)	
	Cr_2O_3 (2435℃)	$CaTiO_3$ (1975℃)	

续表

碱性物质	两性物质	中性物质	酸性物质
		$CaZrO_3$ (2550℃)	
		$MgSiO_3$ (1559℃)	
		Ca_2SiO_4 (1540℃)	
		碳	

4) 载体的选择

应根据催化剂用途、反应的要求、活性组分与载体的物化性能及相互作用正确选用载体。根据催化剂用途可选择不同形状的载体，包括颗粒状、条状、球形或圆柱体；根据反应类型的特点可选择不同性质的载体，如反应是外扩散控制则不需要比表面积较大的载体，反应若为内扩散控制则载体孔径不宜过小，否则阻挡反应物分子进入孔道内部，也使产物返回气相受阻；当反应为强放热反应时应选择耐热性好的载体；载体的酸碱性对催化剂性能也有很大程度的影响。因此，载体在进行浸渍制备前通常采取适当的处理，如焙烧、酸化、钝化、扩孔等，也应视反应的要求选择适当的处理方法。

采用浸渍法制备催化剂的过程中，浸渍时载体多数是已成型的(也有浸渍后成型的)。对载体的要求可归纳为：①机械强度好，能经受反应过程中温度、压力、相变等变化的影响，催化剂不会发生明显破裂或损坏；②有合适的形状与尺寸；③有足够大的比表面积、合适的孔结构和吸水率，以使负载的活性组分满足反应的需要；④有足够的稳定性，以抵抗活性组分的失活并能经受催化剂再生处理；⑤耐热性好，并具有一定的导热系数、比热容、相对密度以及适当的表面酸、碱性；⑥不含催化剂毒物和导致副反应发生的物质；⑦与活性组分匹配，可发挥最佳催化活性；⑧原料易得，制备简单，无污染。常用的载体有氧化铝、硅胶、分子筛、活性炭、浮石、活性白土、碳纤维、碳酸钙等，其中前四种载体使用较为普遍。

2. 活性组分

用浸渍法制备负载型催化剂时，浸渍液一般由所需活性组分的盐类或其他化合物的水溶液或添加一些竞争吸附剂组成。选用的活性组分盐类应满足：①溶解性好，结构稳定，长时间存放不出现沉淀和结晶现象，以利于活性组分在载体上均匀分布；②催化剂在焙烧过程中，盐类易分解为稳定的活性化合物；③非活性物质或对催化剂有害物质在焙烧或还原时易挥发；④若要求活性组分在载体上分布形式不同，则应选择不同的盐溶液。

根据以上要求，通常选用含有活性组分的硝酸盐、铵盐和有机酸盐(如乙酸盐、草酸盐、乳酸盐等)作为浸渍液。Au、Pd、Pt 等贵金属能溶于王水生成 H_2PtCl_6、$PdCl_2$ 等溶液，常可用作氯离子无影响的催化剂的浸渍液。此外，浸渍液还要求黏度小、流动性好，以利于浸渍均匀，缩短达到吸附平衡所需的时间，且浸渍后的溶液(浸后液)可回收再用。

2.2.3 活性组分的浓度分布与控制

催化剂活性组分在载体中的分布形式与控制是催化剂制备过程中的一项基础研究工作。催化剂活性组分浓度分布对催化剂性能和使用有很大影响，与催化剂活性、选择性、使用寿命及资源有效利用有密切关系。

1. 活性组分浓度分布

活性组分浓度分布是指活性组分在载体每个颗粒内从中心到表面形成有规律的分布。以球形催化剂为例，大致有均匀型、蛋壳型、蛋黄型、蛋白型等四种典型分布，见图 2-2-2。

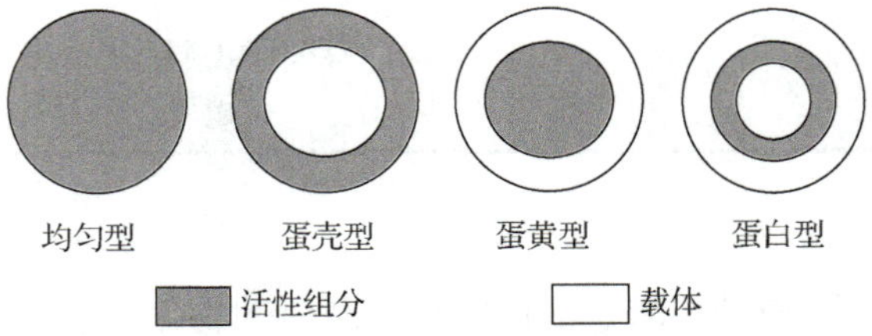

图 2-2-2　活性组分的分布形态

1) 均匀型分布

活性组分在催化剂内外表面均匀分布，是一种理想的催化剂。当催化反应由动力学控制时，这种分布形态更有利。当催化剂活性要求不太高时，这种分布也最有利，并且无扩散限制。此外，表面积越大，活性中心越多，催化活性也相应越高，而且活性组分均匀分布还有利于提高催化剂的抗烧结性能，即在高温下反应和再生时，活性组分不易发生团聚。

2) 蛋壳型分布

活性组分主要聚集在颗粒的外表层上及外表面的浅处，反应物分子易于到达并与活性组分接触，呈现出高催化反应活性。因此，蛋壳型分布对外扩散控制的催化反应有利，即有利于加快反应和提高反应的选择性。

3) 蛋黄型分布

活性组分集中在载体颗粒中心，当载体孔隙足够大，催化剂可能接触有毒物质或受强烈腐蚀时，其外层的载体可以起到毒物“过滤器”的作用，防止催化剂中毒，从而延长催化剂使用寿命。

4) 蛋白型分布

活性组分集中于远离载体颗粒中心和外表面的某一区域中。其分布介于蛋壳型分布与蛋黄型分布之间，当向颗粒中心的扩散受到限制，外表面处于有毒的环境中或受到腐蚀时可选择这种形式的分布。

2. 控制活性组分浓度分布

控制活性组分浓度分布一般采用以下几种方法。

1) 选择合适的载体

载体颗粒的大小、细孔构造(孔径及其分布)、化学表面性能(离子吸附位数量、等电点)、不纯物质的种类和分布状态等对活性组分的分布都有影响。将载体进行化学改性处理对改变活性组分分布有较显著的效果。

2) 选择合适的溶质(活性组分金属盐、化合物)和溶剂

对于同一种活性组分，选择不同种类化合物作为浸渍原料，其渗透速率各不相同，在载体上的分布形式也不相同。例如，在氧化铝上浸渍铂时，用氯铂酸浸渍可制得蛋壳型分布催化剂，用 $Pt(NH_3)_2(NO_2)_2$ 浸渍可制得均匀型分布催化剂。当需要蛋壳型分布催化剂时，还可以选用吸附量大的金属络合物作为浸渍液原料。

浸渍液所用溶剂通常对载体的亲水性与疏水性有很大影响，进而对活性组分分布产生很大影响。采用疏水性的活性炭作为载体，在不同的溶剂条件下，获得的活性组分分布也不同，而采用亲水性的 γ-Al_2O_3 为载体时，则得到相反的结果。实验表明，浸渍溶剂也会影响活性组分在不同载体上的表层分布深度、活性组分的吸附平衡及活性组分在载体上的分散程度，从而影响催化剂反应性能。

3) 添加竞争吸附剂

对于同一载体，不同竞争吸附剂或某种竞争吸附剂用量的增加都会影响活性组分的分布形态。王建国等考察浸渍法制备 Pt/Al_2O_3 催化剂中竞争吸附剂对铂分布的影响[10]。采用 η-Al_2O_3 小球在五种不同竞争吸附剂中浸渍一定时间，分成两份，一份测定竞争吸附剂在载体上的分布，发现吸附剂在一个均匀带上分布。另一份再用氯铂酸溶液浸渍，测定铂分布发现铂按两个环带分布，外环带颜色较浅，内环带颜色较深。竞争吸附剂不同，铂外环带颜色深浅也不同。吸附剂为柠檬酸时外环带颜色很浅，为乳酸时颜色较深。不同竞争吸附剂对氯铂酸吸附的影响不同。同一种竞争吸附剂初始浓度(c_0)不同，对氯铂酸吸附影响也不同。在一定实验条件下，不同浓度的柠檬酸对铂分布的影响见表 2-2-4。若其他条件不变，竞争吸附剂浸渍深度(壳层厚度)还取决于浸渍时间，时间过长即呈均匀分布，见表 2-2-5。

表 2-2-4　不同浓度的柠檬酸对铂分布的影响①

柠檬酸初始浓度/($\times10^{-2}$ mol/L)	7.54	17.5	27.5	52.5
外环带宽度/mm	0.36	0.65	0.70	—
内环带宽度/mm	0.44	内圆半径 0.57	内圆半径 0.41	—
铂分布形态	蛋白型	蛋黄型	蛋黄型	均匀型

① 氯铂酸初始浓度为 9.5×10^{-3} mol/L。

表 2-2-5　浸渍时间对铂分布的影响①

浸渍时间/min		45	60	90	120	150	>240
浸渍深度/mm	乳酸	0.30	—	0.47	—	0.59	均匀
	柠檬酸	—	0.41	0.53	0.61	0.69	均匀

① 柠檬酸 $c_0=6.1\times10^{-2}$ mol/L；乳酸 $c_0=4.64\times10^{-2}$ mol/L。

因此，利用竞争吸附的方法制备催化剂时，可以通过改变竞争吸附剂的添加组分、用量及浸渍时间等控制活性组分的吸附量、渗透深度和整个形态分布。

4) 改变浸渍条件

改变浸渍液浓度、浸渍时间、浸渍液 pH 和浸渍液温度可以控制活性组分的浓度分布。以制备 Pd-SiO_2 催化剂为例，所用载体为 Φ5～6 mm 的硅胶小球，浸渍液为 $PdCl_2$ 的盐酸溶液，通过改变盐酸浓度调节浸渍液的 pH，按硅胶球测定的吸水孔容进行等体积浸渍后，在 80～100℃下进行干燥，再经还原后其活性组分的分布形态如表 2-2-6 所示。

表 2-2-6　浸渍液 pH 对活性组分分布的影响

浸渍液 pH	硅胶球剖面上 Pd 分布形态	备注
0.2	蛋壳型分布；外层为黑色，内层为白色	白色是硅胶本身的颜色，黑色是还原后的金属 Pd 层

续表

浸渍液 pH	硅胶球剖面上 Pd 分布形态	备注
0.5	蛋壳型分布；外层为黑色，内层为白色	白色是硅胶本身的颜色，黑色是还原后的金属 Pd 层
1.0	蛋白型分布；外层为灰色、极薄，中层为黑色，内层为白色	
1.5	蛋白型分布；外层为灰色、极薄，中层为黑色，内层为白色	
5.2	蛋白型分布；外层为灰色、较厚，中层为黑色，内层为灰色	

从表中看出，浸渍液 pH 不同，既可得到蛋壳型分布，也可得到蛋白型分布。对于蛋壳型分布，Pd 处于载体球粒的外层，制备及使用时，活性组分容易磨损或脱落。

5) 选择合适的浸渍方法

负载型催化剂有两种常用的浸渍方法：过饱和浸渍和饱和浸渍。根据制备催化剂的活性组分分布情况与催化剂性能选择过饱和浸渍或饱和浸渍。

过饱和浸渍是指浸渍时浸渍液用量远大于载体吸水率，载体全部淹没在浸渍液中，液固比大于 1(通常为 1.5～2.0)。过饱和浸渍时，溶液浓度低，浸渍时间长，有利于活性组分均匀分布，特别是在活性组分用量较少时更加有利，实际生产中常采用此法。缺点是有较多的浸后液需要回收处理，尤其生产催化剂品种多时，浸后液种类多，占据较多储罐，而且生产周期长。

饱和浸渍是指浸渍液的用量恰好等于载体吸水率，浸渍液没有全部淹没载体或液面刚好与载体料面相平，其液固比等于或略小于 1。喷淋浸渍就是采用饱和浸渍法，将载体置于一个旋转设备中，然后将配制好的浸渍液用泵抽出，经喷嘴喷成雾状洒到载体上进行浸渍。浸渍液喷完后，旋转设备继续转动 1 h 左右，使载体浸渍更加均匀，然后在同一设备中进行干燥。饱和浸渍时，浸渍时间较短，生产效率高，没有浸后液处理的问题。缺点是易出现浸渍不均匀现象，要调整好操作条件，减少载体粉化率。

2.2.4　浸渍法制备负载型催化剂的工艺条件及影响因素

浸渍法制备负载型催化剂的工艺流程主要包括载体预处理(干燥或真空处理)、浸渍液配制、浸渍、过量液体去除、干燥及焙烧、活化等步骤。浸渍法制备催化剂的基本原理实质上是固液界面的吸附作用，即液体中的一种或多种组分在固液界面上富集。富集的过程主要涉及载体、浸渍液、浸渍过程、干燥过程等。不同的工艺最终影响活性组分在载体上的分布状况。因此，浸渍法制备负载型催化剂的影响因素很多，下面主要从浸渍液性质、载体性质、载体预处理、竞争吸附剂、浸渍条件、浸渍后热处理六个方面进行简要讨论。

1. 浸渍液性质的影响

1) 金属盐类

浸渍法制备催化剂所用浸渍液由各种金属盐类的水溶液组成。当所用盐类不同时，所得催化剂颗粒中的活性组分浓度分布也不同。例如，制备 Pt-Al_2O_3 催化剂时，采用不同铂的氯化物制得催化剂中 Pt 的浓度分布不同。氯铂酸与 Al_2O_3 有强的吸附作用，浸渍后 Pt 高度聚集在颗粒外表面；而二硝基二氨合铂[$Pt(NO_2)_2(NH_3)_2$]几乎不被 Al_2O_3 吸附，催化剂中 Pt 基本呈均匀型分布。表 2-2-7 列出了一些贵金属配合物在 Al_2O_3 上的吸附量及渗透深度，产生这种差别的主要原因是这些配合物与 Al_2O_3 浸渍时产生的配位基置换反应机理不同。

表 2-2-7　一些贵金属配合物在 Al_2O_3 上的吸附量及渗透深度

类型	配合物	60 min 后吸附金属的质量分数/%	金属渗透深度/μm
强反应性	H_2PtBr_6	96.7	224±16
	$(NH_4)_2PtCl_6$	83.9	205±46
	$(NH_4)_2PdCl_6$	96.7	227±35
	$(NH_4)_3RhCl_6$	75.0	189±35
	NH_4AuCl_4	97.0	—
	$(NH_4)_2RuCl_6$	63.8	—
弱反应性	$(NH_4)_2PtCl_4$	32.4	均匀
	$(NH_4)[Pt(C_2H_4)Cl_3]$	20.0	均匀
	$(NH_4)_2Pt(NO_2)_4$	45.5	均匀
	$(NH_4)_2PtCl_6$	29.6	均匀
	H_2PtCl_6	33.4	均匀
	$K_2Pt(CN)_4$	22.9	均匀
	$K_2Pt(SCN)_4$	22.5	均匀
	$[Pt(NH_3)_4]Cl_2$	23.2	均匀
	$[Pd(NH_3)_4]Cl_2$	36.4	均匀
	$[Rh(NH_3)_5Cl]Cl_2$	27.0	均匀
	$(NH_4)_2IrCl_6$	28.8	均匀

2) 浸渍液所用溶剂

浸渍液所用溶剂多数为去离子水，但当载体成分在水溶液中容易洗提出来，或者负载的金属盐类或化合物难溶于水时，就需使用醇类或烃类溶剂。此时，不仅要注意溶剂的易燃性及毒性，还要注意溶剂对活性组分在载体上分布的影响会随载体性质的不同而有较大差异。例如，用活性炭和 γ-Al_2O_3 作为载体浸渍氯铂酸溶液，用水作溶剂时，铂在活性炭上呈蛋壳型分布，而在 γ-Al_2O_3 上呈均匀型分布；用丙酮作溶剂时，所得结果正好相反，铂在活性炭上呈均匀型分布，而在 γ-Al_2O_3 上呈蛋壳型分布。这是由于活性炭为疏水性载体，有机溶剂丙酮可与氯铂酸进行竞争吸附，使活性组分形成均匀型分布；而 γ-Al_2O_3 为亲水性载体，用上述两种不同的溶剂浸渍就会得到相反的结果。

2. 载体性质的影响

浸渍催化剂的物化性能很大程度上取决于载体的性质，载体甚至还会影响催化剂的化学活性。而载体的吸附性质和孔结构等决定了影响活性组分分布的控制步骤。

1) 载体的吸附性质

浸渍过程伴随着吸附。载体对活性组分的溶质具有一定吸附能力，而载体的吸附性质是决定金属分散度及分布均匀性的基础。不同载体对同一种活性组分的溶质的吸附能力不同，同一

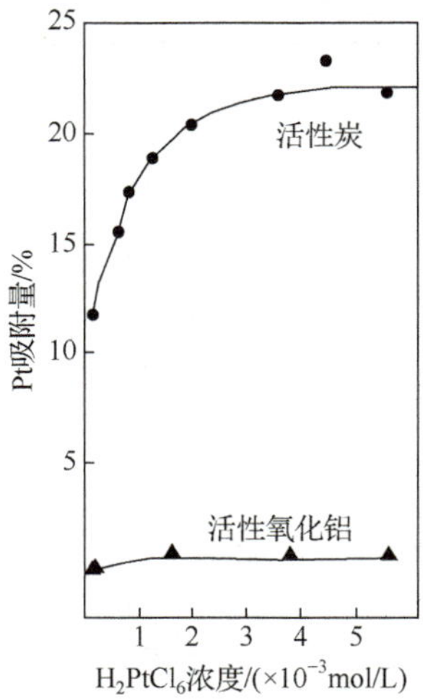

图 2-2-3　氯铂酸在不同载体上的吸附等温线

种载体对不同活性组分的溶质的吸附能力也不同。然而，一种载体对一种活性组分的溶质，在给定条件(温度、溶剂固定)下有一个确定的饱和吸附量。在达到饱和吸附量之前，吸附量随溶液浓度的增大而增加；达到饱和吸附量以后，吸附量趋于平稳，不随溶液浓度的增加而变化。在恒定温度下，吸附量与溶液浓度的关系曲线称为吸附等温线。它是根据吸附前和吸附达到平衡后溶液中溶质浓度的变化绘制的。图 2-2-3 为氯铂酸在不同载体上的吸附等温线，由图可见，不同载体对活性组分的吸附能力不同。

根据吸附等温线可找到载体对某一溶质的饱和吸附量，从而选取适宜的浸渍条件实现目标分布。对于吸附作用较强的物质，由于溶质的吸附速率远大于溶质在孔中的渗透速率，当浸渍量低于饱和吸附量且浸渍液浓度高于其吸附量对应的平衡浓度时，分布通常是不均匀的，活性组分主要集中于外层。但也可以通过改变载体吸附量的方法改变活性物质的渗透深度，如向浸渍液中加入竞争吸附剂或将载体先经预处理改变其吸附量。

常用载体为一些无机氧化物，氧化物对金属络离子的吸附取决于三个主要参数：氧化物的等电点、浸渍液 pH 和金属络离子的性质。在水溶液中大部分载体氧化物表面能极化带电，粒子所带电荷性质取决于所在溶液的 pH，如以 S—OH 表示粒子表面吸附位，在酸性介质中：

$$\mathrm{S{-}OH} + \mathrm{H^+A^-} \rightleftharpoons \mathrm{S{-}OH_2^+} + \mathrm{A^-}$$

式中，H^+A^-为酸。按照双电层理论，粒子带正电，在其周围有一带负电的反离子(A^-)扩散层，见图 2-2-4 左半部分。

在碱性介质中，以 B^+OH^-表示碱，则

$$\mathrm{S{-}OH} + \mathrm{B^+OH^-} \rightleftharpoons \mathrm{S{-}O^-B^+} + \mathrm{H_2O}$$

此时粒子带负电，而其周围为带正电的反离子扩散层，见图 2-2-4 右半部分。

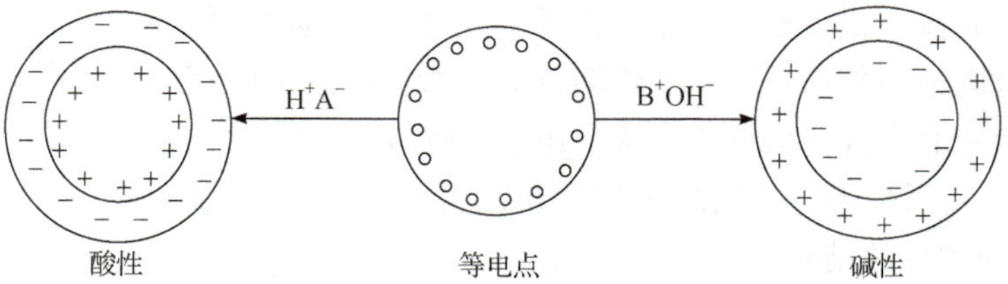

图 2-2-4　氧化物带电示意图

这两种情况之间存在一 pH，在该 pH 下，粒子带的正、负电荷相等，即不带电荷，或称带零点电荷，这一状态称为等电点状态，此状态下的 pH 为氧化物的等电点。测定载体在浸渍液中的电泳速度，通过 ζ 电位和 pH 的关系可求得载体氧化物的等电点。一些载体氧化物的等电点列于表 2-2-8。

表 2-2-8　一些氧化物的等电点

氧化物名称	等电点	吸附离子	氧化物名称	等电点	吸附离子
Sb_2O_3	<0.4	阳离子	ZrO_2	～6.7	阳离子或阴离子
WO_3	<0.5		CeO_2	～6.75	
SiO_2	1.0～2.0		Cr_2O_3	6.5～7.5	
UO_3	–4	阳离子或阴离子	α,γ-Al_2O_3	7.0～9.0	
MnO_2	3.9～4.5		Y_2O_3	～8.9	阴离子
SnO_2	～5.5		α-Fe_2O_3	8.4～9.0	
TiO_2	～6		ZnO	8.7～9.7	
UO_2	5.7～6.7		La_2O_3	～10.4	
γ-Fe_2O_3	6.5～6.9		MgO	12.1～12.7	

在水溶液中，离子与载体间相互作用的强弱在一定程度上取决于载体表面电荷性质。当溶液 pH 低于载体等电点时，载体表面带正电，对负离子吸附有利；当溶液 pH 高于载体等电点时，载体表面带负电，易进行正离子交换。对于离子沉积，大量研究表明[11]，当溶液 pH 接近高价正离子的一级水解常数时，离子与载体间的相互作用最强。因此，为了使离子与载体间有较强的作用且发生吸附，以便使负载的活性组分分散程度较高，溶液的 pH 应满足以下条件：

(1) 正离子交换：pH＞载体等电点值。

(2) 负离子吸附：pH≤载体等电点值。

(3) 离子沉积：pH≈pK_a。

由此可见，由氧化物的等电点值可预测它对某种离子的吸附能力并大致估算浸渍液的 pH。例如，SiO_2 载体的等电点为 pH 1～2，表明 SiO_2 是酸性的，当溶液 pH＞2 时，SiO_2 表面带负电，可吸附阳离子。因此，可选用 pH＞2 及阳离子配合物作为活性组分的浸渍液。对于等电点大于 10 的碱性氧化物(如 MgO 等电点为 pH 12.1～12.7)，可选用阴离子配合物作为浸渍液。对于 Al_2O_3 等两性氧化物，其等电点为 pH 7～9，载体既可带正电荷，也可带负电荷。因此，可选用 pH＜8 和阴离子配合物或 pH＞8 和阳离子配合物作为浸渍液。

2) 载体的孔结构

载体的孔结构对活性组分分布的影响是显而易见的。一般情况下，孔容及孔半径大，有利于浸渍液从表面扩散到内层，缩短达到吸附平衡所需的时间。载体的比表面积越大，可容纳的活性组分越多。载体结构致密、堆密度大时，较难浸渍；反之，结构较松、堆密度小时，则易于浸渍。

3. 载体预处理的影响

载体的酸碱性、孔结构等对制备催化剂的细节和催化剂的性能均有不同程度的影响，因此载体在进行浸渍制备前通常进行适当的预处理。

1) 焙烧处理

载体的焙烧处理主要有以下作用：通过微晶烧结，提高载体的机械强度；除去载体中易挥发组分形成稳定结构；使载体获得一定的晶型、晶粒大小、孔结构及比表面积。

2) 水泡处理

浸渍过程中通常会产生大量的吸附热，使浸渍液温度升高，有的浸渍液 pH 低，加上酸性作用，均会给催化剂结构和强度带来不利影响。为避免吸附热的影响，可对载体进行预水泡处理。

3) 抽真空处理

载体为多孔物质，会吸附空气中的水蒸气。在浸渍前将载体进行抽真空处理，可提高吸附量，以保证金属负载量。

4) 化学改性处理

浸渍前，载体先进行化学改性，以提高催化剂活性。例如，使用 HPO 法合成羟胺 Pd-Pt/C 催化剂，对活性炭载体表面进行不同氧化处理后，可产生大量具有亲水性的表面基团。这类基团的存在对活性组分具有较强的锚定作用，并对提高贵金属在载体表面的分散度具有重要作用。不同预处理条件对催化剂性能的影响见表 2-2-9。由表可见，经预处理后随表面官能团的增加，活性表面积增大，从而提高催化剂活性[12]。

表 2-2-9　不同预处理条件对催化剂性能的影响

预处理条件	活性炭表面酸量/(mmol/g)	Pd-Pt 活性表面积/(m^2/g)
未处理	0.216	51
20% HNO_3 70℃处理 2 h	0.886	87
40% HNO_3 70℃处理 2 h	1.621	125
10% HNO_3 40℃处理 2 h	1.295	103

4. 竞争吸附剂的影响

浸渍液中除活性组分外，有时还加入适量的第二组分，载体在吸附活性组分的同时也吸附第二组分，且两种组分在载体表面上被吸附的概率相同，加入的第二组分就称为竞争吸附剂，这种作用称为竞争吸附作用。由于竞争吸附剂的参与，一部分载体表面被竞争吸附剂占据，另一部分吸附活性组分，这就使少量的活性组分不仅分布在颗粒的外部，也能渗透到颗粒的内部。加入适量竞争吸附剂可使活性组分均匀分布。图 2-2-5 是竞争吸附示意图。用氯铂酸溶液浸渍 γ-Al_2O_3 是竞争吸附作用的典型例子。氯铂酸溶液与氧化铝相互作用较强，铂集中吸附在小球的外表面，分布不均匀，当加入适量的竞争吸附剂盐酸时，可以实现均匀分布。

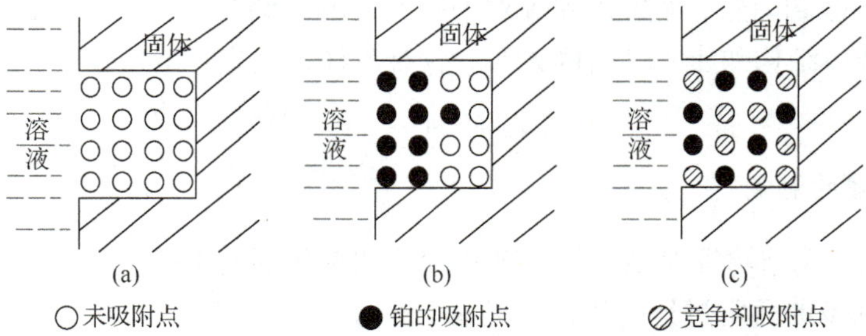

图 2-2-5　竞争吸附示意图

(a) 浸渍前；(b) 浸渍后；(c) 竞争吸附剂浸渍后

常用的竞争吸附剂有柠檬酸、酒石酸、盐酸、草酸、乳酸、三氯乙酸、一氯乙酸等，一些表面活性剂及氨水也可用作竞争吸附剂。竞争吸附剂的选择主要根据体系的固有特性及活性组分分布的要求而定。例如，对于 γ-Al_2O_3-H_2PtCl_6 体系，宜用酸或酸式盐作竞争吸附剂；而对

于 SiO_2-$Pt(NH_3)_4Cl_2$，则可用过量氨作竞争吸附剂。竞争吸附剂的性质不同，活性组分在载体上的分布状况也不同。

1) 竞争吸附剂的分子大小

如果选用的竞争吸附剂的分子直径比浸渍载体的孔径大，竞争吸附剂就不可能进入载体内孔，也就失去了竞争吸附的作用；此外，竞争吸附剂的分子直径虽然小于载体的孔径，但它吸附取向时不是吸附在孔壁上，而是集中在孔道上，这时就会阻挡活性组分分子的正常扩散，从而造成活性组分含量不够或分布不匀。因此，选用的竞争吸附剂的分子大小应尽量与载体内孔的几何形状及孔分布相对应。

2) 竞争吸附剂的吸附平衡常数

用浸渍法制备催化剂时，存在吸附及脱附的动态平衡。了解活性组分与竞争吸附剂的吸附平衡常数对掌握活性组分的分布趋势是有益的。如果活性组分的脱附速度大于竞争吸附剂，则活性组分最终会全部解吸出来，而当竞争吸附剂的量较大时，其位置会被竞争吸附剂占据，导致活性组分无法吸附或吸附很少；反之，如果竞争吸附剂的脱附速度大于活性组分，则竞争吸附剂的作用很弱，也就难以制得活性组分均匀分布的催化剂。

3) 竞争吸附剂的扩散性能

当载体浸入浸渍液时，如果竞争吸附剂的扩散速率大于活性组分的扩散速率，则竞争吸附剂比活性组分优先到达载体表面，并首先吸附在载体外表面及其细孔内表面的浅层，这就迫使后续扩散到载体的活性组分进入未被吸附的空白表面上，从而形成蛋白型或蛋黄型分布；反之，如果活性组分的扩散速率大于竞争吸附剂的扩散速率，则活性组分将先行扩散至载体表面并占据吸附位，竞争吸附剂也就失去竞争吸附的作用，从而导致活性组分富集在载体外表面及其浅层附近，形成蛋壳型分布。

4) 竞争吸附剂的化学作用

使用竞争吸附法制备催化剂时，竞争吸附剂选择适当，可以改善活性组分在载体中的分布状态。但若竞争吸附剂选择不当，如所选择的竞争吸附剂与活性组分或载体发生化学作用时，则有可能破坏或减弱催化剂的活性。此时，即使活性组分在载体中分布十分均匀，但其活性很差，催化剂将失去使用价值。因此，选用的竞争吸附剂不能给催化剂带来不利影响或引入有害物质。

5. 浸渍条件的影响

1) 浸渍液浓度

浸渍液浓度取决于催化剂中活性组分的含量。按照配方要求，根据催化剂活性组分的含量、载体孔体积、浸渍时液固比、载体对活性组分的吸附量等参数，从理论上可估算出所需配制的浸渍液浓度。

载体在给定条件(如温度、溶剂性质)下对溶质(活性组分)有确定的饱和吸附量，在到达饱和吸附量之前，吸附量随浸渍液浓度的增加而增大，到达饱和吸附量以后，吸附量则趋于平稳，不随溶液浓度的增加而变化。从图 2-2-3 氯铂酸在不同载体上的吸附等温线中可看出，活性炭对氯铂酸的饱和吸附量为 22% Pt，而活性氧化铝的饱和吸附量仅为 2.1% Pt。由此可知，在浸渍制备催化剂时，如果要求负载量小于饱和吸附量，则应采用低浓度浸渍液浸渍，并延长浸渍时间或使用竞争吸附剂，使吸附的活性组分均匀分布；如果要求负载量大于饱和吸附量，则最好采用最小饱和吸附浓度的浸渍液反复多次浸渍。因为提高浸渍液浓度会增加浓缩结晶沉积的负载量，而且容易得到较粗的金属晶粒，并使催化剂中金属晶粒的粒度分布变宽。

低浓度浸渍液多次浸渍的过程中，还需要注意：每次浸渍后，需要经干燥、焙烧，使可溶性的活性组分化合物转变为不易溶解的氧化物，以免下一次浸渍时将上一次已沉积在载体上的活性组分冲刷掉；在确定浸渍次数后，不要过多地增加浸渍次数，因为许多大孔载体能够很快被活性组分饱和，对于微孔载体，每次浸渍增加的活性组分量并不多，增加浸渍次数不仅会使浸渍流程和操作更加复杂，而且细孔易被活性组分堵塞，从而使活性降低。

使用浸渍法制备催化剂时，如果溶质的活性组分不吸附于载体上或不发生离子交换，则至少在溶质分子能进入的细孔内，浸渍液的组成可以认为是相同的。在这种情况下，浸渍液的浓度取决于催化剂中活性组分的含量。假设制备的催化剂要求活性组分含量(以氧化物计的质量分数)为 a，载体的孔容为 V_p(mL/g)，以氧化物计算的浸渍液浓度为 c(g/mL)，则 1 g 载体中浸入溶液负载的氧化物量为 V_pc，因此有

$$a = \frac{V_p c}{1 + V_p c} \times 100\% \tag{2-2-2}$$

对于多组分催化剂，其浸渍过程及溶质的吸附或迁移状况比单组分催化剂复杂得多，但也可用式(2-2-3)大致估算各组分的分布情况。

假设浸渍的固体催化剂中含有三种活性金属组分，A、B、M 分别为每克催化剂中三种活性金属含量，单位为 g。以活性金属 A 为例，可用式(2-2-3)计算出活性金属 A 在浸渍液中的浓度 c_A：

$$c_A = \frac{A}{(1 - A - B - M)V_p} \tag{2-2-3}$$

由式(2-2-3)可导出：

$$A = \frac{(1 - B - M)c_A V_p}{1 + c_A V_p} \tag{2-2-4}$$

同理，可推导出活性金属 B、M 的计算式：

$$B = \frac{(1 - A - M)c_B V_p}{1 + c_B V_p} \tag{2-2-5}$$

$$M = \frac{(1 - A - B)c_M V_P}{1 + c_M V_P} \tag{2-2-6}$$

式中，c_A、c_B、c_M 分别为活性金属 A、B、M 在浸渍液中的浓度，单位为 g/mL；V_p 为制备催化剂所用载体的吸水孔容，单位为 mL/g。

根据以上计算公式，就可按照催化剂所要求的活性组分含量及载体的孔容数值配制所需浓度的浸渍液。理论上讲，采用此方法计算的浸渍液浓度符合载体孔容要求的量，但进行实际浸渍操作时，上述计算结果有时达不到浸渍需要的量，通常可使溶液稍稍过量解决。

2) 浸渍时间

干燥载体浸没于浸渍液时，首先由于毛细管作用，浸渍液被吸入载体的细孔中，该过程称为毛细管浸渍。此时，溶解于溶剂中的活性组分由于毛细管吸力形成对流从外部渗透到颗粒内部，当浸渍液进入孔中心后，这种对流将停止。之后，溶质的活性组分进入颗粒内部依靠扩散及呼吸作用，此时称为扩散浸渍。毛细管浸渍时，浸渍液达到颗粒中心的时间 t_L 或液体渗透

到微孔内部所需时间可用式(2-2-7)计算而得[8]：

$$t_L = \frac{2\eta}{\sigma}\frac{y^2}{\bar{r}} \tag{2-2-7}$$

式中，η 为浸渍液黏度；y 为 t_L 时间内的渗透距离(或毛细管长度)；σ 为液体的表面张力；$\bar{r}$ 为载体的细孔平均孔半径。

当毛细管浸渍的时间超过浸渍液达到颗粒中心的时间 t_L，或将预先浸过溶剂的载体投入浸渍液中开始进行扩散浸渍，此时的浸渍时间 t_d 可用式(2-2-8)表示：

$$t_d = \frac{R^2(1+P)}{D} \tag{2-2-8}$$

式中，R 为载体颗粒半径；P 为载体中吸附的组分和孔溶液中的组分的比例；D 为扩散系数。

浸渍需要的时间可由参数 a 决定：

$$a = \frac{t_d}{t_L} \tag{2-2-9}$$

当 $a \leqslant 1.0$ 时，活性组分分布取决于毛细管作用；而当 $a \gg 1.0$ 时，分布取决于扩散过程中的选择性吸附。

因此，无论是毛细管浸渍还是扩散浸渍，都可用浸渍时间控制活性组分的分布形态。例如，对于毛细管浸渍，使浸渍时间 $t \ll t_L$，对于扩散浸渍，使 $t \ll t_d$，都可得到蛋壳型分布。而在不发生不可逆吸附反应的情况下，在 $t \gg t_L$ 或 $t \gg t_d$ 的条件下浸渍，一般可获得均匀型分布。由式(2-2-7)可知，细孔平均孔半径 $\bar{r}$ 对 t_L 有很大影响，因此改变平均孔径会影响活性组分的分布形态。

从表观上看，多孔载体与浸渍液接触，浸渍液向载体颗粒中心浸透时，由于微孔很细，溶液又具有一定黏度，渗透阻力很大，因此浸渍液从孔口扩散到颗粒深处需要一定时间，延长浸渍时间有利于达到吸附平衡，使活性组分分布均匀且负载量增加。浸渍时间过短，吸附平衡尚未建立，则会得到活性组分分布不均匀且负载量较少的催化剂。但当浸渍达到饱和后，再延长浸渍时间，对催化剂性能提升不大。

3) 浸渍液 pH

浸渍液的 pH 对于保证浸渍液不产生沉淀或结晶有重要作用，而且对载体的吸附性能有较大影响。对于同一种载体，浸渍液的 pH 不同，会产生不同的活性组分分布状况。

4) 浸渍液温度

吸附是放热反应，通常在浸渍时可观察到吸附放热使浸渍温度明显上升的现象，因此浸渍液的温度高不利于活性组分的吸附。可采用载体预处理的方法转移部分吸附热，如用水泡载体或真空脱气净化载体表面。但浸渍液温度过低会造成活性组分结晶析出，甚至难以进行喷浸操作。

6. 浸渍后热处理的影响

载体浸渍活性组分后就成为催化剂，由于浸渍液多为稀溶液，因此浸渍操作后一般需要对催化剂进行干燥处理，以除去不属于催化剂的水或溶剂。

浸渍过程中，一部分活性组分沉降吸附在载体颗粒细孔壁表面，另一部分活性组分仍留存在细孔体积内的溶液中，有时甚至全部活性组分留存于细孔体积的溶液中。干燥过程中，大量水或溶液蒸发时，不可避免地携带溶质分子(活性组分)从载体内孔深处慢慢移到表面或表层以内的深处，使原来均匀分布的溶质进行再分布，从而导致活性组分的不均匀分布。因此，浸渍后的干燥过程对活性组分的最终分布形态有重要影响。

干燥过程中，水分的蒸发速率不同，会对活性组分在载体颗粒多孔体内的分布和聚集产生不同的影响。当溶液从颗粒表面蒸发的速率小于表面张力作用下溶液从颗粒内迁移的速率时，称为慢速干燥。慢速干燥时，热量从颗粒外部传递到内部，产生温度梯度。颗粒外表面或靠近外表面的毛细孔中的溶剂总是先蒸发，在孔口形成弯月形液面。随着颗粒外部溶剂的蒸发，内部溶质随溶剂一起向颗粒外部迁移，当溶液达到饱和时，溶质开始从颗粒外部或孔口处沉淀出来。溶剂不断蒸发，溶质不断迁移沉淀，使颗粒表面的活性组分含量高于颗粒内部，引起活性组分分布不均匀。如果快速干燥，溶液蒸发速率大于毛细管内迁移速率，孔内弯月形液面在干燥过程中不断下降，当活性组分浓度达到饱和时，活性组分就会沉积在孔壁或扩散到剩余的溶液中，形成均匀分布。

活性组分在载体上的迁移和分布与载体对活性组分的吸附强度直接相关，载体对活性组分吸附越弱，溶液浓度越大，干燥速度越慢，溶质迁移现象越严重。因此，对于弱吸附的情况，快速干燥更加有利。

载体浸渍活性组分后，不同的干燥方式(如烘箱干燥、真空干燥、红外干燥、微波干燥等)、干燥温度和干燥时间对活性组分的分布也有影响，会使催化剂表现出不同的催化性能。

2.3　球　磨　法

机械球磨法一般简称球磨法，是近年来较为常见的材料处理与合成方法。球磨法在球磨机的作用下，使用磨球作为球磨介质，利用磨球、球磨罐和待处理物料三者之间的机械碰撞与摩擦产生的高密度能量驱动发生化学反应或诱导材料结构与性质的改变，如减小粒子尺寸、固态合金化、混合或融合，以及改变粒子的形状等，从而达到处理与合成材料的目的。

高能球磨法是机械球磨技术中应用最广泛的一种方法。高能球磨法与传统低能球磨法的不同之处在于球磨的运动速度较大，不受临界转速的限制，可使粉体产生塑性变形及相变。传统的球磨工艺只对粉体起破碎和混合均匀的作用，高能球磨法利用搅拌器将动能通过磨球传递给被作用物质，能量利用率大大提高，已经成为制备纳米材料的重要方法之一[13]。目前常用的球磨机有搅拌式球磨机、行星式球磨机和振动式球磨机，分别如图 2-3-1、图 2-3-2 和图 2-3-3 所示。球磨罐和磨球的材质主要有不锈钢、氧化锆、玛瑙、碳化钨和聚四氟乙烯等。

图 2-3-1　搅拌式球磨机

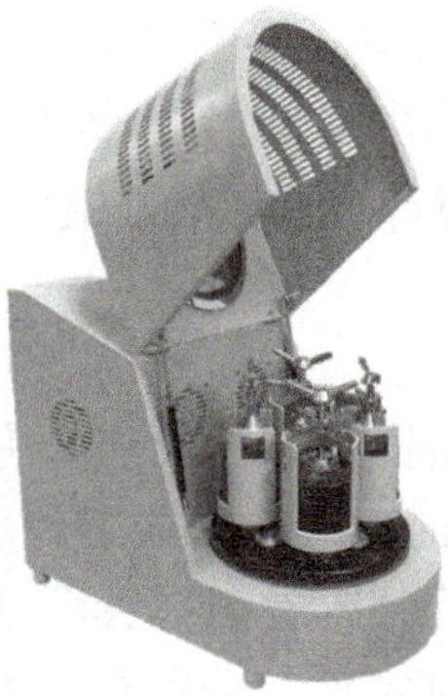

图 2-3-2　行星式球磨机

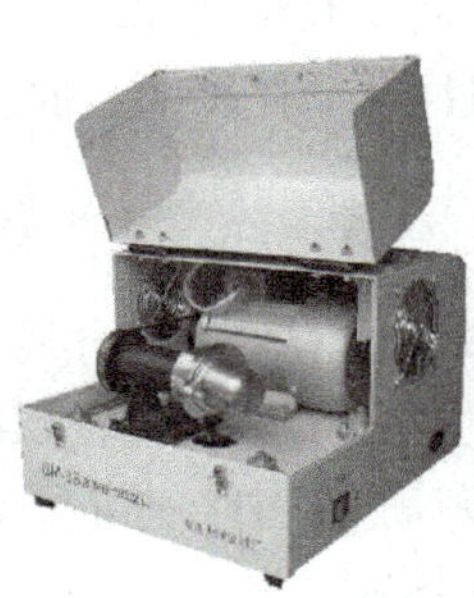

图 2-3-3　振动式球磨机

2.3.1 球磨法的定义及工艺流程

1. 球磨法的定义

球磨法是利用球磨机的转动或振动，使硬球对原料进行强烈的撞击、研磨和搅拌，将粉末粉碎为纳米级微粒的方法。将两种或两种以上粉末同时放入球磨机的球磨罐中进行高能球磨，粉末颗粒经压延、压合、碾碎、再压合的反复过程(冷焊—粉碎—冷焊反复进行)，最后获得组织和成分分布均匀的合金粉末。由于这种方法是利用机械能而不是热能或电能达到合金化，因此把高能球磨制备合金粉末的方法称为机械合金化。具体过程是单质粉末与合金粉末原料按一定比例与磨球混合，在高能球磨机中长时间碾磨。碾磨过程中，由于磨球与磨球、磨球与球磨罐之间的高速撞击和摩擦，处于它们之间的粉末受到冲击、剪切、摩擦和压缩等多种力的作用，发生形变直至断裂，该过程反复进行，复合粉末组织结构不断细化并发生扩散和固态反应形成合金粉。显然，在机械合金化过程中存在组分的传输，原料的化学组成发生了变化[14]。

2. 球磨法的工艺流程

高能球磨法是无外部热能供给的高能球磨过程，是将大晶粒变为小晶粒的过程。其工艺流程如下：

(1) 根据所制产品的元素组成，将两种或多种单质或合金粉末混合组成初始粉末。

(2) 根据所制产品的性质，在钢球、刚玉球或其他材质的磨球中选择一种组成球磨介质。

(3) 把初始粉末和球磨介质按一定比例放入球磨机中球磨。

(4) 对于塑性非常好的粉末，往往加入 1%～2%(质量分数)的有机添加剂(甲醇或硬脂酸)以防止粉末过度焊接和粘球。

(5) 充入惰性气体 Ar、N_2 等保护。

(6) 启动球磨仪，使磨球与磨球、磨球与球磨罐壁碰撞将初始粉末混合均匀，并使其产生塑性变形。经长时间的球磨，复合粉末的组织细化，发生扩散和固态反应，最终形成合金粉。

在此制备过程中，需要控制的工艺参数有球磨时间、球磨转速、料球比、装样率和球径[15]。注意：步骤(4)和步骤(5)是可选项。

在球磨转速和装样率不变的情况下，粒度和均匀性系数随球磨时间和球料比的变化而变化：球料比越小、球磨时间越短，获得的粉体粒度越大、均匀性系数越小；反之，粉体粒度越小、均匀性系数越大。这说明当球料比越大、球磨时间越长时，球磨介质之间以及球磨介质和球磨罐壁之间的撞击和球磨的频率越高、强度越大，有利于粉体的细化；而当球料比越小、球磨时间越短时，球磨介质与粉体的撞击和球磨频率、强度均会下降，不利于粉体的细化。但球料比也不能过大，过大的球料比不仅会降低生产率，还会产生撞空现象，加速球磨介质的磨损，使产品杂质增多。

在球磨转速和球磨时间不变的情况下，粉体粒度和均匀性系数随球料比和装样率的变化而变化：球料比越小、装样率越大，获得的粉体粒度越大、均匀性系数越小；反之，粉体粒度越小、均匀性系数越大。分别固定装样率和球料比时，随着球料比的减小，粒度反而减小、均匀性系数增大；随着装样率的增大，粒度增大、均匀性系数减小。

在球磨转速和球料比不变的情况下，粉体粒度和均匀性系数随球磨时间和装样率的变化而变化：球磨时间越短，装样率越大，获得的粉体粒度越大、均匀性系数越小；反之，粉体粒度越小、均匀性系数越大。这表明大的装样率和短的球磨时间不利于粉体的细化。

在球磨时间和装样率均不变的情况下，粉体粒度和均匀性系数随球磨转速和球料比的变化而变化：在大的球料比、高的球磨转速下可以得到较细的粉体；在球料比小的情况下，可以选取较高的球磨转速，抑制球料比大带来的不利后果。

2.3.2 球磨法制备多组分复合催化剂的影响因素

高能球磨法所需设备少，工艺简单，但影响最终产品的组成和性能的因素很多[16]。

1. 球磨容器

球磨容器的材质及形状对球磨结果有重要影响。球磨过程中，球磨介质对球磨容器内壁的撞击和摩擦作用会使球磨容器内壁的部分材料脱落进入球磨物料中造成污染。常用球磨容器的材料通常为淬火钢、工具钢、不锈钢、WC 内衬淬火钢或 WC-Co 硬质合金等。有时为了特殊目的选用特殊的材料，如球磨物料中含有铜或钛时，为了减少污染，选用铜或钛材质的球磨容器。此外，球磨容器的形状也很重要，特别是内壁的形状设计。例如，异形腔就是在球磨腔内安装固定滑板和凸块，使球磨腔断面由圆形变为异形，从而提高介质的滑动速度并产生向心加速度，增强介质间的摩擦作用，有利于合金化进程。

2. 球磨转速

球磨机的转速越高，传递给球磨物料的能量越多，但并非转速越高越好。这是因为，一方面，球磨机转速提高的同时，球磨介质的转速也会提高，当达到某一临界值或以上时，磨球的离心力大于重力，球磨介质紧贴于球磨容器内壁，磨球、粉料和磨筒处于相对静止状态，此时球磨作用停止，球磨物料不产生任何冲击作用，不利于塑性变形和合金化进程；另一方面，转速过高会使球磨系统升温过快，温度过高有时是不利的，如较高的温度可能会导致球磨过程中需要形成的过饱和固溶体、非晶相或其他亚稳相分解。

3. 球磨时间

球磨时间直接影响产品的组分和纯度，对粒度的影响也较明显。在开始阶段，随着球磨时间延长，粒度下降较快，但球磨一定时间后，即使继续延长球磨时间，产品粒度的下降幅度也不太大，不同的样品有不同的最佳球磨时间。因此，在一定条件下，随着球磨的进行，合金化程度越来越高，颗粒尺寸逐渐减小并最终形成稳定的平衡态，即颗粒的冷焊和破碎达到动态平衡，此时颗粒尺寸不再发生变化。但球磨时间越长，造成的污染也越严重，影响产品的纯度。

4. 球磨介质

高能球磨中一般采用不锈钢球为球磨介质，为避免球磨介质对样品的污染，在球磨易磨的物料时，也可采用瓷球。球磨介质要有适当的密度和尺寸，以便对球磨物料产生足够的冲击，这些对最终产物都有直接的影响。例如，研磨 Ti-Al 混合粉末时，若采用直径为 15 mm 的磨球，最终可得到 Ti-Al 固溶体；若采用直径为 20～25 mm 的磨球，在同样的条件下，即使研磨更长的时间，也得不到 Ti-Al 固溶体。

5. 球料比和装球容积比

在球磨过程中，球料比是决定反应速率的关键因素，因为它决定了碰撞时捕获的粉末量和单位时间内有效碰撞的次数。球料比影响粉末粒子的碰撞频率，球料比越高，合金化速率越快、越充分，通常情况下，球料比指的是球磨介质与球磨物料的质量比(通常球磨介质是球状的，所以称为球料比)。相同条件下，随着球料比的增加，球磨能量升高，微粒粒度变细，但球料比过大，生产率会降低，这是不可取的。当球料比一定、球径确定时，球运动的平均自由程取决于装球容积比(磨球总体积/球筒体积)。增大装球容积比，球运动的平均自由程减小，两球碰撞时捕获的微粒数量减少；当装球容积比过大时，球运动的平均自由程太小，微粒变形量减小，效率下降。

6. 球磨温度

球磨温度升高，球磨形成纳米材料的有效应变减少、晶粒尺寸增大，显著影响粉末制成块体材料的力学性能。而且无论球磨的最终产物是固溶体、金属间化合物、纳米晶还是非晶相都涉及扩散问题，而扩散又受球磨温度的影响，因此温度也是球磨的重要影响因素。一般认为，球磨时粉末的温升不要超过 350 K。

7. 球磨气氛

气体环境是产生污染的重要因素。球磨过程中，金属粉末颗粒和磨球进行剧烈的碰撞，颗粒重复性地被挤压变形、断裂、焊合及再挤压变形。在每次冲击载荷的作用下，粉末颗粒都会产生新生表面，其表面能很高，极易被氧化而重新结合在一起。因此，球磨一般在真空或惰性气体保护下进行。

8. 过程控制剂

球磨过程中，粉末存在严重的团聚、结块和粘壁现象，大大阻碍了球磨的进程。为此，常在球磨过程中添加过程控制剂(PCA)，如硬脂酸、固体石蜡、乙醇和四氯化碳等，以降低粉末的团聚、粘球、粘壁以及球磨介质与球磨容器内壁的磨损程度，可以较好地控制粉末的成分，提高出粉率。

2.4　水热和溶剂热法

水热和溶剂热法是无机合成化学的一项重要技术，是研究物质在高温和密闭高压溶液条件下的化学行为与规律的重要化学分支。水热合成研究从最初模拟地矿生成开始到合成沸石分子筛和其他晶体材料已经有 100 多年的历史。直到 20 世纪 70 年代，人们才认识到水热法是一种制备纳米粉体材料的先进方法。与其他粉体制备方法相比，水热合成纳米材料的纯度高、晶粒发育好，避免了因高温煅烧或球磨等后处理引起的杂质和结构缺陷。溶剂热合成研究是近 20 年发展起来的，主要指在非水有机溶剂热条件下的合成，用于区别水热合成。与其他制备方法相比，溶剂热反应的显著特点是反应条件非常温和，可以得到亚稳相材料，制备新物质等。

2.4.1　水热和溶剂热法的技术特点及反应机理

水热合成与溶剂热合成是指在一定温度及压力下利用溶液中物质的化学反应进行的合

成，水热合成反应在水溶液中进行，溶剂热合成是在非水有机溶剂热条件下的合成。水热和溶剂热法是一种重要的无机合成方法，可以用这种方法合成沸石分子筛、介孔分子筛、纳米催化材料及水晶单晶等新型材料。

1. 水热和溶剂热法的技术特点

水热法与溶胶-凝胶法、共沉淀法等其他湿化学方法的主要区别在于温度和压力不同，水热法的操作温度范围在水的沸点和临界点(374℃)之间，常用的温度范围是 130～250℃，相应的水蒸气压力为 0.3～0.4 MPa，而特殊的高温、高压水热合成温度可高达 1000℃，压力可高达 0.3 GPa。

水热和溶剂热合成化学侧重于水和其他溶剂热条件下特定化合物与材料的合成与组装，它与固相合成反应的差别在于“反应性”不同，这种“反应性”的不同主要反映在反应机理上。水热和溶剂热反应主要以液相中化学个体间的反应为特点，而固相合成反应机理主要以固相扩散为特点。水热和溶剂热合成化学有如下特点：

(1) 在水热和溶剂热条件下，反应物的反应性能将发生改变，活性的提高使水热和溶剂热法有可能替代固相合成反应及难于进行的合成反应，并产生一系列新的合成方法。

(2) 在水热和溶剂热的溶液条件下，有利于生长缺陷少、取向好的完美晶体，而且合成产物的结晶度好、晶体的粒度易于控制。

(3) 在水热和溶剂热条件下，某些特殊的氧化还原中间态、亚稳相及某些特殊物相易于生成，因此能合成及开发出一系列有特殊亚稳结构及特种聚集态的新材料或新物质。

(4) 水热和溶剂热条件下的环境气氛易于调节，因此有利于低价态、中间价态及特殊价态化合物的生成。

(5) 低熔点、高蒸气压且不能在熔体中生成的物质能够在水热和溶剂热条件下晶化生成。

2. 水热和溶剂热法的反应机理

“水热”原本用于地质学中描述地壳中的水在温度和压力联合作用下的自然过程。因此，早期的水热合成主要模拟地质条件下的矿物合成，并成功地合成出沸石分子筛及相关的中孔和微孔物质。现在，水热合成已扩展到功能性复合氧化物及氟化物材料、电子及离子导体材料、原子簇化合物、特殊无机配合物等合成领域。随着人们对水热反应机理的不断了解以及对新的合成方法和技术的探索，水热反应技术必将在高科技领域中有更广阔的应用前景。目前，在基础研究方面，水热反应的重点仍然是新化合物的合成、新合成方法的研究和新合成理论的建立。不过人们已经开始注意水热非平衡条件下的机理及高温高压下合成反应机理的研究。

高温高压条件下，水处于超临界状态，物质在水中的物理化学性质均发生了很大的变化，因此水热化学反应明显不同于常温常压下的化学反应。水热条件下，化学反应呈现出复杂离子间的反应加速、水解反应加剧、氧化还原电位发生变化等特征。因此，研究水热物理化学，如水热条件的特点、溶解度与温度的关系、水热反应动力学等，可提高水热反应的预见性，有助于进一步了解水热反应的机理和进程[17]。

1) 水热条件的特点

水热条件下，水溶液的黏度比常温常压下溶液的黏度低几个数量级。扩散与溶液的黏度成反比，因此在水热溶液中存在十分有效的扩散，从而使水热晶体比常温常压水溶液晶体具有更高的生长速率，生长界面附近有更窄的扩散区，以及减少组分过冷和枝晶生长等。水热条件下，水的介电常数也明显降低，从而影响水作为溶剂时的能力和行为，如水的介电常数降低导致电解质不能更有效地分解。但是，水热溶液仍具有较高的导电性，这是因为水热条件下溶液的黏度下降，造成离子迁移的加剧，抵消或部分抵消了介电常数降低的影响。另外，水热条件下，水的热扩散系数比常温常压下有较大幅度的增加，表明水热溶液具有比常温常压下更大的对流驱动力。

2) 水热溶液中物质的溶解度

水热条件下各类物质的溶解度是利用水热法进行晶体生长或废弃物无污染处理时需要首先考虑的参数。一般来说，化合物在水热溶液中溶解度的温度特性有以下三种情况：①具有正溶解度温度系数，溶解度随温度升高而增大；②具有负溶解度温度系数，溶解度随温度升高而减小；③在一定的温度范围内具有正溶解度温度系数，而在另一温度范围内具有负溶解度温度系数。常温常压下有机化合物一般不溶于水，但是在水热条件下，其溶解度随温度的升高急剧增大。以二苯基聚氯化合物为例，这是一种对环境造成污染的废弃物，在 NaOH 或添加其他化合物的 NaOH 水热溶液中，二苯基聚氯化合物可完全溶解。有机化合物的这一特性是水热法用于有机废弃物无污染处理的基础。

3) 水热反应动力学和形成机理研究

水热反应机理研究是当前水热领域中的重要研究方向。经典的晶体生长理论认为水热条件下晶体的生长包括三个阶段：①溶解阶段，反应物首先在水热介质中溶解，以离子、分子或离子团的形式进入水热介质中；②输运阶段，这些离子、分子或离子团由于水热体系中存在的热对流及溶解区和生长区之间的浓度差，被输运到生长区；③结晶阶段，这些离子、分子或离子团在生长界面上吸附、分解与脱附、运动并结晶生长。晶体的形貌与水热反应条件密切相关，同种晶体在不同的水热反应条件下会产生不同的形貌。简单地套用经典的晶体生长理论很多时候不能很好地解释一些实验现象，因此在大量实验的基础上产生了新的晶体生长理论——生长基元理论模型。生长基元理论模型认为在水热晶体生长的第二阶段即输运阶段，进入溶液的离子、分子或离子团发生反应，形成具有一定几何构型的生长基元。这些生长基元的大小和结构与水热反应条件密切相关。在同一水热反应体系中，有可能存在不同大小和结构的生长基元，它们之间存在动态平衡。生长基元具有的能量和几何构型越稳定，其在体系中出现的概率就越大。在界面上叠合的生长基元必须满足晶面结晶取向的要求，而生长基元在界面上叠合的难易程度则决定了该晶面族的生长速率，最终决定晶体的形貌。生长基元理论模型将晶体的结晶形貌、晶体的内在结构及水热生长条件有机地结合起来，可以很好地解释许多实验现象。

溶剂热法是在水热法基础上发展起来的一种新型纳米材料制备方法。其基本原理与水热法相同，只是改用有机溶剂代替水作为溶剂热法中的溶剂。但它的反应条件比较温和，可以稳定亚稳相，制备新物质。水热法与溶剂热法有时会混合使用，并且分类方法也不易严格区分。

在溶剂热反应中，溶剂作为一种化学组分参与反应，既起溶剂作用，又是矿化的促进剂，同时还是压力的传递媒介。反应时，一种或多种前驱体溶解在非水溶剂中，在液相超临界条件下，反应物在溶液和热环境中变得更活泼，诱导反应发生，产物缓慢生成，使过程变得简单且易于控制，而且在密闭体系中可以有效地防止有毒物质的挥发。此外，还能有效地控制物相的形成、粒度的大小和形态，而且产物的分散性更好。

2.4.2　水热和溶剂热法的反应类型

水热和溶剂热反应是在相对高温和高压环境下的水或有机溶剂中进行的化学反应。随着水热和溶剂热合成化学研究的深入，目前开发出的水热和溶剂热合成反应已有 20 多种类型。下面对几种常见的反应类型进行简要介绍。

1. 合成反应

水热和溶剂热合成反应是两种或两种以上的化合物在水热或溶剂热条件下直接化合或经中间态化合生成新的化合物的反应。例如：

$$TiO_2 + Ba(OH)_2 \cdot 8H_2O \longrightarrow BaTiO_3 + 9H_2O$$

2. 分解反应

某些氧化物在水热或溶剂热条件下分解成新的化合物，进行分离得到单一化合物。例如：

$$FeTiO_3 \longrightarrow FeO + TiO_2$$

3. 氧化反应

金属和高温高压的纯水、水溶液、有机溶剂反应得到新氧化物、配合物、金属化合物。例如：

$$3Fe + 4H_2O \longrightarrow Fe_3O_4 + 4H_2\uparrow$$

4. 还原反应

一些金属氧化物、氢氧化物、碳酸盐或复盐用水调浆，无需或只需少量试剂，控制适当温度和氧分压等条件，即可制得超细金属粉体。例如：

$$Me_xO_y + yH_2 \longrightarrow xMe + yH_2O$$

式中，Me 为银、铜等。

5. 水解反应

在水热和溶剂热条件下进行加水分解，如醇盐的水解反应。

6. 沉淀反应

某些化合物在通常条件下无法或很难形成沉淀，但是在水热或溶剂热条件下能够生成新的化合物沉淀。例如：

$$ZrOCl_2 + CO(NH_2)_2 + 2H_2O \longrightarrow ZrO_2\downarrow + 2NH_4Cl + CO_2$$

7. 热处理反应

先用其他方法如熔融法获得晶体，然后利用水热或溶剂热条件处理晶体，从而获得具有特征性能的晶体。例如：

$$\text{人工氟石棉} \longrightarrow \text{人工氟云母}$$

8. 晶化反应

将溶胶-凝胶等非晶态物质通过水热或溶剂热法晶化。例如：

$$CeO_2 \cdot xH_2O \longrightarrow CeO_2 + xH_2O$$

9. 转晶反应

利用水热或溶剂热条件下物质热力学和动力学稳定性质差异进行转晶。例如：

$$长石 \longrightarrow 高岭石$$

10. 单晶培育

在高温高压水热和溶剂热条件下，将晶核培养成单晶，如 SiO_2 单晶的生长。

11. 离子交换反应

水热和溶剂热离子交换反应有沸石阳离子交换，硬水的软化，长石的离子交换，高岭石、白云母、温石棉的 OH^- 交换为 F^-。

12. 脱水反应

一定温度、压力下物质脱水结晶，如氢氧化镁与二氧化硅合成温石棉。

13. 提取反应

在水热条件下从化合物(或矿物)中提取金属。例如，从铬铁矿中提取铬，经水热处理铬铁矿石，铬以可溶盐 Na_2CrO_4 的形式提取出来。

14. 烧结反应

在水热条件下实现烧结，如制备含有热不稳定性阴离子(如 OH^-、F^-、S^{2-}等)的陶瓷材料，避免传统高温烧结导致的成分损失。

15. 水热热压反应

水热热压反应是在水热热压条件下材料固化与复合材料的生成反应。例如，放射性废料处理、特殊材料的固化成型、特种复合材料的制备。

将水热和溶剂热反应按反应温度进行分类，可分为亚临界和超临界合成反应。例如，多数沸石分子筛晶体的水热/溶剂热合成即为典型的亚临界合成反应。这类亚临界反应的温度范围为 100～240℃，适合工业或实验室操作。高温高压水热合成实验温度已高达 1000℃，压力高达 0.3 GPa。超临界合成反应是利用作为反应介质的水在超临界状态下的性质和反应物在高温高压水热条件下的特殊性质进行的合成反应。

2.4.3 水热和溶剂热法的影响因素

一般情况下，实验室中的水热(溶剂热)合成包括以下几个步骤：前驱体选择，优化工艺参数，混料，装釜，置入烘箱，加温、加压下反应，取釜冷却后取样，后处理。整个反应过程中很多因素影响实验的安全和反应过程的成败，下面针对常见的水热(溶剂热)法的影响因素进行介绍。

1. 前驱体选择

水热(溶剂热)反应所用前驱体必须满足有利于水热(溶剂热)的合成、尽量减少杂质的污染和保证化学计量比等要求。例如，采用水热(溶剂热)法制备陶瓷粉体时使用的前驱体关系到最终粉体的质量及制备工艺的复杂程度，影响粉体晶粒的合成机制。水热(溶剂热)法制备粉体所选的前驱体与最终产物在水热(溶剂热)溶液中应有一定的溶解度差，以推动反应向生成产物的方向进行；前驱体应保证不与衬底反应，且前驱体引入的其他元素及杂质不参与反应或仍停留在水热或溶剂热溶液中，以保证材料的纯度。另外，还应考虑制备工艺因素。虽然外界条件对化学反应有很大的影响，但是不同物质之间的化学反应更取决于物质本身的化学特性。此外，还应考虑水热(溶剂热)介质中的阴离子对设备的腐蚀及对产物的污染、成本和工艺的复杂程度等因素。

2. 介质选择

水热和溶剂热合成过程中，介质的选择是关键。溶剂不仅为反应提供反应场所，而且使反应物溶解或部分溶解，生成溶剂化物，溶剂化过程会影响反应速率。溶剂的物理性质在很大程度上也决定其适用范围。这些性质主要有熔点、沸点、熔化热、汽化热、介电常数和黏度等。

溶剂的作用是使反应物充分接触，水热和溶剂热法研究的是物质在中温、密闭高压条件下溶液中的化学反应规律，因此反应物应完全或部分溶解在溶剂中。选择水热和溶剂热法的溶剂时，应充分考虑反应物、产物和溶剂的性质。

由于水热和溶剂热法涉及的化合物在水和溶剂中的溶解度都很小，通常在体系中引入矿化剂。矿化剂通常是一类在水中的溶解度随温度的升高而持续增大的化合物，如一些低熔点的盐、酸和碱。加入矿化剂不仅可以提高溶质在水热溶液中的溶解度，而且可以改变其溶解度温度系数。例如，在100～400℃，$CaMoO_4$在纯水中的溶解度随温度的升高而减小，如果在体系中加入高溶解度的盐(NaCl、KCl)，其溶解度不仅提高了一个数量级，而且溶解度温度系数由负值变为正值。另外，某些物质溶解度温度系数的符号除了与所加入的矿化剂种类有关，还与溶液中矿化剂的浓度有关。例如，在浓度低于20%(质量分数)的NaOH水溶液中，Na_2ZnGeO_4的溶解度具有负的温度系数，但在高于上述浓度值的NaOH溶液中，其具有正的温度系数。

水热和溶剂热实验若在空气中进行反应，有些情况下可能会与空气中的氧发生副反应，实验中采取一些预防措施就可以减少上述反应。例如，在惰性气体(如氮气、氦气等)下进行反应可防止此类反应的发生。如果对产物的要求不太严格，用乙醚等具有高蒸气压的溶剂也可以排除反应器中的一部分空气。

为了达到主产物和副产物容易分离的目的，还可以选择溶剂使反应主产物和副产物在其中的溶解度不同。总之，选择溶剂是十分重要的。除上述几点外，溶剂还应有一定的纯度，黏度小、挥发性低、易于回收、价廉、安全。

3. 反应条件

1) 温度

水热反应温度能够影响化学反应过程中的物质活性，影响产物的种类。反应温度还影响产物的晶粒粒度。实验结果表明，当反应时间一定时，水热反应温度越高，晶粒平均粒度越大，粒度分布范围越宽。在温差和其他物理、化学条件恒定的情况下，晶体生长速率一般随温度的升高而加快。

2) 压力

在水热实验中，压力不仅是选择反应设备的标准，还会影响反应物的溶解度，从而影响反应速率以及产物的形貌和粒度。在一定温度和溶剂浓度条件下，高压釜内的压力高低取决于填充度的大小，填充度越大，压力越大。人们往往通过调节填充度的大小控制压力。

3) pH

pH 在晶体生长、材料合成与制备以及工业处理等过程中扮演极为重要的角色，它会影响过饱和度、动力学、形态、颗粒大小等性质。改变溶液的 pH，不但会影响溶质的溶解度和晶体的生长速率，更重要的是改变了溶液中生长基元的结构，并最终决定晶体的结构、形状、大小和开始结晶的温度。

4) 反应时间

晶粒粒度随水热反应时间的延长而逐渐增大。

5) 杂质

水热和溶剂热反应中，有些杂质可改善物质的性能。在晶体生长时以适当比例掺入特定的杂质可以改变生成晶体的结构和颜色，以获得具有某种特殊性能的晶体材料。杂质不仅能改变晶体的结构和颜色，还会影响晶体的形貌。

2.4.4　水热和溶剂热法制备纳米结构催化剂的研究实例

水热和溶剂热技术在纳米材料合成领域的广泛应用为纳米材料制备科学开创了新局面。如上所述，水热和溶剂热反应的影响因素较多，可以通过对反应条件(反应温度、压力、处理时间、溶液成分、矿化剂等)的调节，有效地控制产物生长，获得具有不同尺寸、形貌和组装方式的纳米结构材料。以暴露特定晶面(001)二氧化钛单晶的控制合成为例，阐述水热和溶剂热反应条件与纳米形貌控制[18]。

2.5　溶胶-凝胶法

溶胶-凝胶法又称胶体化学法，其历史可追溯到 1846 年法国化学家 Ebelman 将 $SiCl_4$ 与乙醇混合生成四乙氧基硅烷(TEOS)，发现其在湿空气中发生水解并形成了凝胶。20 世纪 30 年代，Geffcken 证实用金属醇盐的水解和凝胶化可以制备氧化物薄膜。1971 年，德国的 Dislich 报道通过金属醇盐水解制备了 SiO_2-B_2O-Al_2O_3-Na_2O-K_2O 多组分玻璃。1975 年，Yoldas 和 Yamane 制得整块陶瓷材料及多孔透明氧化铝薄膜。20 世纪 80 年代以来，溶胶-凝胶法在玻璃、氧化物涂层、功能陶瓷粉料以及传统方法难以制得的复合氧化物材料制备领域得到成功应用。

溶胶-凝胶法作为制备无机材料的一种低温合成方法，近年来被广泛用于催化材料的合成，这是因为通过溶胶方法能够比较容易地调控制备参数，从而得到各种物化性质可控的催化剂。与传统催化剂制备方法相比，溶胶-凝胶法具有以下几个方面的优点：能够得到高均一、高比表面积的材料；材料的孔径分布均一可控；金属组分高度分散在担体上，使催化剂具有很高的反应活性和抗积碳能力；能够较容易地控制材料的组成；能够得到具有适合反应条件的机械强度和较高抗活能力的材料[19]。

2.5.1　溶胶-凝胶法的概念及基本原理

1. 溶胶

1) 溶胶的概念

溶胶又称胶体溶液，是指有胶体颗粒分散悬浮其中的液体，胶体溶液与溶液之间的差别在于分散相颗粒大小不同。分散相颗粒粒径为 1～100 nm 的分散系统称为胶体分散体系，即胶体溶液。根据分散介质不同区分，分散介质为任何一种液体时称为液溶胶或简称溶胶；分散介质为水时称为水溶胶；分散介质为气体或气体混合物时称为气溶胶；分散介质为结晶物质时称为晶溶胶；分散介质分别为固体、熔体及玻璃质时，则分别称为固溶胶、高温溶胶及玻璃溶胶等。其中，以液溶胶最为普遍。

2) 溶胶的光学性质

溶胶能显示出 Tyndall 现象。当一束汇聚的光线通过溶胶时，从入射光的垂直方向可以观察到胶体中出现一条光亮的“通路”，这种现象就称为 Tyndall 现象，也称 Tyndall 效应。出现 Tyndall 现象说明光线在溶胶中遇到了分散粒子，产生光的吸收、反射和散射等现象。可以利用 Tyndall 现象区分胶体和溶液，利用散射光的强度测定溶胶浓度及胶粒大小的浊度法，以及用超显微镜确定胶体粒子的大小和形状等技术都是以 Tyndall 现象的原理为基础的。

3) 溶胶的制备

胶体颗粒大小为 1～100 nm，故可由分子或离子(分子分散系统)凝聚成为胶体，或由大块物质(粗分散系统)分散成胶体，如图 2-5-1 所示。因此，胶体制备方法大致有两种，即分散法和凝聚法。

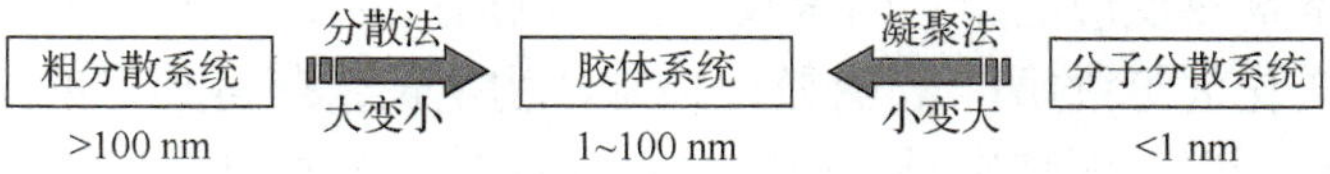

图 2-5-1　胶体制备方法示意图

分散法是利用机械设备、气流粉碎、电弧和胶溶等方法将较大颗粒变小并分散成胶体状态，包括研磨法、胶溶法、电分散法和超声波分散法等。其中，胶溶法是指在新生成的沉淀中加入合适的电解质(HCl、HNO_3等)或置于某一温度下，利用胶溶作用使沉淀重新分散成溶胶。先将部分或全部组分用适当沉淀剂沉淀出来，经解凝使原来团聚的沉淀颗粒分散成原始胶体颗粒。这种使沉淀物或凝胶重新分散成胶体颗粒再转变成溶胶的过程称为胶溶作用。能引起胶溶作用的物质称为胶溶剂，通常为电解质。例如，在新生成的 $Fe(OH)_3$ 沉淀中加入适量的 $FeCl_3$，可制成 $Fe(OH)_3$ 溶胶。一般来说，沉淀老化后就不易发生胶溶作用。

凝聚法是用物理方法或化学方法使分散的分子或离子聚结成胶体粒子，包括化学反应法、变更溶剂法、电弧法等。化学反应包括复分解反应、水解反应、氧化还原反应、沉淀反应等。制备胶体实质上是沉淀过程的早期阶段。在凝聚法中，从盐溶液出发，对沉淀过程仔细控制，使先形成的颗粒不致团聚为大颗粒而沉淀，从而直接得到胶体或溶胶。总之，凡是能生成难溶物的方法均可用来制备溶胶。

例如，常用复分解法制备盐类溶胶：

$$AgNO_3 + KI \longrightarrow AgI(\text{溶胶}) + KNO_3$$

又如，用水解法制备金属氧化物溶胶：

$$FeCl_3 + 3H_2O(\text{煮沸}) \longrightarrow Fe(OH)_3(\text{溶胶}) + 3HCl$$

2. 凝胶

1) 凝胶的概念

凝胶是一种孔洞尺寸小于微米级、相互连接的刚性网络结构，其连接成网状的聚合物链的平均长度大于 1 μm。凝胶是胶体的一种特殊存在形式。适当条件下，如改变温度、受力状态，加入电解质或引发化学反应，高分子溶液或溶胶中的分散相颗粒就会在某些部位上相互联结，形成空间网架结构，而分散介质充满网架结构空隙，体系失去流动性，从而转变为半固体状态的胶“冻”，失去流动性，这种“冻”称为凝胶，即处于这种状态的物质称为凝胶。

2) 凝胶的特征

凝胶是一种介于固体和液体间的形态。新形成的凝胶都含有大量液体，且液体含量通常在95%以上。所含液体为水的凝胶称为水凝胶(hydrogel)，所有水凝胶的外表都相似，无流动性而呈半固体状。随着凝胶的形成，溶胶或溶液失去流动性，显示出固体的性质，如具有一定的几何外形、弹性、强度、屈服值等。但从内部结构看，它与固体不同，存在固、液(气)两相，属于胶体分散体系，具有液体的某些性质，如离子在水凝胶中的扩散速率与在水溶液中的扩散速率十分接近。这个事实说明，在新形成的水凝胶中，不仅分散相(搭成网架)是连续相，分散介质(水)也是连续相，这是凝胶的主要特征。

凝胶不同于沉淀，沉淀是分散相粒子从分散介质中沉降出来，很明显地分为固、液两相，而凝胶中却带有大量或全部分散介质，它们被机械地包藏于凝胶的孔洞中。凝胶与糨糊也不同，凝胶是由大量胶束组成的三维网络，有一定的几何外形，并具有一定的强度、弹性和屈服值等固体力学性质；而糨糊是失去流动性的高浓度悬浮体，又称其为假凝胶。

根据分散质点的性质(柔性或是刚性)以及形成凝胶结构时质点间联结的特点(主要指结构强度)，可以将凝胶分为弹性凝胶和非弹性凝胶两类。

弹性凝胶又称弹性冻胶。由柔性的线型高分子物质(如明胶、琼脂等)形成的凝胶属于弹性凝胶。它在干燥时体积虽然缩小很多，但并不发脆，且仍保持弹性，可以拉长而不破裂。一般又可将弹性凝胶分为两类：一类以水为分散介质，如动植物组织中的蛋白凝胶；另一类以有机液体为分散介质，如人造橡胶。

由刚性质点(如 Al_2O_3、SiO_2、TiO_2 等)溶胶形成的凝胶属于非弹性凝胶，又称刚性凝胶。这类凝胶脱水干燥后再置于水中加热时不会恢复成原来的溶胶，所以又称不可逆凝胶。而弹性凝胶在脱水干燥后形成的干凝胶在水中加热溶解后，冷却时又会变成凝胶，故称为可逆凝胶。在催化剂或载体制备中使用的主要是非弹性凝胶。

3. 胶凝作用与胶溶作用

溶胶或溶液在适当条件下转变成凝胶的过程称为胶凝作用。胶凝过程应满足两个基本条件：①降低溶解度，使被分散的物质从溶液中以“胶体分散状态”析出；②析出的物质既不沉降，也不能自由行动，而是构成骨架，在整个溶液中形成连续的网状结构。第二点很重要，否则即使溶解度降低而产生过饱和，如果条件控制不当，也有可能产生沉淀。

胶凝过程的影响因素有以下几项。

1) 盐类(电解质)

向溶胶中加入适量电解质可以促进胶凝。

2) 溶胶浓度

溶胶浓度越高，相互碰撞概率越大，胶凝的可能性越大。

3) 温度

物质在同一种溶液中不同温度时的溶解度不同，可以通过改变温度实现胶凝。

4) pH

pH 是制备氢氧化物凝胶的重要因素。对于氢氧化物溶胶，提高 pH 可加大其水解聚合速率，从而提高溶胶的浓度。同时，OH^-是胶团的反离子，增大 pH 能降低 ζ 电位，也能促进氢氧化物溶胶胶凝。

使沉淀物或凝胶重新分散成胶体颗粒再转变成溶胶的过程称为胶溶作用，它是聚沉作用的逆过程。能引起胶溶作用的物质称为胶溶剂，通常也是电解质。胶溶作用也可分为溶解的胶溶作用和吸附的胶溶作用两种类型。溶解的胶溶作用中首先发生的是凝胶成为分子微粒溶解，然后发生这种分子溶解产物被凝胶吸附的过程；吸附的溶解作用并不伴随凝聚物的分子溶解。例如，新生成的氢氧化铁用氯化铁胶溶时，发生的是氯化铁在这种氢氧化铁基团中起离子基作用的化合物的吸附。

4. 溶胶-凝胶法的基本原理

溶胶-凝胶法的基本原理是：将金属醇盐或无机盐经水解直接形成溶胶或经解凝形成溶胶，然后使溶质聚合凝胶化，再将凝胶干燥、焙烧去除有机成分，最后得到催化剂材料。

溶胶-凝胶法是湿化学反应方法之一，无论所用的起始原料(称为前驱体)是无机盐还是金属醇盐，其主要反应步骤都是前驱体溶于溶剂(水或有机溶剂)中形成均匀的溶液，溶质与溶剂产生水解或醇解，反应产物聚集成 1 nm 左右的粒子并组成溶胶，经蒸发干燥转变为凝胶，基本反应原理如下[13]。

1) 溶剂化

能电离的前驱体——金属盐的金属阳离子 M^{z+}吸引水分子形成溶剂单元$M(H_2O)_n^{z+}$ (z 为 M 离子的价数)，以保持它的配位数有强烈地释放 H^+的趋势：

$$M(H_2O)_n^{z+} \longrightarrow M(H_2O)_{n-1}(OH)_{z-1} + H^+$$

2) 水解反应

非电离式分子前驱体，如金属醇盐 $M(OR)_n$(n 为金属 M 的原子价)与水反应：

$$M(OR)_n + xH_2O \longrightarrow M(OH)_x(OR)_{n-x} + xROH \longrightarrow \cdots \longrightarrow M(OH)_n$$

反应可持续进行，直至生成$M(OH)_n$。其中，水解反应机理为

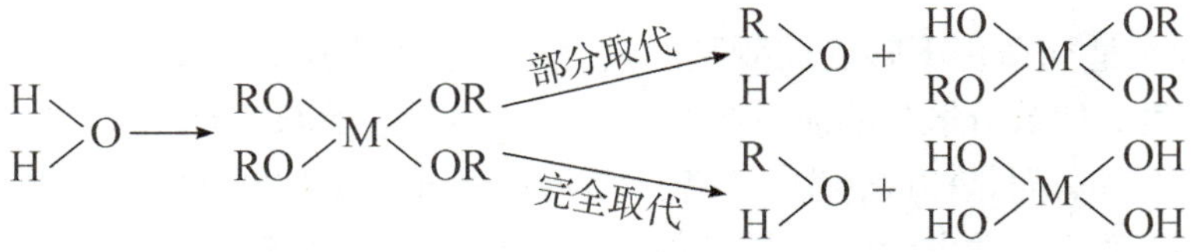

3) 缩聚反应

缩聚反应可分为失水缩聚(—M—OH + HO—M ⟶ —M—O—M + H_2O)和失醇缩聚(—M—OR + HO—M ⟶ —M—O—M + ROH)，反应产物都是各种尺寸和结构的溶胶粒子。

缩聚反应分三种形式，其缩聚反应机理如下：

第一种：

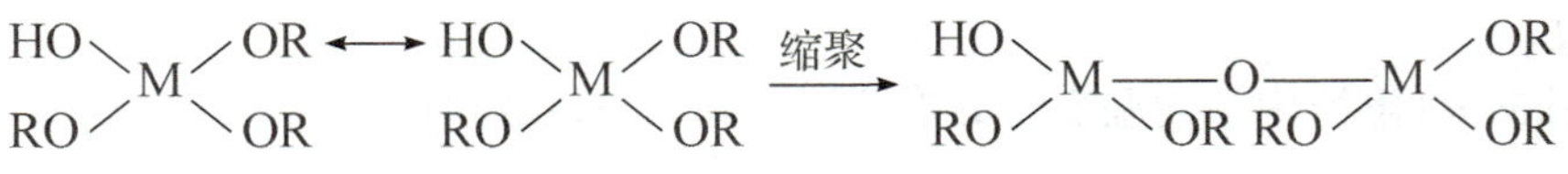

第二种：

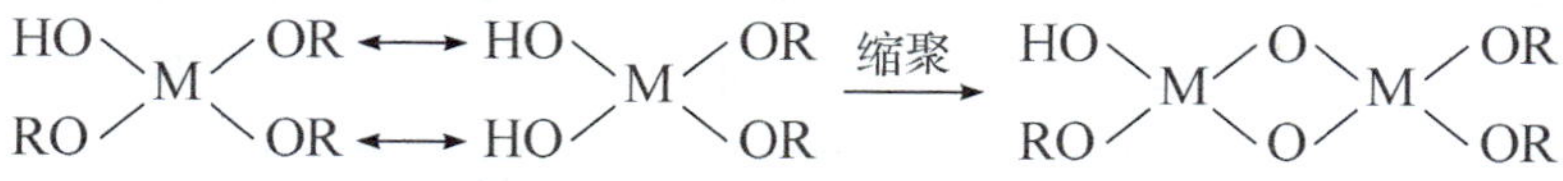

第三种：

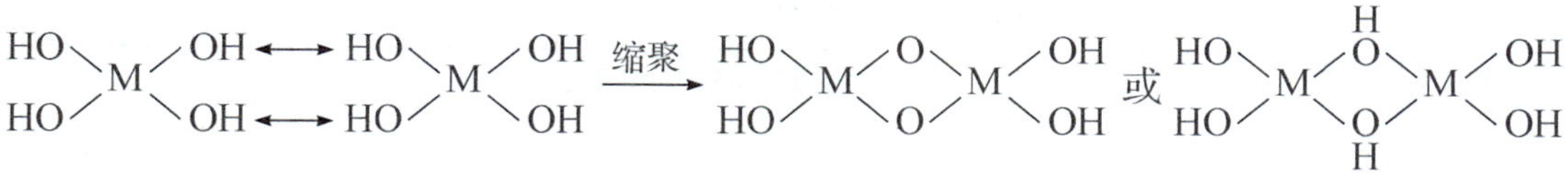

2.5.2　溶胶-凝胶法制备纳米结构催化剂的基本过程与制备工艺

1. 基本过程

溶胶-凝胶法制备纳米结构催化剂的基本过程如下：以易水解的金属化合物(金属无机盐、金属醇盐或酯)作前驱体，在液相下将这些原料均匀混合，通过水解或醇解生成金属氧化物或水合金属氧化物，胶溶得到稳定的溶胶，再经缩聚(或凝结)作用逐步胶凝化，形成凝胶。凝胶由固体骨架和连续相组成，经干燥后凝胶收缩为干凝胶，干凝胶经焙烧后制得催化剂。其主要包括溶胶的制备、溶胶-凝胶转化和凝胶的固化处理三个过程，如图 2-5-2 所示。

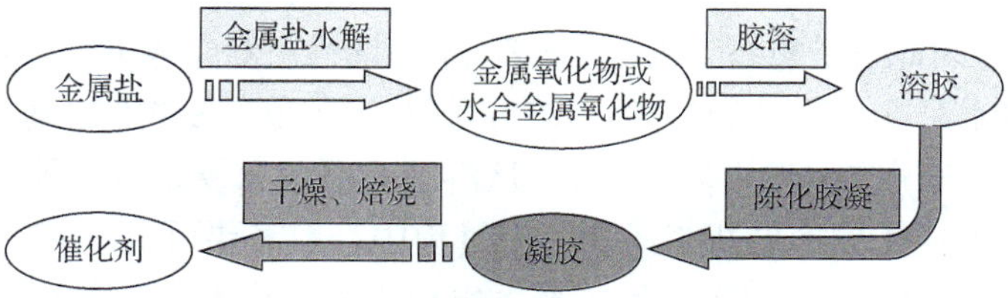

图 2-5-2　溶胶-凝胶法制备纳米结构催化剂的基本过程

2. 工艺种类

目前，采用溶胶-凝胶法制备纳米固体催化剂的工艺种类很多，但按其形成溶胶-凝胶的过程机制可分为三种类型：传统胶体型、无机聚合物型和络合物型。三种类型的溶胶-凝胶形成过程如图 2-5-3 所示。其特征和应用如表 2-5-1 所列[20]。

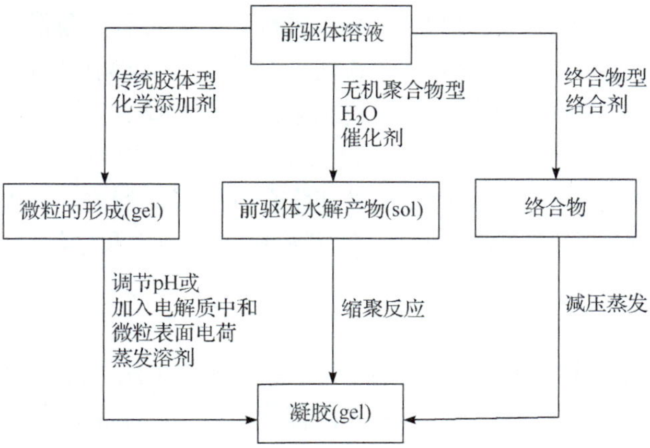

图 2-5-3　不同溶胶-凝胶过程中凝胶的形成

表 2-5-1 不同溶胶-凝胶过程的特征和应用

溶胶-凝胶过程类型	化学特征	凝胶	前驱体	应用
传统胶体型	调整 pH 或加入电解质使粒子表面电荷中和，蒸发溶剂使粒子形成凝胶	(1) 密集的粒子形成凝胶网络 (2) 凝胶中固相含量较高 (3) 凝胶透明，强度较弱	前驱体溶胶是由金属无机化合物与添加剂反应形成的密集粒子	粉末 薄膜
无机聚合物型	前驱体水解和聚合	(1) 由前驱体得到的无机聚合物构成的凝胶网络 (2) 刚形成的凝胶体积与前驱体溶液体积完全一致 (3) 凝胶形成参数——凝胶时间随着过程中的其他参数变化而变化 (4) 凝胶透明	主要是金属烃氧化物	薄膜 块体 纤维 粉末
络合物型	络合反应导致较大混合配合体的络合物的形成	(1) 由氢键连接的络合物构成凝胶网络 (2) 凝胶在湿气中可能会溶解 (3) 凝胶透明	金属醇盐、硝酸盐或乙酸盐	薄膜 粉末 纤维

溶胶-凝胶法的早期应用采用传统胶体型工艺进行核燃料的制备，并在制备粉体材料方面表现出一定的优势，因此备受重视。20 世纪 80 年代前后，科学家对溶胶-凝胶法的研究主要集中在无机聚合物制备。由于无机聚合物型溶胶-凝胶过程更容易控制，对于多组分体系凝胶，其后续产品从理论上来说应相当均匀，并且易从溶胶或凝胶出发制备各种形状的材料。此类型在以 SiO_2 为基材料的应用方面已相当成功，但过程中一般需要可溶于有机溶剂的醇盐或无机盐作为前驱体，而许多低价态(小于 4 价)的金属醇盐或无机盐不溶或微溶于有机溶剂，使此类型的溶胶-凝胶过程在制备其他组成材料的应用方面受到限制。为此，在 20 世纪 80 年代末，人们将金属离子制成络合物，使其成为有机溶剂的可溶性原料，然后经过络合物型溶胶-凝胶过程形成凝胶。早期主要采用柠檬酸作为络合剂形成络合物凝胶，但柠檬酸络合剂并不适用于所有金属离子，且其凝胶相当容易潮解。现已有报道采用单元有机酸或有机胺作为络合剂，可形成相对稳定且均匀透明的凝胶。

为了更好地利用上述溶胶-凝胶过程制备相应材料，仍需要开展大量基础研究。对于传统胶体型：溶胶中致密固相颗粒生长机制的分析，颗粒间团聚过程及凝胶化过程机制的研究，溶胶流变特征的研究，以及不同工艺参数对颗粒内部结构和外部形状影响的研究。对于无机聚合物型：量子力学的分子轨道理论计算硅醇化物水解缩聚产物结构，用分形或渗流理论描述金属醇化物凝胶化过程，溶胶-凝胶过程热力学分析，有机硅醇化物与有机聚合物单体产生共聚机制的研究。对于络合物型：形成络合物凝胶最佳络合剂选择的研究，利用含不饱和烃络合物产生可控聚合物反应生成所需尺度聚络合物，达到控制凝胶结构和多组分均匀性等的研究。

3. 制备装置

溶胶-凝胶合成法之所以能够被广大科研工作者重视并采用，除具有能够在小尺寸内控制材料的合成、制备材料多样化、反应易控制等诸多优点外，其制备过程不需要复杂的仪器和设备也是该方法能够广泛应用的一个重要因素。

溶胶-凝胶合成工艺通常采用金属无机盐或金属醇盐为原料，在溶剂中与水发生水解反应形成溶胶，然后生成凝胶。在整个反应过程中，为了使溶液中原料与其他反应试剂均匀化，通常对溶液进行适当的搅拌。另外，对于活性较低的反应前驱体，在反应进行过程中还需对其进行一定的加热处理，但是温度一般不会很高。因此，在溶胶-凝胶合成反应中，具有恒温加热功能的搅拌器是制备溶胶、凝胶的主要合成设备。目前，常用的搅拌器有两种：一种是采用电机带动搅拌叶片进行原料混合的搅拌器，这种搅拌器相对来说安装复杂，搅拌器的搅拌叶片需要深入溶胶内部，为了避免在加热过程中溶剂和水的损失，需要回流处理。另外，此种搅拌方式在反应溶液需要依次加入时会引起不便。另一种是目前常采用的磁力搅拌器，该搅拌器操作简单，将转动磁子放置在溶液中，随加热板底部的磁片转动搅拌液体，在溶胶-凝胶合成反应过程中，为避免加热过程中溶剂和水的损失，只在容器表面加密封板或膜即可。常用的溶胶-凝胶反应装置如图 2-5-4 和图 2-5-5 所示。

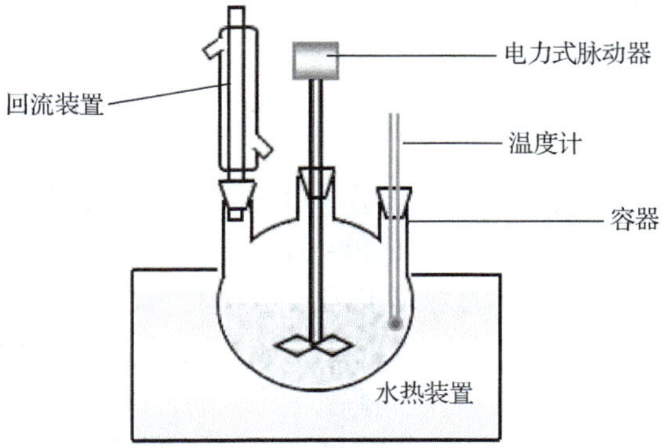

图 2-5-4　电力搅拌溶胶-凝胶合成反应装置示意图

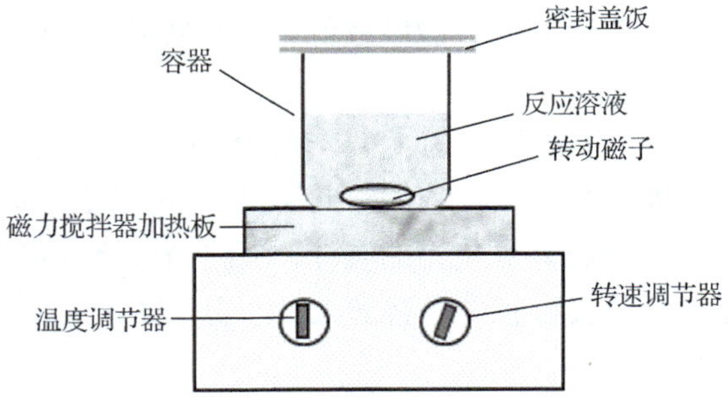

图 2-5-5　磁力搅拌溶胶-凝胶合成反应装置示意图

凝胶生成后，通常还需要经过老化、干燥，最后经热处理获得材料。老化过程不需任何仪器和设备，凝胶的干燥过程需要在真空干燥箱内进行，热处理通常在温度可达 1000℃以上的马弗炉中进行。

2.5.3　溶胶-凝胶法制备纳米结构催化剂的影响因素

如上所述，溶胶-凝胶法制备纳米结构催化剂的基本过程可分为溶胶的制备、溶胶-凝胶转化和凝胶的固化处理三个阶段。第一个阶段中，胶液的制备方法通常有三种：①超细粉和溶液机械混合形成胶液；②金属无机盐或金属醇盐水解；③金属有机化合物水解。固化处理分为干燥和热处理。溶胶-凝胶的形成过程如图 2-5-6 所示。

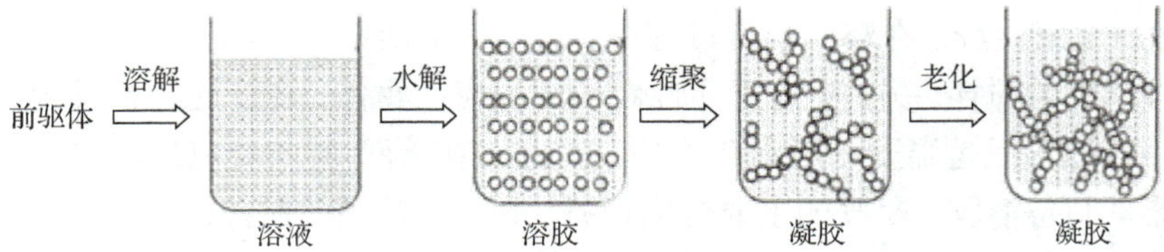

图 2-5-6 溶胶-凝胶形成过程

整个溶胶-凝胶合成反应过程中，各参数最终会影响凝胶的质量。主要影响因素包括反应原材料的选择、反应配比、溶液 pH、反应温度、反应时间等。对于金属无机盐的水溶液，前驱体的水解行为还受到金属离子半径、电负性和配位数等多种因素的影响。

溶胶-凝胶制备过程中，溶胶中离子尺寸为纳米级，随机做 Brown 运动，高质量的溶胶一般是澄清透明的。溶胶的制备是溶胶-凝胶合成技术的关键，下面对影响溶胶质量的几个主要因素进行介绍。

1. 前驱体原料的选择

金属醇盐和金属无机盐在合成工艺中的作用机理不同，影响因素也不同。因此，在制备过程中，选择适合的前驱体原料是制备高质量催化剂材料的第一步。

金属醇盐具有易水解、工艺技术成熟等优点，可将其与母体醇溶剂混合，并与水发生水解反应后聚合。这些过程可以通过调节溶液的 pH 完成，但是金属醇盐价格昂贵，在空气中极易水解，且随金属原子半径增加电负性减小，醇盐的反应活性增大等，不利于大规模生产。此外，由于金属醇盐中的烷氧基团—OR 不同，其前驱体的选择也影响溶胶的最终质量。例如，金属醇盐中的烷氧基团—OR 如果是仲位和叔位则不易形成多聚体，而伯位则易形成多聚体；—OR 体积大，配位数低，反应快；前驱体的官能度较低，则水解后的—OH 数目也较少，不易形成凝胶网络，导致凝胶时间延长。

金属无机盐作为溶胶-凝胶合成反应的原料具有价格低廉的特殊优点，可以用作产业化生产的原材料。金属无机盐与水发生水解反应时，向溶液中加入碱(如氨水)可使水解反应不断向正反应方向进行，并逐渐形成金属氢氧化物的沉淀，沉淀经过充分水洗、抽滤并分散于强酸溶液中，即可得到稳定的溶胶，脱去溶胶中含有的大量水分，体系失去流动性，即可形成带有一定弹性的凝胶。

2. 水解度的影响

水解度 R 是水与金属醇盐物质的量之比，即溶胶-凝胶反应过程中加入水的量。水解度是采用金属醇盐制备溶胶-凝胶的重要影响因素。以正硅酸乙酯(TEOS)的水解反应为例，当 $R<2$ 时，刚开始水解反应速率快，水被消耗掉后，进一步反应需要的水来源于聚合反应产生的水，从而促进了缩聚反应的进行，使缩聚反应较早发生，所以 R 越小，醇越容易脱离，固体含量越高。研究结果表明，如果水解度 $R\leqslant 2$，水解反应会产生部分水解的带有—OH 的硅烷，从而消耗大部分水，使缩聚反应较早发生，形成 TEOS 的二聚体，硅酸浓度减小，凝胶时间延长；如果水解度 $R\geqslant 2$，TEOS 水解反应使大部分—OR 脱离，生成—OH，形成部分水解的带有—OH 的硅烷，这部分水解的硅烷容易发生反应形成二聚体，这些二聚体不再进行水解，而是发生交联反应形成三维网络结构，从而缩短凝胶时间。

3. 催化剂的影响

一般来说，均匀有序的溶胶结构需要较快的水解反应速率和较慢的缩聚反应过程。高的聚合反应速率不利于胶体分子的晶化，易导致无定形和亚稳态的离子结构。溶胶-凝胶过程中，所用催化剂的种类及浓度直接影响水解和缩聚反应的速率，并且由于酸碱催化的机理不同，同一种金属醇盐水解和缩聚，往往产生结构、形态不同的缩聚物。采用适量的酸作为催化剂可以加快醇盐的水解过程，同时可以减慢醇盐的缩聚反应速率。这是由于在酸性介质中，与金属离子复合的—OR 被 H_3O^+质子化，使其电荷更正。金属离子带正电，排斥—OR 而与羟基吸附，促进水解反应。另外，由于质子化的—OR 之间、金属阳离子之间、—OR 与金属阳离子之间都具有电荷排斥作用，因此减缓了缩聚反应的速率。

4. 溶胶浓度的影响

溶胶浓度主要影响凝胶时间。当其他条件相同时，随着溶胶浓度的降低，凝胶时间延长，且在外界条件干扰下很容易发生新的胶溶现象。因此，缩短凝胶时间，提高凝胶的均匀性可通过提高溶胶的浓度实现，但是由于醇盐本身具有很高的活性，在溶液浓度过高的情况下，吸收水分太快，水解也会加快，不利于形成凝胶。

5. 反应温度的影响

反应温度与凝胶时间以及是否凝胶有直接关系，升高温度可以缩短体系的凝胶时间。升高温度对醇盐的水解有利，对于水解活性低的醇盐(如硅醇盐)，常在加热条件下进行水解，当体系的温度升高后，体系中分子的平均动能增加，分子运动速率升高，提高了反应基团碰撞的概率，而且可以使更多的前驱体原料变为活化分子，相当于提高了醇盐的水解活性，从而促进水解反应的进行，缩短凝胶时间。

6. 络合剂的使用

在溶胶-凝胶技术中常会遇到以下问题：金属醇盐在醇中的溶解度太小，反应活性大，水解速度过快等。解决这些问题时常采用添加络合剂的方法，这是控制水解反应的有效手段之一。络合物可以减缓水解、缩聚反应，避免沉淀产生。例如，在钛酸酯水解过程中，由于钛原子具有相当低的电负性，它的+4 氧化态小于其在氧网络体中的配位数，钛原子能与亲核反应介质迅速反应，以获得最佳配位，因此钛醇盐很容易与水剧烈反应生成钛氧沉积物。通常可以加入乙酰丙酮、乙酸或二乙醇胺作为络合剂减缓钛酸酯的水解速率。以乙酰丙酮($CH_3COCH_2COCH_3$，简写为 ACAC)为例，将其加入四异丙醇钛中可发生如下反应：

$$Ti(OPr^i)_4 + ACAC \longrightarrow Ti(OPr^i)ACAC + Pr^iOH$$

乙酰丙酮以螯合配体的形式与钛配位，使钛原子的配位数由 4 增加到 5。由于钛可与 OPr^i 和 ACAC 配位，包围钛原子的有机配体不再等价，因此改善了水解反应。水解初期，OPr^i 配体首先被水移走，然而 ACAC 配位可保持相当长的时间，甚至用大量的水也不能去除。水解反应最后，仍有少量的钛原子与 ACAC 键合，这些配体阻止了进一步聚合，最后形成稳定的胶体溶液。

溶胶形成后，需要脱水或加入催化剂使溶胶聚合，形成凝胶。一般认为，当溶胶达到凝胶点(gel point，即容器倾斜 45°时溶胶不流动)时，水解和缩聚反应已经完成，形成凝胶。但实际上，凝胶是一个缓慢的过程，而且随着水量的减少，其速率会越来越慢，之后的聚合交联也必然滞后。通常凝胶表面上已经成胶，但其内部羟基之间仍继续聚合形成网络。因此，采用溶胶-凝胶合成工艺时，一般在凝胶形成后需要将凝胶继续放置一段时间，为水解和缩聚反应提供足够的时间，使凝胶骨架结合牢固，提高材料的最终强度，这一过程称为老化。老化时间即为凝胶发生到凝胶干燥前的这段时间。

凝胶形成和老化后，需要对凝胶进行干燥和热处理，最终得到需要的产物。很多材料在制备过程中，虽然成功获得了高质量的溶胶和凝胶，然而由于干燥和热处理过程未控制好，实验最终失败。

湿凝胶干燥时，表观上表现为凝胶收缩、凝固、产生应力，最后可能导致凝胶开裂。这是因为湿凝胶中包裹着大量水分、有机基团和有机溶剂，同时在干凝胶中留下大量开口和闭口气孔，这些孔将影响之后的烧结。使凝胶开裂的应力主要来自凝胶骨架孔隙中液体的表面张力引起的毛细管力，此应力会使凝胶颗粒重排，体积收缩。

凝胶开裂与凝胶本身的尺寸(越厚越易开裂)和其干燥速率有关。为了获得一定尺寸的完整凝胶，需要严格控制干燥条件(温度、环境相对湿度等)，以使其缓慢干燥，有时需要几天甚至几个月。为避免开裂，可以增强固相骨架强度，减小毛细管力。前者包括添加活性组分及控制水解条件以得到高交联度或高聚合度的缩聚产物；后者则可以从增大毛细管孔径、降低液相表面张力及增大接触角等方面着手。显然，要保持凝胶结构，通常可采取以下方法：①增强凝胶的机械强度；②增大凝胶孔径；③减小液体表面张力(包括超临界液体干燥技术)；④使凝胶表面疏水；⑤用冷冻干燥法蒸发溶剂；⑥控制水解速率等。其中，前四种方法能在一定程度上保持凝胶结构，冷冻干燥可避免气液界面的产生，但在冷冻点处的溶液会使凝胶结构的密度过渡不连续，且在低温下溶剂从凝胶中升华是一个很慢的传质过程。各国科技工作者在凝胶干燥方面做了大量的研究工作，目前普遍认为，消除表面张力对凝胶破坏作用最有效的方法是在超临界液体中去除凝胶中的液相以及在溶胶中添加控制干燥的化学添加剂(drying chemical additives，DCA)和改性剂(控制水解、缩聚速率)，保持溶胶的稳定性。DCA 是一类具有低蒸气压的有机液体试剂，包括甲酰胺、丙三醇和某些有机酸(如草酸)。它们的作用是调节溶胶体系中醇盐的水解和缩聚反应的相对速率，使不完全水解产物更易发生缩合作用，或者改善凝胶结构的均匀性，控制其干燥行为。

热处理的目的是消除干凝胶中的气孔，使制品的相组成和显微结构满足产品的性能要求。加热过程中，干凝胶先在低温下脱去吸附在表面的水和醇，300℃左右时发生—OR 的氧化，300℃以上脱去结构中的—OH。由于热处理过程伴随较大的体积收缩、各种气体(CO_2、H_2O、ROH)的释放，并且—OR 在非充分氧化时还可能炭化，在制品中留下碳质颗粒，因此升温速率不宜过快。

热处理时易发生导致凝胶致密化的烧结过程。由于凝胶的高比表面积、高活性，其烧结温度比一般的粉料坯体低数百摄氏度。达到一定致密度需要的烧结时间可以根据开孔模型(凝胶中粒子视为带有一点空间格子状的有序性排列，形成大而连通的孔隙)或闭孔模型(将凝胶视为粒子的紧密堆积体，孔小而不连贯)，从理论上进行计算。采用热压烧结工艺可以缩短烧结时间，提高制品质量。凝胶的烧成也受凝胶骨架的影响。除骨架结构外，对凝胶的加热收缩产生影响的因素还包括凝胶的成分、气体孔径和加热速率等。

2.5.4　溶胶-凝胶法制备纳米结构催化剂的研究实例

气凝胶是由胶体粒子或高聚物分子相互聚结构成的纳米多孔网络固态非晶材料，其孔隙率可达到 80%～99.8%，比表面积可高达 800～1000 m^2/g。气凝胶具有很低的密度，美国 Hrubesh 领导的研究小组成功制备了密度仅为 0.003 g/cm^3 的气凝胶，其密度仅为空气的 3 倍，被称为“固体烟”。气凝胶的纳米多孔性质使其具有特殊的光学、热学和声学等性能，在各个领域都有潜在的应用，被认为是 21 世纪最具发展潜力的材料。目前，常见的氧化物气凝胶有 SiO_2、Al_2O_3、ZrO_2、V_2O_5 或多组分复合的气凝胶，其中 SiO_2 气凝胶因具有超低的密度、独特的物理化学性能而被众多科学工作者关注。

目前，制备 SiO_2 气凝胶最常见的方法是以正硅酸乙酯或硅酸钠为硅源，采用溶胶-凝胶法制备 SiO_2 凝胶，对凝胶进行相应的干燥处理，获得 SiO_2 气凝胶[21]。气凝胶形成的示意图如图 2-5-7 所示。

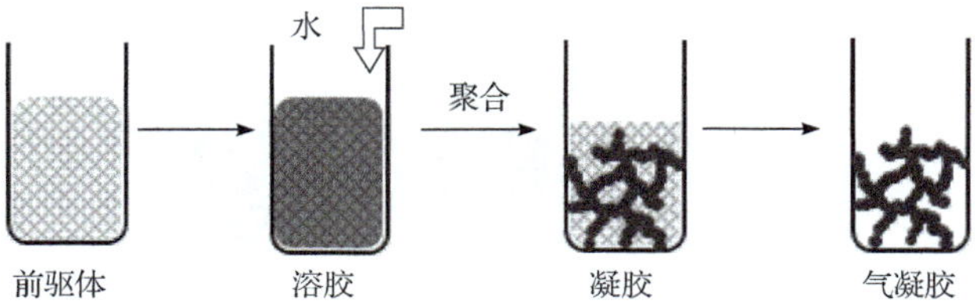

图 2-5-7　气凝胶形成示意图

习　题

1. 沉淀法制备催化剂时，金属盐类和沉淀剂的选择原则是什么？
2. 浸渍法制备过程中，如何选择合适的竞争吸附剂？
3. 简述球磨法制备催化剂的工艺流程和工艺参数。
4. 水热和溶剂热合成体系中有哪些影响因素？
5. 阐述溶胶和凝胶的概念和特征。
6. 溶胶-凝胶过程影响溶胶质量的因素有哪些？

参 考 文 献

[1] 张继光. 催化剂制备过程技术. 北京: 中国石化出版社, 2004.
[2] 王尚弟, 孙俊全. 催化剂工程导论. 北京: 化学工业出版社, 2001.
[3] 赵九生, 时其昌, 马福善, 等. 催化剂生产原理. 北京: 科学出版社, 1986.
[4] 沈钟, 王果庭. 胶体与表面化学. 2 版. 北京: 化学工业出版社, 1997.
[5] 布亚诺夫 P A. 催化剂生产科学原理. 北京: 中国石化出版社, 1991.
[6] 潘履让. 固体催化剂的设计与制备. 天津: 南开大学出版社, 1993.
[7] 格雷厄姆 · J. 玛特, 彼得 · M. 巴德, 科林普赖斯, 等. 表面活性剂和水溶性聚合物对合成 A 型沸石的影响(待续). 日用化学品科学, 2002, 25(6): 24-26.
[8] 朱洪法, 刘丽芝. 催化剂制备及应用技术. 北京: 中国石化出版社, 2011.
[9] 朱洪法. 催化剂载体制备及应用技术. 2 版. 北京: 石油工业出版社, 2014.
[10] 王建国, 张嘉郁, 庞礼. 浸渍法制备 Pt/Al_2O_3 催化剂的研究: 竞争吸附剂对 Pt 分布的影响. 化工学报, 1982, 33(2): 151-159.

[11] 孙予罕, 李永旺, 秦张峰, 等. 负载型催化剂溶液浸渍制备专家系统的初步研究. 化学反应工程与工艺, 1991(04): 367-375.

[12] 胡学武. HPO 法合成羟胺催化剂 Pd+Pt/C 的制备研究. 工业催化, 1997(1): 30-35.

[13] 黄开金. 纳米材料的制备及应用. 北京: 冶金工业出版社, 2009.

[14] 刘漫红. 纳米材料及其制备技术. 北京: 冶金工业出版社, 2014.

[15] 严高. 超细石英粉体制备及工艺参数优化. 哈尔滨: 哈尔滨工业大学, 2006.

[16] 黄素贞. 高能球磨制备纯 Al 纳米晶体材料及性能研究. 昆明: 昆明理工大学, 2006.

[17] 李爱东. 先进材料合成与制备技术. 2 版. 北京: 科学出版社, 2019.

[18] Yang H G, Sun C H, Qiao S Z, et al. Anatase TiO_2 single crystals with a large percentage of reactive facets. Nature, 2008, 453: 638-647.

[19] 许越. 催化剂设计与制备工艺. 北京: 化学工业出版社, 2003.

[20] 乔英杰. 材料合成与制备. 北京: 国防工业出版社, 2010.

[21] 何飞, 赫晓东, 李垚, 等. 正交优化二氧化硅干凝胶反应配比的研究. 材料工程, 2006(S1): 72-74, 78.

第 3 章　薄层结构催化剂的制备方法

层状化合物的剥离研究可以追溯到两个世纪前。1824 年，Webb 加热了一种类似云母的矿物，并通过热剥离将其转化为如今广泛用作离子交换树脂、绝缘材料和水泥结构黏结剂的特殊薄层商品(蛭石)。2004 年，Geim 和 Novosolov 证明了可以用胶带将石墨剥离成单原子层的石墨烯[1]，将薄层材料的研究推向了顶峰。层状固体的剥离对材料科学和技术产生了变革性影响，作为一种加工工艺，它从现有块体材料中创造出许多新的低维结构材料，并且大量的研究显示低维材料具有与块状前驱体完全不同的特性。

3.1　层状结构催化材料简介

层状结构材料是指平面内化学键较强而平面外范德华力(或离子键)较弱的一类结构独特的晶态材料[1]。这种材料可以在平行于平面内方向上发生剪切或膨胀。极端情况下，剪切或膨胀过程能产生纳米级甚至是原子级的薄片，而这些薄片与块状前驱体在性质和性能上有可能完全不同。从层状前驱体中产生极薄薄片的过程称为剥离或分层。生成的薄片通常称为纳米片，这里的“纳米”主要指材料厚度。理想情况下，这种纳米片是单层的，但通常情况下它们是由少量(小于 10 层)单层堆叠组成的不完全剥离片。

层状结构材料种类繁多，根据单片组成以及片层之间的作用力可将其分为不同的系列(图 3-1-1)[1]。最简单的是石墨烯[图 3-1-1(a)]、六方氮化硼(h-BN)[图 3-1-1(b)]以及黑磷的原子薄片，它们是通过片与片之间的范德华力堆叠而成的。ⅢB～ⅤB 和ⅣA～ⅤA 族过渡金属二硫化合物(TMD，如 MoS_2、WSe_2、InSe、GaS、Bi_2Te_3 和 Sb_2Se_3)以及金属卤化物(如 PbI_2 和 $MgBr_2$)具有几乎相同的结构，它们的金属原子层夹在卤素/氧族原子平面之间，形成三明治结构，片与片之间也是通过范德华力进行层状堆叠[图 3-1-1(c)、(d)]。层状金属氧化物[如 MnO_2、MoO_3 和 $LaNb_2O_7$，图 3-1-1(e)]和层状双氢氧化物[LDH，如 $Mg_6Al_2(OH)_{16}$，图 3-1-1(f)]是一类具有多种组成结构的层状材料，具有组分可调控特征。矿物中的层状硅酸盐或黏土也是层状结构材料，最典型的是蒙脱石和云母。一般来说，这些氧化物、LDH 和黏土纳米片都带电荷，并伴有电荷平衡离子。此外，许多其他层状材料也具有平面、各向异性的结合性质，存在剥离

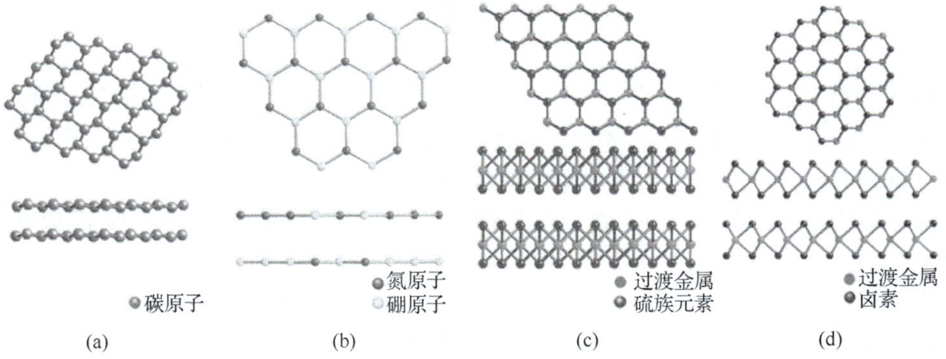

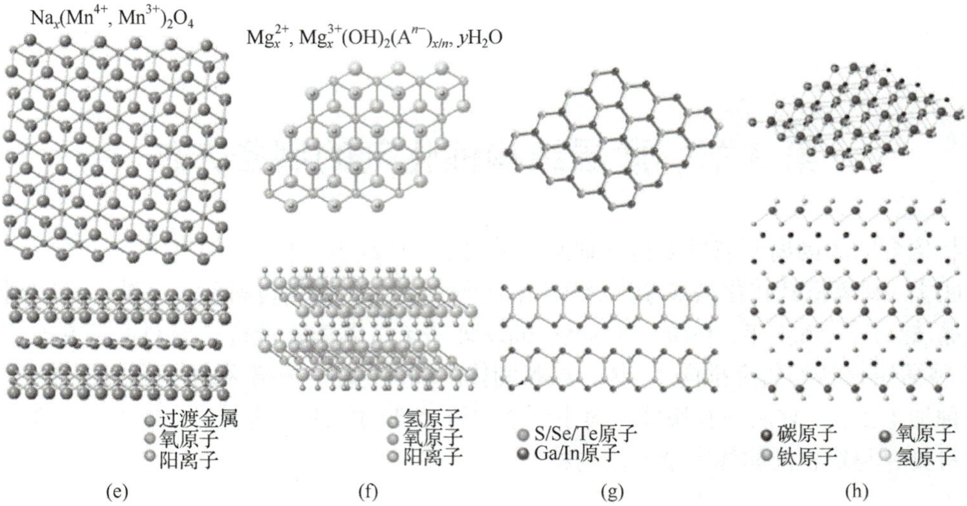

图 3-1-1　层状结构材料种类及其结构示意图

(a) 石墨烯；(b) 六方氮化硼；(c) 二硫化钼；(d) 金属卤化物 $MoCl_2$层；
(e) 层状金属氧化物；(f) LDH；(g) ⅢA-ⅥA 族层状 GaSe；(h) 碳化钛(Ti_3C_2)

成纳米片的可能性。

3.2　层状结构催化材料的剥离

剥离最典型的效果就是能够显著增加材料的可接触表面积。对于表面活性或催化材料，剥离可以从根本上提高它们的化学和物理反应能力。例如，蛭石等矿物膨胀剥离后，表面积增加近 10^6 倍，显示出优异的离子交换能力。近几十年来，随着人们对纳米技术的兴趣日益浓厚，剥离的重要优势也在其他领域得以显现。层状晶体中电子波函数是三维的，然而剥离后电子被限制采用二维波函数，电子能带结构发生了改变。例如，石墨剥离后可转化为单层石墨烯，其电子特性与其他材料大不相同，具有极高的载流子迁移率以及其他物理化学特性，如隧道效应和量子霍尔效应[2-4]。又如，MoS_2 块状晶体是间接半导体，带隙为 1.3 eV，而剥离后的纳米片为直接半导体，带隙为 1.9 eV，表明其带隙特征可以通过纳米片的层数进行调节。此外，剥离引起的电子结构变化使 MoS_2 具有荧光效应，而多层的 MoS_2 没有此特性。因此，将层状材料剥离成寡层或单片结构，有助于开发更多性能优异的新型二维材料，促进材料科学的进一步发展。

3.3　剥离原理和方法

层状块体材料剥离的主要原理是破坏片与片之间的作用力。以石墨烯为例，Geim 和 Novolosov 通过胶带的反复粘贴，利用机械作用力破坏范德华力，使片与片之间发生剥离。虽然这种机械剥离制备的石墨烯仍是现有最高质量石墨烯样品的主要来源，但是该方法产量低、生产率低，在目前的技术条件下无法大规模推广。因此，需要开发更有效的策略以获得大量分散的纳米片。

液体剥离技术是目前能够大量获得二维材料的一种多功能、可扩展和可持续的方法。这种制备策略不仅能够有效地形成剥离分散的二维材料，并且特定的液相环境还允许用其他方式对剥离的纳米片进行后续加工，如喷涂、印刷、制膜等。目前，用于层状材料液体剥离的技术有插层剥离、离子交换剥离、超声剥离、电化学剥离等诸多方法[5]，如图 3-3-1 所示。

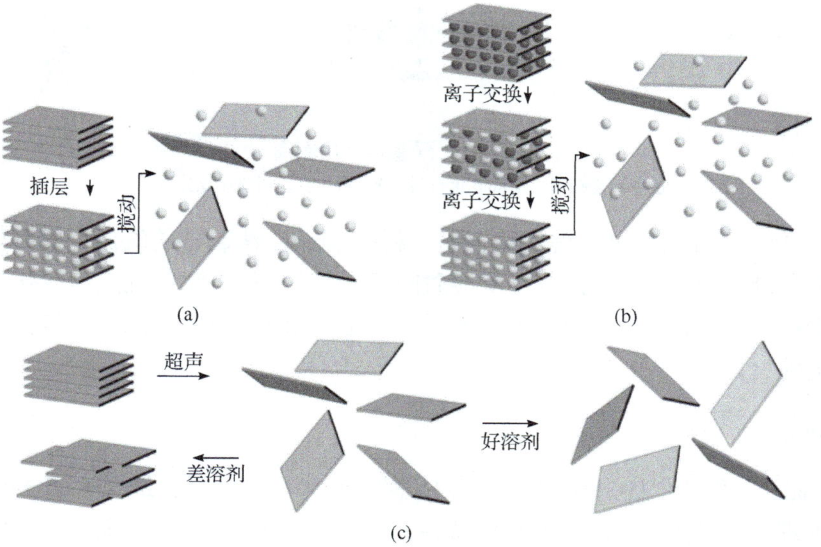

图 3-3-1　部分液体剥离机制示意图
(a) 插层剥离；(b) 离子交换剥离；(c) 超声剥离

插层剥离是利用分子/离子(黄色球体)在液体环境中插层，使晶体膨胀，削弱层间吸引力。然后，利用机械作用(如剪切、超声或热力)使层完全分离，形成剥离分散体。

离子交换剥离是利用一些层状化合物在各层之间含有的离子，这些离子(红色球体)的主要功能是平衡各层的表面电荷，它们可以在液体环境中与其他较大的离子(黄色球体)进行交换，之后通过机械作用产生剥离分散体。

超声剥离是在溶剂中对层状晶体进行超声处理，从而导致剥离和纳米片的形成。在特定溶剂中，即具有适当表面能的溶剂中，可稳定地防止剥离的纳米片聚集；否则，会发生再聚集和沉积。

在实际操作中，通常结合使用不同方法，以便更好地对层状材料进行剥离。下面对这几种方法进行简单的介绍。

3.3.1　氧化剥离

氧化法是最古老的剥离方法之一，适用于还原电位较低的层状晶体。最典型的例子是石墨的氧化剥离[3]。将石墨用硫酸和高锰酸钾等强氧化剂处理后，可以在石墨烯的表面引入多种氧基官能团，如羟基、羧基、环氧基等[图 3-3-2(a)]。这些基团可以破坏石墨烯片层之间由共轭π键形成的范德华力，产生亲水性，允许水等溶剂进行插层，从而在超声处理后生成氧化石墨烯分散体系[图 3-3-2(b)]。分散的片状(氧化)石墨烯主要是单层结构，其表面通常带负电荷，这些负电荷会通过静电排斥作用阻止它们之间的团聚。

氧化石墨的制备方法又分为三类。

1. Brodie 法

Brodie[6]采用发烟 HNO_3 体系，以 $KClO_3$ 为氧化剂，反应体系的温度先维持在 0℃，然后

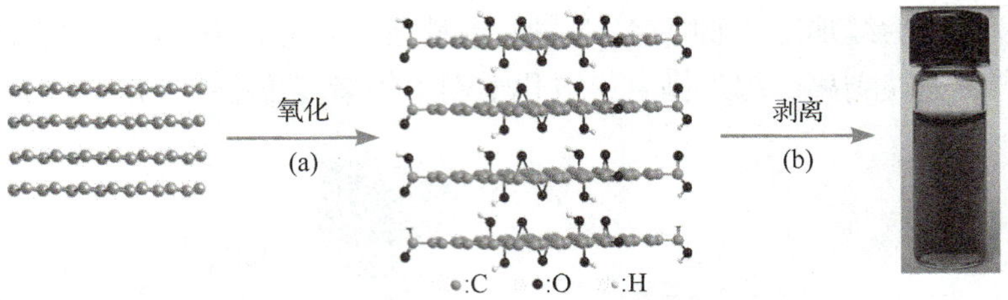

图 3-3-2　石墨的氧化剥离

(a) 层状石墨被氧化形成氧化石墨；(b) 氧化石墨剥离形成分散溶液

搅拌反应 20～24 h，洗涤后可获得氧化石墨。利用 Brodie 法制备的氧化石墨氧化程度较低，需进行多次氧化处理以提高氧化程度，反应时间相对较长。该方法的优点是氧化程度可通过氧化时间进行控制，合成的氧化石墨结构比较规整。但是由于采用 $KClO_3$ 作氧化剂，制备过程具有一定的危险性。

2. Staudenmaier 法

Staudenmaier[7]采用浓 H_2SO_4、发烟 HNO_3 混合酸为反应体系，结合 $KClO_3$ 为氧化剂，对石墨粉进行处理。反应体系的温度始终维持在 0℃。石墨粉的氧化程度随反应时间的延长而增加，故可通过控制反应时间控制石墨的最终氧化程度。该方法对石墨的氧化程度同样较低，需进行多次氧化处理，容易导致石墨烯碳层的结构被严重破坏，不利于后续的研究和应用。

3. Hummers 法

在这三种氧化反应中，Hummers[8]法是最经典的方法，也是目前应用最广泛的方法。该方法主要以浓 H_2SO_4 为反应体系，结合 $KMnO_4$ 对石墨粉进行氧化。反应过程主要分为低温(5℃以下)、中温(35℃左右)和高温(98～100℃)三个反应阶段。该方法的优点是用 $KMnO_4$ 代替 $KClO_3$，不仅提高了实验的安全性，而且减少了有毒气体的产生；同时，该方法所需的氧化时间较短，产物的氧化程度较高，产物的结构较规整且易于在水中发生溶胀而剥离。

需要注意的是，这些氧化方法主要是对石墨进行功能化，得到的样品通常仍为层状的氧化石墨，只是这些层状的氧化石墨相较于原来的石墨更加容易分散在液相溶剂中。分散的氧化石墨烯可被进一步还原，但重新恢复的范德华力会导致还原的石墨烯发生堆叠甚至形成类石墨粉结构。因此，利用剥离的氧化石墨制备石墨烯时往往需要额外的工艺，如使用表面活性剂包裹单片防止它们靠近、吸附再堆叠。

3.3.2　超声剥离

1. 超声剥离的基本原理

超声剥离是层状材料剥离方法中最简单和常用的技术之一，但在绝大部分研究中与其他剥离方法协同使用。

超声剥离是将层状材料直接暴露于溶剂中，利用超声波产生的空化气泡塌缩成高能射流，击碎层状结晶并产生剥离纳米片(图 3-3-3)。如果溶剂的表面能与层状材料的表面能相似，则剥离态和再聚集态之间的能量差非常小，从而消除再聚集的驱动力。

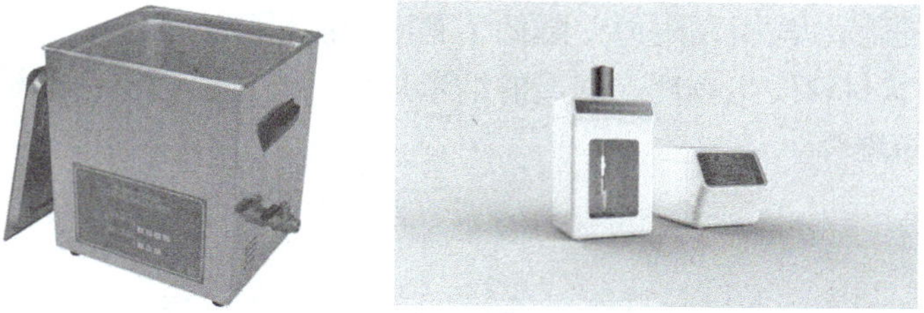

(a)　(b)

图 3-3-3　超声剥离的仪器设备

(a) 超声波振荡池；(b) 超声波细胞破碎仪

2. 超声剥离实例

2008 年，Hernandez 和 Blake 等在 *N*-甲基吡咯烷酮和二甲基甲酰胺等溶剂中超声处理石墨，成功制备出液态剥离的单层石墨烯(图 3-3-4)[7,9,10]。由于这些溶剂与石墨烯的相互作用是最优的，因此剥离的能量成本最小。利用这种方法可以得到小片但高质量、无缺陷石墨烯的低浓度分散体(水的表面张力为 72 mN/m，本身无法剥离石墨烯)。

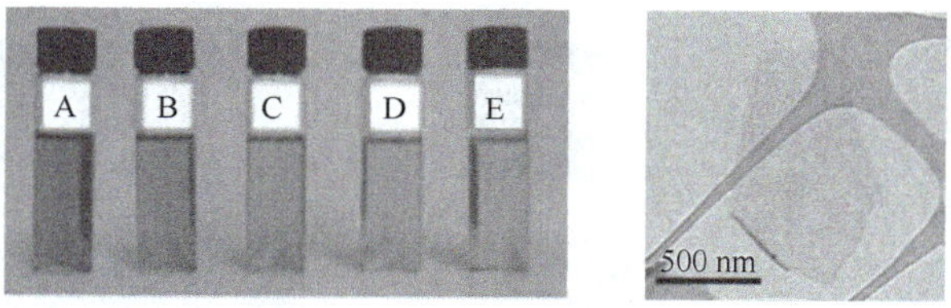

(a)　(b)

图 3-3-4　单层石墨烯

(a) 在 *N*-甲基吡咯烷酮中经过超声剥离后，不同浓度(A～E：6～4 μg/mL)的石墨烯分散体系；(b) 超声剥离的石墨烯电镜图

类似的方法也用于在溶剂和表面活性剂水溶液中剥离 h-BN 和 TMD[5,11,12]，可获得分散浓度高达 40 mg/mL 的 MoS_2、WS_2、$MoSe_2$、$MoTe_2$、$TaSe_2$ 和 $NbSe_2$ 等 TMD 二维纳米片(图 3-3-5)，可用作复合填料和储能材料。例如，Smith 等利用溶液加工的方法制备 MoS_2/纳米管复合阴极，用于锂离子电池，电池的可逆比容量大于 200 mA · h/g[11]。与石墨烯相同，这些 TMD 二维材料也能够在具有一定表面能的溶剂或混合溶剂中分散。化学预处理也有助于在溶剂中进行超声剥离。例如，官能化可以使 LDH 在醇中剥离，而酸处理金属铝碳化物/氮化物可以得到表面氟化或羟基化的金属碳化物纳米片，有利于在甲醇中进行剥离。

图 3-3-5　在含有胆酸钠的水溶液中超声剥离的层状化合物分散体系

3.3.3　插层剥离

1. 插层剥离的基本原理[4]

层状材料可将特定的客体分子或离子吸附在层间空隙中，这是插层剥离方法广泛应用于剥离层状材料(包括石墨和 TMD)的化学基础(图 3-3-1)。插层(通常为离子型)通过增加层间距，

减弱了层与层之间的范德华力(黏附力)，降低了剥离的能量障碍。在一定的机械作用力(如超声作用)下，便可使层状材料发生剥离。剥离的纳米片可以通过表面电荷或添加表面活性剂进行静电稳定，以防重新堆叠。

2. 离子插层剥离

利用离子插层的方法剥离层状材料的研究已取得了许多进展。Shih 等通过热膨胀，然后在表面活性剂溶液中超声，从石墨插层化合物中剥离出主要为双层和三层石墨烯的分散体[13]。Eda 等利用离子插层法剥离 MoS_2，获得了光致发光单层材料[14]。Zeng 等展示了利用锂离子插层剥离 MoS_2、WS_2、TiS_2、TaS_2、ZrS_2 和石墨的方法[15]。Xiao 等用剥离的 MoS_2 制备 MoS_2/聚环氧乙烷纳米复合材料作为电池电极，大大提高了锂化容量和循环行为[16]。Du 等通过剥离和再堆积工艺制备了 MoS_2 阳极电极，提高了稳定性，比容量高达 800 mA · h/g[17]。此外，Bi_2Te_3 和 Bi_2Se_3 等ⅤA-ⅥA 层状化合物也可以通过离子插层进行剥离，如图 3-3-6 所示[18]。在氨水作用下，锂溶解形成锂阳离子和溶解电子，进而将 Bi_2Te_3 还原成 $Li_yBi_2Te_3$。接触水后，还原的 $Li_yBi_2Te_3$ 层被剥离，形成电荷稳定的胶体，透析后即形成 Bi_2Te_3 纳米片悬浮液。

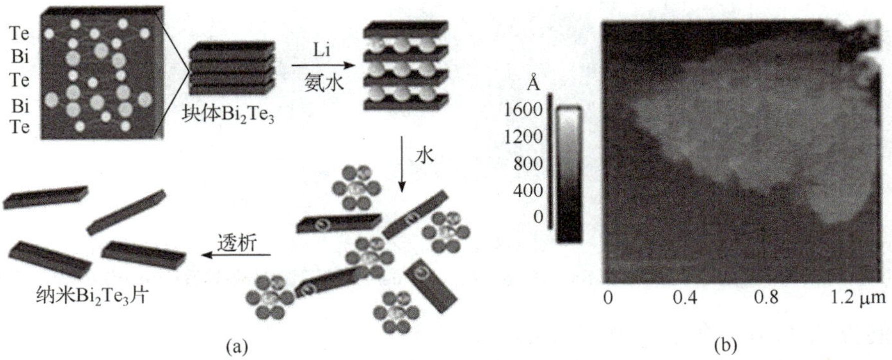

图 3-3-6　离子插层剥离 Bi_2Te_3

(a) Bi_2Te_3 离子插层剥离流程；(b) Bi_2Te_3 单片的原子力显微镜图

3. 离子交换剥离

离子交换剥离是利用 LDH(俗称水滑石)、黏土和某些类型的金属氧化物等含有可交换的阳离子反离子夹层这一特点，选择合适的离子进行替换，从而降低片与片之间的作用力。

图 3-3-7 给出了甲酰胺中 LDH-CO_3 的典型剥离途径[4]。LDH 含有可交换阴离子，但由于电荷密度较高，其在水中的溶胀性远低于花岗岩黏土矿物。因此，在水中直接剥离体积庞大的 LDH 结晶颗粒具有一定难度。最近的研究表明，选择合适的溶剂，借助超声波处理、机械振荡或搅拌，可以实现 LDH 的直接剥离。例如，具有高极性的甲酰胺[极性指数 7.3(Snyder)]，其一端的羰基(C═O)与 LDH、层间水分子及阴离子层具有较强的相互作用，而另一端的—NH_2 与 LDH、层间水分子及阴离子的相互作用较弱。因此，可利用甲酰胺置换层间水，破坏原有的强氢键网络，削弱层间吸引力，进而促进剥离。不过，仅利用甲酰胺进行置换还不足以完成剥离，增加超声波处理和机械搅拌产生的外力实现对 LDH 的剥离仍是必不可少的。在超声波处理过程中，高频(20～130 kHz)超声波的声学空化作用导致溶剂中微气泡的形成、增长和崩溃，并在 LDH 的外表面和层间空间产生冲击波和微射流，从而削弱层间相互作用，使层状结晶脱层，产生剥离的纳米片。例如，Wu 等使用超声波处理法剥离甲酰胺(40 g/L，LDH 质量与

溶剂体积之比)中的 Mg-Al-LDH-NO_3(Mg 与 Al 物质的量比为 3)。大部分 LDH 被剥离成单层和双层(厚度为 0.7～1.4 nm；直径为 20～40 nm)[19]。除超声波处理外，剧烈的机械搅拌或振荡也能加速 Mg-Al-LDH-NO_3 的剥离，生成胶体 LDH 纳米片(横向尺寸＞1 μm)。LDH-NO_3 在甲酰胺中的剥离无需加入额外有机物，简化了剥离过程。

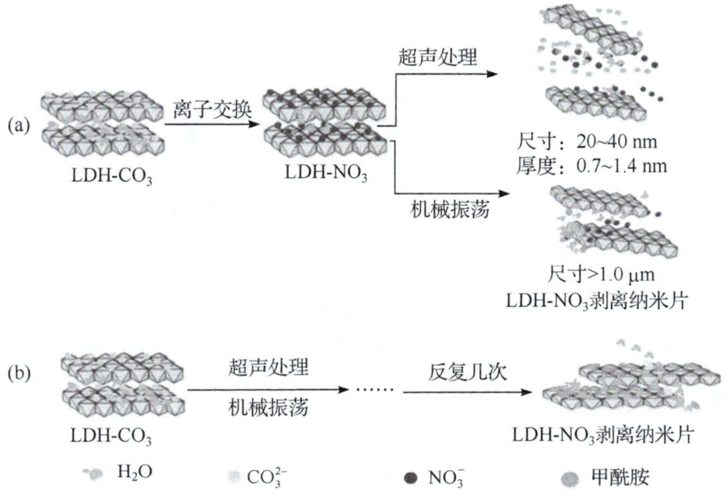

图 3-3-7　甲酰胺中 LDH-CO_3 的典型剥离途径

(a) LDH-CO_3 通过离子交换转化为 LDH-NO_3，进行剥离；(b) LDH-CO_3 通过多步超声处理或超声与机械振荡相结合直接剥离

值得注意的是，LDH-CO_3 固体通常比 LDH-NO_3 更难在甲酰胺中进行剥离。这是因为 LDH 的层间空间对 CO_3^{2-} 有更强的亲和力，而 LDH-CO_3 固体通常具有较高的结晶度且颗粒尺寸较大。此外，CO_3^{2-} 的水化焓接近零(约 0.3)，因此 LDH-CO_3 通常会转化为 LDH-NO_3 进行剥离[图 3-3-7(a)]。通过阴离子交换(如 Co-Al-LDH-NO_3：0.89 nm；Co-Al-LDH-Cl：0.78 nm；Co-Al-LDH-CO_3：0.75 nm)可以扩大层间空间，有利于 LDH 在甲酰胺中随后在机械振荡下剥离。当然，LDH-CO_3 通过强化超声过程，包括多步超声处理或将多次超声处理与机械振荡结合在一起，也可以实现剥离[图 3-3-7(b)]。但是由于甲酰胺不仅具有一定的毒性，而且沸点较高(210℃)，剥离后很难去除和回收，因此使用非危险有机化合物的水溶液进行剥离更为合理，如 L-天冬酰胺水溶液。L-天冬酰胺的化学结构与甲酰胺相似，其 C═O 同样会与 LDH 层发生强烈作用，形成新的弱氢键，将 LDH 层间空间的大量水分子耗尽。虽然 LDH 在水中几乎不会膨胀，但最理想、最干净的方法还是在水溶液中对 LDH 实施剥离。

层状金属氧化物可以通过离子交换进行剥离。通常剥离后的氧化物纳米片是宽带隙半导体，因此很有希望用作光催化剂或高介电常数材料。例如，一些钛氧化物($Ti_{0.91}O_2$、$Ti_{0.87}O_2$、Ti_3O_7、Ti_4O_9、Ti_5O_{11})层状晶体往往带负电荷(因为同时存在 Ti^{3+}和 Ti^{4+})，因此层间会含有 Cs^+ 等以确保电中性。这些离子可通过在酸性溶液中浸泡交换质子，质子又与大分子有机离子(如四丁基铵阳离子)进行交换，从而导致明显的膨胀。这种溶胀有利于后续通过超声或剪切进行混合剥离，从而得到带负电荷的纳米片。

又如，层状氧化物 $KCa_2Nb_3O_{10}$ 经过剥离后，与未剥离的块体材料相比具有更大的比表面积和更多的活性位。在进行光催化分解水的实验中发现，剥离样品具有更加优异的催化性能(图 3-3-8)[20]。另外，MnO_2 和 RuO_2 纳米片具有氧化还原活性或半金属属性，作为电化学超级电容器和电池材料都具有较好的性能。剥离的 $Cs_4W_{11}O_{36}^{2-}$ 纳米片胶体分散体具有光致变色性，其性能优于常用的 WO_3 等材料[21, 22]。

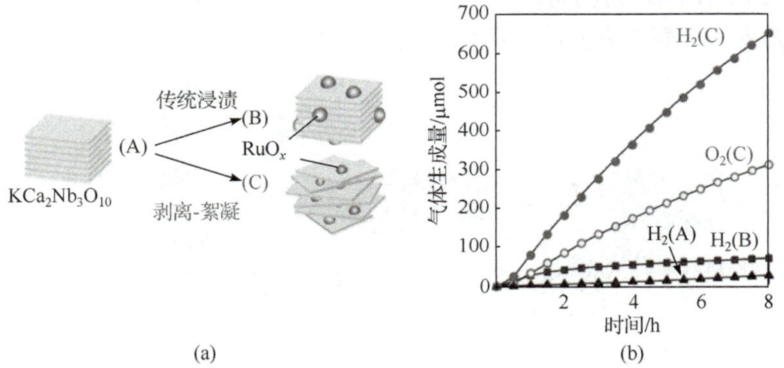

图 3-3-8　块体与剥离金属氧化物光解水制氢性能的比较

(a) $KCa_2Nb_3O_{10}$ 块体材料(A)，RuO_x 修饰的块体材料(B)，RuO_x 修饰的剥离材料(C)；(b) 光催化分解 H_2O 产生 H_2(和 O_2)的速率

3.3.4　电化学剥离

电化学剥离具有操作条件温和、仪器简单、工艺快速和剥离片材产量高等优点，因此在大规模生产二维片材方面具有很大的潜力[2]。该方法主要通过施加固定电位或电流，促使溶液中的离子物种在层间插层，削弱层间作用力，从而促进它们在溶液中的分离和释放。这一过程可在水溶液和有机溶剂中进行，并分别利用阳极的氧化或阴极的还原插层负离子或正离子物种，如图 3-3-9 所示。其工作原理是先在工作电极上产生正电荷或负电荷，吸引带相反电荷的离子进入夹层，然后通过机械剥离(如搅拌、超声，以及简单的晃动)形成单片或若干层片。所用溶剂和电解质的类型不仅对剥离效率起关键作用，而且对剥离材料的质量和性能也有影响。下面主要根据层状材料作为不同电极以及采用的插层离子类型介绍电化学剥离层状二维材料。

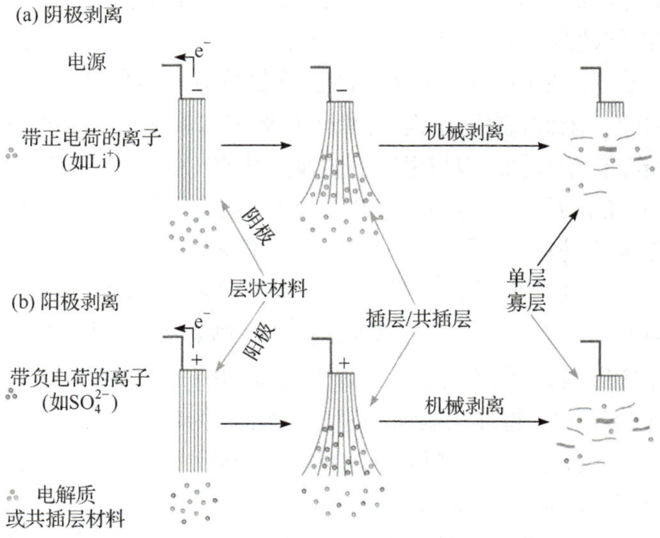

图 3-3-9　阴极和阳极剥离机制示意图

1. 阴极插层剥离(正离子插层)

对层状材料施加负电压可促进溶液中的正离子发生插层，并且通常伴随溶剂分子共插层的现象，可以有效促进材料膨胀，发生剥离。自 1970 年以来，随着锂离子电池以及相关锂插层化合物的发展，证实了锂离子是一类非常特殊的插层剂。受此过程的启发，Wang 等使用碳酸丙烯酯中的氯化锂(Li^+/PC)，通过施加(−15 ± 5)V 的负电压将石墨剥离成石墨烯薄片[23]。此剥离过程需要在超声波辅助下在水中进行。Zeng 等采用电池式装置剥离了一系列不同的层状化合物[15, 24]，包括石墨、过渡金属二硫化物、h-BN 和其他无机化合物，实现了更高效、更可控的锂离子插层[图 3-3-10(a)～(d)]。通常锂金属用作阳极和锂离子源，而层状材料作为测试电池的阴极。当锂离子插入完成后，将电池拆卸，然后将阴极材料置于水中进行超声处理，此时 LiOH 和氢气的形成有助于二维纳米片的分离。除了典型的锂离子外，其他阳离子也成功用于层状材料的剥离。例如，在有机、水和离子液体溶液中使用四烷基铵离子、Na^+和 *N*-丁基甲基吡咯烷双(三氟甲基磺酰基)亚胺对阴极石墨进行剥离[图 3-3-10(e)]。Swager 等还通过连续使用不同插层剂对石墨进行剥离，并成功制得功能化的石墨烯片[25]：首先，利用较小尺寸的 Li^+对石

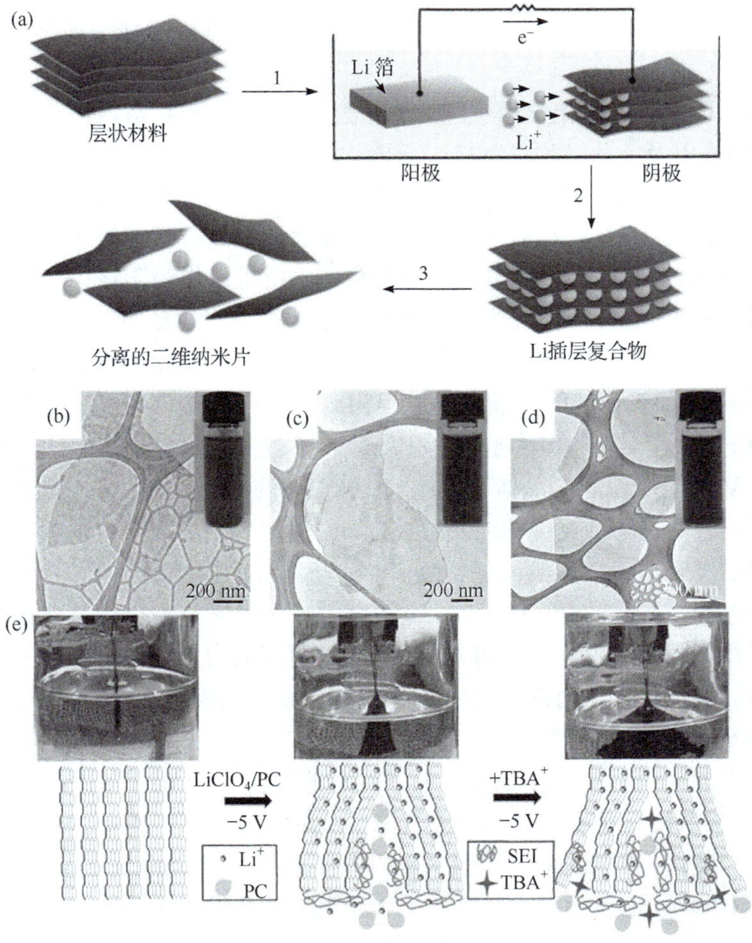

图 3-3-10　阴极插层剥离的原理与实例

(a) 利用锂离子电化学剥离层状材料；(b) 单层 WS_2 纳米片的 TEM 图，插图为 WS_2 溶液照片；(c) 单层 TiS_2 纳米片的 TEM 图及 TiS_2 溶液照片；(d) 单层 TaS_2 纳米片的 TEM 图及 TaS_2 溶液照片；(e) 先用 Li^+，再用 TBA^+在有机溶剂中对石墨进行电化学膨胀过程示意图

墨进行初步插层；然后，使用较大的离子，如四正丁基铵离子(TBA^+)，对预插层的样品进行深度膨胀；最后，使用原位电化学方法将石墨烯片与芳基重氮盐官能化，生成高度官能化的石墨烯单片材料。这种方法对层状材料的剥离以及薄膜的功能化均具有很好的启发。

黑磷(BP)由于具有独特的半导体特性，近年来备受关注。BP 块体的带隙约为 0.3 eV，而单层的带隙为 2.0 eV，并且其直接带隙会受到层数变化的影响。与其他剥离方法相比，电化学剥离 BP 块状晶体的方法具有诸多优势，如易于控制、时间短、效率高和薄片质量优等。Huang 等的研究成果证明了在 TBA^+插层离子的存在下，通过调节外加电压，可以获得层数为 2～11 的 BP 剥离材料[26]。

值得注意的是，在阴极条件下使用阳离子夹杂物进行剥离，不会产生明显的结构损坏或化学改性，是保持层状材料原始特性的理想选择。然而，与使用负离子作为插层剂的阳极工艺相比，这种工艺的效率低得多。

2. 阳极插层剥离(负离子插层)

阳极插层剥离是在层状材料上施加正电压(层状材料作为阳极)，促使溶液中的负离子发生插层，从而实现层状阳极剥离。同样，该过程可在水溶液和有机溶剂中进行，并可以选择不同类型的阴离子。

以石墨为例，早期石墨电化学阳极剥离的研究是在稀 H_2SO_4 溶液中进行的。随着研究的深入，在含有硫酸根以及一些还原剂的中性溶液中，可以制得产量更高的单层和寡层石墨烯薄片，其横向尺寸更大，缺陷和氧官能度密度更低。最近，Wang 等将石墨棒同时用作阳极和阴极，然后以聚 4-苯乙烯磺酸钠(PSS)作为插层剂和表面活性剂，成功制得了从阳极剥离的石墨烯片层材料[27]。除 PSS 外，十二烷基苯磺酸钠(SDBS)也可以作为阳极插层剂和稳定剥离石墨烯的表面活性剂。此外，在剥离过程中使用不同的电解质可以生成具有不同结构、化学和电化学性质的石墨烯。例如，使用 $LiClO_4$ 作为电解质可以生成高度氧化的石墨烯(氧化石墨烯，3.3.1 小节)，与使用浓强酸和氧化剂的标准化学过程相比，获得石墨烯的速率更快。

利用稀释的 H_2SO_4 同样可以剥离作为阳极的 MoS_2 层状晶体[28]，如图 3-3-11 所示。先在阳极上施加+1.0 V 的电压以润湿晶体，再施加+10.0 V 的电压，这样就能剥离出大量 MoS_2 纳米片。利用类似的方法，可成功将 Bi_2Se_3、Bi_2Te_3、黑磷等剥离成二维薄片。

水溶液中的阳极剥离一般用共同的机理解释，与涉及的层状材料无关。首先，施加正向偏压会在水的氧化过程中产生 · OH 和 · O。这些自由基会优先攻击边缘位点和晶界，特别会在石墨烯中产生氧官能团，从而增加层间距离。然后，更多的自由基与阴离子一起渗入层内，进一步扩大层间距。最后，材料内部的自由基和阴离子发生阳极氧化，产生气态物质(O_2、SO_2、CO_2 等)，最终实现堆叠层的分离。

层状材料的剥离不仅可以获得更为丰富的微纳米结构，还能开发出材料具有重大应用价值的特性。例如，层状硒化镓和硒化铟具有光致发光特性，液态剥离可以产生下一代溶液加工的光致稳定发光二极管。尽管目前层状材料的剥离已取得了一定的进展，但仍存在一些重大挑战。例如，对于超声波辅助溶剂剥离，需要开发既能监控又能提高单体产量和横向薄片尺寸的方法；对于基于离子插层的方法，必须缩短实现剥离的时间并提高剥离的质量，以此实现量产的目的；对于电化学剥离，则需要考虑如何在节能环保的条件下实现规模化生产，寻求更有效的插层剂和电解液体系。

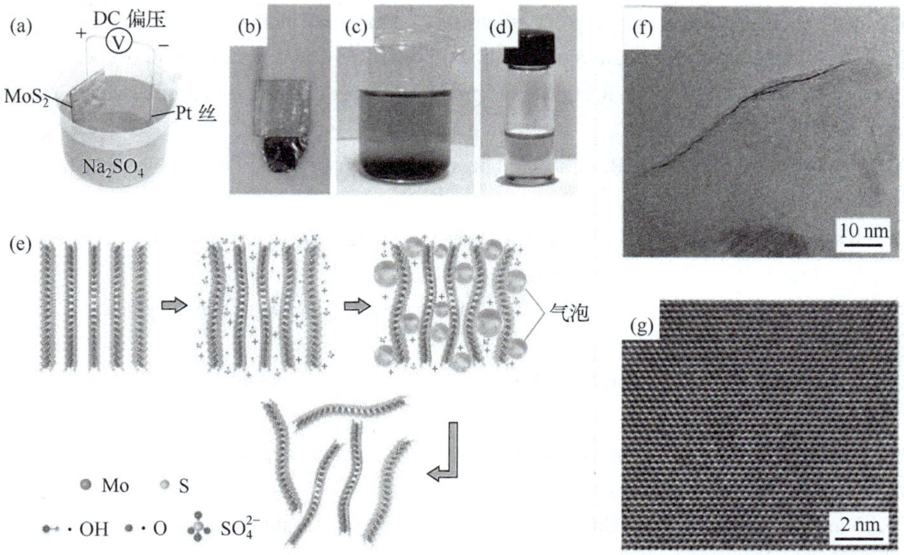

图 3-3-11　MoS_2 层状晶体的阳极插层玻璃

(a) MoS_2 块状晶体电化学剥离实验装置示意图；(b) 铂电极夹持 MoS_2 块状晶体照片；(c) 悬浮在 Na_2SO_4 溶液中的 MoS_2 剥离片；(d) 分散在 *N*-甲基吡咯烷酮溶液中的 MoS_2 纳米片；(e) MoS_2 电化学剥离机理示意图；(f) 单层 MoS_2 纳米片 HRTEM 图；(g) MoS_2 纳米片六方晶格结构 HRTEM 图

随着剥离方法的复杂性和有效性的增加，层状材料将衍生出大量新的二维系统以供探索。层状晶体的特性多种多样，意味着它们的剥离对应物也同样多种多样，可应用于电子学、光子学、能量储存、结构复合材料、药物输送、阻挡层和涂层等领域。

习　题

1. 什么是薄层结构材料？
2. 薄层材料的层与层之间具有哪些作用力？
3. 层状氧化石墨的制备方法有哪些？
4. 为什么氧化石墨容易剥离形成氧化石墨烯？
5. 层状材料剥离形成单片过程中需要解决哪些问题？
6. 剥离方法中，插层剥离的基本原理是什么？

参 考 文 献

[1] Nicolosi V, Chhowalla M, Kanatzidis M G, et al. Liquid exfoliation of layered materials. Science, 2013, 340(6139): 1420-1438.

[2] Ambrosi A, Pumera M. Exfoliation of layered materials using electrochemistry. Chem Soc Rev, 2018, 47(19): 7213-7224.

[3] Park S, Ruoff R S. Chemical methods for the production of graphenes. Nat Nanotech, 2009, 4(4): 217-224.

[4] Mao N, Zhou C H, Tong D S, et al. Exfoliation of layered double hydroxide solids into functional nanosheets. Appl Clay Sci, 2017, 144: 60-78.

[5] Coleman J N, Lotya M, O'Neill A, et al. Two-dimensional nanosheets produced by liquid exfoliation of layered materials. Science, 2011, 331(6017): 568-571.

[6] Brodie B C. Surlepoids atomique du graphite. Ann Chim Phys, 1860, 59: 466-472.

[7] Staudenmaier L. Verfahren zur darstellung der graphitsaure. Ber Deut Chem Ges, 1898, 31: 1481-1487.

[8] Hummers W S, Offeman R E. Preparation of graphitic oxide. J Am Chem Soc, 1958, 80(6): 1339-1339.

[9] Hernandez Y, Nicolosi V, Lotya M, et al. High-yield production of graphene by liquid-phase exfoliation of graphite. Nat Nanotech, 2008, 3(9): 563-568.

[10] Blake P, Brimicombe P D, Nair R R, et al. Graphene-based liquid crystal device. Nano Lett, 2008, 8(6):1704-1708.

[11] Smith R J, King P J, Lotya M, et al. Large-scale exfoliation of inorganic layered compounds in aqueous surfactant solutions. Adv Mater, 2011, 23(34): 3944-3948.

[12] Lin Y, Williams T V, Connell J W. Soluble, exfoliated hexagonal boron nitride nanosheets. J Phys Chem Lett, 2010, 1(1): 277-283.

[13] Shih C J, Vijayaraghavan A, Krishnan R, et al. Bi- and trilayer graphene solutions. Nat Nanotech, 2011, 6(7): 439-445.

[14] Eda G, Yamaguchi H, Voiry D, et al. Photoluminescence from chemically exfoliated MoS_2. Nano Lett, 2011, 11(12): 5111-5116.

[15] Zeng Z Y, Yin Z Y, Huang X, et al. Single-layer semiconducting nanosheets: High-yield preparation and device fabrication. Angew Chem Int Ed, 2011, 123(47): 11289-11293.

[16] Xiao J, Choi D, Cosimbescu L, et al. Exfoliated MoS_2 nanocomposite as an anode material for lithium ion batteries. Chem Mater, 2010, 22(16): 4522-4524.

[17] Du G D, Guo Z P, Wang S Q, et al. Superior stability and high capacity of restacked molybdenum disulfide as anode material for lithium ion batteries. Chem Commun, 2010, 46(7): 1106-1108.

[18] Ding Z F, Bux S K, King D J, et al. Lithium intercalation and exfoliation of layered bismuth selenide and bismuth telluride. J Mater Chem, 2009, 19(17): 2588-2592.

[19] Wu Q L, Olafsen A, Vistad Ø B, et al. Delamination and restacking of a layered double hydroxide with nitrate as counter anion. J Mater Chem, 2005, 15: 4695-4700.

[20] Ebina Y, Sakai N, Sasaki T. Photocatalyst of lamellar aggregates of RuO_x-loaded perovskite nanosheets for overall water splitting. J Phys Chem B, 2005, 109(36): 17212-17216.

[21] Ma R Z, Sasaki T. Nanosheets of oxides and hydroxides: Ultimate 2D charge-bearing functional crystallites. Adv Mater, 2010, 22(45): 5082-5104.

[22] Osada M, Sasaki T. Two-dimensional dielectric nanosheets: Novel nanoelectronics from nanocrystal building blocks. Adv Mater, 2012, 24(2): 210-228.

[23] Wang J, Manga K K, Bao Q, et al. High-yield synthesis of few-layer graphene flakes through electrochemical expansion of graphite in propylene carbonate electrolyte. J Am Chem Soc, 2011, 133(23): 8888-8891.

[24] Zeng Z Y, Sun T, Zhu J X, et al. An effective method for the fabrication of few-layer-thick inorganic nanosheets. Angew Chem Int Ed, 2012, 124(36): 9052-9056.

[25] Zhong Y L, Swager T M. Enhanced electrochemical expansion of graphite for in *situ* electrochemical functionalization. J Am Chem Soc, 2012, 134(43): 17896-17899.

[26] Huang Z D, Hou H S, Zhang Y, et al. Layer-tunable phosphorene modulated by the cation insertion rate as a sodium-storage anode. Adv Mater, 2017, 29(34):1702372-1702379.

[27] Wang G X, Wang B, Park J, et al. Highly efficient and large-scale synthesis of graphene by electrolytic exfoliation. Carbon, 2009, 47(14): 3242-3246.

[28] Liu N, Kim P, Kim J H, et al. Large-area atomically thin MoS_2 nanosheets prepared using electrochemical exfoliation. ACS Nano, 2014, 8(7): 6902-6910.

第 4 章　多孔结构催化剂的制备方法

固体催化剂的催化活性源于其表面原子的配位不饱和性。催化剂表面为反应物分子的吸附、扩散、反应及脱附等过程提供场所。多孔结构催化剂研发和应用的原理是利用催化剂中丰富的孔道结构为催化反应提供更多的反应表面，从而增加反应物与催化剂之间的接触面积，促进反应的进行。多孔结构催化剂已成为催化科学领域最活跃的前沿研究方向。

对于多孔结构，可以从动植物等生物体内相互连接的多级孔隙网络给予直观的解释。这些生物体内的多级孔隙网络相互连接，以最低的能量消耗最大限度地提高传质和反应速率。例如，植物叶脉中的水分输送系统是植物生长发育的重要组成部分，主要通过由主静脉和较小毛细血管组成的两级孔隙实现。呼吸系统也是一种高效的多孔结构体系，能够以最小的阻力实现 O_2 和 CO_2 在空气和血液之间的快速高效运输。具体到肺组织也是一个由初级孔隙的单通道气管和大表面积的次级肺泡组成的多孔结构体系。上述生物体内的多孔结构均有利于促进液体或气体与固体表面的传质和反应过程。多孔结构催化剂正是在催化剂内构建相互连接的多级孔道网络提高催化反应的效率。

根据 IUPAC 的定义，孔径小于 2 nm 的孔称为微孔；孔径大于 50 nm 的孔称为大孔；孔径为 2～50 nm 的孔称为介孔。多孔结构催化剂是指含有丰富孔道的催化剂，这里的“多孔”可以理解为孔道数量和尺寸的多元化，或者理解为孔道结构的规整性和连通性。与传统催化剂相比，多孔结构催化剂在催化反应中的优势体现在：①提供更多的反应表面：多孔结构通过增加催化剂的表面积提高反应物与催化剂之间的接触面积，使更多反应物分子与催化剂表面接触，由此促进反应的进行；②提高反应物的扩散速率：多孔结构可以提高反应物分子向催化剂表面活性位的扩散速率，使反应物更容易与表面活性位接触，促进反应进行，并降低反应的活化能。

按照催化剂主要成分的化学组成分类，可将多孔结构催化剂主要分为微孔分子筛催化剂、介孔金属氧化物催化剂、介孔非金属材料催化剂(主要为氧化硅和碳材料)、共价有机骨架(COF)材料催化剂、金属有机骨架(MOF)材料催化剂以及由上述材料复合而成的多孔材料催化剂。多孔结构催化剂的制备和应用历经几十年的研究，催化剂孔道结构的构筑和调变手段已多样化。从孔结构制备过程基本原理理解，多孔结构催化剂的制备方法主要有结构构筑法和非结构构筑法。其中，结构构筑法使用模板剂(硬模板法、软模板法或等级孔基体材料模板法等)作为晶体生长过程中孔结构的支撑体制备多孔结构催化剂；非结构构筑法主要采用后处理(离子交换、酸碱刻蚀、水热处理、重结晶等)的手段制备多孔结构催化剂。

4.1　模　板　法

4.1.1　模板法的基本原理、分类与特点

模板法是通过在催化剂前体中加入一种或多种模板分子调控催化剂的晶体结构和孔道结

构，进而提高催化剂的活性、选择性和稳定性。通常情况下，模板分子可以是有机物、无机离子或复合物等，具体选择要根据催化剂的性质和应用环境确定。模板法制备催化剂的一般步骤包括：选取合适的模板剂加入催化剂合成体系中；进行热处理或溶剂热法合成，通过晶化过程形成具有良好结晶度和孔道结构的催化剂；采用高温焙烧或水热处理等方法去除模板分子，得到多孔结构催化剂。因此，模板法制备多孔结构催化剂具有孔径和孔道结构可控性强、制备过程简单易行等优点。

等级孔分子筛是一类研究、应用广泛的多孔结构催化剂。模板法制备等级孔分子筛技术是结构构筑法在多孔结构催化剂制备过程中的典型应用。本小节主要以模板法制备等级孔分子筛催化剂为例，介绍模板法在多孔结构催化剂制备过程中的相关知识。分子筛是一种晶态微孔材料，因其独特的多孔结构和酸性功能，广泛应用于石油化工、精细化工和生物质转化等领域。在分子筛催化体系中，扩散是决定分子筛催化剂反应性能和利用效率的关键因素。常规分子筛中的微孔孔道通常小于 1 nm，严重限制了反应物和产物与活性中心之间的扩散传质过程。尤其是涉及大分子反应物或中间物种时，反应物在分子筛微孔孔道内的低传质速率会导致过度裂解、缩合生焦等副反应加剧，造成催化剂快速失活。等级孔分子筛的特征在于向分子筛固有的微孔孔道体系内引入介孔或大孔孔道。这些介孔和大孔可以存在于分子筛晶粒之间(晶间孔)或晶粒内部(晶内孔)。分子筛孔道结构的多级化可以增强传质、有效缩短扩散路径，暴露更多的活性位，提高分子筛催化剂的活性、选择性和使用寿命，显著提高分子筛催化剂利用效率等，因而能以最低的能量、最少的原材料消耗和最短的时间实现催化反应过程，提高生产效率。

原位结构构筑法制备等级孔分子筛通常在分子筛结晶过程中使用有机或无机模板，得到化学成分和晶体结构与传统微孔分子筛相同或相似但富含介孔或大孔结构的等级孔分子筛催化剂。该制备方法的关键在于使模板剂和分子筛前体之间的相互作用最大化，从而在分子筛结晶过程中最大限度地减少相分离。它不仅影响分子筛的纯度和形态，还影响固有微孔和引入的介孔或大孔之间的位置和互连性。模板的空间限域作用使模板法能够实现对合成纳米材料的结构、形貌、尺寸等方面的精确控制。利用模板法合成的分子筛还具有很高的灵活性。同时，此方法的实验装置简单、操作条件温和，因而适用于广泛的实验室和工业生产环境。此外，模板法还能有效防止纳米材料团聚现象的发生，合成过程也相对简单，适合批量生产，这为大规模制备提供了便利。

目前，通过模板法制备等级孔分子筛的方法主要有两类：硬模板法和软模板法。硬模板和软模板都能提供尺寸受限的反应空间，其主要区别在于孔道结构的特性。硬模板提供的是静态的孔道，物质只能通过开口处进入孔道内部，这种孔道通常由具有固定形状和大小的材料构成，适用于需要精确控制孔道形状和大小的情况；相比之下，软模板提供的是处于动态平衡的空腔，因此物质可以更加灵活地透过腔壁进入和离开空间，适用于需要更高的灵活性和可调控性的场景。

4.1.2　硬模板法

硬模板法是指向催化材料合成体系中加入不参与晶化反应的固体物质，待材料晶化完成后，通过焙烧或溶解的方式将模板剂脱除。硬模板剂具有化学惰性，其作用仅为在催化材料晶化生长过程中充当模板。以硅铝分子筛的合成为例，硬模板剂分散于分子筛生长的硅铝酸盐凝胶体系中，在分子筛晶化生长中硅铝营养物种在硬模板剂表面成核后长大，将模板剂包覆于分子筛晶体中。待晶化结束后，再通过焙烧或溶解的方式将硬模板剂除去，留下晶内孔穴，得到等级孔分子筛。固体模板具有化学惰性，加入后不会影响分子筛固有的晶体结构特性。分子筛的结构和形态特征很大程度上取决于模板剂的性质、数量及其与目标催化材料的相互作用，因此选择合适的模板剂对于制备分子筛至关重要。

可用作硬模板的材料有多种，目前主要选用尺寸大于 2 nm 的固体物质作为硬模板剂制备介孔/大孔催化材料。硬模板是通过共价键维系的刚性模板，主要有碳模板、气凝胶模板、二氧化硅球模板、聚合物微球模板、生物模板和无机盐模板。在等级孔分子筛合成过程中，硬模板剂通常与构成介孔的无机骨架物质之间的相互作用较弱，为微孔分子筛中介孔的形成提供了新的可控途径。与软模板法相比，硬模板法具有合成工艺简单、模板剂种类多样的特点，同时硬模板具有较高的稳定性和良好的窄间限域作用，多孔催化材料的孔径与孔容及硬模板的种类和用量有定量关系，可以通过调节硬模板剂的种类和用量控制孔的尺寸和形状，这种制备等级孔分子筛的方法具有高效性。然而，硬模板法存在合成周期较长，硬模板剂与无机前驱体的作用较弱，合成过程中容易产生相分离导致无法形成晶体结构，造成合成成本高的问题。

1. 碳模板

碳材料是研究和应用最广泛的刚性硬模板材料。碳材料为疏水性物质，而分子筛母液为亲水性体系，碳材料作为模板时，在分子筛合成过程中经常被排除在分子筛晶粒外部，形成碳模板、微孔分子筛或纳米分子筛的混合物。为减弱分子筛合成过程中碳模板与前驱体间的相分离，常将合成体系中的分子筛干胶和碳模板的混合物与液相分离，使高温下汽化的液相蒸气与固态原料相互作用促进分子筛晶化。此外，碳模板还具有形貌结构多样、化学惰性、表面性质可调、高温易脱除、低成本等优点。碳模板主要包括碳纳米管、碳气凝胶、有序介孔碳材料、炭黑颗粒、石墨烯等。

Jacobsen 等[1]将酸/碱处理的炭黑颗粒分散于过量的分子筛前驱体溶液中，经干燥后制成含微孔、介孔的硅铝干胶，再经过水蒸气辅助分子筛晶化过程，碳纳米颗粒逐渐包覆在分子筛晶体内部，最后通过焙烧除去硬模板，即得到具有封闭不连通的晶内孔道结构的介孔分子筛[图 4-1-1(a)]。利用这种方法成功制备出 MFI 结构的硅铝分子筛 ZSM-5、纯硅分子筛 Silicalite-1、钛硅分子筛 TS-1 和具有 MEL 结构的 ZSM-11 分子筛。值得注意的是，这种方法得到的分子筛介孔孔道的流通扩散性较差，为了解决这一问题，Schmidt 等[2]利用一维碳纳米管成功在分子筛晶体内部引入贯穿整个晶体的无序直形介孔孔道[图 4-1-1(b)]，以增强其介孔孔道的流通扩散性。Cho 等[3]进一步以有序介孔碳 CMK-1 或 CMK-3 为硬模板(由 MCM-48 或 SBA-15 反复制备得到)，利用水蒸气辅助晶化合成了有序介孔 Silicalite-1 分子筛[图 4-1-1(c)]。Chen 等[4]首先利用粒径均一的二氧化硅球(直径在 10～40 nm 可调)为硬模板制备出孔径均一的三维有序介孔碳模板，将其加入澄清的分子筛前驱体溶液中，采用水蒸气辅助晶化法多次水热循环与晶种二次生长结合的方式，成功合成出具有多种晶相(LTA、MFI、LTL 和 FAU)的三维高度有序结构的等级孔分子筛[图 4-1-1(d)]。同时，可以通过改变碳模板的尺寸，实现在一定范围内对三维有序孔径的调变。

硬模板法制备的多孔结构的有序性和连通性取决于模板的结构以及它们在结晶过程中与分子筛合成凝胶的相互作用。碳模板的疏水性通常导致其难以均匀分散在亲水性的分子筛合成凝胶中。因此，为了避免分子筛晶体和碳材料在分子筛结晶过程中发生相分离，通常使用硝酸和硫酸混合物对碳进行预处理，以形成具有亲水特征的表面氧物种。

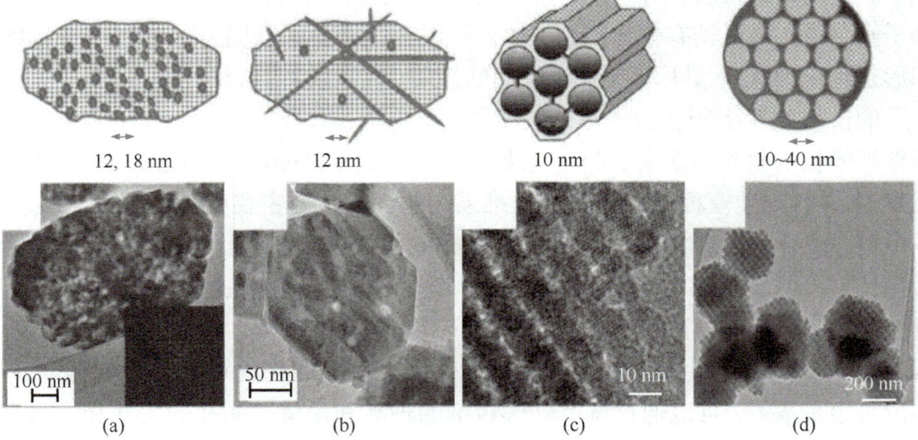

图 4-1-1　以碳材料为硬模板制备的等级孔分子筛

(a) 以碳纳米颗粒为模板制备的介孔 ZSM-5 分子筛[1]；(b) 以碳纳米管为模板制备的富含介孔的 Silicalite-1 分子筛[2]；(c) 以有序介孔碳为模板制备的有序介孔 Silicalite-1 分子筛[3]；(d) 以有序介孔碳制备的三维有序介孔 LTA 分子筛[4]

2. 有机聚合物模板

有机聚合物，包括气凝胶、微球和树脂等，在过去几十年研究中也广泛用作硬模板合成具有多峰孔隙特征的等级孔分子筛。显然，具有介孔-大孔尺寸特征是选用聚合物模板制备具有中空结构或大孔结构的等级孔分子筛催化剂的必要条件。

聚苯乙烯微球作为模板时，可以通过在其表面均匀沉积不同的聚电解质层改变表面电荷，利用表面的静电作用增强模板与分子筛构筑单元间的相互作用，将分子筛纳米晶体和带相反电荷的聚电解质交替沉积到带正电荷的聚苯乙烯球上，采用逐层法制备中空分子筛微球。通过改变分子筛纳米晶体的类型或沉积层的厚度制备具有不同晶型和壳层厚度的中空分子筛。然而，这种通过逐层法获得的中空分子筛微球通常表现出较弱的机械强度。如图 4-1-2 所示，

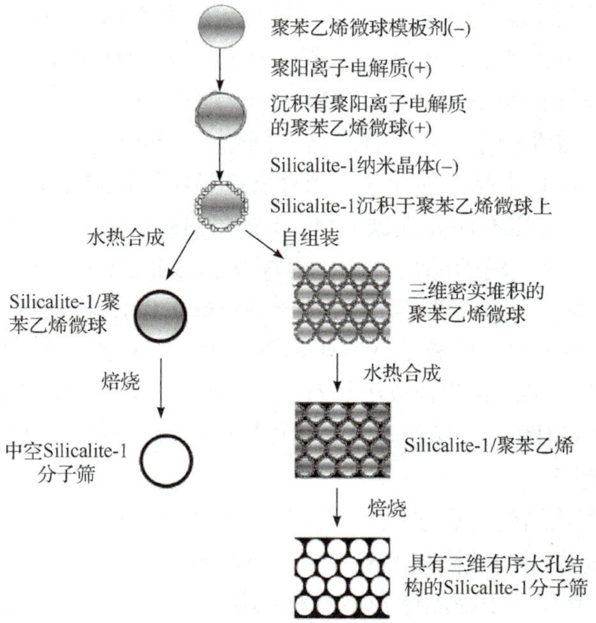

图 4-1-2　以聚苯乙烯微球为模板合成三维有序大孔 Silicalite-1 分子筛过程示意图

Valtchev 等[5]以三维密实堆积的聚苯乙烯微球为模板合成三维有序大孔二氧化硅材料，再通过原位晶化和模板去除得到具有三维有序大孔结构的 Silicalite-1 分子筛。

3. 其他硬模板

以介孔二氧化硅微球为硬模板时，可以减免模板剂去除步骤。介孔二氧化硅可用作介孔/大孔模板，也可作为分子筛晶体生长的二氧化硅营养物，这样它们可以在分子筛结晶过程中连续消化。目前可用的方法包括通过逐层沉积工艺用分子筛种子对介孔二氧化硅球体进行涂覆，由此形成具有均匀致密分子筛外壳的中空胶囊或具有三维闭合/互连大孔结构的坚固的分子筛膜。如图 4-1-3 所示，Machoke 等[6]以介孔二氧化硅颗粒(MSP)为硅源，采用浸渍法在其表面负载一层四丙基氢氧化铵(TPAOH)，在水蒸气辅助晶化过程中，介孔二氧化硅球既作大孔模板又作硅源，制备得到具有晶内大孔结构的大孔-微孔等级孔 MFI 型分子筛单晶。

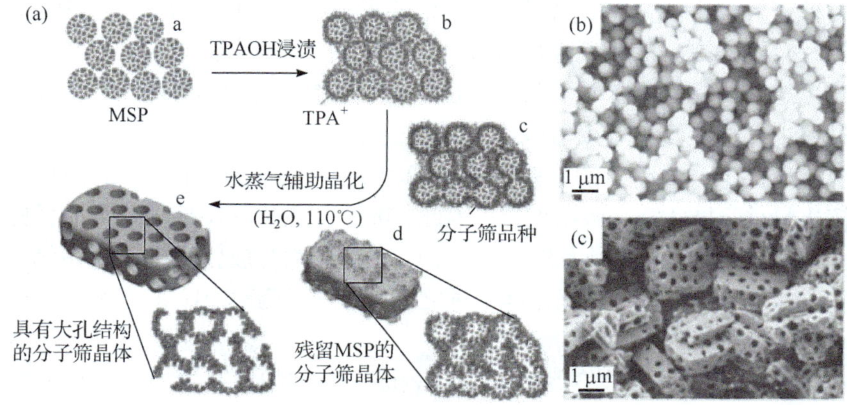

图 4-1-3　以介孔二氧化硅为模板制备大孔 MFI 结构分子筛

(a) 过程示意图；(b) 介孔二氧化硅微球 SEM 图；(c) 含大孔结构分子筛晶体 SEM 图

具有球形形貌的碳酸钙纳米粒子也可用于等级孔分子筛的制备过程中，高温焙烧使分子筛晶体中的碳酸钙转化为碱性氧化钙，所得的产物具有分子筛的强酸性和氧化钙的强碱性，这种特性使其适用于需要双性的催化反应。其他无机材料也可用作模板构建等级孔分子筛，如 β 分子筛自身可用作合成 Y 型分子筛的硅源及形成空心球的填料模板，粉煤灰空心球可用作刚性球形模板和二氧化硅营养物制备中空分子筛微球等。

生物质材料，如甘蔗渣、硅藻、木材、稻壳、淀粉、面包、淀粉凝胶等作模板剂也可以在分子筛合成过程中形成介孔-大孔结构，这些材料称为生物质模板。与其他模板相比，生物质模板具有原料来源广泛、价格低廉和便于规模化应用等显著优势。需要指出的是，生物质的分子量和尺寸一般较大，故其作为硬模板制得的碳材料孔径相对较大，且孔径分布范围广泛。如图 4-1-4 所示，Phan 等[7]以纤维素衍生物为模板剂，制备了层次因子高、介孔率优异的等级孔

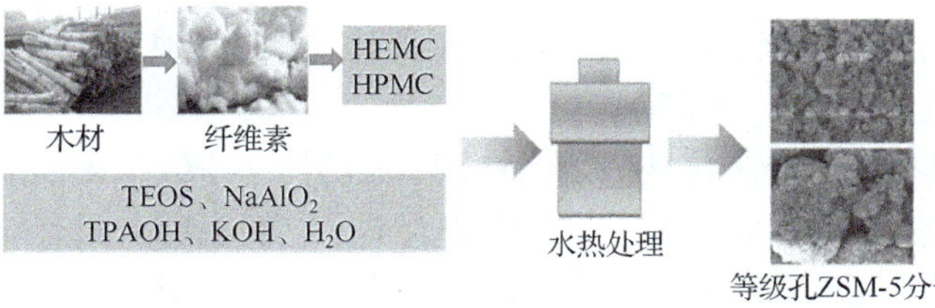

图 4-1-4　以纤维素衍生物为模板剂制备等级孔 ZSM-5 分子筛的过程示意图

ZSM-5 分子筛，应用于苯与苯甲醇的烷基化反应。其中，使用的纤维素衍生物如羟乙基甲基纤维素(HEMC)和羟丙基甲基纤维素(HPMC)均来源于生物质。

4.1.3　软模板法

软模板法是利用非刚性分子，如阳离子聚合物、阳离子表面活性剂分子和有机硅烷大分子等为模板剂，以其在溶液中形成的超分子结构胶束为模板，通过溶胶-凝胶过程，在有机物种和无机物种之间的相互作用引导下，自组装形成孔径分布窄、孔道结构规整有序的有序等级孔材料。

软模板依靠分子间或分子内的弱相互作用形成不同空间结构特征的聚集体。这种聚集体具有明显的结构界面，无机物以特定的趋向分布在此类聚集体结构界面上，进而获得以聚集体为模板的多孔结构催化剂。在等级孔分子筛合成过程中，软模板通过氢键作用力或静电库仑力与无机硅铝物种进行自组装，为催化剂多孔结构的形成提供模板。与硬模板相比，软模板与构成介孔的无机骨架物种之间的相互作用较强。

软模板的形态多样化，合成的多孔材料在结构、形貌、尺寸等方面易于控制，使用更为灵活。在结晶过程中，这些模板不仅可以作为物理载体，还可以直接与二氧化硅物种相互作用，按照实际情况挑选甚至合成需要的具有特定功能和结构的软模板剂，从而控制分子筛的孔道，使其有效发挥出最佳、最适宜的吸附效果。因此，选择合适的软模板剂是合成目标多孔结构催化剂的关键。通常，软模板剂应具备以下特点：①在分子筛合成体系中水热晶化条件下保持稳定；②自身带正电，与带负电的二氧化硅物种之间形成强相互作用；③在水溶液中具有合适的形状和尺寸；④成本低。

软模板剂的结构可以通过改变其官能团或表面活性剂的填充量控制。根据软模板加入时间的不同，将软模板法分为一步加入法和后加入法两类。软模板一步加入法是指软模板和分子筛合成原料混合均匀后，经水热晶化得到具有晶内/晶外孔道结构的等级孔分子筛。软模板后加入法是指先配好分子筛母液，老化一段时间后在水热晶化前加入软模板，经水热晶化得到具有晶内/晶外孔道结构的等级孔分子筛。

在软模板一步加入法中，分子筛母液中的硅铝酸根(初级结构单元)在表面活性剂的作用下组装成具有晶内/晶间等级孔结构的分子筛。表面活性剂主要起两个作用，其亲水部分导向生成分子筛微孔结构或将表面活性剂固定在分子筛晶体内部(如有机硅烷大分子)，疏水部分则促进无机物间有机区域的形成，从而在晶化过程中起到介孔造孔剂的作用，最后得到介孔分子筛晶体。然而，传统的表面活性剂与分子筛硅基片段之间相互作用较弱，分子筛的水热合成过程中极易发生相分离现象。

为解决传统表面活性剂的不足，科研工作者采用软模板后加入法，首先将分子筛母液老化一段时间使其中的无机硅铝酸盐离子形成硅铝酸盐片段，再利用表面活性剂导向上述片段，最后经过晶化过程形成具有晶内/晶间等级孔结构的分子筛。Gu 等[8]首先将分子筛母液在 100℃下老化一段时间得到具有不同聚合度的硅铝酸盐预聚体，再向其中加入表面活性剂，在水热条件下得到具有介孔结构的等级孔分子筛。

目前，常见的软模板剂可分为传统表面活性剂、双功能多季铵盐表面活性剂、高分子聚合物和两亲性的有机硅烷(如 TPHAC、TPOAC 等)四大类。它们表现出固有的灵活性和优势，如尺寸可调和功能可调，比硬模板更通用。在结晶过程中，这些模板不仅作为物理支撑，还直接与二氧化硅相互作用。合成结束后得到模板剂和目标材料的有序介孔复合材料，需要通过焙烧去除模板剂，才能得到开放的孔道结构。去除模板剂常采用将表面活性剂等有机分子在空气或氧气中燃烧分解的方法。

1. 传统表面活性剂

常用的表面活性剂有十二烷基苯磺酸钠、十二烷基硫酸钠、十六烷基三甲基溴化铵、聚氧乙烯醚类、季戊四醇等。使用传统表面活性剂合成等级孔分子筛主要包括硅铝酸盐缩合形成分子筛骨架和在表面活性剂作用下自组装形成介孔结构两个步骤。硅源和铝源首先在溶剂中水解形成低聚硅铝酸盐凝胶，这些低聚物发生聚合并与表面活性剂作用形成有机-无机混合凝胶，经过水热晶化，进一步缩合、重排，最后经过过滤、洗涤、干燥和焙烧得到等级孔分子筛。

根据“协同组装”机理，表面活性剂和低聚的硅酸盐阴离子通过静电作用发生聚合交联，无机层的电荷密度发生改变，使表面活性剂的长链端相互接近，有机物种和无机物种间的电荷匹配影响了表面活性剂的排布，无机物种间的聚合程度与表面活性剂电荷匹配的组装程度会影响分子筛的物相，最终得到能量最低的三维介孔结构。形成介孔相的表面自由能和无机物种聚合间的表面自由能之间存在竞争，硅物种的水解和缩合、无机盐类添加剂等都对分子筛介孔的形貌有一定影响。表面活性剂含有的疏水基团可以溶解有机物，亲水基团与带电的低聚硅铝酸盐作用，指导无机骨架的形成，疏水基团的大小会影响介孔孔径。

Gu 等[8]为了改善传统的阳离子表面活性剂(CTAB)与带负电荷的硅物种之间的相互作用，在分子筛合成体系中引入了叔丁醇(TBA)和 1, 3, 5-三甲基苯(TMB)等助溶剂，促进分子筛在表面活性剂胶束周围缩合，合成了具有微介孔复合结构的 Y 型分子筛，如图 4-1-5 所示。

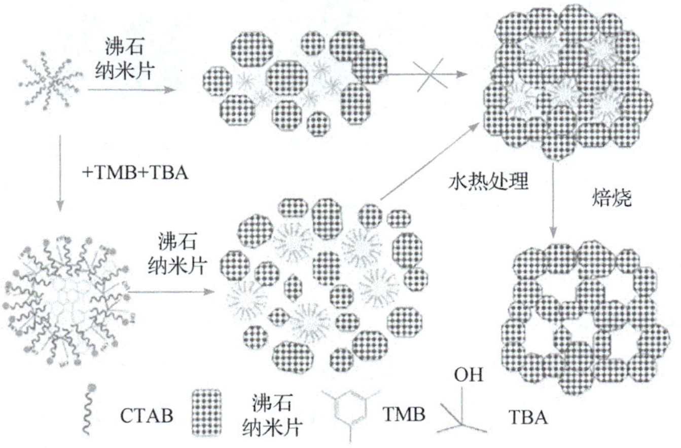

图 4-1-5　以 CTAB 为模板，添加 TBA 和 TMB 合成等级孔分子筛机理示意图

2. 双功能多季铵盐表面活性剂

以传统表面活性剂为模板合成等级孔分子筛过程中，从热力学角度看，介孔的形成存在较大的应变，会破坏分子筛骨架长程的有序性；从动力学角度看，介孔的形成仅需要几分钟，而分子筛结晶需要较长的时间。为解决这一问题，研究人员同时使用微孔和介孔模板剂合成等级孔分子筛，然而在结晶过程中两者存在竞争作用，容易造成相分离，得到无定形介孔材料和大尺寸分子筛组成的复合材料。2009 年以来，双功能多季铵盐表面活性剂作为模板合成等级孔分子筛的方法逐渐发展起来。经过特殊设计的双功能多季铵盐表面活性剂不仅含有导向微孔形成的季铵盐基团，还含有导向介孔形成的疏水性烷基长链，可以有效地消除合成中的相分

离。该类模板中的铵根与无机骨架之间存在强烈的相互作用，在长链烷基季铵盐分子的模板作用下先生成介孔二氧化硅材料，铵根再诱导无定形二氧化硅前体转化为微孔结晶分子筛骨架，而自组装表面活性剂尾部引导分子筛晶体形态形成层状细观结构。

Ryoo 等合成了一系列 Gemini 型季铵盐表面活性剂(图 4-1-6)，并以其为模板合成了具有结晶微孔结构的有序介孔分子筛[9]。该类表面活性剂可通过连接基团将两个或两个以上的传统表面活性剂分子连接在一起。在分子筛合成过程中，季铵盐亲水头部基团嵌入分子筛晶体中诱导形成微孔，疏水长链尾部自组装成层状胶束诱导形成介孔。不同的表面活性剂可以控制壁厚、骨架拓扑结构和介孔尺寸。以三季铵盐表面活性剂 $C_{18}H_{37}N^+(CH_3)_2C_6H_{12}N^+(CH_3)_2C_6H_{12}N^+(CH_3)_2C_{18}H_{37}$(18-$N_3$-18)为模板剂合成了具有结晶孔壁的六边形有序介孔分子筛，其中六边形有序介孔是由表面活性剂聚集体产生的，而表面活性剂头部基团中的多个阳离子部分指导微孔铝硅酸盐骨架的结晶。

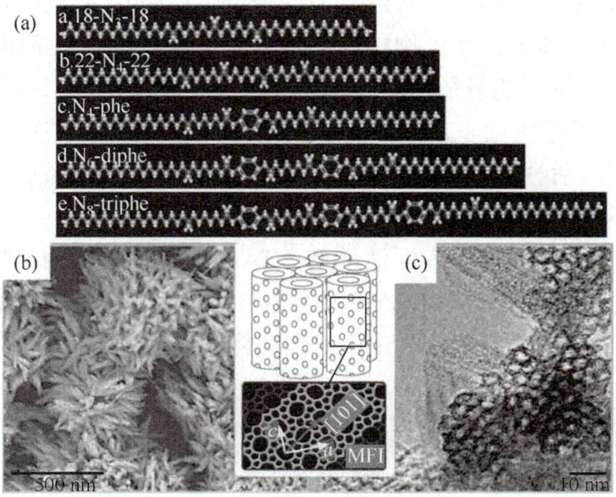

图 4-1-6　以双功能多季铵盐表面活性剂为模板合成等级孔分子筛

(a) 双功能多季铵盐表面活性剂(白色球体为氢，灰色球体为碳，红色球体为氮)；(b) 介孔分子筛的 SEM 图；(c) 介孔分子筛的 TEM 图

3. 高分子聚合物

高分子聚合物分子间的相互作用小，对分子筛结晶过程干扰小；并且，聚合物与无机硅物种静电作用较强，容易形成高度连接的骨架网络；聚合物中的官能团可以使分子筛官能化；此外在碱性条件下耐热性较高，是合成多级孔材料的常用模板剂，如图 4-1-7 所示[10]。但使用该方法制备得到的分子筛介孔无序，为了合成介孔取向或孔径可控的等级孔分子筛，需要对特殊模板剂的合成做进一步研究。

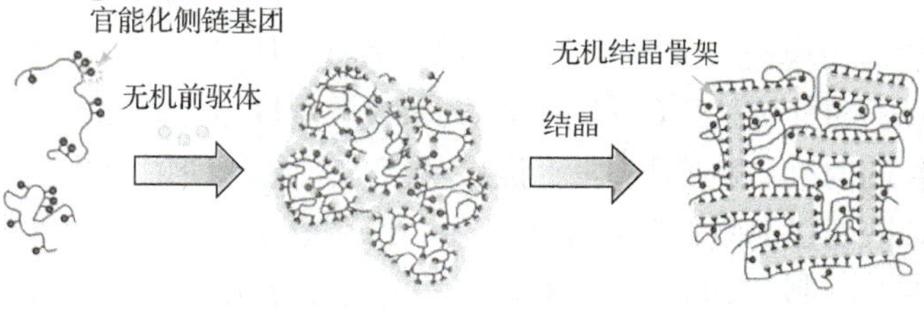

图 4-1-7　以线型聚合物为模板制备多孔结构催化剂的机理示意图

Pinnavaia 等以硅烷功能化聚乙烯亚胺为介孔模板剂制备了介孔 ZSM-5 分子筛[11]。如图 4-1-8(a)所示，硅烷功能化聚合物中—SiO_3 单元的存在使其能够进入硅-氧化铝凝胶反应混合物中。在分子筛相形成的过程中，硅基化聚合物通过 Si—O—Si 共价键与分子筛表面接枝，从而实现成核。随着分子筛晶体的生长，引入的聚合物与分子筛基体相分离，形成与分子筛骨架共价连接的晶内聚合物网络。复合晶体经焙烧后，聚合物孔隙除去并形成具有均匀晶内介孔的分子筛。如图 4-1-8(b)和(c)所示，分子筛颗粒和薄切片样品的 TEM 图证实了晶体内介孔的存在。所得的分子筛含有 2～3 nm 可控的介孔结构，介孔尺寸取决于使用的聚合物模板的分子量。合成过程中，控制聚合物的硅烷化程度是合成介孔分子筛单晶的重要因素。

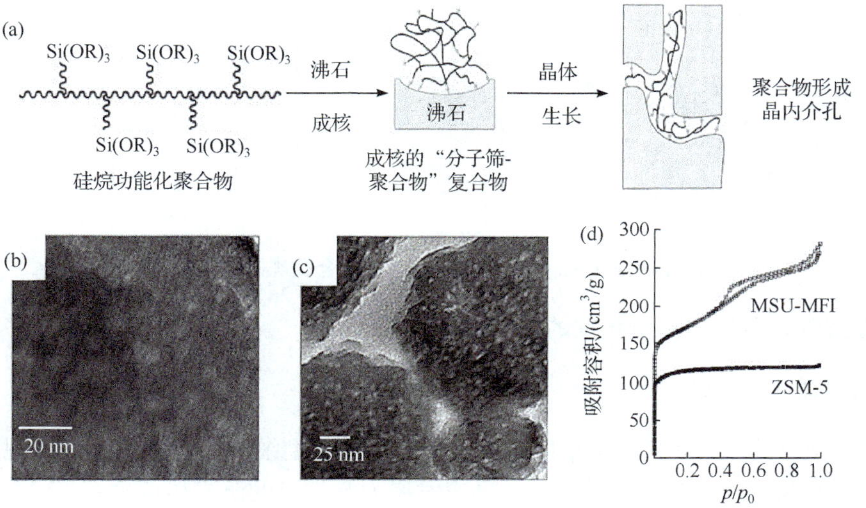

图 4-1-8 以硅烷功能化聚合物为软模板制备具有晶内介孔的 ZSM-5 分子筛示意图
(a) 合成机理示意图；(b)和(c) ZSM-5 的 TEM 图；(d) 低温氮气吸脱附等温线

4. 有机硅烷

有机硅烷含有的硅氧烷基团容易在碱性介质中与硅羟基或铝羟基反应生成 Si—O—Si 或 Si—O—Al，在分子筛合成过程中对硅铝酸盐物种的组装过程有较强的调控作用，常用于制备等级孔分子筛的软模板剂。有机硅烷类模板可分为阳离子有机硅烷表面活性剂、中性烷基氨基硅氧烷和烷基化硅氧烷。以有机硅烷为模板合成等级孔分子筛的过程包括：①分子筛合成母液预结晶得到合成晶种(可能表现不出明显的 XRD 结晶度)；②连接有机硅烷分子与晶种，使晶种硅烷化；③晶种导向合成等级孔分子筛，其中有机硅烷分子为介孔生成剂和晶体生长抑制剂；④焙烧去除模板剂和有机硅烷分子。

与其他类型软模板显著不同的是，有机硅烷中硅烷基团部分能够参与分子筛的晶化，且可以通过改变有机硅烷模板中烷基链的长度实现对介孔孔径的调控。如图 4-1-9 所示，以两亲性有机硅烷 3-三甲基甲硅烷基丙基十六烷基二甲基氯化铵(TPHAC)为模板合成等级孔 ZSM-5 分子筛为例[12]，TPHAC 中的 CH_3O—Si 键首先水解为 HO—Si，然后与硅源或铝源形成 Si—O—Si 或 Si—O—Al 共价键。TPHAC 的表面活性剂胶束很好地与分子筛产物结合。同时，季铵基团在分子筛合成中充当结构导向剂，而疏水性烷基尾部组装成胶束，在分子筛内形成均匀的介孔。此外，简单地改变 TPHAC 模板的疏水尾部长度或模硅比，可以精确控制介孔孔容和尺寸。

分子筛合成过程中，有机硅烷与硅铝物种形成在水热条件下保持稳定的 Si—C 键，限制分子筛生长。向预晶化后的分子筛合成凝胶中加入有机硅烷可以限制分子筛的生长，进而得到纳米分子筛团聚体。制得的纳米分子筛团聚体具有很小的颗粒尺寸且存在大量的介孔。因此，采用有机硅烷限制分子筛生长的方法可以高产率地合成具有纳米尺寸特征的分子筛。

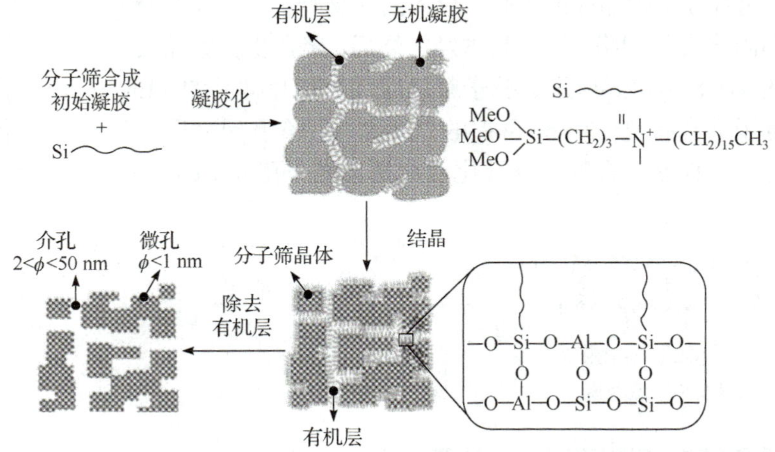

图 4-1-9 以有机硅烷为介孔结构导向剂的介孔沸石结晶过程示意图

4.1.4 模板法制备多孔结构催化剂的应用实例

1. 有序介孔材料的制备

有序介孔材料是 20 世纪 90 年代迅速兴起的一类新型纳米结构材料，一出现就得到国际物理学、化学与材料学界的高度重视，并迅速发展为跨学科的研究热点之一。有序介孔材料是以表面活性剂形成的超分子结构为模板，利用溶胶-凝胶工艺，通过有机物-无机物界面间的定向作用，组装成孔径为 2～30 nm、孔径分布窄且有规则、具有孔道结构的无机多孔材料。

1991 年，美国美孚石油公司研究人员首次合成出有序介孔分子筛材料。如图 4-1-10 所示，Beck 等[13]以季铵盐型阳离子表面活性剂十六烷基三甲基溴化铵作为模板剂，以硅酸乙酯为硅源，经过水热反应及焙烧脱除模板剂得到了有序的介孔级别氧化硅(铝)分子筛材料 MCM-41。该材料具有均匀有序的六边形孔道排列结构，类似蜂窝，比表面积可达 1000 m^2/g 以上，孔径可在 1.5～10 nm 调节。与传统的微孔沸石分子筛不同，这种材料的孔壁不是结晶性的，而是无定形的。MCM-41 的成功合成掀起了有序介孔材料的研究热潮，迅速成为纳米材料化学、分子筛化学、催化化学等多个领域的研究热点。该工作提出了表面活性剂在溶液中形成的液晶结构是构筑有序介孔结构的关键因素，即著名的“液晶模板机制”。当然，MCM-41 也存在孔壁相对较薄、水热稳定性较差的缺点，这与使用离子型表面活性剂作为模板剂有关。这些局限性激励着研究者探索制备有序介孔二氧化硅分子筛的新方法。

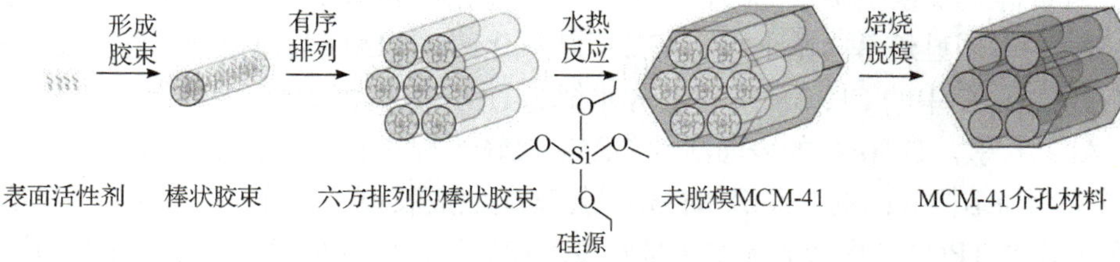

图 4-1-10 以阳离子表面活性剂为模板剂合成 MCM-41 的机理示意图

1998 年，Zhao 等[14]以非离子型表面活性剂聚乙烯氧化物-聚丙烯氧化物-聚乙烯氧化物型三嵌段共聚物(P123)作为软模板，在酸性介质中以水溶性硅源作为前驱体，通过水热反应制备了具有与 MCM-41 类似的六边形孔道蜂窝结构的有序介孔二氧化硅分子筛，后来命名为 SBA-15。由于 SBA-15 的孔壁较厚，材料的水热稳定性优于 MCM 系列介孔分子筛，并且孔径在 5～30 nm 可调。同时，三嵌段共聚物的疏水端会进入形成的二氧化硅的孔壁中，能够在焙烧过程中去除镶嵌在孔壁中的表面活性剂，进而在孔壁上形成相互连通的微孔结构，因此 SBA-15 是同时含有微孔和介孔的多维孔材料，如图 4-1-11 所示。

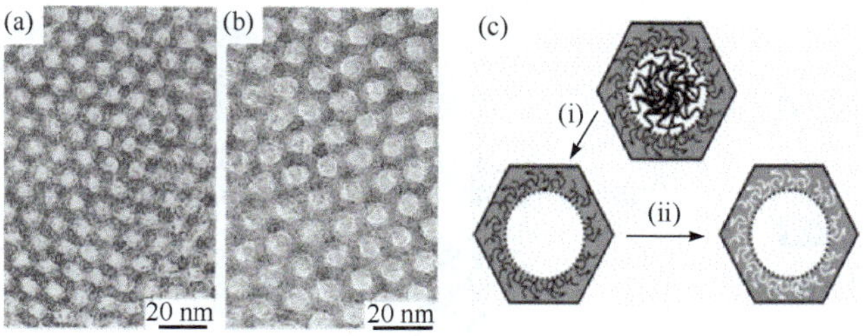

图 4-1-11　SBA-15 介孔分子筛

(a)和(b) 不同孔径 SBA-15 介孔分子筛的 TEM 图；(c) SBA-15 分子筛微孔形成示意图

日本广岛大学的研究人员于 2009 年采用有机模板法在水/油相中制备了孔径可调的球形介孔二氧化硅颗粒 HMM[15]。如图 4-1-12 所示，首先使油/水/表面活性剂(辛烷/水/十六烷基三甲基溴化铵)混合溶液形成乳液微滴，然后以苯乙烯单体原位生成的聚苯乙烯颗粒为模板生长硅，焙烧去除有机模板后得到球形的介孔硅材料 HMM。该方法制备的颗粒具有可控的孔径(4～15 nm)和粒径(20～80 nm)，改变苯乙烯的浓度可以实现对孔径的调变，改变疏水分子的浓度可以实现对粒径的调变。

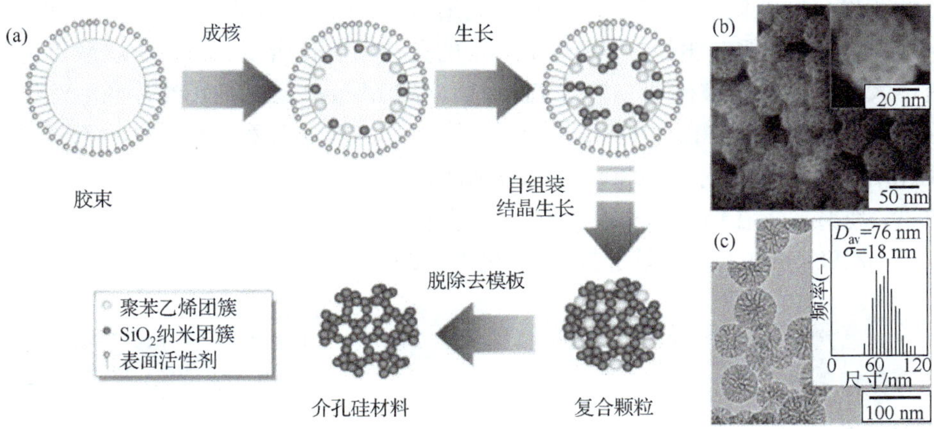

图 4-1-12　HMM 介孔硅材料

(a) HMM 的合成示意图；(b) HMM 的 SEM 图；(c) HMM 的 TEM 图及介孔孔径分布

2. 利用软硬模板协同次序组装法制备二元有序孔结构

由有序纳米颗粒组成的三维超晶格作为一类新的纳米结构材料受到了极大的关注，其在电/光器件、催化、能量转换和储存领域有巨大的应用潜力。超晶格材料的性质可以通过调整集成纳米颗粒的协同功能以及组成构件块的不同组成、形态和尺寸有效操控。然而，虽然有众多刚性基元超晶格结构，但将软材料(如超分子胶束)组装成多元有序或复杂层级结构仍然相当具有挑战性，介观单元的多重、多层组装也是介孔材料深入探索的关键。

赵东元等提出了一种软硬模板协同次序组装法，通过将“软”胶束(三嵌段共聚物 Pluronic F127/聚多巴胺)和“硬”刚性颗粒(SiO_2 纳米球)依次组装成有序介观结构和光子晶体，构建出多重有序的介观结构[16]。如图 4-1-13 所示，二氧化硅硬模板的引入不仅能够巧妙地绕过软-软对的不相容性并组装成有序胶体晶体，还保留了与 Pluronic F127/聚多巴胺胶束的充分相互作用，保证了双峰有序结构的形成。合成的多级孔结构具有优异的孔隙率，并且在介观和宏观尺度上具有高度二元有序性。此外，得到的大孔-介孔碳在钠离子储存中表现出良好的倍率、循环性能及快速的赝电容电荷转移动力学过程。

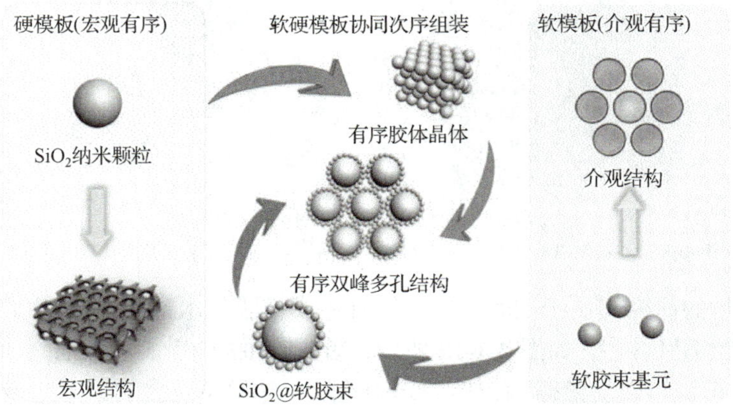

图 4-1-13　软硬模板协同次序组装示意图

3. 双模板策略合成分级多孔高效氧还原电催化剂

在各种非贵金属催化剂中，ZIF-8 具有含氮量高、空隙结构丰富、形貌及大小可控的优点，是 M-N-C 催化剂的理想前驱体。然而，ZIF-8 的孔径以微孔居多，不利于质量传递和电子转移。同时，大部分活性位被掩埋，导致 ZIF-8 衍生的 M-N-C 催化剂仍然存在活性位密度低和暴露不足的问题。向中华等以 ZIF-8 为碳源和氮源，以二氧化硅和氯化钠作为双模板剂，合成出分级多孔结构电化学催化剂(Fe Co)HPNC@NaCl[17]。如图 4-1-14 所示，ZIF-8 在二氧化硅模板下成核后，将其放置在饱和 NaCl 溶液中，充分搅拌后放入真空干燥箱干燥处理获得前驱体 SiO_2@(Fe Co)ZIF8@NaCl，最后经过碳化和刻蚀，即可得到催化剂。

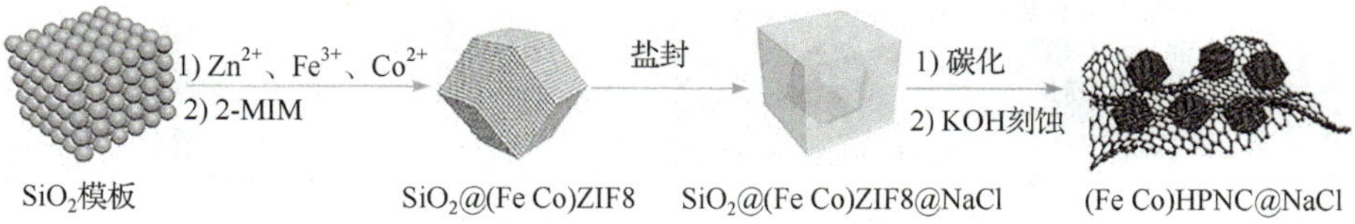

图 4-1-14　(Fe Co)HPNC@NaCl 合成过程

双模板剂的使用形成了更多的缺陷，N_2 低温吸脱附实验表明其具有更大的比表面积，Raman 光谱测试结果显示其具有更高的石墨化程度。这是因为二氧化硅模板在热解过程中稳定了固体界面，并在去除后产生了中孔，其造孔作用会形成更多的缺陷，而另一种模板剂 NaCl 在高温下会呈现熔融状态，在形成孔隙的同时会形成类似石墨烯的连续骨架，其在暴露更多活性位的同时，保持了较高的石墨化程度和导电性。此外，双模板剂的使用有助于氧还原反应

(ORR)吡啶氮与石墨氮含量的提升，对提高催化剂的氧还原反应有积极作用。不同于单模板剂合成的催化剂，双模板剂制备的催化剂分级孔隙率和高度石墨化提高了催化剂在氧还原反应中的表面积和反应动力学，表现出优异的氧还原反应活性和长期稳定性。

4. 有机-无机双模板策略合成整装单原子催化剂

广受关注的碳载单原子催化剂在合成过程中，大量单原子嵌入碳基底或微孔孔道中，造成催化过程传质效率降低，限制了催化活性。另外，碳载单原子催化剂通常以纳米/微米级的粉末态存在，在实际应用中需要添加胶黏剂，通过压片、挤条等手段成型。这一过程会导致催化剂孔道堵塞、活性位包埋，最终造成催化剂效率进一步下降。

整装催化剂在化学合成、能量转化和环境治理等催化领域应用广泛，设计具有等级孔结构的整装碳载单原子催化剂有望解决上述问题。王光辉等采用双模板策略，制备了成型的氮掺杂介孔碳纳米线负载的 Pt 单原子催化剂(Pt_1/NMCW)，在 4-硝基苯酚的加氢反应中表现出优异的催化性能[18]。如图 4-1-15 所示，首先以三嵌段共聚物(Pluronic F127)为软模板，合成了富含介孔结构(2.8 nm)的孔碳纳米线，提高了 Pt 活性位的可接近性，然后以 KCl 晶体为硬模板，形成利于传质的大孔结构(150 nm 和 20 μm)，最后通过水洗去除硬模板 KCl。

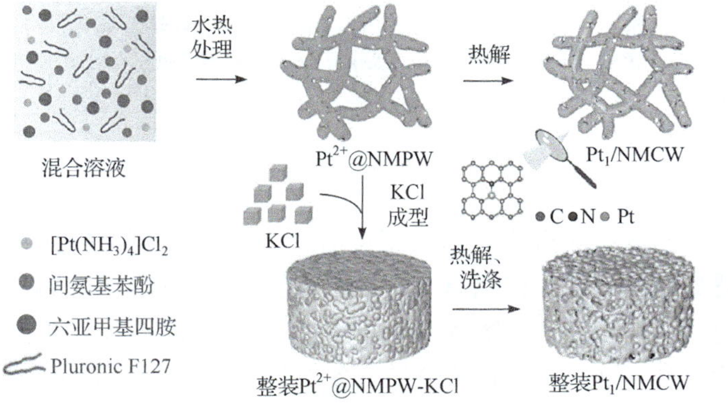

图 4-1-15　以 Pluronic F127 和 KCl 晶体为双模板合成 Pt_1/NMCW 催化剂的示意图

如图 4-1-16(a)所示，Pt/NMCW 整装催化剂在热解后均可保持原来的三维形状，但以 KCl 为模板的样品收缩率明显小于不以 KCl 为模板制备的催化剂，说明 KCl 晶体可以支撑整装结构在热解过程中不收缩[18]。由高压压汞法合成的 Pt/NMCW 孔径分布如图 4-1-16(b)所示。以 KCl 为模板的样品有两个分别位于 150 nm 和 20 μm 的大孔分布，SEM 横截面图进一步证实，以 KCl 为模板的催化剂含有丰富的超/大孔[图 4-1-16(c)、(d)]；而不以 KCl 为模板的催化剂截面相当致密[图 4-1-16(f)]，几乎没有观察到超/大孔隙[图 4-1-16(g)]。

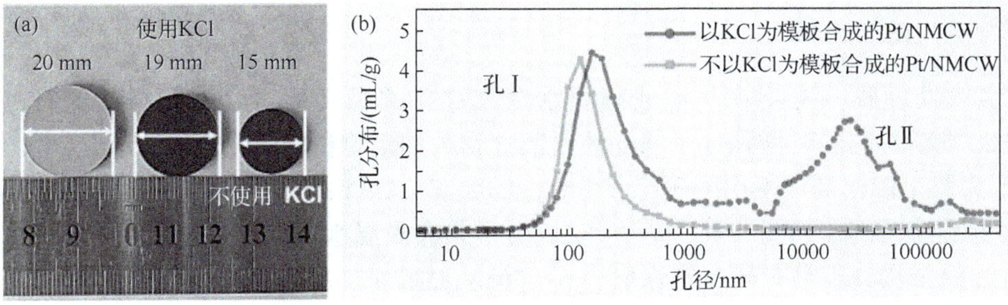

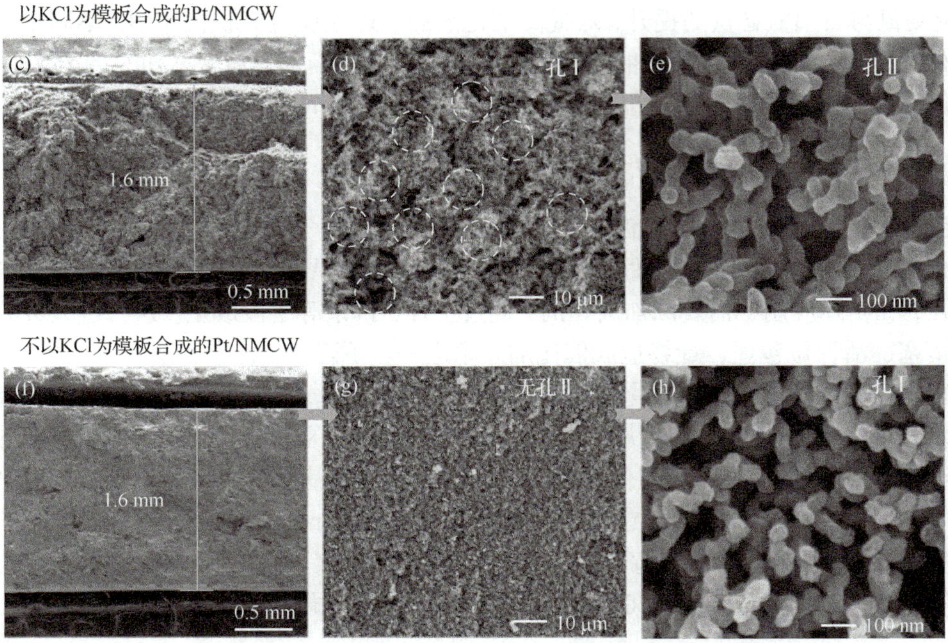

图 4-1-16　硬模板 KCl 使用前后 Pt/NMCW 整装催化剂

(a) 照片；(b) 孔径分布图；(c)～(e)使用 KCl 作为硬模板和(f)～(h)未使用硬模板制备的 Pt/NMCW 的 SEM 图

4.2　后 处 理 法

后处理法制备等级孔分子筛催化材料是指通过对微孔分子筛进行物理或化学处理，有选择地去除分子筛骨架中的硅原子或铝原子，从而在分子筛内部形成新的孔道结构。后处理法虽然是一个破坏性过程，但其具有效率高、操作简单、成本低的优势。通过牺牲部分分子筛晶体产生更大的介孔或大孔，这一举措通常会导致分子筛骨架塌陷、热稳定性和水热稳定性降低、无定形相增多，以及次生孔隙不可控、分子筛表面活性位数量减少等问题。

4.2.1　脱铝法

分子筛脱铝改性是选择性侵蚀和脱除分子筛骨架中的铝原子，从而提高其稳定性并形成晶内介孔孔道的过程。对于低硅铝比的硅铝分子筛，脱铝是引入晶内介孔最简单、有效的方法，主要方法有热/水热处理脱铝法、化学法脱铝法和二者结合的方法。典型的脱铝过程一般是对样品进行高温(500～600℃)水蒸气处理或在一定温度下用强酸侵蚀处理样品，从而在分子筛骨架内产生大量的二次介孔缺陷。

1. 热/水热处理脱铝法

热/水热处理脱铝是指在高温或高温水蒸气存在的条件下对分子筛样品进行处理，使Al—O—Si 键断裂的同时增强分子筛晶体内部硅物种和铝物种的流动性，在分子筛晶体内产生介孔。石油裂化催化剂中使用的超稳 Y(ultra stable Y，USY)分子筛就是通过对 Y 型分子筛进行水热处理制备得到。如图 4-2-1 所示，FAU 分子筛在高温水蒸气处理过程中 Al—O—Si 键发生断裂，铝原子从分子筛骨架上脱除形成 5～50 nm 的空穴。部分空穴被无定形的硅原子填充，剩余的空穴连通形成晶内介孔孔道。

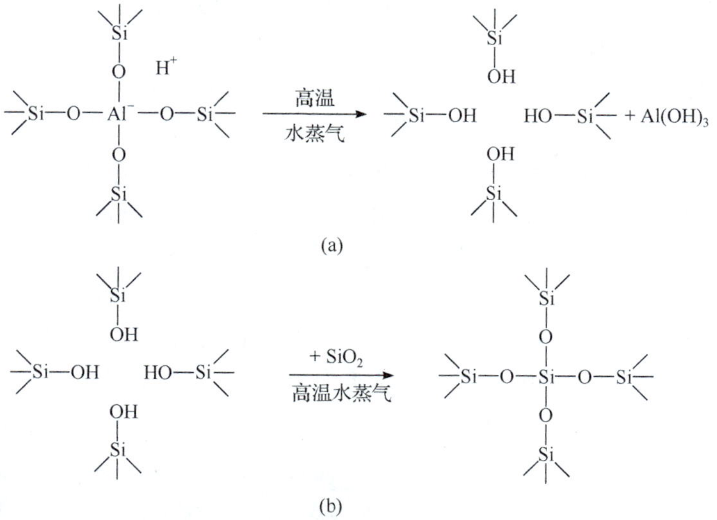

图 4-2-1　FAU 分子筛水热处理过程

(a) 骨架脱铝；(b) 骨架补硅稳定化

如图 4-2-2 所示，对 Y 型分子筛水热处理过程中，分子筛晶体外表面缺陷处的铝原子优先被脱除，并逐步向晶体内部延伸。这类晶内介孔多为圆柱状孔道，孔口与分子筛晶体外表面相连。显然，分子筛脱铝处理后得到的等级孔催化材料是以牺牲部分表面酸性中心为代价的，会在一定程度上降低分子筛的催化性能。

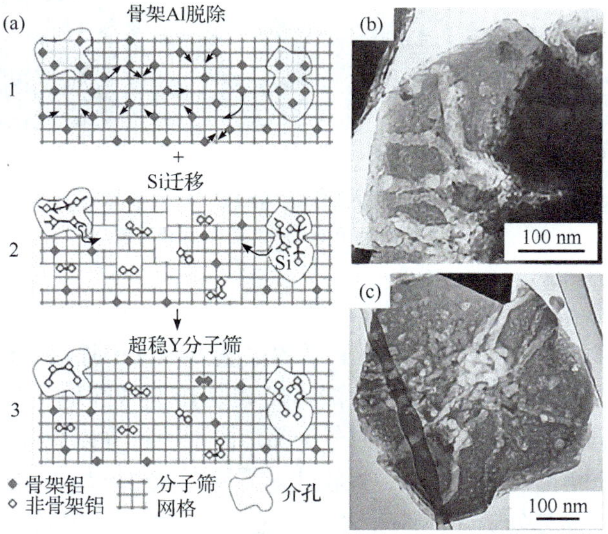

图 4-2-2　Y 型分子筛水热脱铝过程

(a) 水热脱铝过程中介孔形成示意图[19]；(b) 水热脱铝处理后的 Y 型分子筛的 TEM 图；(c) 酸处理后的 Y 型分子筛的 TEM 图[20]

2. 酸处理脱铝法

酸性环境下脱铝最早由 Barrer 和 Makki 提出，用无机酸脱除斜发沸石(clinoptilolite)中的铝。分子筛骨架铝在酸性条件下的稳定性不及铝原子，Si—O—Al 物种中的 Al—O 键在酸性溶液中易断裂，形成晶内介孔。分子筛酸处理脱铝生成的介孔质量取决于分子筛性质和酸处理条件(溶液碱度、温度和处理时间等)。酸性环境可以是无机酸(硝酸、硫酸或盐酸)或有机酸(乙酸、草酸和酒石酸)。

孙予罕等分别以硝酸、草酸和丁二酸为酸处理试剂研究酸类型对 SAPO-34 分子筛脱铝过程的影响[21]。如图 4-2-3(a)所示，酸处理后样品的 XRD 谱图中 SAPO-34(CHA 型)分子筛特征衍射峰强度降低，表明酸处理破坏了 SAPO-34 分子筛的部分骨架，导致结晶度降低。如图 4-2-3(b)所示，强酸性硝酸处理的样品在 46 nm 处出现孔径分布集中的介孔。中等酸性草酸处理的样品在 12.5 nm 处出现孔径分布较宽的介孔，而弱酸性丁二酸处理的样品没有形成明显的介孔。如图 4-2-3(c)所示，未经酸处理的 SAPO-34 分子筛由颗粒尺寸为 1～2 μm 的典型立方体组成，颗粒表面平整光滑，几乎不存在缺陷。硝酸和草酸刻蚀的 SAPO-34 样品表面呈现蝴蝶状的多孔图案，其中硝酸处理的样品更为明显。丁二酸处理的样品上则没有出现新的孔隙结构。这进一步说明脱铝环境酸性越强，分子筛表面铝物种越容易被溶解和脱除。

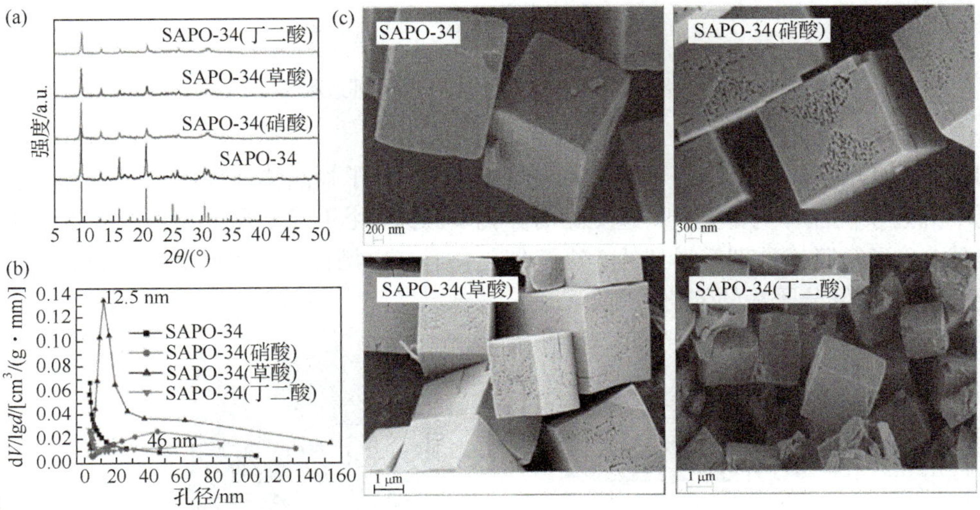

图 4-2-3　酸处理前后 SAPO-34 分子筛

(a) XRD 谱图；(b) 孔径分布图；(c) SEM 图

4.2.2　脱硅法

分子筛体相中硅原子的数量远多于铝原子的数量。相对于脱铝处理，碱处理脱硅是向分子筛晶体内部引入介孔结构更为有效的方法。脱硅是指选择性地断裂分子筛骨架中的部分 Si—O—Si 键，该方法适用于硅铝比较低的分子筛。由于该过程以脱硅为主，对分子筛骨架的酸性影响较小。与酸处理脱铝过程不同，脱硅处理需要在碱性环境下进行。碱处理脱硅所得介孔大多是相互连接的，且与分子筛晶体外表面贯通，一定程度上提高了催化反应的传质性能。

一般使用碱性强、价格低的无机碱进行脱硅处理，常用的碱性试剂有氢氧化钠、氨水、偏铝酸钠、碳酸钠和氢氧化钾等。与酸脱铝过程类似，分子筛碱处理脱硅生成的介孔质量(数量、孔径和连通性)取决于分子筛性质和碱处理条件(溶液碱度、温度和处理时间等)。Groen 等[22]发现分子筛中的骨架铝含量对脱硅处理中介孔的形成具有显著影响。如图 4-2-4 所示，将不同硅铝比的 ZSM-5 分子筛在 0.2 mol/L NaOH 溶液中 65℃处理 30 min，发现对于低硅(Si/Al＜20)ZSM-5 分子筛，其较高的铝含量会阻碍硅原子从分子筛骨架中脱除，碱处理过程中更多的是分子筛晶体表面硅原子溶解和脱除，形成的晶内介孔深度有限；对于高硅(Si/Al＞50)ZSM-5分子筛，其较低的铝含量则会造成分子筛中的硅原子过量溶解和脱除，分子筛晶体骨架塌陷严重，结晶度大幅降低。因此，对于不同类型和硅铝比的分子筛，为获得理想的介孔结构，需要仔细调控碱处理条件。

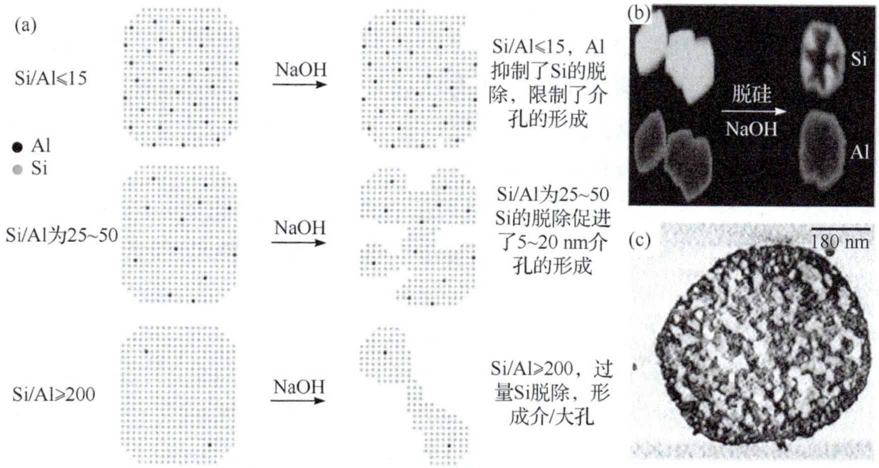

图 4-2-4　ZSM-5 分子筛的脱硅过程

(a) 不同的铝含量对 ZSM-5 分子筛脱硅过程的影响[22]；(b) 脱硅前后 ZSM-5 分子筛的 SEM-EDX 图；(c) 脱硅处理后 ZSM-5 分子筛的三维重构透射图[23]

王野等用不同浓度的 NaOH 溶液处理 β 分子筛，发现随着 NaOH 浓度的增加，所得样品中介孔孔径和体积均增大[24]。如图 4-2-5 所示，从 TEM 图中可以明显观察到在 NaOH 处理过程中 β 分子筛晶体结构逐渐被破坏。当 NaOH 的浓度较低时，β 分子筛晶体的基本形状保持不变，内部出现裂纹，即介孔孔道。随着 NaOH 浓度的增加，介孔数量逐渐增多，且相互贯通融合形成较大尺寸的介孔。当 NaOH 浓度高于 0.5 mol/L 时，分子筛晶体骨架坍塌严重，出现

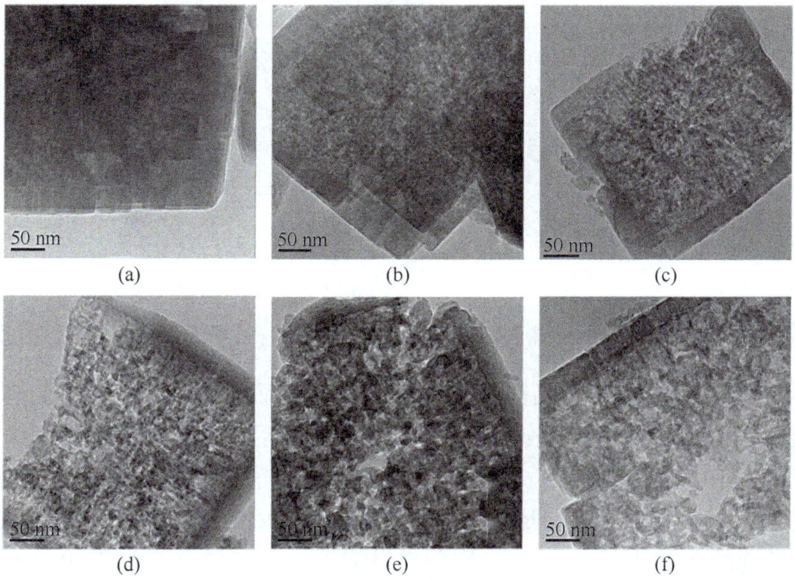

图 4-2-5　不同浓度 NaOH 处理 β 分子筛的 TEM 图

(a) 0.0 mol/L；(b) 0.05 mol/L；(c) 0.15 mol/L；(d) 0.3 mol/L；(e) 0.5 mol/L；(f) 0.7 mol/L

＞50 nm 的大孔。需要说明的是，碱处理脱硅过程除形成介孔外，还会影响分子筛铝的分布和酸性质。一般来说，碱处理后分子筛的体相硅铝比、微孔体积和结晶度降低，而 Lewis 酸性位数量增加。

4.2.3　脱硅-重结晶法

上述采用脱除分子筛骨架中部分硅或铝在分子筛晶体内部形成介孔的方法简单易行，但这些方法中硅或铝的脱除不可避免地牺牲了分子筛表面的催化活性位数量。通过水热或化学法脱除下来的硅物种和铝物种以无定形的形式存在于分子筛表面。为此，研究者提出对部分溶解的分子筛进行重结晶制备等级孔分子筛的思路。

脱硅-重结晶法制备等级孔分子筛可分为两步法和一步法。如图 4-2-6 所示，Li 等[25]提出脱硅与表面活性剂导向分子筛重结晶结合制备等级孔分子筛分两步进行。第一步在强碱溶液中处理分子筛，使硅物种部分溶解；第二步向体系中引入十六烷基三甲基溴化铵(CTAB)或十六烷基三甲基氯化铵(CTAC)作为结构导向剂，经水热晶化使溶解的硅物种重结晶得到介孔等级孔分子筛。此外，该方法制得的分子筛骨架硅的流失量较低，对分子筛晶体结晶度的影响也很小。Ivanova 等[26]将待处理分子筛和十六烷基三甲基氯化铵依次加入 NaOH 溶液中，在分子筛晶化条件下使碱处理脱硅和表面活性剂结构导向重结晶过程同时进行。与两步法相比，一步脱硅-重结晶法操作简单，但脱硅和重结晶两种反应往往对反应体系碱度和温度的要求不一致，导致该方法对目标分子筛产物晶相结构和孔道结构的调控能力有限。

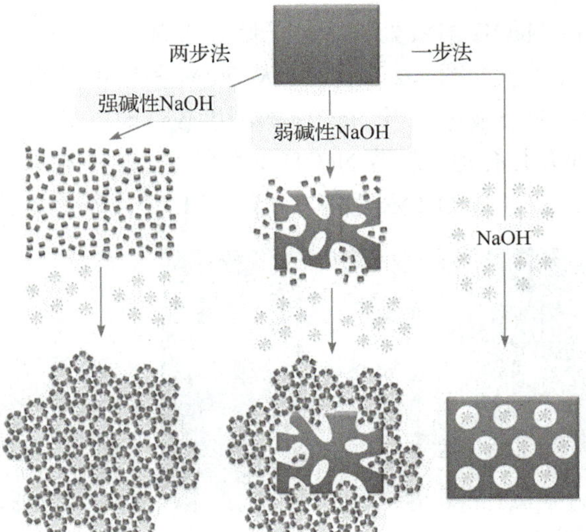

图 4-2-6　碱处理与表面活性剂相合的脱硅-重结晶法制备等级孔分子筛过程示意图

如图 4-2-7 所示，在溶解-重结晶过程中，原始分子筛的溶解程度对重结晶产物结构具有决定性影响。当分子筛的溶解程度较低时，溶解的少量硅铝物种在重结晶过程中围绕介孔基体周围生长，产物(RZEO-1)同时具有微孔和介孔孔道；当分子筛的溶解程度提高时，溶解的硅铝物种在重结晶过程中聚集并长大，形成微介孔复合材料(RZEO-2)；当分子筛的溶解程度较高时，在介孔模板剂的作用下溶解的硅铝物种重结晶，得到新的介孔材料(RZEO-3)。因此，脱硅-重结晶法制备等级孔分子筛过程中需根据产物需求选择适宜的脱硅反应深度和重结晶反应条件。

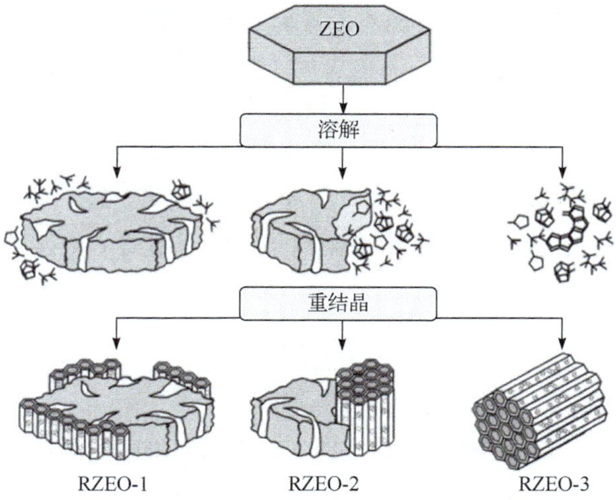

图 4-2-7　溶解-重结晶过程中分子筛溶解程度对重结晶产物的影响示意图[26]

4.2.4　离子交换法

1. 离子交换法的原理

离子交换是溶液中的离子与固体材料上的离子进行交换的传质过程。如上所述，硅铝酸盐分子筛骨架中[SiO_4]呈电中性，[AlO_4]带一个单位负电荷。因此，传统分子筛骨架呈现负电性，骨架中的负电荷需由额外的阳离子(通常为 Na^+)平衡。此类阳离子是分子筛的重要组成之一，它们以相对固定的位置分布在多孔分子筛结构中，不同位置上的阳离子有不同的能量和空间位阻；不同直径的阳离子对分子筛的孔径影响不同。

分子筛中的阳离子具有可逆交换性，可以与其他阳离子交换，而原有的骨架结构保持不变。传统的离子交换法主要是溶液体系中的离子交换，随着对离子交换研究的不断深入，相继发展出多种交换方法，如非水溶液体系交换、蒸气交换法、熔盐交换法、固态交换法、接触诱导法等。

(1) 非水溶液体系中的离子交换。当所需交换的金属离子是阳离子而它的盐类不溶于水时，或者需要交换的金属离子处于阴离子中，或者盐类虽溶于水但溶液呈酸性(如 $AlCl_3$、$FeCl_3$ 等)容易破坏分子筛骨架结构的情况下，可以使用非水溶液体系交换法进行离子交换。

(2) 蒸气交换法。在真空条件下，某些盐类可以在较低温度下升华为气态，此时可与分子筛进行离子交换。例如，300℃时 NH_4Cl 升华为气态，可与分子筛中的 Na^+进行离子交换。

(3) 熔盐交换法。熔盐交换法可以消除溶剂效应的干扰。熔盐是盐类熔化后形成的熔融体，由金属阳离子和非金属阴离子组成，碱金属和碱土金属的卤化物、硝酸盐、硫酸盐熔融体可以用来进行离子交换。形成熔盐溶液时，必须确保温度低于分子筛结构的破坏温度。例如，将 Li、K、Cs、Ag 或 Ti 等金属离子的硝酸盐与硝酸钠混合，加热到 330℃与 A 型分子筛进行交换，可将分子筛中的 Na^+完全交换。

(4) 固态交换法。将吸附剂与所交换阳离子的某种盐机械混合并加热至特定温度，使其在固态条件下发生离子交换反应。

尽管目前已有多种离子交换方法，但最实用的仍是水热交换法。分子筛与金属盐的水溶液接触时，溶液中的金属阳离子可以进入分子筛中，而分子筛中的阳离子可被交换下来进入溶液中。常见的补偿阳离子包括质子、碱金属离子或碱土金属离子，这些阳离子很容易与金属盐水溶液中的离子发生交换，形成各种价态的金属离子型分子筛。水热交换过程中，需交换上去的金属离子应以阳离子形式存在于水溶液中，水溶液的 pH 应适宜，不可破坏分子筛的晶体结构。分子筛与某种金属盐的水溶液接触时，溶液中的金属阳离子与分子筛中的阳离子发生置换，可用下列通式表示：$A^+Z^- + B^+ \rightleftharpoons B^+Z^- + A^+$。其中，$Z^-$为分子筛的阴离子骨架，$A^+$为交换前分子筛中的阳离子，$B^+$为预交换的金属阳离子。可利用离子交换平衡常数 K_B^A 判断离子交换反应平衡状态：

$$\frac{[A^+][B^+]_{固}}{[A^+]_{固}[B^+]} = K_B^A$$

式中，$[A^+]$、$[B^+]$和$[A^+]_{固}$、$[B^+]_{固}$分别为 A^+、B^+在溶液和固相中的浓度；K_B^A 为离子交换平衡常数，即选择度系数。K_B^A 值越大，说明 A^+越容易被 B^+交换。

2. 离子交换度的影响因素

离子交换度是指交换下来的阳离子占分子筛中原有阳离子的百分数。离子交换过程中，通过改进离子交换技术提高交换度十分重要。可以采用间歇式的多次交换法或连续交换法有效提高阳离子的交换度。多次交换法是指分子筛经过一次交换后进行过滤、洗涤，再进行第二次甚至多次交换，直至达到所需交换度。

离子交换过程中，所用的阳离子是否可将分子筛中的阳离子交换下来，主要取决于所用阳离子的性质(离子电荷和离子半径)和分子筛的类型。对于特定的分子筛，不同的阳离子在不同交换度下有不同的交换选择性顺序。例如，对于 4A 分子筛，离子交换顺序为 $Ag^+ > Cu^{2+} > Th^{4+} > Al^{3+} > H^+ > Zn^{2+} > Sr^{2+} > Ba^{2+} > Ca^{2+} > Co^{2+} > Au^{3+} > K^+ > Na^+ > Ni^{2+} > NH_4^+ > Cd^{2+} > Hg^{2+} > Li^+ > Mg^{2+}$；对于 13X 分子筛，离子交换顺序为 $Ag^+ > Cu^{2+} > H^+ > Ba^{2+} > Au^{3+} > Th^{4+} > Sr^{2+} > Hg^{2+} > Ca^{2+} > Zn^{2+} > Ni^{2+} > Cd^{2+} > Co^{2+} > NH_4^+ > K^+ > Au^{2+} > Na^+ > Mg^{2+} > Li^+$。此外，交换溶液的浓度、温度、pH、交换次数及阴离子类型等因素都影响交换过程，进而影响阳离子交换度。

习　题

1. 固体催化剂的孔道有什么作用？如何理解催化剂的多孔结构？
2. 简述模板法和后处理法制备多孔结构催化剂的原理和区别。
3. 常用于等级孔分子筛合成的硬模板有哪几类？以碳材料为例，简要说明硬模板法的优点。
4. 常用的软模板有哪几类？与硬模板相比，软模板有什么优点？
5. 什么是有序介孔材料？举例说明模板法在有序介孔材料制备过程中的应用。
6. 碱性溶液中对分子筛后处理为什么更容易脱硅？碱处理脱硅对介孔生成的影响因素有哪些？
7. 简述离子交换法的基本原理和离子交换度的影响因素。

参 考 文 献

[1] Jacobsen C J H, Madsen C, Houzvicka J, et al. Mesoporous zeolite single crystals. J Am Chem Soc, 2000, 122(29): 7116-7117.

[2] Schmidt I, Boisen A, Gustavsson E, et al. Carbon nanotube templated growth of mesoporous zeolite single crystals. Chem Mater, 2001, 13(12): 4416-4418.

[3] Cho H S, Ryoo R. Synthesis of ordered mesoporous MFI zeolite using CMK carbon templates. Micropor Mesopor Mater, 2012, 151: 107-112.

[4] Chen H Y, Wydra J, Zhang X Y, et al. Hydrothermal synthesis of zeolites with three-dimensionally ordered mesoporous-imprinted structure. J Am Chem Soc, 2011, 133(32): 12390-12393.

[5] Valtchev V. Silicalite-1 hollow spheres and bodies with a regular system of macrocavities. Chem Mater, 2002, 14(10): 4371-4377.

[6] Machoke A G, Beltrán A M, Inayat A, et al. Micro/macroporous system: MFI-type zeolite crystals with embedded macropores. Adv Mater, 2015, 27(6): 1066-1070.

[7] Phan H H, Nguyen M D. Study on using cellulose derivatives as pore directing agent for preparation of hierarchical ZSM-5 zeolite catalyst. Adv Powder Technol, 2021, 32(10): 3927-3933.

[8] Gu F, Wei F, Yang J Y, et al. New strategy to synthesis of hierarchical mesoporous zeolites. Chem Mater, 2010, 22(8): 2442-2450.

[9] Na K, Jo C, Kim J, et al. Directing zeolite structures into hierarchically nanoporous architectures. Science, 2011, 333(6040): 328-332.

[10] Jo C, Seo Y, Cho K, et al. Random-graft polymer-directed synthesis of inorganic mesostructures with ultrathin frameworks. Angew Chem Int Ed, 2014, 126(20): 5217-5221.

[11] Wang H, Pinnavaia T J. MFI zeolite with small and uniform intracrystal mesopores. Angew Chem Int Ed, 2006, 45(45): 7603-7606.

[12] Na K, Choi M, Ryoo R. Recent advances in the synthesis of hierarchically nanoporous zeolites. Micropor Mesopor Mater, 2013, 166: 3-19.

[13] Beck J S, Vartuli J C, Roth W J, et al. A new family of mesoporous molecular sieves prepared with liquid crystal templates. J Am Chem Soc, 1992, 114(27): 10834-10843.

[14] Zhao D, Feng J, Huo Q, et al. Triblock copolymer syntheses of mesoporous silica with periodic 50 to 300 angstrom pores. Science, 1998, 279(5350): 548-552.

[15] Nandiyanto A B D, Kim S-G, Iskandar F, et al. Synthesis of spherical mesoporous silica nanoparticles with nanometer-size controllable pores and outer diameters. Micropor Mesopor Mater, 2009, 120(3): 447-453.

[16] Liu L, He Y, Yin S, et al. Bimodal ordered porous hierarchies from cooperative soft-hard template pairs. Matter, 2023, 6(9): 3099-3111.

[17] Xie Y X, Yu X G, Jin Z H, et al. Dual-template strategy synthesis of hierarchically porous electrocatalysts for oxygen reduction reaction. Adv Sens Energy Mater, 2022, 1(2): 100006.

[18] Tian Z B, Deng X H, He P, et al. Atomic Pt anchored on hierarchically porous monolithic carbon nanowires as high-performance catalyst for liquid hydrogenation. Nano Res, 2023, 16(4): 5880-5886.

[19] Moreno S, Poncelet G. Dealumination of small- and large-port mordenites: A comparative study. Micropor Mater, 1997, 12(4): 197-222.

[20] Donk S V, Janssen A H, Bitter J H, et al. Generation, characterization, and impact of mesopores in zeolite catalysts. Catal Rev, 2003, 45(2): 297-319.

[21] Ren S, Liu G J, Wu X, et al. Enhanced MTO performance over acid treated hierarchical SAPO-34. Chi J Catal, 2017, 38(1): 123-130.

[22] Groen J C, Jansen J C, Moulijn J A, et al. Optimal aluminum-assisted mesoporosity development in MFI zeolites by desilication. J Phys Chem B, 2004, 108(35): 13062-13065.

[23] Groen J C, Bach T, Ziese U, et al. Creation of hollow zeolite architectures by controlled desilication of Al-zoned ZSM-5 crystals. J Am Chem Soc, 2005, 127(31): 10792-10793.

[24] Cheng K, Kang J C, Huang S W, et al. Mesoporous Beta zeolite-supported ruthenium nanoparticles for selective conversion of synthesis gas to C5-C11 isoparaffins. ACS Catal, 2012, 2(3): 441-449.

[25] Li K, Valla J, Garcia-Martinez J. Realizing the commercial potential of hierarchical zeolites: New opportunities in catalytic cracking. ChemCatChem, 2014, 6(1): 46-66.
[26] Ivanova I I, Knyazeva E E. Micro-mesoporous materials obtained by zeolite recrystallization: Synthesis, characterization and catalytic applications. Chem Soc Rev, 2013, 42(9): 3671-3688.

第 5 章　固体催化剂的成型方法与技术

催化剂成型是固体催化剂工业化制备中重要的单元操作过程，是利用各种成型设备及技术，将各类以粉体、颗粒、溶液或熔融体形式存在的催化剂前驱体在一定外力作用下，通过物料相互聚集，制备出具有一定形状、大小和机械强度的固体催化剂颗粒的过程。催化剂成型是催化剂工业生产和应用中不可或缺的工序，对催化剂的机械强度和催化性能影响显著。成型技术是决定催化剂开发由实验室小试研究走向中试和工业化的关键步骤。本章介绍的催化剂成型技术同样适用于催化剂载体的成型。

5.1　固体催化剂成型与成型助剂

5.1.1　成型目的

固体催化剂的形状、尺寸和机械强度等性质需与催化反应器匹配，服从催化反应过程的要求。催化剂的外观形状和尺寸对催化活性和使用寿命影响显著。成型的目的就是将催化剂制备成具有理想形状和尺寸的固体颗粒，使其在物化性质上满足不同催化反应器对催化剂机械强度和床层压降的要求，并充分发挥其对特定催化反应的活性和选择性，延长催化剂的使用寿命[1]。工业生产过程中，按催化反应床层形式的不同，固体催化剂主要分为固定床催化剂、移动床催化剂和流化床催化剂。

(1) 固定床催化剂。固定床反应器具有物料返混小、反应效率高和操作成本低的优势，是目前工业上应用最为广泛的催化反应器。固定床反应过程对催化剂的强度和粒度要求较为宽泛，允许在较宽范围内进行操作。目前工业上常用的固定床催化剂按形状不同可分为片状、圆柱形、球形、三叶草形和四叶草形等催化剂，尺寸一般在 1.5 mm 以上。除上述颗粒状催化剂外，网状催化剂如蜂窝状、纤维状催化剂等也已被广泛使用。

(2) 移动床催化剂。固定床反应器无法实现催化剂的连续反应-再生操作。对于催化剂需要频繁再生的气固相反应或液固相反应过程，移动床能很好地满足催化剂连续反应-再生要求。在反应器顶部连续加入固体催化剂，随着反应的进行，固体催化剂逐渐下移，至反应器底部时连续卸出。反应物则自下而上(或自上而下)通过固体催化剂床层进行反应。与固定床反应器相比，催化剂在移动床反应器内不断移动，除对催化剂的压碎强度有要求外，还需有较高的磨损强度，一般要求催化剂为球形度高的无角小球，粒径为 2～4 mm。

(3) 流化床催化剂。流化床反应器是利用气体或液体通过催化剂固体层时对催化剂颗粒的作用力使固体催化剂处于悬浮运动状态，从而提高气固或液固接触效率的一类反应器。在气流作用下，催化剂颗粒在流化床层内处于不断翻腾状态。为了保持稳定的流化状态，既要使固体催化剂颗粒悬浮于流体中，又要确保颗粒始终停留于床层内不被流体带出。因此，流化床催化剂一般为粒径 20～200 μm 且具有优良流动性能的微球形颗粒。流化床内催化剂颗粒之间相互碰撞、磨损严重，一方面会带来除尘困难、设备磨损等问题；另一方面需要定期补剂。因此，流动性能和耐磨强度是流化床催化剂成型过程的两个关键指标。

由上述三种反应器类型对固体催化剂的要求可以看出，成型的目的主要是针对不同的催化剂性能和反应器类型，制备特定形状、大小和机械强度的催化剂颗粒。

1. 催化剂形状和尺寸对反应器填充床层压降的影响

催化剂床层中流体动力学特征体现在床层压降及其大小、气流分布状况等方面。降低压降对减少动力消耗有益。工业催化剂需具有适当的形状和尺寸，使反应器中的流体通过构成的床层时不产生过大的压降或不均匀的流体分布。流体通过床层的压降与催化剂颗粒大小、形状、流体流速、流体的物理性质、床层空隙率及床层高度等有关。床层空隙率是指颗粒呈堆积状态时空隙体积与堆积体积之比，是影响床层压降的关键因素。床层空隙率与颗粒形状、大小、粒度分布、颗粒与床层直径比及填充方法等有关[2]。表 5-1-1 列出了几种不同形状固体催化剂在普通装填和密相装填时的床层空隙率。

表 5-1-1　不同形状固体催化剂的床层空隙率

外观形状	当量直径/mm	床层空隙率/%	
		普通装填	密相装填
球形	1.6	35	30
圆柱形	1.6	42	36
三叶草形	1.6	46.5	39.5
五叶草形	1.6	45.5	38.5

用控制体积法(忽略壁面效应)可以求得稳定堆放时球形颗粒的床层空隙率。以正方形方式填充时空隙率为 47.64%，以正斜方形方式填充时空隙率为 39.54%，以菱面形方式填充时空隙率为 25.95%，且空隙率与球体直径无关。此外，床层比表面积和床层阻力均与球体直径成反比，当球体直径大于 6 mm 时，床层比表面积降低变缓。

与常规球形和圆柱条形催化剂相比，空心圆柱形催化剂具有表观密度小和单位体积表面积大的特点，常用于热流密度大的催化反应过程。自 1977 年美国氰胺公司出售三叶草形催化剂以来，三叶草或四叶草形催化剂得到了广泛研究和应用。与球形和圆柱条形催化剂床层相比，三叶草形催化剂床层具有空隙率高、压降低、可利用外表面积大的优点。此外，三叶草形催化剂上沿轴向的小槽使液体反应物流向不断改变，提高了反应器的持液量和催化效率。

固定床催化剂的普通装填是指在装填过程中不使用外界推动力提高催化剂的装填量和装填均匀性，通常采用人工方式将催化剂颗粒铺平即可。普通装填方法因其多采用很长的帆布袋作为催化剂从反应器顶部向床层料位的输送管子而称为布袋装填法。实际上，普通装填法中也有较多厂家不用帆布袋而改用金属舌片管输送催化剂。由于普通装填法简单易行，不需要专门的人员培训和装填设备，因此被国内许多炼油企业采用。密相装填法由 ARCO 技术公司、法国 Total 公司、美国 UOP 公司和 Chevron 公司等发明。采用密相装填法，可以使催化剂在反应器内沿半径方向呈放射性规整排列，减少催化剂颗粒间的空隙，提高催化剂的装填密度，通常可以比普通装填法多装 10%～25%的催化剂。密相装填除了可以多装催化剂外，装填过程中催化剂颗粒在反应器横截面上规整排列，因此其沿反应器纵向、径向的装填也非常均匀。

2. 催化剂形状和尺寸对催化剂有效因子的影响

上文从床层压降的角度讨论了催化剂外形和颗粒大小的影响，通常催化剂颗粒越大、床层空隙率越高，压降越小。但对于催化反应，固体催化剂的催化活性源于表面活性位。使用较小颗粒的催化剂可以减少内扩散影响，提高催化剂表面利用率，从而提高催化活性。因此，床层降压和催化活性往往是相互矛盾的，需根据实际情况综合考虑。

多相催化反应多为内部扩散控制过程，减小催化剂颗粒内部传质阻力，增大表面利用率，对减小或消除扩散影响是十分必要的。通常用催化剂效率因子表征传质过程对化学反应速率的影响，而效率因子取决于催化剂颗粒西勒准数ϕ。ϕ是表征内扩散对化学反应影响的重要参数，ϕ值越大表明内扩散影响越严重。影响西勒准数的因素主要是反应温度、反应物浓度和催化剂颗粒尺寸与结构。随着颗粒粒度的增加，西勒准数增大，催化剂效率因子不断下降。这是由于粒度的增加使反应物在催化剂颗粒内部孔道中的扩散阻力增加，内扩散影响渐趋严重，从而降低了效率因子。此外，催化剂颗粒的孔隙率、内部孔道的尺寸、孔道的曲折程度及颗粒本身的形状都能影响内部效率因子。为改善颗粒内传质，通常在工程能承受的压降条件下，尽可能采用小颗粒催化剂，同时改变催化剂的工程结构，降低内部传质阻力，以达到提高催化剂效率因子和反应活性的目的。例如，第 4 章中介绍的向固体催化剂中引入多级孔道结构就是一种能够有效减小甚至消除催化剂内部传质阻力的策略。

3. 成型对催化剂颗粒机械强度的影响

工业催化剂需要有良好的机械强度，以满足搬运、装填及操作中耐气流冲击等要求。工业生产中因催化剂强度差而造成装置压降增大，被迫停车的例子屡见不鲜。催化剂机械强度除与物料性能有关外，也与成型方法、设备、条件(压力、黏结剂等)有关。例如，挤出成型催化剂的机械强度一般不及压缩成型催化剂，环状催化剂的机械强度不及柱状催化剂。

综上所述，根据催化反应特点和装置要求选择催化剂形状、大小、机械强度，而成型过程对催化剂形状、大小、机械强度有决定性的影响。因此，可通过选择最佳成型方法改善催化剂形状、大小与机械强度。既要考虑成型前物料的流变性能，也要考虑成型后催化剂的物化性能与催化性能，还要考虑成型技术的可行性与经济性。实际固体催化剂开发过程中，必须先在实验室规模成型设备上摸索条件，然后在中试和工业规模成型设备中工业放大，并完善成型条件，确定最佳成型工艺，再根据工艺和设备的可靠性、灵活性及经济性等做出最后选择。

5.1.2　成型作用力与机理

1. 粒子间结合力

为了使粉粒凝聚成型，粉体粒子间必须产生结合力，在成型过程中粒子间结合力有以下五种形式。

(1) 固体粒子间力。固体粒子间的引力来自范德华力(分子间引力)、静电力和磁力。这些作用力虽然很弱，但在粉体粒径小于 50 μm 时，粉粒间聚集现象非常显著。这些作用随粒径的增大或颗粒间距离的增大而明显减弱。

(2) 以可流动液体作为架桥剂成型时，粒子间结合力由液体表面张力和毛细管力产生。液体在粒子间充填方式和作用力由液体加入量决定。

(3) 不可流动液体产生的黏接力。不可流动液体包括高黏度液体和吸附于颗粒表面的少量液体层。高黏度液体的表面张力很小，易涂布于固体表面，靠黏附性产生强大的结合力；吸附于颗粒表面的少量液体层能消除颗粒表面粗糙度，增加颗粒间接触面积或减小颗粒间距，从而增加颗粒间引力。

(4) 粒子间固体架桥。固体架桥的形成方式包括：①结晶析出，架桥剂溶液中溶剂蒸发后，析出的结晶起架桥作用；②黏结剂固化，液体状态的黏结剂干燥固化形成固体架桥；③熔融-冷凝固化，由加热熔融形成的架桥经冷却固结成固体架桥；④烧结和化学反应产生固体架桥。

(5) 粒子间机械镶嵌。机械镶嵌发生在块状颗粒的搅拌和压缩过程中，结合强度较大，但在普通物料成型过程中所占比例不大，作用不显著。

2. 液体架桥机理

如图 5-1-1 所示，自由液体在两个粒子间附着形成液体架桥(液桥)时，由于液体内部的毛细管负压和界面张力作用，颗粒结合在一起。水是湿法成型过程中常用的液体。成型时粉粒表面首先被液体润湿，然后聚结成粒。由于颗粒的成长过程对其润湿程度非常敏感，液体架桥产生的结合力主要影响粒子的成长过程和粒度分布等。一般情况下，含水量超过 60%时粒度分布均匀，含水量为 45%～55%时粒度分布较宽。若采用转动成型法造粒，液体在一级粒子间以毛细管状存在时，可以得到均匀的球形颗粒。成型所需含水量可根据疏松充填空隙率，以及干、湿条件下振动充填空隙率预测。

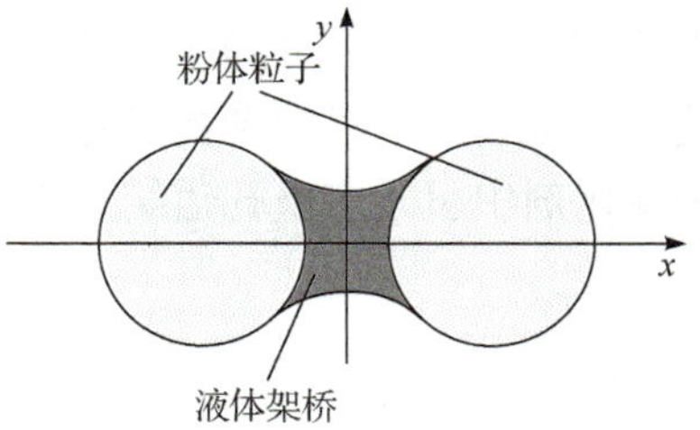

图 5-1-1　两个粒子间液体架桥形成示意图

3. 颗粒成长机理

粉状粒子在胶黏剂的作用下聚结成颗粒时，其成长机理有粒子核形成、粒子核聚合、破碎、磨蚀传递、层积等方式。

(1) 粒子核形成。液体在粒子空隙间填充量很少时，一级粒子(粉末)在液体架桥剂的作用下聚结形成粒子核，称为液体钟摆状。这一阶段的特征是粒子核的质量和数量随时间变化。

(2) 粒子核聚合。如果粒子核表面具有微量多余的水分，粒子核在随意碰撞时发生塑性变形，并黏结在一起形成较大颗粒。聚合作用发生时，粒子核的数量明显下降。

(3) 破碎。有些颗粒在磨损、破碎、振裂等作用下变成粉末或小碎块。这些粉末或碎块重新分布于残存颗粒表面，重新聚结形成大颗粒。实际成型过程中经常伴随粉末和碎块的产生和再聚结。

(4) 磨蚀传递。在摩擦等相互作用下，颗粒的一部分掉下后黏附于另一颗粒表面，这一过程的发生是随意的，没有选择性。虽然在此过程中颗粒大小不断发生变化，但颗粒的数量和质量不发生变化。

(5) 层积。粉末层黏附于已成型的粒子核表面，从而使颗粒尺寸不断变大。加入的粉末粒径必须远小于粒子核的大小，以使粉末有效地黏附于粒子核表面。在此过程中，虽然颗粒的数量不变，但颗粒尺寸逐渐变大，因此成型系统的总量发生变化。

任何一种成型过程都伴随多种成长机理，但不同成型方法中起主导作用的成长机理有所不同。例如，流化成型过程中，粒子的成长以“粒子核形成—聚合—破碎”为主；转动成型过程中，球形颗粒的成长以“粒子核形成—层积—磨蚀传递”为主。

4. 从液体架桥到固体架桥的过渡

湿法催化剂成型过程中产生的液体架桥经干燥后，最终以固体架桥的形式存在，以保持催化剂颗粒的形状、大小和强度。从液体架桥到固体架桥的过渡主要有三种形式：

(1) 架桥液中被溶解(包括可溶性黏结剂)的物质经干燥后，析出结晶而形成固体架桥，如羟丙基甲基纤维素、聚乙烯吡咯烷酮等高分子溶液作为黏结剂成型。

(2) 高黏度液体架桥剂在干燥时，其中的溶剂蒸发，导致残留的固体成分固结成固体架桥，如淀粉浆作为黏结剂成型。

(3) 熔融体作黏结剂时，冷却凝固形成固体架桥。

5.1.3　成型助剂

固体催化剂成型过程中根据粉体性能和成型工艺，为满足成型工艺要求和产品质量常需加入少量添加剂，以改善成型主料的分散性、黏合性和可塑性，这些物质称为成型助剂。根据作用机理的不同，成型助剂主要分为黏结剂、润滑剂和孔结构改性剂。

1. 黏结剂

黏结剂是指能将固体催化剂的粉体或小颗粒通过表面化学力或物理力结合在一起的物质。根据其在催化剂成型过程中的作用原理可分为基体黏结剂、薄膜黏结剂和化学黏结剂三种类型(表 5-1-2)。

表 5-1-2　黏结剂的分类与举例

黏结剂类型	举例
基体黏结剂	无机类：水泥、凹凸棒石黏土 有机类：沥青、石蜡、纤维素、聚乙烯醇、煤焦油
薄膜黏结剂	水、硅酸钠、乙醇、树胶、合成树脂、动物胶、淀粉糊
化学黏结剂	硝酸、乙酸、三氯乙酸、铝溶胶、硅溶胶

基体黏结剂填充于成型物料空隙内，一般情况下成型物料的空隙体积为总体积的 2%～10%，黏结剂用量应尽可能填满这些空隙。该类黏结剂主要用于压力成型工艺，在成型过程中黏结剂包围在粉粒外周并填平其表面不平处，以提高粉粒的可塑性和粒子间的结合强度，兼具稀释和润滑作用，并减少成型物料粒子间的内部摩擦。

薄膜黏结剂通常为液体，是一类呈薄膜状覆盖于成型物料粉体粒子表面的物质，加入后可使成型物料表面达到适宜成型的湿度。在催化剂干燥过程中，薄膜黏结剂在原料粉体粒子界面上形成一层吸附牢固的固化层，从而增加成型催化剂的强度。其用量一般为原料粉体质量的 0.5%～2%。固体催化剂成型过程中加入的水可视为薄膜黏结剂。

化学黏结剂可与成型物料粉体发生化学反应，从而增加粒子间的黏结强度。例如，拟薄水铝石挤条成型时，通常使用稀硝酸作为黏结剂。硝酸对拟薄水铝石干凝胶有胶溶作用，从而增加氧化铝粒子的黏结强度。黏结剂必须具备润湿物料颗粒表面的能力，不可污染催化剂产品，且在干燥或焙烧过程中可挥发或被分解掉。

2. 润滑剂

在压力型挤出成型过程中，为了使粉体承受的压力均匀传递、产品容易脱模且在脱模过程中不弯曲，减小粉体粒子间的内聚力、削弱粉体间的内摩擦，通常加入成型润滑剂。水也可视为润滑剂，液体润滑剂还有丙三醇、润滑油、硅油、聚丙烯酰胺等，固体润滑剂有田菁粉、干淀粉、石墨、滑石粉、聚氧化乙烯、硬脂酸等。

3 孔结构改性剂

孔结构改性剂又称造孔剂，是在催化剂或载体成型过程中，为了改善孔道结构而加入的少量造孔物质。催化剂的孔道结构，除了可在制备过程中加以控制外，在成型过程中加入少量孔结构改性剂也是调节产品孔道结构的有效方法。与第 4 章介绍的模板法制备多孔结构催化剂原理类似，造孔剂在干燥或焙烧过程中燃烧分解或挥发，可形成许多孔隙，从而实现对成型催化剂孔道结构，包括孔道大小和数量的调变。

通常催化剂或载体的性质不同，加入的造孔剂也不相同。即使对于同一品种催化剂，造孔剂的种类、加入量及加入方式不同，形成的孔道结构也会有所差异。造孔剂品种很多，常用的有炭黑、松香皂、纤维素、硬脂酸盐、铵盐、环氧树脂等。一些水溶性有机聚合物如聚乙二醇、聚乙烯醇、聚丙烯酰胺，以及许多离子型及非离子型表面活性剂都可用作造孔剂。尤其使用表面活性剂为孔结构改性剂时还兼具润湿、分散和增溶等作用。

5.2 固体催化剂成型方法与工艺

5.2.1 压缩成型

压缩成型是将催化剂或载体粉末置于一定形状的封闭模具中，在外部施加压力，使粉体团聚，压缩成特定形状的方法。压缩成型法适用于压制圆柱状、拉西环状的常规形状催化剂片剂，也可用于齿轮状等异形片剂的成型。该方法制备的催化剂具有颗粒形状规则、致密度高、大小均匀、表面光滑、机械强度高等优点，其产品适用于高压、高气流的固定床反应器。压缩成型的缺点是间歇操作生产能力较低，模具磨损大，难以成型球形催化剂及直径小于 3 mm 的片剂。

1. 压缩成型的原理

图 5-2-1 为压缩成型过程示意图。随着外部压力逐渐增大，成型粉体原始微粒间的空隙不断减小，完成对模具有限空间的填充后，颗粒在原始微粒尺度上重新排列和密实化；这一过程通常伴随原始微粒的弹性变形和因相对位移造成的表面破坏；外部压力进一步增大后，由应力产生的塑性变形使空隙率进一步降低，相邻微粒界面上将产生原子扩散或化学键结合，并在黏合剂的作用下微粒间形成牢固的结合，至此完成压缩造粒过程。

2. 粉体性质对催化剂性能的影响

(1) 原料粉体性质。粉末颗粒的硬度和可塑性影响压缩成型的密度和硬度。粉体的硬度越高，成型性能越差；可塑性越好，压缩性越高。用冲头进行压缩的开始阶段，填充在冲模中的粉体间的空隙率随压力的增加而显著减小，之后减小幅度逐渐变缓，至最后阶段即使增加压

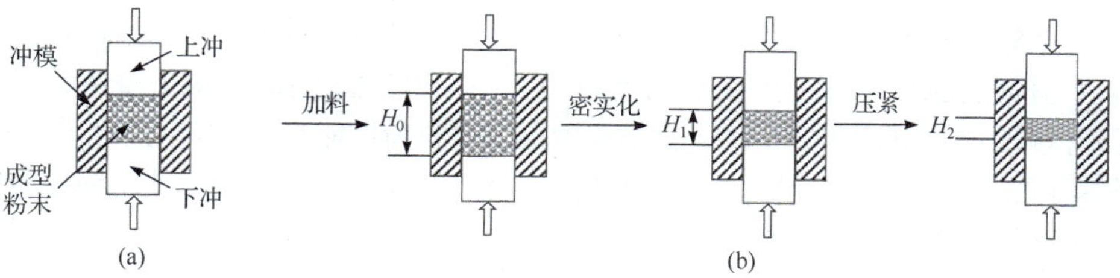

图 5-2-1 压缩成型过程示意图
(a) 压缩成型设备组成；(b) 压缩成型物料变化

力，空隙率变化也很小，最终成型催化剂的密度与粉体真密度相近。

(2) 原料粉体粒度分布。压缩成型需要原料微粒间有较大的结合界面，粉体粒度越细，成型物强度越高；但粉体粒度越细，体积质量越小。粉体的压缩度(自然堆积和压缩后的体积比)又限制了原料粉体不能太细，因为这类细粉在压缩时夹带出的空气较多，造成压缩成型速度减缓，生产效率降低。在实际生产中，可以采用减压脱气的方式将要成型的粉体放在储料罐内进行预处理，以降低原料粉体的压缩度。因此，为了获得较好的成型催化剂，原料粉体要选择一定的粒度分布。

(3) 粉体的表面特性。通过粉碎法制取的粉体表面存在大量的不饱和键及晶格缺陷。这种新生表面的化学活动性特别强，最易与相邻颗粒界面形成化学键，发生原子扩散。放置较长时间后，这些颗粒表面会吸附周围环境中的水蒸气、水分和更细微的颗粒，造成表面逐渐“钝化”，减弱成型粉体的结合力。一般来说，粉碎后的粉体放置一定时间后成型的催化剂产品的强度比粉碎后立即成型的产品强度差。因此，应在原料粉体粉碎后尽快进行压缩成型。

(4) 成型助剂的类型和用量。通常黏结剂用量越大，成型催化剂强度越高。采用高成型压力时，可适当减少黏结剂的用量。黏结剂会使粉体颗粒产生结晶、黏结及表面张力等现象而增加成型原料的可塑性，因此黏结剂添加量应适当。黏结剂添加量过多易造成粉体流动性差，成型困难，成型物压碎强度较低；添加量过少会使压片表面不光滑，呈鳞片状。因此，实际生产过程中需根据粉体性质和成型要求选择合适的成型助剂和用量。

3. 压缩成型设备

(1) 旋转式压片机：通过上、下冲头在冲模内上下运动对粉料进行压缩成型。转盘上开有很多模孔，每个模孔上、下各有相应的上、下冲头，每个上、下冲头都有上齿轮及下齿轮，使其向上、向下运动。转盘旋转时，上、下压轮在一定轨道上升降运转，驱动上、下冲头升降，达到压片的目的。旋转式压片机可连续压片，其效率比单一压片机高很多。

(2) 对辊式压块机：两根直径相同的轮辊之间留有一定间隙，两轮以相同转速做相反旋转，轮辊表面有许多规则排列的形状、大小相同的穴孔，两轮辊呈水平布置。成型粉料从两轮辊上方连续均匀加入，靠自重或强制喂料进入两轮辊之间。物料在轮辊表面失去自由流动的性质，被轮辊咬入。随着轮辊的连续旋转，物料的占有空间减小，逐渐被压缩成型。随后成型压力逐渐降低，压得的成型料因弹性回复从穴孔中脱落。

5.2.2 挤出成型

挤出成型是压缩成型的一种特殊形式，与常规的旋转式压片和对辊式压块成型方法相比，挤出成型在工业催化剂制备过程中的研究更为深入，应用更为广泛。挤出成型是指将催化剂粉体和适量助剂充分捏合后，将湿物料送入挤出机，在外部挤压力作用下，原始粉体粒子重新排列，粉体以与模具孔板开孔相同的截面形状从另一端排出，经过适当切粒、整形后获得一定直径、长度和横截面形状的催化剂产品。挤出成型要求原料粉体能与黏结剂充分混合成较好的塑形体，适用于黏性物料加工，颗粒截面规则均一，生产能力大；但堆密度比压缩成型低，助剂用量大，水分高，模具磨损严重。

1. 挤出成型的原理

粉体颗粒挤出成型过程包括混捏、输送、压缩、挤出与切粒五个步骤。

(1) 混捏：挤出成型时，为了使物料有较好的塑形需将粉体、水、黏结剂、助挤剂等按一定比例充分混合后在捏合机中充分碾压及混捏，以提高物料的可塑性。

(2) 输送：捏合后的粉体在挤出机旋转螺杆的作用下向前推进，其推进速度取决于螺杆转速、螺杆叶片的轴向推力和粉体物料与螺旋叶片间的摩擦力。输送段筒内压力较低。

(3) 压缩：物料向前推进过程中，螺旋叶片对粉体产生很强的压缩力。这种压缩力可剪切和推动物料，剪切应力一方面在物料和螺杆间展开，另一方面又在粉体和圆筒之间扩大，且后者大于前者，致使物料受到压缩，密度显著增加。这样物料以低于或等于螺杆的速度向前推进，圆筒内压力逐渐增大。

(4) 挤出：物料经压缩、推进到模头时，物料经多孔板挤出呈条状。这时物料所受压力迅速下降，并发生微弱径向膨胀。

(5) 切粒：选用特制切条装置将从模头挤出的条状催化剂或载体产品切成等长的条柱状。

与 5.2.1 小节中压缩成型过程类似，粉体性质(可塑性、颗粒度)对挤出成型制备的催化剂性能影响显著，这里不再赘述。作为工业催化剂最常用的成型方式之一，这里重点介绍挤出工艺条件对催化剂性能的影响。

2. 挤出成型条件对催化剂性能的影响

(1) 混捏时间和方式。挤出成型过程中湿料的可塑程度对挤出操作影响较大，捏合过程对催化剂强度、孔体积和堆密度等性质影响显著。一般来说，随着混捏时间的延长，催化剂孔体积减小，堆密度增加。这是因为一部分较大的粒子堆积形成的空隙经捏合变小，捏合时间延长到一定时间后催化剂强度不再增加。此外，混捏时间过长，可能会导致物料挤出困难。不同催化剂在实际生产过程中均需要摸索出最佳混捏强度和时间。经验丰富的操作者在现场可判断出混捏物料的“生”或“熟”。根据经验及时调整混捏强度和时间，确保挤条过程顺利进行且产品表面致密、均匀、光滑。

(2) 水粉比。水是常用的润滑剂，加入原料干粉中能同时起到较弱的胶溶作用。水粉比(水与原料粉体的质量比)是影响挤出速度和催化剂强度的重要因素之一。通常情况下水粉比与催化剂强度之间呈抛物线对应关系，即在低水粉比时，催化剂强度随着水粉比的增大逐渐提高至最大值，之后催化剂强度随水粉比的增大又逐渐降低。每种物料都有最佳的水粉比范围。水粉比过低，易造成挤出压力剧增，挤出速度降低；水粉比过高，则易造成物料抱杆和打滑严重，挤出困难，且成型条形物易变形。控制好成型过程水粉比的关键在于原始粉体的含水量要保持稳定。

(3) 胶溶剂。以氧化铝基催化剂为例，为增加氧化铝粒子间的黏结性，提高催化剂强度，改善孔道结构，通常在挤出成型过程中加入酸性胶溶剂，使其在混捏时与氢氧化铝干胶粉发生胶溶作用，生成假溶胶，将粒子黏结起来改善物料的可塑性，提高成型效率和质量。常用的胶溶剂有硝酸、盐酸、乙酸、甲酸、柠檬酸、三氯乙酸、丙二酸等。其中，无机酸(硝酸、盐酸)电离的氢离子浓度明显高于有机酸，表现出更强的胶溶能力，对催化剂强度和孔道结构具有非常显著的改善作用。在实际使用过程中，考虑到盐酸中氯离子在催化剂产品中的残留会影响其使用性能，通常选用硝酸作为胶溶剂。硝酸在成型后热处理过程中可分解为氮氧化物，对催化剂性能影响较小。然而，氮氧化物的排放对催化剂生产设备腐蚀严重，且必须配套脱硝装置。有机酸分解产物为 CO_2，对环境危害小，在保证催化剂性能的前提下可优先选用有机酸作为胶溶剂。

(4) 助挤剂。工业上常用的助挤剂有田菁粉、多元羧酸及二者复合助挤剂，其中最常用的是田菁粉。田菁粉是从野生豆科植物种子中提取出的非离子型半乳甘露糖植物胶，经过物理改性可作为工业催化剂挤出成型过程中的助挤剂。田菁粉能在常温下吸取多倍于自身体积的水并产生溶胀和水合作用，形成高黏度胶液。加入适量的田菁粉(一般掺配比例为粉状物料总质量的 3%～5%)，可增强催化剂粉状物料的黏合作用，改善物料可塑性，提高挤出速度和成型质量，挤出坯条能在较长时间内保持定型而不发硬。低成本的田菁粉具有黏合、助挤和造孔三重功效，是目前工业催化剂挤条成型过程中不可缺少的助剂。

(5) 扩孔剂。固体催化剂丰富的孔道结构为多相催化反应提供场所。反应过程中反应物分子需经固体催化剂孔道扩散至活性位，产物分子也需要从孔道中扩散出来。粉体物料挤出成型得到的催化剂具有丰富的孔道，但孔径通常较小，导致动力学直径较大的反应物分子向孔道内活性位扩散的传质效率低。为此，需在挤出成型过程中添加扩孔剂以增大催化剂的孔道尺寸，提高催化效率。挤条过程中水本身就是一种扩孔剂，挤出物经干燥、焙烧等热处理操作后水分挥发，在催化剂内形成孔道。一般来说，水粉比越高，挤出物孔体积越大。但如上所述，水的添加量受粉体性质限制，通常不能通过改变水的添加量实现扩孔的目的。

常见的挤出成型扩孔剂有田菁粉、纤维素、聚乙二醇、聚丙烯酰胺、淀粉、木屑、活性炭或炭黑等，这些物质在挤出成型后的热处理过程中可从催化剂中挥发或燃烧脱除，留下空穴位形成孔道。扩孔剂的类型和用量对扩孔效果影响显著。需要注意的是，扩孔剂的加入虽可提高催化剂的孔体积，但会降低催化剂的强度和堆密度。因此，针对不同的催化剂体系，需综合考虑催化剂的生产成本、织构性质和催化性能，确定最优的扩孔剂类型和添加量。此外，有些扩孔剂还兼具润滑作用，可减少挤出过程中粉料与螺杆之间的摩擦，避免粉料出现抱杆或打滑等不正常现象。

3. 挤出成型设备

轮碾机和双轴混捏机是挤出成型工艺中常用的两种物料捏合设备。轮碾机是一种以碾砣和碾盘为主要工作部件进行粉料混合和捏合的间歇性操作设备。轮碾机有两个碾砣和一个碾盘，使用过程中两个荷重的碾砣做圆周运动，不断将料盘中的物料捏合压实，同时装在碾砣附近的刮刀使盘底物料不断翻混。在料盘上方装有喷淋管，可喷入水和胶溶剂。双轴混捏机料槽内装有两根旋转方向相反的扭曲轴，催化剂粉体与水、胶溶剂进入槽内，经宽重的双轴不断翻动敲打、碾压，捏合一定时间后即成为可塑性良好的料团。

工业上常用的挤出机主要包括螺杆挤出机、柱塞式挤出机、滚轮挤出机、环滚筒式挤出机。其中，螺杆挤出机使用最多，按照挤出螺杆的设置方向可分为水平式和垂直式；按照螺杆数量可分为单螺杆式和双螺杆式。水平式双螺杆挤出机因操作方便、生产效率高和能耗低等优势，在工业催化剂成型中应用最为广泛。双螺杆挤出机主要由螺杆、筒体和孔板组成。

双螺杆挤出机的电机经变频调速后经过摆线针轮减速机减速，通过联轴器传给主动轴，主动轴中部有两个齿数相等、互相啮合的斜齿轮。运动从主动齿轮传给从动齿轮，主、从动轴上分别装有两根转向相反、螺纹导程相同且互相啮合的螺杆。从投料口投入的物料受到轴向挤压沿螺杆向前输送。双螺杆结构能有效减少物料的回料，同时两根螺杆在输送物料过程中能够互相清理，将物料进一步混合。筒体由两个大半圆筒组对而成，外有冷却水套，其作用是使物料在较低温度下成型，防止温度过高导致条形物不够光滑、不匀整及物料因失水硬化造成孔板堵塞。物料在出料口受到二次挤压，再从模板的开孔中第三次挤压得到一定形状和尺寸的条状物。

孔板的厚度、孔径、开孔面积及材质影响成型质量和生产能力。孔板的加工很关键，必须达到制造精度要求。挤出过程中物料在孔板处发热量大，长时间连续操作会出现孔板口径变大、部分孔口堵塞等现象。孔板的材质除可承受较大的挤出压力外，还应考虑催化剂物料的腐蚀性。通常使用耐腐蚀的不锈钢，如 1Cr18Ni9Ti、1Cr13、2Cr13、3Cr13 等。1Cr18Ni9Ti 的防腐蚀性能好，但切削力较差；1Cr13、2Cr13 和 3Cr13 的强度和刚度好，但耐腐蚀性能较差。此外，目前工业生产中还常用可拆换的树脂孔板，生产现场可根据孔板的使用情况及时更换。高强度和耐热的工程树脂具有优良的可加工性能，孔口几何形状和尺寸更加精准，同时树脂孔板具有自润滑性能，在催化剂的成型过程中可减少摩擦阻力，提高催化剂的表面质量。常见的孔口形状有圆柱形、三叶草形、四叶草形和蝶形等，孔口直径一般为 1.2～7.0 mm。

挤出成型过程中为将催化剂切成长度均匀的条状，通常配套使用转鼓切粒机。转鼓切粒机由圆筒形转鼓、内装的托板与刀片组成。圆筒安装在托辊上。圆筒与刀片各由电机带动。需切粒的条状物料由圆筒一侧上口加入，转动圆筒将条状物料带到最高点下落时，被转动的刀片切断。

5.2.3 转动成型

1. 转动成型的原理

转动成型又称滚动成球，是将适量的粉体、水和黏结剂置于旋转盘上，形成最理想的相间接触情况，滚动过程中，粉体微粒在毛细管力及液桥的作用下团聚在一起，形成微核(种子)，在容器转动产生的摩擦力和滚动冲击作用下，种子在粉体层不断回转、长大，最后形成一定大小的球形颗粒离开容器(图 5-2-2)。转动成型具有处理量大、设备投资低、运转率高的优点，但颗粒密度不高，难以制备出粒径小于 1 mm 的颗粒，同时成型操作过程中粉尘较大。转动成型过程可分为核的生成、小球长大和小球排出三步。

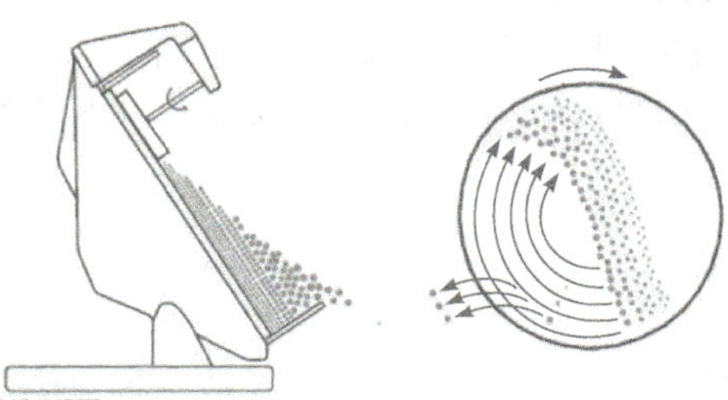

图 5-2-2　转动成型原理示意图

(1) 核的生成：在转动容器中粉体微粒与喷洒液体接触时，液体在粒子的接触点四周形成架桥，由于黏结液体的表面张力，体系总表面自由能的下降以及液固界面的减少，局部粒子黏结成松散的聚集体，称为核。随着旋转盘的转动，粒子相互压紧，致使空隙逐渐减小。松散聚集体再与喷洒液体及粉体粒子接触形成更大的聚集体(种子)。实际生产过程中也可以将挤出成型物经整形制成细小球粒作为转动成型的种子。

(2) 小球长大：生成的核依靠液体表面张力及负压吸引作用，使粉体直接附着于转动的种子的润湿表面并不断长大。同时，由于旋转运动及生成小球的压实作用，成型物在长大的同时密度逐渐变大，并成长为球形颗粒。长大的主要途径为凝聚和层积。影响小球长大的主要因素有黏结剂的用量、容器转动速度、转盘载荷、粉体粒度分布、液体表面张力等。

(3) 小球排出：生长的圆球随球体不断压实和增大，摩擦力减小，小球在转动中逐渐浮于颗粒层表面，达到预定粒度时从圆盘边缘自动溢出，得到催化剂产品。

转动成型的优点是操作简单、设备易控，生产负荷上限高，生产成本低；缺点是该方法只可用于较大球径的载体生产，产品的强度不理想，又由于使用固态前驱体，生产过程产生较大粉尘，产品磨耗高，粒径偏差大。为提高球形氧化铝产品质量，研究人员不断对转动成型生产工艺进行探索与改进。转动开始后，投入的自由粉体被液桥连接形成母球，而黏结剂可通过改变毛细管负压和界面张力对该过程产生较大影响，因此黏结剂的选用是目前优化产品质量的主要方向。

2. 转动成型条件对催化剂性能的影响

与上述成型方法类似，粉体性质是决定转动成型颗粒性质的首要因素。粉体粒子越细，团聚体填充越密实，小球抗压强度越高；但粉体粒度过细会导致成球性能恶化，球表面光洁度变差；若粗粉过多，小球生长速率加快，导致产品抗压强度降低。从实际操作来看，具有合理粒度分布的粉体，可在降低孔隙率的同时保证成型质量。同时，要使粉体水含量保持稳定，成型时喷洒水量的调节很重要。水量过多易导致滚球粘连，水量过少易形成哑铃状颗粒。实际成球过程中，往往加入较好的保水助剂，如淀粉、缩甲基纤维素、聚乙酸乙烯酯等，可提高成球质量和生产效率。固体黏结剂预先与粉体混合，液体黏结剂可直接喷洒在转动粉体上，黏结剂用量与其性质及本体性质和操作条件有关，生产时都必须经实验测定。

滚球的强度和大小是转动成型产品的重要控制指标，它们与操作条件有较大关系。球的大小受多种因素的影响，如黏结剂加入量越多，停留时间越长，球的尺寸越大。球的孔隙率越小，粒子间黏结剂的毛细作用越强，球的强度也越高。除粉体性质外，影响孔隙率的因素还包括成型时的停留时间、转盘倾角等操作条件。转盘直径越大，转动时球的下落距离越长，球的动能越大，越有利于球的压实，球的孔隙率越小。相同直径的转盘，盘的倾角小时，球转动时落差随之减小，球的压实程度变差，孔隙率也相应增大；盘的转速增大时，可使球转动时落差加大，有利于球的压实，从而使孔隙率减小。

转盘式滚球机是最常见的转动成型设备。在倾斜转盘中的某部位加入粉体原料，同时在盘上方通过喷嘴喷入适量水(或黏结剂)，事先制作或引入直径为 0.5～1.0 mm 小球作“种子”，在转盘中粉体由于摩擦力及离心力作用，种子被升举到转盘上方挡板处，然后借重力作用而滚落在转盘下方。转盘不断转动，使小球类似滚雪球，最后成长为所需控制大小的球粒排出转盘，必要时装设防尘罩。

5.2.4 喷雾干燥成型

1. 喷雾干燥成型的原理

喷雾干燥成型是利用喷雾技术和干燥工艺实现微球状催化剂颗粒制造的一类技术，该类产品适用于流化床反应器。喷雾干燥成型制备的球形催化剂粒径显著小于转动成型，粒径可控制在 10～250 μm。该方法操作简单、可连续生产且易通过改变喷雾条件控制微球直径，制得的小球具有纯度高、均匀性好的优点。喷雾干燥成型过程中，物料在高压作用下喷出并雾化成微小的液滴，液滴遇见热风后进行传质传热，液滴表面的水首先发生汽化，逐步形成外壳。因热风温度高于汽化温度，持续的热风使液滴不断发生汽化，形成内部多孔的球形催化剂颗粒。喷雾干燥成型工艺包括空气加热系统、供料系统、干燥塔、雾化器、气固分离系统、卸料与运输系统。其中，液料雾化效果是决定喷雾干燥造粒质量的关键因素，凡是影响雾化效果的因素均需仔细调控以提高催化剂的成型质量和生产效率，其中浆液固含量和喷雾压力影响最大。在其他条件一定的情况下，固含量越大，产品粒度越粗；喷雾压力越高，产品粒度越细。

2. 喷雾干燥成型的分类

雾化器是影响喷雾干燥造粒效果的关键部件，根据喷雾方式的不同可将喷雾干燥技术分为气流式、压力式、离心式三种类型。

气流式喷雾干燥是利用气、液两相流经喷嘴时的速率差产生巨大摩擦力使料液雾化。压缩空气以大于 300 m/s 的速率从喷嘴喷出，而液体流出速率一般不超过 2 m/s，气、液间的速度差产生的摩擦力使液料分离成细小的雾滴。雾滴与热空气充分接触并进行热交换，10～30 s 迅速完成整个干燥过程。雾化效果取决于气流喷射速率、液体和气体的性质。气液比与雾化器结构有关，通常气、液两相速率差越大，雾滴越细；气、液流速比越大，雾滴越均匀；料液黏度越大，雾化得到的雾滴球形度越差，易得到絮状产品。

压力式喷雾干燥主要依靠高压雾化器将物料喷雾成细小的液滴，适用于黏度较高的物料。其常见的雾化器形式有切线旋涡式和离心式，利用高压泵使料液获得 2～20 MPa 高压，料液从切线入口进入喷嘴的旋转室中，产生旋转运动。根据旋转动量守恒原理，旋转速率与旋涡半径成反比，越靠近轴心旋转速率越大，其静压力也越小，结果在喷嘴中心形成一股压力等于大气压的空气旋流，使料液形成绕空气心旋转的环形薄膜从喷嘴喷出。液膜伸长、变薄并被拉成细丝，最后分裂为细小雾滴。压力式喷雾干燥过程中影响液滴尺寸的因素有进料量、操作压力、料液黏度、表面张力及喷水器几何尺寸等。

离心式喷雾干燥是水平方向做高速旋转的圆盘给予液料离心力，将液料雾化成液滴，适用于黏度较低的物料。当料液分散到高速旋转的转盘上时，在离心力的作用下料液在旋转盘上伸展为薄膜，液膜在速度不断增长的同时向旋转盘边缘运动，离开转盘边缘时被抛出并分散成很微小的液滴，从而完成雾化(图 5-2-3)。离心式喷雾干燥过程中影响液滴尺寸的因素有进料量、

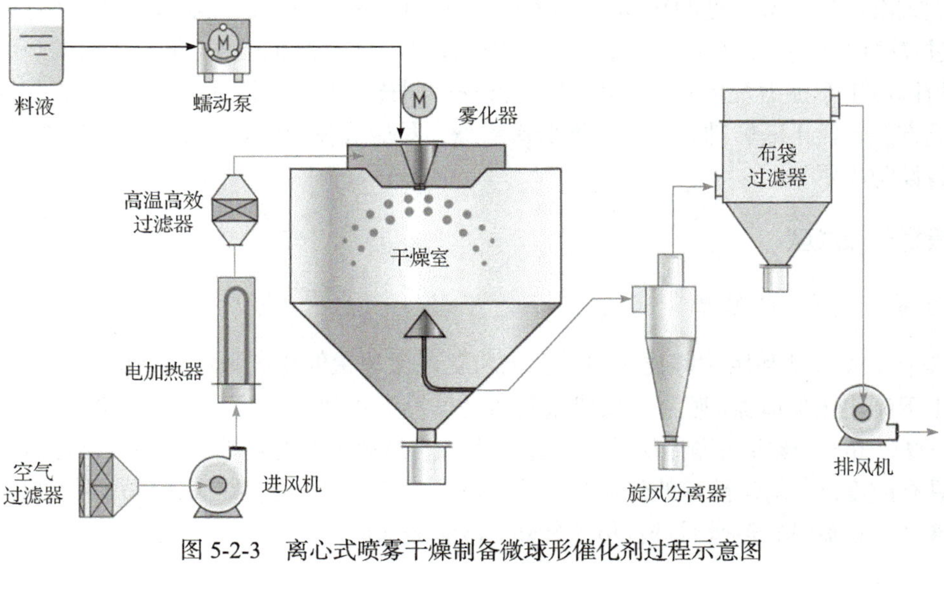

图 5-2-3　离心式喷雾干燥制备微球形催化剂过程示意图

转盘直径和转速、料液黏度、表面张力等。

因具有生产效率高、产品颗粒均匀和微球强度高的优点，目前压力式喷雾干燥造粒工艺和离心式喷雾干燥造粒工艺在固体微球催化剂成型过程中使用最多。其中，压力式喷雾干燥成型技术适用于黏度较高的物料，而离心式喷雾干燥成型技术利用离心力将物料喷雾成微滴，适用于黏度较低的物料。三类喷雾干燥成型的主要优缺点见表 5-2-1。

表 5-2-1　三类喷雾干燥成型的主要优缺点

雾化方式	优点	缺点
压力式	雾化器价格便宜；大型塔可同时使用几个雾化器；适于逆流操作；产品粒度较粗，粒度分布较宽	操作弹性小，供液量随操作压力变化；需用高压泵；喷嘴易磨损，影响雾化效果；制备细颗粒时有一定下限
离心式	操作简单、物料适应性强、操作弹性大；产品粒度较细，粒度分布均匀；操作压力低；操作时不易堵塞	塔径较大；雾化器加工安装精度要求高，动力机械价格高；不适用于逆流操作；制备大颗粒时有一定上限
气流式	能处理黏度较高的物料；可制备小于 5 μm 的细颗粒；适用于小型设备或实验室规模	动力消耗较大；不适用于大型设备

3. 干燥过程对喷雾成球质量的影响

喷雾干燥成型过程中，雾化液滴与热空气的温度差是传热、传质过程的推动力，热空气的温度和运动速率是影响雾化液滴干燥速率和微球质量的主要因素。干燥过程可分为恒速干燥阶段和降速干燥阶段。恒速干燥阶段的液滴处于高温区，干燥速率高，水分蒸发多，此阶段液滴表面的水分快速汽化，形成微球外壳；降速干燥阶段的催化剂颗粒处于低温区，传热、传质过程的主要阻力来源于颗粒内部水分向壳外的迁移速率，浆液性质是影响该阶段干燥速率的主要因素。表面干点的出现代表液滴开始向催化剂颗粒转化，是恒速干燥阶段和降速干燥阶段之间的临界点。如果表面出现干点的催化剂颗粒仍处于高温区，其表面温度会持续升高形成干壳或黏结剂包覆层。

在干燥速率和温度分布相匹配的情况下，水分迁移将有序进行。理想的情况是干燥壳层逐步向颗粒内部推进，最终形成实心颗粒(图 5-2-4)。然而，喷雾干燥成型过程中不可避免地会出现一些由干燥速率与温度分布不匹配造成的劣质微球生成的现象。例如，当封锁在壳层内部的水分汽化后形成气核时，则产生中空颗粒；当其表面温度快速升高，且形成的气核内部压力增大，水蒸气冲破壳层束缚则会形成凹陷颗粒；当其表面温度急剧升高，气核迅速膨胀后炸裂，则会形成不规则的破碎颗粒。如果进入降速干燥阶段的催化剂颗粒表面干壳仍未形成，湿壳颗粒在低温区相互碰撞会形成粘连颗粒。因此，在喷雾造粒过程中，喷雾干燥工艺和浆料自身性质是决定微球颗粒干燥成型效果的关键因素，需根据现场情况仔细调控。

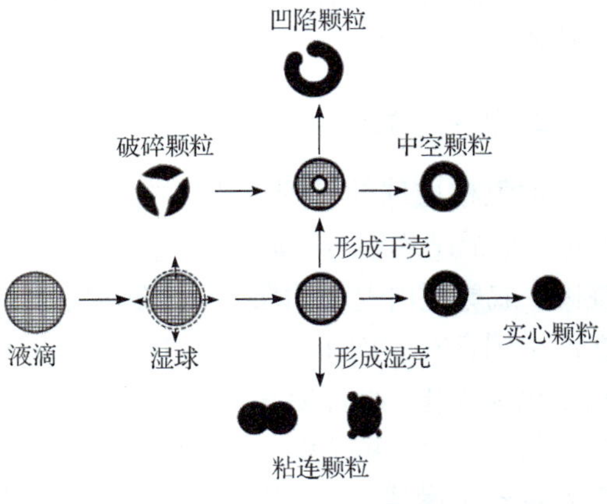

图 5-2-4　不同形貌催化剂颗粒的成型示意图

5.2.5　油中成型

油中成型是利用溶胶(一般为铝溶胶)在适当 pH 和浓度下凝胶化的特性，将其以小液滴的形式滴入油性介质中，由于表面张力的作用，小液滴收缩成球，再凝胶化形成小球颗粒。将凝胶小球老化、洗涤、干燥、焙烧制成固体催化剂或载体。显然，油中成型工艺制备得到的催化剂颗粒为球形。与转动成型技术相比，油中成型制备得到的球形催化剂具有纯度高、球形度高和耐磨性能好的优点，通常用于对催化剂耐磨性能要求高的移动床反应装置。油中成型分为热油柱成球和油氨柱成球两类。

1. 热油柱成球

在高纯度球形氧化铝催化剂成型过程中，为降低杂质含量，常以高纯度的细颗粒铝粉为铝源，将其溶解于稀盐酸得到铝溶胶，在低于 8℃的温度下将一定浓度的六亚甲基四胺(乌洛托品)水溶液加入铝溶胶中得到成型原料，溶胶体系的 pH 一般为 2.0～3.5。铝溶胶前驱体在分散滴头的作用下逐滴分散于 80～95℃的成型油柱中(图 5-2-5)，在重力和浮力的共同作用下在油柱中下降，同时热油为铝溶胶液滴中的 OH^-与 Al^{3+}反应生成氢氧化铝提供热量。因成球介质表面张力的作用，原料滴入后收缩成球并逐渐凝胶化，得到球形的铝凝胶湿球。同时，受热后的六亚甲基四胺分解为甲醛和铵根，甲醛以气体形式从湿球内部向外扩散，其运动轨迹在球体内形成孔道结构；铵根则与氯离子反应生成氯化铵，留在孔道内。干燥后的样品在一定温度下焙烧，脱除水分实现晶型转化，得到具有一定孔道结构和晶型的球形氧化铝催化剂或载体。油柱成型过程中油浴的作用主要是促使铝溶胶中的胶凝剂分解产生氨，在液滴下落过程中使氧化铝球固化。使用的油必须耐高温、不易分解，一般选用闪点较高、分子量较大的白油。

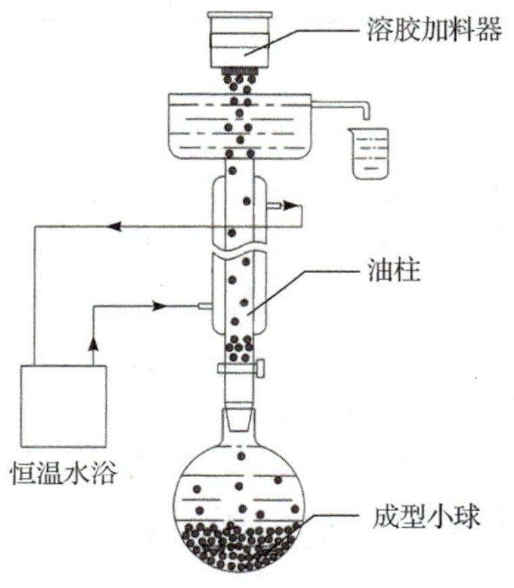

图 5-2-5　热油柱成球法原理示意图

热油柱成球法的优点是成型操作简单，所得产品强度高、杂质含量低、球形度高，直径为 1.5～3.0 mm；但也存在热能消耗和设备能耗大，处理能力不及转动成型，产品须做脱油处理的缺点。

2. 油氨柱成球

油氨柱成球的机理与热油柱成球类似，取氢氧化铝溶胶或干胶粉按一定配比均匀溶解于硝酸中，配制成铝溶胶原料。不同之处在于油氨柱成球是将氨水和油品两种介质同时注入成球柱内，成球柱内上为油层，下为氨水层，向油层与氨水层间持续注入表面活性剂。铝溶胶液滴在油中因存在表面张力而呈球状，受重力作用向柱底运动过程中穿过油层，进入氨水层后发生凝胶化和固化。循环氨水从成球柱底部进入将湿球带入缓冲柱(集球柱)中(图 5-2-6)，湿球再继续固化、老化，并在集球柱底部注入氨水将湿球带至溜槽中，氨水与湿球在网带上分离，湿球送入带式干燥器，氨水进入储罐内循环利用。油氨柱成球法可用于制备孔容较大、大小均匀的球形载体，但产生的氨气会对环境造成污染。

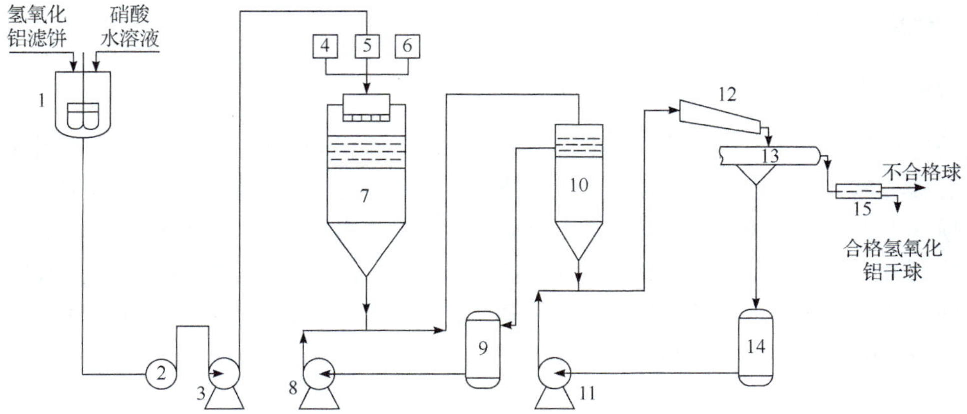

图 5-2-6　油氨柱成球工艺流程

1. 酸化罐；2. 胶体磨；3. 浆液泵；4. 煤油储罐；5. 浆液储罐；6. 表面活性剂储罐；7. 成球柱；8. 氨水循环泵；9. 氨水循环储罐；10. 集球柱；11. 净水循环泵；12. 湿球溜槽；13. 湿球干燥带；14. 净水循环储罐；15. 筛子

油氨柱成球法可制得热稳定性好、孔容大的铝溶胶小球载体；缺点是制备过程能耗高，须做脱油处理，会造成氨气污染，另外其对物料质量有较高要求，需定期更换氨水，补充活性剂。对比热油柱成球法与油氨柱成球法，可知热油柱成球法操作更加简便，过程更加可控，生产条件优于油氨柱成球法。

油层的作用是成型，使铝溶胶液滴进入油层后，靠液体表面收缩力-表面张力收缩成球形。球粒大小和球形度与加料方式、溶胶黏度、分散方法及溶胶-油之间的表面张力有关。油的选取应满足以下要求：①密度小于氨水和铝溶胶，并与水不互溶；②与铝溶胶间的表面张力足够大，以保证成球；③与水之间的界面张力较小，以保证球在油-水界面上不停留或受冲击时不发生变形；④对氨的溶解度低，保证液滴在成型前不发生胶凝和固化；⑤杂质含量较低，避免成型时带入杂质。

氨水层的作用是使来自油层的球状溶胶在电解质(氢氧化铵)作用下发生胶凝，使其固化得到球形颗粒。氨水浓度通常为 15%左右，浓度太高，利于固化，但氨的刺激性气味影响操作环境；浓度太低，不利于固化，成球质量差。工业生产中循环氨水浓度小于 2%时，应及时更换。氨水层高度取决于溶胶固化和老化所需时间，由实验测定。实际生产中，湿球从进入氨水层到干燥带一般需要 30～60 s。氨水的优点还在于焙烧后不残留杂质，可保证氧化铝小球的高纯度。

表面活性剂的作用是降低油-水界面的表面张力，使溶胶在油中成球后顺利通过此界面进入氨水层，还可防止产品干燥后发生破碎。表面活性剂分子在油-水界面富集并定向排列，分子中的疏水基团朝向油层，亲水基团朝向氨水层。当表面亲水的小球到达界面时，表面活性剂分子亲水基团包围小球表面，疏水基团朝向四周。这样小球表面由原来的亲水表面变为疏水表面，使小球在油层中的界面张力大幅降低，在氨水层中的界面张力大幅增加。因此，小球在界面受到向下的拉力，使小球迅速穿过界面进入氨水层，避免黏结成团。表面活性剂应满足以下要求：①表面张力小于溶剂表面张力；②分子结构中同时存在极性基团和非极性基团，溶解度小；③不含有使催化剂中毒的元素。表面活性剂的加入要适量。表面活性剂用量过小会发生连球和黏球，形成大球和扁球，影响成球质量与产率；用量过多会造成氨水挥发并乳化。

5.2.6 其他成型方法

1. 喷动造粒

喷动造粒又称喷动成型，是一种将喷雾和流态化干燥组合而成的成型技术。将料液经喷嘴分散成雾滴与热空气一起射入造粒床锥底，使床中物料如喷泉一样循环起来，床中心稀相的颗粒冲到顶部失去动能，从外围落下，向下运动至密相中又被冲起。料液在循环运动的粒子上沉积、包层，周而复始。第一次运行时，需在喷动塔中加入部分种子，种子颗粒穿过料液喷雾区，颗粒表面上便会沉积一层液体薄膜，颗粒一边上升，一边干燥，在循环中逐渐长大。生成的大球在合理设置的排料口排出，得到成型颗粒。

2. 冷却造粒

冷却造粒是熔融物料在造粒塔顶喷成雾滴，并在逆流上升的冷介质中冷凝得到催化剂产品。其产品粒度(3 mm 左右)比喷雾干燥成型大。由于进料为熔融态，仅限于低熔点物料，如尿素、硝酸铵、聚酯、石蜡、高碳脂肪醇、铅锡合金等。冷凝介质一般为空气，也可选用其他气体或液体，如氮气、煤油、水。图 5-2-7 为低熔点高碳脂肪醇冷却造粒工艺流程示意图[3]。熔融物料经高压泵进入带有涡流片的压力式喷嘴，与塔顶进入的冷空气相遇，使液滴冷凝，固化成粒状产品由塔底排出。夹带细粉的 50～60℃尾气经高效旋风除尘器将细粉分离，尾气由循环鼓风机鼓入冷却器，冷却后再进入造粒塔内循环使用。

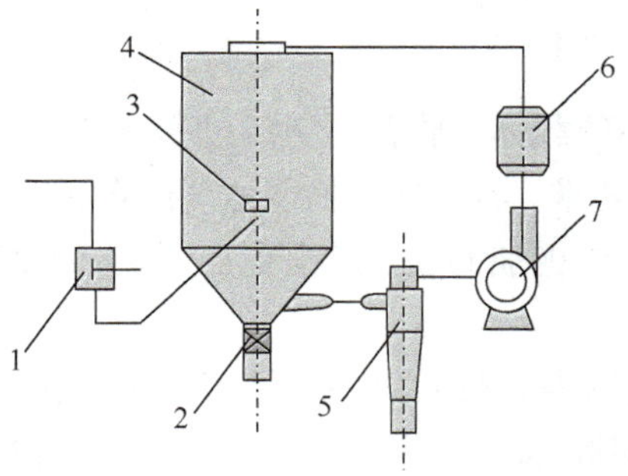

图 5-2-7　低熔点高碳脂肪醇冷却造粒工艺流程示意图

1. 高压泵；2. 出料阀；3. 喷嘴；4. 喷雾塔；5. 除尘器；6. 冷却器；7. 鼓风机

3. 熔融喷洒成球

熔融喷洒成球是借助高温条件将催化剂各组分原料置于电熔炉中高温熔融，使其成为氧化物固溶体或合金固溶体的均匀熔融物料后，由熔融炉出料口流入喷头中，通过喷头上的喷孔将催化剂熔浆均匀喷洒成多股细流，细流在重力或离心力的作用下很快撕裂成液滴并依赖自身凝聚力收缩成球。球体颗粒在造粒塔内下降过程中被气流冷却的同时输送到分级筛筛分或直接落入冷却池中快速冷却，将所得小球与溶液分离后经热处理分级就可制得不同粒度等级的球形催化剂。

4. 异形催化剂成型

催化剂颗粒异形化是近年发展起来的新技术。异形催化剂是指催化剂形状为车轮形、七孔形、蜂窝形、梅花形、雏菊形、齿轮形、四叶蝶形等。开发应用异形化技术的主要目的是提高催化剂颗粒的有效因子，降低固定床反应器床层压降，改善传热、传质，提高催化剂活性。严格来讲，异形催化剂成型原理为压缩成型，根据设计形状的要求，制造精密的模具及插针，利用压缩成型得到异形催化剂。

5.3　固体催化剂成型技术的应用典型案例分析

5.3.1　挤出成型法制备条形分子筛催化剂

分子筛因其特殊的孔道结构和酸性质而广泛应用于干燥净化、吸附分离和催化等领域。目前人工合成的分子筛均为粉末状，然而粉末分子筛无法直接应用于实际工业生产，主要有两方面原因：一是粉末状分子筛装填至工业装置中极易造成压降过大，严重时迫使生产停车；二是粉末状分子筛存在回收困难、不易与产物分离、堵塞管路和易造成环境污染等问题。为此，必须对粉末状分子筛进行成型，使其成为一定形状(球形、条形、三叶草形、蜂窝状等)且具备足够机械强度及化学稳定性的成型材料，才可应用于工业生产。分子筛属于瘠性材料，成型性能较差，通常需要加入分子筛质量 10%以上的黏结剂[4]。

赵天生等采用挤出成型法，以具有规整棺形孪晶结构的 HZSM-5 分子筛颗粒为原粉(粒度约为 6 μm)，将其与磷酸、拟薄水铝石、羧甲基纤维素/羟丙基甲基纤维素/高岭土、田菁粉、硝酸、聚乙二醇和水混合，搅拌得到团状湿材后挤出，120℃干燥、550℃焙烧，得到直径为 3 mm、长度为 1 cm 的条形催化剂(图 5-3-1)，并考察了成型工艺对条形催化剂物化性质和催化性能的影响[5]。研究者首先考察优化了磷铝黏结剂的配比，发现随着磷铝比的增大，催化剂径向抗压强度显著提高，比表面积降低，强酸中心减少。在甲醇制烯烃反应中，低碳烯烃选择性呈现先增大后降低的趋势，存在最佳值。此外，分别以羧甲基纤维素、羟丙基甲基纤维素和高岭土为挤出助剂，研究了助剂对催化剂抗压强度和催化活性的影响，发现加入 2%羧甲基纤维素得到的样品综合性能最好。

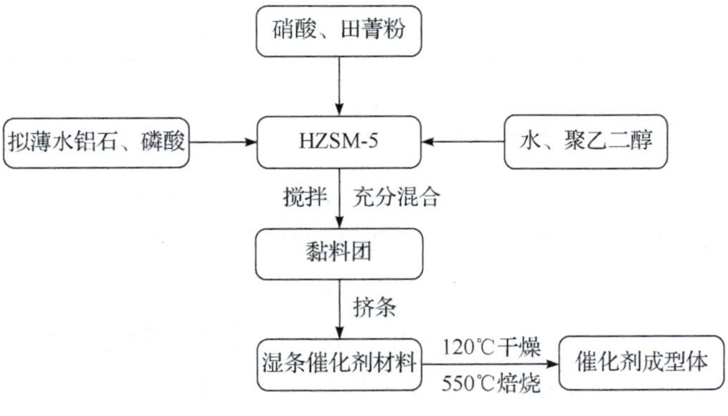

图 5-3-1　挤出成型法制备条形 HZSM-5 分子筛流程图

5.3.2　挤出成型法制备蜂窝状氮化硼催化剂

近几年研究发现 h-BN 在催化丙烷氧化脱氢反应中具有活性高、烯烃选择性好的优点，打破了传统催化领域对于氮化硼惰性的认识，之后发现氮化硼在乙烷、丁烷氧化脱氢反应中同样具有优异的催化性能。但是目前的研究工作多集中于粉末催化剂，工业应用通常需要将多相催化剂经过成型工艺制成适宜形状且强度高的型材。陆安慧等以羟丙基甲基纤维素和硅溶胶为黏结剂，详细研究了挤出成型法制备蜂窝状氮化硼整装催化剂的成型过程[6]，主要工艺流程如下：

(1) 配料和混料：先将一定比例的氮化硼与水混合均匀，再将混合后的黏结剂少量多次加入粉体原料中，混合成散碎的团状湿材。

(2) 练泥和陈化：使用双螺杆挤出机在无孔板和有孔板状态条件下对团状湿材多次捏合后，在室温密封条件下陈化一定时间，提高泥料的可塑性。

(3) 挤压成型：使用装配有蜂窝状模具的油压式垂直挤出机将陈化后的泥料垂直挤出，获得蜂窝状坯体。

(4) 干燥与切割：采用分段式干燥的方式，将坯体在不同温度下逐步进行干燥，并将整条挤出的蜂窝状材料切割成小段。

(5) 焙烧：将干燥后的蜂窝状材料在 800℃焙烧 2 h，最终获得蜂窝状氮化硼。

研究者首先考察了泥料水粉比对成型效果的影响。由表 5-3-1 可知，水粉比为 0.85∶1 时获得的蜂窝状材料形貌完整、变形轻微、几乎无开裂现象。说明在此水粉比下，水分能够较充分地浸润粉体，使黏结剂分散均匀，能保证一定的塑性，在挤出过程和干燥过程中均不易变形。进一步优化了黏结剂种类和用量对蜂窝状坯体成型性能的影响，优化了蜂窝状模具设计和坯体干燥过程，制备得到形貌完整的蜂窝状氮化硼催化剂，表现出良好的低碳烯烃催化氧化脱氢反应性能。

表 5-3-1　水粉比对蜂窝状氮化硼成型结果(9×9 蜂窝状模具)的影响

氮化硼/g	水/g	水粉比	成型结果
60	60	1∶1	泥料较软，挤出后严重变形
60	54	0.90∶1	泥料软硬适中，可挤出完整蜂窝状坯体；但干燥后出现轻微变形，内壁存在少部分开裂
60	51	0.85∶1	泥料软硬适中，可挤出完整蜂窝状坯体；干燥焙烧后整体形貌完整，仅存在极轻微变形
60	48	0.80∶1	泥料较硬，挤出后外壁出现横向波浪纹；且模具易堵塞，清洗困难

5.3.3　喷雾干燥成型法制备催化裂化催化剂

流化催化裂化工艺是原油二次加工的重要手段，其中微球形催化剂是催化裂化技术的核心。微球催化剂的颗粒形貌，尤其是球形度，与其在流化过程中的磨损密切相关。催化裂化催化剂一般采用喷雾干燥成型，雾化形成的液滴在干燥塔内部与热气流发生传热、传质过程，液滴内部水分不断迁移汽化、颗粒持续干燥收缩，最终形成微球催化剂颗粒。赵连鸿等详细研究了喷雾干燥成型工艺和催化剂浆液特性对催化剂球形度的影响[7]。这里以热空气进、出口温差和载气量为例，重点分析催化裂化催化剂球形度的影响机制。

喷雾干燥成型过程中，热空气的进口温度与恒速干燥阶段的干燥速率密切相关，相对较高的进口温度有利于催化剂液滴的干燥过程，而热空气的出口温度影响催化剂颗粒在降速阶段的表面温度和壳层的形成过程，故通过调控进、出口温差有利于调控干燥和成型过程的热量分配，从而在干燥塔内形成合理的温度分布梯度。由图 5-3-2(a)可知，催化剂球形度随热空气进、出口温差的增大呈现先增大后减小的趋势，在 260℃左右时催化剂球形度(SPHT)最高，达到 0.87。研究者发现，当进、出口温差小于 200℃时，干燥速率相对较低，颗粒容易产生粘连；当进、出口温度差大于 320℃时，易产生中空、凹陷等不规则颗粒。

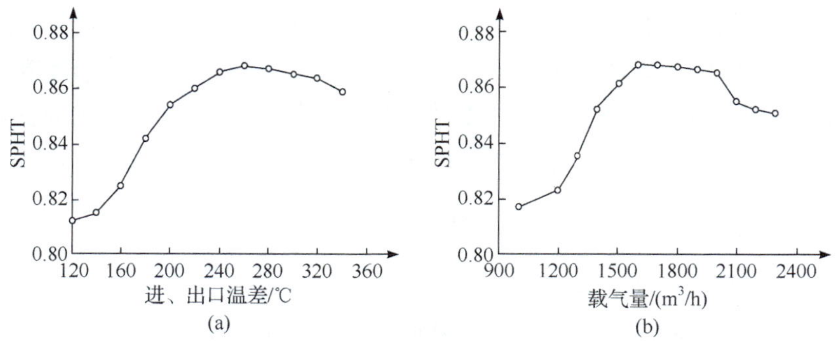

图 5-3-2　喷雾干燥过程中进、出口温差(a)和载气量(b)对催化裂化催化剂球形度的影响

如图 5-3-2(b)所示，催化剂球形度随载气量的增大同样呈现先增大后减小的趋势，当载气量为 1500～2000 m^3/h 时，球形度达到 0.86 以上。当载气量较小时，干燥塔内的热空气运动速率较慢、相对湿度较大，水分迁移汽化阻力较大，易形成颗粒粘连现象，催化剂球形度较低；随着载气量的增加，热空气运动速度加快，水分蒸发量增加而减少粘连，将改善微球球形度；当载气量进一步加大时，水分蒸发速率偏快，逐渐出现中空凹陷等不规则颗粒，球形度呈下降趋势。

除热空气的进、出口温差和载气量外，催化剂浆液固含量、雾化机转速、黏结剂类型及用量等因素均会影响催化剂球形度。综合优化喷雾干燥成型工艺和催化剂制备过程，可制备出球形度大于 0.9、具有实心结构、表面圆整的微球催化剂。

5.3.4　喷雾分散-油柱成型法制备蒽醌加氢催化剂载体

在流化床催化反应工艺中，催化剂性质、流化工艺条件和反应器结构是三个重要的影响因素，其中催化剂性质占据主导地位，载体的选择对其起关键作用。因此，制备粒度大小适宜、孔结构优异和表面性质良好的流化床催化剂载体十分重要。受流化床工艺条件的限制，当载体尺寸过大时，催化剂在反应器中的流化状态无法得到有效保证，直接影响反应过程的传质、传热效果，因此载体的几何尺寸需要控制在 10～150 μm。在上述球形氧化铝成型方法中，转动成型法和油中成型法得到的微球产品直径均大于 2 mm；喷雾干燥成型法虽然可以得到尺寸较小的微球，但其成球率低，产品表面粗糙且抗磨损性能差。如何构建一种新的方法，在提高可流化范围的颗粒成球率的同时使载体材料具有优异的孔结构和表面性质，从而提高后续制备的催化剂性能是一个需要解决的关键问题。

张伟等将喷雾分散法和油柱成型法结合，提出了一种新的氧化铝基微球颗粒制备方法“喷雾分散-油柱成型法”，并以此方法成型得到的低杂质含量的氧化铝微球为载体，采用浸渍法制备了 Pd/Al_2O_3 催化剂，在蒽醌加氢反应中取得了良好的反应效果[8]。Al_2O_3 成球过程主要分为铝溶胶的合成和微球成型两步。铝溶胶的质量直接影响最终产品性能。首先将平均粒度为 50 μm 的铝粉和去离子水混合，在搅拌条件下加热至 95℃。通过蠕动泵将浓度为 12%～18% 的稀盐酸溶液注入反应器反应 1 h，得到粗制铝溶胶。因实验所用铝粉的纯度为工业一级，含有少量的 Fe、Cu 以及 Si 等杂质，研究者选用还原-磁性分离方法去除铝溶胶中的 Fe 和 Cu 等杂质，得到高纯的精制铝溶胶。喷雾分散-油柱成型法制备 Al_2O_3 微球经历凝胶球的成型、老化、洗涤、干燥和焙烧五步。首先将六亚甲基四胺和盐酸(物质的量比为 1.2∶4)置于冰水浴中冷却并混合后通过蠕动泵送入成型喷头，然后以 0.15 MPa 压力喷射到热油中成型，制得微球形凝胶颗粒。微球形凝胶颗粒经老化、洗涤、干燥和焙烧后，得到粒径分布为 45～450 μm 的 Al_2O_3 载体。研究发现粒径为 45～75 μm 的 Al_2O_3 载体具有表面光滑、球形度高、耐磨性好、比表面积大和活性组分分散度高的优点，以其为载体制备的 Pd/Al_2O_3 催化剂在流化床蒽醌加氢反应中表现出最佳的反应活性、稳定性和选择性。

习　题

1. 简述固体工业催化剂的成型目的。
2. 简述固定床、移动床和流化床反应器的区别及对催化剂的要求有何不同。
3. 粉体颗粒成型的作用力有哪些？
4. 黏结剂、润滑剂和孔结构改性剂的作用是什么？试举例说明。
5. 简述固体催化剂的常用成型方法及原理。
6. 球形催化剂的成型方法有哪几类？各有哪些优缺点？
7. 成型技术是决定催化剂开发由实验室小试研究走向中试和工业化的关键步骤。结合本章所学内容，简述实验室研发的粉末状催化剂在工业成型和生产中应考虑哪些因素。

参 考 文 献

[1] 苏玉蕾, 何丰, 李华波. 催化剂成型工艺及技术研究. 工业催化, 2013, 21(4): 11-15.
[2] 朱梓瑞. 固定床反应器颗粒床层内流体流动特性及工程应用研究. 常州: 常州大学, 2021.
[3] 翁颐庆. 熔融物料的冷却造粒. 化工装备技术, 1999, 02: 28-32.
[4] 李晓韬. 分子筛成型技术研究进展. 工业催化, 2016, 24(3): 19-27.
[5] 白宇恩. HZSM-5 催化剂成型工艺研究. 银川：宁夏大学, 2020.
[6] 岳雨蒙, 盛健, 王思佳, 等. 蜂窝状氮化硼成型工艺及其催化丙烷氧化脱氢性能初探. 现代化工, 2022, 42: 76-82.
[7] 赵连鸿, 任梓尧, 刘涛, 等. 喷雾干燥成型法制备催化裂化催化剂的球形度影响因素分析. 石化技术与应用, 2022, 40(6): 393-397.
[8] 张伟. 喷雾分散-油柱成型法微球形氧化铝基载体制备及其应用研究. 北京：北京化工大学, 2017.

第 6 章　固体催化剂的颗粒分析与机械强度测定

认识催化剂首先要从宏观方面着手，尤其对于工业催化剂，其宏观性质显得尤为重要。固体催化剂的宏观性质包括两个方面：宏观结构和宏观性能。宏观结构又包括催化剂的颗粒度、颗粒形状和尺寸、比表面积、孔结构(孔径、孔径分布、孔容和孔隙率)等方面。而宏观性能主要是指机械强度(如耐压、耐磨、耐冲击强度)、比热容、导热系数、扩散系数等物性参数。本章主要介绍固体催化剂的颗粒度、颗粒形状和尺寸分析方法以及机械性能的测定方法。第 7 章着重介绍催化剂的宏观物理性质，如比表面积、孔结构(包括孔径、孔径分布、孔容和孔隙率)等的分析测定方法。

6.1　颗　粒　度

6.1.1　固体催化剂颗粒与颗粒度的基本概念

固体催化剂颗粒的大小、尺寸分布、形状、密度、流动性等都与气、固、液反应过程密切相关。固体催化剂颗粒是指一定尺寸范围内具有特定形状的几何体。颗粒的几何特征主要包括颗粒的大小、形状、表面积、孔径等。颗粒的大小或尺寸称为颗粒度。颗粒度及其分布特征是颗粒最重要的几何特征参数，它很大程度上决定了固体催化剂颗粒加工工艺特性和效率，是选择和评价工业设备以及进行过程控制的基本依据，是固体催化剂众多性质中最重要、最基本的性质之一[1]。

6.1.2　固体催化剂颗粒的形状及分类

1. 固体催化剂颗粒的形状

颗粒形状是固体催化剂颗粒轮廓边界或表面的细微结构的描述。固体催化剂颗粒的形状、形貌、尺寸等均会显著影响固体催化剂使用的流动性、包装性能、颗粒与流体相互作用等，尤其会影响催化性能。例如，可通过调控固体催化剂颗粒的形状调节催化的活性与稳定性。因此，固体催化剂的形状/形貌与催化功能直接相关。

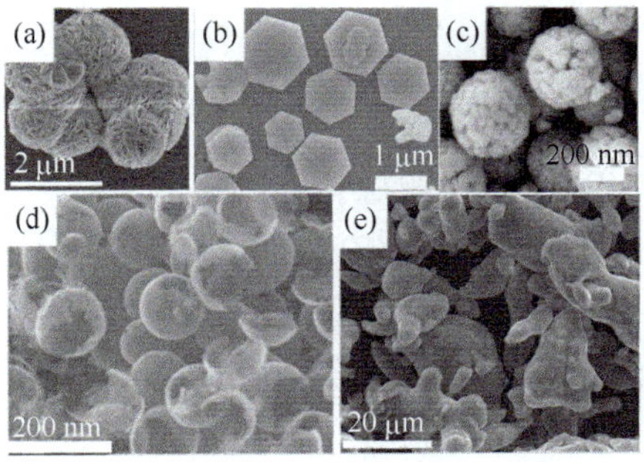

图 6-1-1　一些常见固体催化剂的形貌结构

(a) WO_3 颗粒[2]；(b) ZnO 颗粒[3]；(c) Fe_3O_4 颗粒[4]；(d) 空心 TiO_2 颗粒[5]；(e) ZrB_2 颗粒[6]

固体催化剂颗粒的形状多种多样，可以呈圆球状、圆柱体状、条状或圆环状、不规则状等。一些常见固体催化剂的形貌结构如图 6-1-1 所示[2-6]，如氧化钨(WO_3)颗粒经 2 h 的水热反应及退火后的形状为空心微球状，其平均粒径≤2 μm [图 6-1-1(a)]；氧化锌(ZnO)为直径 1～2 μm 的规则六方纳米片[图 6-1-1(b)]；超顺磁性 Fe_3O_4 为三维空心多孔微球，其平均粒径为 200 nm[图 6-1-1(c)]；

TiO_2为光滑空心微球，其平均粒径为 400 nm[图 6-1-1(d)]；硼化锆(ZrB_2)催化剂颗粒则为平均粒径≤10 μm 的不规则块体[图 6-1-1(e)]。

此外，固体催化剂颗粒的形状还包括针形体的针形、具有清晰或存在粗糙多面体的多角形、在流体介质中自由形成的几何形体的结晶形、树枝状结晶的枝形、规则或不规则线状体的纤维形等(表 6-1-1)。

表 6-1-1　固体催化剂颗粒的形状定义

形状	定义描述
多角形	具有清晰或存在粗糙的多面体
结晶形	在流体介质中自由形成的长程有序的具有几何形体的晶体
枝形	形状似树枝状
纤维形	规则或不规则的线状体
片形	二维片体或板片状形体
粒形	具有大致相同尺寸的不规则形状
不规则形	无任何对称的外形
多孔形	表面或内部有孔隙的多孔海绵状
球形	圆球形体
针形	针形体

2. 固体催化剂颗粒的构成分类

固体催化剂颗粒按照颗粒的构成分为原生颗粒、聚集体颗粒、团聚体颗粒三种。

1) 原生颗粒

原生颗粒是最先以固态存在的大小为 1～100 nm 的初级粒子或基本颗粒(图 6-1-2)，是构成固体催化剂的最小单元，形状为球形、立方形、针形、不规则晶体形等。

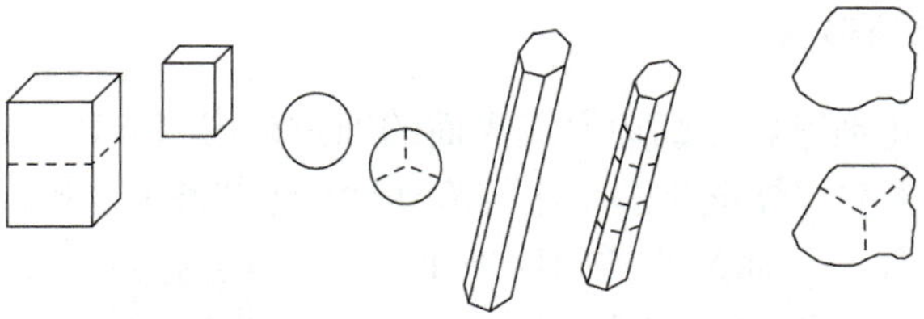

图 6-1-2　固体催化剂的原生颗粒示意图

2) 聚集体颗粒

聚集体颗粒是在加工、制造过程中初级粒子由于化学与表面作用力，如高温高压脱水、晶体堆积生长、高温熔融、晶型转换等结合力作用，堆积组成大小不一的颗粒(图 6-1-3)，即次级粒子，很难分散，其大小为 1～200 μm。聚集体颗粒的总表面积小于初级粒子的表面积总和。

3) 团聚体颗粒

团聚体颗粒是原生颗粒、聚集体颗粒或两者的混合物以较弱的附着力结合在一起的疏松颗粒体，有些以棱角结合，形成团聚体颗粒(图 6-1-4)。团聚体颗粒是在干燥、脱水等制造、加工处理过程中形成的，因此其表面力(如范德华力、静电力等结合力)不强，结构较为疏松，可

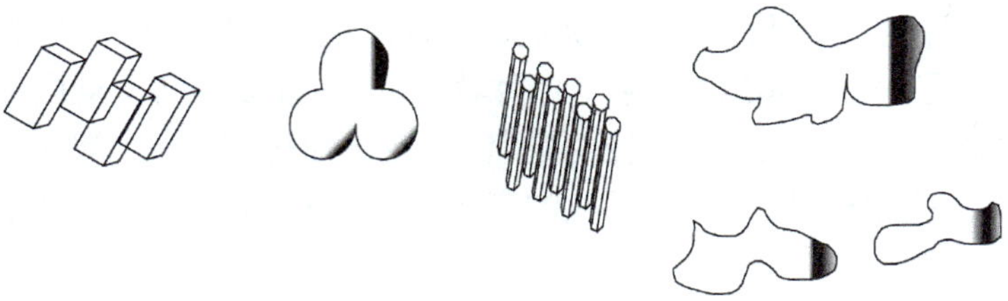

图 6-1-3　固体催化剂的聚集体颗粒示意图

通过机械作用(如超声、研磨分散力、高速搅拌剪切力等)分散。团聚体颗粒的总表面积小于聚集体颗粒与原生颗粒。

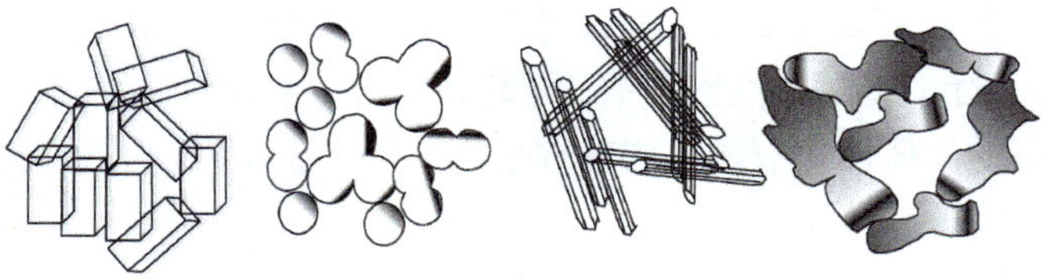

图 6-1-4　固体催化剂的团聚体颗粒示意图

6.2　固体催化剂的颗粒尺寸分布表示

6.2.1　固体催化剂颗粒粒径表示方法

1. 固体催化剂单颗粒的粒径和粒度

表征固体催化剂颗粒尺寸的主要参数是粒度、粒径、粒度分布值。固体催化剂中颗粒的大小称为粒度，即颗粒度，一般单个颗粒的大小又以直径表示，故也称为粒径。粒径是以单个颗粒为对象，表征颗粒几何尺寸的大小。粒度是以颗粒群为对象，表征所有颗粒总体的几何尺寸概念。

2. 固体催化剂颗粒的大小表示

固体催化剂如果是圆球状均匀颗粒，其大小可用这个圆球形的颗粒直径代表实际颗粒的直径(D)和大小；如果是非圆球形，则根据颗粒形状规则特征，可能需要一个以上的尺寸表示其大小。例如，正立方体颗粒可用边长(L)表示颗粒的大小；圆柱体或锥体可用直径(D)和高度(H)表示颗粒的大小；长方体则需要长(L)、宽(B)、高(H)表示颗粒的大小(图 6-2-1)[1]。

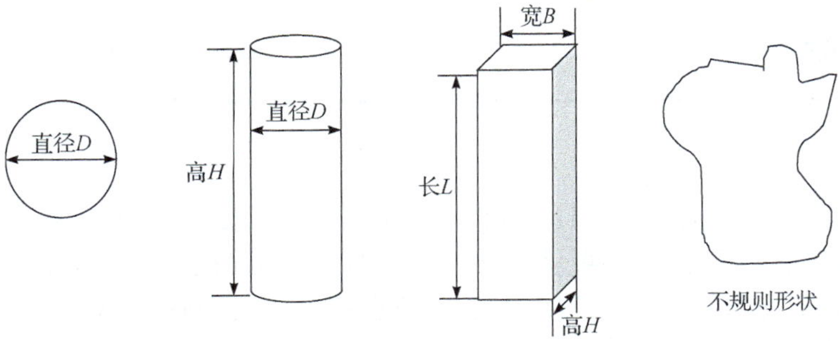

图 6-2-1　固体催化剂颗粒的形状示意图

实际固体催化剂颗粒的形状通常为非完美的圆球形、正方体或圆柱体，难以直接用粒径表示其大小。因此，为了表征非圆球形颗粒，如片状、针状、多菱状等不规则形状的固体催化剂的大小，在粒径测试过程中引入等效粒径的概念。等效粒径是指当一个颗粒的某一物理特性与同质的球形颗粒相同或相近时，用球形颗粒的直径代表实际颗粒的直径。球形颗粒的粒径就是该实际颗粒的等效粒径。

1) 三轴径

将固体催化剂颗粒置于每边与其相切的长方体中，如图 6-2-2(a)所示，长(L)、宽(B)、高(H)称为颗粒的三轴径。三轴径可用于表示不规则形状颗粒的大小。也可以用投影图表示，假设图中颗粒处于同一水平面，其主视和俯视投影图如图 6-2-2(b)所示，颗粒最低势能态时主视投影图的高度用 H 表示，颗粒俯视投影图的最小平行线夹距宽度用 B 表示，且与宽度方向垂直的平行线夹距用长度 L 表示。在两个投影图中，可定义一组描述颗粒大小的几何量：长(L)、宽(B)、高(H)。由三轴径计算的固体催化剂颗粒的各种平均直径(D_M)及其物理意义如表 6-2-1 所示。

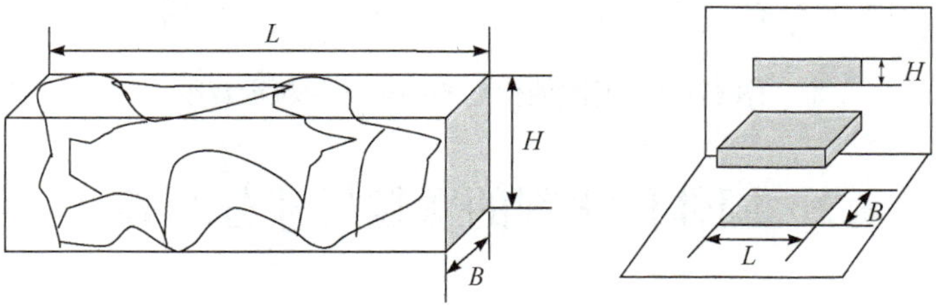

图 6-2-2　颗粒三轴径的表示方法

(a) 不规则颗粒的外接长方体；(b) 颗粒的主视和俯视投影示意图

表 6-2-1　由三轴径计算的固体催化剂颗粒的各种平均直径及其物理意义

序号	名称	计算式	物理意义
1	二轴平均径	$\frac{L+B}{2}$	二维平面图形算术平均值，即显微镜下出现的颗粒基本大小的投影
2	三轴平均径	$\frac{L+B+H}{3}$	三维外接长方体图形算术平均值
3	三轴调和平均径	$\frac{3}{\frac{1}{L}+\frac{1}{B}+\frac{1}{H}}$	与外接长方体比表面积相同的球体的直径或立方体的边长
4	二轴几何平均径	$\sqrt{LB}$	二维平面图形的几何平均值
5	三轴几何平均径	$\sqrt[3]{LBH}$	与外接长方体比表面积相同的立方体的边长
6	三轴等表面积平均径	$\sqrt{\frac{LB+LH+BH}{3}}$	与外接长方体比表面积相同的立方体的边长

2) 投影径

利用显微镜测量催化剂颗粒形貌图像的粒度分析中，可观察到催化剂颗粒的投影，根据其投影的大小定义粒径。投影径主要包括三种：定方向径(Feret 径，弗雷特径，用 D_F 表示)、定方向等分径(Martin 径，马丁径，用 D_M 表示)、定向最大径(Krumbein 径，克伦贝恩径，用 D_K 表示)，以及投影面积当量径(Heywood 径，海伍德径，用 D_H 表示)。

定方向径 D_F：用与颗粒投影相切的两条平行线间的距离表示颗粒直径，是沿一个方向测量与颗粒投影轮廓的两端相切的切线间的垂直距离，如图 6-2-3 所示，在一个固定方向上的投影长度。

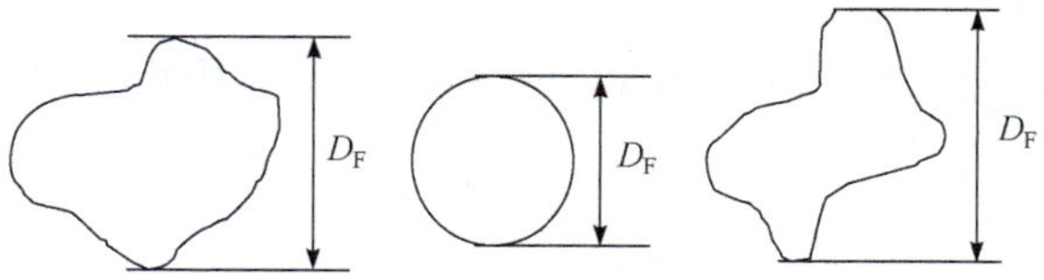

图 6-2-3　定方向径

定方向等分径 D_M：用在一定方向上将颗粒的投影面积分为两等分的直径表示颗粒粒径。比较粒径大小时，与颗粒取向有关，故分割的方向应一致，如图 6-2-4 所示。平分两等分分界线在颗粒投影轮廓上截取的长度称为 Martin 径。

定向最大径 D_K：沿一定方向测定颗粒投影像所得最大宽度的线段长度(图 6-2-5)。

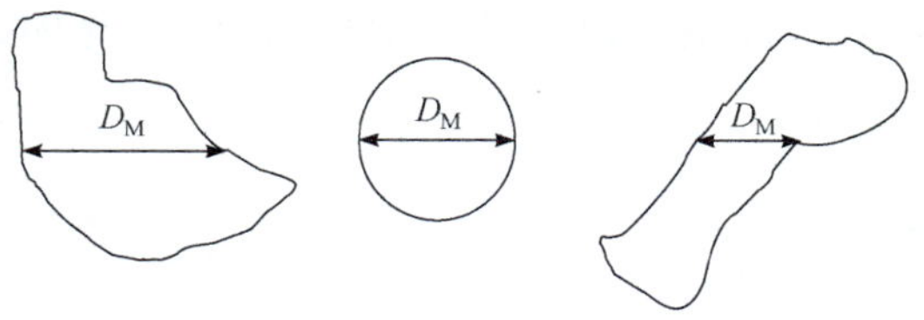

图 6-2-4　定方向等分径

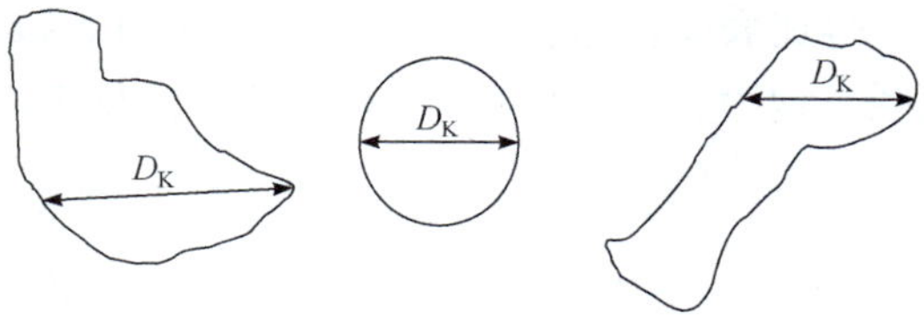

图 6-2-5　定向最大径

投影面积当量径 D_H：用一个与颗粒投影面积相等的圆的直径表示颗粒粒径，也称投影直径(图 6-2-6)。这种方法简单、快速，但准确性较差。

对于不规则的固体催化剂颗粒，随方向而异，定向径可取其所有方向的平均值；对于取向随机的固体催化剂颗粒群，可沿一个方向测定(图 6-2-7)。$D_F \geqslant D_K \geqslant D_H \geqslant D_M$。$D_F$、$D_M$ 和 D_H 的偏差随椭圆长短径比的变化如表 6-2-2 所示，若长短径比小，用 D_M 代替 D_H 偏差不会太大，若为细长颗粒则偏差较大。

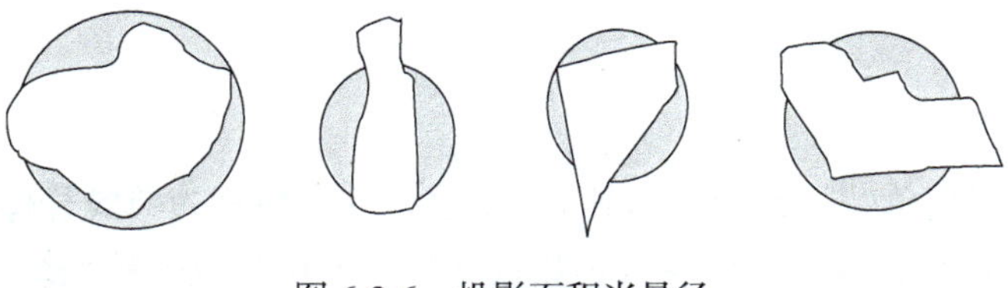

图 6-2-6　投影面积当量径

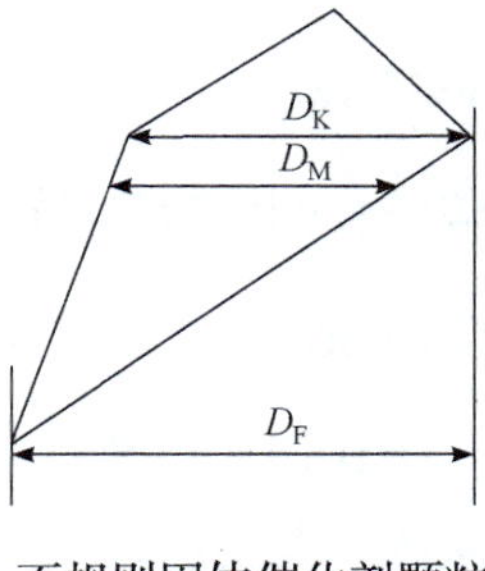

图 6-2-7　不规则固体催化剂颗粒群定向径

表 6-2-2　D_F、D_M 与 D_H 的偏差随椭圆长短径比的变化

长短径比	与 D_H 的偏差/%		长短径比	与 D_H 的偏差/%	
	D_F	D_M		D_F	D_M
1	0	0	3	+22.8	−7.04
1.5	+3.10	−1.01	4	+36.5	−10.8
2	+9.83	−2.83	10	+104.5	−25.0

3) 球当量直径

将一个形状不规则的颗粒用某种等效方法折算成球形，用球体的直径代表不规则形状颗粒的粒径，称为球当量直径或当量径。常用的球当量直径有三种定义方式：等体积当量径、等表面积当量径与等比表面积当量径[7]。

等体积当量径(equivalent volume diameter)：指与颗粒体积相等的球体的直径，记为 D_V，则 D_V 与颗粒体积 V_p 的关系为

$$V_p = \frac{\pi D_V^3}{6} \to D_V = \sqrt[3]{\frac{6V_p}{\pi}} \tag{6-2-1}$$

等表面积当量径(equivalent surface diameter)：指与颗粒表面积相等的球体的直径，记为 D_S，则 D_S 与颗粒表面积 S_p 的关系为

$$S_p = \pi D_S^2 \to D_S = \sqrt{\frac{S_p}{\pi}} \tag{6-2-2}$$

等比表面积当量径(equivalent specific surface diameter)：指与颗粒比表面积相等的球体的直径，记为 D_{SV}，则 D_{SV} 与颗粒比表面积 V_p 的关系为

$$\frac{S_p}{V_p} = \frac{\pi D_{SV}^2}{\frac{1}{6}\pi D_{SV}^3} \to D_{SV} = \frac{6V_p}{S_p} \tag{6-2-3}$$

沉降速度当量径(settling velocity diameter)：即 Stokes 直径，指在同密度、同介质中具有相同颗粒沉降速度的直径，记为 D_{Stk}，则 D_{Stk} 与颗粒比表面积 V_p 的关系为

$$D_{Stk} = \sqrt{\frac{18\mu u_T V_p}{(\rho_p - \rho_f)g}} \tag{6-2-4}$$

由上可知，对于不规则的固体催化剂颗粒，各粒径值之间一般存在如下关系式：

$$D_{SV} = \frac{D_V^3}{D_S^2} \tag{6-2-5}$$

即 $D_S \geqslant D_V \geqslant D_{SV}$。

6.2.2　固体催化剂颗粒度(粒径)分布

1. 固体催化剂颗粒的平均粒径

当固体催化剂颗粒的粒径相等时，可用单一的粒径表示其大小，这样的颗粒称为单粒径体系。但在实际工业生产过程中，实际催化剂颗粒系统极少数是颗粒度相同的单分散颗粒系统，固体催化剂颗粒尺寸往往不是均一大小的，而是存在一定的粒度分布，这样的颗粒称为多颗粒体系。固体催化剂多颗粒体系中，颗粒尺寸的平均值称为颗粒的平均粒径或平均颗粒度，即以长度、体积、表面积、质量等方式表示样品中颗粒总数的理想粒子的直径。平均粒径是催化剂粒度分布的关键指标。

2. 粒度分布

粒度分布(particle size distribution)表示不同粒径的粒子在颗粒群中分布的情况，反映粒子

大小的均匀程度。简单地说，固体催化剂粒度分布用于表征多分散催化剂颗粒体系中粒径大小不等的颗粒占总颗粒的比例。实践证明，多分散固体催化剂颗粒的大小服从统计学规律，具有明显的统计效果。通过测量其中各种粒度的颗粒个数或质量分数，即得到系统的粒度分布。颗粒的粒度分布表示方法有列表法、图示法和函数法等。其中，图示法是目前最直观、最常用的粒度分布方法，图示法又分为频率分布与累计分布。

不同颗粒范围的粒度组成即频率分布，在数值上又分为微分型和积分型两种，前者称为频率分布，后者称为累计分布。频率分布(frequency distribution)表示与各粒径对应的颗粒在全颗粒群中所占的百分数(微分型)。累计分布(cumulative distribution)表示小于或大于某粒径的颗粒在全颗粒群中所占的百分数(积分型)。百分数的基准可用个数基准(count basis)、质量基准(mass basis)、面积基准(surface basis)、体积基准(volume basis)、长度基准(length basis)等表示。表示粒度分布时必须注明测定基准，不同的测定基准，获得的粒度分布曲线也不一样。不同基准的粒度分布理论上可以互相换算。实际应用较多的是质量基准和个数基准分布。

平均粒径通过频率曲线和累计曲线表示。频率曲线表示与各粒径相应的颗粒占全部颗粒的百分数，频率曲线中的平均值是通过包含面积的中心垂线与表示颗粒大小的横坐标的交点值(图 6-2-8)；累计曲线是频率分布的积分形式，累计曲线表示小于或大于某一粒径的颗粒占全部颗粒的百分数(图 6-2-9)。累计曲线 50%处的粒径称为几何平均粒径或数量平均粒径，其物理意义是粒径大于它的颗粒占 50%，小于它的颗粒也占 50%，常标记为 D_{50}，也称中位粒径或中值粒径。一个样品粒度累计分布达到 97%时对应的粒径常标记为 D_{97}，其物理意义是粒径小于它的颗粒占 97%。类似地，还可以有 D_{20}、D_{35} 和 D_{73} 等[8]。

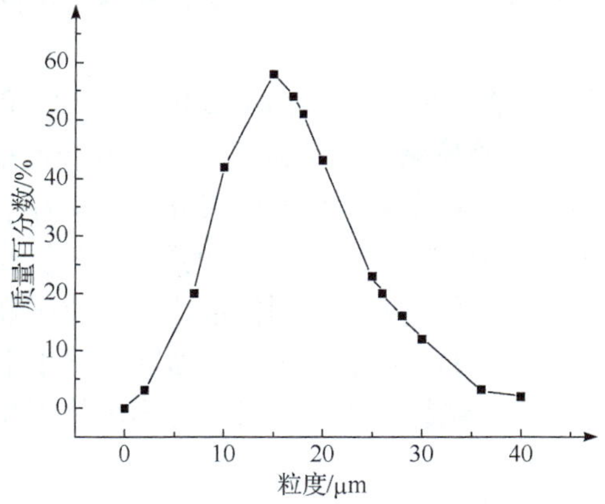

图 6-2-8　粒度频率分布曲线

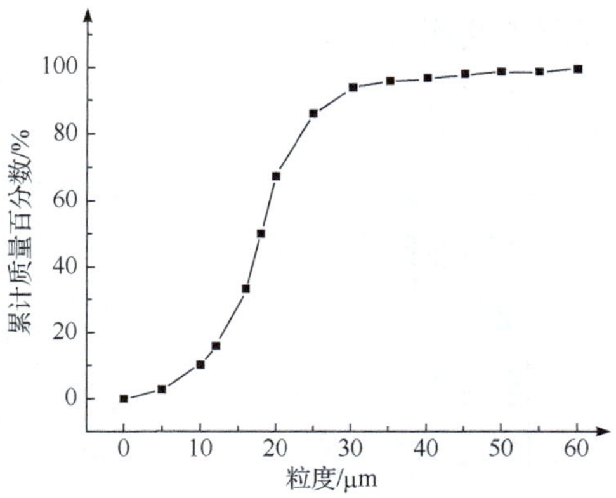

图 6-2-9　粒度累计分布曲线

粒度分布曲线的作用除了可直观地表示固体催化剂颗粒的粒度分布特性外，用有限个粒度分布的测定数据所作的光滑曲线还可读出粒径表格中未能给出的任意一个粒径颗粒的百分数。

6.3　颗粒度分析方法

分析测定固体催化剂颗粒度的方法很多，实验室常用的有筛分法、光学显微镜法、(重力、离心)沉降法、电阻法、激光法、电子显微镜法、比表面积法等。颗粒尺寸常见的分析表征方法如表 6-3-1 所示。选择合适的分析测定方法主要关注三点：①考虑颗粒材料的物理化学性质；②考虑检测范围是否覆盖了所有颗粒尺寸范围；③测量颗粒应与检测条件相适应。

表 6-3-1　固体催化剂颗粒度常见分析方法

序号	名称	检测范围/μm
1	筛分法	10～4000
2	沉降法	0.5～300
3	激光法	0.02～3000
4	电子显微镜法	0.001～10000
5	电阻法	0.3～1600
6	光透法	10～9000
7	纳米粒子跟踪法	0.01～20
8	光学显微镜法	0.1～10000
9	比表面积 BET 法	0.03～3

6.3.1　筛分法

筛分法是颗粒度分析测量方法中最通用、最简单、应用最广的一种粒度分析测试方法。筛分法的原理是利用筛网的孔径不同，实现对不同粒径的固体催化剂颗粒的分离。筛分法使用的设备主要是筛分机，筛分机中筛网的孔径大小可以根据粒径需要进行调整，使颗粒通过不同尺寸的筛孔分析测试粒度。

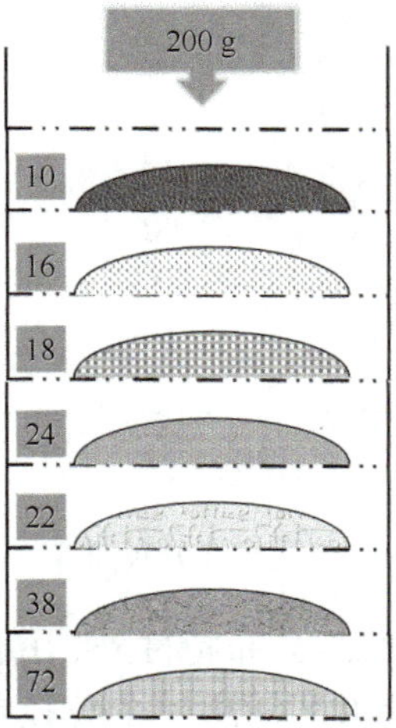

图 6-3-1　筛分法原理示意图

一套标准筛如孔直径(mm)：20、10、5.0、2.0、1.0、0.5、0.25、0.1、0.075，按照被测试样的粒径大小及分布范围，将筛孔大小不同的筛子叠放在一起进行筛分，收集各个筛子的筛余量，称量求得被测试样以质量计的颗粒粒度分布。将烘干且分散的 200 g 有代表性的固体催化剂颗粒试样倒入标准筛内振摇(图 6-3-1)，然后分别称出留在各筛子上的颗粒质量，并计算出各粒组的相对含量，得出固体催化剂的颗粒级配[9]。

一般来说，筛网的孔径越小，筛分出来的颗粒越细。可以用单个筛子控制单一粒径颗粒的粒度，也可使用一套筛孔由大到小的标准筛，让催化剂试样通过一系列不同筛孔的标准筛，将其分离成若干个粒级，然后分别称量，求得以质量百分数表示的粒度分布。目前国际上常用的标准筛有国际标准化组织(ISO)标准筛和美国 Tyler 系列标准筛，我国多采用 ISO 标准筛，最细是 400 目，筛孔尺寸是 38 μm，可测量的粒径范围为 38～5000 μm。

筛分法主要包括手动筛分法、机械振动筛分法、全自动筛分法、空气喷射筛分法等多种方式；也可根据筛分的催化剂颗粒是否干燥分为干筛(不借助溶剂，直接筛分)和湿筛(有水、乙醇等溶剂参与筛分)两种[10]。干筛是将干燥的固体催化剂颗粒放入筛分机中进行筛分，适用于颗粒度较大的固体催化剂；湿筛是将颗粒度较小的固体催化剂经水或乙醇等溶剂润湿后放入筛分机中进行筛分，适用于颗粒度较小的固体催化剂。在进行筛分时，筛分机筛网的孔径大小和筛分时间对筛分效果影响较大。较细的固体催化剂颗粒容易团聚，测试的时候容易堵孔，不适合干筛，为了解决这一问题，可以采用湿筛或空气喷射筛，空气喷射筛分测试范围可以达到 10～4000 μm。

筛分法的优点是操作简单、设备简单、造价低且易于实行，能直接提供粒径质量分布。但缺点是手工操作，分析非规则形状颗粒等误差较大，不理想，且筛分法中的干筛/湿筛适用于粒度≥38 μm 的固体催化剂颗粒，无法分析更细的颗粒或针状颗粒等，尤其是对小于 400 目 (38 μm)的颗粒很难测量。

6.3.2　沉降法

沉降法是根据不同粒径的颗粒在液体介质中的沉降速度不同测量粒度分布的一种方法。其基本过程是将样品放到某种液体介质中制成一定浓度的悬浮液，悬浮液中的颗粒在重力或离心力作用下发生沉降(图 6-3-2)。因此，沉降法又分为重力沉降法和离心沉降法。

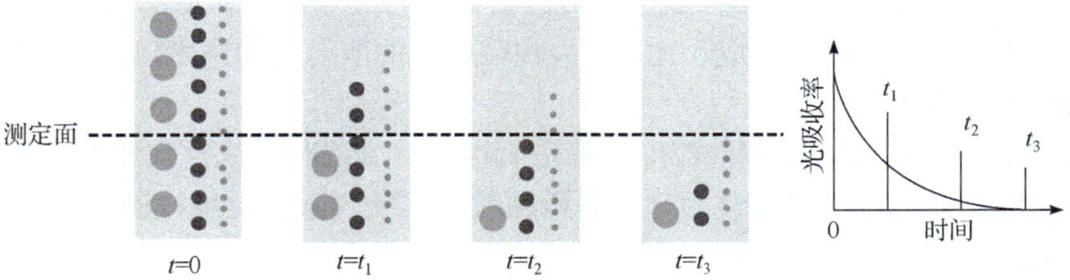

图 6-3-2　沉降法颗粒沉降状态示意图

沉降法是根据 Stokes 定律，通过不同时间粒子的沉降量求得粒子相对粒径的分布，所得粒径也称为 Stokes 径。自然重力状态下粒度与时间的函数(d-t)符合 Stokes 定律，重力沉降的测试范围通常是 0.5～300 μm。

$$d=\left[\frac{18\eta_0 H}{(\rho-\rho_0)gt}\right]^{1/2} \tag{6-3-1}$$

式中，d 为颗粒直径；η_0 为流体黏度；H 为颗粒的沉降速度；ρ 为颗粒真密度；ρ_0 为流体密度；g 为重力加速度；t 为时间。

当颗粒较小时，沉降速率较慢，常用离心的手段加速沉降，以离心加速度代替重力加速度，ω为转动的角速度，经过时间间隔 t，$\omega^2 r$ 为离心加速度，颗粒由转动中心 x_1 运动至 x_2 处，离心力状态下粒度与时间的函数(d-t)见式(6-3-2)，离心沉降法可测量的粒径范围为 0.01～20 μm。

$$d=\left[\frac{18\eta_0 \ln(x_2/x_1)}{(\rho-\rho_0)\omega^2 t}\right]^{1/2} \tag{6-3-2}$$

在实际操作中，由于测试颗粒的最终沉降速率存在较大困难，因此所有沉降仪都是测量与最终沉降速率相关的其他物理参数，如压力、密度、质量、浓度或光透过率等，进而求得颗粒的粒径分布。

沉降法还可分为光透沉降、比重计法(也称密度计法)、移液管法(也称吸光法)等。颗粒沉降满足 Stokes 定律，即颗粒沉降速率与粒径的平方成正比。Stokes 定律是沉降法粒度测试的基本理论依据。大颗粒在液体介质中沉降速率快，而小颗粒沉降速率慢。

沉降法的优点是原理直观，分辨率较高，价格低，仪器可连续运行，运行成本低，操作简便，准确性和重复性较好，测试范围较广。不足之处是测试时间较长，需精确控制温度；不能处理不同密度的混合样品；由于小颗粒 Brown 运动的存在，2 μm 以下的样品难以精确测量，非球形粒子，如片状颗粒易漂动，不符合 Stokes 定律要求的直线下降，也得不到正确的结果；测试结果受环境因素(如温度)和人为因素影响较大；不易测量团聚类磁性固体催化剂。

6.3.3 激光法

颗粒对激光的散射分为 Rayleigh 散射、衍射散射和米氏(Mie)散射。激光法是根据激光照射到颗粒后，颗粒能使激光产生衍射或散射的现象表征固体催化剂粒度分布的方法。当激光束穿过分散的颗粒样品时，不同大小的颗粒在通过激光光束时其衍射光会落在不同的位置，位置信息反映颗粒大小。换句话说，衍射光强度信息能反映出样品中大小相同的颗粒所占的百分数。通过测量散射光的强度完成粒度测量，可分析计算得到该散射光谱图的颗粒粒度分布。衍射或散射光的角度与颗粒的大小成反比，即大颗粒引发的散射光的角度较小，颗粒越小，散射光与轴之间的角度越大。

激光法主要通过激光衍射/散射粒度仪测量悬浮液、乳液和粉末样品颗粒分布。纳米型和微米型激光粒度仪还可以通过安装的软件分析颗粒的形状。激光粒度检测法是光散射/衍射法中发展最成熟、应用最普遍的一种方法。

1. 静态与动态光散射法

激光法根据光散射原理，分为静态光散射法与动态光散射法，有各自的特点和应用范围。静态光散射法(时间平均散射)又称激光衍射法，是指采用 Mie 散射理论测量散射光的空间分布规律。测试仪器常称为激光粒度仪，可以在很宽粒度范围内得到精确的结果(0.02～3000 μm)，测试的有效下限只能达到 20 nm，对于更小的颗粒则无能为力。对于远小于光波波长的亚微米级(＜250 nm)颗粒，由 Rayleigh 散射理论可知，散射光相对强度的角分布与粒子大小无关，不能通过散射光强度的空间分布(Mie 散射理论)确定颗粒粒度。而动态光散射正好弥补了这一不足。

动态光散射法是研究散射光在某固定空间位置的强度随时间变化的规律。通过检测散射光的光强随时间的变化，并进行相关运算，可以得出颗粒粒度大小。动态光散射法是研究固体催化剂纳米颗粒粒度分布(1～500 nm)的有力手段。动态光散射法由于采用光子相关光谱理论，适用于测量任何亚微米级颗粒的统计平均粒径。

2. 干法与湿法

激光法根据颗粒样品的分散方法，又分为干法和湿法。干法是指以空气为分散介质，通过施加一定的分散压力，将颗粒团聚打开，并输送进样品池。其特点是无分散介质溶液，可通过控制分散压力，控制分散程度。但测试结果有时会受到样品湿度和团聚情况的影响。湿法是指将样品置于介质(常用介质有乙醇、水、异丙醇等)中，借助机械力将团聚的颗粒进行分散，保证颗粒均匀且有代表性地输送进样品池。湿法的特点是一次取样可测多次，对于极小的样品，湿法分散具有更大的优势。另外，湿法分散方式更为灵活，对于团聚性较强的样品，可以借助化学添加剂帮助分散。

选择干法还是湿法，主要考虑是否具有适当的介质分散颗粒样品，即样品在分散介质中的溶解性、反应性、悬浮性及是否需要分散剂，以及分散剂的黏度、纯度、折光度和透明度等。如果固体催化剂颗粒是很容易分散或具有特殊性质的颗粒样品，如易团聚的磁性材料等，则可选择干法。若颗粒易爆、易碎，密度很大、很容易团聚等，可考虑湿法。

激光法的优点是测量速度快、操作简单、样品用量少、测量范围广(最好的激光粒度仪的测量范围是 0.02～3000 μm)、重复性好、准确度和精度高、自动化程度高，不仅可以测量固体颗粒粒径，也可以测量混合粉、乳浊液、喷雾剂和混悬剂等非固态分散颗粒粒径。激光法存在不易测量粒度分布很窄的样品且仪器造价较高，分辨率相对较低的缺点。

6.3.4　电子显微镜法

电子显微镜法通常是通过获得颗粒的图像实现颗粒度的分析。测试时将固体催化剂颗粒试样涂在玻璃或硅片等载体上，采用成像法直接观察并测量颗粒的平面投影图像，从而测得颗粒的粒径。其能够逐个测定颗粒的投影面积，确定颗粒的粒度。有三种比较典型的电子显微镜，即扫描电子显微镜、透射电子显微镜和原子力显微镜(AFM)。

用 SEM 可观察到粉末颗粒的三维形态及堆积形态，图像及照片的立体感强，但分辨率比 TEM 低，对于细小的颗粒不易得到清晰的形貌图像，SEM 的测定下限是 0.02 μm [图 6-3-3(a)、(b)]。TEM 是一种分辨率高、放大倍数高的显微镜，其测定下限粒度可达 0.001 μm 或更小，是测量和了解颗粒的表面形貌、颗粒大小和结构组分的有效工具，测定比较准确、精度高，但制样要求高[图 6-3-3(c)、(d)]。AFM 是通过检测探针与样品间的作用力表征样品表面的三维形貌。AFM 在水平方向具有 0.1～0.2 nm 的高分辨率，在垂直方向的分辨率约为 0.01 nm。尽管 AFM 和 SEM 的横向分辨率相似，但 AFM 和 SEM 两种技术最基本的区别在于处理试样深度变化时有不同的表征。使用 AFM 对表面整体图像进行分析可得到样品表面的粗糙度、颗粒度、平均梯度、孔结构和孔径分布等参数，也可对样品的形貌进行丰富的三维模拟显示，使图像更适合人的直观视觉。图 6-3-4 为接触式下观察到的二维纳米片的原子力显微镜图像、测量厚度，以及表面三维形貌。

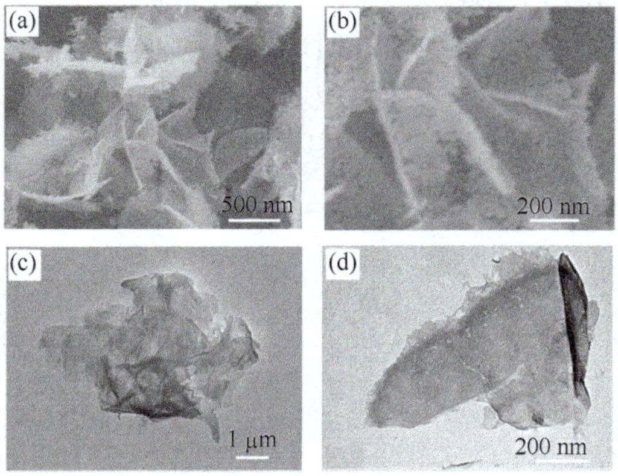

图 6-3-3　(a)、(b) Zn-Co-LDH 纳米片的低倍和高倍 SEM 图；(c)、(d) Zn-Co-LDH 纳米片的 TEM 图[11]

电子显微镜法属于成像法，是一种最基本、最实际的测量方法，可直接观察粒子形状和团聚颗粒，常被用来作为其他测量方法的校验和标定。但电子显微镜价格昂贵，试样制备烦琐，测量时间长。若仅测试颗粒的粒径，一般不采用此方法，但若既需要了解颗粒的大小还需要了解颗粒的形状、结构状况以及表面形貌时，该方法则是最佳的测试方法。但该方法测试样品量少，当颗粒样品不均匀时，测试结果容易以偏概全，测试过程容易受人为因素影响且测试速度较慢。

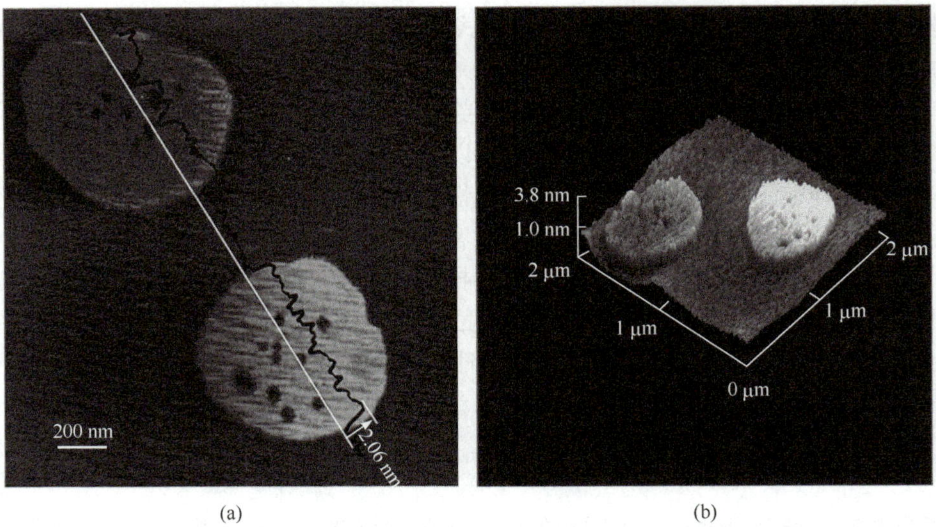

图 6-3-4　合成 Zn-Co-LDH 纳米片的高度轮廓(a)和三维(3D)峰力模型(b)AFM 图[11]

6.3.5　电阻法

电阻法又称库尔特计数法。在电阻法测量颗粒粒度实验中，悬浮在电解液中的颗粒在负压作用下通过一个由红宝石制成的小孔，两个铂电极组成的电阻式传感器分别插浸在小孔的两侧，颗粒通过小孔时电极间电阻增大，产生电压脉冲。脉冲的幅值对应颗粒的体积和相应的粒径，脉冲的个数对应颗粒的个数(图 6-3-5)。对各个测量到的脉冲计数并确定其幅值，即可得出颗粒的大小，统计出颗粒的分布。

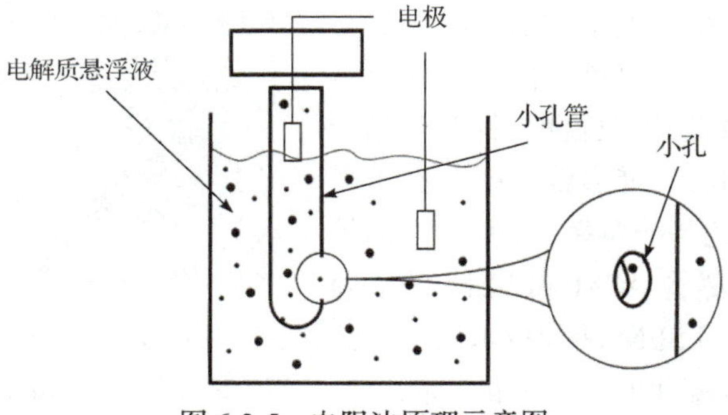

图 6-3-5　电阻法原理示意图

电阻法适合对粒度分布比较窄的颗粒进行测量。实验中用的小孔直径通常为 15～2000 μm，所测颗粒粒度的范围为 0.3～1600 μm，分析精度可达到 0.001 μm。如果要测量的样品粒度分布范围比任何单个小孔能测量的范围更宽，则可以使用两个或两个以上不同小孔直径的小孔管，将样品根据小孔的直径用湿法筛分或其他分离方法分级，以免大颗粒堵住小孔，然后将用不同小孔管分别测试得到的分布重叠起来，得到完整的颗粒分布。例如，一个粒径分布为 0.6～240 μm 的样品，可以用 30 μm、140 μm、400 μm 三根小孔管进行测量。

电阻法的优点在于颗粒的体积与计数是单独测量每个颗粒得出的，因此有极高的分辨率，可以测量极稀或颗粒个数极少的样品。由于颗粒体积是直接测量而不是如激光衍射等技术通过某个模型计算出来的，不受模型与实际颗粒差别的影响，测试结果一般也不会因颗粒形状产生偏差。该方法最大的局限是只能测量可以悬浮在水相或非水相电解质溶液中的颗粒。

经典电阻法结合微电子技术，可以将测量中的每个脉冲过程都标上时间标记后详细记录下来，有利于后期回放或进行详细的脉冲图形分析。如果在测量过程中颗粒有变化(如凝聚或溶解过程等)，则可以根据不同时间的脉冲对颗粒粒度进行动态跟踪。对于球状或长短比很接近的非球状颗粒，脉冲类似于正弦波，波峰的两侧是对称的；对于很长的棒状颗粒，如果是径直地通过小孔，则有可能此颗粒大部分进入感应区后，还有部分在感应区外，这样产生的脉冲就是平台型的，根据平台的宽度可以估计出棒的长度。对所有颗粒的脉冲图形进行分析，可以分辨出样品中不同形状的颗粒。

电阻法的优点是测量精度高、操作简便、测量速度快、重复性好，不足之处是动态范围较小，且测量多孔性样品误差大。

其他固体催化剂颗粒粒度测定方法有超声波法、纳米粒子跟踪法、X 射线衍射法、比表面积法等。一般来说，颗粒粒度既取决于直接测量(或间接测量)的数值尺寸，也取决于测量方法。由于各种颗粒粒度测量方法的物理基础不同，同一样品用不同的测量方法得到的粒径的物理意义甚至粒径大小也不同，如筛分法得到的是筛分径，电子显微镜法、激光法得到的是统计径，沉降法、电感应法和质谱法得到的是等效径。此外，不同的颗粒粒度测量方法的适用范围也不同。因此，根据被测对象、测量准确度和测量精度等选择合适的测量方法是十分重要和必要的。

6.4　压 碎 强 度

工业用固体催化剂除了具备良好的催化活性、选择性和稳定性之外，还应有足够的机械强度。固体催化剂的机械强度是指催化剂在反应过程中能抵抗机械应力的能力，是催化剂的一个重要性能指标，其直接影响催化剂的使用寿命和反应效率，对于工业催化剂的正常运转具有重要意义。在实际反应过程中，固体催化剂从制造完成到投入工艺运转过程中，会受到各种机械应力，如摩擦、磨损、碰撞、冲击、振动、压力、剪切力、重力等的作用。如果催化剂的机械强度不足，会导致催化剂的破碎、磨损、失效等问题，从而影响反应的效率和催化剂的使用寿命。

固体催化剂的机械强度包括压碎强度和磨损强度。一般情况下，对于固定床用催化剂，即静态负荷时的机械强度常用压碎强度衡量；对于流化床用催化剂，即动态时的机械强度则常用磨损强度衡量。影响催化剂机械强度的因素主要有催化剂的物理、化学性质。此外，催化剂的制备条件、制备方法和制备工艺流程等也会影响其孔隙结构等，从而影响催化剂的机械强度[12, 13]。

压碎强度是对被测固体催化剂颗粒均匀施加压力到催化剂颗粒被压碎为止所承受的最大负荷或压力，也称抗压碎强度。测定固体催化剂的抗压碎强度，一般测定单颗粒压碎强度，也可测定堆积压碎强度。常用的测试方法有正、侧实验法和刀刃实验法。

6.4.1　单颗粒压碎强度

单颗粒压碎强度通常使用颗粒强度测定仪或万能油压机等仪器，采用施加压力的方法，将固体催化剂颗粒放在平板上，从一端手动或自动施加压力使固体催化剂颗粒破碎，颗粒破碎时的压力即为压碎强度。固体催化剂颗粒为条形、柱状或球形等。颗粒形状为柱状或条形且立放或侧放时的压力为面或线接触，以颗粒正压轴向或侧压径向方向的一个长度单位上所受的力表示，称为径向抗压碎力，单位为 N/cm；当固体催化剂颗粒为球形时为点接触，以颗粒直径方向上点所受的力表示，单位为 N/颗。大粒径固体催化剂颗粒的压碎强度适合测定单颗粒压碎强度，实验要求测试足够数量且大小均匀的颗粒，以测试结果的平均值为最终结果。而对于小粒径固体催化剂颗粒，则通常测定其堆积颗粒压碎强度。

6.4.2　堆积颗粒压碎强度

固定床用固体催化剂，即静态负荷时的单颗粒压碎强度并不能直接、真实地反映所有固体催化剂颗粒在床层中整体破碎的情况，因而需要通过堆积颗粒压碎强度测试方法表征固体催化剂颗粒的整体强度性能。对于除条形、柱状或球形固体催化剂外的其他不规则形状催化剂，也只能使用这种方法测定其压碎强度，即根据相应的标准(SHELL method SMS-1471 等)，称量 20 cm^3 处理过的直径≤6 mm 的催化剂颗粒样品，将其放入截面积为 600 mm^2 的圆柱体不锈钢样品测试室，并在催化剂上覆盖 5 cm^3 直径为 3～6 mm 的钢球；通过活塞施加外力到催化剂上，在不同压力下得到被压碎的直径＜420 μm 的碎粒过筛称量，测出催化剂的压碎率。

催化剂颗粒的堆积压碎强度 P 为直径＜420 μm 粉末碎粒称量后占催化剂的质量分数为 0.5%时的压强(MPa)，多采用堆积压碎强度仪测定：

$$P = \frac{F}{A} \tag{6-4-1}$$

式中，F 为粉末碎粒称量后占催化剂的质量分数为 0.5%时施加在催化剂上的压力，单位为 N；A 为圆柱体不锈钢样品测试室的截面积，单位为 mm^2。

6.5　磨损强度

一般来说，催化剂损耗平均速率为 1.0 kg/t，自然损耗占一半，其中磨损损耗占 20%～30%，如果催化剂的细粉含量和磨损强度控制不好，会造成催化剂的损耗上升。流动床催化剂在流化催化裂化装置的使用过程中，由于催化剂之间、催化剂与器壁、构件之间存在碰撞和机械磨损，要求催化剂具有好的耐磨性能。催化剂磨损强度是指催化剂在搬运、装填或流化床操作时耐受催化剂颗粒间摩擦的强度，也称抗磨碎强度，常用一定时间内固体催化剂磨损前后样品质量的比值表示，大多采用转筒式磨耗仪测定：

$$\text{磨损强度} = \frac{W_t}{W_0} \times 100\% \tag{6-5-1}$$

式中，W_t 为在时间 t 内未被磨损脱落的样品质量；W_0 为初始样品质量。固体催化剂的磨损强度越大，催化剂的抗磨损能力越强。

固体催化剂颗粒的磨损率表示为一定时间内被磨损掉的样品质量与初始样品质量的比值：

$$\text{磨损率} = \frac{W_0 - W_t}{W_0} \times 100\% \tag{6-5-2}$$

习　题

1. 称取 200 g 氧化铝催化剂，其中 30～150 目的 80 g，150～220 目的 120 g，放在磨损仪上振动 20 min 后，取出过筛，称量 150～220 目的质量，则该氧化铝催化剂颗粒的磨损强度为多少？

2. 固体催化剂颗粒度的不同粒径测定方法，如电子显微镜法、筛分法与激光法等的粒径测量范围不同，以上测定方法的粒径测量范围是多少？分别适用的固体颗粒样品(如粉末、乳液、悬浮液等)的制样要求、性状与特点是什么？

参 考 文 献

[1] 刘希尧. 工业催化剂分析测试表征. 北京: 烃加工出版社, 1990.

[2] Zhai C B, Zhu M M, Jiang L N, et al. Fast triethylamine gas sensing response properties of nanosheets assembled WO_3 hollow microspheres. Appl Surf Sci, 2019, 463: 1078-1084.

[3] Wang M S, Hahn S H, Kim J S, et al. Solvent-controlled crystallization of zinc oxide nano(micro) disks. J Cryst Growth, 2008, 310(6): 1213-1219.

[4] Wang X S, Huang H, Li G Q, et al. Hydrothermal synthesis of 3D hollow porous Fe_3O_4 microspheres towards catalytic removal of organic pollutants. Nanoscale Res Lett, 2014, 9: 648.

[5] Jiang C G, Ge Y, Chen W J, et al. Hierarchically-structured TiO_2/MnO_2 hollow spheres exhibiting the complete mineralization of phenol. Catalysts, 2019, 9(4): 390.

[6] Qiao C, Zhang Y, Zhu Y Q, et al. One-step synthesis of zinc-cobalt layered double hydroxide(Zn-Co-LDH) nanosheets for highefficiency oxygen evolution reaction. J Mater Chem A, 2015, 3: 6878-6883.

[7] 王尚弟, 孙俊全, 王正宝. 催化剂工程导论. 3 版. 北京: 化学工业出版社, 2015.

[8] 曾凡, 胡永平. 矿物加工颗粒学. 徐州: 中国矿业大学出版社, 1995.

[9] 许越. 催化剂设计与制备工艺. 北京: 化学工业出版社, 2003.

[10] 华丽, 黄德奇. 催化剂制备与应用. 北京: 化学工业出版社, 2020.

[11] Lu X Y, Xue H R, Gong H, et al. 2D layered double hydroxide nanosheets and their derivatives toward efficient oxygen evolution reaction. Nano Micro Lett, 2020, 12: 86.

[12] 赵骧. 催化剂. 北京: 中国物资出版社, 2001.

[13] 黄仲涛, 耿建铭. 工业催化. 4 版. 北京: 化学工业出版社, 2020.

第 7 章　固体催化剂的宏观物性测定

本章主要介绍固体催化剂吸附理论与催化剂宏观物理性质，如比表面积、孔结构(包括孔径、孔径分布、孔容和孔隙率)等及其测定方法，并简要阐述催化剂的孔结构与催化作用的关系。

7.1　固体催化剂吸附理论

催化剂表面的吸附特性取决于其表面和吸附质的特性及其相互作用，首先是催化剂的表面特性。

固体催化剂具有刚性和抵抗应力性，其表面原子活动范围不像气体、液体那么大，这决定了其表面几乎不可能处于平衡和等势能状态。此外，新生成的、洁净的固体催化剂表面通常具有非常高的表面自由能。因此，固体催化剂表面趋于吸附气体，改变其表面原子的受力不平衡，降低表面自由能，从而达到稳态。另外，固体催化剂表面势能的不均匀性决定了吸附不是一个均匀的过程。

7.1.1　吸附的概念

当气体或液体与固体催化剂接触时，气体或液体分子会积聚在固体催化剂表面。从原子水平上看，固体催化剂表面是不均匀的，且固体表面的原子也不同于其内部原子，受力是不对称、不平衡的，具有剩余的表面自由能。当气体或液体分子接触催化剂表面时，由于受到这些不平衡力的吸引而被吸附在催化剂表面的现象称为吸附。实施吸附的固体催化剂称为吸附剂，被吸附的气体或液体称为吸附质。在吸附过程中，吸附质与吸附剂表面发生相互作用，形成吸附层(如单分子层、多分子层)。吸附的结果是吸附质在催化剂表面或孔内积聚，使固体催化剂的表面自由能下降[1]。

7.1.2　物理吸附和化学吸附

根据吸附质与吸附表面之间相互作用的性质，可以将吸附分为物理吸附和化学吸附两种类型[2]。

物理吸附也称范德华力吸附或吸附作用，是指吸附质与吸附表面之间的非化学相互作用(指分子间的吸引力与排斥力)。这些相互作用包括范德华力、静电作用力、氢键等。这些相互作用比较弱，不如化学键强，导致催化剂物理吸附作用都比较弱，选择性差，且吸附过程可逆，一般稍微加热就会发生脱附。物理吸附通常在低温下发生，当催化剂表面分子与气体或液体分子间的引力大于气体或液体内部分子间的引力时，气体或液体分子就被吸附在催化剂表面。当温度升高时，气体或液体分子运动加剧，导致分子的动能增加，分子就不易停留在催化剂表面，可以相对容易地从催化剂表面解吸，即脱附。这种吸附-脱附的可逆现象在物理吸附中均存在。物理吸附的特征是催化剂表面和吸附质分子不发生任何化学反应，吸附过程进行得很快，各相间的平衡瞬时即可达到。

固体催化剂的比表面积和孔结构是表征催化剂催化性能的重要参数，两者均可通过物理吸附测定。

化学吸附也称化学反应吸附，是指吸附质与固体催化剂表面某种(或某些)活性位发生化学反应形成化学键的过程。由于吸附质分子与固体催化剂表面分子间存在某种化学作用(如电子交换、转移或共享)，即有化学键的变化，因此选择性较强。化学吸附一般速率较慢，只能形成单分子层且不可逆。而且脱附后，脱附的物质常因发生了化学变化而不再具有原有性质，故其过程是不可逆的，且解吸过程较困难。

化学吸附可以用来研究固体催化剂的活性表面积、催化剂的表面酸碱性、反应途径、反应机理等。

由于吸附力本质不同，固体催化剂的物理吸附和化学吸附在吸附热、吸附速率、吸附选择性、吸附层数、发生吸附的温度和解吸状态等方面有明显差异(表 7-1-1)。物理吸附对吸附质没有选择性，吸附热比较低，其数值接近液化热(约 40 kJ/mol)，吸附温度较低(低于临界温度)，吸附速率快，瞬时即可完成。由于被吸附的分子又可通过范德华力再吸附分子，易出现多层吸附现象，且吸附过程是可逆的，可完全脱附。化学吸附对吸附质的吸附具有选择性，由于它们之间的作用力是化学键，化学吸附热比较高(比物理吸附高一两个数量级)，吸附热数值接近反应热(80～400 kJ/mol)，发生化学吸附后很稳定，一般低温下不易脱附。吸附温度相对较高(远高于沸点)，吸附速率快，在固体催化剂表面主要形成单分子层吸附，吸附不可逆，脱附过程常伴有化学变化[1]。

表 7-1-1　物理吸附与化学吸附的比较

理化性质	物理吸附	化学吸附
作用力	范德华力	化学键
选择性	无选择性	有选择性
吸附热	较小，接近液化热	较大，与化学反应热接近
吸附温度	低于吸附质临界温度	无限制
吸附速率	快，不受温度影响，一般不需要活化能	慢，随温度升高速率加快，活化能大
吸附层	单分子层或多分子层	单分子层
吸附稳定性	不稳定，常可完全脱附	比较稳定，脱附时常伴有化学反应

7.1.3　吸附等温线及其分类

固体催化剂吸附等温线是研究吸附质气体在催化剂表面吸附行为的重要工具，对于理解催化剂吸附性能和催化反应机理具有重要意义。由于催化剂表面性质、孔分布及吸附质(气体、液体)与催化剂相互作用的不同，根据吸附动力学和吸附热力学原理，Brunauer、L. S. Deming、W. E. Deming 和 Teller 在总结大量实验结果的基础上，将固体催化剂吸附等温线分为六种类型，如图 7-1-1 所示[3]。

I 型等温线在相对压力较小时，吸附量随气相平衡压力的增加而迅速增大。当相对压力进一步增加到临界吸附压力时，吸附量缓慢增加，但随着相对压力的进一步增加，吸附量趋于饱和。这种等温线有时也称 Langmuir 等温线。I 型吸附等温线通常在较强的微孔吸附剂表面上

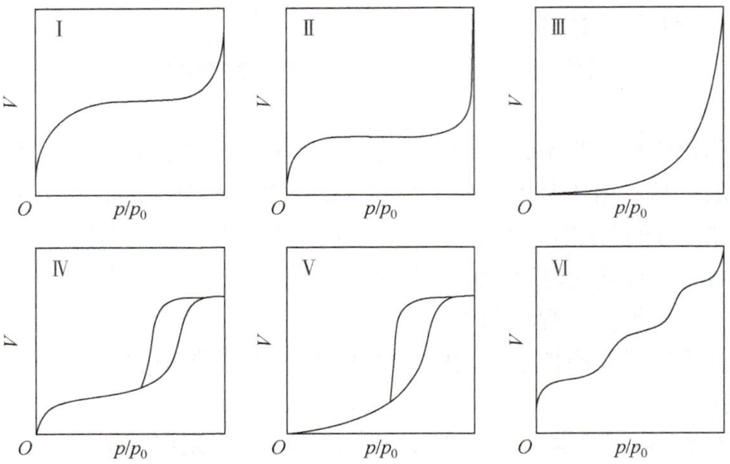

图 7-1-1　气体吸附的六种吸附等温线

观察到，如含微孔的活性炭、分子筛、硅胶等。其饱和吸附值等于微孔的填充体积。而在非孔性或大孔吸附剂上，该饱和吸附值相当于在吸附剂表面形成单分子层吸附，但这种现象很少见。可逆的化学吸附也应该是这种吸附等温线。

Ⅱ型吸附等温线也称多层吸附等温线，是 BET 公式最常说明的对象。在低相对压力范围内吸附量迅速增加，等温线拐点通常出现在单层吸附附近；当相对压力低于某个临界值时，吸附量随相对压力的增加呈线性增大；当相对压力高于临界值时，吸附量增加缓慢，最终趋于饱和。催化剂的孔径分布越宽，Ⅱ型吸附等温线越明显。Ⅱ型吸附等温线常见于某些非孔性或大孔固体催化材料中。

Ⅲ型吸附等温线较少见。吸附质分子间的相互作用比吸附质与固体催化剂(吸附剂)之间的强。低压下，气体分子与催化剂表面之间的相互作用主要是范德华力，这种力随分子间距的减小而增加，从而促使气体分子吸附到催化剂表面少数的活性位上。随着压力的增加，气体分子之间的相互作用增强，气体分子优先与催化剂表面先吸附的气体分子形成团簇，导致催化剂表面在还未完成单分子层吸附时就优先形成多分子层。最终，固体催化剂表面的吸附位逐渐吸附饱和，导致吸附量增加的速率减缓，最终达到吸附饱和。水分子吸附到疏水活性炭上时，就表现为Ⅲ型吸附等温线。

Ⅳ型吸附等温线即常见的介孔固体催化剂吸附等温线。在相对压力(p/p_0)低区，吸附量随吸附压力的增加而迅速增大，与Ⅱ型吸附等温线相同，吸附机理也基本一致。相对压力(p/p_0)中等区，由于介孔(中孔)中发生毛细管凝聚，中间段可能出现吸附滞后环，其形状随吸附体系的不同而不同。介孔毛细管凝聚填满后，如果固体催化剂表面还有大孔径的孔，可能继续吸附形成多分子层，吸附等温线继续上升。但在大多数情况下，毛细管凝聚填满后出现一吸附终止平台，并不发生多分子层吸附。

脱附等温线和吸附等温线不重合，脱附等温线在吸附等温线上方，即产生吸附滞后(adsorption hysteresis)现象。其中，滞后回线(滞后环)的起点表示在最细的中孔中开始发生毛细管凝聚，随着压力的增加，越来越大的(介)孔被填充；滞后环回线的终点表示最大的(介)孔被凝聚液充满，此时的吸附量用液体体积表示。

Ⅴ型吸附等温线在相对压力(p/p_0)较低时与Ⅲ型吸附等温线类似，固体催化剂与吸附物质之间的相互作用较弱，吸附量随压力的增加而迅速增大；由于发生了毛细管凝聚，在中等相对压力(p/p_0)时，吸附等温线上升较快，并伴有滞后环。在高相对压力(p/p_0)下，固体催化剂与吸附质之间的相互作用趋于饱和，吸附量随压力的增加而逐渐减少并达到饱和。例如，298 K 下环乙烷在中孔硅胶上的吸附等温线属于Ⅴ型。

Ⅵ型吸附等温线是阶梯形等温线，是一种特殊类型的吸附等温线，反映的是无孔均匀固体催化剂表面多层吸附的结果(如氯在某些洁净金属表面的吸附)。实际上固体表面，尤其是催化剂表面，大多是不均匀的，因此很难遇到此情况。

由吸附等温线的类型反过来也可以定性地了解有关固体催化剂表面性质、孔分布及吸附质与固体催化剂表面相互作用的基本信息。吸附等温线的低相对压力段的形状反映吸附质与固体催化剂表面相互作用的强弱；中、高相对压力段反映固体催化剂表面有孔或无孔，以及孔径分布和孔体积大小等，可用于解释不同催化剂的催化活性和选择性差异，为固体催化剂的设计和优化提供指导。

7.1.4　经典吸附理论

吸附现象的描述除用上述吸附等温线外，还有很多物理吸附的理论，包括 Langmuir 单分子层吸附理论、BET 多分子层吸附理论以及 Polanyi 吸附势理论等。它们都有各自的适用范围，这一点在引用时应特别注意。

1) Langmuir 单分子层吸附理论

固体催化剂表面十分不均匀，其表面力场也是不均匀的。因此，从理论上分析吸附作用以及对固体催化剂表面上的化学吸附进行定量处理时十分不便。Langmuir 研究了低压下气体在金属表面的吸附，基于吸附-脱附的分子动力学模型推导出一个单分子吸附的吸附等温式。这一吸附等温式也能用热力学和统计力学的方法推导。

Langmuir 单分子层吸附理论基本假设是[4]：

(1) 固体催化剂表面存在吸附位，吸附质分子只能单层吸附于吸附位上，吸附量可达到最大值。

(2) 吸附位在热力学和动力学意义上是均一的(固体催化剂表面吸附位是均匀分布的)，吸附热与表面覆盖度无关。

(3) 吸附质分子间无相互作用，没有横向相互作用，即在固体催化剂表面没有吸附质分子迁移运动。

(4) 吸附过程在平衡状态下进行，吸附-脱附过程处于动力学平衡(吸附平衡常数)状态时，吸附和脱附速率相等。

吸附速率与气体压力(p)成正比，也与未被吸附气体分子占据的空表面积成正比。以 θ 表示覆盖率，即吸附剂表面被气体分子覆盖的分数，未被覆盖分数应为$(1-\theta)$，则吸附速率 R_a 为

$$R_a = k_a p(1-\theta) \tag{7-1-1}$$

由于吸附分子从催化剂表面再蒸发是一个活化过程，其活化能应等于等容吸附热。脱附速率与被吸附分子中具备脱离表面能量的分子所占百分数成正比，也与被吸附分子覆盖表面积的百分数成正比，则脱附速率 R_d 为

$$R_d = k_d \theta \exp(-E/RT) \tag{7-1-2}$$

式中，E 为吸附分子脱离表面所需的最低能量，对于物理吸附，E 等于吸附热。

达到吸附平衡时，吸附和脱附速率相等，即 $R_a=R_d$，可得到 Langmuir 方程

$$\theta = \frac{k_a p}{k_d + k_a p} = \frac{K_p}{1+K_p} \tag{7-1-3}$$

式中，θ 为催化剂表面被吸附气体分子占据的分数；k_a 和 k_d 分别为吸附和脱附速率常数；K_p 为该吸附过程的吸附系数，即吸附平衡常数；p 为吸附平衡时的气体压力。

只有 Langmuir 假设(吸附热与表面覆盖率无关)成立时，K 才为定值——吸附平衡常数，其值为

$$K = \frac{k_a}{k_d}\exp\left(\frac{E}{RT}\right) \tag{7-1-4}$$

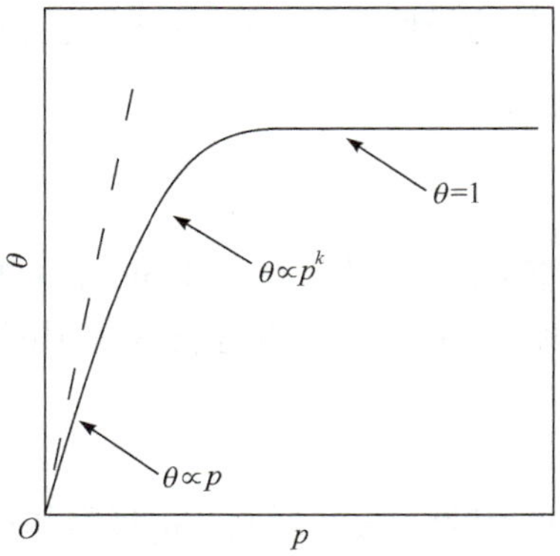

图 7-1-2　固体表面覆盖率 θ 与压力 p 的关系

以 θ 对 p 作图，得到固体催化剂表面覆盖率 θ 与压力 p 的关系，如图 7-1-2 所示。

从图中可以看出：

(1) 当 p 很小或吸附很弱时，$K_p \ll 1$，$\theta = K_p$，θ 与 p 呈线性关系。

(2) 当 p 很大或吸附很强时，$K_p \gg 1$，$\theta = 1$，θ 与 p 无关，吸附已铺满单分子层。

(3) 当压力适中时，$\theta \propto p^k$，k 介于 0 与 1 之间。

如果用 V[STP(标准状态)，mL/g]表示吸附量，V_m(STP，mL/g)表示单分子层饱和吸附量，则 $\theta = V/V_m$，由式(7-1-3)可得

$$\frac{p}{V} = \frac{p}{V_m} + \frac{1}{KV_m} \tag{7-1-5}$$

式(7-1-3)与式(7-1-5)都称为 Langmuir 吸附等温式，它们以 V 对 p 作图时的形状与 I 型吸附等温线相同。实际上，分子筛或只含微孔的活性炭吸附蒸气时的吸附等温线就是 I 型的，因此 I 型又称为 Langmuir 吸附等温线。

2) BET 多分子层吸附理论

单分子层吸附等温式无法描述除 I 型吸附等温线以外的其他吸附等温线。为了解决这个问题，Brunauer、Emmett 和 Teller 在 Langmuir 单分子层吸附理论的基础上，通过引入一些简化的假设，提出了多分子层吸附模型，并且建立了相应的吸附等温方程，通常称为 BET 吸附等温式。

BET 理论首先沿用了 Langmuir 单分子层吸附理论的部分假设，BET 理论假定[1]：

(1) 固体催化剂对吸附质气体的吸附可以是多层的，第一层未饱和吸附时第二层、第三层等就可以开始吸附，因此各吸附层之间存在动态平衡。

(2) 除第一层之外，其余各层的吸附热都等于体积摩尔凝聚热 E_l，即

$$E_2 = E_3 = \dots = E_i = E_l \quad (i = 2, 3, \cdots) \tag{7-1-6}$$

(3) 从第二层起各层的蒸发-凝聚条件相等，即蒸发系数相同，凝聚系数相同。

(4) 当压力达到饱和蒸气压($p=p_0$)时，吸附质在固体表面凝聚成为堆积液体，吸附层数变为无限。设 $\theta_i\,(i=0, 1, 2, \cdots)$为第 i 吸附层对催化剂表面的覆盖率，则根据 Langmuir 机理要求，气体分子在第零层上吸附形成第一层的速率等于第一层脱附形成第零层的速率，即

$$k_{a1}p\theta_0 = k_{d1}\theta_1 \exp\left(\frac{-E_1}{RT}\right) \tag{7-1-7}$$

当延伸到第二层以上，达到吸附平衡时，气体分子在每一层分子上的吸附速率与这层分子的脱附速率相等，即

$$k_{a2}p\theta_1 = k_{d2}\theta_2 \exp\left(\frac{-E_2}{RT}\right)$$

$$k_{a3}p\theta_2 = k_{d3}\theta_3 \exp\left(\frac{-E_3}{RT}\right)$$

$$k_{ai}p\theta_{i-1} = k_{di}\theta_i \exp\left(\frac{-E_i}{RT}\right)$$

当催化剂的总表面积为 S 时，它吸附的吸附质分子数 Z 应为

$$Z = S_{Z_i}(\theta_1 + 2\theta_2 + 3\theta_3 + \cdots + i\theta_i) \tag{7-1-8}$$

因此，吸附量 V(mol)应由下式给出：

$$V = \frac{Z}{N_A} = \frac{S_{Z_i}}{N_A}\sum_1^i (i\theta_i) \tag{7-1-9}$$

式中，N_A 为 Avogadro 常量。简化式(7-1-9)，推算得到[5]

$$\frac{V}{V_m} = \frac{C(p/p_0)}{(1-p/p_0)[1+(C-1)p/p_0]} \tag{7-1-10}$$

式(7-1-10)描述了吸附量 V 与相对压力 p/p_0 之间的关系，称为 BET(二常数)吸附等温式：

$$\frac{p/p_0}{V(1-p/p_0)} = \frac{1}{V_m C} + \frac{C-1}{V_m C}\cdot\frac{p}{p_0} \tag{7-1-11a}$$

或

$$\frac{p}{V(p_0-p)} = \frac{1}{V_m C} + \frac{C-1}{V_m C}\cdot\frac{p}{p_0} \tag{7-1-11b}$$

式中，C 为 BET 吸附等温式与吸附相关的常数，由下式给出：

$$C = C_0 \exp\left(\frac{E_1 - E_l}{RT}\right) \tag{7-1-12}$$

在处理实际问题时，C_0 实际上可近似等于 1，故有

$$C = \exp\left(\frac{E_1 - E_l}{RT}\right) \tag{7-1-13}$$

C 值反映了吸附质、吸附剂之间作用的强弱，其值的大小与吸附等温线的形状和孔结构相关。式(7-1-12)中 $E_1 - E_l$ 是净吸附热。当 $C>1$ 时，$E_1>E_l$，说明第一层的吸附优势大于其他各层。

7.2　固体催化剂比表面积测量与计算

固体催化剂的表面积常以比表面积求出，每克固体催化剂的总表面积为比表面(积)，用符号 S_g 表示。

7.2.1　Langmuir 单分子层吸附计算比表面积

根据式(7-1-5)，以 p/V 对 p 作图是一条直线，其斜率为 $1/V_m$，截距为 $1/V_mK$，由此可以求出单分子层饱和吸附量 V_m。因此，催化剂的比表面积为

$$S_g = A \cdot N \cdot V_m \tag{7-2-1}$$

式中，N_A 为 Avogadro 常量($6.022\times10^{23}\ mol^{-1}$)；$A_m$ 为吸附质分子的截面积(N_2 分子为 $1.62\times10^{-19}\ m^2$)，即每个氮气分子在吸附表面上所占面积。

7.2.2　BET 法

由上述有关吸附等温式的讨论可以知道，当经过实验测量出一系列不同 p/p_0 对应的吸附量后，利用 BET 吸附等温式(7-1-11b)可以求出被测催化剂样品标准状态(STP)下的 BET 比表面积 S_g。BET 法已被各种官方机构用作比表面积测定的一种标准工艺方法。

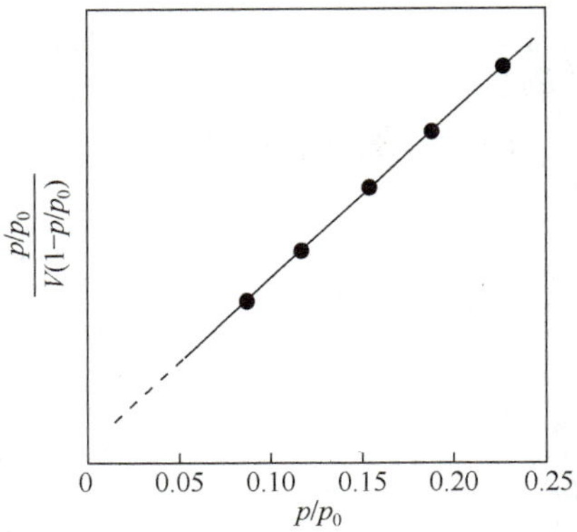

图 7-2-1　典型的 BET 曲线

在式(7-1-11a)中，令 $X=\dfrac{p}{p_0}$，$Y=\dfrac{p/p_0}{V(1-p/p_0)}$，以 Y 对 X 作图，得到的直线如图 7-2-1 所示。其中，直线的斜率 $k=\dfrac{C-1}{V_mC}$，直线的截距 $b=\dfrac{1}{V_mC}$，由 k、b 联立消去常数 C，可得 $V_m=\dfrac{1}{k+b}$，即 $V_m=\dfrac{1}{\text{斜率}+\text{截距}}$，据此可算出铺满单分子层时吸附质分子的物质的量 n。

实验结果表明，多数催化剂在 $p/p_0=0.05\sim0.35$ 吸附等温线为直线，截距是正值，因而 $C>0$；但是对于沸石、分子筛等微孔物质，不仅相对压力线性范围窄，而且截距为负值，式(7-1-11a)不再适用。

Brunauer 和 Emmett 曾经提出 77.4 K(−196℃)时液态六方密堆积的氮分子等效最大截面积 A_m 取 $0.162\ nm^2$，已知 N_A，当 V_m 以 mL/g 为单位时，即可求出被测催化剂样品标准状态下的比表面积 S_g。样品的比表面积为

$$S_g = A_m N_A \frac{V_m}{22414} \times 10^{-18} \tag{7-2-2}$$

式中，S_g 为被测催化剂样品的比表面积(m^2/g)；V_m 为标准状态下氮气分子单层饱和吸附量(mL/g)；A_m 为氮气分子等效最大截面积($A_m=1.62\times10^{-19}\ m^2$)；$N_A$ 为 Avogadro 常量($6.022\times10^{23}\ mol^{-1}$)。

代入上述数据，得到氮气吸附法计算比表面积的基本公式：

$$S_g = 4.353V_m \tag{7-2-3}$$

由式(7-2-3)可看出，准确测定催化剂样品表面单层饱和吸附量 V_m 是比表面积测定的关键。在 BET 公式推导过程中，依据的是吸附质可以在催化剂表面建立起多层的物理吸附，而多层物理吸附的建立与相对压力(p/p_0)的大小有很大关系。将相对压力控制在 0.05～0.35，因为当相对压力低于 0.05 时，不易建立起多层物理吸附平衡，甚至单分子层物理吸附尚未完全形成；当相对压力高于 0.35 时，容易发生毛细管凝聚现象，会破坏多层物理吸附平衡。因此，利用上述 BET 法求比表面积，只能利用吸附等温线上相对压力为 0.05～0.35 的数据，并且最好多取数据点。

7.2.3　单点 BET 法

BET 二常数吸附等温式中，若 C 值较大，如 $C>50$，BET 直线方程式(7-1-11b)可简化为

$$\frac{p}{V(p_0-p)} = \frac{1}{V_m}\cdot\frac{p}{p_0} \tag{7-2-4}$$

式(7-2-4)也可改写为

$$V_m = V\left(1-\frac{p}{p_0}\right) \tag{7-2-5}$$

在式(7-2-4)中，令 $X=\dfrac{p}{p_0}$，$Y=\dfrac{p}{V(p_0-p)}$，以 Y 对 X 作图，得到通过原点的直线。其中，直线的斜率 $k=\dfrac{1}{V_m}$。

利用式(7-2-5)中一个点的 V 与 p/p_0 即可计算出 V_m，从而算出比表面积，此法即为单点 BET 法。在大多数固体催化剂表面上，氮气吸附时常数 C 通常都为 50～200，在 p/p_0 为 0.20～0.30 时测定吸附量，采用单点 BET 法求出的比表面积与 BET 法的误差小于 5%。因此，单点 BET 法是一种快速、准确测定比表面积的方法，特别是对于已知固体催化剂表面性质的样品。

7.2.4　*B* 点法计算比表面积

在计算比表面积时，还常用到 *B* 点法。Brunauer 和 Emmett 将Ⅱ型吸附等温线和Ⅳ型吸附等温线上第二段直线部分起始的拐点称为 *B* 点。如图 7-2-2 所示的Ⅱ型典型吸附等温线，当 C 值很大时，*B* 点对应的吸附量 V_B 可以当作第一层饱和吸附量 V_m。因此，可由吸附等温线上的 *B* 点直接确定 V_m，通过式(7-2-3)计算比表面积 S_g，这种方法称为 *B* 点法。

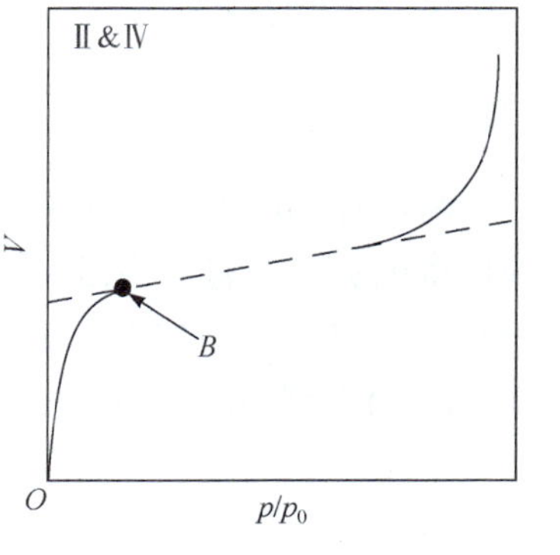

图 7-2-2　Ⅱ、Ⅳ型吸附等温线 *B* 点法计算比表面积

B 点法也是一种近似方法，它与多点法的误差直接取决于确定 *B* 点的正确性，后者又依赖于 C 值的大小。$C>100$ 时，*B* 点容易确定，V_m 与 V_B 近似相等；$C<80$ 时，*B* 点难以确定；$C\leqslant 20$ 时，无法辨出 *B* 点。由于氮气分子与含羟基的 SiO_2 等催化材料之间的吸附作用很强，因而许多石油化工催化剂的氮气吸附 BET 图上的 *B* 点较突兀，C 值大于 100。当然，因为 *B* 点法建立在研究吸附等温线的基础上，所以并不是快速测定比表面积的方法[6]。

测定比表面积使用的吸附质，除氮气外，常用的还有氦、氪等，后者尤其适用于测量比表面积小的样品。

对于比表面积只有几平方米的催化剂样品，其吸附量很小，吸附引起的系统压力变化过小，因而测量的精确度变差。因此，气体吸附法测量低比表面积催化剂不但需要选择在实验温度下饱和蒸气压较小的吸附质，还要提高压力测量的灵敏度(压力传感器的测量下限尽可能低)。在液氮温度下，氪和氙的饱和蒸气压较低，现在常用作测量低比表面积催化剂的吸附质。

7.2.5 经验作图法(*V*-*t* 法)

Boer 等实验结果表明，在非孔性固体催化剂上氮的吸附等温线形状相似，与吸附剂的化学性质无关。

BET 理论给出氮吸附层数 n：

$$n = \theta = \frac{V}{V_{\mathrm{m}}} = \frac{t}{t_{\mathrm{m}}} \tag{7-2-6}$$

式中，t 为氮吸附层厚度，氮的单分子层平均厚度 $t_{\mathrm{m}} = 0.354$ nm。参照式(7-1-10)得到

$$n = \theta = \frac{V}{V_{\mathrm{m}}} = \frac{t}{t_{\mathrm{m}}} = \frac{C(p/p_0)}{(1-p/p_0)[1+(C-1)p/p_0]} \tag{7-2-7}$$

式(7-2-7)中右端的 C 为常数时，则可改写为

$$n = \frac{V}{V_{\mathrm{m}}} = \frac{t}{t_{\mathrm{m}}} = f(p/p_0) \tag{7-2-8}$$

式(7-2-7)将吸附等温线采用吸附量 V(或 V/V_{m}、t/t_{m})与气体相对压力 p/p_0 的关系式表示出来，对于 77.4 K 下固体催化剂表面的氮吸附，不同样品的 C 值并不相等，但 $f(p/p_0)$受 C 变动的影响并不大。故可以推测出所有非孔性固体的氮吸附等温线应当重合，该等温线称为标准吸附等温线。因此，当表面吸附层多于单层后，对于大多数体系，在同一相对压力 p/p_0 下，不同吸附剂的氮吸附层厚度 t 值是相同的。氮吸附层数 n 或吸附层厚度 t 值与相对压力 p/p_0 的关系一般采用半经验公式 Halsey 方程[式(7-2-9)]和 Harkins-Jura-Deboer 方程[式(7-2-10)]计算[7]：

$$t = 0.354\left[\frac{-5}{\ln(p/p_0)}\right]^{1/3} \tag{7-2-9}$$

$$t = 0.1\left[\frac{32.21}{0.078 - \ln(p/p_0)}\right]^{1/2} \tag{7-2-10}$$

将某样品的氮吸附实验数据 V-p/p_0 与氮吸附标准吸附等温线 t-p/p_0 结合得到吸附量与吸附厚度的关系，将吸附量 V 对吸附层厚度 t 作图(V-t 曲线或 t 曲线)得到一条过原点的直线，斜率等于 $V_{\mathrm{m}}/t_{\mathrm{m}}$。此斜率即为样品的比表面积[吸附量为以换算成标准状态下表面凝聚的液氮体积(mL)表示的氮吸附量(mL/g)]。

7.3 固体催化剂孔结构特征与分析

7.3.1 孔大小分类

固体催化剂常常是多孔的，其比表面积和孔结构是表征催化性能的重要参数，二者都可以

通过物理吸附测定。催化剂的孔结构对反应物、产物的吸附和选择性往往有决定性作用，而且直接影响催化剂的强度和寿命。

固体催化剂的孔体系包括孔的大小与形状。孔大小分类方法以理想化的孔形模型——球形、圆筒形或狭缝形孔为依据。这些模型有一定的局限性，很少能准确地反映真实情况。例如，无论是物理吸附法还是压汞法，都假设所有孔与固体催化剂的外表面连接，但实际情况并不总是这样。

IUPAC 在 1972 年定义孔大小的分类见表 7-3-1[8]。尽管这种分类是人为的，但是对于研究比较复杂的多孔体系是必要的。

表 7-3-1　IUPAC 定义的孔大小分类

孔大小分类	孔大小(宽度)/nm
微孔	＜2
中孔(介孔，过渡孔)	2～50
大孔	＞50

孔结构的测量主要有两种方法：物理吸附滞后现象分析法和压汞法。X 射线小角衍射也可给出孔结构的有用信息。实际测量中，物理吸附主要针对介孔和微孔，大孔测量主要采用压汞法。压汞法也可应用于介孔。

7.3.2　孔形的估计

1930 年，Kraemer、Mcbain、Foster 和 Cohan 等为了解释在中等相对压力区吸附曲线与脱附曲线分离、而在低压区和高压区闭合形成滞后环的现象，分别用吸附剂孔的几何形状解释了不同形状滞后环的成因，这些解释都基于明确的吸附-脱附孔物理模型。

吸附剂孔模型可以用球形、圆筒形孔的直径，狭缝形孔的壁间宽等孔形宽度表示，这是孔结构分析的主要内容。

但是应该注意一种情况，从没有滞后环的 BET 吸附等温线本身的性质也可说明孔结构的类型，如没有滞后环(吸附曲线与脱附曲线重合)的 I 型吸附等温线(图 7-1-1)往往是直筒形孔。若是多孔的，则说明是微孔性的。

A 型滞后环反映的典型孔模型如图 7-3-1 所示：两端开口的管状毛细孔，有各种形状的横截面；墨水瓶形状的孔，瓶颈宽而短；槽形孔等。

B 型平行板结构的狭缝孔模型如图 7-3-2 所示：具有平行板壁的狭缝形孔。典型例子是蒙

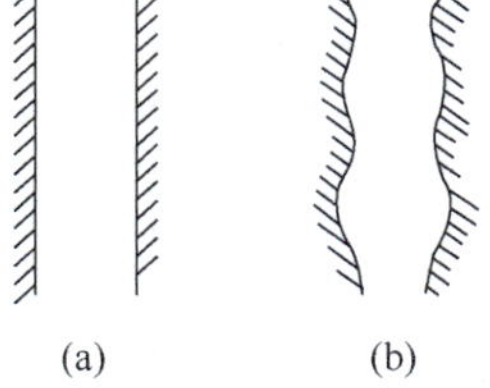

图 7-3-1　A 型滞后环反映的典型孔模型

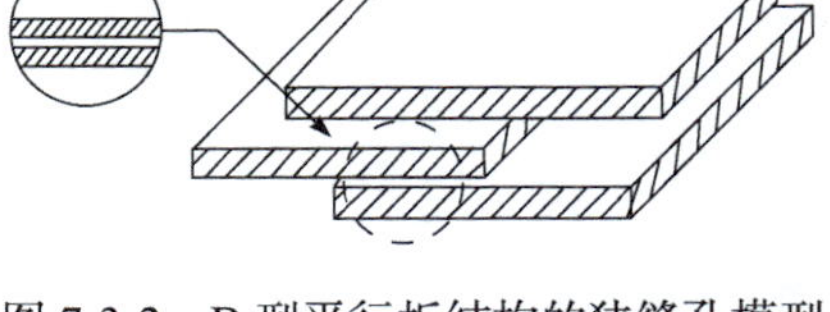

图 7-3-2　B 型平行板结构的狭缝孔模型

脱土等层状黏土矿类等具有平行板结构的狭缝孔材料。

C 型锥形管状毛细孔模型如图 7-3-3 所示：锥形管状毛细孔。

D 型锥形狭缝孔模型如图 7-3-4 所示：大多数锥形狭缝孔；宽体和孔颈分布窄的孔。

E 型墨水瓶状孔模型如图 7-3-5 所示：墨水瓶状的孔；密堆积球形颗粒间空隙。

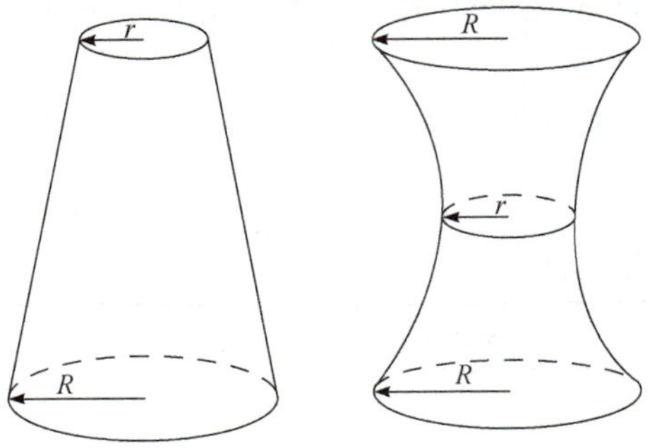

图 7-3-3　C 型锥形管状毛细孔模型

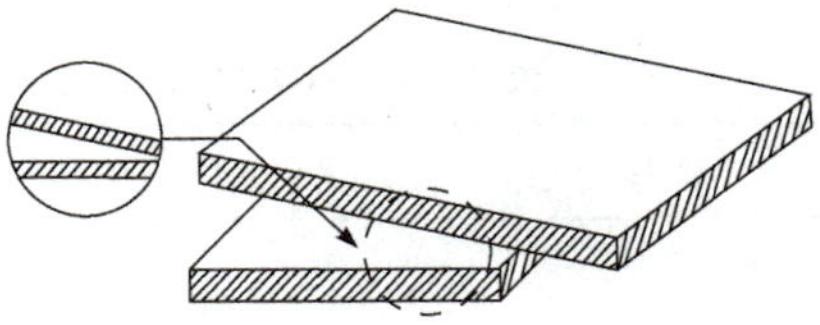

图 7-3-4　D 型锥形狭缝孔模型

图 7-3-5　E 型墨水瓶状孔模型

7.3.3　滞后环的形状

某一特定固体催化剂，具有一定吸附量或吸附体积。在测定吸附量时，吸附量随平衡压力增加时测得的吸附分支和压力减小时测得的脱附分支在一定相对压力范围内不重合，分离形成环状，即吸附曲线与脱附曲线在中压区分离而在低压区和高压区闭合成环的现象，称为吸附回线或滞后环。而且，不仅是管状毛细孔，其他孔形的毛细孔同样也出现滞后环。这一现象发生在具有中孔的吸附剂上，BET 吸附等温式不能处理回滞环，需要用毛细凝聚理论解释。

各种固体的孔结构错综复杂，它们的滞后环各不相同。Boer 在研究催化材料孔结构时，将回滞环与固体催化剂的孔的大概结构相联系[7]，将吸附回线分为 A、B、C、D、E 五类典型滞后环(图 7-3-6)。由于孔形状和孔径大小不同，吸附等温线的形状、回滞环的形状和位置出现了较大差异。回滞环的宽窄与孔尺寸分布的均匀性有关，一般孔分布越宽，回滞环也越宽。这五种基本滞后环可看作原始模型，实际上滞后环的形状常常具有混合特征。在实际考察固体催化材料孔结构特征时，可借鉴这五类典型滞后环分析吸脱附曲线，合理选择孔分布计算的模型，可以获得有益的启示。

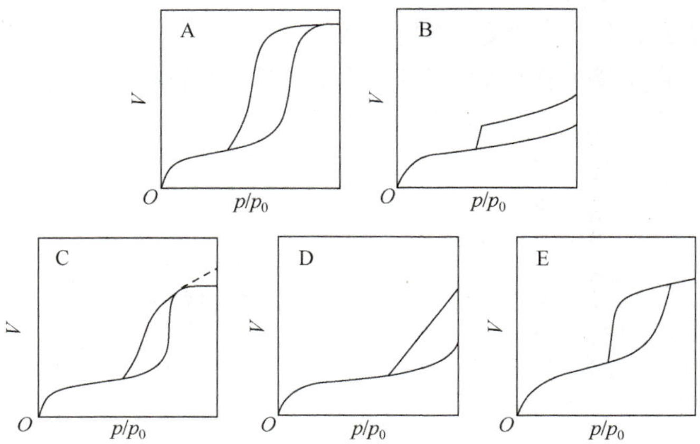

图 7-3-6　五类典型吸附滞后环

上述五类滞后环中 A、B 和 E 类滞后环最常见、重要，而 C 和 D 类滞后环较少见。

在上述分类基础上，IUPAC 将常见的滞后环分为 H1～H4 四种类型(图 7-3-7)[8]。

H1 和 H2 型滞后环吸附等温线上有饱和吸附平台，表明孔径分布较均匀。

H1 型滞后环反映的是两端开口的管径分布均匀的管状毛细孔，可在孔径分布相对较窄的介孔材料和尺寸较均匀的球形颗粒聚集体中观察到。

H2 型滞后环可能反映墨水瓶孔、孔径分布不均的管状孔和密堆积球形颗粒间隙孔等。其孔径分布和孔形状不好确定，比较复杂，且孔径分布比 H1 型滞后环更宽。

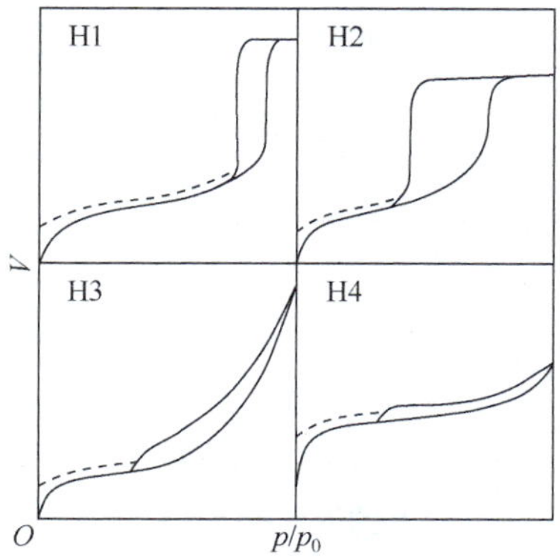

图 7-3-7　IUPAC 分类的四类回滞环

H3 和 H4 型滞后环吸附等温线没有明显的饱和吸附平台，表明孔结构很不规整。

H3 型滞后环反映的孔包括平板狭缝结构、裂缝和楔形结构等。H3 型滞后环由片状颗粒材料(如黏土)或裂隙孔材料显现，在较高相对压力区域没有表现出吸附饱和。

H4 型滞后环出现在微孔和中孔混合的吸附剂中，以及含有狭窄的裂隙孔的固体中(如活性炭)。

根据吸附等温线的形状，并配合对滞后环形状和宽度的分析，就可以获得固体催化剂孔结构和织构特性的主要信息。但是由于固体催化剂孔结构复杂，实验得到的等温线和滞后环有时并不能简单地归于某一种分类，此时滞后环的形状常常具有混合的特征。在实际考察固体催化材料孔结构特征时，通过借鉴这几类典型滞后环分析吸脱附曲线，合理选择孔分布计算的模型，可以获得有益的启示。

7.3.4　毛细凝聚与 Kelvin 公式

毛细凝聚现象是指在一个毛细孔中，若因吸附作用形成凹液面，与该液面平衡的蒸气压 p 必小于同一温度下平液面的饱和蒸气压 p_0。毛细孔直径越小，凹液面的曲率半径越小，平衡蒸气压越低。换句话说，孔径越小，形成毛细凝聚的压力越低。由于发生毛细凝聚现象，样品的吸附量急剧增加。当全部孔都被液态吸附质充满时，吸附量达到最大，相对压力 p/p_0 也达到最大值 1；压力降低时，大孔中的凝聚液首先脱附出来，随着压力逐渐降低，小孔中的凝聚液也逐渐脱附出来。

假设固体催化剂表面毛细孔是圆柱状孔。临界温度下，气体在固体催化剂上发生吸附时，首先形成单分子吸附层，当单分子层吸附接近饱和时，开始发生多分子层的吸附。当相对压力达到与发生毛细凝聚的 Kelvin 半径对应的某一特定值时，开始发生毛细孔凝聚，直到孔被充满为止。此时，吸附达到饱和。脱附过程刚好相反，首先发生毛细管内脱附，然后是多层脱附，最后进行单层脱附。Kelvin 公式给出了毛细孔发生凝聚现象及发生毛细孔脱附的孔径与吸附质的相对压力之间的准确对应关系。

毛细孔中发生凝聚及凝聚液脱附过程中，液相 α 与其蒸气相 β 的界面处(图 7-3-8)由于表面张力作用，在弯曲的两相界面的两边必然形成压力差，根据 Laplace 方程有[1]

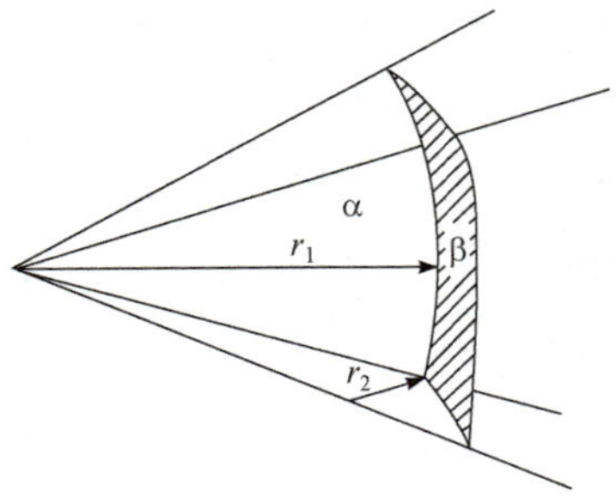

图 7-3-8　液相 α 与其蒸气相 β 的界面单元

$$\Delta p = p^{\beta} - p^{\alpha} = \sigma\left(\frac{1}{r_1}+\frac{1}{r_2}\right) \tag{7-3-1}$$

式中，r_1 和 r_2 分别为两相的曲率半径；p^{α} 和 p^{β} 分别为液相 α 和气相 β 的压力；σ 为表面张力；r_{m} 为平均曲率半径，表示为

$$\frac{2}{r_{\mathrm{m}}} = \frac{1}{r_1}+\frac{1}{r_2} \tag{7-3-2}$$

对于球形曲面

$$r_1 = r_2 = r_{\mathrm{m}}$$

对于圆柱形曲面

$$r_2 = \infty;\ r_{\mathrm{m}} = 2r_1$$

则式(7-3-1)变为

$$\Delta p = p^{\beta} - p^{\alpha} = \frac{2\sigma}{r_{\mathrm{m}}} \tag{7-3-3}$$

如果上述弯曲的两相界面发生在毛细管中，并且凝聚液对管壁润湿，即接触角 $\theta < 90°$，则毛细管中凝聚液与其蒸气处于平衡状态时，必须满足式(7-3-1)的热力学条件和两相化学势 μ^{α} 与 μ^{β} 相等($\mu^{\alpha} = \mu^{\beta}$)的物理化学条件。如果体系在等温条件下，对其进行微积分处理，即有一个微小扰动(波动)将平衡态打破变化至另一个平衡态，则有

$$\mathrm{d}\mu^{\beta} = \mathrm{d}\mu^{\alpha} \tag{7-3-4}$$

式(7-3-3)即转化为

$$\mathrm{d}p^{\beta} - \mathrm{d}p^{\alpha} = \mathrm{d}\left(\frac{2\sigma}{r_{\mathrm{m}}}\right) \tag{7-3-5}$$

气、液相都达平衡时服从 Gibbs 方程，则有

$$\mathrm{d}\mu^{\alpha} = -S^{\alpha}\mathrm{d}T + V^{\alpha}\mathrm{d}p^{\alpha} \tag{7-3-6}$$

$$\mathrm{d}\mu^{\beta} = -S^{\beta}\mathrm{d}T + V^{\beta}\mathrm{d}p^{\beta} \tag{7-3-7}$$

式中，S^{α}、S^{β} 和 V^{α}、V^{β} 分别为两相的摩尔熵和摩尔体积。

处理式(7-3-4)、式(7-3-6)与式(7-3-7)可得

$$V^{\alpha}\mathrm{d}p^{\alpha} = V^{\beta}\mathrm{d}p^{\beta} \tag{7-3-8}$$

将其代入式(7-3-5)后变为

$$\mathrm{d}\left(\frac{2\sigma}{r_{\mathrm{m}}}\right) = \frac{V^{\alpha} - V^{\beta}}{V^{\alpha}}\mathrm{d}p^{\beta} \tag{7-3-9}$$

由于 $V^{\alpha} \ll V^{\beta}$，可近似按理想气体处理蒸气，于是式(7-3-9)变为

$$\mathrm{d}\left(\frac{2\sigma}{r_{\mathrm{m}}}\right) = \frac{RT}{V^{\alpha}}\frac{\mathrm{d}p^{\beta}}{p^{\beta}} \tag{7-3-10}$$

在(r_{m}，p)到(∞，p_0)范围对式(7-3-10)积分后得到 Kelvin 公式：

$$\ln\left(\frac{p}{p_0}\right)=-\frac{2\sigma V_L}{RT}\frac{1}{r_m} \tag{7-3-11}$$

式中，p_0、p 分别为纯物质平液面、弯曲液面的饱和蒸气压；σ 为液体的表面张力；r 为凹液面的曲率半径；V_L 为液体的摩尔体积；R 为摩尔气体常量，其值是 8.314 J/(mol · K)；T 为热力学温度。

当气体在介(中)孔中吸附，产生毛细凝聚作用时，设毛细凝聚的孔为圆柱孔形，则弯曲液面呈球形，因此两曲率半径相等：$r_1=r_2=r_K$，并以 r_K 取代 r_m。以 θ 表示液面与孔壁形成的接触角，Kelvin 公式描述相对压力 p/p_0 与 Kelvin 孔半径 r_K 之间的定量关系：

$$\begin{aligned} r_m &= \frac{r_K}{\cos\theta} \\ r_K &= -\frac{2\sigma\cos\theta}{RT\ln(p/p_0)} \end{aligned} \tag{7-3-12}$$

式中，p_0 为 Kelvin 半径 $r_K=\infty$ 时的吸附质饱和蒸气压。

Kelvin 公式表明，液体的饱和蒸气压与毛细管(孔)内液面的曲率半径 r 有关。微小液滴的曲率半径为正值，故其饱和蒸气压 p 恒大于平面液体的饱和蒸气压 p_0。如果液体能在固体催化剂内毛细管表面很好润湿($\theta<90°$)，则毛细管内液面应是凹面，毛细管内液体的饱和蒸气压 p 将恒低于平面液体的饱和蒸气压 p_0。因此，对于平面液体尚未达到饱和蒸气压，而对于毛细管内呈凹面的液体可能已达到饱和。

此外，根据 Kelvin 公式可以求出在一定相对压力下，毛细管内蒸气开始凝结时的半径 r_K。显然，小于半径 r_K 的微孔，此时其内部蒸气已凝结。孔越大，发生蒸气凝聚所需的压力越大。当蒸气压逐渐增加，较大的孔也开始发生蒸气凝聚，先后被填满，吸附量随压力增加而迅速增大，这就是Ⅱ型吸附等温线在 $p/p_0=0.4$ 以上时向上弯曲的原因。从式(7-2-10)积分上限 $r_m=\infty$ 时，$p=p_0$，表明当大毛细管孔内发生凝聚时，压力等于饱和蒸气压。因此，对于大孔，当相对压力接近 $p/p_0=1$ 时，实验测量有困难。因此，Kelvin 公式对介(中)孔凝聚最准确。

77.4 K 下氮的 Kelvin 半径可由以下参数求出：$\sigma=8.85\times10^{-5}$ N/cm，$V_L=34.65$ cm^3/mol，$R=8.314$ J/(mol · K)，$T=77.4$ K，$\theta=90°$。求得

$$r_K=\frac{-0.414}{\lg(p/p_0)}$$

实际发生毛细凝聚时，毛细孔壁上已经发生多分子层吸附，孔壁上已先覆盖了吸附膜，此吸附膜的厚度与 p/p_0 有关。也就是说，毛细凝聚是在吸附膜围成的“孔芯”中发生的。因此，当相对压力增加到一定值时，在吸附膜围成的空腔内将发生毛细凝聚。此时，相对压力为 p 的 Kelvin 孔半径 r_K 仅是孔芯半径的尺寸，真实的孔径尺寸 r_p 应加上多层吸附膜厚度 t 的校正，即

$$r_p=r_K+t \tag{7-3-13}$$

式中，t 为校正的多层吸附的平均厚度，可由经验作图法的 t 曲线求得，一般采用半经验公式 Halsey 方程[式(7-2-9)]和 Harkins-Jura-deBoer 方程[式(7-2-10)]计算。

求出多层吸附的平均厚度 t，再应用 Kelvin 公式用对应 t 值的 r_p 代替 r_m，就可以计算得到 r_p。若需要计算毛细管孔道的表面积($2\pi r_p L$)，则需要计算整个毛细管孔道的长度 L，当然

更需要考虑孔道的形状。假如毛细管是圆柱形的直孔道，将 r_p 和 r_p 时的吸附量(孔容)代入圆柱体的体积公式($V = \pi r_p^2 L$)，即可求出孔道的长度 L。

Kelvin 公式是从经典热力学演化而来的，是在理想气体吸附并且凝聚后表面张力可测定的条件下得到的。Kelvin 公式不能应用于微孔测量，因为 Kelvin 公式没有考虑毛细凝聚发生前在多孔表面形成的吸附层厚度。也有多种方法尝试通过 Kelvin 公式得出的标准等温线或 t 曲线解释吸附膜的形成机理，并且描述凝聚前孔壁上吸附膜的厚度。标准吸附等温线是在无孔炭表面测量的；如果孔径足够大以至于在壁上形成的薄膜彼此不受影响，则可以用标准吸附等温线模拟吸附膜的形成。对于微孔，由于孔径只有几个分子直径，再假设孔壁上形成的薄膜彼此之间没有相互作用，不受影响就不成立了。相反，对于微孔材料，由于孔壁上吸附层间的相互作用增强和孔壁吸附势叠加引起固液间连接更强，故微孔吸附作用更强[1]。因此，Kelvin 公式不适用于微孔材料测量，仅适用于评价介孔材料。当孔径减小时，其准确度变差。在微孔孔径等于吸附质气体分子直径时，Kelvin 公式完全不能使用。

7.3.5　分析中孔的 *V-t* 曲线法

Boer 发现非孔吸附剂单位表面积上的氮吸附量是 p/p_0 的唯一函数，而与吸附剂(催化剂)的化学性质无关。因此，假定在相同温度下，被吸附的多层氮都具有相同的摩尔体积时，则标准吸附等温线可被代以通用的 $V\text{-}t$ 曲线，直观地表示吸附层厚度 t(nm)与相对压力 p/p_0 的关系[6]。

非孔性催化剂的 $V\text{-}t$ 曲线为一条直线，说明随着吸附量的增加，催化剂留存的表面积不变。

孔性催化剂中若存在微孔，随着相对压力 p/p_0 的增加，发生微孔填充，在很低的相对压力下 $V\text{-}t$ 曲线上凸向下偏离直线；若催化剂中存在中孔，中等相对压力下发生毛细凝聚，$V\text{-}t$ 曲线可能向下或向上偏离直线；若催化剂中同时存在中孔和微孔，则 $V\text{-}t$ 曲线可能呈 S 形。

研究 $V\text{-}t$ 曲线可以获得催化剂比表面积和孔结构的信息。其中，解析微孔催化剂 $V\text{-}t$ 曲线进行微孔结构分析的微孔法常称为 MP 法(后面介绍)。根据 $V\text{-}t$ 曲线可以计算非孔性催化剂的比表面积(吸附层厚度法)和分析中孔材料的总表面积、外表面积和中孔孔容等(图 7-3-9)。非孔性、多孔性固体催化剂的 $V\text{-}t$ 曲线一般分为以下几种类型[4]：

(1) 图 7-3-9 的曲线(a)是一条通过原点的直线，表明孔结构不影响多层吸附的发生。表面的吸附液膜体积 V_m(mL/g)应等于吸附层厚度 t(nm)和比表面积 S(m^2/g)的乘积，即

$$V_m = V \times 0.001547 = S \times t / 10^3 \tag{7-3-14}$$

$$S = 1.547 \times V / t \tag{7-3-15}$$

式中，S 为用 $V\text{-}t$ 作图法算得的比表面积；常数 0.001547 为标准状态下 1 mL 氮气凝聚后的液氮体积(mL)。

催化剂总面积 S 就可由 $V\text{-}t$ 曲线的斜率按式(7-3-15)计算得到，其中的 V 是以换算成标准状态下的体积(mL)表示的氮吸附量(mL/g)。

(2) 对于图 7-3-9 的曲线(b)在低相对压力区发生偏离直线向下弯曲的现象，说明随着 p/p_0 增大，由于催化剂的微孔被氮吸附的多层填充堵塞，有碍多层吸附的进一步发展。图上发生弯曲处与原点的连线部分位于中间相对压力处，因此该直线的斜率与中孔的比表面积相对应，可由其斜率，利用式(7-3-14)计算得到。但是不能直接算出低相对压力区的微孔比表面积。

(3) 图 7-3-9 的曲线(c)表示当 p/p_0 增大到一定值时发生毛细凝聚现象，由于表观吸附量

大于多层吸附量，V-t 曲线出现上翘，在此情况下，只能由初始斜率计算出中孔比表面积。

(4) 图 7-3-9 的曲线(d)在低相对压力区 V-t 曲线偏离直线向下弯曲发生微孔填充，中等相对压力下 V-t 曲线出现上翘发生毛细凝聚。整条 V-t 曲线呈 S 形，催化剂中同时存在中孔和微孔。

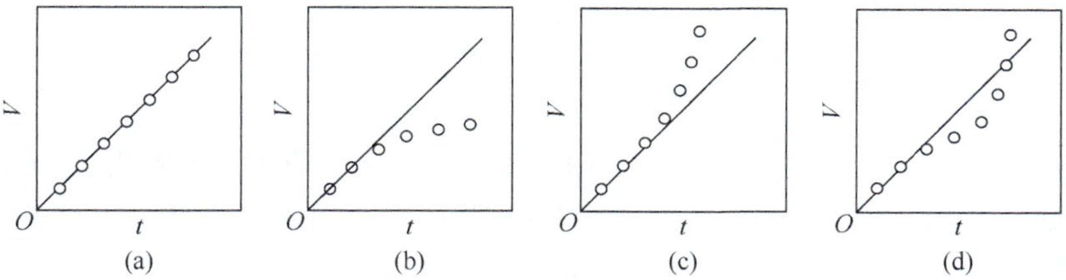

图 7-3-9　非孔性、多孔性固体催化剂的 V-t 曲线

7.3.6　BJH 法确定中孔孔径分布

多相催化剂的内表面主要分布在晶粒堆积的孔隙及其晶内孔道，且反应过程中的扩散传质直接取决于孔隙结构，因此研究孔大小和孔体积在不同孔径范围内的贡献，即孔径分布，与比表面积相比是更为重要的孔结构信息。

孔径分布分析，除了和研究比表面积一样要测定吸附等温线外，主要是以热力学的气液平衡理论研究吸附等温线的特征，采用不同的适宜孔模型进行孔径分布计算。

氮气吸附法因其实用性而被广泛应用。在液氮温度下测定样品的氮气吸附等温线，从而求出样品的孔体积。根据氮气吸附等温线的吸附值或脱附值数据，基于毛细凝聚现象测定孔径分布。Kelvin 公式可以较好地解释Ⅳ型吸附等温线，当吸附等温线上有回滞环时，表明中孔的存在。因此，Kelvin 公式是中孔体积和分布的基本计算模型。1951 年，Barett、Joyner 和 Halenda 运用 Kelvin 公式研究吸附等温线的特征，采用一端封闭的圆柱孔等效模型进行孔径分布计算，提出的 BJH 法到目前为止仍在广泛使用。这个方法的基础假设如下：

(1) 有孔隙为非交叉的圆柱形孔。

(2) 球形弯曲液面接触角为零或完全润湿。

应用简单 Kelvin 公式，然后按圆柱孔模型或狭缝孔模型，根据吸附和毛细凝聚原理，应用吸附等温线脱附支的数据，依据 Kelvin 和 Halsay 的相对压力与孔半径基本方程，采用 BJH 公式计算孔径分布。测定相对压力 p/p_0 为 0.98 时试样吸附氮气的体积 V(STP，mL/g)。然后将 V 换算为液氮的体积，$V_l = 0.001546 \times V$，式中 V_l 为样品的孔体积(mL/g)。

为了进行孔径分布的计算，需根据 Kelvin 公式通过实验测定在不同相对压力 p/p_0 下的 r_K 值和 t 值，然后根据 BJH 计算孔径分布的基本公式计算出每个脱附阶段各种孔径的孔体积，以 Kelvin 半径 r_K 对脱附量(体积以液体计)作图，得到结构曲线。在结构曲线上用作图法求取当 Kelvin 半径增加 Δr 时液体吸附量的增加体积 ΔV(孔容的增加值)。然后以 $\Delta V/\Delta r$ 对平均孔半径 r 作图，便可得到固体催化剂的孔径分布曲线。

需要注意的是：当气体在中孔吸附，产生毛细凝聚作用时，毛细孔壁上已经发生多分子层吸附，真实的孔径尺寸 r_p 应是 Kelvin 半径 r_K 加上多层吸附膜厚度 t 的校正[式(7-3-13)]。

此外，尽管氮气是测量中孔分布和 BET 比表面积最常用的吸附质，但它并不一定是测量微孔体积的最好选择。例如，极性的氮气分子与微孔分子筛孔道内阳离子往往存在较强的相互作用，将导致吸附等温线发生复杂的变化，影响分析结果的真实性。此时，选择惰性的球形分子氩作为吸附质测量微孔体积和微孔分布更合适。

7.3.7　微孔分布

固体催化剂中小于 2 nm 的微孔结构信息的研究日益受到人们的重视，微孔的孔分布研究主要有微孔分布法(MP)和微孔填充法两类。

1. 微孔分布法

根据氮标准吸附等温线(t 曲线)可求得相对压力 p/p_0 对应的吸附层厚度 t 值，以孔性吸附剂(催化剂)的各个相对压力 p/p_0 下的吸附量数据 V 对 t 作图，则可得到孔性吸附剂的 V-t 曲线。在 V-t 曲线中，对吸附层厚度 t_i 对应的 V-t 曲线作切线，切线与吸附量 V 的截距为微孔体积，切线的斜率对应微孔表面积(图 7-3-10)。

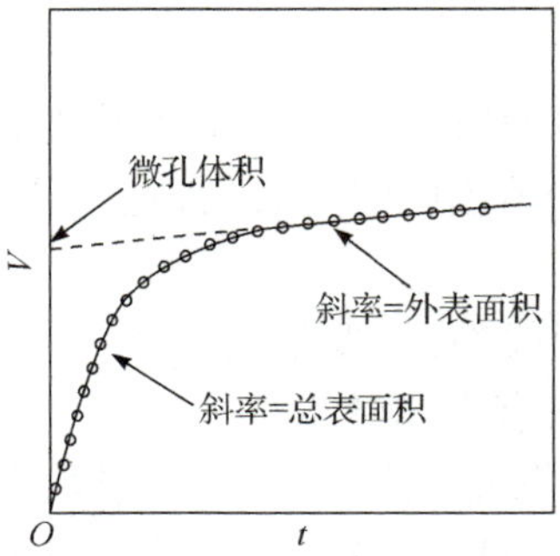

图 7-3-10　微孔固体催化剂的 V-t 曲线

催化剂中存在微孔时，随着相对压力 p/p_0 增加，孔性催化剂上由于微孔填充或毛细凝聚现象的发生，样品不进一步吸附，其比表面积发生变化。例如，在很低的相对压力，即吸附刚开始阶段，吸附质开始覆盖表面，V-t 曲线是一段过原点的直线；随着相对压力 p/p_0 增加，吸附层增厚，发生微孔填充现象，由于部分微孔被充满，因而催化剂丧失了一部分表面积，即留存的表面积下降，表现为吸附量的下降，不能继续发展多层吸附，因而 V-t 曲线逐渐向下弯曲；当全部微孔被充满时，吸附质在外表面继续吸附，吸附量随吸附层增加再次成比例增加，V-t 曲线变为一段较缓的直线；若催化剂中存在中孔，中等相对压力下发生毛细凝聚，V-t 曲线可能向下或向上偏离直线；若催化剂中同时存在中孔和微孔，V-t 曲线可能呈 S 形。根据 V-t 曲线，可以获得催化剂比表面积和孔结构的信息。这种通过分析 V-t 曲线获得微孔吸附剂的比表面积、微孔容积和微孔分布的方法称为微孔分布法。

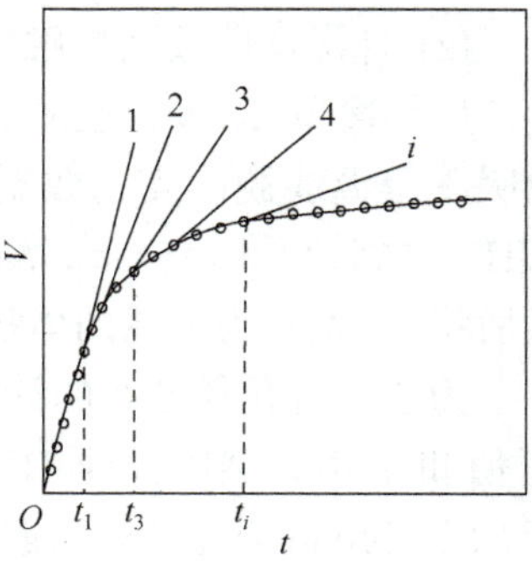

图 7-3-11　微孔分布法求取微孔分布

对微孔采用平行板狭缝孔模型，微孔分布法计算微孔分布的具体步骤如下(图 7-3-11)：

(1) 在微孔体积充满的情况下，将吸附层厚度 t 划分为若干相等的增量，每个增量的大小为 Δt(一个微孔区间)。

(2) 在第 i 步微孔填充时的开头和结尾分别对应于 t_{i-1}、t_i 和相应的吸附量 V_{i-1}、V_i。在 V-t 曲线的(t_{i-1}，V_{i-1})、(t_i，V_i)两点分别作切线(估算其斜率对应微孔比表面积)，得到相应的微孔比表面积 S_i、S_{i-1}。第 i 步填充时的微孔比表面积增量为 $\Delta S_i = S_i - S_{i-1}$(因留存的比表面积 S_i 随吸附层厚度 t_i 增加而减小)。平均吸附层厚度为 $\overline{t_i} = 1/2(t_{i-1} + t_i)$。

(3) 微孔的孔径分布函数 ΔV_i 为

$$\Delta V_i = \Delta S_i \cdot \overline{t_i} \tag{7-3-16}$$

以 $t = 10^3 V/S$ 单位换算关系将 ΔS_i 转换成各孔区的孔体积 ΔV_{p_1}：

$$\Delta V_{p_1} = 10^{-3} \Delta S_i \cdot \overline{t_i} \tag{7-3-17}$$

假如微孔为圆筒形，则

$$\Delta V_{p_1} = 10^{-3} \Delta S_i \cdot \overline{t_i} / 2 \tag{7-3-17a}$$

由 ΔV_i 对平均吸附层厚度 $\overline{t_i}$ 作图，即可得微孔催化剂的孔分布函数。

使用微孔分布法对微孔催化剂的孔径分布进行计算，也需要考虑不同的催化剂与吸附质之间相互作用的强弱。一般来说，在同一相对压力 p/p_0 下，相互作用强的其吸附层厚度稍大，也需按照 BET 公式 C 值的不同，在将吸附数据由 $V\text{-}p/p_0$ 曲线转变为 $V\text{-}t$ 曲线时，选择合适的 t 曲线。

2. 微孔填充理论和 DR、DA 方程

固体催化剂对吸附质有吸引力，离固体催化剂表面越近，吸引力越大，吸附质密度也越大。这种吸引力称为吸附势 ε。吸附势理论由 Polanyi 于 1914 年提出，是建立在热力学基础上的理论[9]：

$$\varepsilon = RT \ln \frac{p}{p_0} \tag{7-3-18}$$

固体催化剂周围存在吸附势场，与是否存在吸附质分子无关。该势场是固体催化剂的固有特征。吸附势理论认为不同孔径的孔结构中具有不同的 Polanyi 吸附势。如果吸附作用力主要是色散力，则吸附势的大小与温度无关。活性炭固体是典型的非极性吸附剂，吸附质气体与活性炭的相互作用主要靠色散力，导致其特征曲线具有温度不变性。吸附势理论对于活性炭吸附体系的解释非常成功。

在工业上作为吸附剂使用的固体催化剂多数为微孔吸附剂，纯微孔吸附剂的物理吸附行为符合 I 型吸附等温线，气体在微孔中的吸附行为与在中孔和大孔内的吸附行为显著不同。微孔物理吸附理论以 Polanyi 吸附势理论和其后由 Dubinin 等发展的微孔填充理论为主。Polanyi 微孔吸附势理论认为，由于吸附势的增强，微孔中吸附能力存在明显增强，在低相对压力下对吸附质分子具有较强的吸附捕捉能力，微孔很容易被吸附质分子完全充满；继续增加相对压力，吸附量不再增加，吸附等温线出现平台。此时的饱和吸附量等于微孔的填充体积(孔体积)。

基于 Polanyi 的吸附势能理论中孔径分布为 Gauss 分布的假设，1947 年 Dubinin 和 Radushkevitvh 在对大量实验数据进行分析的基础上，导出了从吸附等温线的低、中压部分计算微孔体系微孔体积的 DR 方程：

$$\lg V = \lg V_0 - D\left(\lg \frac{p}{p_0}\right)^2 \tag{7-3-19}$$

式中，V 为某一相对压力 p/p_0 下的吸附量，即已经填充的微孔体积；V_0 为微孔饱和吸附体积，即微孔体积；D 为随吸附质、吸附剂和温度变化的常数。

以 $\lg V$ 对 $[\lg(p/p_0)]^2$ 作图得到一条直线，通过截距得到饱和吸附量或微孔体积。DR 方程一个非常重要的应用实例就是计算微孔活性炭和分子筛等微孔材料的孔体积。

为了描述非均匀微孔体系，Dubinin 和 Astakhov 扩展了 DR 方程的应用范围，提出了一个更加通用的方程，即将 DR 方程指数项中的二次方改为 m 次方，得到 DA 方程：

$$\lg V = \lg V_0 - D\left(\lg \frac{p}{p_0}\right)^m \tag{7-3-20}$$

m代表微孔分布的离散特性(对于微孔活性炭，m 的取值为 2～6)，DA 方程以孔径分布为基础而不是以 Gauss 孔径分布为基础，故 DR 方程是 DA 方程的一个特例。因此，微孔体积的求算还需要选择合理的孔模型和相应的计算方法。

3. 微孔填充理论和 HK 方程

HK(Horvath 和 Kawazoe)方程是基于活性炭的狭缝孔，假定在微孔中气体吸附遵循微孔填充理论，将狭缝孔吸附势表达为孔径的函数，进而用吸附等温线计算吸附量，并计算孔径分布。

后来 Saito 和 Foley 推导了圆柱孔的 HK 方程，Cheng 和 Yang 推导了球形孔的 HK 方程，修正后的 HK 方程可用于沸石和分子筛孔径分布的计算。HK 方程已经成为表征微孔材料孔结构，计算孔径分布的半经验方法。

所有 HK 模型的基本框架是相同的，吸附的势能函数 U_0 可用以下方程描述：

$$RT\ln\left(\frac{p}{p_0}\right) = U_0 + P_\alpha \tag{7-3-21}$$

式中，U_0 为吸附质-吸附剂间的相互作用能；P_α 为吸附质和孔壁间的相互作用能。

尽管该 HK 模型有很大的实用性，但在实际测试时大多数吸附等温线数据在相对较高压力下与亨利定律的等温线数据有偏差。原始模型假设吸附等温线遵循亨利定律，1994 年 Cheng 和 Yang 引进了一个修正项，修正后的 HK 方程为

$$RT\ln\left(\frac{p}{p_0}\right) + \left[RT + \frac{RT}{\theta}\ln(1-\theta)\right] = U_0 + P_\alpha \tag{7-3-22}$$

Cheng-Yang 修正后的 HK 方程推测出当孔径趋于无穷大时，平均相互作用能趋近于零。显然，吸附质-吸附质间存在相互作用，甚至在最大孔径中的相互作用能也不能趋于零，与上部分提到的原始 HK 模型不一致。

Rege 和 Yang 于 2000 年提出了一种基于吸附质分子微孔填充的势能分布的新模型。假设吸附质分子在微孔填充中占据离散位置，用分子与其紧邻分子间的最小势能进行加权平均计算分子间距和分子相互作用能。该模型还假定气体分子优先填充在孔隙内势能最小的位置，这与能量分布的 Boltzmann 定律相符。此外，假定气体分子仅与其邻近分子发生相互作用。这与实验结果一致，实验表明固体催化剂表面单分子层的吸附能量最高，随后气体吸附质分子的多层吸附的吸附能量几乎恒定。基于 Horvath-Kawazoe 原理，孔径分布的新模型已经适用于狭缝孔、圆柱孔以及球形孔。

新模型认为吸附作用中的自由能变化 $RT\ln(p/p_0)$与摩尔平均相互作用能 $N_{A\upsilon}\bar{\varepsilon}$ 相等，得到修正 HK 方程：

$$RT\ln\left(\frac{p}{p_0}\right) = N_{A\upsilon}\bar{\varepsilon} \tag{7-3-23}$$

运用 Cheng 和 Yang 给出的等温线非线性修正，得到修正后的 HK-CY 方程：

$$RT\ln\left(\frac{p}{p_0}\right)+\left[RT+\frac{RT}{\theta}\ln(1-\theta)\right]=N_{\mathrm{Av}}\overline{\varepsilon} \tag{7-3-24}$$

圆柱孔模型的孔径分布可以由 HK 方程[式(7-3-23)]或 HK-CY 方程[式(7-3-24)]确定。

7.3.8　压汞法

压汞法广泛用于多孔材料孔径分布和比表面积测试。由于表面张力，汞对于多数固体是非润湿的，接触角在 120°～150°变化[3]，如玻璃 135°～140°、硫铁矿 146°、云母 126°。氧化物固体催化剂表面接触角通常选 $\theta=140°$，汞难以浸入毛细管孔中，必须外加压力，克服毛细管阻力，汞才能进入毛细管孔。

采用圆柱孔模型，毛细管孔的半径为 r，沿毛细管孔壁周长由表面张力引起的毛细管阻力为$-2\pi r\sigma\cos\theta$(σ 为汞的表面张力)；克服表面张力的外力(外加压力 p)作用在整个孔横截面上，等于 $\pi r^2 p$。当外力与阻力相等时，汞才能压入半径为 r 的毛细管中，即

$$\pi r^2 p=-2\pi r\sigma\cos\theta$$

$$r=-\frac{2\sigma\cos\theta}{p} \tag{7-3-25}$$

此方程常称为 Washburn 方程。其中，汞的表面张力 $\sigma=0.48\ \mathrm{N/m}$，汞与各类物质间的接触角取 $\theta=140°$，故式(7-3-25)可简化为

$$r=7260/p \tag{7-3-26}$$

式中，r 以 nm 为单位；p 以 1.013×10^5 Pa 为单位。

也就是说，对于半径为 7260 nm 的孔，需用 0.1013 MPa 的压力才能将汞压入；同理，对于半径为 7.26 nm 的孔，需施加 101.3 MPa 的压力才能将汞压入。在较低压力下，大孔被汞充满。随着压力增大，中孔及微孔逐渐被充满，直至所有孔均被充满，此时压入汞的量达到最大值。压汞法可测的孔径上、下限分别受最低外加压力、最高外加压力限制。目前压汞仪使用压力为 200～400 MPa，因此可测孔半径范围为 3.75～750 nm。

实验时，记录一定外压 p_i 压入的汞体积，然后借助式(7-3-25)计算出相应外压下的孔半径 r_i，这样就可求出对应尺寸的孔体积，得到孔体积随孔尺寸变化的曲线，从而得出催化剂孔径分布。

固体催化剂的孔结构多是不规则的。即使是密堆积的球形颗粒，圆柱孔、狭缝孔也不能准确地描述真实情况。压汞法主要采用圆柱孔模型研究固体催化剂的孔径分布，除平行板模型可以提供某些信息外，球堆积模型、“无模型”等对催化剂孔测定均没有太大意义，特别是对于墨水瓶孔，这是一种瓶颈处(压入的汞的进、出口处)比孔结构本身狭小的孔。根据式(7-3-25)计算可知，随着外部压力的增大，大孔、中孔及微孔逐渐被充满，直至所有孔均被充满。而在墨水瓶孔中，当压力增加时汞却不能通过瓶颈处狭窄进口而充满整个孔结构。直到压力增加到与瓶颈处狭窄进口相对应的数值时，汞才能通过进口填满孔洞。因此，相应的这种压力的孔体积的实验数据就会偏高。

压汞法测量时样品管需要的真空度很高，因此要求样品干燥，不含可挥发水分。此外，汞必须是高纯度的(经过酸洗、干燥和蒸馏)，才能保证接触角测量的可重复性。汞本身略具可压缩性，由压缩系数和压力变化引起的系统误差非常小，故不必对不含孔的固体催化剂进行空白

试验。

与气体吸附法相比，压汞法由于其原理和操作简单、测试速度快、对样品形状没有特别要求，已经成为测量大孔和中孔分布的有效方法。它测定的孔径范围为 4～7500 nm，比其他方法要宽得多，尤其是对于大孔(大于 0.15 μm 的孔)的测量，它弥补了气体吸附法的不足。但是压汞法也存在很大的缺点和局限性：对于宽度不到 1 nm 的微孔很难进行测量；测量孔径分布的方法基于理想化的孔模型，但是此类模型并不能准确反映固体催化剂的真实情况(假设所有孔都与固体催化剂的外表面连接)，而且造成的误差可能相当大；此外，汞很难从多孔固体中全部回收，从这个方面来讲，压汞法是有破坏性的。

7.3.9　其他孔结构表征方法

孔结构的表征方法除上述两种常见方法外，还有小角 X 射线散射法、电子显微镜法、小角中子散射法等[10]。

小角 X 射线散射(small-angle X-ray scattering，SAXS)是发生在原光束附近的相干散射现象，物质内部尺寸在一到数百纳米范围的电子密度起伏是产生这种散射效应的根本原因。固体催化剂孔为一相，本体骨架为一相，这两相之间存在电子密度差。介孔材料可以形成规整周期的孔结构，可以看作多层结构，并且介孔阵列的周期常数处于纳米量级，其主要的几个散射峰都出现在低角度范围($2\theta = 0°$～$10°$)。因此，可以用小角 X 射线散射测定介孔材料孔壁之间的距离，用小角散射峰表征有序介孔材料的孔径。此外，小角 X 射线散射还可以用来表征封闭孔的孔径分布。

对于孔排列不规整的多孔材料，小角 X 射线散射法不能获得其孔径大小的结果。也就是说，小角 X 射线散射没有小角度峰不代表一定不是介孔，而可能是介孔的排列不规整，因此要结合孔吸附测试结果表征。

电子显微镜法以直接观察和测量孔的大小为依据，但是在大多数情况下，由于孔的形状变化不一，在进行有意义的孔大小测量时经常遇到困难，因而很难获得准确的数据。一般来说，为了得到有关孔结构的定性评价以及催化剂形貌和纹理等方面特征，电子显微镜法是非常重要的。

扫描电子显微镜是观察和研究物质微观形貌的重要工具，为研究材料的形貌和大小提供直观的证据(见第 12 章)。电子束从电子枪中发射出来，被加速的高能电子打在样品表面与样品作用后被检测器捕获，然后检测器信号送到记录仪，在屏幕上显示出来，即得到 SEM 图。以不同的放大倍率观察样品的颗粒和晶粒大小、形状和分布，再通过分析就可以得到其中孔结构的分布状况。扫描电子显微镜对于较大的孔结构的观察直观、有效，如多孔无机分离膜，但是对于微孔和介孔的观察效果不好，此时要借助透射电子显微镜观察。

透射电子显微镜是一种高性能大型精密电子光学仪器(见第 12 章)。电子从透射电子显微镜电子枪中射出，经过光学系统聚焦后照射在样品表面。由于在样品的不同位置电子束透过率不同，因此可以形成明暗不同的影像。利用磁透镜对穿过样品的电子束进行放大，将样品中超微结构信息以电子图像的方式显示在荧光屏上。透射电子显微镜可直接观察介孔材料的孔径分布状况，具有可靠性和直观性。

小角中子散射(small-angle neutron scattering，SANS)可获得有关孔大小分布的信息，从某种意义上讲，类似于 X 射线。但是 X 射线法测试时散射横截面随原子序数的增加而显著增大，而小角中子散射法测试时不存在散射横截面随原子序数的增加而增大的情况，且元素散射的横截面变化比 X 射线小。因此，存在化学不均匀性时，采用中子散射法能比用 X 射线更加顺利地研究孔的结构[11]。

7.4　固体催化剂的孔结构与催化作用

催化剂常为多孔性的。化学反应由多孔性催化剂催化时，既表现一般催化反应的规律，如加快反应速率等；还有它自己的特殊规律，如催化剂的孔不同时，造成催化剂表面积不同，直接影响反应速率的改变，或者孔结构不同影响反应物向孔中扩散，使催化剂表面利用率不同，从而影响反应速率；孔结构的不同也会影响一系列动力学参数，如反应级数、速率常数、活化能及选择性，此外还能影响催化剂的寿命、机械强度、耐热性等。因此，研究孔结构及其对一系列动力学参数的影响，对改进催化剂、提高产率和选择性具有重要意义。

7.4.1　固体催化剂的孔结构与组成

固体催化剂的结构与组成分为以下四个层次。

1. 催化剂的外形

催化剂常见的形状有纳米颗粒、柱状、条形、球形、纤维状、多孔柱形、薄膜状等。球形催化剂具有较高的表面积和均匀的孔隙结构，有利于反应物质的扩散和接触，提高催化反应的效率。多孔柱形结构的催化剂具有更大的表面积和更多的活性位，不仅可以增加反应物与催化剂的接触面积，提高反应速率，还能提高催化剂的机械性能和抗压能力。纳米颗粒催化剂具有较小的粒径，可以提供更多的活性位，增强催化反应的效果。显然，催化剂的形状设计是根据催化反应的需求和催化剂的特性确定的。需要考虑催化剂的稳定性、活性位暴露程度、反应物与催化剂的质量传递等因素，以实现高效、稳定的催化反应。

2. 催化剂的孔及其孔结构

工业催化剂或载体多为多孔材料，是具有发达孔系的颗粒集合体，如图 7-4-1 所示。一般情况是一定的原子(分子)或离子按照晶体结构规则组成的含有微孔的纳米级晶粒；而因制备化学条件和化学组成的不同，若干晶粒又可聚集为大小不一的微米级颗粒，然后工业成型为更大的团粒或有不同几何外形的颗粒集合体。不同的制备方法会产生不同的孔结构。例如，高温烧结或挤压成型的多孔固体的孔结构是无规则的；胶体在充水的初级结构中沉淀、收缩、老化，会产生特征性的微孔结构。孔的大小和形状取决于粒子的大小、形貌和堆积方式。孔的形状有盲孔、通孔、交联孔、瓶中船等类型。

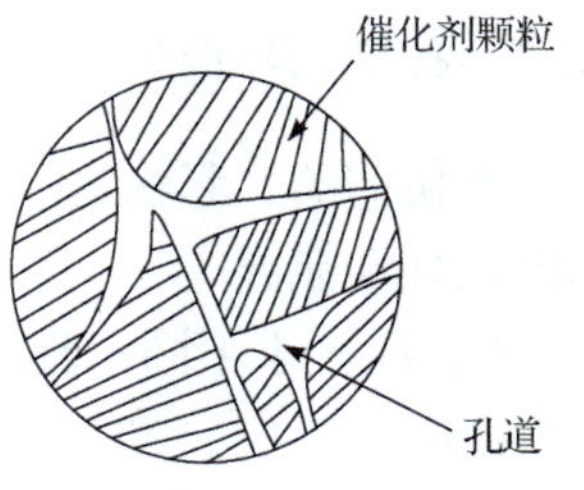

图 7-4-1　催化剂的孔道结构

3. 催化剂的外表面及其孔壁

孔壁也称内表面。催化剂的内、外表面仅为反应物与催化剂的相互接触提供界面，本身不与反应物分子发生化学作用，使其活化。

4. 催化剂内、外表面的物质结构和组成

构成内、外表面的物质结构、表面形貌、表面结构、表面组成、活性组分原子或离子的排布方式才是催化剂真正起催化作用的原因。如图 7-4-2 所示，对于非负载型催化剂，起催化作用的主要是孔道内表面的几层原子。对于负载型催化剂，催化活性组分与载体表面的几层原子之间的相互作用对催化反应的效率或选择性起关键作用。

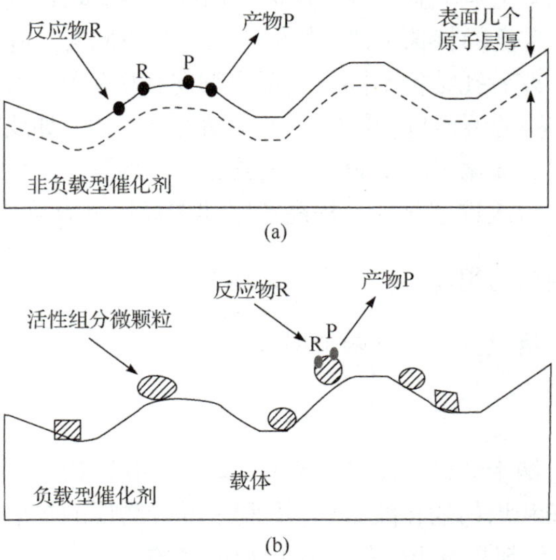

图 7-4-2　催化剂表面微区结构和组成的示意图

不同的研究目的及催化剂的开发对这四个构造层次的着重点不同：实验室改进催化剂、开发催化剂及其理论研究，着眼点是催化剂的第四构造层次，即研究活性组分的组成、表面结构与催化性能的关系。工业化催化剂的开发研究，着眼点是在第四构造层次的基础上改进第二和第三构造层次，并使其最优化。

总之，涉及催化剂的有关研究都需要考虑催化剂的这四个层次。只有这四个层次达到最优化，才可获得最佳工业型催化剂。

7.4.2　孔结构与催化作用

催化剂的孔起输送反应物和产物的作用，即在孔中发生传质。孔结构可在以下几个方面影响催化剂性能：

(1) 孔大小不同，具有不同的扩散速率，影响催化剂活性和选择性。

(2) 孔大小一定时，小孔有利于小分子富集，改变反应物浓度比，影响选择性。

(3) 孔的结构影响催化剂的机械强度。孔越多、越大，越有利于传质，易粉化。

(4) 当孔径<1 nm 时，孔的大小与反应物、产物分子的大小相近，会产生择形催化，影响催化剂的选择性和活性。

多孔催化剂的表面积主要由内表面贡献。孔径越小、数目越多，则比表面积越大。因此，催化剂的孔结构与催化活性存在密切关联。催化剂的内、外表面积越大，其活性中心数量越多，则反应物与活性中心碰撞的概率越大，反应物被活化的概率也越大，最终获得的催化活性越高。

此外，通过分析催化剂反应前后表面积的变化，还可以判断催化剂失活的原因。当催化剂失活时，若有总表面积下降或活性表面积下降现象，则失活原因可能为烧结，包括载体烧结或活性组分烧结；若总表面积不变或变化不大，而活性表面积下降，则失活原因可能为中毒或杂质沉积。

习　题

1. 简述化学吸附与物理吸附的差异。
2. 简述 BET 与 Langmuir 吸附等温式的模型。
3. 吸附等温线中，Ⅰ型和Ⅱ型吸附等温线分别表示什么样的表面？*B* 点的含义是什么？
4. 微孔、介孔、大孔的孔径范围如何界定？如何根据吸附等温线求取比表面积和孔径分布？
5. BJH 法为常用的低温吸附模型，与 BET 法有何区别？
6. 简述非孔性、多孔性固体催化剂的 *V*-*t* 曲线类型。
7. 查阅资料，简述孔结构的表征方法。
8. 简述孔与催化作用之间的关系。

参 考 文 献

[1] 陈永. 多孔材料制备与表征. 合肥: 中国科技大学出版社, 2010.
[2] Everett D H. Manual of symbols and termeinology manual of symbols and termeinology manual of symbols and terminology for physicochemical quantities and units, appendix Ⅱ: Definitions, terminology and symbols in colloid and surface chemistry. Pure Appl Chem, 1972, 31: 578-680.
[3] 尹元根. 多相催化剂的研究方法. 北京: 化学工业出版社, 1988.
[4] 刘维桥, 孙桂大. 固体催化剂实用研究方法. 北京: 中国石化出版社, 2000.
[5] Tomas J M, Lambert R M. 催化剂的表征. 黄仲涛译. 北京: 化学工业出版社, 1987.
[6] 刘希尧. 工业催化剂分析测试表征. 北京: 烃加工出版社, 1990.
[7] 辛勤, 罗孟飞, 徐杰. 现代催化研究方法新编. 北京: 科学出版社, 2018.
[8] Sing K S W, Everett D H, Haul R A W, et al. Reporting physisorption data for gas/solid systems. Pure Appl Chem, 1985, 57(4): 603-619.
[9] 刘希尧. 固体催化剂的研究方法. 石油化工, 2000, 1: 31, 63-75.
[10] 赵地顺, 等. 催化剂评价与表征. 北京: 化学工业出版社, 2011.
[11] Schelten J, Hendricks R W. Recent developments in X-ray and neutron small-angle scattering instrumentation and data analysis. J Appl Cryst, 1978, 11(5): 297-324.

第 8 章　催化反应器及催化剂活性评价方法

催化反应器是装填催化剂的容器，也是评价催化剂性能和反应动力学的重要工具。选择合适的反应器是评价催化剂的重要方面。实验室反应器的选择应根据反应体系的物理性质、反应速率、过程条件、所要获取信息及吸放热情况等决定。实验室反应器大致分为间歇式、连续流动式、脉冲式。其中，连续流动式反应器又分为循环流动反应器、固定床反应器、流化床反应器。脉冲反应器又分为催化脉冲反应器和催化色谱反应器。催化反应器的重要发展基本来自新催化剂的发展，因此本章主要讨论催化反应器的基本类型、催化反应动力学模型和催化剂活性评价的方法。

8.1　催化反应器和多相催化反应评价系统

化学反应器按结构原理的特点分类，可分为管式反应器、釜式反应器、塔式反应器、固定床反应器、流化床反应器、移动床反应器、滴流床反应器和膜反应器等；按操作方式分类，大致分为三类：间歇式反应器、连续流动式反应器和半间歇(或半连续)反应器。由于反应器各式各样，不可能一一介绍，因此本节主要介绍实验室和工业应用常见的间歇式和连续流动式反应器以及膜催化反应器和光电催化反应器。

8.1.1　间歇式反应器

采用间歇操作的反应器称为间歇式反应器，它是指反应在密闭体系内进行，反应物料和催化剂一次性加入，反应过程中与外界无物质交换。间歇式反应器主要应用于溶液体系、固液反应体系和气固液三相反应体系，如均相催化反应、液相光催化反应，常见的有机合成反应等。其优点是快速、简单，缺点是温度低，液相体系通过搅拌可以保持体系均匀和催化剂与反应物的良好接触，但对于气相反应不易做到。

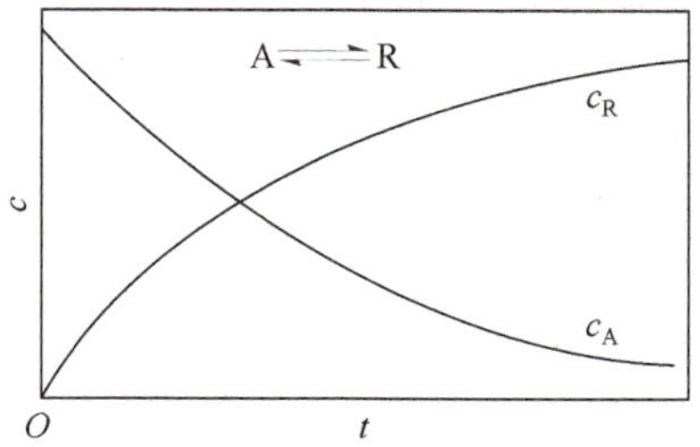

图 8-1-1　间歇反应过程反应物系浓度与时间的关系

间歇反应过程是非定态过程，反应器内物系的组成随时间而变，这是间歇操作的基本特征。图 8-1-1 中间歇式反应器中反应物的浓度 c_{A0} 逐渐降低至零(不可逆反应)，若为可逆反应则降至极限浓度，即平衡浓度。对于单一反应，反应产物 R 的浓度则随时间的延长而增大。若反应物系中同时存在多个化学反应，反应时间越长，反应产物的浓度不一定越大，串联反应 A→R→Q 便属于这种情况，产物 R 的浓度随时间的延长而增大，达到极大值后又随时间而降低。因此，并不是反应时间越长越好，需进行具体分析。

间歇式反应器在反应过程中既没有物料的输入，也没有物料的输出，即不存在物料的流动。整个反应过程都是在恒容条件下进行的。反应物若为气体，则必充满整个反应器空间，体积不变；若为液体，虽然不充满整个反应器空间，但压力变化引起的液体体积的改变通常可以忽略，因此按恒容处理也足够准确。

采用间歇操作的反应器几乎都是釜式反应器，其余类型较罕见。釜式反应器一般内设机械搅拌装置(图 8-1-2)，也称机械搅拌反应釜，其高度和直径比一般为 1～3。

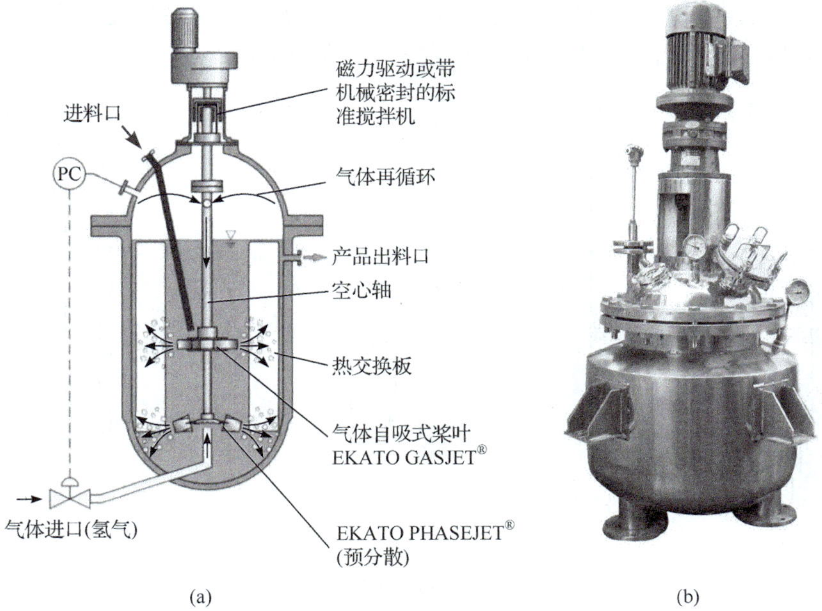

图 8-1-2　机械搅拌反应釜的内部结构示意图(a)和实物图(b)

8.1.2　连续流动式反应器

连续操作的反应器称为连续流动式反应器。其操作方式的特征是连续地将原料输入反应器，反应产物也连续地从反应器流出。

连续操作多属于定态操作，此时反应器内任何部位的物系参数(如浓度及温度等)均不随时间而改变，但随位置而变，图 8-1-3 表示反应器内反应物浓度随反应器轴向距离变化的情况。反应物 A 的浓度从入口处的浓度 c_{A0} 沿反应物料流动方向降低至出口处的浓度 c_{AL}。与此相反，产物 R 的浓度则从入口处的浓度(通常为零)逐渐升高至出口处的浓度 c_{RL}。对于可逆反应，无论 c_{AL} 或 c_{RL} 均以其平衡浓度为极限，但要达到平衡浓度，反应器需无穷长。对于不可逆反应，反应物 A(不过量)虽可转化完全，但某些反应同样需要无限长的反应器才能实现。图 8-1-3 与图 8-1-1 有些类似，但一个是随时间而变，另一个是随位置而变，这反映了两种操作方式的根本区别。

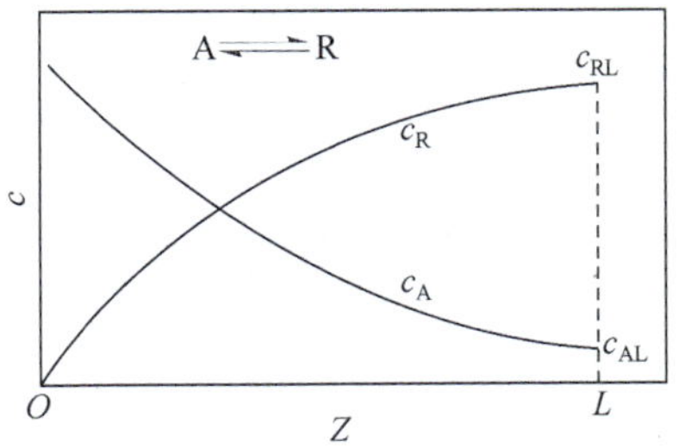

图 8-1-3　连续流动式反应器中反应物系浓度随反应器轴向距离的变化

大规模工业生产的反应器绝大部分都采用连续操作，因为它具有产品质量稳定、生产效率高、便于实现机械化和自动化等优点。

对于催化反应体系，无论是实验室用还是工业应用的反应器，一般采用固定床反应器、流化床反应器和移动床反应器。

1. 固定床反应器

固定床反应器特征为反应器内填充有固定不动的固体催化剂，是一种被广泛采用的多相催化反应器，如合成氨、甲醇合成、苯氧化及邻二甲苯氧化等反应均采用该反应器。图 8-1-4 为列管式和 U 形管式固定床反应器，管内装有固体催化剂，反应物料自上而下通过固体催化剂颗粒床层，管间则为载热体或电炉对管内的反应物料进行加热，以维持催化反应所需温度。测量温度的热电偶可以外置也可以内置，取决于反应器的内部结构。

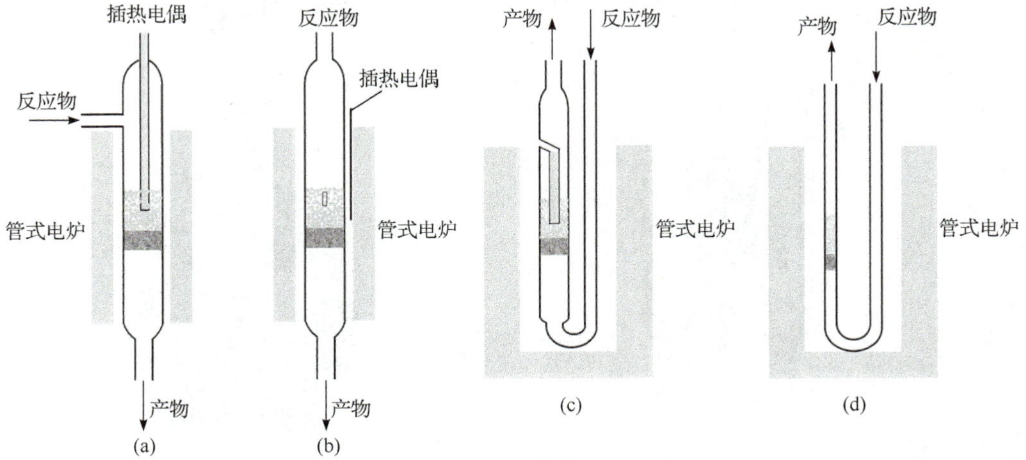

图 8-1-4　非循环固定床反应器示意图

(a) 热电偶内置的列管式反应器；(b) 热电偶外置的列管式反应器；
(c) 热电偶内置的 U 形管式反应器；(d) 热电偶外置的 U 形管式反应器

为了强化反应物到固体催化剂表面的传质过程，提高反应速率和产物收率，可以在固定床反应器内置搅拌器或外置循环泵，如图 8-1-5 所示。对于列管式固定床反应器[图 8-1-5(a)]，可以添加一个循环泵在反应器的出口处，将一次未反应完的反应物和部分产物重新输送到反应器进料口与新的物料合流，进入催化剂床层。对于卧式反应器[图 8-1-5(b)]和釜式反应器[图 8-1-5(c)]，在反应器内部添置的搅拌装置或者位于固体催化剂床层的下方，或者置于固体催化剂床层的上方。第一种循环结构的列管式固定床反应器多用于一次收率的多相催化反应体系，而卧式固定床反应器在气固多相光催化反应体系中较常见。

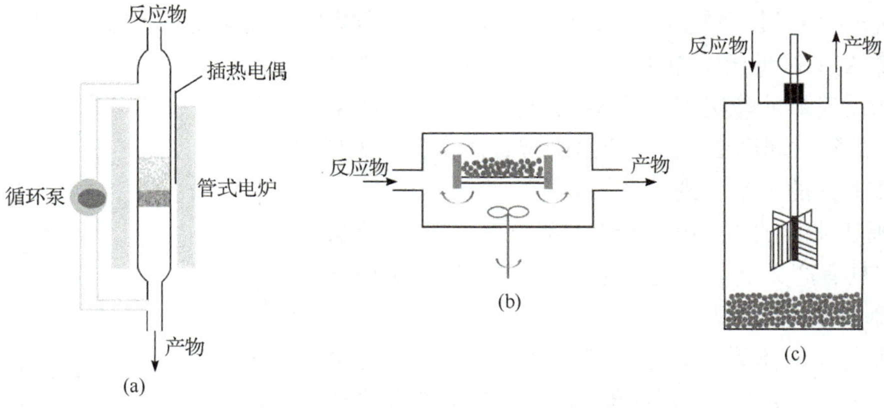

图 8-1-5　循环固定床反应器示意图

(a) 外置循环泵的列管式反应器；(b) 内置搅拌器的卧式反应器；(c) 内置搅拌器的釜式反应器

2. 流化床反应器

流化床反应器的特征是催化剂颗粒体系处于运动状态，且运动方向是多种多样的。一般可分为两大类：一类是固体颗粒被流体带出，经分离后再循环使用，称为循环流化床；另一类是固体颗粒在流化床反应器内运动，流体与固体颗粒构成的床层犹如沸腾的液体，故又称沸腾床反应器。这种床层具有与液体类似的性质，又称假液化层。图 8-1-6 是流化床反应器的结构示意图，反应器下部设有分布板，板上放置固体催化剂颗粒，流体自分布板下送入，均匀地流过颗粒层。当流体速度达到一定数值后，固体颗粒开始松动，再增大流速，即进入流化状态。反应器内一般都设置挡板、换热器以及流体与固体颗粒分离装置等构件，以保证达到良好的流化状态和所需的温度条件，以及反应后的物料分离。流化床反应器可用于气固、液固及气液固催化反应，是工业催化生产中较广泛使用的反应器，典型的应用实例是催化裂化反应装置，采用循环流化床，还有一些气固相催化反应，如萘氧化、丙烯氨氧化和丁烯氧化脱氢等采用的是沸腾床反应器。

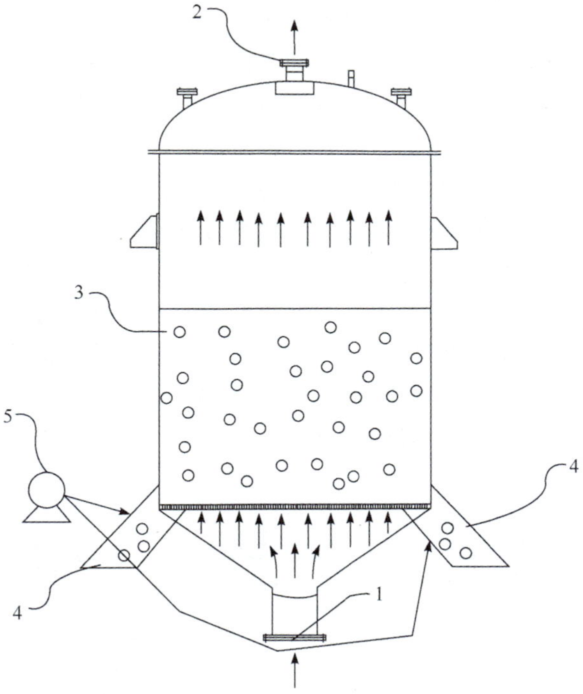

图 8-1-6　流化床反应器的结构示意图(单位：mm)

1. 反应物入口；2. 出口；3. 固体催化剂床层；4. 固体催化剂收集装置；5. 泵

3. 移动床反应器

移动床反应器也是一种有固体催化剂颗粒参与的反应器，与固定床反应器类似，不同的是固体颗粒自反应器顶部连续加入，自上而下移动，由底部卸出，再用提升装置将其输送至反应器顶部后返回反应器内。反应流体与催化剂颗粒呈逆流，此种反应器适用于催化剂需要连续再生的催化反应过程，图 8-1-7 为移动床反应器示意图。应用移动床反应器的重要化工生产过程有连续重整、二甲苯异构化等催化反应过程，以及连续法离子交换水处理过程和太阳能热化学

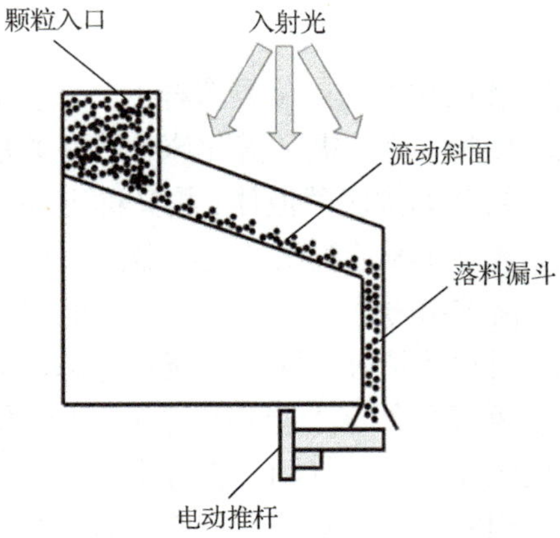

图 8-1-7　移动床反应器示意图

储能过程。与固定床反应器及流化床反应器相比，移动床反应器的主要优点是可以在较大范围内改变固体和流体的停留时间，返混较小(与固定床反应器相近)，也可适用于固体物料性状以中等速度(以小时计)变化的反应过程。移动床反应器的缺点是控制固体颗粒的均匀下移比较困难。

8.1.3　膜催化反应器

膜催化反应器是用催化剂膜材料做成的反应器。将具有化学活性的基质制成催化剂膜，催化反应物的化学转化甚至选择性化学转化。膜材料依据孔结构可分为致密膜、多孔膜、微孔膜和超微孔膜等，依据材质又可分为无机膜(如金属膜、固体电解质、陶瓷膜和玻璃膜)和有机膜等。这些膜材料都可用于制备多相催化剂和膜催化反应器。例如，Pd 合金膜可使 H_2 选择性地透过，而 Ag 合金膜则可使 O_2 选择性地透过。膜催化反应器可以快速移除催化反应过程中形成的某种产物，打破化学反应的平衡状态，使反应不断向生成产物的方向进行，因此膜催化已经逐渐发展成为催化科学的重要研究领域之一。

膜催化反应器的设计涉及膜催化剂、膜反应器和膜分离技术的组合，分三种类型：

(1) 反应器作为分离的组成部分，将膜与催化剂分开。此类膜催化反应器如图 8-1-8 所示，应用 Pd 膜反应器进行环己烷脱氢制苯研究[1]。Pd 膜的厚度为 200 μm，应用 0.5%(质量分数)Pt/Al_2O_3 为脱氢催化剂。Pd 膜管既可作为催化剂的容器，也是氢气扩散的膜材料，使氢气脱离催化剂并扩散，从而促进反应向生成产物的方向进行。反应中应用氩气为载气，以便将脱出的氢气带离反应区。采用这种膜催化技术可使环己烷的转化率达到 100%，如果使用常规的反应器，则相同温度下环己烷的平衡转化率仅为 18.7%。

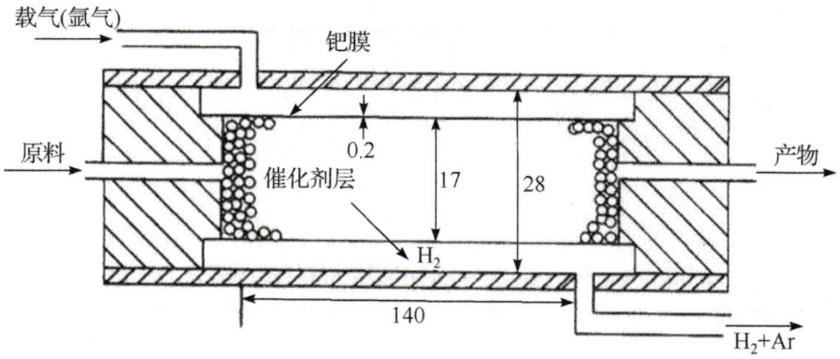

图 8-1-8　装有催化剂的钯膜反应器的结构示意图(单位：mm)

(2) 将催化剂直接制成膜。

(3) 将具有催化性能的组分负载在膜载体上。

后两种情况也可以称为膜催化剂。膜催化剂扩散阻力较小，易于控制反应温度，并对反应物或产物分子具有选择渗透性能，因此目标产物的选择性非常高。图 8-1-9 为一种钯基催化膜的三层结构示意图[2]，Al_2O_3 中空纤维衬底的外侧为具有纳米孔隙的 Linde A 型沸石分子筛，内侧为超薄(1 μm)钯膜。沸石分子筛层中存在均匀的纳米级孔隙，可作为碳氢化合物与钯膜接触的屏障，其选择性地允许 H_2 渗透到膜中。与仅有内涂层钯膜相比，该膜在存在较轻碳氢化合物(C_3H_8 和 C_3H_6)的情况下表现出更优异的性能。由于反应过程中不断从产物混合物中除去氢，丙烷在膜催化反应器中发生的转化比传统的固定床催化反应器高 15%。

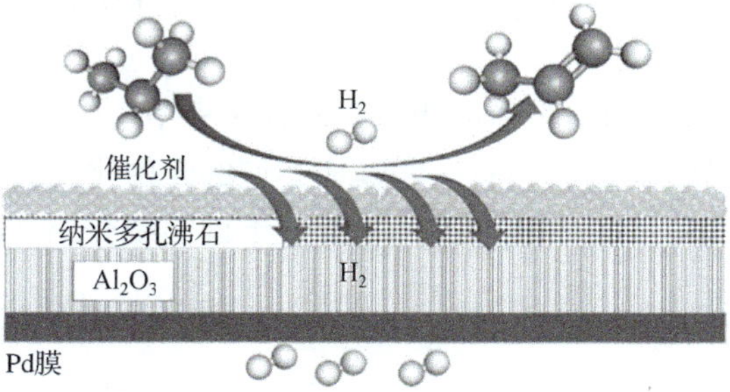

图 8-1-9 钯基催化膜的三层结构示意图

显然，膜催化反应器具有以下几个优点：

(1) 反应与分离耦合，允许从反应区选择性地除去产物，简化随后的产物分离过程，降低反应后从产品中分离催化剂的运营成本，省去反应物的循环过程。

(2) 降低操作温度，从而减少催化剂结焦。

(3) 摆脱热动平衡的制约，促进脱氢反应向右进行，大大提高催化反应物的转化。

(4) 提高催化剂活性，减少平行副反应和副产物，使产品纯度更高。

(5) 提高催化区域内反应物和产物的扩散，使反应速率加快，选择性增强。

(6) 产物可运用到另一个反应中，实现反应的耦合。

8.1.4 光催化反应器

光催化反应是利用太阳光或模拟太阳光灯辐照催化剂驱动反应发生。与热催化反应相比，光催化反应通常在常温常压下进行，对反应器的耐温耐压要求不高，但设计更复杂。反应器的设计参数包括：操作模式、相存在方式、流动特征、热交换条件、反应混合物组成及操作条件等。除了考虑传统反应器的质量传递和混合、反应物与催化剂的接触、流动方式、反应动力学、催化剂的负载、温度的控制外，还要考虑光源的配置、光在反应器内的传播与分布、光照的均匀性和通透性、光源的特点等因素。这给光催化反应器的理论分析、实验研究和工业化应用都带来了挑战，尤其是多相体系固体催化剂的存在进一步增加了难度。因此，研究光催化反应器主要针对两个方面：光子到催化剂活性中心的传递限制和反应物到催化剂活性中心的传质限制。

光催化反应器按光源的照射方式可分为非聚集式反应器和聚集式反应器。非聚集式反应器可以采用电光源，也可以采用太阳光源，光源大多垂直于反应面进行照射。该反应器的优点是结构简单、操作方便，缺点是采用电光源的反应器运行费用过高，采用太阳光源的反应器反应速率较慢。聚集式反应器以太阳光作为光源，一般采用抛物槽或抛物面收集器聚集太阳光并辐射在能透过紫外光的中心管上。聚集式反应器能够利用直射和反射的光线，在一定程度上克服了非聚集式反应器的缺点。

光催化反应器按光催化剂的存在形式又可分为流化床反应器和固定床反应器。在流化床反应器中，催化剂粉末直接或负载在颗粒状载体上以悬浮态存在于水溶液中，能随待处理液发生翻滚、迁移。在固定床反应器中，催化剂多负载在具有较大表面积的载体上，待处理液流过催化剂表面发生反应。流化床反应器结构相对简单，催化剂与污染物接触面积大，但催化剂难以回收，活性成分损失大，而且在水溶液中易于凝聚，因此很难成为一项实用的污水处理技术。固定床反应器操作简单，废水可循环处理，实现了催化与分离一体化，避免了催化剂的分离和回收过程。但在高温烧结过程中催化剂的多孔结构和暴露在外的面积会发生变化，催化剂与液相的有效接触面积较小，催化效率不高。载体的选择和催化剂固定技术已成为固定床反应器研制过程中十分关键的环节。

光催化反应器按照反应器的结构和形状又可分为平板型反应器、浅池型反应器、管式反应器和环形反应器(或圆筒形反应器)。还有一些其他类型的光催化反应器，如光学纤维束反应器等。下面简要介绍几种常用的光催化反应器。

1. 悬浮式光催化反应器

目前，最常见的光催化反应器是悬浮式反应器。图 8-1-10 显示了一种典型的悬浮式光催化分解水反应器示意图[3]，在这种反应器装置中，反应浆料悬浊液置于反应罐(由不锈钢、Pyrex 耐热玻璃、石英等材料制成)，利用磁力搅拌器充分搅拌浆料，阻止催化剂颗粒沉积。反应器周围有冷却水冷却，从而使反应温度恒定在 25℃。反应器顶部有石英窗口，用于收集光子能量。太阳光或模拟太阳光从上往下辐照，光子透过石英窗口辐照反应浆料悬浊液中的催化剂，引发化学反应。除了上述典型的悬浮式光催化反应器外，完整的光催化系统还需要光源、抽空系统、产物收集装置和气体检测仪器仪表等。这种反应器常用于光催化分解水制氢、CO_2 还原和污染物降解等反应体系。

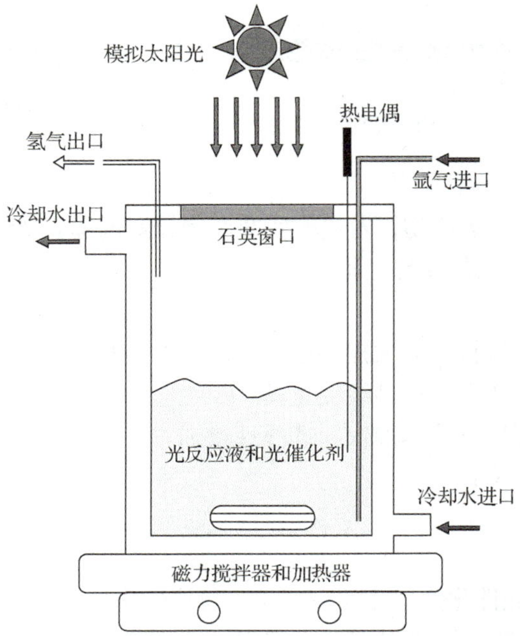

图 8-1-10　悬浮式光催化分解水反应器示意图

2. 固定床多相光催化反应器

固定床多相光催化反应器是反应器内填充固体光催化剂颗粒或表面涂有光催化剂膜的硅胶、γ-氧化铝、石英砂、玻璃珠等。这些载体通常为具有三维结构、结构紧密且多孔、直径在 100 μm 左右的透明或半透明的颗粒。与悬浮式反应器相比，固定床反应器不需要催化剂的分离。与镀膜式反应器相比，它不受传质的限制，但催化剂的制备相对复杂。载体的选择以及与催化剂的结合牢度等都有待深入研究。另外，催化剂长期使用造成脱落流失，进而导致反应物在反应器内部的流动和剪切等。

以气固多相光催化反应为例，其固定床反应器的结构如图 8-1-11 所示[4]。反应器由石英玻璃制成，形状可以是直管式，也可以是有一定厚度的平板式。反应物气体从进气口进入，通过催化剂床层后由出气口进入分析检测仪器。反应器上下和左右均布置紫外灯管或高压汞灯，对反应器内装填的催化剂进行辐照。灯管的数量依据反应器的尺寸和形状选择。

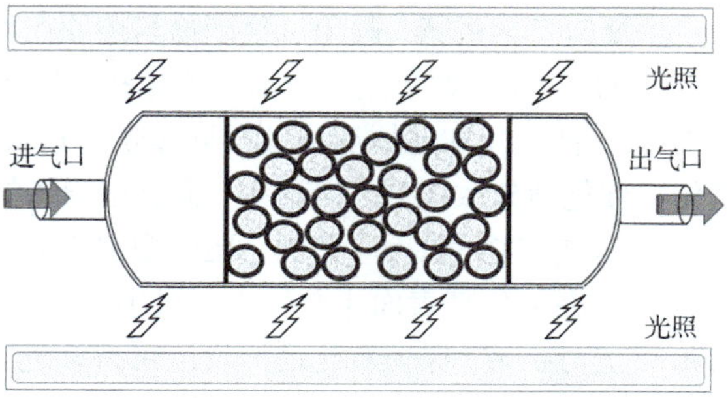

图 8-1-11　气固多相光催化固定床反应器的结构示意图

3. 流化床多相光催化反应器

流化床多相光催化反应器常采用的光催化剂载体为三维载体，颗粒比纳米粒子大得多，以便反应后与反应物分离，同时可用分子透过性膜或滤片将其封存在光催化反应器内实现连续化。流化颗粒在反应器内随反应物发生翻滚、迁移、剧烈扰动，使反应物浓度趋于均匀。在流化态下，光催化剂颗粒与入射光充分均匀接触，同时流化床的膨胀可提高床层的空隙率，使光和反应物充分进入床层内部，从而实现高效的光催化反应。流化床多相光催化反应器具有结构简单、催化剂与污染物接触面积大、传质效率高、操作范围宽、易实现工业化等优点，已成为该领域的研究热点之一，可广泛应用于废水和废气的处理。

图 8-1-12 展示了一种气固多相光催化流化床反应器的内部结构[5]。这种反应器呈圆筒形，其电光源内置于反应器中心。反应器的外层通冷却水，厚度约为 35 mm。冷却水的作用是将反应温度恒定在常温。光催化剂床层位于冷却水和电光源之间，中间用石英玻璃管隔开，厚度约为 25 mm，床层高度约为 100 mm。反应物气流从反应器的低端向上输送，光催化剂固体颗粒在气流速率达到一定数值时呈流化状态，将气态污染物氧化矿化分解成二氧化碳和水。当然，这种流化床反应器也可用于液态污染物的光催化降解反应，因此可统称为流化床光催化反应器。流化床反应器尽管解决了一些固定式填充床的问题，如光照催化剂的接触面和光照均匀度、催化剂与污染物的接触程度低等，但也存在下列问题[6]：流化颗粒在反应器内随反应物发生翻滚、迁移、剧烈扰动，使载体颗粒的催化剂膜易脱落；流化颗粒的薄膜牢度也是目前存在的主要问题之一；流化颗粒的流化状态，特别是颗粒与蠕动的关系、流体力学与颗粒的关系等的理论都有待深入研究。

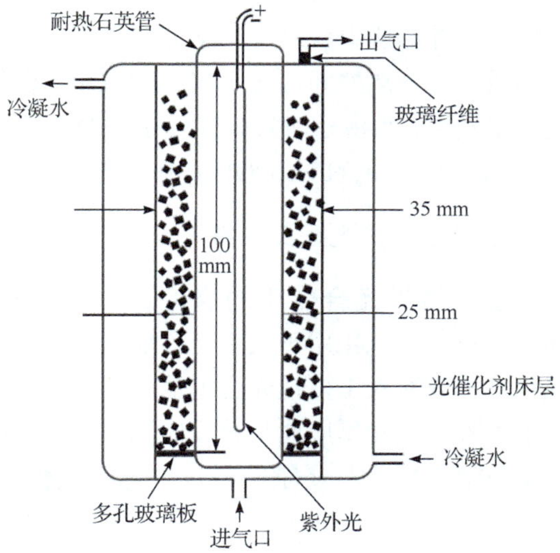

图 8-1-12　气固多相光催化流化床反应器的结构示意图

4. 双胞反应器

双胞反应器由两个相对独立的反应室构成，如图 8-1-13 所示[7]。其中一个反应室内发生氧化反应，还原反应则在另一个反应室内进行，避免氧化产物与还原产物接触发生逆反应，两个反应室用 Nafion 膜隔开，太阳光或模拟太阳光同时辐照氧化和还原两个反应室。两个反应室之间利用电子中继体传输电荷，使氧化和还原反应能够同步快速进行。以 Fe^{3+}/Fe^{2+}离子对为例，在氧化反应室内，氧化型催化剂分散在 Fe^{3+}溶液中，向其中通入氩气，水在催化剂表面氧化生成氧气，同时 Fe^{3+}还原为 Fe^{2+}；在还原反应室内，还原型催化剂分散在 Fe^{2+}溶液中，向其中通入二氧化碳气体，二氧化碳在催化剂表面还原生成有机小分子，同时 Fe^{2+}氧化为 Fe^{3+}。Fe^{2+}与 Fe^{3+}能够通过 Nafion 膜进行扩散，保证氧化还原反应可持续进行。这种反应器常用于全水分解产氢析氧和用 H_2O 还原 CO_2 制太阳燃料等反应体系。

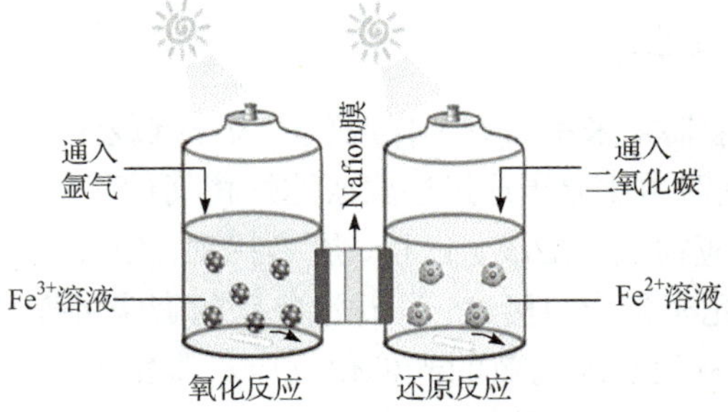

图 8-1-13　双胞反应器的结构示意图

Wang 等利用这种双胞反应器构建了一种以 Cu_2O-Pt/SiC/IrO_x 为主体的空间分离 Z-Scheme 光催化系统[8]，显著提高了用 H_2O 还原 CO_2 生成 HCOOH 的反应效率。该材料采用分步光沉积法，通过在 SiC 表面的不同位置沉积 Cu_2O 包覆的 Pt 颗粒和 IrO_x 纳米晶，构筑空间分离的活性位，并形成串联的直接 Z 形异质结构。随后，将 Cu_2O-Pt/SiC/IrO_x 复合材料和 Pt/WO_3 组装形成空间分离的间接 Z 形光催化系统，促使 CO_2 还原反应和 H_2O 氧化反应分别在不同的反应室中发生，产物分别为 HCOOH 和 O_2。光催化活性最佳的 Cu_2O-Pt/SiC/IrO_x 样品表现出高达 896.7 μmol/(g · h)的 HCOOH 产率和符合化学计量比的 O_2 产率，且具有良好的催化稳定性。

5. 双室人工光合反应器

受自然界光合作用的启发，Zhang 等[9]设计了一种双室人工模拟光合电池(artificial photosynthesis cell)用于人工光合反应，将 CO_2 还原成低碳燃料和化学品，并氧化 H_2O 析出氧气。这种双室人工模拟光合电池是一种全光驱动的人工光合反应器，简称 APS 反应器。它由质子膜隔开的光反应池与暗反应池构成，如图 8-1-14 所示。光反应池进行水氧化析氧反应，暗反应池进行 CO_2 还原反应。产生的气体由串联的气相色谱在线检测，液态产物用液相色谱

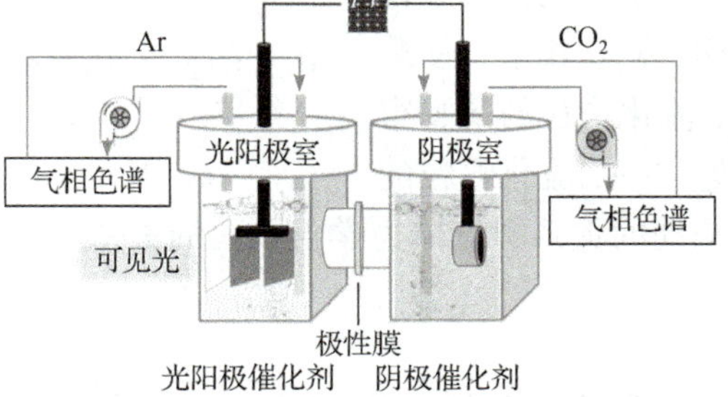

图 8-1-14　全光驱动的人工光合反应器的结构示意图

检测。反应器的工作原理是：太阳光或模拟太阳光辐照阳极光催化剂，产生电子和空穴。催化剂上的空穴将水氧化析出氧，并释放出电子和质子。质子通过双室之间的极性 Nafion 膜进入暗反应池，释放的电子在光伏电池的作用下快速传输到暗反应池的阴极催化剂上驱动 CO_2 的质子还原。

与单室的光电化学反应器相比，这种 APS 反应器的优点是，双室设计实现了产物的有效分离，避免了逆反应的发生；电极的设计和使用灵活多变，能实现全光吸收捕获，提升动力学催化速率。光伏电池(PV cell)与 APS 反应器(Ni-SNG|N-TiO_2)组合搭配能构建出自供能驱动的 CO_2 转换合成气器件。当使用氮掺杂的金红石相 TiO_2 作为光阳极和负载单原子 Ni 的 S、N 共掺杂石墨烯纳米片作为阴极催化剂时，反应器的量子效率和太阳能-化学能转换效率分别达到 6.3%和 5.1%。CO_2 还原速率高达 154.9 mmol/(g · h)，并且产物的比例(CO：H_2)可在 1：2 到 5：1 之间调控[9]。

8.1.5　多相催化反应评价系统

以甲烷有氧催化氧化反应为例，搭建一套气固多相催化反应评价系统装置，其流程如图 8-1-15 所示。整个系统装置由四部分组成：①气路系统；②催化反应系统；③产物检测系统；④温控系统。多相催化反应系统采用的反应器是管式固定床反应器。采用搭配有控温仪的电炉对反应器进行加热和调温。产物检测系统由六通阀和气相色谱仪组成。气相色谱仪用于定量定性测定反应物和产物组成与含量。一般情况下气相色谱仪要依据催化反应产物的组成选择色谱柱型号和类型，并装配一根或两根色谱柱。对于甲烷有氧催化氧化反应产物中的 H_2、CO、CH_4、CH_3OH、HCHO 等，可选用型号为 TDX 601 的色谱柱，该色谱柱使用 601 碳分子筛作为担体。

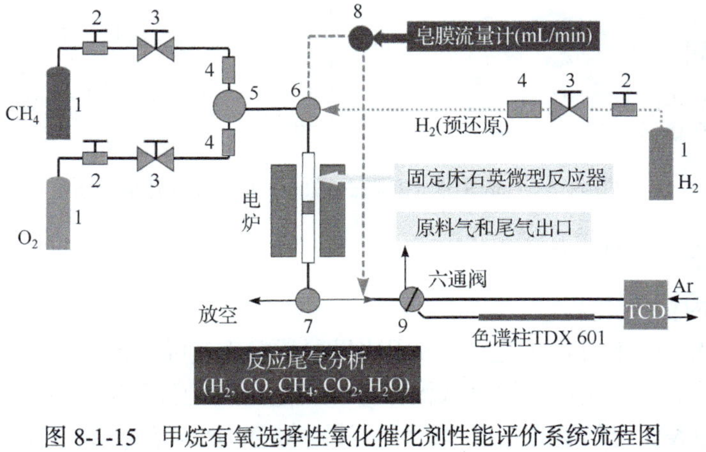

图 8-1-15　甲烷有氧选择性氧化催化剂性能评价系统流程图

1. 钢瓶；2. 减压阀；3. 稳压阀；4. 流量计；5. 气体混合器；6. 四通阀；7. 三通阀；8. 皂膜流量计；9. 六通阀

评价系统装置的主气路有三条：①原料气路：从装有反应物 CH_4 和 O_2 的两个钢瓶 1 经过减压阀 2、稳压阀 3 和流量计 4 后，进入气体混合器 5，混合均匀；②反应气路：从混合器 5 出来的反应混合物经过四通阀 6，进入管式固定床反应器，产物气体通过三通阀 7 进入六通阀 9，最终进入气相色谱进行分析；③催化剂预活化气路：从装有 H_2 的钢瓶 1 经过减压阀 2、稳压阀 3 和流量计 4 后进入四通阀 6，再进入管式固定床反应器将催化剂进行还原预处理，之后通过三通阀 7 进行排空处理。该气路主要用于催化剂的原位预先活化处理。此外，还有一条原料气分析的辅助气路，即从装有反应物 CH_4 和 O_2 的两个钢瓶 1 经过减压阀 2、稳压阀 3 和流量计 4 后，进入气体混合器 5，混合均匀后进入四通阀 6，再进入皂膜流量计 8，最后进入六通阀 9 和气相色谱仪进行定量分析。其中，皂膜流量计的功能是调节反应混合器的流速或经过催化剂床层的空速。也可以用质量流量计代替皂膜流量计对气路流速进行精确控制。

8.2 多相催化反应过程与动力学

8.2.1 多相催化反应过程的主要步骤

多相催化反应由一连串物理过程与化学过程组成，图 8-2-1 表明了多孔固体催化剂上气固相催化反应经历的各步骤。其中，反应物和产物的外扩散和内扩散属于物理过程，物理过程主要是质量和热量传递过程，不涉及化学反应。反应物的化学吸附、表面反应及产物的脱附属于化学过程，涉及化学键的变化和化学反应。

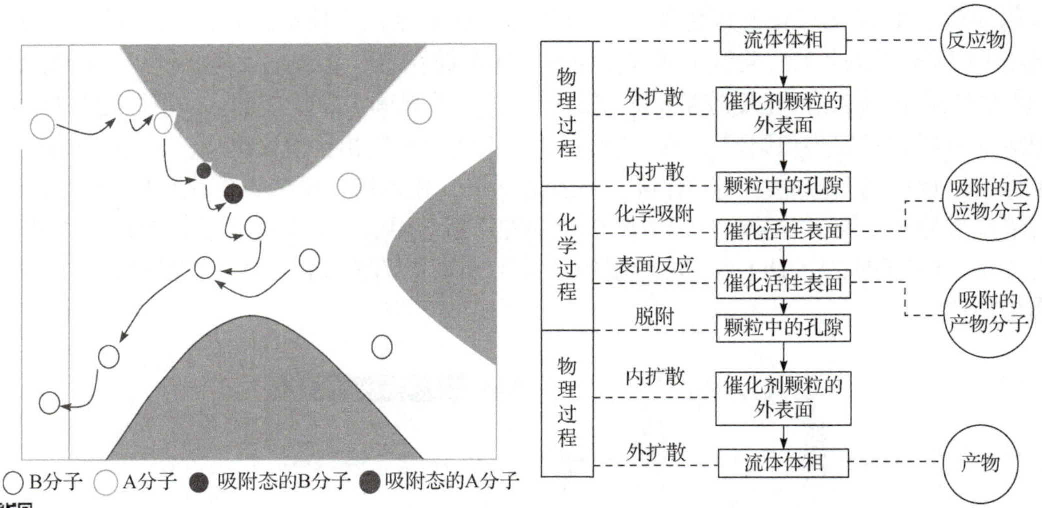

图 8-2-1 气固相催化反应过程的主要步骤及其示意图

1. 多相催化反应中的物理过程

1) 外扩散和内扩散

反应物分子从流体体相通过覆盖在气固边界层的静止气膜(或液膜)层到达颗粒外表面，或者产物分子从颗粒表面通过静止层进入流体体相的过程称为外扩散过程。外扩散的阻力来自流体体相与催化剂表面之间的静止层，流体的线速将直接影响外扩散过程。

反应物分子从颗粒外表面扩散进入颗粒孔隙内部，或者产物分子从孔隙内部扩散到颗粒外表面的过程称为内扩散过程。内扩散的阻力大小取决于孔隙内径粗细、孔道长短和弯曲度。催化剂颗粒大小和孔隙内径大小将直接影响内扩散过程。

虽然物理过程(内、外扩散)与催化剂表面化学性质关系不大，但是扩散阻力造成的催化剂内、外表面的反应物浓度梯度也会引起催化剂外表面和孔内不同位置的催化活性的差异。因此，在选择催化剂制备和操作条件时应尽量消除扩散过程的影响，以便充分发挥催化剂的化学作用。

2) 扩散控制的判断和消除

外扩散的阻力来自气固(或液固)边界的静止层，流体的线速将直接影响静止层的厚度。反应物在截面处的扩散通量(diffusion flux，用 r_d 表示)与浓度梯度(concentration gradient)成正比，遵守 Fick 第一定律。也就是说，浓度梯度越大，扩散通量越大，其数学表达式为

$$r_d = -D\mathrm{d}c / \mathrm{d}x \tag{8-2-1}$$

式中，D 为扩散系数(m^2/s)；c 为扩散物质(组元)的体积浓度(原子数/m^3 或 kg/m^3)，$\mathrm{d}c/\mathrm{d}x$ 为浓度梯度，“−”号表示扩散方向为浓度梯度的反方向，即扩散组元由高浓度区向低浓度区扩散。扩散通量 r_d 的单位是 $kg/(m^2 \cdot s)$。值得注意的是，扩散方程是描述宏观扩散现象的唯象关系式，并不涉及扩散系统内部原子运动的微观过程。扩散系数反映了扩散系统的特性。扩散方程中浓度 c 是位置和时间的函数，扩散系数 D 理论上是一个含有 9 个分量的二阶张量，与扩散系统的结构对称性密切相关。

通过改变反应物进料线速(空速)对反应物转化率 x 影响的实验，可以判断反应区是否存在外扩散影响。图 8-2-2 是气相反应物质量线速 G 及反应温度 T 与反应物转化率 x 的关系。在反应温度为 T_1、流体质量线速 $G < G_1$ 时，反应物转化率 x 随流体质量线速增加而增大，这说明催化反应区存在外扩散阻力的影响；当流体质量线速 $G \geqslant G_1$ 时，随流体质量线速增加，反应物转化率 x 基本保持不变，这说明外扩散阻力对催化反应区的影响已经消除，在反应温度 T_1 时，G_1 是消除外扩散阻力影响的最低质量线速。当反应温度升高到 T_2 时，消除外扩散阻力影响的最低质量线速也增加到 G_2，反应温度越高，消除外扩散阻力影响的最低线速越大。因此，增加质量线速 G 相当于使静止界面层的厚度减小。

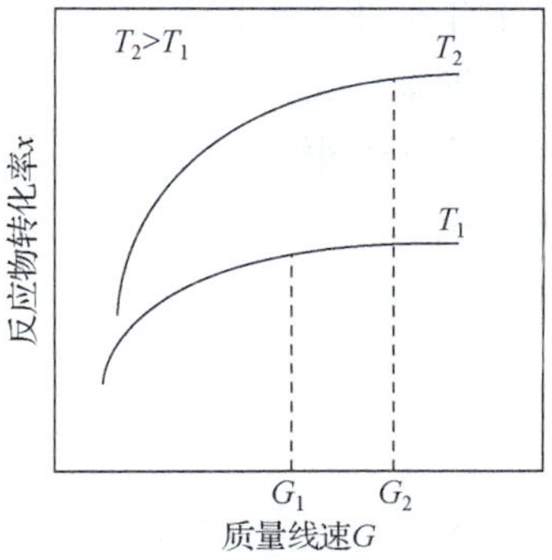

图 8-2-2　气相反应物质量线速及反应温度与反应物转化率的关系

值得注意的是，在固定床反应器中，仅用改变流体质量空速测定外扩散区是没有意义的，因为空速 V 变化，接触时间也随之变化。为了保持接触时间不变，应按比例同时改变空速和催化剂床层填充高度，这样通过观察反应物转化率 x 是否随质量线速 G 变化测定外扩散才有意义。另一种排除外扩散阻力影响的方法是在保持空速与流体质量线速比(V/G)不变情况下，观察反应物转化率 x 随固体床反应管径的变化。管径减小就相当于增加流速。但对于无梯度反应器，传质影响可忽略。

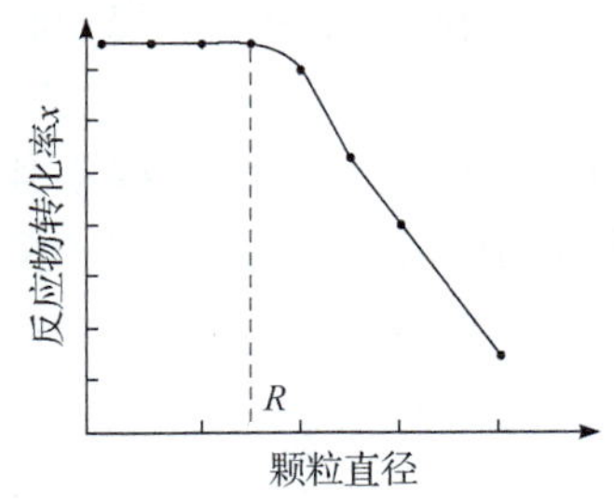

图 8-2-3　催化剂颗粒直径与反应物转化率 x 的关系

内扩散阻力来自催化剂颗粒孔隙内径和长度，因此催化剂颗粒大小及颗粒孔径大小将直接影响分子内扩散过程。通过催化剂颗粒度大小变化对反应物转化率影响的实验，可以判断反应区是否存在内扩散的影响。图 8-2-3 给出了催化剂颗粒直径与反应物转化率 x 的关系。在一定反应温度和压力条件下，以及在保持空速与流体质量线速比(V/G)不变的情况下，如果反应物转化率随催化剂颗粒直径减小而增大，则存在内扩散影响。当颗粒直径减小到 R 处时，反应物转化率 x 增加到最高值，并且不再随颗粒直径的减小而变化，这说明内扩散的影响完全消除。

在多相催化反应中，通过升高反应温度消除内扩散影响所

需要的催化剂颗粒更小。同样，增大催化剂孔隙直径也可消除内扩散的影响。需要注意的是，反应温度对反应速率的影响比反应物质量空速和催化剂颗粒大小对反应速率影响更灵敏、更重要。

2. 多相催化反应中的化学过程

对于多相催化反应，除了上述物理过程外，更重要的是化学过程。化学过程包括反应物化学吸附生成活性中间物种；活性中间物种发生化学反应生成产物；吸附的产物通过脱附得到产物，同时催化剂得以复原等多个步骤。其中关键是活性中间物种的形成和建立良好的催化循环。

1) 活性中间物种的形成

活性中间物种是指在催化反应的化学过程中生成的物种，这些物种虽然浓度不高，寿命也很短，但具有很高的活性，它们可以使反应沿活化能降低的新途径进行。大量研究结果表明，在多相催化中反应物分子与催化剂表面活性中心是靠化学吸附生成活性中间物种的。反应物分子吸附在活性中心上产生化学键合，化学键合力使反应物分子化学键断裂或电子云重排，生成一些活性很高的离子、自由基或强烈极化的反应物分子。例如，氢分子在金属镍催化剂上的化学吸附：

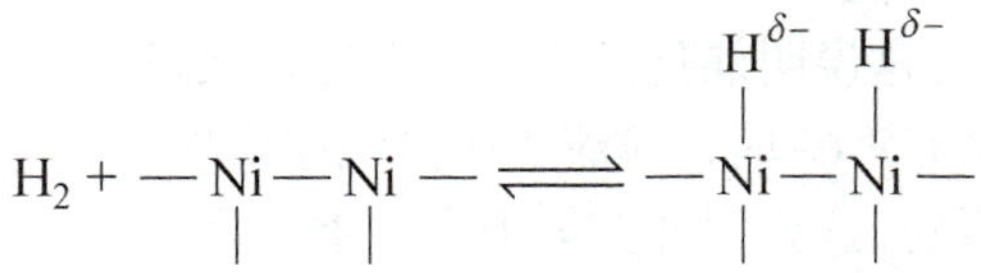

H_2 分子在金属 Ni 上产生化学吸附，H_2 解离为两个 H 原子吸附在 Ni 原子上。由于 H 与 Ni 的电负性不同，吸附时有部分电子由 Ni 转移到 H 上，形成负氢-金属键。该中间物种非常活泼，很容易进行加氢反应。又如，乙烯分子在固体酸催化剂上的化学吸附：

$$CH_2{=}CH_2 + H^+(\text{固体酸}) \rightleftharpoons CH_3{-}\overset{+}{C}H_2(\text{固体酸})$$

固体酸表面活性中心 H^+ 与乙烯双键配位键合，形成活性很高的乙基碳正离子，它很容易发生烷基化、聚合、水合等反应。

化学吸附可使反应物分子均裂生成自由基，也可以异裂生成离子(正离子或负离子)，或者使反应物分子强极化为极性分子，生成的这些表面活性中间物种具有很高的反应活性。离子具有较高的静电荷密度，有利于其他试剂的进攻，表现出比一般分子更高的反应活性；而自由基具有未配对电子，有满足电子配对的强烈趋势，也表现出更高的反应活性。对于未解离的强极化的反应物分子，强极化作用使原有分子中某些键长和键角发生改变，引起分子变形，也引起电荷密度分布的改变，这些都有利于进行化学反应。

值得注意的是，生成的活性中间物种有些是对反应有利的，也有些对反应不利。这些不利的活性中间物种会导致副反应的发生，或者破坏催化循环的建立，因此必须设法消除不利于反应的活性中间物种的生成。另外，生成的活性中间物种除可加速主反应外，有时也会引起平行的副反应，此时要注意控制形成活性中间物种的浓度，抑制平行副反应的发生。

2) 催化循环的建立

由于催化剂参与催化作用，反应按新的途径进行，而反应终止催化剂的始态与终态并不改变，这说明催化系统中存在由一系列过程组成的催化循环，它既促使反应物的活化，又保证催化剂的再生。

催化反应与化学计量反应的差别在于催化反应可建立催化循环。在多相催化反应中，催化循环表现为：一个反应物分子化学吸附在催化剂表面活性中心上，形成活性中间物种，并发生化学反应或重排生成化学吸附态的产物，再经脱附得到产物，催化剂复原并进行再一次反应。一种好的催化剂从开始到失活可进行百万次的转化，表明催化剂建立起了良好的催化循环。若反应物分子在催化剂表面形成强化学吸附键，就很难起到后续的催化作用，导致反应成为仅有一次转换的化学计量反应。由此可见，多相催化反应中反应物分子与催化剂化学键合不能结合得太强，因为太强会使催化剂中毒，或使它不活泼，不易进行后续的反应，或使生成的产物脱附困难。但键合太弱也不行，因为键合太弱，反应物分子化学键不易断裂，不足以活化反应物分子进行化学反应。只有中等强度的化学键合才能保证化学反应快速进行，构成催化循环并保证其畅通，这是建立催化反应的必要条件。

根据催化反应机理和催化剂与反应物化学吸附状态，可将催化循环分为两种类型：①非缔合活化催化循环：该反应过程的催化循环如图 8-2-4(a)所示，在该类催化循环中催化剂以两种明显的价态存在，反应物的活化经由催化剂与反应分子间的电子转移过程，催化中心的两种价态对反应物的活性是独立的；②缔合活化催化循环：在该类催化反应过程中催化剂没有价态的变化，反应物分子活化经由催化剂与反应物配位，形成络合物，再由络合物或其衍生出的活性中间物种进一步反应生成产物，并使催化剂复原。该反应过程的催化循环如图 8-2-4(b)所示，反应物分子活化是在络合物配位层中发生的。

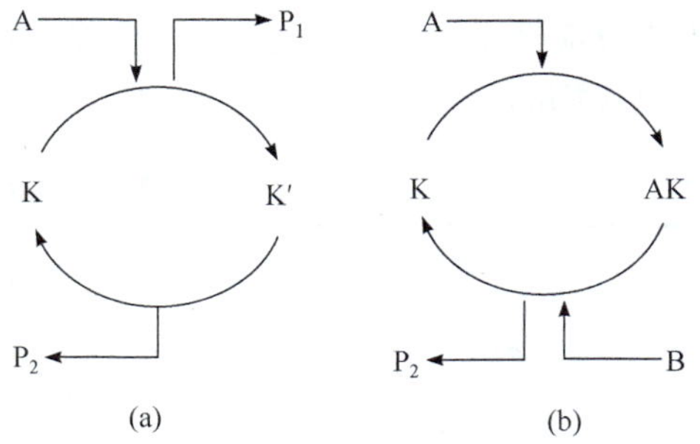

图 8-2-4　催化循环
(a) 非缔合活化催化循环；(b) 缔合活化催化循环

3. 多相催化反应的控制步骤

多相催化反应由一连串物理过程和化学过程构成。由于各步骤的阻力不同，催化反应的总包速率取决于阻力最大的步骤，或者说固有反应速率最小的步骤，这一步骤称为催化反应的控制步骤。从图 8-2-1 给出的气固相催化反应 7 个串联步骤中可以看出，催化反应的控制步骤可以分为两大类：扩散控制和化学反应控制，后者又称为动力学控制。

当催化反应为扩散控制时，催化剂的活性无法充分显示出来，即使改变催化剂的组成和微观结构，也难以改变催化过程的效率。只有改变操作条件或改善催化剂的颗粒大小和微观结构，换句话说，只有消除内、外扩散的影响，才能提高催化效率。反之，催化反应为动力学控制时，从改善催化剂组成和微观结构入手，可以有效地提高催化效率。值得注意的是，动力学控制时对反应操作条件也十分敏感，特别是反应温度和压力对催化反应的影响比对扩散过程的影响大得多。

对于快速化学反应或者在高催化活性的催化剂上进行反应时，由于化学过程阻力很小，很容易出现扩散控制；当使用微孔催化剂进行反应时，就要考虑可能出现内扩散控制。特别值得一提的是，催化反应的控制步骤不是一成不变的。原来为动力学控制的反应由于反应温度升高，尽管扩散速率增加，但是提升较小，而本征速率常数却呈指数增加。这样，整个反应区内，在颗粒孔内就会产生显著的反应物浓度梯度。此时，反应由动力学控制转变为扩散控制。因此，对多相催化反应体系要进行辩证的分析和认识，才能找到适宜的操作条件，以便充分发挥催化剂的作用。

总之，研究催化反应的动力学和历程，必须首先排除内、外扩散的影响，保证反应在动力学区进行，否则会得到错误的结论。

8.2.2　多相催化反应动力学

多相催化反应动力学主要研究催化反应的快慢，即反应速率，建立反应物浓度与转化率的关系，获得反应级数和不同温度下的反应速率常数，根据 Arrhenius 方程计算催化反应的活化能。在催化动力学研究中，需要用动力学反应机理和参数表征催化剂的特征和反应规律，但对于不同反应器及其评价反应装置，有不同的动力学模型和研究方法。

1. 间歇式反应器动力学

间歇式反应器在催化剂测试中主要用于研究高温高压反应，特点是：反应物和催化剂一次加入反应体系，与外界没有物质交换。间歇式反应器动力学处理比较简单：测定不同时间体系中反应物的浓度或产物的浓度，按照密闭体系的动力学方程和方法进行处理，如表 8-2-1 所示。

表 8-2-1　理想间歇式反应器中整级数单反应的反应结果表达式

反应级数	反应速率	残余浓度表达式	转化率表达式
$n=0$	$r_A=k$	$kt=c_{A0}-c_A$ 或 $c_A=c_{A0}-kt$	$kt=c_{A0}x_A$ 或 $x_A=\dfrac{kt}{c_{A0}}$
$n=1$	$r_A=kc_A$	$kt=\ln\dfrac{c_{A0}}{c_A}$ 或 $c_A=c_{A0}e^{-kt}$	$kt=\ln\dfrac{1}{1-x_A}$ 或 $x_A=1-e^{-kt}$
$n=2$	$r_A=kc_A^2$	$kt=\dfrac{1}{c_A}-\dfrac{1}{c_{A0}}$ 或 $c_A=\dfrac{c_{A0}}{1+c_{A0}kt}$	$kt=\dfrac{1}{c_{A0}}\dfrac{x_A}{1-x_A}$ 或 $x_A=\dfrac{c_{A0}kt}{1+c_{A0}kt}$
n 级（$n\neq1$）	$r_A=kc_A^n$	$kt=\dfrac{1}{n-1}(c_A^{1-n}-c_{A0}^{1-n})$	$(1-x_A)^{1-n}=1+(n-1)c_{A0}^{n-1}kt$

2. 连续流动式反应器动力学

1) 活塞流积分反应器动力学

活塞流式动力学模型是针对连续流动式固定床反应器提出的，该流动模型假定在反应器的任何截面没有速度梯度，反应器内所有反应物料微团的流速均一，犹如活塞，故称活塞流。活塞流模型是一种理想的极端流动模型，即使在流速很高的湍流流动管式反应器内，其物料流动状态也只能接近活塞流。因此，凡是满足活塞流模型条件的反应器都称为活塞流积分反应器。

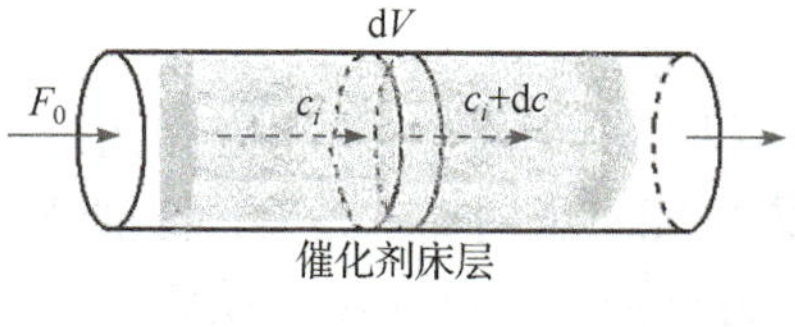

图 8-2-5　活塞流积分反应器的动力学模型

图 8-2-5 展示了活塞流积分反应器的动力学模型。反应物料以活塞流形式通过催化剂床层并发生反应，此时反应器的运动状态可以看作一维的流动问题，达到稳态后反应平稳进行，入口流速等于出口流速。在不考虑侧向扩散和湍流的情况下，可以使用质量守恒和能量守恒方程对其进行描述。

活塞流积分反应器内物料平衡关系式：

$$F_0\left[c_i-(c_i+\mathrm{d}c_i)\right]=r_i\mathrm{d}V \tag{8-2-2}$$

式中，F_0 为反应物料的总流速(cm^3/min)；c_i 为反应物料中某种反应物 i 组分的浓度(mol/cm^3)。

由式(8-2-2)得 $-F_0\mathrm{d}c_i=r_i\mathrm{d}V$，即

$$r_i=\frac{-\mathrm{d}c_i}{\mathrm{d}(V/F_0)} \tag{8-2-3}$$

根据反应物转化率的定义：

$$x_i=\frac{c_{i,0}-c_i}{c_{i,0}}\text{或}\ x_ic_{i,0}=c_{i,0}-c_i \tag{8-2-4}$$

两边求导，得 $c_{i,0}\mathrm{d}x_i=-\mathrm{d}c_i$，代入式(8-2-3)得

$$r_i=c_{i,0}\frac{\mathrm{d}x_i}{\mathrm{d}(V/F_0)}\text{或}\ r_i=\frac{\mathrm{d}x_i}{\mathrm{d}(V/F_0c_{i,0})} \tag{8-2-5}$$

令 $F=F_0c_{i,0}$，代入式(8-2-5)得

$$r_i=\frac{\mathrm{d}x_i}{\mathrm{d}(V/F)} \tag{8-2-6}$$

式中，x_i 为 i 组分的转化率；V/F 为接触时间。值得注意的是，对于类似的流动反应器，当体系达到稳态时，反应速率不是反应时间的函数，而是 V/F 的函数。V/F 具有时间量纲，用 τ 表示，其倒数为[时间]$^{-1}$ 量纲，称为空速。因此，反应物 i 组分在活塞流积分反应器内的反应速率表达式为

$$r_i=\frac{\mathrm{d}x_i}{\mathrm{d}\tau} \tag{8-2-7}$$

使用上述关系式时，根据反应级数可得到反应速率常数 k。

例如，对于一级反应：

$$r=k_1c_i$$

代入式(8-2-7)，得

$$k_1c_i=\mathrm{d}x_i/\mathrm{d}\tau$$

将式(8-2-4)代入其中，得

$$k_1c_{i,0}(1-x_i)=\mathrm{d}x_i/\mathrm{d}\tau$$

两边积分，得

$$\int_0^{x_i}\frac{\mathrm{d}x_i}{1-x_i}=\int_0^{\tau}k_1c_{i,0}\mathrm{d}\tau$$

由此式可求出反应速率常数 k_1。

2) 活塞流微分反应器动力学

当催化剂床层很薄，即催化剂量很少时，可认为反应物料混合物组成沿催化剂床轴向的变化近似为线性。

根据物料平衡关系式：$F_0(c_i-c_{i,0})=r_iV$，得

$$r_i = \frac{c_i - c_{i,0}}{V/F_0} = \frac{(c_i - c_{i,0})/c_{i,0}}{V/F_0 c_{i,0}} = \frac{-x_i}{V/F} \tag{8-2-8}$$

显然，微分反应器的速率方程非常简单，只要将实际速率方程代入即可求得速率常数 k，但前提条件是反应物转化率要低于 5%。

虽然微分反应器的转化率低、热效应低、床层等温、催化剂和原料用量少，但需要高灵敏分析方法，且对不同动力学的差别不易判断，这个缺点是积分反应器的优点。

3) 外循环无梯度反应器动力学

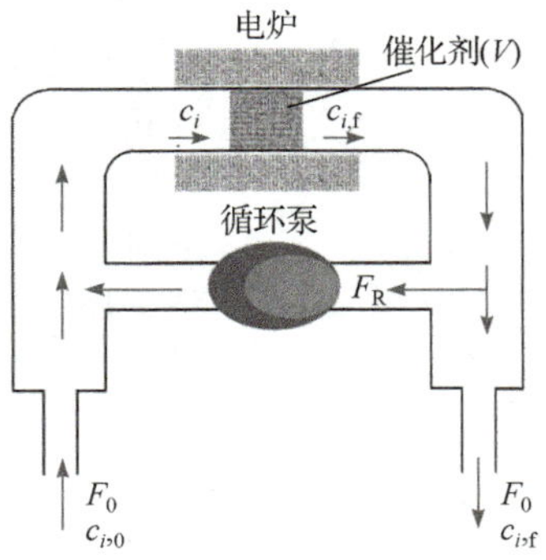

图 8-2-6　外循环无梯度反应器动力学模型

无梯度催化反应器的发展促进了催化反应动力学的研究工作。“无梯度”的设想出现于 20 世纪 50 年代，分为内循环和外循环两种类型。外循环无梯度反应器是一种实验室研究固体催化剂常用的反应器，如图 8-2-6 所示。在反应过程中，反应物料大部分留在系统内循环，小部分被导出反应器装置。特点是系统内物料流量大大超过物料加入量与导出量，反应物料在催化剂床层进、出口处的组成浓度变化不明显，因此系统内的浓度梯度与温度梯度都很小，可忽略不计。

假设反应气体的进料速率为 F_0，其中组分 i 的浓度为 $c_{i,0}$，返回流速为 F_R，c_i 为进入催化剂床层的浓度，$c_{i,f}$ 为出催化剂床层的浓度。根据物料平衡关系式，达到稳态时，有

$$F_0 c_{i,0} + F_R c_{i,f} = (F_0 + F_R) c_i$$

则

$$c_i = \left(\frac{1}{1 + F_R / F_0}\right) c_{i,0} + \left(\frac{1}{1 + F_0 / F_R}\right) c_{i,f} \tag{8-2-9}$$

式中，F_R/F_0 称为循环比。当 $F_R/F_0 \gg 1$ 时，$c_i \approx c_{i,f}$，即催化剂床层入口和出口浓度近似相等，整个床层内组分分布均匀，无梯度，无扩散。

根据物料平衡

$$\Delta c_i = c_{i,f} - c_i = c_{i,f} - \left(\frac{F_0 c_{i,0} + F_R c_{i,f}}{F_0 + F_R}\right) = \frac{c_{i,f} - c_{i,0}}{1 + F_R / F_0} \tag{8-2-10}$$

代入微分反应动力学公式 $r_i V = F \Delta c$ 中，得

$$r_i V = (F_0 + F_R) \frac{c_{i,f} - c_{i,0}}{1 + F_R / F_0} = F_0 (c_{i,f} - c_{i,0}) \tag{8-2-11}$$

最终

$$r_i = \frac{c_{i,f} - c_{i,0}}{V/F_0} \quad (F_R/F_0 \gg 1) \tag{8-2-12}$$

注意，式(8-2-12)成立的条件是 $F_R/F_0 \gg 1$，通常为 20～40。实验过程中将循环比调节到某个值(一般在 20 左右)，测定入口和出口浓度，如果两者接近相等，则认为无梯度反应；如果不相等，则再调节循环比直至接近相等。此时，测定 $c_{i,f}$、$c_{i,0}$、F_0、V，若知道 r_i 的表达式，则可求得速率常数 k。

3. 脉冲式微型催化反应器动力学

稳态实验只给出了催化反应体系的轮廓，无法给出反应的基元步骤动力学信息的详细描述。脉冲技术的瞬态实验对催化反应动力学和反应机理的研究是一个很好的补充。脉冲反应技术也称为微型催化色谱技术，所用的反应器称为脉冲式微型催化反应器，如图 8-2-7 所示。这种脉冲式微型催化反应器最早出现在 1955 年，Kokes、Tobin 及 Emmett[10]将管式微型催化反应器和色谱系统连接起来进行催化研究，反应物以脉冲方式在反应器前注入载气中，产物则直接用色谱装置做定性及定量测定。这种反应器的主要特征是：催化剂仅在短时间内与少量反应物作用，反应是断续的，整个反应体系都处在非稳定状态下，过程不仅与温度、压力有关，还与脉冲形式、脉冲宽度以及由催化剂对各组分的吸附力不同造成的类似色谱柱分离作用等多种因素有更复杂的关系。其反应动力学的讨论远比流动反应困难。

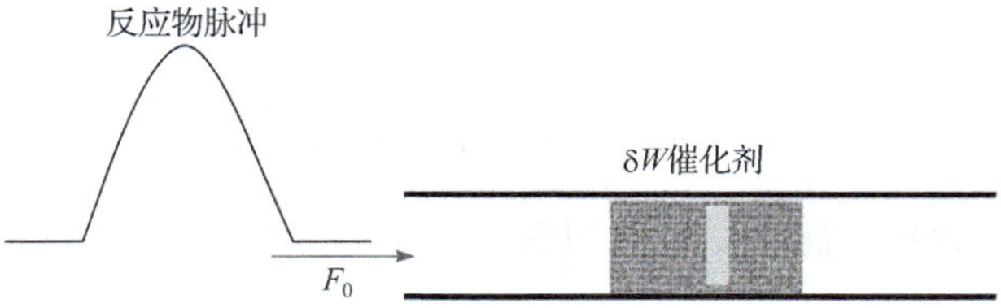

图 8-2-7　脉冲式微型催化反应系统模型

一般来说，脉冲反应技术的基本实验可先保持温度、压力及脉冲一定，改变载气流速，求得转化率-载气流速关系，然后改变其他因素，再进行进一步研究。如果催化剂并不强烈可逆地吸附反应物，则脉冲将按载气流速通过反应器。因此，若用载气流速代替反应物流速，则积分式固定床反应器的一些基本关系式可用于脉冲式微型催化反应器。

对于一级反应或线性反应，脉冲形状以及通过反应器时发生的离散作用对反应的影响不大。在这种情况下，脉冲反应技术的结果与连续流动反应一致。对于其他级数或其他类型反应(如按 Langmiur-Hinshelwood 动力学进行的反应，反应为表面反应控制，并忽略逆反应时)，这两个因素将有显著的影响，脉冲反应技术的结果就与连续流动反应显著不同。此时，若对转化率-载气流速数据进行简单分析，可能导出错误的速率方程，因此必须考虑以下几种情况[11]。

(1) 反应 $A \longrightarrow R + S$，其反应速率表达式为

$$r = \frac{k_s K_A p_A}{(1 + K_A p_A + K_R p_R + K_S p_S)^n} \tag{8-2-13}$$

式中，r 为表面反应速率；k_s 为表面反应速率常数；K_A、K_R、K_S 分别为 A、R、S 的吸附系数；p_A、p_R、p_S 分别为气相中 A、R、S 的分压；n 为参与表面反应的活性中心个数。

情况Ⅰ：当产物 R 为强吸附时，即 $K_R p_R \gg 1 + K_A p_A + K_S p_S$，式(8-2-13)可简化为

$$r = \frac{k_s K_A p_A}{(K_R p_R)^n} \tag{8-2-14}$$

根据 Bassett[12]分析，在质量为 δW 的微元催化剂床层中

$$p_A = \frac{n_A RT}{(V_g + V_R)\delta W} \tag{8-2-15}$$

式中，p_A 为 δW 微元催化剂床层中温度为 T 时 A 的气相分压；n_A 为 A 的物质的量；V_g 和 V_R

分别为单位微元催化剂床层的气相体积和保留体积；R 为摩尔气体常量。由式(8-2-14)可得 δW 微元催化剂床层上的反应速率表达式为

$$-\frac{\mathrm{d}n_{\mathrm{A}}}{\mathrm{d}t}=\frac{k_{\mathrm{s}}K_{\mathrm{A}}p_{\mathrm{A}}}{(K_{\mathrm{R}}p_{\mathrm{R}})^{n}}\delta W \tag{8-2-16}$$

式中，t 为脉冲反应时间。将式(8-2-15)代入式(8-2-16)，整理得

$$-\frac{\mathrm{d}n_{\mathrm{A}}}{n_{\mathrm{A}}}=\frac{k_{\mathrm{s}}K_{\mathrm{A}}RT}{(V_{\mathrm{g}}+V_{\mathrm{R}})(K_{\mathrm{R}}p_{\mathrm{R}})^{n}}\mathrm{d}t \tag{8-2-17}$$

选择产物 R 作为色谱载气，并且在反应组分与催化剂接触之前使 $p_{\mathrm{R}}\gg p_{\mathrm{A}}$，因脉冲反应中催化剂装量很少，可认为催化剂床层内各点压力相同并等于色谱柱柱压 p_{C}，而且不随脉冲时间 t 改变，即 $p_{\mathrm{R}}=p_{\mathrm{C}}=$常数。将式(8-2-17)积分后得到

$$\ln\left(\frac{1}{1-x}\right)=\frac{k_{\mathrm{s}}K_{\mathrm{A}}RT}{(V_{\mathrm{g}}+V_{\mathrm{R}})(K_{\mathrm{R}}p_{\mathrm{C}})^{n}}t \tag{8-2-18}$$

式中，x 为 A 的摩尔转化率。脉冲反应时间为

$$t=\frac{(V_{\mathrm{g}}+V_{\mathrm{R}})W}{F} \tag{8-2-19}$$

式中，W 为催化剂的质量；F 为温度 T 时催化剂床层平均压力(p_{C})下的载气流速。将式(8-2-19)代入式(8-2-18)中得到

$$\ln\left(\frac{1}{1-x}\right)=\frac{k_{\mathrm{s}}K_{\mathrm{A}}RTW}{F(K_{\mathrm{R}}p_{\mathrm{C}})^{n}} \tag{8-2-20}$$

若将 F 校准到 0℃时的载气流速 F^{0}，则式(8-2-20)变为

$$\frac{k_{\mathrm{s}}K_{\mathrm{A}}}{K_{\mathrm{R}}^{n}}=\frac{F^{0}p_{\mathrm{C}}^{n}}{273RW}\ln\left(\frac{1}{1-x}\right) \tag{8-2-21}$$

式(8-2-21)可整理成下面两种形式：

(a)

$$\ln\left(\frac{1}{1-x}\right)=273RW\frac{k_{\mathrm{s}}K_{\mathrm{A}}}{K_{\mathrm{R}}^{n}}\frac{1}{F^{0}p_{\mathrm{C}}^{n}}=A_{1}\frac{1}{F^{0}p_{\mathrm{C}}^{n}} \tag{8-2-22}$$

$$A_{1}=273RW\frac{k_{\mathrm{s}}K_{\mathrm{A}}}{K_{\mathrm{R}}^{n}} \tag{8-2-23}$$

(b)

$$\frac{1}{F^{0}\ln\left(\dfrac{1}{1-x}\right)}=\frac{K_{\mathrm{R}}^{n}}{273RWk_{\mathrm{s}}K_{\mathrm{A}}}p_{\mathrm{C}}^{n} \tag{8-2-24}$$

将式(8-2-24)两边取对数，得

$$\ln\left[\frac{1}{F^{0}\ln\left(\dfrac{1}{1-x}\right)}\right]=\ln\left(\frac{K_{\mathrm{R}}^{n}}{273RWk_{\mathrm{s}}K_{\mathrm{A}}}\right)+n\ln p_{\mathrm{C}}=A_{2}+n\ln p_{\mathrm{C}} \tag{8-2-25}$$

$$A_2 = \ln\left(\frac{K_R^n}{273RWk_s K_A}\right) \tag{8-2-26}$$

当催化剂、反应温度一定时，n、A_1、A_2 为常数。由式(8-2-22)可知，若以 $\frac{1}{F^0 p_C^n}$ 对 $\ln\left(\frac{1}{1-x}\right)$ 作图，只有当参与表面反应的活性中心个数 n 等于 1、2、…某值时可得线性关系，并且直线通过坐标原点。用此法即可分辨出 n 值，从而确定反应动力学模型的具体形式。另外，也可由式(8-2-25)以 $\ln\left[\frac{1}{F^0 \ln\left(\frac{1}{1-x}\right)}\right]$ 对 $\ln p_C$ 作图，根据直线的斜率求 n 值。

情况Ⅱ：当各组分均为弱吸附时，即 $1 \gg K_A p_A + K_R p_R + K_S p_S$，式(8-2-13)可简化为

$$r = k_s K_A p_A \tag{8-2-27}$$

根据上述分析可推导出

$$k_s K_A = \frac{F^0}{273RW} \ln\left(\frac{1}{1-x}\right) \tag{8-2-28}$$

$$\ln\left(\frac{1}{1-x}\right) = 273RWk_s K_A \frac{1}{F^0} = A_3 \frac{1}{F^0} \tag{8-2-29}$$

$$A_3 = 273RWk_s K_A \tag{8-2-30}$$

式(8-2-28)即为 Bassett 导出的动力学关系式。由式(8-2-29)以 $\ln\left(\frac{1}{1-x}\right)$ 对 $\frac{1}{F^0}$ 作图，应是一条通过坐标原点的直线。

(2) 反应 $A + B \longrightarrow S$，其反应速率表达式为

$$r = \frac{k_s K_A p_A K_B p_B}{(1 + K_A p_A + K_B p_B + K_S p_S)^n} \tag{8-2-31}$$

情况Ⅰ：当反应物 B 为强吸附时，即 $K_B p_B \gg 1 + K_A p_A + K_S p_S$，则式(8-2-31)简化为

$$r = \frac{k_s K_A p_A}{(K_B p_B)^{n-1}} \tag{8-2-32}$$

若选 B 作为色谱载气，使 $p_B = p_C \gg p_A$，仿照上述推导可得

$$\frac{k_s K_A}{K_B^{n-1}} = \frac{F^0 p_C^{n-1}}{273RW} \ln\left(\frac{1}{1-x}\right) \tag{8-2-33}$$

式(8-2-33)同样可整理成下面两种形式：

(a)
$$\ln\left(\frac{1}{1-x}\right) = 273RW \frac{k_s K_A}{K_B^{n-1}} \frac{1}{F^0 p_C^{n-1}} = A_4 \frac{1}{F^0 p_C^{n-1}} \tag{8-2-34}$$

$$A_4 = 273RW \frac{k_s K_A}{K_B^{n-1}} \tag{8-2-35}$$

(b)
$$\ln\left[\frac{1}{F^0\ln\left(\frac{1}{1-x}\right)}\right]=\ln\left(\frac{K_B^{n-1}}{273RWk_sK_A}\right)+(n-1)\ln p_C=A_5+(n-1)\ln p_C \tag{8-2-36}$$

$$A_5=\ln\left(\frac{K_B^{n-1}}{273RWk_sK_A}\right) \tag{8-2-37}$$

根据式(8-2-34)，以 $\ln\left(\frac{1}{1-x}\right)$ 对 $\frac{1}{F^0 p_C^{n-1}}$ 作图可分辨出 n 值，也可由式(8-2-36)根据直线的斜率求得 n 值。

情况Ⅱ：当各组分均为弱吸附时，由式(8-2-31)可得

$$r=k_sK_AK_Bp_Ap_B \tag{8-2-38}$$

若选 B 作为载气，根据同理分析可推导出

$$k_sK_AK_B=\frac{F^0}{273RWp_C}\ln\left(\frac{1}{1-x}\right) \tag{8-2-39}$$

$$\ln\left(\frac{1}{1-x}\right)=k_sK_AK_B273RW\frac{p_C}{F^0}=A_6\frac{p_C}{F^0} \tag{8-2-40}$$

$$A_6=k_sK_AK_B273RW \tag{8-2-41}$$

该情况下以 $\ln\left(\frac{1}{1-x}\right)$ 对 $\frac{p_C}{F^0}$ 作图应得一条通过原点的直线。

8.3　多相催化反应机理

从反应动力学的观点分析，研究多相催化反应机理的目的是了解固体表面的催化反应是如何进行的。一般认为反应物分子在催化剂表面的吸附是最重要的步骤。反应物分子在催化剂表面活性位上的吸附能垒是判断催化剂优劣以及反应途径的重要参数。

8.3.1　吸附势能曲线

吸附势能曲线(adsorption potential energy curve)表示吸附势能和被吸附分子与固体表面距离的关系曲线。它能直观地说明物理吸附与化学吸附的联系以及物理吸附热、化学吸附热、吸附活化能、脱附活化能之间的关系。

以 H_2 分子在金属 Cu 催化剂表面物理吸附的势能变化为例，如图 8-3-1 所示。图中纵轴代表势能 E，横轴代表原子与 Cu 催化剂表面的距离 r。体系初始能量为 0，用基线表示。P 是氢分子的物理吸附曲线，当 H_2 从无穷远处向 Cu 表面接近时，H_2 分子与 Cu 原子之间存在两种相反的作用，一种是范德华吸引力，另一种是原子核间的排斥力。随着 r 减小，曲线先下降，能量降低，表明吸引作用为主，至最低点处能量最低，此时两种作用力相等。物理吸附达到稳态时，基线到最低点的距离称为物理吸附热，通常用 Q_p 表示，其值很小。而后曲线上升，能量升高。

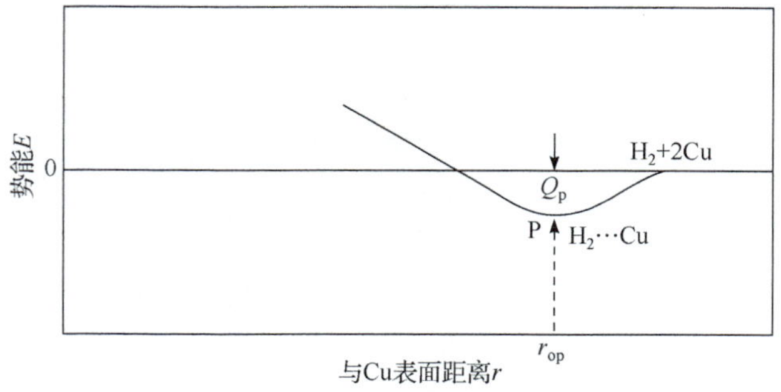

图 8-3-1　H_2 分子在 Cu 表面物理吸附的势能变化曲线

H_2 跨过物理吸附距离 r_{op} 后，继续靠近 Cu 表面，此时体系势能随距离减小而大幅度攀升回正，但进一步靠近 Cu 表面则会发生表面解离反应和化学吸附，形成 H 原子，如图 8-3-2 所示。C 是氢原子的化学吸附曲线，吸附前 H_2 分子先解离成两个 H 原子，需要的能量为 H_2 分子的解离能(434 kJ/mol)，记为 $D_{H—H}$。H 原子从无穷远处向 Cu 表面接近时，随着 r 减小，曲线下降，表示 H 原子与 Cu 原子之间的作用力以吸引力为主。随着能量的放出，到最低点处体系能量最低，此时体系放出的能量为 Q_c，称为化学吸附热，其值很大，是最低点(化学吸附平衡处)体系能量与基态能量的差值。而后，曲线上升，能量升高。此时，二者间的核间正电排斥增加，势能上升。

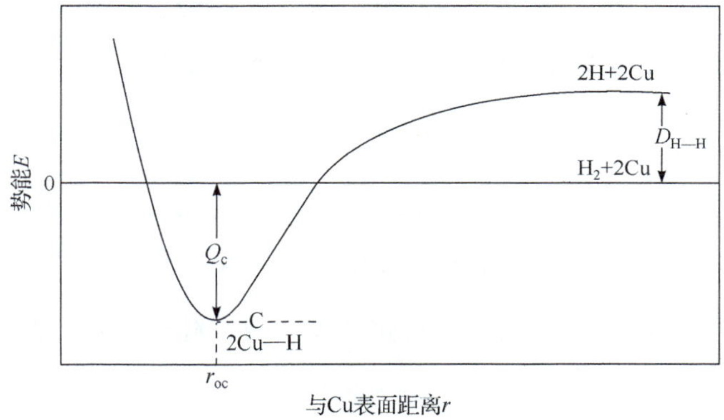

图 8-3-2　H 原子在 Cu 表面化学吸附的势能变化曲线

连接 P 和 C 可近似地得到 H_2 分子在 Cu 表面解离的化学吸附过程，如图 8-3-3 所示。两条曲线的交点 X 既在物理吸附曲线 P 上，又在化学吸附曲线 C 上，它是 H_2 分子从物理吸附转变为化学吸附时的过渡状态，或者说是吸附中产生的表面活化络合物。达到此状态需要克服的能量就是 H_2 分子在 Cu 表面解离化学吸附的活化能 E_a，它比 H_2 分子的解离能 $D_{H—H}$ 小得多。由此可见，Cu 催化剂起到了降低 H_2 解离能的作用。

当化学吸附变为物理吸附，并最后脱附时，也需活化能 E_d(称为脱附活化能)。从图 8-3-3 上可以明显看出，在数量上

$$E_d = E_a + Q_c \tag{8-3-1}$$

式中，Q_c 为 H_2 分子解离化学吸附的吸附热。式(8-3-1)是普遍适用的关系式，是吸附活化能、脱附活化能和化学吸附热之间相互联系的一个重要公式。

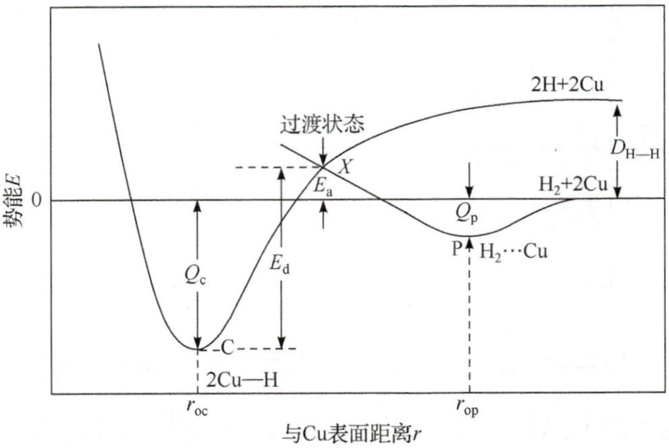

图 8-3-3　H_2分子在 Cu 表面解离的化学吸附过程

该势能图还反映出：①化学吸附热大于物理吸附热，$Q_c > Q_p$；②物理吸附的平衡距离大于化学吸附的平衡距离，$r_{op} > r_{oc}$。

8.3.2　Langmuir-Hinshelwood 机理

Langmuir-Hinshelwood 机理简称 L-H 机理，如图 8-3-4 所示。以双分子反应为例：

$$A(g) + B(g) \xrightarrow{S} C(g) + D(g)$$

反应物分子 A 和 B 分别吸附在两个活性位 S 上，然后活化反应同步生成产物 C 和 D，最后产物 C 和 D 脱附。

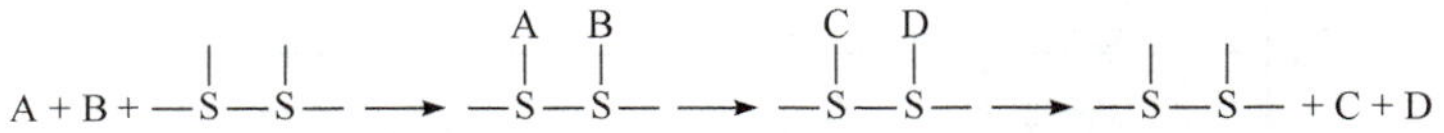

图 8-3-4　Langmuir-Hinshelwood 机理反应过程示意图

若用 θ_A 和 θ_B 分别表示 A 和 B 分子在催化剂表面的吸附覆盖率，则反应速率表达式为

$$r = k_s \theta_A \theta_B \tag{8-3-2}$$

当吸附达到稳态时，根据 Langmuir 吸附等温式可求得

$$\theta_A = \frac{\alpha_A p_A}{1 + \alpha_A p_A + \alpha_B p_B}$$

$$\theta_B = \frac{\alpha_A p_B}{1 + \alpha_A p_A + \alpha_B p_B}$$

将 θ_A 和 θ_B 代入式(8-3-2)，可求得

$$r = k_s \frac{\alpha_A p_A \alpha_B p_B}{(1 + \alpha_A p_A + \alpha_B p_B)^2} \tag{8-3-3}$$

情况Ⅰ：当表面吸附弱或 p_A 和 p_B 很低时，则有

$$r = k_s \alpha_A p_A \alpha_B p_B \tag{8-3-4}$$

此时，反应表现为二级反应。反之，若反应表现为二级反应，则表明反应物在催化剂表面的吸附弱，且为 L-H 机理。

情况Ⅱ：当反应物之一(如 A)为弱吸附时，则有

$$r = k_s \frac{\alpha_A \alpha_B p_A p_B}{(1+\alpha_B p_B)^2} \tag{8-3-5}$$

此时，反应速率与 A 的压力成正比，当 B 的压力增加时，反应速率先加快，然后经过极大值而降低。

8.3.3　Langmuir-Rideal 机理

Langmuir-Rideal 机理简称 L-R 机理，如图 8-3-5 所示。A 和 B 两个反应物分子中一个(如 A)优先吸附在一个活性中心 S 上并被活化，然后另一个反应物分子(如 B)再与活化的 A 分子反应生成产物 P(C 和 D)。

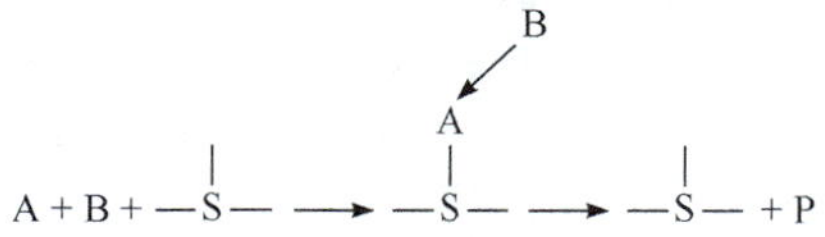

图 8-3-5　Langmuir-Rideal 机理反应过程示意图

若用 θ_A 表示 A 分子在催化剂表面的吸附覆盖率，用 p_B 表示 B 分子的分压，则反应速率表达式为

$$r = k_s \theta_A p_B \tag{8-3-6}$$

同理，依据 Langmuir 吸附等温式可求得

$$\theta_A = \frac{\alpha_A p_A}{1+\alpha_A p_A + \alpha_B p_B}$$

将 θ_A 代入式(8-3-6)可求得

$$r = \frac{k_s \alpha_A p_A p_B}{1+\alpha_A p_A + \alpha_B p_B} \tag{8-3-7}$$

与 L-H 机理不同，当反应物之一的压力变化时，反应速率不会出现极大值，而是一直增加。

8.3.4　多相催化反应机理的研究实例

用分子氧氧化苯甲醇制苯甲醛是一个经典的催化选择性氧化反应，反应的化学方程式如图 8-3-6 所示。Long 等[13]将氮掺杂石墨烯纳米片(简称 NG)作为苯甲醇氧化反应的催化剂，详细研究了苯甲醇和氧气分子在 NG 上的反应动力学和催化机理。这项研究应用了原子分子工程学的思想，首先将氮直接掺杂到石墨烯结构中，形成的取代型氮是催化苯甲醇氧化反应的活性中心，取代型氮通过过渡态 N-O_2 活化氧分子，NG 表面缺电子的 C 直接与苯甲醇反应，导致部分苯甲醛的生成。

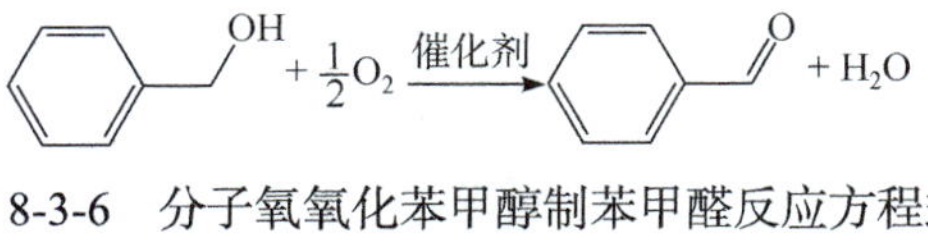

图 8-3-6　分子氧氧化苯甲醇制苯甲醛反应方程式

习　题

1. 如何排除扩散的影响？
2. 推导积分反应器的动力学表达式。
3. 催化反应器的分类有哪些？各有什么特点？
4. 推导外循环无梯度反应器的动力学表达式。
5. 如何运用催化反应动力学模型建立光催化全水分解产氢产氧反应的动力学方程？

参考文献

[1] Itoh N. A membrane reactor using palladium. AIChE J, 1987, 33(9):1576-1578.

[2] Pati S, Dewangan N, Wang Z G, et al. Nanoporous zeolite-A sheltered Pd-hollow fiber catalytic membrane reactor for propane dehydrogenation. ACS Appl Nano Mater, 2020, 3(7): 6675-6683.

[3] Takata T, Jiang J, Sakata Y, et al. Photocatalytic water splitting with a quantum efficiency of almost unity. Nature, 2020, 581(7809): 411-414.

[4] Binjhade R, Mondal R, Mondal S. Continuous photocatalytic reactor: Critical review on the design and performance. J Environ Chem Eng, 2022, 10(3): 107746.

[5] Zhang M L, An T C, Fu J M, et al. Photocatalytic degradation of mixed gaseous carbonyl compounds at low level on adsorptive TiO_2/SiO_2 photocatalyst using a fluidized bed reactor. Chemosphere, 2006, 64(3): 423-431.

[6] 耿启金，郭庆杰，曹长青，等. 多相光催化反应器的研究进展. 化工进展, 2008, 27(1): 68-73.

[7] Lo C C, Huang C W, Liao C H, et al. Novel twin reactor for separate evolution of hydrogen and oxygen in photocatalytic water splitting. Int Hydrogen Energy, 2010, 35(4): 1523-1529.

[8] Wang Y, Shang X T, Shen J N, et al. Direct and indirect Z-scheme heterostructure-coupled photosystem enabling cooperation of CO_2 reduction and H_2O oxidation. Nat Commun, 2020, 11: 3043.

[9] Zhang H W, Ming J T, Zhao J W, et al. High-rate, tunable syngas production with artificial photosynthetic cells. Angew Chem Int Ed, 2019, 58(23): 7718-7722.

[10] Kokes R J, Tobin H , Emmett P H. New microcatalytic-chromatographic technique for studying catalytic reactions. J Am Chem Soc, 1955, 77(22): 5860-5862.

[11] 刘伟成，晏荆青，姜炳南. 脉冲反应的动力学模型及其分辨. 催化学报, 1990, 11(2): 92-100.

[12] Bassett D W, Habgood H W. A gas chromatographic study of the catalytic isomerization of cyclopropane. J Phys Chem, 1960, 64(6): 769-773.

[13] Long J L, Xie X Q, Xu J, et al. Nitrogen-doped graphene nanosheets as metal-free catalysts for aerobic selective oxidation of benzylic alcohols. ACS Catal, 2012, 2(4): 622-631.

第 9 章　热分析技术和程序升温分析技术

多相催化过程是极其复杂的表面物理化学过程，这个过程的主要参与者是催化剂和反应分子。因此，要阐明某种催化过程，首先需要对催化剂的性质、结构及其与反应分子的相互作用机理进行深入研究。热分析技术和程序升温分析技术是研究催化反应机理的有效手段，主要研究对象有两部分：一部分是催化剂本身，如催化剂在程序控制温度下，其理化性质随温度变化的关系，特别是催化剂在受热过程中发生的晶型转化、熔融、蒸发、脱水等物理变化或热分解、氧化等化学变化，以及伴随发生的温度、能量或质量的改变等；另一部分则是催化剂与反应分子的相互作用，分子在催化剂表面发生催化反应会经历多个过程，其中最主要的是吸附和表面反应两个步骤。因此，阐明某种催化过程中催化剂的作用本质及反应分子与其作用的机理，必须对催化剂的吸附性能(吸附中心的结构、能量状态分布、吸附分子在吸附中心的吸附态等)和催化性能(催化剂活性中心性质、结构和反应分子在其上的反应历程等)进行深入研究。本章详细介绍了热分析技术和程序升温技术及其在催化剂与反应分子相互作用研究中的应用。

9.1　热分析技术

热分析是研究物质在加热或冷却过程中其性质和状态的变化，并将这种变化作为温度或时间的函数研究其规律的一种技术。它是一种自动化动态跟踪测量方法，与静态法相比有连续、快速、简便等优点。目前热分析技术可以提供被研究物质的物理和化学变化信息，已广泛应用于化学、生物化学、石油化学、冶金学、矿物学和地质学等各个科学领域。

国际热分析及量热学联合会(ICTAC)根据所测物理性质对热分析技术的分类及命名列于表 9-1-1。

表 9-1-1　热分析技术分类

物理性质	中文名	英文名	缩写
质量	热重法	thermogravimetry	TG
	等压质量变化测定	isobaric mass-change determination	
	逸出气体检测	evolved gas detection	EGD
	逸出气体分析	evolved gas analysis	EGA
	放射热分析	emanation thermal analysis	
	热微粒分析	thermoparticulate analysis	
温度	升温曲线测定	heating-curve determination	
	差热分析	differential thermal analysis	DTA
热量	差示扫描量热法	differential scanning calorimetry	DSC
尺寸	热膨胀法	thermodilatometry	

续表

物理性质	中文名	英文名	缩写
力学特性	热机械分析	thermomechanical analysis	TMA
	动态热机械法	dynamic thermomechanometry	
声学特性	热发声法	thermosonimetry	
	热传声法	thermoacoustimetry	
光学特性	热光学法	thermophotometry	
电学特性	热电学法	thermoelectrometry	
磁学特性	热磁学法	thermomagnetometry	

(1) 热重法：在程序控制温度下，测量物质的质量与温度关系的技术。

(2) 逸出气体检测：在程序控制温度下，定性检测从物质中逸出的挥发性产物与温度关系的技术，如表面吸附的气体及受热分解的气体分子等。

(3) 逸出气体分析：在程序控制温度下，测量从物质中释放出的挥发性产物的性质或数量与温度关系的技术。

(4) 差热分析：在程序控制温度下，测量输入物质和参比物的功率差与温度关系的技术。

(5) 差示扫描量热法：在程序控制温度下，测量物质在可忽略负荷时的尺寸与温度关系的技术。

此外，还有等压质量变化测定、放射热分析、热微粒分析、升温曲线测定、热机械分析、动态热机械法、热发声法、热传声法等。在催化剂的分析中，最常用的是热重法。

经过多年的发展，热分析技术在催化研究中取得全面应用，包括催化剂活性评价、催化剂制备条件选择、催化剂组成成分确定、确定金属活性组分的价态、金属活性组分与载体的相互作用、固体催化剂表面酸碱性测定、催化剂老化及失活机理、催化剂积碳行为、吸附和表面反应机理等多个方面。在催化剂制备→催化反应→催化剂失活→催化剂再生整个过程中，热分析均能提供有价值的信息和数据，特别是热分析的定量性特点表现出其特有的优越性。

9.1.1　热重法

1. 基本原理

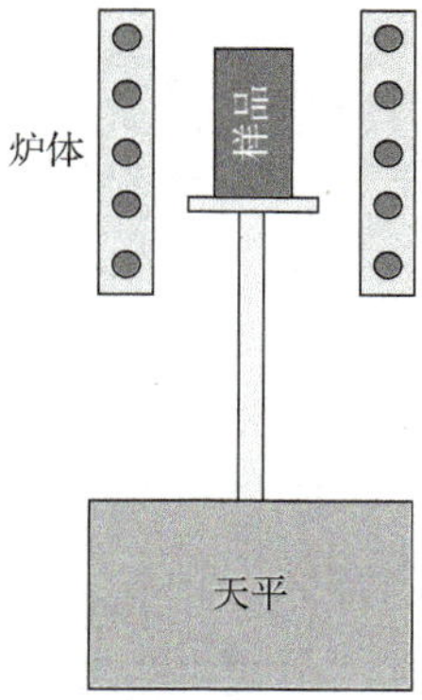

图 9-1-1　热重分析仪主要构造

热重法(TG)是采用热天平进行热分析的方法，原理与普通天平相同，但是可以在受热情况下连续称量，热重分析仪主要构造如图 9-1-1 所示。

热天平的基本单元是微量电子天平/石英微天平、加热炉、温度程序器、气氛控制器以及同时记录这些输出的仪器(如计算机)。通常先由计算机存储一系列质量和温度与时间关系的数据，完成测量后，再由时间转换成温度。坩埚的种类很多，一般来说坩埚是由铂、铝、石英或刚玉制成的。TG 可在静态、动态等各种气氛条件下进行，在静态条件下当反应有气体生成时，随时间延长气体组成有所变化，因而试样的反应速率随气体的分压而变化。实际上，大多建议在动态气流下进行 TG 分析，测量使用气体常有 Ar、Cl_2、CO_2、H_2、N_2、O_2、空气等。

2. 热重曲线分析

根据热重法的定义，TG 曲线的数学表示式为 $W=f(T$ 或 $t)$。

ICTAC 对 TG 曲线(图 9-1-2)定义的术语：

(1) 平台：TG 曲线上质量基本不变的部分。

(2) 起始温度(T_i)：累计质量变化达到热天平可以检测的温度。

(3) 终止温度(T_f)：累计质量变化达到最大值的温度。

(4) 反应温度区间：起始温度与终止温度之间的温度间隔。

(5) 阶梯(step)：两个平台之间的距离(Δm)。

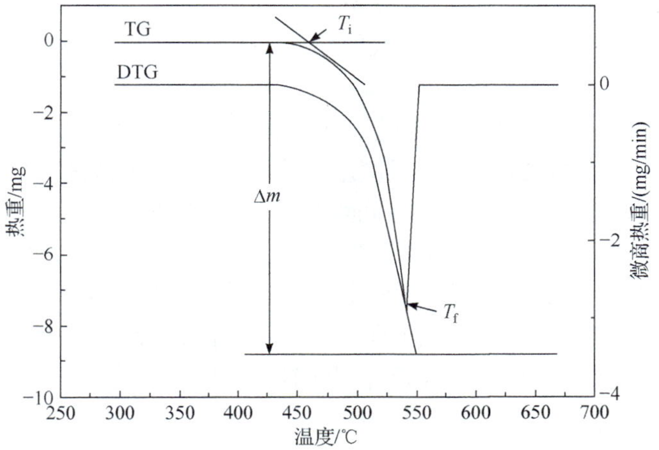

图 9-1-2　TG 与 DTG(微商热重)曲线[1]

热重曲线定性或定量分析的依据：

(1) 阶梯位置：由于热重法是测量反应过程中的质量变化，凡是伴随质量改变的物理或化学变化，在其 TG 曲线上都有对应的阶梯出现，阶梯位置通常用反应温度区间表示。同一物质发生不同变化时，如蒸发和分解，其阶梯对应的温度区间是不同的。不同物质发生同一种变化时，如分解，其阶梯对应的温度区间也是不同的。因此，阶梯的温度区间是鉴别物质变化的定性依据。

(2) 阶梯高度：阶梯高度代表物质变化过程中自身质量变化的多少，由它可计算中间产物或最终产物的量以及结晶水分子数和水含量等。因此，阶梯高度是进行各种参数计算的定量依据。

(3) 阶梯斜度：阶梯斜度与实验条件有关，但在给定实验条件下阶梯斜度取决于物质变化过程。一般阶梯斜度越大，物质变化(反应)速率越快；反之越慢。由于阶梯斜度与物质反应速率有关，据此可得物质变化过程的动力学信息。

9.1.2　差热分析

差热分析仪通常由加热炉、试样容器、测温热电偶、温度控制系统及放大、记录系统等部分组成，差热分析基本原理见图 9-1-3。将试样和参比物放在相同的加热或冷却条件下，同时将测温热电偶的一端插在被测试样中，另一端插在待测温度区间内不发生热效应的参比物中，因此试样和参比物同时升温或降温时，测温热电偶可测定升温或降温过程中二者随温度变化

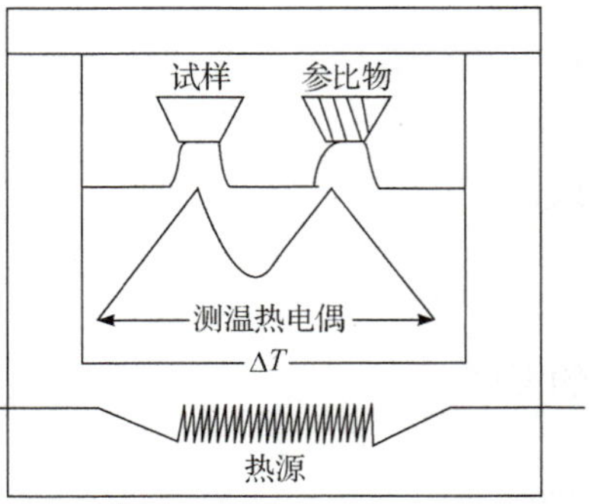

图 9-1-3　差热分析基本原理

产生的温差(ΔT)，并将温差信号输出，这就是差热分析的基本原理。可见，当样品在程序加热或冷却过程中无变化时，二者温度相等，无温差信号；当样品有变化时，二者温度不等，产生温差，则有温差信号输出，经放大系统放大，由计算机记录整个过程。由于记录的是温差随温度的变化，故称差热分析(DTA)。按以往已确定的习惯，峰向上表示放热效应(exothermic effect)，峰向下表示吸热效应(endothermic effect)。

图 9-1-4 是典型的 DTA 谱图，其中有以下几个参数：

(1) 基线：DTA 曲线上ΔT 近似等于 0 的区段，如直线段 *abd*。

(2) 峰：DTA 曲线离开基线又回到基线的部分。峰向下为吸热峰，如 *acb* 峰；峰向上则为放热峰。

(3) 峰宽：DTA 曲线偏离基线又返回基线两点间的距离或温度间距，如 *ab* 长度。

(4) 峰高：试样和参比物之间的最大温度差，是峰顶至内插基线间的垂直距离，如 *ce* 高度。

(5) 峰面积：峰和内插基线之间包围的面积，如 *acb* 峰的面积。

(6) 外推起始点：峰的起始边陡峭部分的切线与外延基线的交点，如 T_{ei} 点。

(7) 峰顶温度：T_p 点，无严格的物理意义，一般来说峰顶温度不代表反应的终止温度，仅表示试样和参比物温差最大的一点，该点的位置受试样条件的影响较大，因此峰顶温度一般不能作为鉴定物质的特征温度，仅在试样条件相同时可进行相对比较。

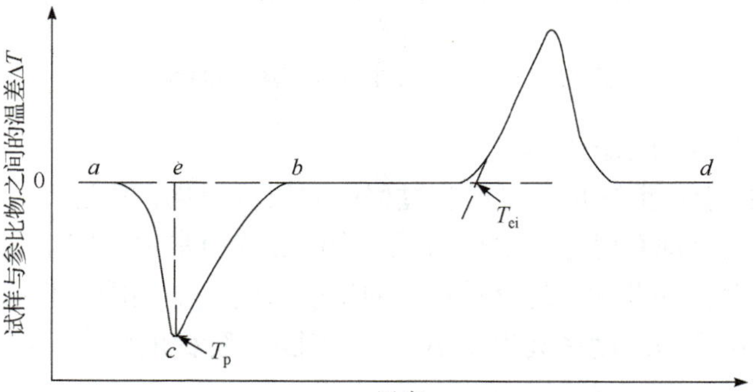

图 9-1-4　典型的 DTA 谱图[2]

根据催化剂在升温过程中的吸热、放热情况以及自身的质量变化，可推测出催化剂在升温过程中发生的变化。以下几种情况可引起催化剂在升温过程中的吸、放热：

(1) 含水：对于含吸附水、结晶水或结构水的物质，在加热过程中失水时，质量会发生明显降低并且吸热，在差热曲线上形成吸热峰。

(2) 放出气体：碳酸盐、硫酸盐及硫化物等在加热过程中放出 CO_2、SO_2 等气体，引起质量的减少，并形成吸热峰。不同类物质放出气体的温度不同，差热曲线的形态也不同，利用这种特征就可以对不同类物质进行区分鉴定。

(3) 价态变化：材料中含有变价元素，在高温下由低价态变为高价态而放出热量，形成放热峰。变价元素及其在晶格结构中的情况不同，则氧化产生放热效应的温度也不同，如 Fe^{2+}在

340～450℃变成 Fe^{3+}，会随温度不同放出不同热量。

(4) 重结晶：某些非晶态物质在加热过程中会发生重结晶而放出热量，在差热曲线上形成放热峰；晶态物质在加热过程中晶格结构被破坏，变为非晶态物质发生晶格重构，也形成放热峰。

(5) 晶型转变：有些物质在加热过程中由于晶型转变而吸收热量，在差热曲线上形成吸热峰。

9.1.3　差示扫描量热法

1. 基本原理

ICTAC 将差示扫描量热法按采用的策略方法分为功率补偿型差示扫描量热法(power compensation DSC)和热流型差示扫描量热法(heat-flux DSC)。最早 ICTAC 只承认功率补偿型 DSC，把热流型 DSC 归为定量 DTA。热流型 DSC 发展很快，最后又将它归为 DSC 技术。这里着重介绍功率补偿型 DSC。

功率补偿型 DSC 采用零位平衡原理，要求试样与参比物的温度差(试样吸热或放热导致)都归于零位平衡状态，即 $\Delta T \rightarrow 0$。为此，在试样和参比物下面除设有测温元件外，还设有加热器，借助加热器的补偿作用随时保持试样和参比物之间温差为零。

功率补偿的三种方式如下：

(1) 保持参比物侧以给定的方式升温，通过改变试样侧的供热达到补偿作用。若试样放热，则试样侧少加热；反之则多加热。

(2) 在程序控制温度过程中，同时改变两侧的电流以达到 $\Delta T \rightarrow 0$。试样放热时，试样侧少加热，参比物侧多加热；试样吸热时则相反。这种加热方式对程序升温稍有影响，一般采用计算机分别控制两侧的升温速率。

(3) 在程序升温过程中，试样放热时，只对参比物侧加热；试样吸热时，只对试样侧加热，$\Delta T \rightarrow 0$。这种加热方式对程序升温影响大。

2. 差示扫描量热仪及其工作原理

功率补偿型差示扫描量热仪的工作原理如图 9-1-5 所示。

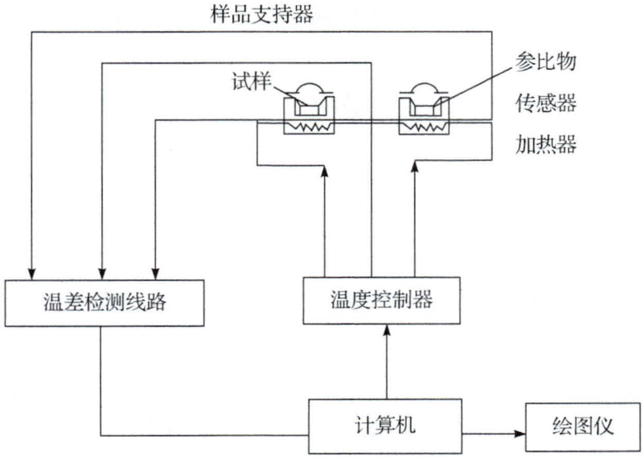

图 9-1-5　功率补偿型差示扫描量热仪的工作原理

试样池(S)和参比物池(R)对称地固定在加热器的均温区，二者之间的温差用与 DTA 相同的方法检测，但不做记录。加热器对其温差随时予以补偿。在程序升温过程中，若试样吸热，则补偿 S 侧；若试样放热，则补偿 R 侧，以随时调节二者温差为零。连续记录二者功率差随温度或时间的变化曲线，即为差示扫描量热曲线(DSC 曲线)。

这种差示扫描量热仪本身热容量很小，试样用量小，热传递良好。借助测温元件的作用，当试样有热效应发生时，辅助加热器立即运作，之后基线立即复原。因此，DSC 中的试样随时处于程序控制温度下，由于温度条件严格，该法具有较高的分辨率。

3. 差示扫描量热曲线

根据差示扫描量热法的定义，DSC 曲线的数学表达式为 $\frac{\mathrm{d}H}{\mathrm{d}t}=f(T或t)$，其记录曲线与 DTA 曲线十分相似。纵坐标是热流率 $\frac{\mathrm{d}H}{\mathrm{d}t}$，横坐标是温度或时间，但对纵坐标的吸热峰和放热峰方向问题未作规定。有的按热化学规定，吸热为正，放热为负，这与传统的 DTA 规定正好相反；有的则与 DTA 的规定相同，目前尚无统一规定。

DSC 曲线所用的术语和 DSC 曲线的定性定量依据与 DTA 相同，这里不再重复。

9.2 程序升温分析技术

当固体物质或预吸附某些气体的固体物质在载气中以一定的升温速率加热时，检测流出气体组成和浓度的变化或固体(表面)物理和化学性质变化的技术称为程序升温技术。根据预处理条件和气体性质不同，可将其分为程序升温脱附(temperature programmed desorption，TPD)、程序升温表面反应(temperature programmed surface reaction，TPSR)、程序升温氧化(temperature programmed oxidation，TPO)、程序升温还原(temperature programmed reduction，TPR)和程序升温硫化(temperature programmed sulfurization，TPS)等。程序升温技术在固体表面和催化研究中占有异常重要的地位，可以获得其他方法难以得到的众多信息。例如：

(1) 表面吸附中心的类型、密度和能量分布，吸附分子和吸附中心的键合能和键合态。

(2) 催化剂活性中心的类型、密度和能量分布，反应分子的动力学行为和反应机理。

(3) 活性组分和载体、活性组分和活性组分、活性组分和助催化剂、助催化剂和载体之间的相互作用。

(4) 各种催化效应，如协同效应、溢流效应、合金化效应、助催化效应、载体效应等。

9.2.1 实验装置及测试方法

1. 实验装置

TPD 的测试装置构造如图 9-2-1 所示，主要由三部分构成：气路系统、程序控温和反应系统、分析系统。

气路系统主要包括载气、预处理气体、反应气以及切换气路的六通阀。程序控温和反应系统主要用于处理样品，样品装于样品池，通常为 U 形管，外层包有程序控温且保温的加热炉。通过控制反应气路切换对样品进行不同气氛处理，最终由热导检测器(TCD)对信号进行检测。

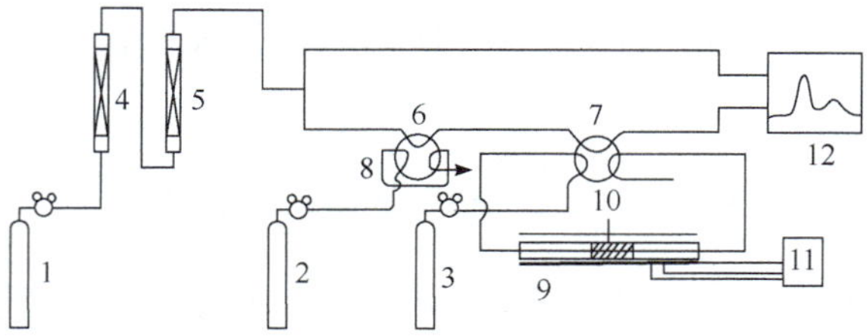

图 9-2-1　TPD 的测试装置构造示意图

1. 氦气；2. 吸附气体；3. 预处理气体；4. 脱氧剂；5. 脱水剂(5A 分子筛)；
6、7. 六通阀；8. 定量管；9. 加热炉；10. 样品池；11. 程序升温控制系统；12. 热导检测器

2. 样品要求

首先对样品进行分析，判断样品在加热过程中是否会分解(热重测试)。若样品分解，分解物会堵塞管路，从而损害仪器。若样品在测试温度下不分解，则可以进行正常测试。值得注意的是，一些物质在空气中加热不会分解，但是在测试的气氛(如 CO_2)中会发生分解。因此，测试前要认真判断样品的稳定性。

3. 谱图定性分析

脱附谱图记录了脱附气体浓度随温度变化的函数。其中，脱附峰的数目表示吸附在固体物质表面不同吸附强度的吸附物质的数目；峰面积表示脱附物种的相对数量；峰温度表示脱附物种在固体物质表面的吸附强度。

4. 实验条件对程序升温谱图的影响

为了得到重复可靠的曲线，应选择适宜的载气流速(一般为 30～50 mL/min)；固体物质的装填量一般为 50～200 mg，粒度为 40～80 目。应严格控制预处理，并有较好的升温线性关系。影响峰形的因素很多，除了载气流速、固体物质的粒度和装填量外，还要特别注意升温速率。升温速率过大时，谱图的峰容易重叠，造成信息损失；升温速率过小时，既会使谱图信号减弱，又会使实验时间延长。因此，选择合适的升温速率很重要，一般采用 10～20℃/min 为宜。需要注意的是，不同催化材料的物理化学性质差异较大，同一测试方法难以适用，应按照测试结果不断调整。例如，若脱附峰很微弱，很难判断是出现了峰还是基线的波动，可能是催化剂对吸附分子作用较弱所致，此时可以尝试增加测试样品的质量或者延长吸附时间。反之，若脱附峰很强，则很难判断这个峰是一个单峰还是由多个峰叠加而成，可以尝试降低催化剂的测试量或者降低升温速率、提高载气流速等。

9.2.2　程序升温脱附

1. 基本原理[3]

固体物质加热时，当吸附在固体表面的分子受热至能够克服逸出需要越过的能量(通常称为脱附活化能)时，会产生脱附。由于不同吸附质与相同表面，或者相同吸附质与表面上性质不同的吸附中心之间的结合能力不同，脱附时所需的能量也不同。因此，热脱附实验结果不但反映了吸附质与固体表面间的结合能力，也反映了脱附发生的温度和表面覆盖率下的动力学行为。其参数包括：脱附活化能(E_d)、脱附过程的级数(n)、频率因子(γ_n)。脱附过程的变量包括：表面覆盖率(θ)、时间(t)、温度(T)。当 E_d 与 θ 无关时，表面是均匀的；当 E_d 是 θ 的函数

时，表面是不均匀的。一般来说，对于某一个吸附态，脱附速率可以用 Wigner-Polanyi 方程描述：

$$N = -\frac{V_m \mathrm{d}\theta}{\mathrm{d}t} = A\theta^n \exp[-E_d(\theta)/RT] \tag{9-2-1}$$

式中，V_m 为单层饱和吸附量；N 为脱附速率；A 为脱附频率因子；θ 为单位表面覆盖率；n 为脱附级数；$E_d(\theta)$ 为脱附活化能，是覆盖率 θ 的函数；T 为固体表面温度。

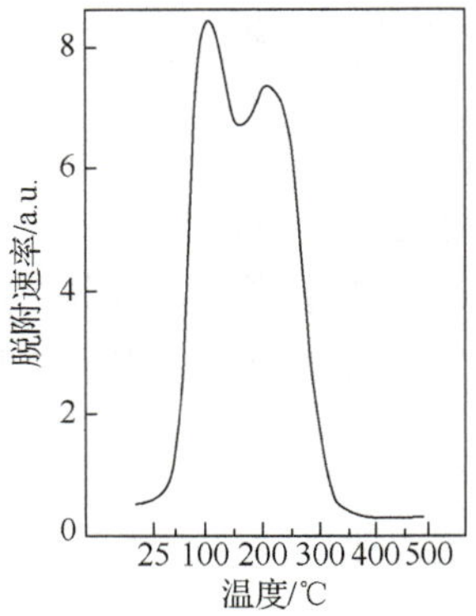

图 9-2-2　典型的 TPD 谱图

通过测定固定温度下的脱附速率，可以得到吸附在固体表面气体的脱附活化能和活化熵。但是，在程序升温脱附过程中，温度是连续改变的，速率同时依赖于时间和温度，并且温度与时间呈线性关系。当预吸附分子的固体按线性方式连续升温时，吸附分子的脱附速率按照式(9-2-1)变化。脱附速率取决于温度和覆盖率。开始升温时覆盖率很大，脱附速率急剧增加，脱附速率主要取决于温度；随着吸附分子的脱出，覆盖率 θ 值下降，当小至某值时脱附速率由 θ 决定，此时脱附速率开始减小；最后当 θ=0 时，脱附速率也变成零。如果将催化剂置于 He、Ar 或 N_2 等惰性载气流中，并在流路的下游设置气相色谱仪的热导检测器(TCD)或其他分析仪器(如质谱仪)进行检测，则可得到如图 9-2-2 所示的脱附速率与温度的关系，称为 TPD 谱图。

从 TPD 谱图可获得以下定量信息：吸附类型(吸附中心)的数目、吸附类型的强度(能量)、每个吸附类型中质点的数目(吸附中心密度)、脱附反应级数(吸附质点的相互作用)、表面能量分布(表面均匀性程度)。

TPD 法的主要优点在于：①设备简单；②研究范围大，几乎可包括所有的实用催化剂；③原位考察吸附分子和固体表面反应的情况，提供有关表面结构的众多信息。

2. 均匀表面的 TPD 理论

在讨论 TPD 理论时，常先从理想情况入手，即先讨论均匀表面(全部表面在能量上是均匀的)的 TPD 过程。

分子从表面脱附的动力学可用 Polanyi-Wigner 方程描述

$$\frac{\mathrm{d}\theta}{\mathrm{d}t} = k_a(1-\theta)^n c_G - k_d\theta^n \tag{9-2-2}$$

$$k_d = v\exp\left(-\frac{E_d}{RT}\right) \tag{9-2-3}$$

式中，θ 为表面覆盖率；k_a 为吸附速率常数；k_d 为脱附速率常数；c_G 为气体浓度；E_d 为脱附活化能；v 为指前因子；n 为脱附级数；T 为热力学温度；R 为摩尔气体常量；t 为时间。

Polanyi-Wigner 方程忽略了分子从表面到次层的扩散和分子之间的相互作用。Polanyi-Wigner 动力学方程是恒温下的方程，在等速升温吸附条件下

$$T = T_0 + \beta t \quad 即 \quad \mathrm{d}t = \frac{\mathrm{d}T}{\beta} \tag{9-2-4}$$

式中，β 为升温速率，单位为 K/m。Polanyi-Wigner 方程可改写为

$$\beta\frac{\mathrm{d}\theta}{\mathrm{d}T}=k_{\mathrm{a}}(1-\theta)^{n}c_{\mathrm{G}}-k_{\mathrm{d}}\theta^{n}\tag{9-2-5}$$

Amenomiya 在式(9-2-5)基础上进一步推导出实用的 TPD 方程

$$\frac{\beta V_{\mathrm{S}}V_{\mathrm{M}}}{F_{\mathrm{C}}\mathrm{v}}\frac{(1-\theta_{\mathrm{m}})^{n+1}}{n\theta_{\mathrm{m}}{}^{n-1}}\frac{\Delta H_{\mathrm{a}}}{RT_{\mathrm{m}}^{2}}=\exp\left(-\frac{\Delta H_{\mathrm{a}}}{RT_{\mathrm{m}}}\right)\tag{9-2-6}$$

式中，$v=\exp\left(-\frac{\Delta S}{R}\right)$($\Delta S$ 为吸附熵变)。两边取对数得

$$2\lg T_{\mathrm{m}}-\lg\beta=\frac{\Delta H_{\mathrm{a}}}{2.303R}\frac{1}{T_{\mathrm{m}}}+\lg\frac{V_{\mathrm{S}}V_{\mathrm{M}}\Delta H_{\mathrm{a}}(1-\theta_{\mathrm{m}})^{n+1}}{F_{\mathrm{C}}Rvn\theta_{\mathrm{m}}^{n+1}}\tag{9-2-7}$$

式中，T_{m} 为 TPD 谱图高峰处的相应温度；ΔH_{a} 为吸附热；V_{S} 为吸附剂体积；V_{M} 为单层饱和吸附体积；F_{C} 为载气流速。没有再吸附发生的情况下，TPD 方程为

$$\frac{E_{\mathrm{d}}}{RT_{\mathrm{m}}^{2}}=\left(nv\frac{\theta_{\mathrm{m}}^{n-1}}{\beta}\right)\exp\left(-\frac{E_{\mathrm{d}}}{RT_{\mathrm{m}}}\right)\tag{9-2-8}$$

两边取对数得

$$2\lg T_{\mathrm{m}}-\lg\beta=\frac{E_{\mathrm{d}}}{2.303R}\frac{1}{T_{\mathrm{m}}}+\lg\left(\frac{E_{\mathrm{d}}}{vRn\theta_{\mathrm{m}}^{n-1}}\right)\tag{9-2-9}$$

$n=1$ 时，有

$$2\lg T_{\mathrm{m}}-\lg\beta=\frac{E_{\mathrm{d}}}{2.303R}\frac{1}{T_{\mathrm{m}}}+\lg\left(\frac{E_{\mathrm{d}}}{vR}\right)\tag{9-2-10}$$

从式(9-2-6)可见，T_{m} 与 F_{C} 有关时，TPD 过程伴随再吸附，如果加大 F_{C} 使 T_{m} 与 F_{C} 无关，即得式(9-2-8)和式(9-2-9)，此时 TPD 变成单纯的脱附过程。因此，通过改变 F_{C} 可以判断 TPD 过程有无再吸附现象发生。

3. 不均匀表面的 TPD 理论

在催化反应过程中，多数情况下催化剂的表面能量分布是不均匀的，或者说其表面存在性质不同的吸附中心或活性中心。研究吸附剂或催化剂的表面性质是催化理论研究的重要课题，在这方面 TPD 发挥很大作用。在 TPD 过程中，如果出现两个或更多的峰(分离峰或重叠峰)，一般来说这正是表面不均匀的标志。但也有例外的情况，如吸附分子之间发生横向作用或吸附分子在表面和次层之间发生正、逆方向扩散，或吸附剂具有双孔分布都能引起多脱附峰的出现。这些现象使研究不均匀表面的 TPD 理论变得很复杂。

处理因表面性质不同导致的 TPD 结果(两个孤立峰)相对来说比较简单，可把每个峰看成是各自均匀分布的两个吸附中心，然后按照均匀表面 TPD 理论进行处理。对于重叠峰，首先要判断是因存在多种吸附中心引起的还是其他原因引起的，为此需要提出相应的理论模型解决这个问题。

1) 多吸附中心模型

假设材料表面存在两种性质不同的吸附中心，且在 TPD 过程中只发生吸附、脱附行为，此时可以设想表面发生如图 9-2-3 所示的吸附、脱附过程：

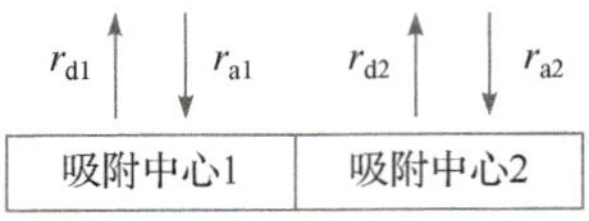

图 9-2-3　多吸附中心模型示意图

$$r_{d1} = k_{d1}\theta_1^n \tag{9-2-11}$$

$$r_{a1} = k_a(1-\theta_1)^n c_G \tag{9-2-12}$$

$$r_{d2} = k_{d2}\theta_2^n \tag{9-2-13}$$

$$r_{a2} = k_a(1-\theta_2)^n c_G \tag{9-2-14}$$

式中，r_a 为吸附速率；r_d 为脱附速率。

各中心吸附覆盖率随时间的变化率为

$$\frac{d\theta_1}{dt} = k_a(1-\theta_1)^n c_G - k_{d1}\theta_1^n \tag{9-2-15}$$

$$\frac{d\theta_2}{dt} = k_a(1-\theta_2)^n c_G - k_{d2}\theta_2^n \tag{9-2-16}$$

从反应床上的物料平衡来看，气相中的分子浓度为

$$c_G = -\frac{N_S}{F_C}\left(X_1\frac{d\theta_1}{dt} + X_2\frac{d\theta_2}{dt}\right) \tag{9-2-17}$$

式中，N_S 为吸附中心总数；X_1 和 X_2 分别为中心 1 和中心 2 所占的分数。根据式(9-2-17)可以导出净脱附速率 r_d

$$r_d = -\left(X_1\frac{d\theta_1}{dt} + X_2\frac{d\theta_2}{dt}\right) \tag{9-2-18}$$

吸附时，键合能强的吸附中心(吸附中心 2)先吸附分子，脱附时相反，键合能弱的吸附中心(吸附中心 1)上的分子先脱附，TPD 过程的边界条件为

$$t = 0\ ;\quad T = T_0$$

若 $\theta_T^0 < X_2$，即 $\theta_2^0 = \dfrac{\theta_T^0}{X_2}$ 和 $\theta_1^0 = 0$；

若 $\theta_T^0 > X_2$，即 $\theta_2^0 = 1$ 和 $\theta_1^0 = \dfrac{\theta_T^0 - X_2}{X_1}$。

因此，不能通过独立地模拟各自吸附中心的 TPD 规律描述多吸附中心的 TPD 规律，尤其当两种吸附中心的能量相差不是很大时。如果两种吸附中心的能量相差很大，即 TPD 峰相互分离，此时一种吸附中心上的分子随温度的上升而脱附，另一种能量高的吸附中心上的分子不发生脱附。因此，可以用均匀表面 TPD 过程的处理方法分别处理两种吸附中心上吸附分子的 TPD 过程。

2) 脱附活化能分布与 TPD 曲线的关系

吸附剂(含催化剂)表面不均匀主要表现在表面吸附中心的能量不是均一的，即各部位的能量不同。具有不同能量的吸附中心在表面的分布情况很复杂，比较简单的情况是材料表面只有两种不同的吸附中心，两种吸附中心的能量强度相差悬殊，在 TPD 谱图中显示出彼此分离的两个峰，温度低的峰对应吸附中心能量较低的吸附中心，而温度高的峰对应能量较高的吸附中心。对于能量分布复杂的材料，表现出同一吸附中心对吸附气体的脱附活化能随表面覆盖率的变化呈现不同形式。Tokoro 等[4]用模拟 TPD 过程得到与不同 E_d 分布对应的 TPD 曲线(图 9-2-4)，

曲线 1 和曲线 2 分别对应均匀表面和简单的不均匀表面；曲线 3 和曲线 4 表示材料表面吸附中心分布不均匀，前者为 $\theta>0.8$ 时 E_d 随 θ 呈线性变化，后者为 $\theta<0.2$ 时 E_d 随 θ 呈线性变化。曲线 5 和曲线 6 表示 E_d 随 θ 连续变化的情况，曲线 5 与曲线 3 相似，曲线 6 与曲线 4 相似。曲线 7 前半部分(θ 大的部分)与曲线 3 相似，后半部分(θ 小的部分)与曲线 4 相似。曲线 8 前半部分与曲线 4 相似，后半部分与曲线 3 相似。这些结果反映出材料表面吸附中心不同、覆盖率不同，都会导致对反应物有不同的吸脱附及活化能力。

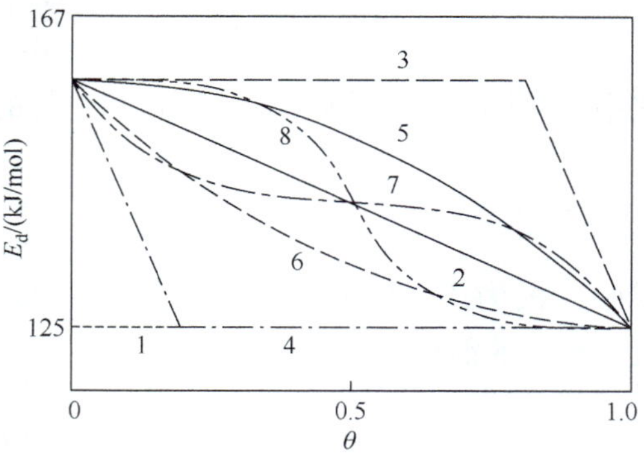

图 9-2-4　脱附活化能 E_d 随 θ 变化分布图[4]

9.2.3　程序升温还原

程序升温还原(TPR)是一种在等速升温条件下的还原过程，与 TPD 类似，区别在于 TPD 通常是在惰性气体中升温，而 TPR 通常在 H_2 或 H_2/惰性气体混合气中升温。在升温过程中如果催化剂与 H_2 发生反应(被还原)，则 H_2 被消耗，气相中的 H_2 浓度将随温度的变化而变化，通过 TCD 记录便可得到 H_2 浓度随温度变化的 TPR 谱图。

1. 基本原理

当负载型金属催化剂的金属价态、聚集状态及金属与载体的作用发生改变时，氧化态金属的还原温度与还原后价态也会发生改变，这些信息可以通过程序升温过程中氢气的消耗量与出峰温度获得。

一般来说，TPR 分析因催化材料组成不同会出现三种情况：①单一组分金属氧化物，一种纯的金属氧化物具有特定的还原温度，因此可用还原温度作为氧化物的定性指标；②两种金属氧化物共混，两种氧化物混合在一起并在 TPR 过程中彼此不发生化学作用，则每种氧化物仍保持自身的特征还原温度不变，这种特征还原温度和 TPD 一样也用 T_m 表示；③两种金属氧化物混合且相互发生作用(如还原前发生了固相反应)，则每种氧化物的特征还原温度将因彼此作用发生变化。

总之，可以通过 TPR 法研究金属催化剂中金属组分与载体之间或金属组分之间的相互作用。

2. TPR 动力学方程

假设还原反应按下式进行：

$$G+S\longrightarrow P$$

G 表示氢气；S 表示固体氧化物；P 表示产物。氢气的浓度变化为

$$\Delta c_G=c_{G1}-c_{G2} \tag{9-2-19}$$

式中，c_{G1} 和 c_{G2} 分别为氢气的进口和出口浓度。则反应速率为

$$r = \frac{-\mathrm{d}c_{\mathrm{G}}}{\mathrm{d}t} = \frac{-\mathrm{d}S}{\mathrm{d}t} = k_{\mathrm{r}} c_{\mathrm{G}}^{p} S^{q} \tag{9-2-20}$$

式中，S 为还原后剩余未还原固体氧化物的量。根据 Arrhenius 方程

$$k_{\mathrm{r}} = v\exp\left(-\frac{E_{\mathrm{r}}}{RT}\right) \tag{9-2-21}$$

式中，E_{r} 为还原反应活化能。假设气体以活塞式流动(无径向和纵向扩散)，在反应器单元 $\mathrm{d}z$ 处，氢气的消耗体积 ΔV 为

$$\Delta V = F\left(\frac{\mathrm{d}x}{\mathrm{d}z}\right) \tag{9-2-22}$$

式中，F 为 H_2 进料速率；$\mathrm{d}x$ 为 $\mathrm{d}z$ 处的转化率。在低转化率时，整个反应器中气相组成不变，则反应速率

$$r = Fx \tag{9-2-23}$$

式中，$r = F_{\mathrm{C}} c_{\mathrm{G}}$，$F_{\mathrm{C}}$ 为混合气流速。而

$$x = \frac{\Delta c_{\mathrm{G}}}{c_{\mathrm{G}}} \tag{9-2-24}$$

所以 $r = F_{\mathrm{C}} \Delta c_{\mathrm{G}}$。

因为升温速率呈线性

$$T = T_0 + \beta t$$

则

$$\mathrm{d}t = \frac{\mathrm{d}T}{\beta} \tag{9-2-25}$$

由式(9-2-20)、式(9-2-21)和式(9-2-25)，并设 $p = q = 1$，得

$$r = \beta\frac{-\mathrm{d}c_{\mathrm{G}}}{\mathrm{d}T} = \beta\frac{-\mathrm{d}S}{\mathrm{d}T} = v c_{\mathrm{G}} S\exp\left(-\frac{E_{\mathrm{r}}}{RT}\right) \tag{9-2-26}$$

对 T 微商可得

$$\frac{\mathrm{d}r}{\mathrm{d}T} = v\exp\left(-\frac{E_{\mathrm{r}}}{RT}\right)\left(c_{\mathrm{G}} S\frac{E_{\mathrm{r}}}{RT^2} + S\frac{\mathrm{d}c_{\mathrm{G}}}{\mathrm{d}T} + c_{\mathrm{G}}\frac{\mathrm{d}S}{\mathrm{d}T}\right) \tag{9-2-27}$$

还原速率达到最大值时

$$\frac{\mathrm{d}r}{\mathrm{d}T} = 0 \tag{9-2-28}$$

式(9-2-26)和式(9-2-27)与式(9-2-28)相互关联得

$$S_{\mathrm{m}} = \frac{E_{\mathrm{r}}}{RT_{\mathrm{m}}^2} + \frac{\mathrm{d}S}{\mathrm{d}T} = 0 \tag{9-2-29}$$

式(9-2-26)和式(9-2-29)关联得

$$\frac{E_r}{RT_m^2}=\frac{\nu c_G \exp\left(-\frac{E_r}{RT_m}\right)}{\beta} \tag{9-2-30}$$

式(9-2-30)就是 TPR 的速率方程，两边取对数得

$$2\ln T_m-\ln\beta+\ln c_G=\frac{E_r}{RT_m}+\ln\left(\frac{E_r}{\nu R}\right) \tag{9-2-31}$$

式中，c_G 为还原速率达到最大值时的 H_2 浓度。以 $2\ln T_m-\ln\beta$ 对 $1/T_m$ 作图，从所得直线斜率可求得还原反应活化能 E_r。如果将 c_G 近似看成 H_2 的平均浓度，则从直线截距和 E_r 可求得指前因子 ν。

3. 氢溢流现象

溢流是指在某一物质表面形成的活性物种，转移到在相同条件下自身不能吸附或不能形成活性物种的另一物质表面。在多相催化剂中，溢流现象相当普遍。在多组分催化剂中，由于活性组分性质不同，有的氧化物容易还原。当容易还原的氧化物在较低温度下还原生成金属后，如果该金属对 H_2 具有解离活化作用，那么 H_2 在金属表面解离成还原活性更强的原子氢。原子氢经过金属-氧化物界面，溢流到氧化物表面与氧化物反应，使氧化物还原。由于原子氢的还原性比分子氢强，因此存在氢溢流时，氧化物的还原温度会明显降低。同样，如果催化剂由金属-氧化物组成，且该金属具有解离氢的能力，也会发生上述氢溢流现象。具有这种功能的金属很多，如 Pt、Pd、Ag、Cu、Ni 等，其中贵金属的氢溢流作用尤其突出。TPR 过程很难避免氢溢流，为谱图分析带来了某些复杂因素。因此，对实验得到的 TPR 谱图应综合分析，全面考虑。有时，为了消除氢溢流对还原行为的影响，应选择溢流作用较小的 CO。用 CO 替代 H_2 作为还原气进行的 TPR 过程称为 CO-TPR。

Karim 等采用自上而下的制备方法，如图 9-2-5 所示，将多个铂和铁氧化物颗粒组成的粒子对放在催化剂载体上，并精确控制金属颗粒间距，探究 H_2 在催化剂表面的溢流现象[5]。H_2 在金属 Pt 颗粒表面解离，形成 H 原子溢流到载体，并在载体表面迁移，遇到铁氧化物，便可将其还原。溢流 H 原子在不同载体表面扩散距离不同。例如，在氧化铝(100)面，溢流的 H 原子与载体形成吸附点 H^-和 OH^-，会阻碍其进一步扩散。因此，在使用 H_2-TPR 时难免会有 H_2 解离形成质子 H 与载体结合的现象，也会出现耗氢峰，在分析谱图中 H_2 还原金属信息时出现偏差。

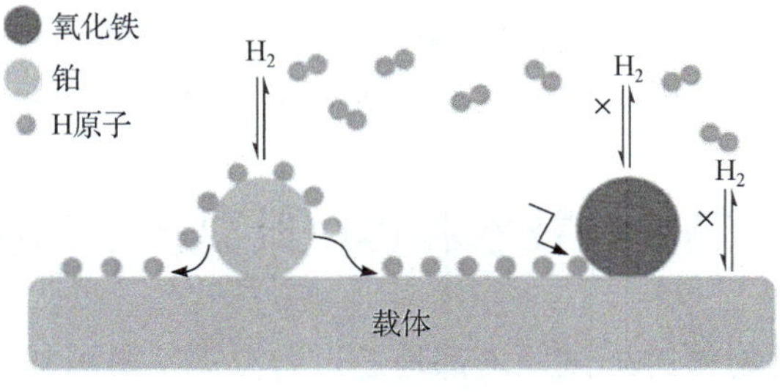

图 9-2-5　氢溢流示意图

9.2.4 程序升温氧化

程序升温氧化(TPO)技术主要指随着温度的升高催化材料与氧气发生作用，测量耗氧与温度的关系。这项技术是探究催化剂表面积碳生成机理的有效手段，也能用于研究气相氧与催化剂表面吸附氢和表面氧空位的反应。TPO 的测试原理与 TPR 类似，不同之处在于处理的气氛有所区别。

TPO 的应用包括：研究金属催化剂的氧化性能、催化剂表面积碳及催化剂表面吸附有机物的氧化性能、催化剂的吸附氢能力、晶格硫的状态、氧化性能以及钝化、再生过程，从而进一步了解助剂、载体、杂质、制备方法、使用条件等对催化剂的影响。

9.2.5 程序升温硫化

程序升温硫化(TPS)技术是一种研究催化剂物种是否容易硫化的有效的简便方法。一些加氢催化剂的活性组分为金属硫化物，在此硫化状态下催化剂具有较高的加氢活性、稳定性及选择性。然而，催化剂在硫化态时易与氧气反应，因此新鲜的催化剂往往以氧化态的形式进行运输、储存，最后在使用前通过预硫化处理，激活催化剂。通过 TPS，不仅能够揭示在硫化处理过程中各类氧化物的硫化度，还可以提供不同物种在不同温度硫化等全面信息，体现出比等温硫化更有优势的工业硫化过程，即更接近原位状态表征催化剂的硫化过程。

9.2.6 程序升温表面反应

程序升温表面反应(TPSR)技术是一种在程序升温过程中同时研究表面反应与脱附过程的技术。TPSR 是把 TPD 与表面反应结合起来的技术。TPD 技术局限于对某一组分或双组分吸附物种进行脱附考察，不能得到真正处于反应条件下有关催化剂表面上吸附物种的重要信息，而这正是人们最感兴趣的。TPSR 弥补了 TPD 的不足，为深入研究与揭示催化作用的本质提供了一种新的手段。升温过程中引起的固体分解、固体表面吸附物和其他物质发生的催化反应、吸附物之间发生的反应(如脱氢、氢解、脱氢芳构化等)都属于 TPSR 的研究对象，通过这些研究可以揭示活性中心性质和表面反应机理。

目前 TPSR 技术大致有两种方法：一是先将催化剂样品进行预处理，然后将样品进行吸附与表面反应，吸附饱和后除去气相或样品表面物理吸附物种，最后以惰性气体为载气，从室温开始程序升温到所要求的温度，使样品各表面物种一边反应一边脱附，并用色谱或质谱跟踪检测尾气组分。二是脱附载气本身就是反应物，在程序升温过程中，载气在催化剂样品表面上反应形成某吸附物种，反应与脱附同步进行。从操作上看，两种方法都离不开吸附物种的反应与产物的脱附。因此，TPSR 的化学过程与 TPD 有许多类似之处，两者在本质上有着密切的联系，用于数据处理的基本方程也与 TPD 一致。实际上，TPD 和 TPSR 没有严格的区分。

9.3 热分析技术和程序升温技术的应用

热分析和程序升温脱附仪的测试原理都是通过升温观察材料的变化，只是检测的信号有所区别。热重分析侧重于材料的质量变化与热的吸收和释放，而程序升温脱附主要利用 TCD 检测脱附气体量的变化。合理使用两种测试方法，尤其是将两者与质谱联用，可得到更准确的信息。应根据催化材料自身特性选择测试方法，如果催化材料易受热分解，建议使用热重分析，因为产物分解会在程序升温脱附仪中冷凝堵塞管路，甚至会损坏 TCD。如果催化材料稳定性良好，则可使用相应联用手段测试。本节主要通过举例对两种测试应用进行比较。

9.3.1　热分析技术的应用

热分析最重要且最常见的技术是热重分析和差示扫描量热法，用于分析催化剂在升温过程中的质量变化以及吸放热情况，可以据此判断催化剂的组成。除此之外，热分析还用于研究活性金属离子的配位状态及其分布、活性组分与载体的相互作用、固体催化剂表面酸碱性表征以及催化剂老化和失活机理、积碳行为等。但这些表征仅靠热分析会过于烦琐且容易出现误差，因此逐渐被其他表征技术取代。例如，同步辐射和球差电子显微镜可分析金属离子的配位情况，更加准确、直观地探究组分与载体的相互作用。下面介绍热分析技术的主要应用。

1. 催化剂的热稳定性

在催化反应过程中，催化剂的热稳定性很重要，这关系到催化剂的制备、预处理以及后续反应过程如何选取反应条件等。催化剂的热稳定性主要通过热重分析判断。

图 9-3-1 为 Zn-MOF(金属有机骨架)材料的 TG-DSC 曲线[6]，蓝色线为质量变化曲线，可看到温度低于 200℃时样品质量缓慢下降，这归因于催化剂自身所带溶剂的脱出，如表面吸附的水，此时 DSC 曲线(红色)相对温度稍有下降，意味着此过程微微吸热。当温度升高至 200～400℃样品质量无明显变化，对应的相对温度也几乎没有变化，表明该催化剂样品在此区间具有良好的热稳定性，直到 400℃不分解。当温度升到 400～510℃时，催化剂样品质量急剧减小，说明催化剂的有机骨架与氧气发生反应，导致结构发生坍塌。同时，DSC 曲线相对温度急剧升高——释放了大量热，表明有机物的氧化放出热量。当温度升至高于 510℃时，催化剂样品质量不再发生变化，表明催化剂已变成 ZnO，完全失去了 MOF 结构。由此可见，从热分析结果可得知 Zn-MOF 的耐热温度、吸附溶剂与有机骨架组分所占比例。

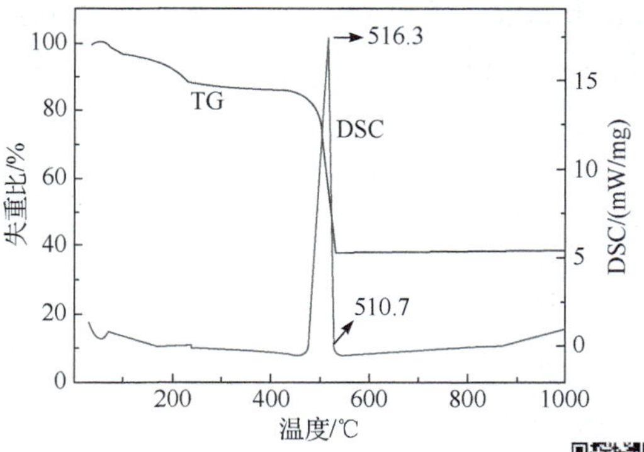

图 9-3-1　Zn-MOF 的 TG-DSC 曲线

2. 热分析和质谱联用

对于热分析结果，引起材料样品质量下降的原因一方面是表面吸附的分子，如空气中的水分子和气体分子脱附；另一方面是自身的分解。如何辨别究竟是何种原因引起的材料质量下降，特别是对于一些受热会分解的聚合物，需要结合质谱对出口产物进行测试识别。

以木质素为例，木质素是一种非常复杂的聚合物，在受热过程中会分解为多种有机物，仅靠热重分析很难得出有效信息。4 种木质素的热重分析结果显示(图 9-3-2)，所有木质素样品质量都随温度升高而不断减小，在 370～385℃分解速率达到最大，对应的 DTG 曲线也可以观察到随温度升高引起分解速率变化的关系。为了鉴别分解的不同产物，需要连接质谱检测，对分解脱出气体进行分析。图 9-3-3 的质谱分析结果显示，随着温度升高，出现了 *m*/*z* 39、43、45、60、95、96 的信号，进而鉴别出分解的具体物种。

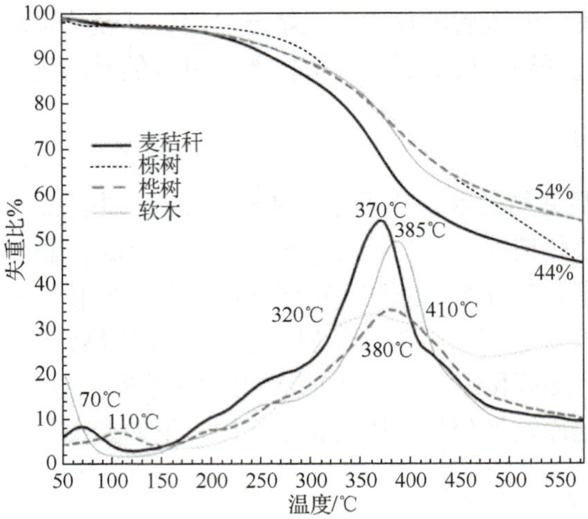

图 9-3-2　不同的木质素的 TG 曲线及对应的 DTG 曲线[7]

然而，有时仅靠质谱结果依然无法完全分析出产物种类。例如，*m/z* 信号可能对应不同产物的碎片分子(*m/z*=16，可能是水中的 O^+或CH_4^+；*m/z*=17，可能是 OH^+或NH_3^+；*m/z*=28，可能是 N_2^+、CO^+、$C_2H_4^+$)。为此，可进一步通过红外光谱鉴别产物，如图 9-3-4 所示，木质素分解产物的红外光谱结果中，可以观察到气态 CO 和 CO_2的峰，同时也捕捉到C═O 键与C—C 键的振动峰，根据振动峰所在位置判断分解产物种类。当然，木质素的热分解过程比较复杂、产物较多，似乎不易区分所有产物，但对于只产生几种产物的热分解体系，上述组合方式还是很实用的。

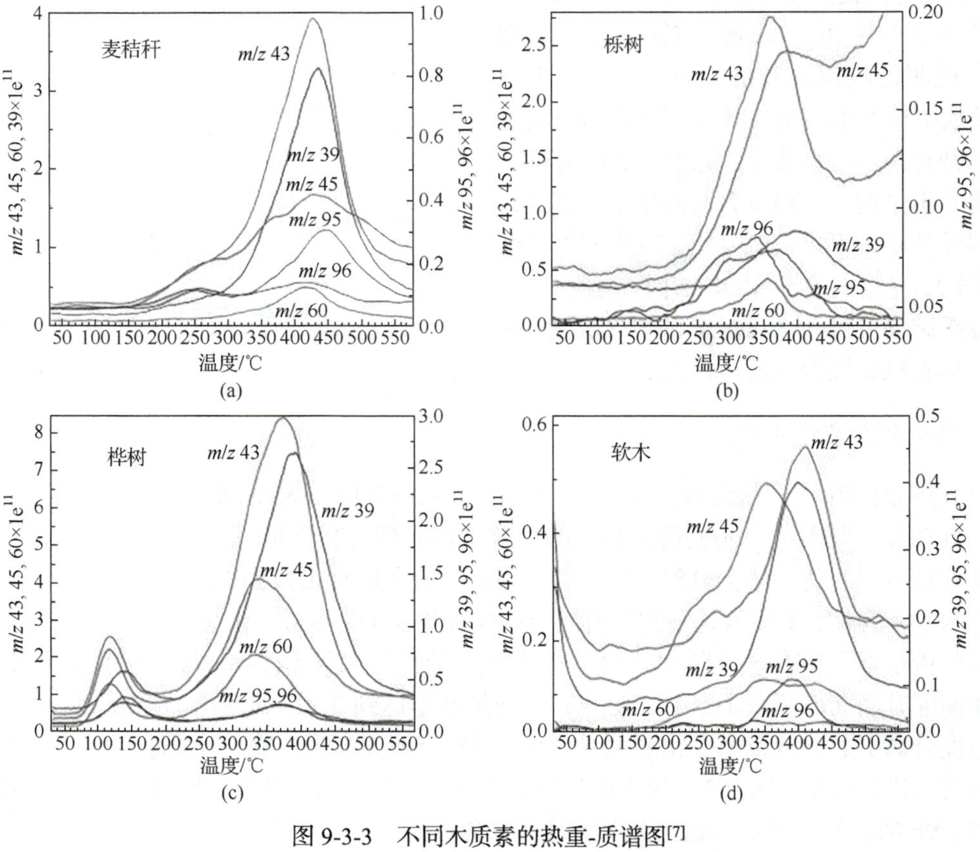

图 9-3-3　不同木质素的热重-质谱图[7]

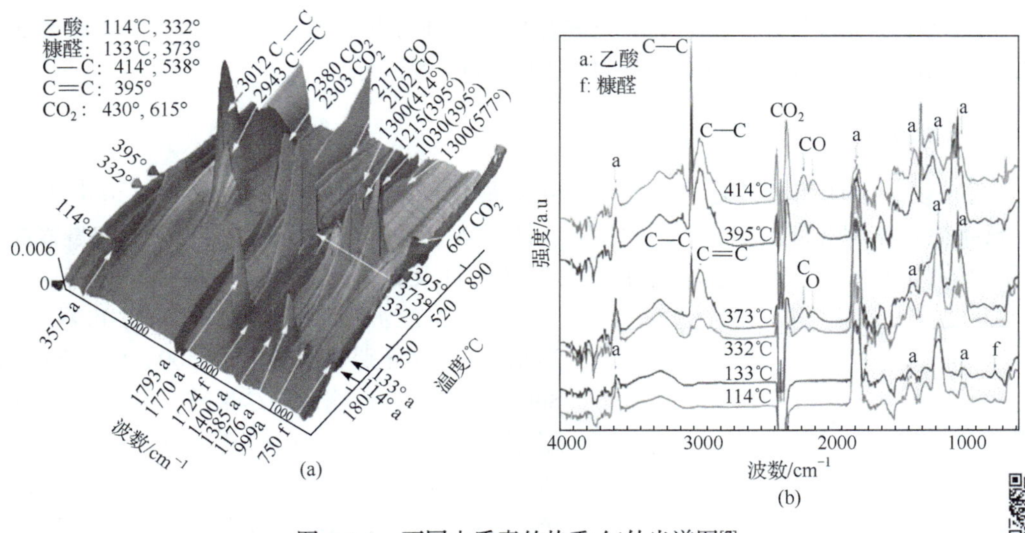

图 9-3-4　不同木质素的热重-红外光谱图[7]

9.3.2　程序升温技术的应用

1. TPR 测试金属的还原温度

在催化反应中，非均相金属催化剂较为常见，尤其是加氢反应。催化剂在使用前，通常需要对催化剂进行 H_2 还原预处理，将金属氧化物还原为零价金属，此时通过 H_2-TPR 测试可确定 H_2 预处理的最佳温度。例如，CO_2 加氢反应常用的 Cu/CeO_2 催化剂，往往先制备出 CuO/CeO_2。为了判断 CuO 的最佳还原温度，对其进行 H_2-TPR 测试，图 9-3-5 结果显示[8]，5%(质量分数)的 CuO/CeO_2 分别在 82℃、127℃和 144℃出现三个还原峰，表明 CuO/CeO_2 在 200℃以下便可全部还原完，还原温度不同是因为 CuO 有不同状态(后续通过其他方式可以鉴别)。值得注意的是，单纯的 CuO 还原温度是 294℃，高于 CeO_2 中 CuO 的还原温度，这可能是金属与载体的相互作用所致，CeO_2 的电子向 CuO 转移，使 CuO 更容易还原[9]。

不仅如此，金属之间的相互作用同样可通过 H_2-TPR 检测。如图 9-3-6 所示[9]，NiO/ CeO_2 样品中，NiO 需要 258℃和 339℃才能完全还原为零价 Ni。然而，双金属 CuNi/CeO_2 样品在 150℃内便可全部还原，远低于 NiO/CeO_2 的还原温度，这说明 Cu 和 Ni 之间存在强烈的相互

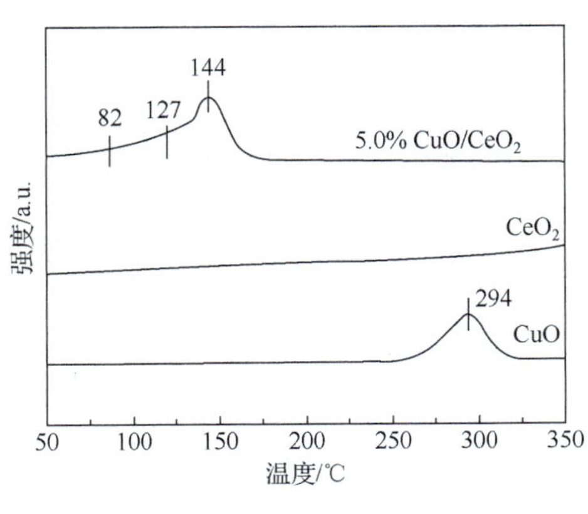

图 9-3-5　CuO/CeO_2、CuO 和 CeO_2 的 H_2-TPR 谱图

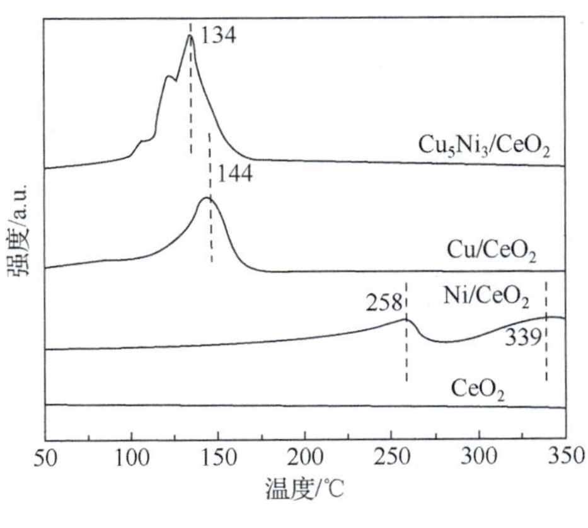

图 9-3-6　CuO、NiO、Cu_5Ni_3 合金负载 CeO_2 和 CeO_2 的 H_2-TPR 谱图

作用(或是金属之间的电子转移所致)，这种作用一方面有助于 H_2 的解离，提高还原性能；另一方面会形成合金，金属 Ni 被 Cu 分割成原子簇而更易还原。

2. TPR 测试金属-载体相互作用

一般来说，金属与载体之间的相互作用对催化剂的性能有很大的影响，最常见的控制金属-载体相互作用的方法是调控还原温度，使载体对金属粒子形成包裹并控制包裹程度。这种作用力的调控会改变催化反应产物的活性、选择性及稳定性。

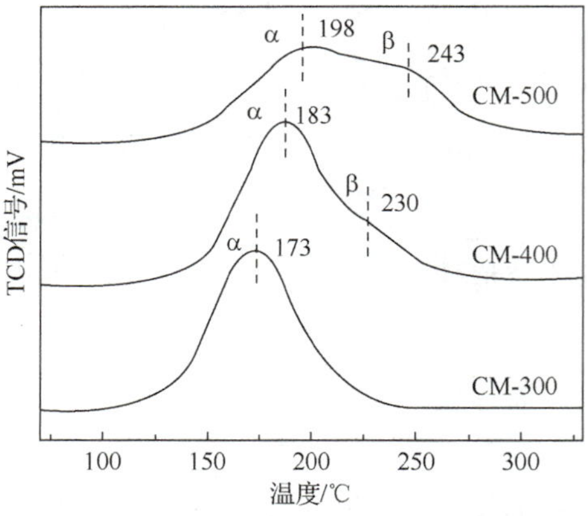

图 9-3-7　不同温度下煅烧 Cu/ZrO_2 的 H_2-TPR 谱图

图 9-3-7 为 Cu/ZrO_2 经过 300℃、400℃、500℃高温煅烧后(分别标记为 CM-300、CM-400、CM-500)进行 H_2-TPR 测试的结果[10]。由于 ZrO_2 的还原温度高于 350℃，图中的还原峰归因于催化剂中 CuO 组分的还原。CM-300 样品在 173℃处出现一个 α 峰，而 CM-400 的 α 峰偏移至 183℃，并在 230℃处出现另一个小 β 峰。煅烧温度升至 500℃预处理的 CM-500 样品，α 峰与 β 峰分别偏移至 198℃和 243℃。煅烧温度的升高引起 α 峰的偏移，表明 CuO 与 H_2 反应变得越来越难，高温煅烧使 CuO 与 ZrO_2 界面作用增强，此时 CuO 主要位于两者界面处，难以还原。另外，后两种样品出现的 β 峰是铜氧化物以新的形式存在，高温焙烧引起团聚导致其难以还原。

除了煅烧温度，改变负载金属的载体组分也可以调控金属与载体之间的作用力。Cu 负载的 $ZnO\text{-}CeO_2$ 催化剂的 H_2-TPR 结果显示(图 9-3-8)[11]，主要有 α 和 β 两个峰，温度较低的 α 峰

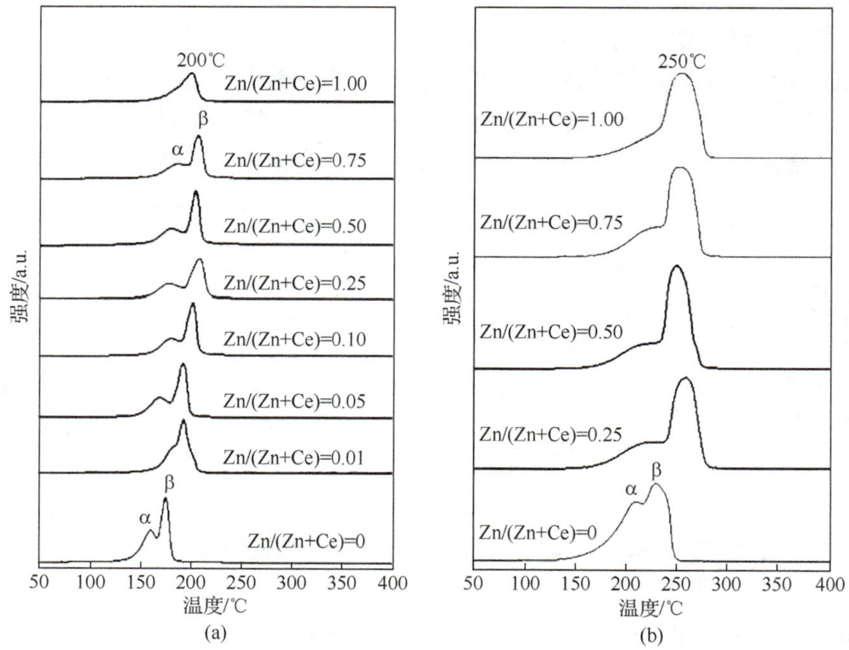

图 9-3-8　Cu 负载的 $ZnO\text{-}CeO_2$ 催化剂的 H_2-TPR 谱图

为 Cu 粒子的耗氢峰，而 β 归属于界面处 Cu 的耗氢峰，其较高温度归因于载体与 Cu 粒子的相互作用(Cu 表面电子转移给载体)，导致其更难还原。随着 Zn 的引入，形成 Zn-CeO_x 载体，α 和 β 两个耗氢峰均向高温方向偏移，这也证明 Zn 的引入改变了载体对 Cu 粒子的作用(加大)。通过对比不同样品的峰位置(温度)变化，可以得出不同样品中载体与金属形成的不同作用力。当然，若要解释引起这种作用力的具体原因，还需结合其他表征手段。

H_2-TPR 测试过程中有时会产生氢溢流现象，特别是负载型金属催化剂，溢流氢会吸附在催化剂表面。因此，谱图中出现的耗氢峰并不一定是 H_2 还原催化剂的消耗峰。为此，可以使用 CO 作为还原性气体进行 CO-TPR 测试，具体测试方法与 H_2-TPR 类似。图 9-3-9 是典型的 CO-TPR 谱图，可以看到在 460～490℃有一个明显的还原峰，消除了氢溢流带来的影响。同样，为了得到更加准确的数据，需要使用质谱(MS)对不同成分进行鉴别。

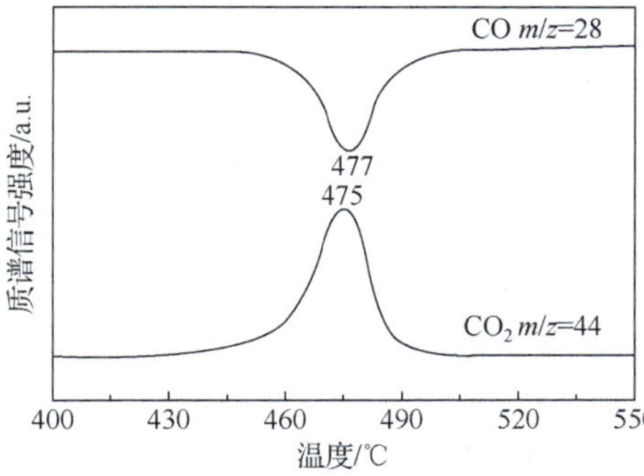

图 9-3-9　典型的 CO-TPR 谱图

3. TPD 技术探究催化剂的反应分子的吸附能力

TPD 技术主要用于研究催化剂表面吸附反应分子的类型和数量。当反应气体分子与固体催化剂接触时，除了发生物理吸附，还会发生化学吸附。通常，吸附作用首先在催化剂的强吸附位进行，之后在弱吸附位吸附。而在升温过程中，吸附分子依次从弱到强进行脱附，因此在不同温度出现不同位置及强度的脱附峰，由此判断催化剂表面的吸附位数量与吸附作用大小。

图 9-3-10 为 Ni/γ-Al_2O_3 的 CO_2-TPD 谱图[12]，可以看到 200℃以下的 A 峰和 300～500℃的 B 峰，分别对应弱碱位点和强碱位点吸附的 CO_2，通过对比两者峰位置可判断 Ni/γ-Al_2O_3 两个吸附位对 CO_2 的吸附能力。不同方法制备的催化剂对 CO_2 的吸附能力差异很大，对比图中(1)～(3)曲线的三种样品，发现 B 峰逐渐增强，表示强碱吸附位增多。进一步，对 CO_2 峰面积进行标定，即取多个已知 CO_2 浓度的峰面积，拟合出一条 CO_2 浓度与峰面积的标准曲线，然后将图中的峰进行积分代入标准曲线，便可求出不同样品对 CO_2 的具体吸附量。

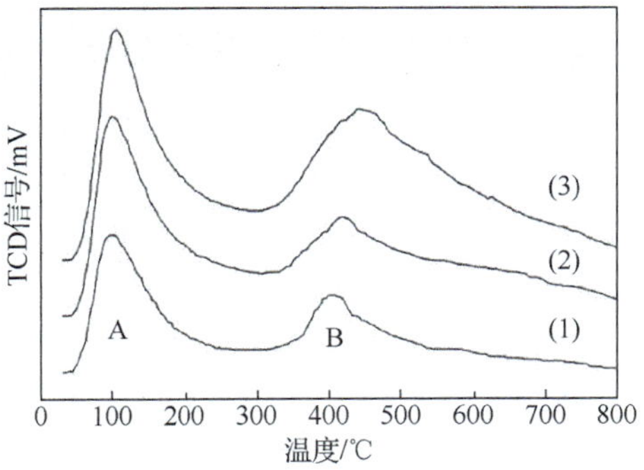

图 9-3-10　Ni/γ-Al_2O_3 的 CO_2-TPD 谱图
(1)、(2)、(3)代表不同的制备方法

需要说明的是，吸附的反应物有可能与催化剂发生反应，导致升温脱附时产生其他物质，显然仅靠 CO_2-TPD 的 TCD 信号并不能判断是否发生此过程。例如，Pd/$SrMn_5ZrO_x$ 催化剂的 CO_2-TPD 谱图(图 9-3-11)结果显示[13]，催化剂样品饱和吸附 CO_2 后在升温脱附过程中，如果没有质谱监测，只能将 100℃和 500～600℃的峰归于不同吸附位的 CO_2 脱附。通过质谱监测，可发现 500～600℃出现了 CO(m/z=28)的峰，证明了这个位点吸附的 CO_2 部分与催化剂发生反应形成 CO，这可能是发生了逆水煤气转化，也可能是催化剂经过预处理产生氧空位，氧空位吸附的 CO_2 在高温下发生裂解产生 CO。可见，在 500～600℃的 TCD 信号峰是由 CO 和 CO_2 叠加而成。因此，进行 TPD 测试时，建议联用质谱，否则数据缺乏准确性。

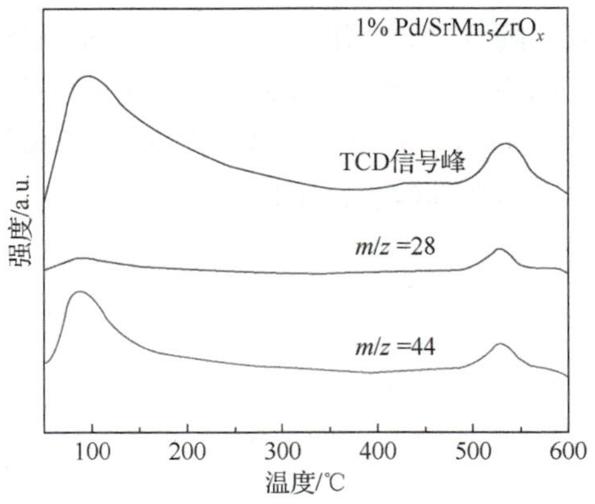

图 9-3-11　Pd/SrMn₅ZrOₓ催化剂的 CO_2-TPD 谱图

4. TPD 技术在催化剂表面酸碱性和氧化还原性能研究中的应用

在多相催化反应体系中，催化剂的酸碱位点对反应分子的活化起重要作用。选择合适的碱性气体(如 NH_3、吡啶等)，利用催化剂样品进行相应气体的吸脱附信息可表征催化剂表面的酸性。利用程序升温脱附技术，通过测定脱附出来的碱性气体量，就可得到催化剂的总酸量，通过计算各脱附峰面积，可得到不同酸位点的酸量。按照 Brønsted 和 Lewis 的定义，固体酸是具有给出质子或接受电子对能力的固体物质，而固体碱则相反。对于催化机理，酸催化剂可以提供质子，使反应物分子质子化为碳正离子。工业催化中常用沸石分子筛，由于其参与众多碳正离子反应，如裂化、异构化、烷基化、酸化等，表现出酸催化剂的特征。因此，催化剂酸性位点的研究被广泛关注，酸性(酸种类、酸量和酸强度)测量成为表征催化剂的重要内容。

ZSM-5 分子筛在工业催化中发挥着重要作用，通过离子交换可以获得不同 Fe 含量的 Fe-ZSM-5。进行 NH_3-TPD 测试(图 9-3-12)[14]，可发现主要有两个分别位于 160℃和 390℃的脱附峰，前者归属于物理吸附 NH_3，后者归属于 NH_4^+ 与孔道内的 Brønsted 酸位点相结合的物种。随着 Fe 取代 H 的量增加，可发现位于 390℃的峰逐渐减小，表明 ZSM-5 样品酸位点随 Fe 含量增加而逐渐消失。

Wang 等利用 NH_3-TPD 分析了 Ce/TiO_2 的表面酸度(图 9-3-13)[15]，在每个催化剂样品的谱

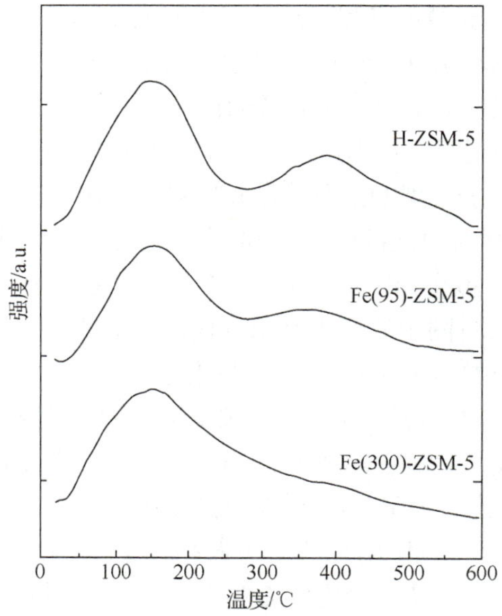

图 9-3-12　H-ZSM-5 分子筛和经过 Fe 离子交换的 Fe-ZSM-5 分子筛的 NH_3-TPD 谱图

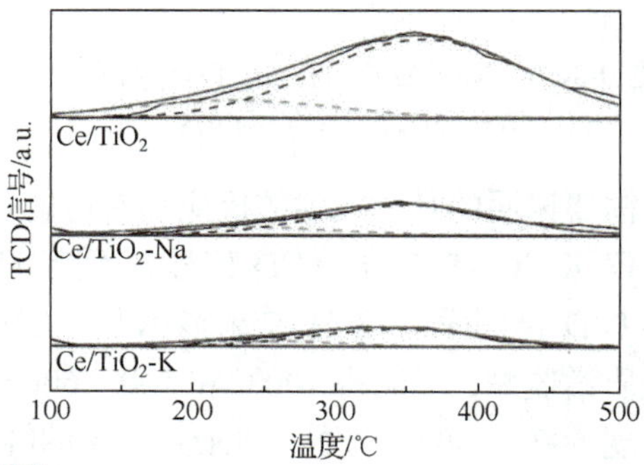

图 9-3-13　Ce/TiO_2 的 NH_3-TPD 谱图

图中都可以发现一个宽的脱附峰，这表明存在不同热稳定性的酸位点，经过拟合后可以归属为两个峰：位于 200～250℃的峰归属于 NH_4^+ 和 Brønsted 酸，而位于较高温度范围(300～400℃)的峰可归属于与 Lewis 酸位点结合的配位 NH_3。随着 Na 或 K 的加入，峰强度急剧下降，表明对 NH_3 的吸附受到抑制。此外，Ce/TiO_2-K 的解吸峰面积小于 Ce/TiO_2-Na 的解吸峰面积，表明 Ce/TiO_2-K 表面的酸位点较少，其对 NH_3 的吸附量低于 Ce/TiO_2-Na 样品。

5. TPO 技术的应用

TPO 技术主要用于探究催化剂在反应过程中的积碳行为。例如，在 CH_4 和 CO_2 热催化反应中，Ni-CaO-ZrO_2 是常见的催化剂，通过高温加热方式产生 CO 和 H_2，然而该反应存在副反应，CH_4 和 CO_2 都会产生 C 物种占据活性位。由于 CH_4 和 CO_2 的活性位不同，因此两者产生的积碳位也不同。借助 TPO 技术，利用 O_2 的强氧化性可以判断催化剂表面沉积碳的量及类型。催化剂经过反应后的 TPO 测试数据如图 9-3-14 所示[16]，在 840 K、955 K 和 1020 K 出现三个 CO_2 的峰。经过拟合，可以将这些峰归属于 Cβ、Cγ 和石墨相 C。为了进一步区分 CH_4 和 CO_2 分布产生的 C 物种，还需要各自进行单一气体的处理。通常认为温度较低的 Cβ 属于 C 的中间物质，有利于向 CO 转化，而更高温度的 Cγ 和石墨相 C 难以转化，长时间反应会对活性位造成影响。当然，进一步延长反应时间，观察 Cβ、Cγ 和石墨相 C 的比例变化，同样可以鉴别可转化的 C 物种及积碳物种。

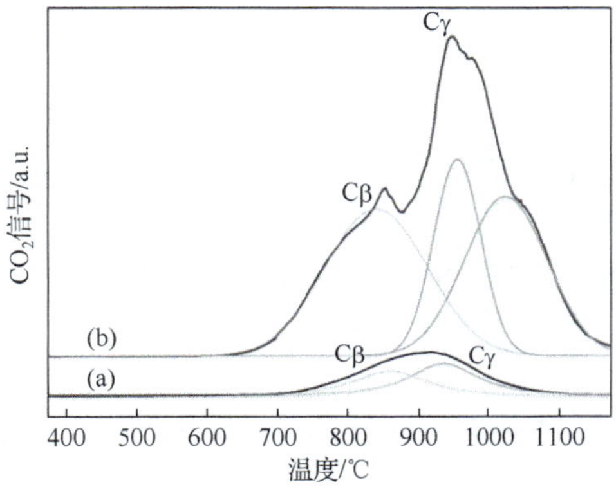

图 9-3-14　两种 Ni-CaO-ZrO_2 催化剂在 CH_4 和 CO_2 气氛中 1023 K 反应 1 h 的 TPO 谱图

TPO 技术也可以用于研究 O_2 与催化剂表面吸附氢和表面氧空位的反应。例如，催化剂经过 H_2 预处理，解离 H_2 在催化剂表面形成 H^+或 OH^-，金属氧化物还可能生成氧空位。在 TPO 测试中，这些物种与 O_2 反应，出现耗氧峰。这些物种与氧气反应的温度不同，据此可以对这些物种进行区别。

6. TPS 技术的应用

TPS 技术在早些年使用广泛，主要用于探究催化剂的硫化过程，通常使用 H_2 和 H_2S 混合气处理催化剂，观察 H_2S 消耗峰的位置对应的温度，从而判断催化反应中如何选取催化剂的硫化温度。通过比较峰的强度，判断催化剂改性前后硫化程度是否变化。TPS 的操作和分析与 TPR 类似，都是反应气的消耗峰，只是需要注意谱图的峰是正峰还是倒峰。

7. TPSR 技术的应用

TPSR 测试是先将催化剂样品预处理，降至室温待一种反应分子吸附至饱和后，切换至另一种气体，进行升温反应。例如，催化 CO_2 加氢反应中，首先对催化剂样品进行预处理，并使表面吸附的杂质分子脱出，降至常温对 CO_2 进行吸附饱和，然后切换至惰性气体将多余的 CO_2 吹扫干净，切换至 H_2 进行升温反应，观察 CO_2 在 H_2 气氛中随温度的变化情况。与 CO_2-TPD 相比，TPSR 过程中会切换气氛。在 TPSR 过程中，一方面会引起吸附物的脱附；另一方面两种气体在催化剂表面反应，生成多种产物。需要注意的是，TPSR技术还需与其他测试技术联用，如质谱、原位红外光谱、气相色谱等，否则难以得出有说服力的结果。下面举例简单介绍TPSR与质谱的联用测试。

图9-3-15是NH_3和NO反应生成N_2和H_2O的TPSR谱图[14]，Fe-ZSM-5催化剂吸附NH_3至饱和，然后吹扫完多余的NH_3切换至NO气体，进行程序升温反应。随着温度升高，归属于物理吸附的NH_3在100℃左右脱出；当温度升高至200～300℃时出现N_2峰，同时NO在此温度区间出现了消耗，表明此时NO和NH_3发生了反应生成了N_2和H_2O。而根据NH_3-TPD测试结果(未列出)，可以发现原有的NH_3脱附峰在此温度区间消失了，进一步证明NH_3参与了反应。事实上，ZSM-5表面的酸位点吸附的NH_4^+是活性位，促进了上述反应的进行。若要得到具体反应过程信息，如中间产物的转化等，还需要联用其他测试技术，原位红外光谱是常用的表征反应机理的分析手段之一。

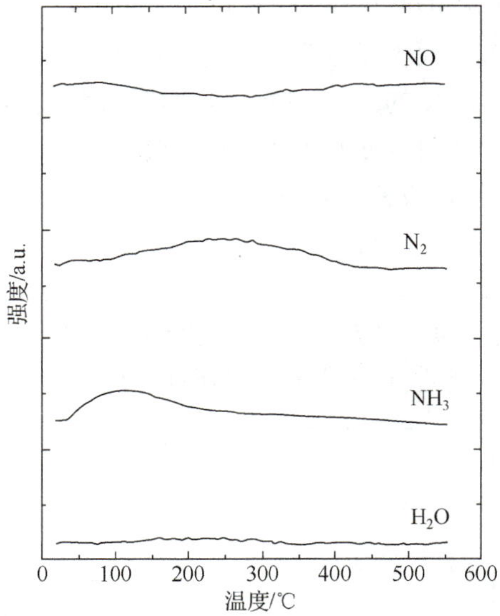

图9-3-15　NH_3和NO反应生成N_2和H_2O的TPSR谱图

8. 程序升温技术和原位红外光谱测试的联用

近年来，催化的反应过程和反应机理研究越来越深入，相应的测试表征也越来越先进。单一的程序升温技术已经难以满足科学家对机理的探索。例如，在TPD测试中，可以获得催化剂对某一反应物分子的吸附情况，但此结果比较宏观、难以精确鉴别吸附位与吸附方式。另外，在反应过程中是何种吸附分子参与反应等信息也无法从程序升温技术中获取。要得到这些信息，需要TPD与其他测试技术联用。上文提到了TPD与质谱联用，对产物进行了识别。但质谱结果并没有显示这些产物是如何形成的。这就需要结合原位红外光谱进行测试，将催化剂表面物种的变化与产物结合，可以得到更多信息。

在氧化铈表面吸附饱和CH_3OH后进行升温脱附，从得到的TPD-MS信号[图9-3-16(a)][17]可以看到吸附的CH_3OH除脱附成CH_3OH外，在一定温度下还可分解成多种产物，如CO、CO_2、HCOH、H_2等。进一步，通过不同温度脱附的产物推测出MeOH在相应温度下可能发生的反应，如材料表面的氧空位会捕获CH_3OH分子形成羟基和吸附到氧空位的CH_3O-s，随着温度升高，两个物种分解形成CO和H_2并脱附。不仅如此，在升温过程中羟基与CH_3O-s也会各自发生式(9-3-3)～式(9-3-5)分解反应。其中，s表示表面吸附位，O_s表示表面晶格氧吸附位。

$$CH_3OH(g) + O_s \longrightarrow CH_3O\text{-s} + H—O_s \tag{9-3-1}$$

$$CH_3O\text{-s} + H—O_s \longrightarrow CO(g) + 2H_2(g) + O_s \tag{9-3-2}$$

$$2H—O_s \longrightarrow H_2O(g) + O_s \tag{9-3-3}$$

$$2CH_3O\text{-s} \longrightarrow CH_3OH(g) + HCOH(g) \tag{9-3-4}$$

$$CH_3O\text{-}s + O_s \longrightarrow HCOO_s + H_2(g) \tag{9-3-5}$$

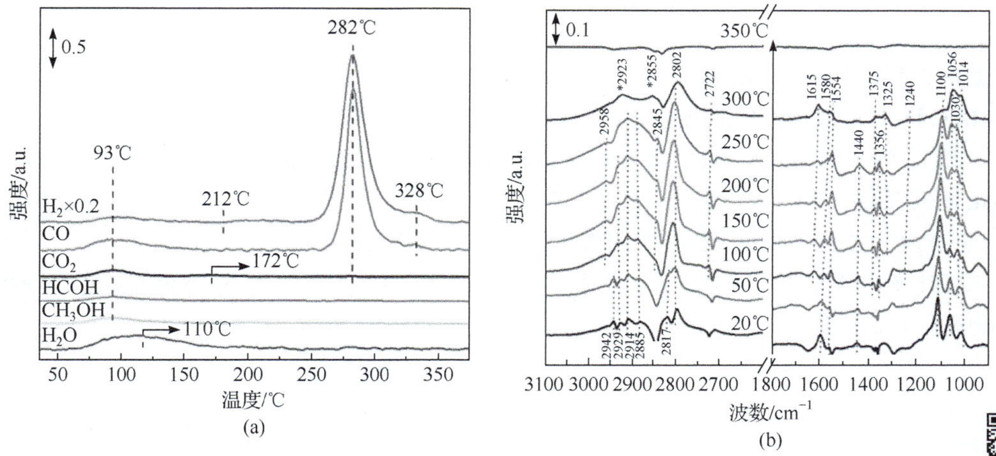

图 9-3-16　氧化铈的 CH_3OH-TPD 谱图(a)和随温度升高的原位红外光谱图(b)

需要说明的是，利用 TPD 测试结果只是推测出可能的反应过程，催化剂本身是否真的进行了这些过程并不清楚，因而需要借助原位红外光谱技术对催化剂的反应过程进行实时监测。如图 9-3-16(b)的原位红外光谱图所示，氧化铈吸附 CH_3OH 饱和后(黑色曲线)，可以观察到随温度升高表面吸附物种的变化。最丰富的物种是顶部甲氧基(约 1100 cm^{-1} 和 2914 cm^{-1})，但当温度达到 300℃时，甲氧基峰强度显著降低，对应 TPD 在 250～350℃产生大量的 H_2 和 CO，可以证明它们是由顶部甲氧基物种分解而成，也显示出氧化铈具有较好的活化 CH_3OH 性能及催化性能。另外，物理吸附的 CH_3OH(约 2942 cm^{-1} 和 2817 cm^{-1})仅在低于 100℃的温度下观察到，表明其被吸附强度远低于甲氧基物种，这与 TPD 数据一致。原位红外光谱结果还表明，在 100℃下出现了单齿和双齿 $HCOO^*$物种，此物种在相对低温下以牺牲甲氧基物种[式(9-3-5)]为代价产生，导致 H_2 在相应低温下的解吸。

9.4　程序升温技术展望

程序升温技术本质上是一种温度谱，其研究对象是特定的探针或反应物分子与催化剂表面特定部位的相互作用，因此该技术得到的信息对催化研究尤其重要。程序升温技术能获得吸附态分子之间的相互作用及化学变化等信息，成为研究表面反应机理的一种重要手段。许多催化剂特别是氧化催化剂的催化性能往往取决于活性组分的氧化还原性质，而程序升温还原和程序升温氧化技术是目前研究催化剂氧化还原性能最有效和方便的手段。因此，程序升温分析技术在催化的基础研究和应用研究中得到了十分广泛的应用。

然而，单一的程序升温表征得到的结果往往存在局限性，要得到确实可信的数据结果，需要将其与多种仪器联用，这将成为测试技术发展的方向。目前已开发利用的主要联合测试技术是程序升温分析技术与质谱、红外光谱或气相色谱联用等，未来或与更多的表征技术实现联用，以原位表征催化反应过程。例如，针对程序升温技术仅通过分析出口气体的浓度和成分间接判断而无法直接获得催化剂本身信息等不足，可将程序升温技术与原位红外光谱技术结合，既可以监测催化剂表面的反应中间物种，又可以分析反应的生成物及脱附产物，此联用技术对于理解催化剂的反应过程具有重要意义。

习　题

1. 影响热重曲线的主要因素有哪些？

2. DSC 与 DTA 测定原理的不同之处有哪些？

3. TPD、TPR 是催化剂表征的重要手段，可以获得许多重要的信息，简述通过 TPD、TPR 技术可以获得哪些催化剂研究信息内容。

4. 通常对固体酸表面酸性的测定方法有哪些？具体表征什么内容？

5. 实验测试中，哪些实验条件或参数会对 TPD 的测试结果产生影响？试举一例并简要分析实验条件或参数如何影响 TPD 结果。

参 考 文 献

[1] 辛勤. 固体催化剂研究方法. 北京：科学出版社, 2004.

[2] 辛勤, 罗孟飞, 徐杰. 现代催化研究方法新编. 北京：科学出版社, 2018.

[3] 杨锡尧. 固体催化剂的研究方法第十三章程序升温分析技术(上). 石油化工, 2001, 12: 952-959.

[4] Tokoro Y, Uchijima T, Yoneda Y. Analysis of thermal desorption curve for heterogeneous surfaces: Ⅱ. Nonlinear variations of activation energy of desorption. J Catal, 1979, 56(1): 110-118.

[5] Karim W, Spreafico C, Kleibert A, et al. Catalyst support effects on hydrogen spillover. Nature, 2017, 541(7635): 68-71.

[6] Zhang Y, Zhou J B, Chen X, et al. MOF-derived C-doped ZnO composites for enhanced photocatalytic performance under visible light. J Alloy Compd, 2019, 777: 109-118.

[7] Brebu M, Tamminen T, Spiridon I. Thermal degradation of various lignins by TG-MS/FTIR and Py-GC-MS. J Anal Appl Pyrolysis, 2013, 104: 531-539.

[8] Yang Z, Zeng M, Wang K, et al. Visible light-assisted thermal catalytic reverse water gas reaction over Cu-CeO_2: The synergistic of hot electrons and oxygen vacancies induced by LSPR effect. Fuel, 2022, 315: 123186.

[9] Yue X Y, Wang K, Yang Z, et al. Visible light-regulated thermal catalytic selectivity induced by nonthermal effects over CuNi/CeO_2. Chem Eng J, 2023, 458: 141491.

[10] Han X Y, Li M S, Chang X, et al. Hollow structured Cu@ZrO_2 derived from Zr-MOF for selective hydrogenation of CO_2 to methanol. J Energy Chem, 2022, 71: 277-287.

[11] Zhu J D, Ciolca D, Liu L, et al. Flame synthesis of Cu/ZnO-CeO_2 catalysts: Synergistic metal-support interactions promote CH_3OH selectivity in CO_2 hydrogenation. ACS Catal, 2021, 11(8): 4880-4892.

[12] Shang S Y, Liu G H, Chai X Y, et al. Research on Ni/γ-Al_2O_3 catalyst for CO_2 reforming of CH_4 prepared by atmospheric pressure glow discharge plasma jet. Catal Today, 2009, 148(3-4): 268-274.

[13] Ni W K, Zeng M, Wang K, et al. Photo-thermal catalytic reverse water gas shift reaction over Pd/MaZrO_x (M=Sr, SrMn) catalysts driven by "Cycle-double sites". J CO_2 Utili, 2023, 69: 102413.

[14] Long R Q, Yang R T. Temperature-programmed desorption/surface reaction(TPD/TPSR) study of Fe-exchanged ZSM-5 for selective catalytic reduction of nitric oxide by ammonia. J Catal, 2001, 198(1): 20-28.

[15] Wang S X, Guo R T, Pan W G, et al. The deactivation of Ce/TiO_2 catalyst for NH_3-SCR reaction by alkali metals: TPD and DRIFT studies. Catal Commun, 2017, 89: 143-147.

[16] Wang C Z, Sun N N, Wei W, et al. Carbon intermediates during CO_2 reforming of methane over NiCaOZrO_2 catalysts: A temperature-programmed surface reaction study. Int J Hydrogen Energ, 2016, 41(42): 19014-19024.

[17] Araiza D G, Gómez-Cortés A, Díaz G. Reactivity of methanol over copper supported on well-shaped CeO_2: A TPD-DRIFTS study. Catal Sci Techn, 2017, 7(22): 5224-5235.

第 10 章　催化剂结构表征方法

常用催化剂是多相催化剂，是由一种或若干种催化物质高分散在载体上形成的。决定催化剂催化性能的因素不仅有其分子的化学组成，还有相关原子在空间键合成分子或物质的方式，即结构形式。因此，研究催化剂分散在载体上的形态结构、与载体的界面相互作用以及催化机制、反应过程中的结构变化等非常重要。如今，作为长程有序结构研究基础的 X 射线衍射晶体学和短程有序结构研究的 X 射线吸收精细结构分析等研究手段备受重视且发展迅速，成为多种研究领域及应用中广泛使用的物质结构分析方法。

10.1　X 射线衍射晶体结构分析

10.1.1　X 射线的本质

1895 年 11 月 8 日，德国物理学家 Röntgen 在用 Lenard 管和 Crookes 管进行阴极射线实验研究时偶然发现了一种新型辐射。Röntgen 将其命名为 X 射线，表示一种未知的辐射类型。这种射线具有以下三个特征：①穿越磁场时不偏转；②能使底片感光，使荧光物质发光和使气体电离；③对生物细胞有杀害作用等。直到发现晶体的衍射现象和 Compton 效应(非相干散射——吴有训)以后，人们才逐步揭示 X 射线的真谛[1]。2023 年，科学家首次拍摄到了单原子 X 射线信号。

X 射线是一种频率极高、波长极短、能量很大的电磁波。X 射线与无线电波、红外线、可见光、紫外线、γ射线、宇宙射线一样，本质上同属于电磁波，只不过彼此占据不同的波长范围。X 射线的波长很短，为 0.01～100 Å，频率范围为 30 PHz～300 EHz，能量为 100 eV～10 MeV。在电磁波谱中，它与紫外线及 γ 射线互相搭接。只有当 X 射线几乎平行掠过光洁固体表面时，才有可能发生类似于可见光的全反射。X 射线穿过不同介质时几乎不发生偏折(折射率非常接近 1，只在 10^{-6} 数量级上有差异)，不能像可见光一样会聚、发散和变向。因此，人们无法使用 X 射线制作显微镜。

X 射线与其他微观粒子一样，既具有波动的特性，又具有粒子的特性。描述 X 射线波动性的物理量如频率 ν、波长 λ 和描述其粒子性的光量子能量 E、动量 P 之间遵循 Einstein 关系式：

$$E = h\nu = hc/\lambda \tag{10-1-1}$$

$$P = h/\lambda \tag{10-1-2}$$

式中，h 为 Planck 常量，6.626×10^{-34} J · s；c 为 X 射线的速度，2.998×10^{10} cm/s。根据波长长短，可以将 X 射线分为硬 X 射线和软 X 射线。硬 X 射线的波长较短，射线能量较高，穿透性较强，适用于金属部件的无损探伤及金属物相分析。用于金属探伤的 X 射线波长为 0.005～0.1 nm 或者更短，而用于晶体结构分析的 X 射线波长为 0.05～0.25 nm。软 X 射线的波长较长，能量较低，穿透性弱，可用于医学和非金属分析。

1. X 射线发生器

产生 X 射线的最简单方法是用加速后的电子撞击金属靶。X 射线发生器由 X 射线管、电源、靶材料、冷却系统和控制系统等部件构成(图 10-1-1)。常见的靶材料有 Cr、Mo、W、Cu、Fe、Ni、Co 和 Au 等。当高速运动的电子与物体碰撞时，发生能量转换，电子的运动受阻失去动能，其中一小部分(1%左右)能量转变为 X 射线，绝大部分(99%左右)能量转变为热能使物体温度升高，需要用水冷却。

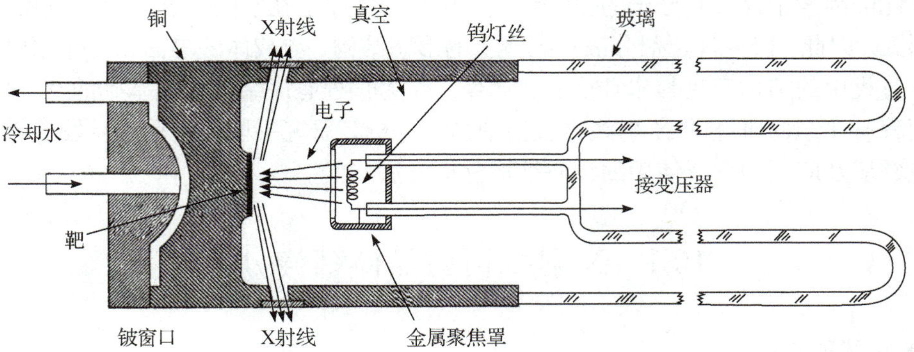

图 10-1-1　密闭式灯丝 X 射线管的剖面图

高速电子轰击靶物质时，与靶物质的相互作用过程很复杂。一些高速电子进入靶物质的原子核附近，在原子核的强电场作用下，速度的量值和方向都发生变化，一部分动能转化为 X 射线的能量($h\nu$)辐射出去，形成 X 射线谱的连续部分，称为韧致辐射。韧致辐射构成了 X 射线谱的噪声(背景)。一些高速电子进入靶物质原子内部，与某个原子的内层电子发生强烈的相互作用，内层电子吸收一部分动能，从原子中脱出，从而使原子内电子层出现空位，这个空位会被更外层的电子跃迁填充，并在跃迁过程中发出 X 射线，这种辐射称为特征辐射(图 10-1-2)。这样的谱线称为特征 X 射线谱或标识 X 射线谱。加大加速电压，电子携带的能量增大，可以使更多金属原子的内层电子撞出。发出的 X 射线的能量是量子化的，等于两个能级的能量差，因此发出的 X 射线的波长集中在某些部分。改变管流、管压，只会改变谱线的强度，而波长

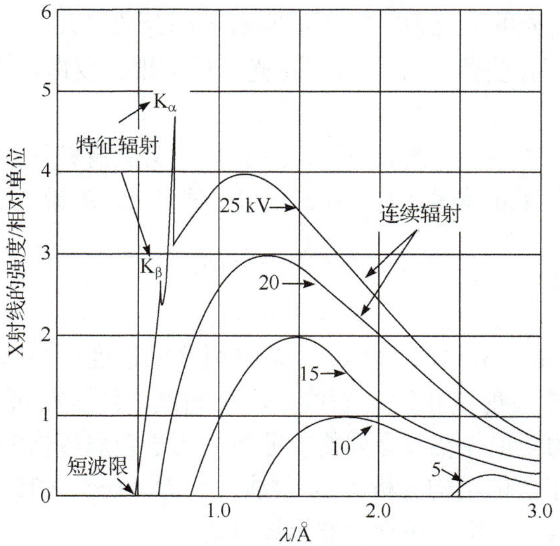

图 10-1-2　X 射线光谱图

固定不变。

2. 特征 X 射线的命名规则

特征 X 射线的产生与靶材料的原子结构有关。高速电子激发靶材料原子结构的内层电子，高能级电子再跃迁回到低能级，产生不连续的特征 X 射线。因此，定义由不同外层上的电子跃迁到同一内层辐射的特征谱线属于同一线系，如图 10-1-3 所示，从 L、M、N 层上的电子跃迁到 K 层时产生的特征 X 射线都属于 K 系特征谱线。按照电子跃迁时跨越的电子能级数目的多少，将同一线系的谱线分别标以 α、β、γ 等符号。例如，电子从 L 层跃迁到 K 层时，跨越了一层，因此其特征谱线记为 K_α；电子从 M 层跃迁到 K 层时，要跨越两层，因此其特征谱线记为 K_β，依此类推。

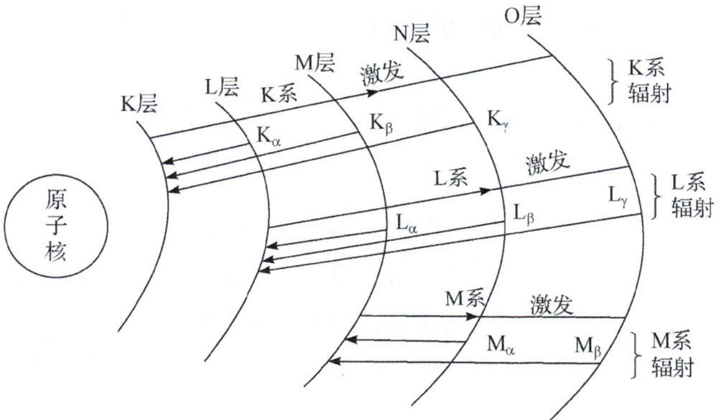

图 10-1-3　特征 X 射线产生示意图

电子能级间的能量差并不是均等分布的，越靠近原子核，相邻能级间能量差越大，因此同一靶材的 K、L、M 系谱线中，K 系谱线的波长最短，L 系谱线的波长又短于 M 系，即 $\lambda_K < \lambda_L < \lambda_M$。此外，在同一线系各谱线间，如在 K 系谱线中，必定有 $\lambda_{K_\alpha} > \lambda_{K_\beta} > \lambda_{K_\gamma}$。

从 L 层向 K 层跃迁，产生 K_α 射线。K_α 射线又分为 $K_{\alpha1}$ 和 $K_{\alpha2}$，前者强度是后者的两倍。从 M 层向 K 层跃迁，产生 K_β 射线。X 射线衍射分析主要用 K_α 射线，其波长取 $K_{\alpha1}$ 和 $K_{\alpha2}$ 的平均值：

$$\lambda = \frac{2\lambda_{K_{\alpha1}} + \lambda_{K_{\alpha2}}}{3} \tag{10-1-3}$$

由于连续 X 射线产生噪声，需用滤波器消除连续 X 射线和 K_β 射线，并采用单色器，才能得到 K_α 射线。

3. X 射线与物质的相互作用

X 射线在磁场中不发生偏转，以光速直线传播，与物质相遇时发生散射、吸收和穿透现象。

X 射线的散射是指 X 射线与物质作用而改变方向，其实质是物质中的电子与 X 射线的相互作用。散射分两种：一种是相干散射，也称为弹性散射，是指 X 射线入射散射体时，在其电场作用下，使散射体的电子受迫振动而成为新的辐射电磁波源，但其波长相同。这种新的散射波可以发生相互干涉，这是衍射现象的基础。另一种是非相干散射，非相干散射的波长大于入射 X 射线的波长(入射光一部分转化为电子动能)，不能发生衍射作用，只作为衍射谱的背景。

X 射线的吸收是指 X 射线通过物体时会损耗能量，转化为原子内部电子的跃迁，引起光致发光与弛豫现象，可以利用 X 射线荧光实现元素分析，利用 X 射线吸收光谱(如 XAFS)分析吸收原子周围的近邻结构，得到原子间距、配位数、原子均方位移等参量。

X 射线穿透物质时，吸收及散射导致其强度衰减，服从 Lambert-Beer 定律。根据这个原理，可以选择适当的靶材料制成滤光片，滤去 K_β 射线。

10.1.2　X 射线衍射的基本原理

1. Laue 方程

当一束 X 射线照射到晶体上时，将发生经典散射(也称弹性散射)，这时可以将晶体中的每个原子看成一个新的散射波源；这些散射波之间相互干涉，使合成波之间的强度随着方向不同而出现增强或减弱。为了探求晶体的衍射规律，Laue 在直线点阵基础上，从最简单的一维衍射开始，建立了 Laue 方程。

假设在垂直于入射方向上的所有 X 射线是同光程的，则相邻两原子的散射线引起的光程差为 $\delta = AC - DB$；由图 10-1-4 可知

$$\delta = AC - DB = a(\cos\alpha - \cos\alpha_0) \tag{10-1-4}$$

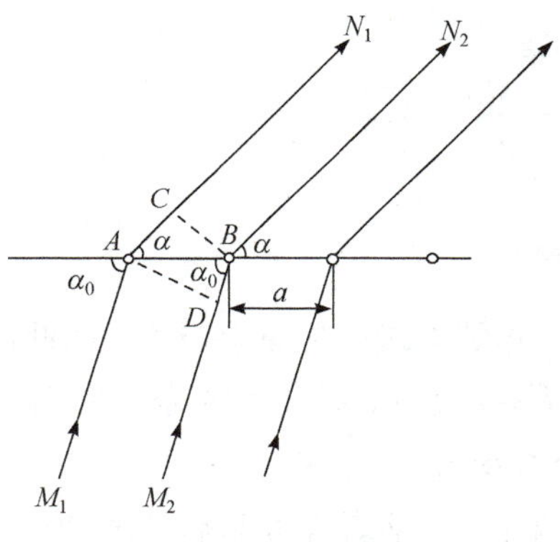

图 10-1-4　直线点阵上原子列的衍射

式中，a 为两个点 A 和 B 之间的距离；α_0 为入射 X 射线与 x 轴向原子列的夹角；α为衍射线与原子列的夹角。因此，在 N_1、N_2 方向上，散射线加强，发生衍射的条件是

$$a(\cos\alpha - \cos\alpha_0) = H\lambda \tag{10-1-5}$$

这就是 Laue 第一方程。式中，H 为 Laue 第一干涉指数，可取 0、±1、±2、±3、…。但它的取值不是无限的，因为入射方向确定以后，$\cos\alpha$ 的值只能取–1～1。每个 H 值对应一个衍射圆锥。

式(10-1-5)表明 X 射线衍射线分布在一个圆锥面上，锥面的顶角为 2α。由于 H 可以取若干数值，故当单色 X 射线照射原子列时，衍射线分布在一簇同轴圆锥面上，这个轴就是原子列。可以想象，如果在垂直于原子列的方向放上底片，则应该得到一系列同心圆，如果底片平行于原子列，则衍射图样将是一系列双曲线。

Laue 第二方程为

$$b(\cos\beta - \cos\beta_0) = K\lambda \tag{10-1-6}$$

式中，β_0 为入射 X 射线与 y 轴向原子列的夹角；β 为衍射线与原子列的夹角；K 为第二干涉指数。

Laue 第三方程为

$$c(\cos\gamma - \cos\beta\gamma_0) = L\lambda \tag{10-1-7}$$

式中，γ_0 为入射 X 射线与 z 轴向原子列的夹角；γ 为衍射线与原子列的夹角；L 为第三干涉指数。

三个方程中，除了α、β、γ外，其余各量均为常数，似乎方程组有唯一解，但α、β、γ之

间还有一个约束条件。对于直角坐标系，这个条件满足方程式

$$\cos^2\alpha+\cos^2\beta+\cos^2\gamma=1 \tag{10-1-8}$$

要从四个方程中解出三个未知数一般是不可能的，这就意味着用单色 X 射线照射不动的单晶体，一般不可能获得衍射。

为了获得 X 射线衍射图样，必须在方程组中引入第四个变量。用以下方法可以达到目的：

(1) Laue 法。用连续 X 射线照射不动的单晶体，得到确定的衍射图样的方法称为 Laue 法。Laue 法引入变量 λ，四个变量对应四个方程，方程有唯一解。

(2) 晶体周转法。以晶体某一经过测定的点阵直线作为旋转轴，入射 X 射线与其垂直。晶体在旋转过程中，对应这一直线(原子列)的入射角(α_0、β_0或γ_0)总为直角，其他两个入射角虽不断变化，但它们之间总存在确定的关系，实际上只为方程提供了一个新变量，故方程也有确定的解。

(3) 粉末法。用单晶 X 射线照射多晶体(多晶粉末)时，由于多晶试样中的各个微晶取向均不相同，其效果与晶体周转法十分类似，但数学原理是不相同的。由于晶体的取向是任意的，Laue 方程中本来是已知量的α_0、β_0、γ_0都成为未知量，初看起来成了四个方程对应六个未知量，但α_0、β_0、γ_0之间也要满足式(10-1-8)的关系，所以应该是五个方程[式(10-1-5)～式(10-1-9)]六个未知量。这说明对应确定的 H、K、L 值和确定的 X 射线波长，方程组有无穷多解(对于每一个晶面，有无穷个衍射斑点)。

$$\cos^2\alpha_0+\cos^2\beta_0+\cos^2\gamma_0=1 \tag{10-1-9}$$

2. Bragg 方程

一束波长为 λ 的 X 射线入射到晶面间距为 d 的一组晶面上，若入射角为 θ，当晶面间的反射(散射)线的光程差恰好等于波长的整倍数时，则各晶面的反射线相互加强，此时在反射角 θ 方向可观察到晶面间距为 d 的晶面对 X 射线的反射。这种特定晶面的反射就是晶面对 X 射线的衍射，可用以下公式表示：

$$2d\sin\theta=n\lambda \tag{10-1-10}$$

式中，d 为晶面间距；λ 为入射 X 射线的波长；n 为衍射级数，整数；θ 为 X 射线对晶体的入射角，也称 Bragg 角；2θ 为衍射角。

如图 10-1-5 所示，X 射线的入射线、反射线和晶面法线在同一平面上。在 X 射线衍射中，仅符合 Bragg 方程[式(10-1-10)]的入射线才产生衍射，其他入射角的 X 射线不发生衍射。也就是说，满足衍射方向的条件为$\Delta=AB+BC=n\lambda$，即 $2d\sin\theta=n\lambda$。

当 X 射线以某一角度照射到晶体(晶面指标为 $h^*k^*l^*$)时，满足 Bragg 方程的同一晶面族产生 X 衍射线。反之，从得到的 X 衍射线对应的 $\theta_{h^*k^*l^*}$ 角可知晶面间距 $d_{h^*k^*l^*}$，求得晶胞参数。

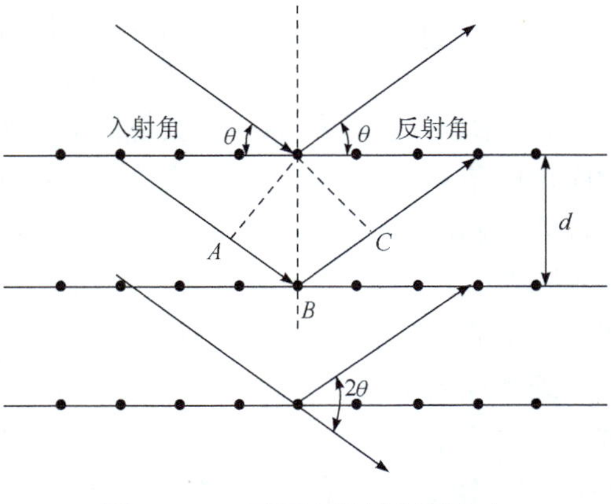

图 10-1-5　平面点阵的衍射方向

10.1.3　X 射线衍射实验方法

1. X 射线衍射仪

X 射线衍射仪主要由三部分构成：X 射线发生器、测角仪、测量和记录设备[1]。

测角仪的结构如图 10-1-6 所示。S 为入射 X 射线源，入射的 X 射线经过入射狭缝 DS(限制入射光束的发散度)，衍射线经过防散射狭缝 RS(防空气散射进入)和限制衍射线的接收狭缝 SS。光路上还有两组由平行金属片组成的 Soller 狭缝 S1 和 S2，其作用是限制入射和衍射光束的垂直发散度。SS、S2、RS 等狭缝和计数器都装在同一个支架上，在实验过程中联合转动。光源 S 到试样中心的距离与试样中心到计数器的距离相等，且都等于测角仪的半径(或称扫描半径)R。

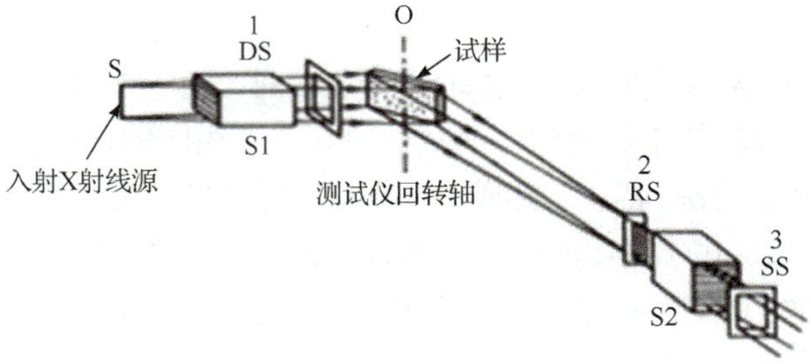

图 10-1-6　测角仪的结构

衍射仪是基于聚焦相机的原理设计的，但聚焦条件有所不同，见图 10-1-7。X 射线从点 F 入射到样品上，在 X 射线照射范围内，d 值不同的晶面对应的衍射角 θ 各不相同。$d(h_1k_1l_1)$相关于 θ_1，$d(h_2k_2l_2)$相关于 θ_2，$d(h_3k_3l_3)$相关于 θ_3，其衍射线分别落在 C_1、C_2、C_3 三个点上。对于聚焦相机，大面积底片可以将这三个衍射信号同时记录下来；但是对于衍射仪，计数器接收的范围是它所在的一个点，而计数器的位置受衍射仪设计的制约，一个 θ 对应一个位置。在如图 10-1-7 所示的情况下，只有一个 $d(h_2k_2l_2)$相关的信号符合条件而被 C_2 接收，产生这个衍射的晶面应基本平行于样品平面。为获得其他衍射信号，必须改变入射角 θ，故样品应绕中心轴旋转，同时计数器做相应的移动以捕捉相应的信号。

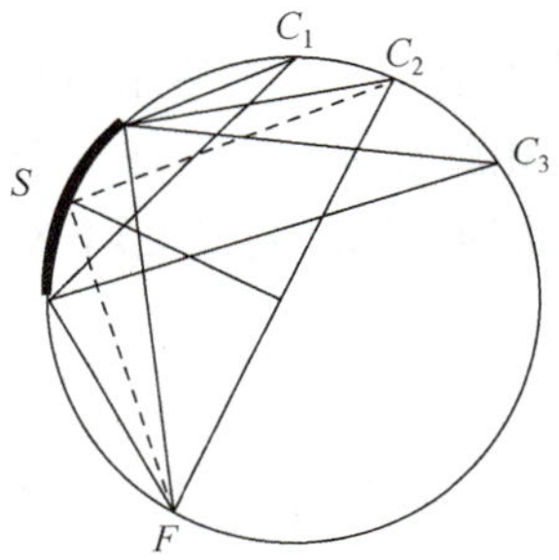

图 10-1-7　衍射仪的聚焦条件

若光源不动，令样品和探头绕衍射仪轴向 2θ 增大的方向旋转，如图 10-1-8 所示。$FS = SC_1$ 对应衍射角 θ_1，$FS = SC_2$ 对应衍射角 θ_2，$FS = SC_3$ 对应衍射角 θ_3，聚焦圆过 F、S、C 三点的外接圆，$2\theta_1$ 相关的半径为 r_1，$2\theta_2$ 相关的半径为 r_2，$2\theta_3$ 相关的半径为 r_3。上述结果说明一个聚焦圆对应一个与 d 和 θ 相关的衍射。为收集到样品所有衍射，必须令样品和计数器同时旋转，以满足衍射条件和聚焦条件。样品和计数器的不断运动也称扫描。在扫描过程中，在 θ 和聚焦圆半径的不断变化中，衍射相继被计数器接收。聚焦圆半径随 θ 的变化而改变。当 $2\theta = 0$ 时，聚焦圆半径 $r = \infty$；当 $2\theta = \pi$ 时，r 为衍射半径的一半。但这两种情况通常是不存在的，衍射仪使用的扫描范围一般为 $2\theta = 4° \sim 160°$。

聚焦法的聚焦半径就是聚焦相机的半径，其曲率是恒定的。为取得良好的聚焦效果，将样品压成片状呈弧形，其曲率与相机圆和聚焦圆相同。而衍射仪工作时，聚焦半径是不断改变

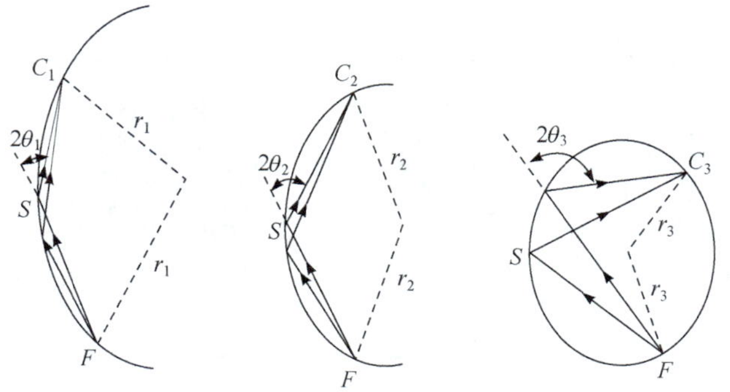

图 10-1-8　衍射仪的聚焦几何

的。样品曲面无法适应聚焦圆半径的变化而改变其曲率。为此，将衍射仪用的样品简化成平板状，装在衍射仪的中心旋转轴上，使其平面始终与聚焦圆相切。

因此，测角仪有下列特点：

(1) 固定光源焦点，光源焦点到样品中心的距离与样品中心到探头的距离相等。

(2) 平板样品，在这种情况下，样品的吸收系数与衍射角 θ 无关。

(3) 不在聚焦圆上的信号不能被计数器接收，因此一个聚焦条件对应一个衍射。

(4) 为收集到所有晶面可能发生的全部衍射，实验过程中样品与探头以试样台中心 O 为轴同时旋转，二者的转速比为 1∶2。

(5) 对于平板样品，虽然其中晶粒无数，取向随机，但只有与样品平面平行的晶面产生的衍射才能被探头接收，因此采用衍射仪法，样品用量大，择优取向容易发生。

(6) 由于不在聚焦圆上的任何信号都不能进入探头，因此可以充分利用测角仪的无用空间，如在闲置空间安装一种微型反应装置，对化学反应的实际过程进行原位表征。只要附加的物件的位置不符合聚焦条件，它们的散射波对样品的正常衍射信号就无干扰。

测量和记录设备包括：计数器、单道脉冲高度分析器、记录系统和定标器。

记录衍射强度的计数器有盖革计数器(GC)、正比计数器(PC)、闪烁计数器(SC)和半导体固体检测器。闪烁计数器具有灵敏度高、计数快、寿命长等优点，近年来被广泛应用。闪烁计数器由闪烁体、光电倍增管和前置放大器三部分组成，如图 10-1-9 所示。其工作原理是：X 射线与闪烁体相互作用，使闪烁体的原子、分子电离或激发，被激发的原子、分子退激时发射光子。利用反射物质和光导将光子尽可能多地收集到光电倍增管的光阴极上，由于光电效应，光子在光阴极上打出光电子。光电子在光电倍增管中倍增，经过倍增的电子流在阳极负载上产生电信号，并由电子仪器放大、分析和记录。闪烁体是掺入约 0.5%铊(Tl)作为激活剂的碘化钠(NaI)透明单晶体的切片，厚 1～2 mm。晶体密封在一个特制的盒子里，以防止 NaI 晶体受潮损坏。密封盒的一面是薄的铍片(透 X 射线)，用来作为接收 X 射线的窗；另一面是对蓝紫光透明的光学玻璃片。密封盒的透光面紧贴在端窗式的光电倍增管的光电阴极窗面上，界面上涂有一薄层光学硅脂以增加界面的光导率。闪烁体的作用是将入射的 X 射线转化成可见的荧光(λ = 420 nm)。光电倍增管的前端是 Cs-Sb 金属间化合物制成的光敏阴极。闪烁体发出的荧光照射到光敏阴极上，光敏阴极受激产生光电子电流，将光信号转变成电信号。每个 X 射线光子转换成电脉冲的过程需用 2×10^{-7} s。如此快速的分辨能力决定了闪烁计数器能吸收衍射过程中的所有 X 射线光子，不会有计数损失，其工作效率接近 100%。

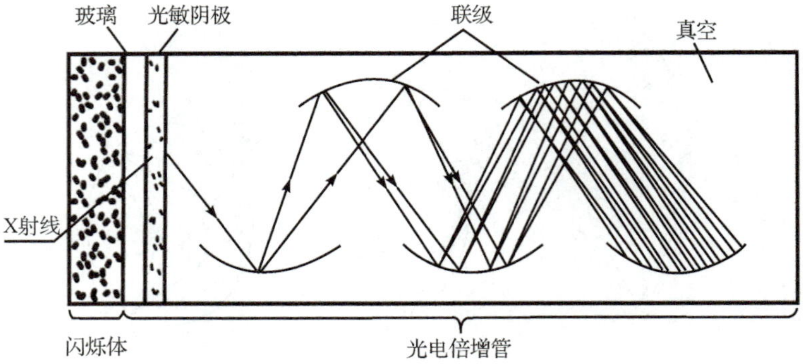

图 10-1-9　闪烁计数器的结构示意图

多晶 X 射线衍射用单色光源，其衍射光波长不变。实验要求计数器接收的都是与入射光波长一致的衍射信号，为此应去除实验过程中光源和环境可能介入的其他波长的辐射。不同波长的散射波相应的 X 射线光子能量不同，经闪烁计数器转换后期脉冲高度也不同，因此可以通过控制脉冲高度实现控制散射波波长的目的。单道脉冲高度分析器就是一个分辨和分解脉冲高度的装置，其结构如图 10-1-10 所示。下甄别器的工作参数为 V_0，放大器输出一个与脉冲高度相关的电压信号 V 给下甄别器，当 $V<V_0$ 时，下甄别器没有输出；当 $V>V_0$ 时，下甄别器有信号输出。下甄别器的作用就是去除脉冲高度小于 V_0 的信号。上甄别器也有一个工作参数 V_H，当 $V<V_H$ 时，上甄别器没有输出；当 $V>V_H$ 时，上甄别器有信号输出。反符合线路工作的原则是当上、下甄别器都有或都没有信号输出时，它没有输出，二者只有一个输出信号时它才有信号输出，如只有当 $V_H>V>V_0$ 时反符合线路有输出。$\Delta V=V_H-V_0$，称为阈值或道宽；V_0 称为电平或基线；V_H 和 V_0 为预置参数。若能按需要正确地选择其数值，将能合理地限制进入记录仪的脉冲高度，使大于 V_H、小于 V_0 的噪声、连续谱和与入射光能量不同的其他信号不能被接收，从而达到滤波的目的。V_0 的大小与噪声的波长范围相关，V_0 的正确程度影响衍射谱的背景。

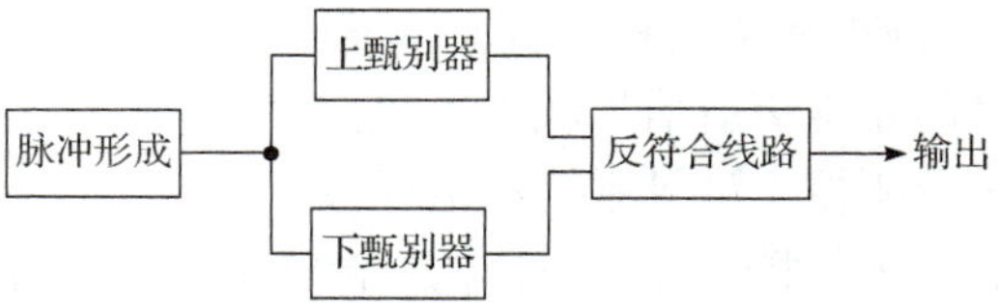

图 10-1-10　单道脉冲高度分析器

记录系统包括时率计和记录仪两部分。时率计的功能是将脉冲高度分析器输出的脉冲计数转为单位时间的脉冲数，并将与平均值相关的电信号输送给记录仪。设定时间 T_C，时率计将 T_C 时间内收集到的脉冲数求平均值，所得的每秒脉冲数(CPS)即是衍射强度。记录仪依照时率计给定的衍射角 θ 对应的 CPS 在记录纸上画出衍射谱图(衍射角和衍射强度)。T_C 为时间常数，单位为 s，它是连续扫描时的工作参数。T_C 太小或太大都不合适，以能去掉计数的不必要起伏为宜，它不应大于接收狭缝的时间宽度。

定标器也是记录脉冲数目的装置，有定时计数和定数计时两种工作方式。定时计数是预置时间 T，测量样品在某一个 2θ 角在 T 时间内累计的脉冲数，对时间求平均值后输出 CPS；定数计时是预置计数 N，就某一个 2θ 角测量积累 N 个计数所需的时间 T，求平均值后输出 CPS。

衍射强度的测量误差与计数 N 有关，N 越大，概然误差 μ 越小。

$$\mu=\frac{0.67\sqrt{N}}{N}=\frac{0.67}{\sqrt{N}} \tag{10-1-11}$$

在实际工作中，强衍射的强度值误差小，弱衍射的误差大，为此常采用定数计时法，延长计数时间以积累更多的脉冲数，提高准确度。

粉末样品由无数个小晶体颗粒组成，这些小晶体沿空间各个方向随机堆积，当测角仪转到一定角度时，总有一些晶体的 *hkl* 晶面基本平行于样品表面，而且满足 Bragg 方程，发生衍射。测角仪转动到另一个角度时，又有另一些小晶体，其晶面平行于样品面，产生另一条衍射。这样，在测角仪旋转的过程中，在不同的角度上就可产生不同的衍射线，对应不同的晶面。这些衍射峰对应的角度 θ 与晶面间距具有 Bragg 方程描述的关系。根据 Bragg 方程就可以计算出对应的 d/n 值(晶面间距)。

2. 样品准备

衍射仪试样可以是块状、片状或粉末状的金属、非金属。对于块状、片状试样，可以用黏结剂将其固定在试样框架上，并保持一个样品平面与框架平面平行；对于粉末试样，用黏结剂调和后填入试样架凹槽中，将粉末表面刮平至与框架平面一致。试样对晶粒大小、试样厚度、择优取向、应力状态和试样表面平整度等都有一定要求。试样晶粒大小要适宜，在 1～5 μm 最佳。粉末粒度也要在这个范围内，一般要求能通过 325 目筛子为宜。

3. 平均晶粒尺寸的测定

催化剂颗粒的平均晶粒大小与衍射峰宽满足 Scherrer 公式。

X 射线入射到小晶体 *hkl* 面上(h、k、l 为互质的整数)，若小晶粒中共有 p 层这种晶面，其晶面间距为 d，当入射角为 θ，满足 $2d\sin\theta = n\lambda$ 关系时将产生衍射。当衍射方向出现较小的偏离，衍射角为$(\theta+\varepsilon)$时，程差Δl 也将有相应的改变。

$$2d\sin(\theta+\varepsilon) = n\lambda + \Delta l$$

$$2d(\sin\theta\cos\varepsilon + \cos\theta\sin\varepsilon) = n\lambda + \Delta l$$

由于 ε 值很小，可以近似认为 $\cos\varepsilon \approx 1$，$\sin\varepsilon \approx \varepsilon$，则

$$2d(\sin\theta + \varepsilon\cos\theta) = n\lambda + \Delta l$$

$$n\lambda + 2d\varepsilon\cos\theta = n\lambda + \Delta l$$

与 ε 对应的程差：

$$\Delta l = 2d\varepsilon\cos\theta \tag{10-1-12}$$

相差：

$$\Delta\varphi_0 = 2\pi\Delta l/\lambda = 4\pi d\varepsilon\cos\theta/\lambda \tag{10-1-13}$$

若程差Δl 的大小为 0.01λ，如图 10-1-11 所示，晶面 1 与晶面 2 之间的$\Delta l_1 = 0.01\lambda$，晶面 1 与晶面 3 之间的$\Delta l_2 = 0.02\lambda$，晶面 1 与晶面 51 之间的$\Delta l_{50} = 0.50\lambda$。第 1 个晶面与第 p 个晶面之间的$\Delta l_{p-1} = 0.01(p-1)\lambda$。第 1 个与第 51 个晶面之间与 ε 相关的散射波因程差为半波长而抵消。按此关系第 2 个与第 52 个，第 3 个与第 53 个……，相关的散射波也都将抵消。当 $p\to\infty$时，因散射波全部成对抵消，$(\theta+\varepsilon)$处的衍射波强度为零，

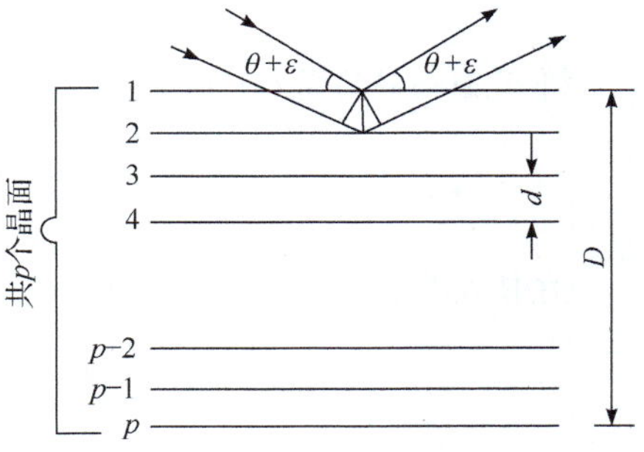

图 10-1-11　*hkl* 平面族的衍射

衍射角即为 θ。实际晶体都是有限的，都存在不能抵消的部分，晶粒越小，不能抵消的部分比例越大，在$(\theta+\varepsilon)$处的衍射强度越不可忽视。此时，衍射线的强度将在 $\theta\sim(\theta+\varepsilon)$范围内展开，衍射峰因此而宽化。晶粒越小，宽化程度也越大，故可依照衍射峰宽化程度 ε 测定晶粒的尺寸。

衡量衍射峰宽化程度有半高宽和积分宽两种表示方法。半高宽是指强度分布曲线下峰值高度一半处角(2θ)的宽度。积分宽(β)是指强度分布曲线下的面积除以峰值的高度：

$$\beta=\frac{\int_{-\infty}^{\infty}I(2\theta)\mathrm{d}(2\theta)}{I_{\max}} \tag{10-1-14}$$

X 射线是一种电磁波。电磁波是横波，用电场强度 E 和磁场强度 H 表示。E 和 H 共面且相互垂直，相位相同。波长为 λ 的 X 射线入射至 p 层晶面组成的晶面族上，其传播速度向量 $\boldsymbol{V}$ 与 E、H 所在平面相互垂直，电磁波在 t 时刻行进光程 x，振动频率为ν，周期为 T，其反射电磁波的场强为

$E_1=E_0\exp\{\mathrm{i}[2\pi(\nu t-x/\lambda)+\varphi_0]\}$
$\quad=E_0\exp\{\mathrm{i}[2\pi(t/T-x/\lambda)+\varphi_0]\}$　　第一层
$E_2=E_0\exp(\mathrm{i}\{[2\pi(t/T-(x+\Delta l)/\lambda)+\varphi_0]\})$　　第二层
$E_3=E_0\exp(\mathrm{i}\{[2\pi(t/T-(x+2\Delta l)/\lambda)+\varphi_0]\})$　　第三层
……
$E_p=E_0\exp(\mathrm{i}\{[2\pi(t/T-(x+(p-1)\Delta l)/\lambda)+\varphi_0]\})$　　第 p 层

其中，$2\pi[(t/T-(x+\Delta l)/\lambda]+\varphi_0=2\pi(t/T-x/\lambda)+\varphi_0-2\pi\Delta l/\lambda=2\pi(t/T-x/\lambda)+\varphi_0-\Delta\varphi_0$。

于是

$E_1=E_0\exp\{\mathrm{i}[2\pi(\nu t-x/\lambda)+\varphi_0]\}$
$E_2=E_0\exp(\mathrm{i}\{[2\pi(\nu t-x/\lambda)+\varphi_0+\Delta\varphi_0]\})$
$E_3=E_0\exp(\mathrm{i}\{[2\pi(\nu t-x/\lambda)+\varphi_0+2\Delta\varphi_0]\})$
……
$E_p=E_0\exp(\mathrm{i}\{[2\pi(\nu t-x/\lambda)+\varphi_0+(p-1)\Delta\varphi_0]\})$

p 个电场强度矢量的振幅相同，两个矢量间相角的差值相等，合成矢量与初始矢量间的夹角

$$\varphi=p\Delta\varphi_0/2 \tag{10-1-15}$$

合成矢量的振幅

$$A=E_0p\sin\varphi/\varphi \tag{10-1-16}$$

将式(10-1-14)代入式(10-1-15)和式(10-1-16)中

$$A=E_0p\frac{\sin(2\pi pd\cos\theta\cdot\varepsilon/\lambda)}{2\pi pd\cos\theta\cdot\varepsilon/\lambda}$$

衍射线的强度 I 与振幅的平方成正比，当 ε 为 0 时，衍射强度最大：

$$I_{\mathrm{m}}=A^2=E_0^2p^2(\lim_{\alpha\to0}\sin\alpha/\alpha=1)$$

$$I_{1/2}=(A_{1/2})^2=E_0^2p^2\frac{\sin^2(2\pi pd\cos\theta\cdot\varepsilon_{1/2}/\lambda)}{(2\pi pd\cos\theta\cdot\varepsilon_{1/2}/\lambda)^2}$$

在衍射峰高度一半处的强度与最大值之比应为 1/2，即 $I_{1/2}/I_m = 1/2$，则有

$$\frac{\sin^2(2\pi pd\cos\theta\cdot\varepsilon_{1/2}/\lambda)}{(2\pi pd\cos\theta\cdot\varepsilon_{1/2}/\lambda)^2}=\frac{1}{2} \tag{10-1-17}$$

经测算，当 $2\pi pd\cos\theta\cdot\varepsilon_{1/2}/\lambda=1.40$ 时，可满足式(10-1-17)。

$\varepsilon_{1/2} = 1.40\lambda/(2\pi pd\cos\theta)$，衍射峰的半峰宽 $\beta=4\varepsilon_{1/2}$，即

$$\beta_{hkl} = 4\times1.40\lambda/(2\pi pd\cos\theta) = 0.89\lambda/(D_{hkl}\cos\theta_{hkl}) \tag{10-1-18}$$

晶面 hkl 法线方向晶粒的维度(厚度)$D_{hkl}=pd$，式(10-1-18)称为 Scherrer 公式。此公式给出了以半高宽表示衍射峰宽化程度时，样品平均晶粒尺寸和衍射峰宽的定量关系。应用 Scherrer 公式应注意下列几点：①β 为晶粒因子函数的半高宽，单位为弧度；②D_{hkl} 只代表 hkl 晶面法线方向的维度，β 值与晶粒其他方向的维度无关；③晶粒大小因子的峰形可近似用偶函数表示 $f(y)=f(-y)$。

Stockes 和 Wilson 相继提出衍射峰宽以积分宽表示时的关系：

$$\beta_{hkl}=\lambda/(D_{hkl}\cos\theta_{hkl}) \tag{10-1-19}$$

依照式(10-1-19)求得的 D_{hkl} 即为晶体在 hkl 方向的体平均厚度。

引起衍射峰宽化的因素，除了晶粒因子之外，入射光非单色和仪器几何因子等宽化效应也都同时存在。在用 Scherrer 公式计算平均晶粒尺寸之前需要进行 K_α 双线校正和仪器因子的校正。

4. 晶胞参数的测定

依据实验测定样品的一个或多个衍射峰的 $d(hkl)$值，然后通过晶胞参数和晶面间距的关系式计算。原则上可以按照衍射线中任何一条线计算，但由于误差的存在(θ 角)，理论分析只有当 θ 接近或大于 60°时较精确。

晶面间距 $d_{h^*k^*l^*}$ 与晶胞参数 a、b、c、α、β、γ 的关系如下：

立方晶系($a=b=c$，$\alpha=\beta=\gamma=90°$)：

$$\frac{1}{d^2}=\frac{h^2+k^2+l^2}{a^2} \tag{10-1-20}$$

四方晶系($a=b\neq c$，$\alpha=\beta=\gamma=90°$)：

$$\frac{1}{d^2}=\frac{h^2+k^2}{a^2}+\frac{l^2}{c^2} \tag{10-1-21}$$

显然，四方晶系需要两个衍射峰 $d(hkl)$值，代入式(10-1-21)联立才能求解。

正交晶系($a\neq b\neq c$，$\alpha=\beta=\gamma=90°$)：

$$\frac{1}{d^2}=\frac{h^2}{a^2}+\frac{k^2}{b^2}+\frac{l^2}{c^2} \tag{10-1-22}$$

正交晶系需要 3 个衍射峰 $d(hkl)$值，代入式(10-1-22)得三元一次方程组联立才能求解。

六方晶系($a=a_1+a_2\neq c$，$\alpha=\beta=90°$，$\gamma=120°$)：

$$\frac{1}{d^2}=\frac{4}{3}\frac{h^2+hk+k^2}{a^2}+\frac{l^2}{c^2} \tag{10-1-23}$$

单斜晶系($a\neq b\neq c$，$\alpha=\gamma=90°\neq\beta$)：

$$\frac{1}{d^2}=\frac{1}{\sin^2\beta}\frac{h^2}{a^2}+\frac{k^2\sin^2\beta}{b^2}+\frac{l^2}{c^2}-\frac{2hl\cos\beta}{ac} \tag{10-1-24}$$

三方晶系($a=b=c$，$\alpha=\beta=\gamma<120°\neq 90°$)：

$$\frac{1}{d^2}=\frac{(h^2+k^2+l^2)\sin^2\alpha+2(hk+kl+hl)(\cos^2\alpha-\cos\alpha)}{a(1-3\cos^2\alpha+2\cos^3\alpha)} \tag{10-1-25}$$

晶胞参数计算举例：

(1) 求 Al 的晶胞参数(立方晶系)。

根据 Bragg 方程：$2d\sin\theta=n\lambda$，将晶面间距 d 的关系式代入晶胞参数 a 的关系式[式(10-1-20)]求得

$$\sin^2\theta=(\lambda/2a)^2(h^2+k^2+l^2)$$

用 Cu $K_{\alpha 1}$ 射线(λ=0.15405 nm)照射样品，选取 $\theta=81.17°$的衍射线(3 3 3)，则有

$$a=\frac{\lambda}{2\sin\theta}\sqrt{h^2+k^2+l^2}=\frac{0.15405}{2\sin 81.17°}\sqrt{3^2+3^2+3^2}=0.4049\ (\text{nm})$$

(2) 求 MCM-41 分子筛的晶胞参数(六方晶系)。

同理，用 Cu $K_{\alpha 1}$ 射线(λ= 0.15405 nm)测定 X 射线衍射谱，选(100)晶面衍射峰的 θ 值代入 Bragg 方程($2d\sin\theta=n\lambda$)和式(10-1-23)，求得

$$a=\frac{2d}{\sqrt{3}}=\frac{0.15405}{\sqrt{3}\sin\theta}\ \text{nm}$$

10.1.4　固体催化剂物相鉴定与定量分析

以化学组成和结构相区别的物质称为不同的物相。化学组成不同的是不同的物相。化学组成相同而内部结构不同的也是不同的物相，如 α-Al_2O_3 和 γ-Al_2O_3 是化学组成相同而结构和性质差异明显的两个物相。

重视在原子、分子水平上认识和分析物质，是因为物质的性质受其结构制约。化学反应是指物质在原子和分子水平上相互转化的关系和过程。在对化学反应的研究和应用中，无论是原料的选取、中间过程的控制还是产品的鉴定，都同时涉及相关物相的组成和结构。因此，在化学化工的生产和研究工作中，只有化学组成的分析是不够的，必须配合以揭示结构为目的的物相分析。

1. 物相分析

X 射线入射到结晶物质上，产生衍射的充分必要条件是

$$\begin{cases}2d\sin\theta=n\lambda\\ F(hkl)\neq 0\end{cases}$$

第一个公式确定了衍射方向。第二个公式示出了衍射强度与结构因子 $F(hkl)$ 的作用。在一定的实验条件下，衍射方向取决于晶面间距 d。d 是晶胞参数的函数，$d(hkl)=d(a,b,c,\alpha,\beta,\gamma)$；衍射强度正比于 $F(hkl)$ 模的平方，$I\propto|F(hkl)|^2$。当 $F(hkl)\neq 0$ 时，$I(hkl)\neq 0$。

$$F(hkl)=\sum_{j=1}^{n}f_j\exp[2\pi i(hx_j+ky_j+lz_j)]$$

$F(hkl)$的数值取决于物质的结构，即晶胞中原子的种类、数目和排列方式。因此，决定 X 射线衍射谱中衍射方向和衍射强度的一套 d 和 I 的数值是与一个确定的结构相对应的。这就是说，任何一个物相都有一套 d-I 特征值，两种不同物相的结构稍有差异，其衍射谱中的 d 和 I 将有区别。这就是应用 X 射线衍射分析和鉴定物相的依据。

若某一物质包含多种物相，每个物相产生的衍射将独立存在，互不相干。该物质衍射实验的结果是各个单相衍射图谱的简单叠加。因此，应用 X 射线衍射可以对多种物相共存的体系进行全分析。

一种物相衍射谱中 d-I/I_1(I_1 为衍射谱中最强峰的强度值)的数值取决于该物质的组成和结构，其中 I/I_1 称为相对强度。当两个样品 d-I/I_1 的数值都对应相等时，这两个样品就是组成和结构相同的同一物相。因此，当一未知物相的样品衍射谱上的 d-I/I_1 数值与某一已知物相 M 的数据相合时，即可认为该未知物即是 M 相。由此看来，物相分析就是将未知物的衍射实验所得的结果，考虑各种偶然因素的影响，经过去伪存真获得一套可靠的 d-I/I_1 数据，然后与已知物相的 d-I/I_1 对照，再结合结构化学和衍射理论对所属物相进行判定。

目前，已知的晶体物质已有成千上万种。事先在一定的规范条件下对所有已知的晶体物质进行 X 射线衍射，获得所有晶体物质的标准 X 射线衍射谱图，建立数据库。当对某种材料进行物相分析时，只要将实验结果与数据库中的标准衍射谱图进行比对，就可以确定材料的物相。X 射线衍射物相分析工作就变成了简单的谱图对照工作。

2. JCPDS 卡片索引

1938 年，Hanawalt 提出并公布了上千种物质的 X 射线衍射图样，并将其分类，给出每种物质三条最强衍射线的面间距索引(Hanawalt 索引)。1941 年，美国材料实验协会(American Society for Testing Materials，ASTM)提出推广，将每种物质的面间距 d 和相对强度 I/I_1 及一些其他数据以卡片形式出版(称为 ASTM 卡片)，公布了 1300 种物质的衍射数据。之后，ASTM 卡片逐年增添。

1969 年起，ASTM 和英国、法国、加拿大等国家的有关协会组成了国际联合机构“粉末衍射标准联合委员会”(Joint Committee on Powder Diffraction Standard，JCPDS)，负责卡片的搜集、校订和编辑工作，后期的卡片称为粉末衍射卡(powder diffraction file)，简称 PDF 卡或 JCPDS 卡。其形式和内容与 ASTM 卡片相同，现将 JCPDS 卡片内容予以介绍，见表 10-1-1。

表 10-1-1　第 1～24 组 JCPDS 卡片的形式

10　　　　　　　　　　　　　　　　　　　　　　11

<table>
<tr><td>D</td><td>1a</td><td>1b</td><td>1c</td><td>1d</td><td></td><td colspan="3">7</td><td colspan="3">8</td></tr>
<tr><td>I/I₁</td><td>2a</td><td>2b</td><td>2c</td><td>2d</td><td></td><td>d</td><td>I/I₁</td><td>hkl</td><td>d</td><td>I/I₁</td><td>hkl</td></tr>
<tr><td colspan="6">3</td><td></td><td></td><td></td><td></td><td></td><td></td></tr>
<tr><td colspan="6">4</td><td rowspan="3">9</td><td rowspan="3">9</td><td rowspan="3">9</td><td rowspan="3">9</td><td rowspan="3">9</td><td rowspan="3">9</td></tr>
<tr><td colspan="6">5</td></tr>
<tr><td colspan="6">6</td></tr>
</table>

第 1 区 1*a*、1*b*、1*c*、1*d* 表明此卡片记载的物相在 $2\theta<90°$的区间中最强的三个衍射峰的 *d* 值和本实验收集到的最大 *d* 值。

第 2 区 2*a*、2*b*、2*c*、2*d* 是上述各衍射峰对应的强度，最强峰定为 100。

第 3 区是衍射的实验条件。

第 4 区是晶体学数据。

第 5 区是物性数据和光学、热学性质。

第 6 区是样品来源和简单化学性质。

第 7 区是样品的英文化学名称及分子式。

第 8 区是样品的结构式及英文矿物名称。

第 9 区是在上述实验条件下收集到的全部衍射线的 *d*、I/I_1 和 *hkl* 值。

第 10 区是卡片编号数字。

第 11 区是卡片质量评定记号：

★：表示本卡片数据非常可靠；

i：表示本卡片数据比较可靠；

无：表示可靠性一般；

O：表示可靠性较差；

C：表示其数据由单晶 X 射线衍射数据计算而得。

JCPDS 卡片集索引是查找卡片的工具书，有两种索引形式。

1) 字母索引

字母索引是依照化合物的英文名称按字母顺序编排的(编排方式与英文字典相同)，每个物相占一个条目，每条列出其英文名称、分子式、三个最强峰的 *d* 值和相对强度以及卡片号等。相对强度在 *d* 值的下标位置出现。最强峰的强度定为 10，以 *x* 表示，其他强度以整数表示。当谱图中存在个别比最强峰还强得多的峰时，该衍射的 *d* 值下标写为 g。

变换物质的英文名称关键词的顺序可使一种物相在字母索引中多次出现，如硅铝化合物 $3Al_2O_3\cdot 2SiO_2$ ($Al_6Si_2O_{13}$)在字母索引中出现两次，见表 10-1-2。

表 10-1-2　硅铝化合物的 JCPDS 字母索引

英文名称	分子式	三个强峰 *d* 值和强度	卡片号
aluminum silicate	$Al_6Si_2O_{13}$	3.39_x　3.43_x　2.21_6	15-776
silicate aluminum	$Al_6Si_2O_{13}$	3.39_x　3.43_x　2.21_6	15-776

字母索引分为无机物和有机物两部分。无机物和矿物名称索引是按化合物英文矿物名称字母顺序编排的，如 $3Al_2O_3\cdot 2SiO_2$ 矿物名为 mullite，它在矿物索引中 M 字头区域出现。

有机化合物的字母索引也分为两种：一种是按化合物英文名称的字母顺序编排的；另一种是分子式索引，依照 C、H 两种元素的数目排序，以 C 为先，当 C 的数目相同时再按 H 的数目排列。若 C、H 数目均相同，则按分子式中其他元素的英文名称顺序排列。

当已知被检测物相的英文名称，欲确认在某体系中它是否存在时，应用字母索引是十分便利的。

2) 数字索引

数字索引有 Hanawalt 法和 Fink 法两种。

Hanawalt 法是按衍射谱中的强度顺序列出各个衍射峰的 d 值。早年取其 $2\theta<90°$的 3 个衍射峰的 d 值。后来在大范围内取 8 个强衍射峰，列出 8 个 d 值，处在前 3 位的是 $2\theta<90°$的 3 个强峰，第 1 位是最强衍射峰的 d 值，第 2 位是次强衍射峰的，第 4～8 位按强度递减排列。每个物相占一个条目，d 值之后是分子式和卡片号。应用 Hanawalt 法数字索引，依照实验结果第 1 强峰的 d 值在所属组中去查找。

Fink 法数字索引按 d 值大小编排，将 8 个强衍射峰按 d 值从大到小依次排列，将 4 个强衍射峰的 d 值印成黑体，这 4 个峰轮流为首，改变顺序时首尾相接。

在物相分析工作中，应注意谱图中 d 和 I/I_1 的整体相合，切忌依照一两个峰下结论。另外，考虑 d 值与衍射峰强度的偏差时，应注意衍射仪测角仪的精度和 X 射线发生器的功率。由于实验条件差异，实验数据不一定与卡片完全一致，d 值为 0.1 nm，允许误差±0.0003 nm；d 值为 0.35 nm，允许误差±0.003 nm；d 值为 0.8 nm，允许误差±0.025 nm。对于衍射峰强度，只要差别不大，就可认为相符。同样的晶体，衍射峰的强度顺序要一致。

当待分析样品为多相混合物时，根据混合物的衍射图样为各相衍射图样的叠加，也可对物相逐一进行鉴定，但过程比较复杂。具体过程为：用尝试的办法进行物相鉴定，先取三强线尝试，吻合则可定；不吻合则从谱中换一条(或两条)线再尝试，直至吻合。对照卡片去掉已吻合的线(即标定一相)，剩余线归一化后再尝试鉴定，直至所有线都标定完毕。

Jade 软件中有一个功能称为 Identify，其中的 Search/Match 功能可以将样品的衍射图样与标准谱图进行对比，给出与所测样品吻合的标准谱图信息。

3. 物相定量分析

多相物质经定性分析后，若要进一步了解各个组成物相的相对含量，就需要进行 X 射线物相定量分析。

根据 X 射线衍射强度公式，某一物相的相对含量增加，其衍射线的强度也随之增加，因此通过衍射线强度的数值可以确定对应物相的相对含量。但由于各个物相对 X 射线的吸收影响不同，X 射线衍射强度与该物相的相对含量之间不成正比，必须加以修正。

1) 物相定量分析的方法原理

样品中某一物相 i 的某个衍射峰强度 I_i 与该物相的含量(质量分数)x_i (W_i)存在如下关系：

$$I_i = \frac{K_i W_i}{\rho_i \mu_m^*} \tag{10-1-26}$$

式中，ρ_i 为物相 i 单独存在时的密度，可以查到；μ_m^* 为样品中每种元素的质量吸收系数(μ/ρ)，表示 X 射线穿过 1 g 物质时被吸收的量；K_i 为常数，与仪器、X 射线波长、物相及选择的衍射峰有关，与含量无关。

$$\mu_m^* = \sum_{i=1}^{N} x_i \mu_i = x_1\mu_1 + x_2\mu_2 + x_3\mu_3 + \cdots$$

式中，μ_i 为第 i 相的质量吸收系数。式(10-1-26)是物相定量分析的基本公式，它将第 i 相某条衍射线的强度与该相的质量分数及混合物的质量吸收系数联系起来。通过强度的测定可以求出第 i 相的质量分数，但此时必须计算 x_i，还应知道各相的 μ_i 和 ρ_i，这显然十分烦琐。

为使问题简化，建立了有关定量分析方法，如外标法、内标法、K 值法、直接对比法、绝热法、任意内标法、等强线对法和无标样定量法等。

2) 外标法

对于(A + B)两相的混合物，A 相的某个 *hkl* 衍射峰强度为

$$I_A = \frac{K_A W_A}{\rho_A \mu_{m,A}^*}$$

对于纯 A 样品，测得同一个 *hkl* 衍射峰强度为

$$I_A^0 = \frac{K_A}{\rho_A \mu_m^*}$$

两相相比，得

$$\frac{I_A}{I_A^0} = \frac{\mu_m^*}{\mu_{m,A}^*} W_A$$

因此，可配制一系列质量分数 $W_{A,1}$、$W_{A,2}$、$W_{A,3}$、…标准混合物以及一个纯 A 相。在相同实验条件下，分别测定各个样品中同一个衍射峰强度 $I_{A,1}$、$I_{A,2}$、$I_{A,3}$、…，然后以 $I_{A,i}/I_A^0$ 对 $W_{A,i}$ 作图，得到标准曲线。

对于待测混合物样品(A+B)，也在相同条件下测定同一个衍射峰强度 I_A，求出 $I_{A,i}/I_A^0$，查标准曲线可得到其中 A 物质的质量分数。

对于化学组成相同但晶型不同的样品(同质异构物相)，如 γ-Al_2O_3 和 α-Al_2O_3、锐钛矿 TiO_2 和金红石 TiO_2，不需要作工作曲线，只要在相同条件下分别测定其中一个相的某个衍射峰强度和该纯相的衍射峰强度，根据下式可求出其含量：

$$W_1 = \frac{I_A}{I_A^0}$$

3) 内标法

样品中外加一定量的标准物质 S 相(标准物质应结晶完好，晶粒尺寸合适)，测定样品中待测物相的某个衍射峰和所加内标物的衍射峰强度，比较求出待测物相的浓度，此外加物 S 相称为内标物，此方法称为内标法。由于标准物质和待测物 A 相存在于同一样品中，其衍射强度是在同一次实验中的同一张衍射谱图上获得的，消除了许多产生误差的因素，因此增加了结果的可靠性。

例如，向样品中加入一内标物 S (样品中不含该物相)，设内标物 S 原样品的质量比为 X_S，研磨均匀，摄谱。测定 A 物质物相衍射强度 I_A、内标物衍射强度 I_S。求样品中 A 物相的含量 W_A。

$$\frac{I_A}{I_S} = \frac{W_A}{W_S} K$$

式中，$K = \frac{K_A \rho_S}{K_S \rho_A}$。要求出常数 K，需先将纯物质 A 与内标物 S 以不同的比例混合，配制一系列样品，然后测定每个样品 I_A / I_S 值，以 I_A / I_S 对 W_A / W_S 作图，得到标准曲线。该线为一直线，斜率即为 K。

内标法工作曲线的制作是一项烦琐的工作，但所得的工作曲线有一定的通用性，对于含 A 相的其他体系也适用，这是因为其比例常数 K 只与 A 和 S 两个物相相关，与其他相无关。

内标物的选择是关键，要求与待测组分的衍射峰靠近但不重叠，衍射峰比较强，不与待测

组分产生化学作用。

10.1.5　X 射线衍射技术在催化研究中的应用

利用 X 射线衍射技术可以判断催化剂的晶系结构，进而指导合成有序大孔介孔金属氧化物催化剂。

Zhao 等[2]利用两亲性三嵌段共聚物制备了有序的六方介孔二氧化硅结构(SBA-15)。如图 10-1-12(a)所示，利用 $EO_{20}PO_{70}EO_{20}$ 作为结构导向剂制备的介孔二氧化硅(SBA-15)出现四个分辨率良好的峰，其对应于二维六方相(*P6mm*)对称性相关的(100)、(110)、(200)和(210)的晶面反射，在 1°～3.5°的 2θ 范围内的另外三个弱峰对应于(300)、(220)和(310)的晶面反射，表明合成的 SBA-15 具有高度的六方孔状结构。强(100)峰对应的晶面间距为 104 Å，对应于大的晶胞参数(a_0 = 120 Å)。如图 10-1-12(b)所示，样品在空气氛围下 500℃煅烧 6 h 后，XRD 谱图显示 *P6mm* 形态得以保留，但(100)峰出现一定偏移，$d(100)$= 95.7 Å，a_0 = 110 Å。煅烧处理后的样品谱图中仍能观察到六个衍射峰，证实了六方 SBA-15 具有良好的热稳定性。

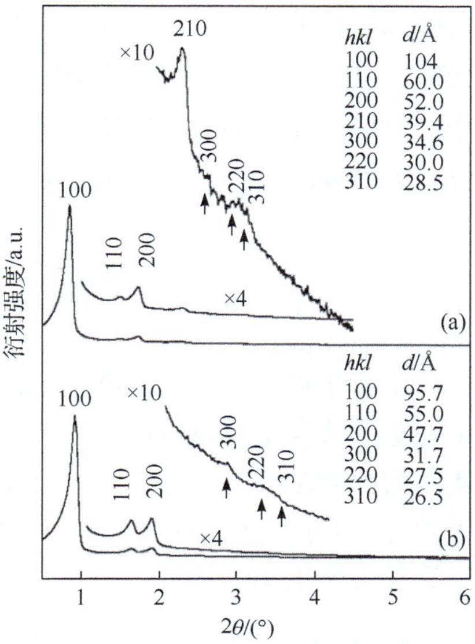

图 10-1-12　利用两亲性三嵌段共聚物 $EO_{20}PO_{70}EO_{20}$ 作为结构导向剂合成的原样(a)和煅烧后(b)的介孔二氧化硅(SBA-15)的 XRD 谱图

Yang 等[3]报道了一种简单通用的方法合成热稳定的、有序的大孔(高达 140 Å)介孔金属氧化物，图 10-1-13(a)为煅烧前后的介孔结构 ZrO_2 的典型 X 射线衍射谱图。制备的锆无机/聚合物介孔结构显示出三个衍射峰，对应晶面间距 *d* 分别为 115 Å、65 Å 和 59 Å。对样品进行煅烧处理后，衍射峰出现偏移，对应晶面间距 *d* 分别为 106 Å、60 Å 和 53 Å。这

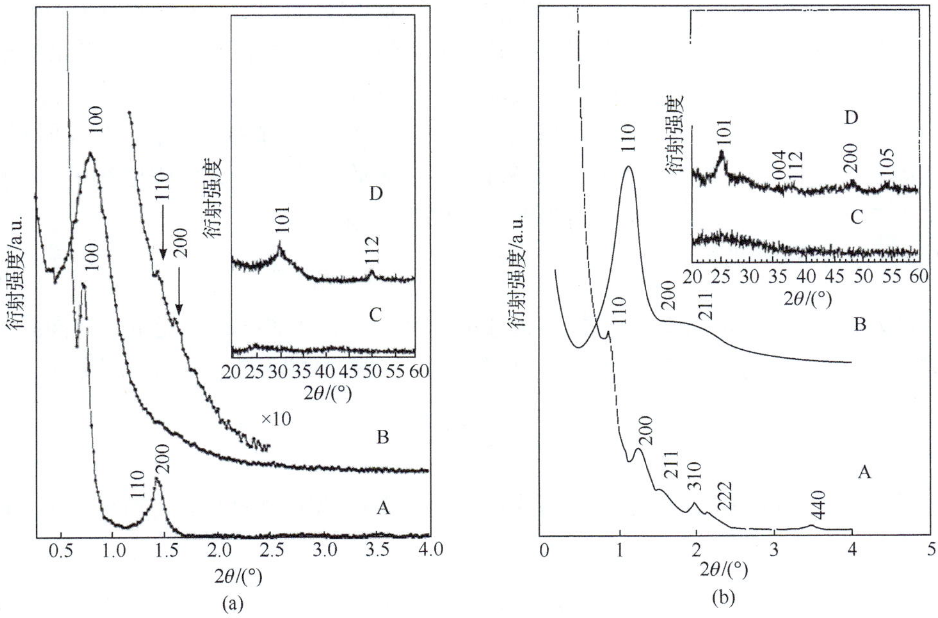

图 10-1-13　介孔 ZrO_2(a)和 TiO_2(b)的 X 射线衍射谱图

A 和 C 分别为制备的无机/聚合物复合材料的小角和广角衍射谱图；B 和 D 分别为煅烧后相同氧化物材料的小角和广角衍射谱图

两组衍射峰分别对应于晶胞参数为 $a = 132$ Å 和 122 Å 的二维介孔六方结构的(100)、(110)和(200)的晶面反射。图 10-1-13(b)为使用 $EO_{75}BO_{45}$ 形成介孔结构 TiO_2 的 XRD 谱图。小角 XRD 谱图显示出 6 个衍射峰，对应的晶面间距 d 分别为 100 Å、70 Å、58 Å、44 Å、41 Å 和 25 Å。衍射峰显示的 d 值比为 $\sqrt{2}:\sqrt{4}:\sqrt{6}:\sqrt{10}:\sqrt{12}:\sqrt{32}$，可分别对应于立方相 $Im\overline{3}m$ 空间群(110)、(200)、(211)、(310)、(222)和(440)的晶面反射。在 400℃下煅烧样品后，仍保存三个衍射峰。对应的晶面间距 d 为 76 Å、53 Å 和 43 Å(比例为 $\sqrt{2}:\sqrt{4}:\sqrt{6}$)，同样对应于立方相 $Im\overline{3}m$(110)、(200)、(211)的晶面反射。

10.2　X 射线吸收精细结构分析

X 射线吸收精细结构(X-ray absorption fine structure，XAFS)于 20 世纪 70 年代建立并形成了理论公式及结构参数的解析方法。高强度同步辐射光源的发展使 XAFS 方法发展成为一种实用的物质结构的分析方法。XAFS 方法可以提供配位距离、配位数、近邻原子种类等吸收原子的近邻几何结构信息以及吸收原子的氧化态和配位化学(如四面体、八面体的配位)等信息，广泛应用于生物、环境、催化、材料、物理、化学、地学等领域。

10.2.1　X 射线吸收精细结构谱的基本原理

1. X 射线吸收

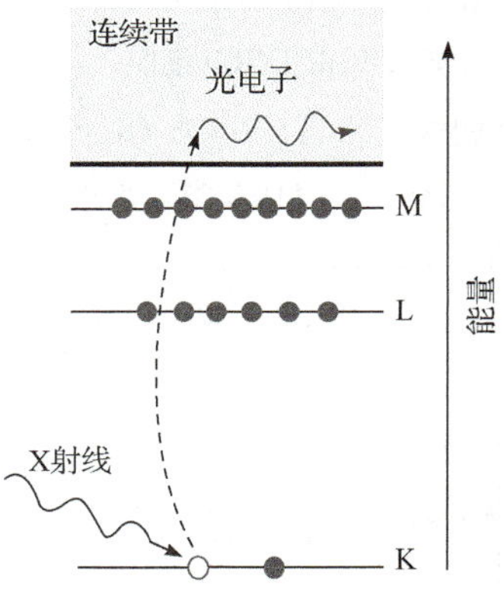

图 10-2-1　X 射线的吸收机制

X 射线与物质相互作用会发生吸收、透过和散射三个过程。X 射线吸收遵循 Einstein 方程，其发生的条件是：入射光子能量 $h\nu$ 大于原子某个特定内层的束缚能 E_0。如图 10-2-1 所示，与原子 K 层能量匹配的入射 X 射线通过光电效应被吸收(湮灭)，其能量 E 全部转移给该内层的一个电子。电子被弹出该内层，形成一个空位，原子处于激发态。被弹出的电子称为光电子，其动能 $E_{动} = h\nu - E_0$。

宏观上，一束能量为 E 的单能 X 射线 I_0 入射到厚度为 t 的样品，经过样品的吸收，出射光束的强度为 I。入射、出射光束的强度遵从以下关系：

$$I = I_0 e^{-\mu t} \tag{10-2-1}$$

式中，μ 为吸收系数，表征 X 射线被样品吸收的概率。μ 不是常量而是变量，与样品密度、原子序数(Z)、原子质量(A)和 X 射线能量(E)相关，对组成样品的元素(Z)非常敏感。

$$\mu \approx \frac{\rho Z^4}{AE^3} \tag{10-2-2}$$

当元素确定时，$\mu(E)$-E，与能量之间的关系为一条单调下降的曲线，可用 Victoreen 公式描述：

$$\mu(\lambda) = C\lambda^3 + D\lambda^4 \tag{10-2-3}$$

当能量等于原子内层 K、L 能级的束缚能时，μ 值不连续，发生突跳，称为吸收边，如

图 10-2-2 所示。

2. X 射线荧光发射与 Auger 效应

X 射线吸收原子的激发态通常在吸收后几飞秒内消失，这一过程称为退激发。退激发不影响 X 射线吸收过程。退激发有两种机制：X 射线荧光发射与 Auger 效应。

X 射线荧光是能量较高的内层电子回填更深层次的内层的空位，同时发射出特定能量的 X 射线，称为 X 射线荧光，如图 10-2-3 所示。从 L 层向 K 层跃迁发射出的 X 射线荧光称为 K_α 线，从 M 层向 K 层跃迁发射出的 X 射线荧光称为 K_β 线。荧光的能量是由原子种类以及电子跃迁的能级决定的。利用 X 射线能谱分析仪可以显示样品受激发产生的谱图。特定元素发射的荧光在能谱上表现为一组能量确定的谱线。

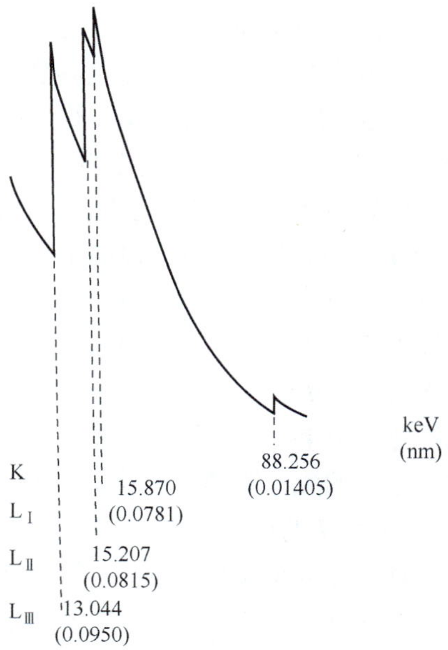

图 10-2-2　铅的 K、L 吸收边的能量位置

Auger 效应是指原子激发态的内层上某个电子从较高的能级回落到低能级后，同一能级的另一个电子被射入连续区的过程，如图 10-2-4 所示。通常在大于 2 keV 的硬 X 射线能区，X 射线荧光发生的概率大于 Auger 效应，但在较低能区，Auger 效应占主导地位。

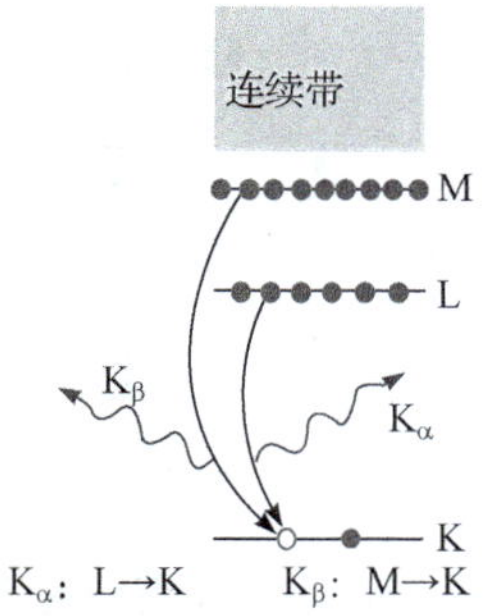

图 10-2-3　X 射线荧光发射机制

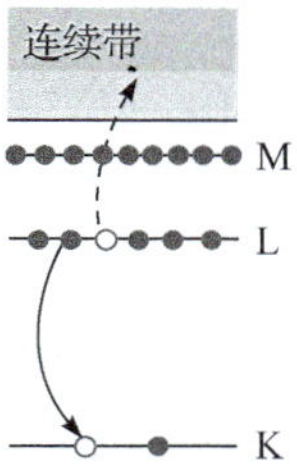

图 10-2-4　X 射线的 Auger 效应

无论是荧光还是 Auger 电子发射，其强度都与该物质吸收的概率成正比，因而这两种过程都可以用于测量吸收系数 μ，其中荧光法更为常见。

3. 吸收系数测量

根据式(10-2-1)可知，应用透射模式或荧光模式都可以测量吸收系数。

透射测量模式下，吸收系数

$$\mu(E) \propto \lg(I_0 / I) \tag{10-2-4}$$

由于荧光发射强度(I_f)与该物质吸收的概率成正比，即与吸收系数成正比，因而对于荧光测量模式，吸收系数可表示为

$$\mu(E) \propto I_f / I_0 \tag{10-2-5}$$

无论采用何种测量模式，通过测量相关的 X 射线强度，即可获得吸收系数。由上述内容可知，吸收系数是光子能量的函数，用 $\mu(E)$表示。在不同的能量点采集 X 射线强度，即可得到 $\mu(E)$曲线。在 $\mu(E)$曲线吸收边附近及其高能扩展段存在一些分立的峰或波动起伏，称为 XAFS，其分布从吸收边前至吸收边后高能一侧约 1000 eV，如图 10-2-5 所示。以 Fe_3O_4、Fe_2O_3、$Fe(NO_3)_3 \cdot xH_2O$ 的谱图为例，谱图通常分为两个明显不同的部分：①X 射线吸收近边结构(XANES)，位置处于吸收边前至吸收边后 50 eV，特点是连续的强振荡，但谱图难以量化分析，通过适当方法，可获得吸收元素价态等半定量信息；②扩展 X 射线吸收精细结构(EXAFS)，位置处于吸收边后 50～1000 eV，特点是连续缓慢的弱振荡，谱图可以被量化解读，给出近邻结构信息。从图 10-2-5 可以看出，三个样品的 EXAFS 振荡波形各不相同，由此得到一种合理的推测：以 Fe 为吸收原子的吸收谱，其 EXAFS 振荡波形与 Fe 原子周围的近邻环境(Fe 原子周边原子的配位距离、配位数、原子种类等)密切相关。

EXAFS 的理论是在单电子加上单次散射的基础上形成的。如图 10-2-6 所示，当吸收原子周围存在近邻配位原子时，出射波被吸收原子周围的配位原子散射，散射波与出射波有相同的波长，但相位不同，因而会在吸收原子处发生干涉，这种干涉使吸收原子处的光电子波函数的幅度发生变化，而且这种干涉是随入射 X 射线光子的能量变化的。

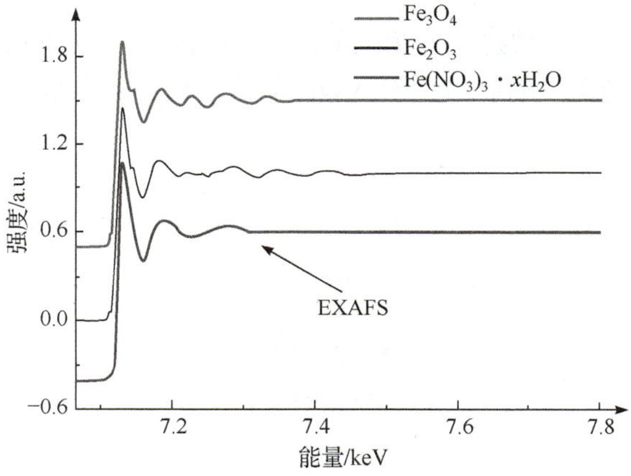

图 10-2-5　Fe 元素的 XAFS 谱图

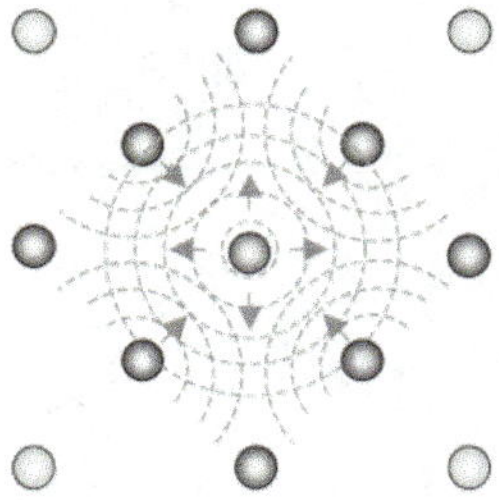

图 10-2-6　光电子背散射示意图
黄色虚线表示出射波；蓝色虚线表示散射波；红色实心圆为吸收原子；蓝色实心圆为第一壳层配位原子

1971 年，Sayers、Stern 和 Lytle 基于单电子的单次散射理论[4]，推出了一个可接受的理论表达式，并将此公式进行 Fourier 变换，得出 Fourier 变换的峰位对应于配位近邻原子的位置，峰的强度对应于近邻原子的种类和数量，并得到实验的验证，证明了短程有序理论的正确性，开创了用 EXAFS 测量物质结构的新纪元。同步辐射光源的出现，给科学界带来了一种波长连续、强度大、准直性好且具有偏振性的 X 射线源，为 X 射线吸收光谱的发展提供了实验基础[5]。自 1975 年 Kincaid 和 Eisenberger 用储存环得到第一张 EXAFS 谱图以来[6]，已出现千张 X 射线吸收光谱图，它在固体物理、催化剂及吸附态、生物大分子、溶液、材料科学等广泛领域中起了很大的作用，解决了许多亟待解决的结构问题，受到多种学科领域科学家的欢迎。

XAFS 测量就是针对样品中感兴趣元素的某个吸收边，通过调节单能 X 射线的能量扫描，同时应用透射测量模式或荧光测量模式采集相应的 X 射线强度，得到 $\mu(E)$与能量 E 之间的关系。因此，XAFS 具有以下特点：

(1) XAFS 现象来源于吸收光原子周围最近邻的几个配位壳层的作用，它取决于短程有序作用，不依赖于晶体结构，因此可用于大量非晶态材料的研究，如催化剂活性中心、生物酶金属蛋白、表面层结构和无定形材料的研究，甚至溶液的研究等。

(2) X 射线吸收边具有原子特征，可以调节 X 射线光子能量到某一种原子的吸收边处，只有该原子的环境可以探测，不受其他原子的干扰。这是因为 XAFS 不依赖于整体结构。

(3) 由散射振幅对配位原子的依赖性可以探测配位原子的种类，由散射振幅的大小可知配位原子的个数，由 Debye-Waller 因子可知原子围绕其平衡位置的变化。对原子间距的测量可精确到 0.01 Å。

(4) 利用同步辐射光源的偏振性，可探测吸附分子在表面的排列取向，对称性低于三次的样品还可测其键角的大小。

(5) 在实验中利用强 X 射线源和荧光探测技术可测量浓度很低的样品，甚至对含量为百万分之几的元素也能进行 XAFS 测定。

(6) XAFS 实验所用样品制备比较简单，数据收集时间短，在同步辐射试验站上一般固体样品测试只需几分钟。

4. EXAFS 的基本公式

EXAFS 精细结构函数 $\chi(E)$ 定义为

$$\chi(E) = \frac{\mu(E) - \mu_0(E)}{\Delta\mu_0(E)} \tag{10-2-6}$$

式中，$\mu(E)$ 为实验测得的吸收系数曲线；$\mu_0(E)$ 是一个平滑的背景函数，为一个孤立原子的吸收系数曲线；$\Delta\mu_0(E)$ 为阈值能量 E_0 时吸收系数 $\mu(E)$ 突增的数值。

根据量子论，原子某个特定芯能级发生吸收的前提是存在一个与光电子匹配的量子态，即一个具有特定能量、角动量的量子态。若这种状态不存在，那么该壳层能级就不会发生吸收。由于吸收系数 μ 是由吸收概率决定的，根据量子论的偶极跃迁理论，得到黄金规则的一般形式：

$$\mu(E) \propto \frac{2\pi}{h}\left|\langle i|\mathrm{H}|f\rangle\right|^2 \rho_f \tag{10-2-7}$$

式中，$\langle i|$ 表示内层电子始态，即含 X 射线光子和一个芯能级电子，无光电子；$|f\rangle$ 表示终态，即含一个芯能级空穴和一个光电子，无 X 射线光子；H 表示交联项；ρ_f 为终态的态密度。

由于芯能级电子与吸收原子之间的结合非常紧密，因此相邻原子的存在并不会改变这一初始状态。但对于最终状态，由于背散射波与出射波的干涉，吸收原子处光电子波函数的幅度被调制，进而改变了光电子的终态。可以将 $|f\rangle$ 拓展为两部分，一个是孤立原子部分 f_0，另一个是相邻原子的影响 $|\Delta f\rangle$，即

$$|f\rangle = |f_0\rangle + |\Delta f\rangle \tag{10-2-8}$$

进一步分析，可以得到

$$\chi(E) \propto \langle i|\mathrm{H}|\Delta f\rangle \tag{10-2-9}$$

式(10-2-9)给出了 XAFS 成因的定性描述。

正如实验室观察到的，振荡行为是因为增加了周围原子而产生的。周围原子的反散射波及

其被中心原子再散射的散射波与出射部分相干涉，增加或减少吸收光原子区域的光电子波函数。这种干涉由出射波与散射波间的相位差造成，是相长干涉还是相消干涉不仅与光电子能量有关，还与吸收原子散射原子的间距有关。而干涉的强度与散射波的强度，即散射原子的种类和数量有关。这就是用 EXAFS 研究原子簇结构的依据。

对于一个近邻散射原子的情况，设其与吸收原子距离为 R，可以用一个正弦函数表达：

$$\chi(k) = \frac{f(k)}{kR^2}\sin\left[2kR + \delta(k)\right] \tag{10-2-10}$$

式中，右边第一项为振幅，它正比于散射原子的背散射振幅 $f(k)$，反比于吸收原子与散射原子间距 R 的平方；$\delta(k)$为相移，是背散射波回到吸收原子时与出射波的相位差。

$f(k)$和 $\delta(k)$表征了配位原子的散射性质。它们都是光电子波矢 k 的函数，而且这种函数关系与配位原子的原子序数 Z 有关，即对于不同种类的配位原子，其 $f(k)$和 $\delta(k)$的函数图形状不同，可以通过这一特点使用 EXAFS 判断 Z 的数值(精确度为±5)。

$$k = \sqrt{\frac{2m(h\omega - E_0)}{h^2}} \tag{10-2-11}$$

式中，m 为光电子质量；ω 为入射 X 射线角频率；E_0 为吸收边处能量。

此外，一般情况下还需要考虑到：①具有多个同属一个类别的配位原子的存在；②热无序度效应对 XAFS 的影响，热会使原子发生振动，改变吸收原子与散射原子间距 R。而 R 的无序会使振幅变小，设 R 的均方偏离为 σ^2，并设热无序度为 Gauss 分布，则热无序度的影响可用一个类似于 Debye-Walker 因子的项表达。据此可以得到

$$\chi(k) = \frac{Nf(k)\mathrm{e}^{-2k^2\sigma^2}}{kR^2}\sin\left[2kR + \delta(k)\right] \tag{10-2-12}$$

式中，N 为配位数。还可以采用更为复杂和普适的方法，如以原子为非 Gauss 分布来处理热无序度效应，但这已经超出本书讨论范围。

在实际的系统中通常在吸收原子周围存在不同类别的配位原子。处理这个问题的方法非常简单，只需要对不同类别的配位原子(又称配位层)的影响求和即可，由此得到更具有普适意义的 EXAFS 的表达式：

$$\chi(k) = \sum_j \frac{N_j f_j(k)\mathrm{e}^{-2k^2\sigma_j^2}}{kR_j^2}\sin[2kR_j + \delta_j(k)] \tag{10-2-13}$$

式中，j 代表了距中心原子距离大体相同的同类原子形成的一个配位层。原则上可能存在很多个这种配位层，但当 Z 数值相近的配位层之间距离足够小(小于 0.05 Å)时，将它们区分开是困难的。

进一步考虑光电子非弹性散射的可能性、吸收原子激发态寿命等因素，还需要做进一步修正。为此，引入一个物理量平均自由程 λ，λ 表示非弹性散射波到达吸收原子之前或吸收原子退激发之前光电子最大的移动距离，λ 值通常为 5～30 Å，而且是 k 的函数。引入由平均自由程 λ 产生的幅度衰减项 EXAFS 方程表达为

$$\chi(k) = \sum_j \frac{N_j f_j(k)\mathrm{e}^{-2k^2\sigma_j^2}\mathrm{e}^{-2R_j/\lambda(k)}}{kR_j^2}\sin[2kR_j + \delta_j(k)] \tag{10-2-14}$$

还需要考虑另一个幅度衰减项 S_0^2，它是由吸收原子空位所处的核能级上的其他电子的张弛引起的。通常将 S_0^2 作为常数处理，其取值范围为 $0.7 < S_0^2 < 1.0$。具体取值与配位数 N 相关，通常由已知结构的标准参照样品获得，再转移到测试样品。引入 S_0^2 项，EXAFS 方程最终表达为

$$\chi(k)=\sum_j \frac{N_j S_0^2 f_j(k) \mathrm{e}^{-2k^2\sigma_j^2} \mathrm{e}^{-2R_j/\lambda(k)}}{kR_j^2}\sin[2kR_j+\delta_j(k)] \tag{10-2-15}$$

式(10-2-15)是目前普遍接受的 EXAFS 理论表达式。从该 EXAFS 表达式可知，为了获得结构参数 N、R、σ^2，必须准确地知道散射振幅 $f(k)$和相移 $\delta(k)$，这一点是 EXAFS 分析的关键。在早期的 EXAFS 分析中，首先要测量已知结构参数的标准样品的 EXAFS 实验光谱，通过拟合得到标准样品的 $f(k)$和 $\delta(k)$，根据标准样品与待测样品之间的化学参数可转移性，将标准样品的 $f(k)$和 $\delta(k)$应用于待测样品。通过这种方法获得的结果，一般来说仅能保证第一配位层参数的准确性。直至最近十几年，应用 FEFF、GNXAS 和 EXCURVE 等程序计算获得散射参数 $f(k)$和 $\delta(k)$的方法成为主流方法，其结果的准确性已得到充分证实，往往比通过实验获得的散射参数还要准确。此外，计算所得的散射参数并不仅限于第一层，还可以考虑到光电子的多重散射。

EXAFS 理论表达式的物理意义：

(1) 应用 EXAFS 表达式，在已知散射振幅 $f(k)$和相移 $\delta(k)$的情况下，通过数据分析手段，可以获得以吸收原子为核心的配位原子的配位数 N、配位距离 R 和均方偏移 σ^2，这一点是 EXAFS 分析方法的核心依据。

(2) 由于 $\lambda(k)$和 R^{-2} 项的存在，可以将 EXAFS 视为一种“局域化的探测方法”，一般仅能提供距吸收原子 5 Å 范围内的结构信息。

(3) EXAFS 的振荡是由不同频率组成的，每种频率对应于一个与吸收原子间距不同的配位层。Fourier 变换具有频域、空域转换的功能，因此是 EXAFS 分析的重要手段。

10.2.2　X 射线吸收精细结构谱的实验要求

XAFS 实验目的是采集样品中感兴趣元素从其吸收边(K, L)附近到吸收边后一定能量范围内的吸收谱，即 $\mu(E)$-E 。XAFS 实验用到的线站如图 10-2-7 所示，关键设备包括：①能量可调的高强度的单色 X 射线光源，包括同步辐射光源和单色器；②高质量的 X 射线强度探测系统，用于采谱；③控制系统，用于控制单色器，与采谱探测系统协调进行。

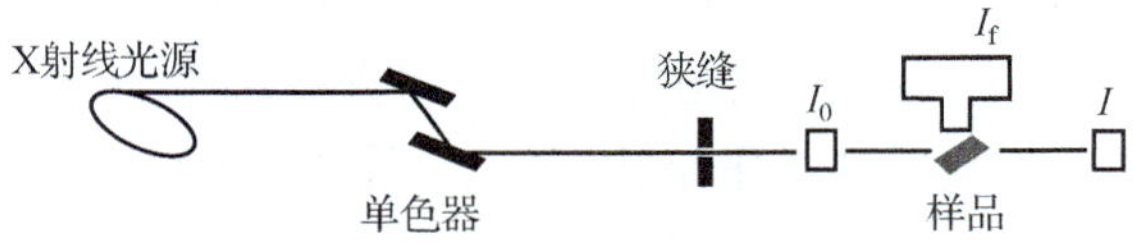

图 10-2-7　XAFS 实验线站示意图

1. 同步辐射光源

当电子束团以相对论速度在电子储存环中运行时，在弯转磁铁或其他插入器件磁场作用下，电子束团受到向心力作用而发生偏转，同时产生特定形式的电磁辐射，即同步辐射。同步辐

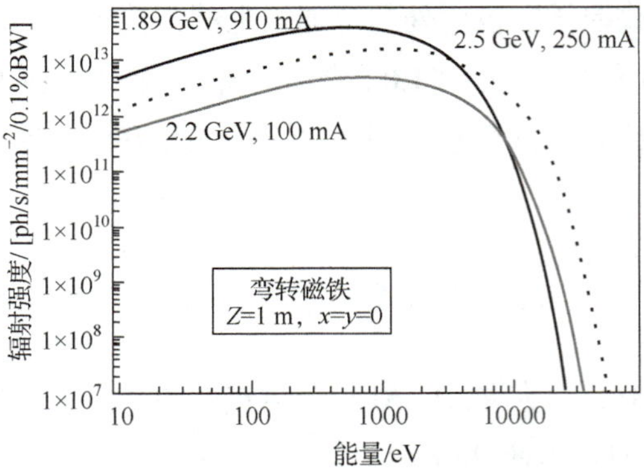

图 10-2-8　同步辐射光的能量分布图

射是沿电子运动切线方向出射的一束高准直的广谱电磁辐射，其能量覆盖从可见光到几百 keV 的硬 X 射线，一般称为白光，如图 10-2-8 所示。同步辐射具有强度高、准直高、发射角小、广谱、具有时间结构、有偏振性、有一定的相干性、可准确计算等一系列优点。

2. 单色器

根据 Bragg 衍射方程[式(10-1-10)]：$n\lambda = 2d\sin\theta$，当一束白光 X 射线以 θ 角入射到晶体晶面，仅有波长满足 Bragg 方程的单色 X 射线得到反射，其中 d 为晶体的晶面间距。转动晶体，改变 X 射线入射角 θ，出射光的波长也随之改变，可实现 XAFS 实验要求的单能可调 X 射线做能量(波长)扫描。实际单色器一般采用双平晶结构(图 10-2-9)，以保持出射光束的平行及空间位置固定。Si(311)和 Si(111)晶面是最常用的同步辐射光源单色器。

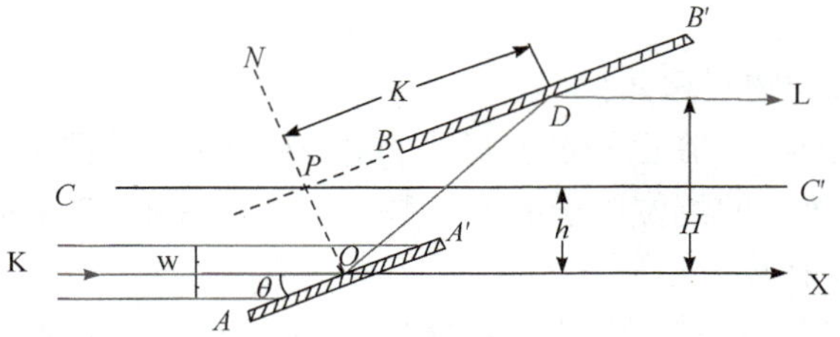

图 10-2-9　X 射线单色器原理

3. 数据采集

数据采集通常有两种模式：透射测量模式和荧光测量模式。采用哪种模式进行数据采集取决于样品中感兴趣元素的含量。

(1) 透射测量模式。样品及其前后的电离室 IC_0、IC 构成了 XAFS 透射实验设置。电离室输出弱电流信号 I_0 及 I 正比于样品前后的光强。控制单色器在特定的能量范围进行能量扫描并逐点采集 I_0 及 I，即可得到感兴趣元素在其吸收边一段范围内的吸收谱。

(2) 荧光测量模式。前电离室 IC_0 及与入射光束成 90°设置的荧光探测器构成了荧光 XAFS 实验设置。荧光探测器接收样品产生的荧光，荧光强度 I_f 正比于 X 射线吸收概率。与透射实验一样，控制单色器在特定的能量范围进行能量扫描并逐点采集 I_0 及 I_f，同样得到关系曲线。

(3) 测量误差与采样总光子计数。XAFS 要求测量误差小于 10^{-3}。不准确的 $\mu(E)$ 可能会对 XAFS 造成不良影响，甚至彻底破坏精细结构。由于现代电子技术的发展，放大器的测量精度可达 10^{-11} A，而 XAFS 信号一般为 10^{-9}～10^{-6} A，因此电子学系统的噪声可以忽略不计。同步辐射 XAFS 信号噪声的重要来源之一是统计涨落引起的噪声。设某次采样光强为 I，采样时间为 t，则该次采样总光子计数为 $N = It$，该次测量相对误差为

$$\delta = \frac{1}{\sqrt{N}} = \frac{1}{\sqrt{It}} \tag{10-2-16}$$

当确定了测量相对误差要求后，即可得到每次采样总光子计数的值(对于 XAFS 测量，一个数据点的采样总光子计数应高于 10^6)。对于相同的采样时间，光强越强，相对误差越小；而对于相同的光强，采样时间越长，相对误差越小。

(4) 信号背景比 S/B。透射 XAFS 谱是由待测元素的 XAFS 信号及样品中其他元素贡献的吸收背景信号叠加构成。两者的比例构成了信号背景比 S/B。样品 S/B 小，则使 XAFS 信号幅度与吸收背景信号的涨落误差范围接近，导致 XAFS 实验数据的信噪比变差。

当采用透射测量模式时，样品中待测元素含量高，则 XAFS 信号强，S/B 值大，采集的 XAFS 的实验原始谱有高信噪比，谱的质量好。反之，对于痕量元素，S/B 值小，则谱的质量差。因此，透射方法适用于待测元素含量高于 1%的样品。

当采用荧光测量模式时，荧光探测器接收到的 X 射线既包含与感兴趣元素对应的荧光谱线，又包含样品中其他元素对应的荧光谱线，以及弹性和非弹性(Compton)散射 X 射线。如图 10-2-10 所示，其中感兴趣元素的荧光谱线提供了 XAFS 信号 I_f，其他元素的荧光以及弹性和非弹性散射则构成背景信号。背景信号与荧光谱线在能量轴上是分开的。荧光测量模式的优势正是基于这一特点，通过物理或电子学手段，抑制背景信号，提高待测元素荧光信号的比例，即提高信号背景比 S/B，从而提高信噪比。这种模式对于荧光谱图中散射峰和其他元素的荧光谱线占主导地位的情况具有显著效果。

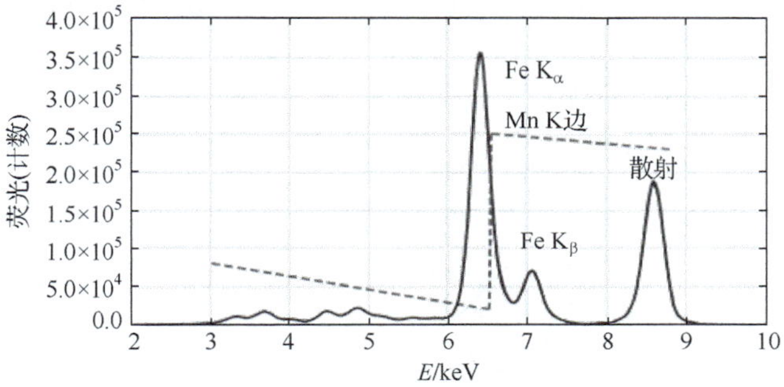

图 10-2-10　含 Fe 元素样品的 X 射线荧光谱

4. XAFS 光束线

1W1B 光束线是一条北京同步辐射实验室为 XAFS 实验优化设计的束线，由储存环中 7 周期永磁 Wiggler 1W1 引出。上海同步辐射光源的 BL14W1 线站采用了 38 极 Wiggler 插入件，最大磁场强度为 1.2 T，周期长度为 80 mm。线站光学系统由准直镜、液氮冷却双晶单色器、水平和垂直聚焦超环面镜和谐波抑制镜等组成。准直镜用以改善出射光的垂直发散度并增加系统可接收的垂直发散角，使光通量及能量分辨率同时得到提高。此外，准直镜还能去除白光谱中的高能部分，从而有效抑制单色光中的高次谐波分量。双晶单色器采用 T 机构联动结构进行单色化。超环面镜水平和垂直聚焦最后由到样品处。

北京同步辐射实验室 1W1B 光束线主要指标如下：

(1) 能量范围：4～25 keV。

(2) 能量分辨率：1～3×10^{-4}。

(3) 光斑大小：0.9 mm×0.3 mm。

(4) 光通量：2×10^{12} ph/s/0.1% BW@9 keV，I_{sr} = 100 mA。

北京怀柔的高能同步辐射 ID46 光束线主要指标如下。

(1) 能量范围：4.8～45 keV(覆盖 22 号元素 Ti 至 60 号元素 Nd 的 K 吸收边 XAFS 能量范围，覆盖 55 号元素 Cs 及以上的 L 吸收边)。

(2) 能量分辨率：2×10^{-4} Si(111)，4×10^{-5} Si(311)。

(3) 光斑大小：约 2 mm×2 mm，≤0.35 μm×0.35 μm(聚焦模式)。

(4) 光通量：2×10^{13} ph/s@10 keV，5×10^{12} ph/s@10 keV(聚焦模式)。

上海同步辐射光源的 BL14W1 光束线主要指标如下。

(1) 能量范围：4.5～18 keV(聚焦模式)，9～35 keV(非聚焦模式)。

(2) 能量分辨率：2～10^{-4} @10keV，Si(111)。

(3) 光斑大小：0.3 mm×0.3 mm(聚焦模式)。

(4) 光通量：＞5×10^{12} ph/s@10 keV，Si(111)聚焦，I_{sr} = 200 mA。

5. 透射模式的 XAFS 实验要点

(1) 抑制高次谐波。高次谐波是由双晶失谐产生的。

(2) 调整电离室工作气体配比。电离室的吸收随 X 射线能量改变；为保持前后电离室的最佳吸收比例，选用不同长度的电离室或改变其工作气体，如图 10-2-11 所示。根据理论分析，前电离室吸收为 15%～25%时，后电离室全吸收，采集的数据具有最佳信噪比。

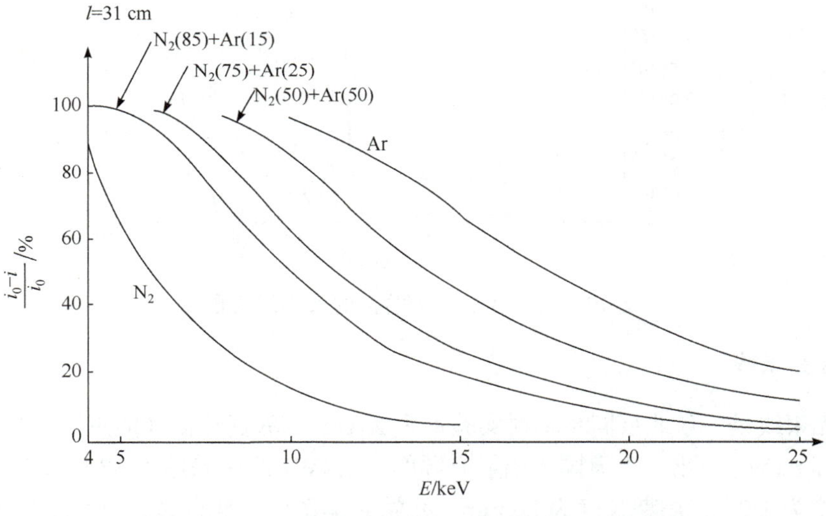

图 10-2-11　X 射线吸收比例与入射光能量的关系曲线

(3) 标定单色器能量。单色器的机械误差会产生能量漂移，实验之前需要重新对单色器能量进行标定。通常在标准样品金属箔吸收边的附近进行扫描，以吸收边位置确定能量位置。一些实验站的数据采集程序中也已包含能量标定功能模块。

(4) 制备样品。透射测量模式下，样品要求均质无孔，一般过 400 目筛后涂胶带或压片。由理论分析可知，$\Delta\mu(E)$为1～1.5 时有最佳信噪比。

(5) 设定采谱参数。依据样品中待测元素种类和含量，确定采样的能量范围、采样时间和步长。

6. 荧光模式的 XAFS 实验要点

通常情况下，荧光模式的 XAFS 实验采用 Lytle 荧光电离室进行数据采集，如图 10-2-12 所示。这种电离室具有大的接收立体角和能量甄别的能力。其中的 $Z-1$ 滤波片利用吸收边前、后吸收系数的差异，过滤掉荧光中夹杂的 X 射线散射光和 K_β 线，只透过 K_α 线进入电离室。滤波片的选择是十分关键的。对待测元素 K 吸收边采谱，滤波片的选取遵循上述 $Z-1$ 原则。但是该原则对于 L 吸收边采谱不适用。对于 L 吸收边采谱，滤波片的选取原则是滤波片吸收元素的任一吸收边(K 或 L)能量处于待测元素的荧光谱线与吸收边能量之间，以符合滤波片能量甄别的基本原则。Soller 狭缝用来消除滤波片本身发出的二次辐射。

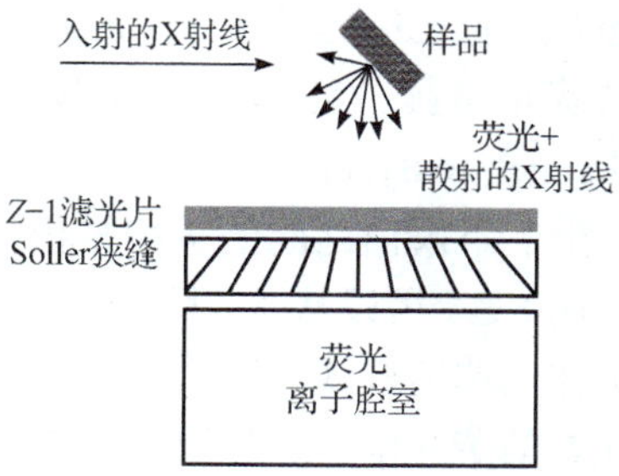

图 10-2-12　Lytle 荧光电离室的结构示意图

(1) 荧光的自吸收校正。对于荧光 XAFS 探测模式，高次谐波的影响远小于透射模式。这是因为样品对入射光束中高次谐波的吸收很小，所以高次谐波产生的散射也不大。实践中在 9 keV 低能范围设置 20%的失谐度即可。但荧光信号穿过样品过程中会被样品自身吸收，故荧光强度即 XAFS 振荡会由于这种自我吸收现象而被减弱。设样品与入射射束和探测器之间都成 45°夹角，那么测得的荧光强度为

$$I_{\mathrm{f}} = I_0 \frac{\varepsilon \Delta \Omega}{4\pi} \frac{\mu_x(E)}{\mu_{\mathrm{tot}}(E) + \mu_{\mathrm{tot}}(E_{\mathrm{f}})} \left\{ 1 - \mathrm{e}^{-[\mu_{\mathrm{tot}}(E) + \mu_{\mathrm{tot}}(E_{\mathrm{f}})]t} \right\} \tag{10-2-17}$$

式中，ε 为荧光效率；$\Delta\Omega$ 为探测器的立体角；E_{f} 为荧光 X 射线的能量；$\mu_x(E)$为待测元素的吸收系数。XAFS 数据处理程序中都包含对原始谱数据进行自吸收校正的功能模块。

(2) 调整电离室工作气体配比。前电离室气体配比遵循 20%吸收原则，调整方法相同；Lytle 探测器的电离室则充纯氩气。

(3) 标定单色器能量。荧光 XAFS 实验的能量标定方法与透射实验完全相同。

(4) 制备样品。对样品厚度无特定要求，一般可采用压片制样，厚度应大于几百微米，块材样品可直接使用。

(5) 设定采谱参数。在输入界面操作时，还要注意选择荧光模式。采样时间要长，一般选 5～10 s 甚至更长。

在一些特殊情况下，荧光模式的 XAFS 实验也可选择半导体阵列探测器进行数据采集，如 19 元高纯 Ge 半导体阵列探测器(CANBERRA)，见图 10-2-13。这种结构的固体探测器系统是将 19 个 Ge(Si/Li)半导体探测器集成于一个芯片，形成阵列，由液氮冷阱冷却，每个探测器后接一路独立的多道/单道分析器，总称为固体阵列探测器。目前同步辐射 XAFS 实验采用的固体阵列探测器一般为 10～30 阵列。

图 10-2-13　19 元高纯 Ge 半导体阵列探测器 (CANBERRA)

现代的固体阵列探测器系统具有很高的能量分辨率，具有优良的能量甄别能力，因而被广泛应用于能量色散 X 射线分析实验中，包括元素含量分析的荧光分析实验及结构分析的 XAFS 实验。固体探测器工作于粒子计数模式，基于多道/单道能谱分

析器(谱仪系统)的原理。多道能谱分析器系统的原理是不同能量的 X 射线光子进入探测器后在放大器输出端产生与光子能量成正比的阶跃电压信号，在脉冲处理器部分形成幅度与光子能量成正比的脉冲序列，进而由多道分析器(multi-channel analyzer)形成能谱。单道能谱分析器系统是将脉冲处理器部分形成的幅度与光子能量成正比的脉冲序列输入单道分析器(single channel analyzer，SCA)，SCA 的原理是根据预先设置的上、下阈值，对脉冲序列中幅度值处于上、下阈值之间的脉冲累积计数。由于脉冲幅度与进入探测器的 X 射线光子能量成正比，应用 SCA 可以从 X 射线荧光能谱中选取感兴趣的部分。在采谱过程中，各路的脉冲处理器都工作于单道模式，仅对能量在其上、下阈值之间的光子计数，通过这种能量甄别，记录了待测元素的荧光信号，排除了散射及其他背景信号。

固体多道/单道探测器系统对每个 X 射线光子脉冲的处理都需要一定的时间，在这一期间内进入探测器的其他 X 射线光子脉冲将被系统忽略，这一时间称为死时间。死时间的存在使探测器的计数率受到限制。现代固体探测器系统的最大计数率为 10^5 Hz 量级。对于 XAFS 实验，每个数据点采集量应大于 10^6 个光子。为了缩短每个数据点采样时间以保证采谱速度，往往采用多个固体多道/单道探测器并行工作，同时采谱，最后累加数据。

值得注意的是，半导体阵列探测器系统采集的原始谱数据必须经过预处理程序的加工才能由 WinXAFS 等分析程序进行处理。原始谱数据包含 19 个独立的谱，预处理程序可显示整个谱的曲线族，允许去除噪声或其他因素造成的个别低质量谱，然后将保留谱相加合成；预处理程序的一个重要功能是对原始谱进行死时间校正，最后将原始谱数据转变为数据处理程序可接受的数据格式文件。此外，由于半导体阵列探测器系统采集的数据是荧光 XAFS 数据，不应该忽略使用相关程序对原始谱数据进行自吸收校正的步骤。其他有关设置及样品的要求可参照 Lytle 荧光电离室实验要点。

7. 透射及荧光两种 XAFS 实验方法总结

(1) 判定实验可行性。每个 XAFS 束线都有特定的能量范围，这是由同步辐射装置、光束的引出器件、束线结构等因素决定的。因此，首先要确定样品中待测元素的 XAFS 信息区间(−200～1000 eV)是否被该束线提供的能量范围覆盖，若不能完全覆盖，则需选择其他 XAFS 实验装置。

(2) 选择实验方法。实验方法的选择主要依据样品中待测元素的质量分数，含量在 10%以上应采用透射方法；含量为 10%～100 ppm(1 ppm=1×10^{-6})宜采用 Lytle 电离室荧光 XAFS 方法；含量在 100 ppm 以下的痕量元素探测宜采用半导体阵列探测器荧光 XAFS 方法。此外，对于厚度不便调整的块材，也多采用荧光 XAFS 方法。

(3) 选择吸收边。元素的 K 及 L 系的吸收边都包含同样的结构信息，都可以获取 XAFS 信息。由于 K 吸收边吸收较强，XAFS 振荡幅度较大，应首先考虑 K 吸收边。若 K 吸收边在束线能量范围以外，则考虑 L 系吸收边，L 系吸收边之间能量差往往小于 1000 eV，因此一般只考虑最低能端的 L3 吸收边，但有效的吸收边能量范围仅到 L2 吸收边为止。

(4) 样品制备原则。样品中不应包含与待测元素 XAFS 信息区间(−200～1000 eV)重合的其他元素。对于透射实验，首选粉末样品，便于调整厚度；对于荧光实验，宜采用压片制样或块材。液体样品需用特制的样品盒。

8. 基于 XAFS 的相关实验方法

(1) 时间分辨 XAFS。QXAFS 是快速采集 XAFS 谱的常用实验方法，它是通过缩短每点采样时间及 Bragg 角度快速扫描实现的，其速度可达到 1.0 min 采集一个谱的水平。条件是束线光通量必须足够大，使每点采样时间在 0.01 s 或 0.001 s 范围内可采集 10^6 以上 X 射线光子。应用 QXAFS 技术可以开展时间分辨 XAFS 研究，在样品发生连续变化的过程中应用 QXAFS 多次采谱，记录制备和反应过程中样品结构的变化，为上述过程提供动力学信息，开展在一定时间尺度内的原位及与时间过程有关的物质亚稳态、中间态的 XAFS 结构研究，其采集一个完整 XAFS 谱的时间可到达 s 量级。采用泵浦-探测(pump-probe)技术，以脉冲激光为激发源，精确锁定激光脉冲与同步脉冲的相位，在同步脉冲到来时进行探测，从而获得样品特定的中间态的结构信息，该方法时间分辨可到达飞秒(fs)至皮秒(ps)量级。

(2) 空间分辨的微区 XAFS。微区 XAFS 又称 μ-XAFS/XRF。利用 X 射线聚焦技术可获得小尺度的强 X 射线束，在此基础上开展 XAFS 或/和荧光分析(XRF)实验，以获得具有空间分辨的小尺度范围内的原子近邻结构、价态、元素组分及微区分布的信息。目前，国际上同步辐射 μ-XAFS/XRF 装置 X 射线束聚焦尺度达到微米甚至亚微米量级，通常采用发展较为成熟的 KB 镜和 X 射线波带片作为聚焦光学元件。整体毛细管 X 射线半会聚透镜是一种新发展的 X 射线聚焦技术，它具有工艺简单、种类齐全、造价低廉、可以对全波段的 X 射线进行聚焦的优点，焦斑直径为 10 μm 量级。目前，我国的 1W1B-XAFS 实验线站可以开展整体毛细管 X 射线微束聚焦实验。

(3) 极端条件下的原位 XAFS。高温高压或超低温等极端条件下物质的结构和性能可能发生极大的变化，其变化的机制、理论、材料性能、微观结构变化规律是物理、地质、材料等领域的重要研究方向。极端条件下的原位 XAFS 实验是利用高压釜、高温炉或低温室等设备为样品提供特定的极端条件，原位研究物质和材料的结构，如图 10-2-14 所示。高温原位 XAFS 反应池的最高温度达到 900℃，最大压力为 5 atm，为深入了解液态金属的微观结构、非平衡凝固理论机制、超高温度梯度定向凝固、空间快速凝固、深过冷与快速凝固、亚稳相形成规律和非晶态凝固提供直接的理论依据。

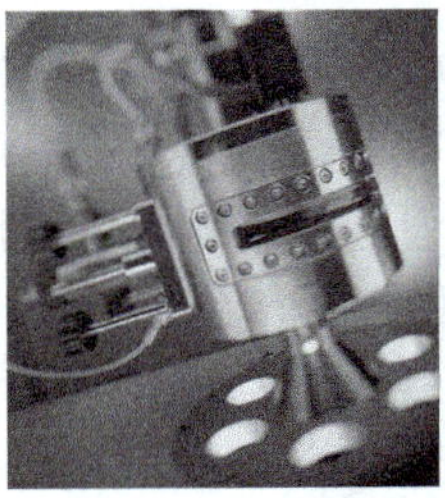

图 10-2-14　高温反应池实物图

(4) X 射线磁圆二色谱(X-ray magnetic circular dichroism，XMCD)。铁磁性材料和处于磁场中的其他磁性材料存在宏观上的磁化，宏观磁化的材料对左旋和右旋光子的吸收强度不相等，从而导致磁圆二色谱效应。同步辐射具有偏振特性，采用适当的方法可以获得左旋和右旋圆偏振光。第三代高强同步光源的发展使 XMCD 实验研究迅速开展起来，我国的 1W1B-XAFS 实验线站可以进行 XMCD 实验。

10.2.3　X 射线吸收精细结构谱图解析

XAFS 谱依据形成机制及处理方法的不同，通常将其分为两个明显不同的部分：XANES 谱和 EXAFS 谱。

1. XANES 谱

XANES 是指 XAFS 谱中吸收边前 20 eV 到吸收边后 50 eV 的一段近边区域，其特点是连续的强振荡。由于其信号幅度远大于 EXAFS，因此低含量的样品或不理想的样品都有可能获得有分析价值的 XANES 信息。近边区域是多重散射的贡献，使得 XANES 的解释非常复杂。目前，尚无一种理论方法可以完整地解释 XANES，但是基于多重散射的单电子近似的 XANES 框架及从头计算方法可以较好地分析结构畸变、轨道杂化、化合价态以及精确拟合原子位置等，是目前普遍接受的主要分析方法。

(1) XANES 谱对分子轨道杂化非常敏感，对氧化态及配位化学敏感。以过渡金属氧化物为例，由于存在氧 2p 与金属 3d 轨道之间的杂化，XANES 谱对此有明显的特征表象。如图 10-2-15 所示，Cr^{6+}的 p 轨道和 d 轨道的杂化导致分子轨道状态的高度局域化，在 XANES 谱上吸收边前有明显的特征突起峰，表明了这种轨道电子束缚态的跃迁。

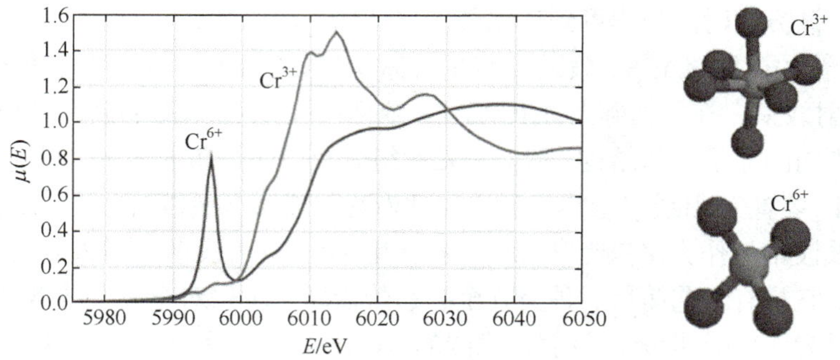

图 10-2-15　Cr^{3+}和 Cr^{6+}氧化物的 XANES 谱

(2) 吸收边位置的移动可用以判断价态，边前峰的高度和位置可用以判断不同价态金属的比例。以 Fe^{3+}/Fe^{2+}为例，图 10-2-16 清楚显示了铁及铁氧化物的价态与吸收边位置的关系。使用高质量的模型谱，通过比较，可以准确地判断 Fe^{3+}/Fe^{2+}的值。同理，可确定多种离子的比例。此外，根据边前峰的位置及高度，也能给出化合物氧化态及配位环境的可靠信息。这种基于吸收边的特征判断待测物价态的方法称为“指纹”技术。XANES 的一个重要应用是作为催化剂物相及其氧化态的“指纹”识别。

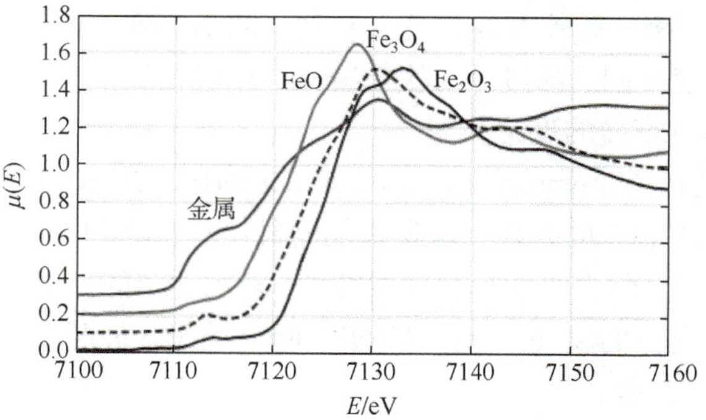

图 10-2-16　铁及铁氧化物的 K 吸收边 XANES 谱

遗憾的是，XANES 谱的处理软件目前很少，主要存在方法上的困难。目前国际上影响最大、使用人数最多的收费软件是 FEFF8。FEFF8 是近年来美国 Washington 大学新开发的一个从头计算(ab initio calculation)X 射线吸收谱(XAS)的软件包。FEFF8 使用自洽 muffin-tin 势和全多重散射(FMS)方法同时计算 XANES、局域电子态密度(LDOS)、Fermi 能和电荷转移。整个计算基于一个有效单电子相对论自洽实空间 Green 函数和含有芯空穴的终态势的全多重散射理论。对所计算的体系没有任何结构对称或周期条件限制，可适用于复杂和无序体系。

2. EXAFS 谱

EXAFS 是指 XAFS 谱中吸收边后 50～1000 eV 的一段区域，其特点是连续缓慢的弱振荡。它可以给出小范围内原子簇结构的信息，包括近邻原子的配位数、原子间距、种类及热扰动等吸收原子周围的近邻几何结构。

基于实验测量入射样品的 X 射线强度 I_0 及出射样品的 X 射线强度 I 随入射 X 射线能量变化的曲线，得到原始 XAFS 实验谱 $\mu(E)$。以 FeO 的 K 吸收边透射谱为例，从这个原始 XAFS 实验谱图上提取出 EXAFS 信号 $\chi(k)$，然后经过 Fourier 滤波法分离 $\chi(k)$ 式中的各项，UI 周与标准为比较，消除 $f(k)$和 $\delta(k)$，求得需要的物理量。数据处理过程分为以下几个步骤：

(1) 剔除假信号(glitch)。荧光法采集的数据需要对自吸收效应和死时间(半导体阵列探测器采谱)等可能的系统测量误差进行校正。

(2) 扣除背景。实验谱 $\mu(E)$中除了铁原子 K 电子跃迁产生的 XAFS 振荡外，还包含铁原子其他壳层的吸收及样品中其他元素的吸收，这些背景吸收需要扣除。由于背景吸收在吸收边前后是单调、平滑的，一般使用外推法，应用 Victoreen 经验公式拟合吸收边前的吸收曲线，将它延长到吸收边以后，作为背景部分扣除，如图 10-2-17 所示。

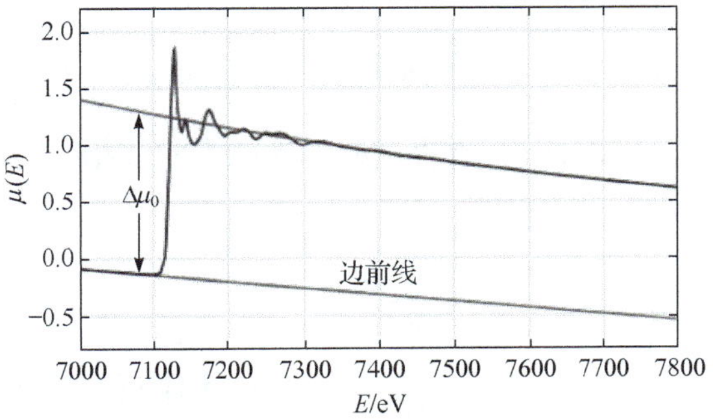

图 10-2-17　FeO 的 K 吸收边透射谱的背景扣除

(3) E_0 值校正和归一化。由于设备、数据采集模式、入射光强度、样品厚度等的不同，记录下来的吸收强度也不同，不具有可比性。为了比较一系列数据的变化，需要将它们归一化，统一成可比数据。一般是对谱的吸收边跳高 $\Delta\mu_0(E_0)$归一。方法是简单拟合吸收边后 XAFS 振荡减弱区域并外推到吸收边前，在吸收边 E_0 处得到 $\Delta\mu_0$，并以此值对 XAFS 谱归一，如图 10-2-18 所示。

(4) EXAFS 信号 $\chi(E)$ 提取。EXAFS 信号为 $\chi(E)=\dfrac{\mu(E)-\mu_0(E)}{\Delta\mu_0(E)}$，其中 $\mu_0(E)$是自由原子的吸收系数曲线。需要首先获得 $\mu_0(E)$，才能从实验谱 $\mu(E)$ 中提取 EXAFS 信号。$\mu_0(E)$不能从实验中直接获得，通过理论计算也不易算出。实践中用分段样条函数拟合实验曲线，尽量过各振荡中点，得到一条通过各振荡中点的无振荡的平滑曲线，以此作为 $\mu_0(E)$。值得注意的是，足够灵活的样条函数可能拟合整个实验谱 $\mu(E)$，从而失去全部或部分 EXAFS 信息 $\chi(E)$，如图 10-2-19 所示。

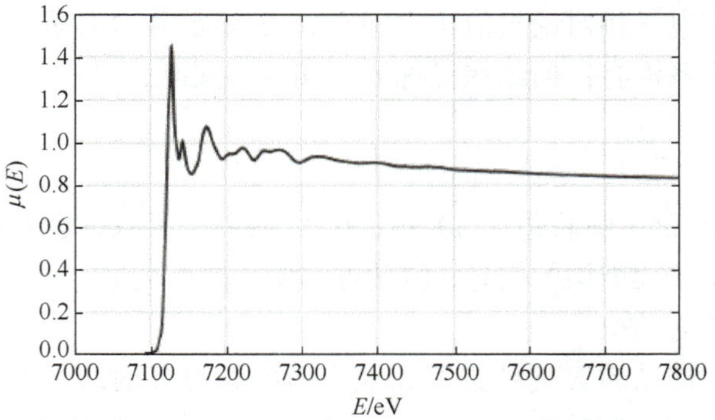

图 10-2-18　归一化后的 FeO 的 K 吸收边透射谱

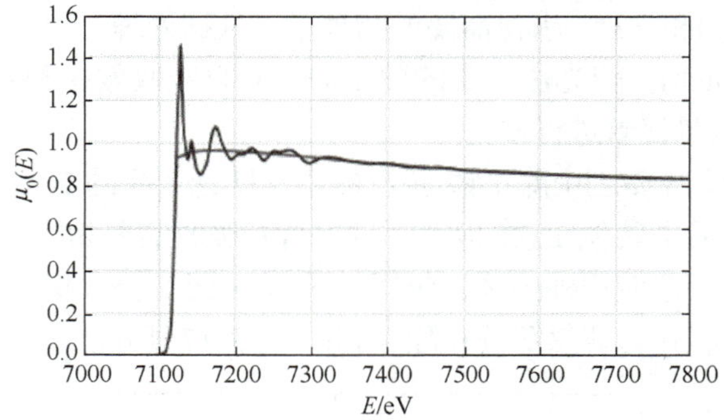

图 10-2-19　FeO 的 K 吸收边透射谱的 $\mu_0(E)$ 曲线

(5) k 空间变换。EXAFS 常理解为吸收过程中光电子的波相行为。为了后续处理方便，引入光电子波矢 k 的概念：

$$k=\sqrt{\frac{2m(E-E_0)}{h^2}}$$

其单位为距离的倒数。据此 EXAFS 信号可由能量空间函数 $\chi(E)$ 变换到波矢空间 $\chi(k)$，如图 10-2-20 所示。在空间变换中，关键是确定 E_0。E_0 表示吸收边位置，是个实验值。可以初步将 E_0 定位于实验谱 $\mu(E)$ 吸收边斜率最大处，即其微分曲线最大值处。在其后的拟合中可以更精确地定位该值。

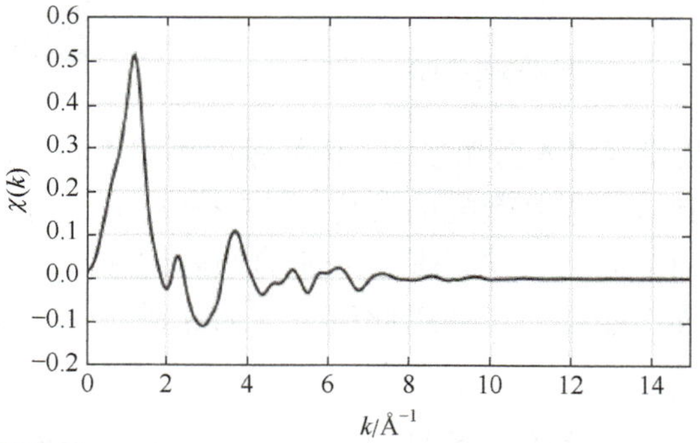

图 10-2-20　FeO 的 K 吸收边透射谱的 $\chi(k)$ 曲线

(6) $\chi(k)$ 函数的变换。$\chi(k)$ 的振幅随着 k 的增加衰减得很快，而高 k 部分的振荡包含了极多的结构信息。为补偿这一损失，通常采用加权的方法，即用 k^2 或 k^3 权重乘 $\chi(k)$，如图 10-2-21 所示。这一因子抵消了 EXAFS 基本公式中 k^{-1} 的作用，也大体抵消了 $|f(k,\pi)|^2$ 中 k^{-2} 的作用，使得在 $k>4$ Å^{-1} 范围，函数较为均匀。这一步骤很重要，调节了振幅的变化。由于从 EXAFS 公式求原子间距离 R_j 时，仅依赖 $\sin[2kR_j+2\delta(k)+\varphi(k)]$，而不依赖振幅，$k^2$ 或 k^3 权重还有利于消除 EXAFS 中的化学效应(因为在 k 小的地方化学效应更明显，现在给予了小的

权重)。

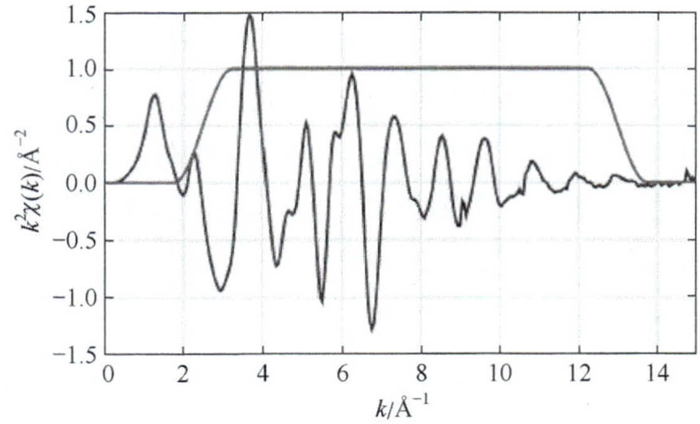

图 10-2-21　加权后的 $\chi(k)$ 曲线

从公式 $\chi(k)=\sum_j \chi_j(k)$ 可知，$\chi(k)$ 是由不同 R_j 处各配位层散射波共同调制叠加形成的，因而 EXAFS 信号不仅是波矢 k 的函数，也是 R 的函数。这种 $\chi(R)$-R 图表征的函数称为径向结构函数。Fourier 变换法具有频谱分析的功能，可以将 $\chi(k)$ 从频域变换到空域 $\chi(R)$，从而提供了单独研究各壳层信息的可能。

(7) $\chi(k)$ 函数的 Fourier 变换。Fourier 变换把各相邻配位层分开以后，可用滤波法除去大部分噪声，并分别研究各配位层，用曲线拟合法从未滤波数据中抽出需要的信息。由于信号是有限的，因此需用窗口 Fourier 变换。变换中乘以窗函数 $\omega(k)$，以抑制 Fourier 变换带来的边瓣效应。如图 10-2-22 所示，$\chi(R)$ 为复函数，具有实部、虚部及模量。图 10-2-22(a)为径向结构

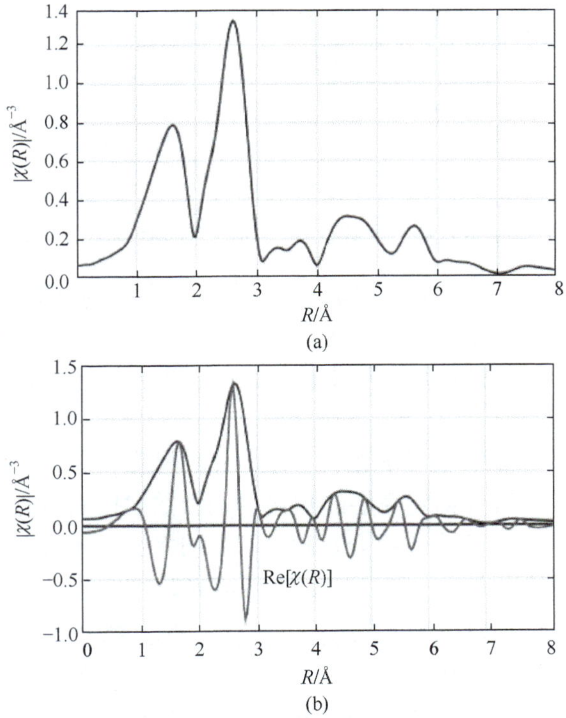

图 10-2-22　(a) 径向结构函数的模量；(b) 显示的模量及实部

函数的模量，图 10-2-22(b)为显示的模量及实部。其两个主峰分别表征了 FeO 的 Fe-O 及 Fe-Fe 配位层。FeO 中 Fe-O 距离为 2.14 Å，但是图中第一峰位于 1.6 Å，这种峰位移动是由相移引起的，典型的相移量为–0.5 Å。

如上所述，径向结构函数各主峰分别表征了 FeO 的不同配位层，也就是说，各配位层的结构信息是分离的，因而可以通过拟合个别峰求得对应配位层 R_j 的结构参数。也可进一步将径向结构函数感兴趣的一个主峰用一个窗函数分离出来，再利用 Fourier 反变换得到单层 R_j 的 $\chi_j(k)$ 函数，其中同样包含了 R_j 配位层的结构信息，也同样可用拟合的方法求得对应配位层的结构参数，如图 10-2-23 所示。

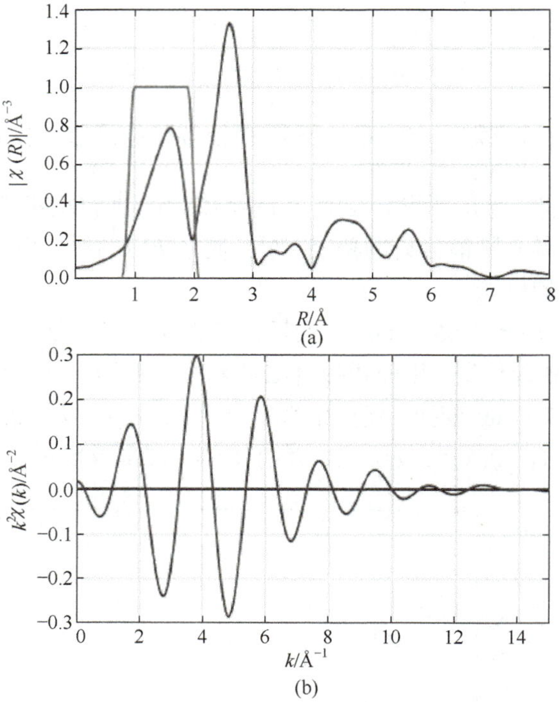

图 10-2-23　(a) 选定的窗函数；(b) Fourier 反变换窗口得到的 $\chi(k)$ 函数

(8) EXAFS 拟合。拟合是一种从实验谱中获取可变参数的有效手段。其原理是根据理论公式计算出理论曲线，与实验谱比较，调整计算公式中若干待定参数值，利用某种最优化算法(如最小二乘法)，使计算谱与实验谱差值最小。以 FeO 为例，通过拟合提取其 Fe-O、Fe-Fe 壳层的 N、R、σ^2 参数。

FeO 具有已知的八面体对称的盐岩结构，查出其空间群、晶胞参数和原子坐标等参数，应用 FEFF 程序可以从理论上计算给定壳层的相移 $\delta_j(k)$和散射振幅 $f_j(k)$。结果可以被 EXAFS 谱的数据处理程序直接调用进行拟合。拟合过程中程序自动尝试不同的 N、R、σ^2 数值，同时也允许 E_0 的少量变化直到理论谱与 $\chi(R)$ 中 Fe-O 峰或者是相应的 $\chi_j(k)$ 有最接近的谱形为止，即可确定待定的结构参数。也可以对 FeO 第一壳层(Fe-O)及第二壳层(Fe-Fe)同时拟合，此时数学模型采用两层之和的 EXAFS 公式 $\chi_{1+2}(k)$，Fe-Fe 壳层的相移和振幅也由 FEFF 程序计算得出。拟合参数则是 Fe-O 及 Fe-Fe 壳层的 N、R、σ^2 共 6 个参数，见图 10-2-24 和表 10-2-1。

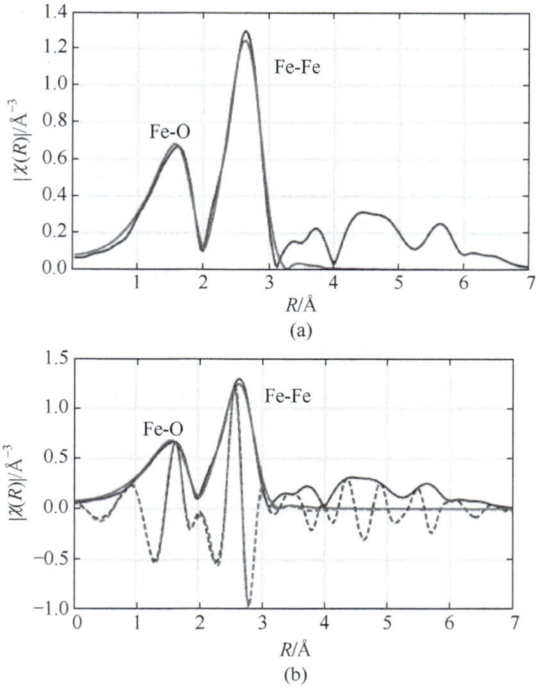

图 10-2-24　(a) 拟合的第一和第二壳层径向结构函数；(b) 拟合的模量和实部

表 10-2-1　FeO 的 K 吸收边 XAFS 谱的拟合结果

壳层	N	R/Å	σ^2/Å^2	ΔE_0/eV
Fe-O	6.0(±1.0)	2.10(±0.02)	0.015(±0.003)	−2.1(±0.8)
Fe-Fe	11.7(±1.3)	3.05(±0.02)	0.014(±0.002)	−2.1(±0.8)

拟合获得的可利用的待定结构信息参数的个数是有限的，其最大数目可按下式估计：$N\approx 2(\Delta k\Delta R)/2$，其中 Δk、ΔR 为 k、R 空间中可利用的数据范围，显然与实验谱的质量相关。一般典型的高质量谱，其 k、R 范围分别为 3.0～12.0 Å^{-1}、1.0～3.0 Å。

对于更一般的情况，实验样品结构不清楚，不能直接得到指定壳层的相移 $\delta_j(k)$和散射振幅 $f_j(k)$。传统的解决方案是标样法。将与待测样品有相同吸收和配位原子、估计结构接近并已知结构的化合物作为标准样品(简称标样)，待测样品与标样一样进行实验采谱及前期数据处理。在进行曲线拟合时，由于标样结构已知，故 N、R、σ^2 等参数可以输入，而把相移 $\delta_j(k)$和散射振幅 $f_j(k)$作为未知数变动，在得到最佳拟合时就得到了 $\delta_j(k)$和 $f_j(k)$。$\delta_j(k)$和 $f_j(k)$有化学可转移性，因而可将由标样反向拟合得到的 $\delta_j(k)$和 $f_j(k)$挪用到待测样品，然后通过拟合得到待测样品的 N、R、σ^2 结构参数。

当今由于 FEFF 程序的发展与普遍应用，更多采用理论计算完成。首先确定标样，由于标样结构已知，则可以应用 FEFF 程序得到标样的相移 $\delta_j(k)$和散射振幅 $f_j(k)$，根据相移 $\delta_j(k)$和散射振幅 $f_j(k)$的化学可转移性，将其挪用到待测样品，通过拟合得到待测样品的 N、R、σ^2 结构参数。

10.2.4　X 射线吸收精细结构分析在光催化研究中的应用

制备高活性、高稳定性的催化剂一直是催化研究的核心任务，而催化剂的微观作用机理是催化研究的基本科学问题。虽然关于催化作用提出了很多理论，如催化电子理论、配位催化理论、集团催化理论、金属有机表面超分子假设、半导体理论等，但总体上催化理论并不十分成熟，使得催化剂的研制盲目性很大，缺乏有效的理论指导。1925 年，Taylor 提出的多相催化"活性中心"概念被普遍认可，至今仍被广泛应用。因此，在固体表面构建结构和组成明确的活性中心，或者用现代先进手段识别催化剂的催化活性中心是催化基础研究的关键。XAFS 用于表征催化活性中心的化学结构，确定金属原子的配位原子种类和数目以及配位原子的键长、键角、电子、几何结构等化学结构信息，可以对催化活性中心组成和结构进行确切描述，是从分子水平认识催化作用微观机理、研发高效催化剂的重要方法和手段。

Long 和 Fu 等利用近边 X 射线吸收精细结构(near-edge X-ray absorption fine structure, NEXAFS)谱详细研究了不同温度下氮掺杂 TiO_2 催化剂可见光活性中心的局域结构[7]。

习　题

1. 为什么说催化过程本质上是动力学过程？

2. 加氢功能催化剂往往对脱氢反应也有活性，水合功能催化剂往往对脱水反应也有活性，试给出解释。

3. 试比较各种表示催化剂活性方法的特点和要求。

4. 催化剂依照功能大致可以分为几类？

5. 为某原料寻找加氢催化剂时，利用简单的反应器试验过许多样品，催化剂均是粉末或仔细研磨过的材料。每次试验均加 0.1 g 催化剂到 50 mL 原料内，良好搅拌，过一定时间测定 H_2 的吸收速率。在某些情况下，如果加入两倍量的催化剂，反应速率却提高至 4～6 倍，这可能是什么原因？

参 考 文 献

[1] 辛勤. 固体催化剂研究方法. 北京：科学出版社, 2004.

[2] Zhao D Y, Feng J L, Huo Q S, et al. Triblock copolymer syntheses of mesoporous silica with periodic 50 to 300 angstrom pores. Science, 1998, 279: 548-552.

[3] Yang P D, Zhao D Y, Margolese D I, et al. Generalized syntheses of large-pore mesoporous metal oxides with semicrystalline frameworks. Nature, 1998, 396: 152-155.

[4] Sayers D E, Stern E A, Lytle F W. New technique for investigating noncrystalline structures: Fourier analysis of the extended X-ray-absorption fine structure. Phys Rev Lett, 1971, 27: 1204.

[5] Winick H, Doniach S. Synchrotron Radiation Research. New York: Plenum Press, 1980.

[6] Kincaid B M , Eisenberger P. Synchrotron radiation studies of the K-edge photoabsorption spectra of Kr, Br_2, and $GeCl_4$: A comparison of theory and experiment. Phys Rev Lett, 1975, 34: 1361.

[7] Zhang Z Z, Wang X X, Long J L, et al. Nitrogen-doped titanium dioxide visible light photocatalyst: Spectroscopic identification of photoactive centers. J Catal, 2010, 276: 201-214.

第 11 章　催化剂表面组成分析技术

多相催化反应发生在催化剂的内、外表面，表面组成、表面结构、表面电子态、表面形貌影响发生在催化剂表面的化学和物理变化及反应机理。表面组成包括表面元素组成、化学价态及其在表层的分布；表面结构包括表面原子的排列等；表面电子态包括表面能级高低、表面态密度、表面电荷密度及能量分布；表面形貌指宏观外形，当分析分辨率达到原子尺度时可观察到原子排列。电子能谱是分析表面性质的重要手段之一。根据激发源的不同，电子能谱又分为 X 射线光电子能谱(X-ray photoelectron spectroscopy，XPS)、紫外光电子能谱(ultraviolet photoelectron spectroscopy，UPS)和 Auger 电子能谱(Auger electron spectroscopy，AES)。XPS 采用能量为 1000～1500 eV 的 X 射线源，能激发内层电子。各种元素内层电子的结合能具有特征性，因此可以用来鉴别化学元素。UPS 采用 He Ⅰ(21.2 eV)或 He Ⅱ(40.8 eV)作激发源，与 X 射线相比能量较低，只能使原子的价电子电离，用于研究价电子和能带结构的特征。AES 大多用电子作激发源，因为电子激发得到的 Auger 电子能谱强度较大。光电子或 Auger 电子在逸出的路径上自由程很短，实际能探测的信息深度只有表面几个至十几个原子层，光电子能谱通常用作表面分析的方法。本章主要介绍 X 射线光电子能谱、紫外光电子能谱和电子顺磁共振谱的基本原理、谱图解析及其在催化剂表面组成和结构分析中的应用。

11.1　X 射线光电子能谱

11.1.1　固体能带和表面能级

1. 固体能带

大量原子互相靠近形成固体时，不同的电子能级，尤其是价电子能级会互相重叠形成简并能级，转为固体能带。因此，对于固体化合物，电子不再局限于一定的原子。固体能带包含导带、价带和禁带，如图 11-1-1 所示。

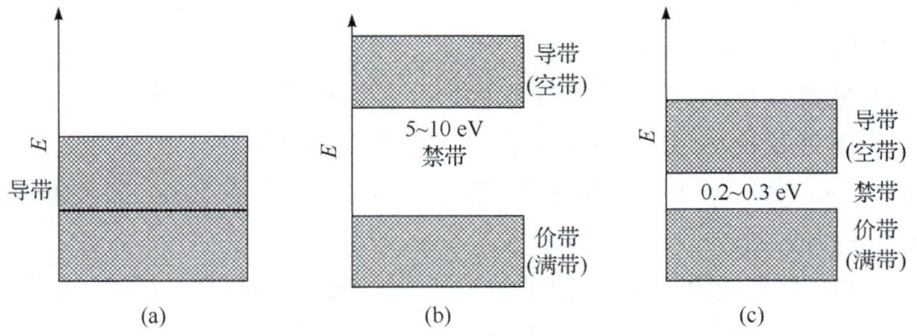

图 11-1-1　不同导电性质的固体化合物的能带结构示意图
(a) 金属导体；(b) 绝缘体；(c) 本征半导体

导带是没有完全被电子充满的能带，是半导体最外面(能量最高)的一个能带，是半导体的一种载流子——自由电子(简称电子)所处的能量范围。

价带是价电子所处的能带(半导体或绝缘体中，在 0 K 时能被电子占满的最高能带——满带)。

禁带是在能带结构中能态密度为零的能量区间，常用来表示导带和价带之间不能填充电子的区间。

在绝对零度时，价带与导带分别是满带与空带。

2. Fermi 能级和真空能级

用统计力学方法对自由电子进行处理，将大量电子看作“电子气”。用 Fermi-Dirac 统计处理固体中的电子气时，Fermi 函数 $F(E)$表示给定温度下达到热平衡时电子在各个能级上的分布，电子在 E 能级上的占有率为

$$F(E)=\frac{1}{1+e^{\frac{E-E_F}{kT}}} \tag{11-1-1}$$

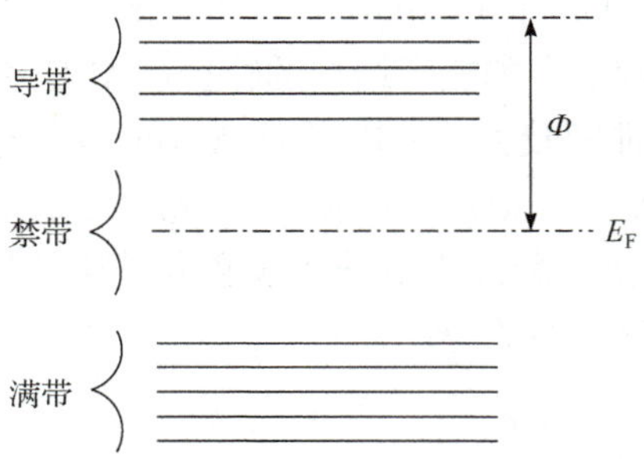

图 11-1-2 固体能带能级分布示意图

式中，k 为 Boltzmann 常量；E_F 称为 Fermi 能级或 Fermi 能量，它与温度、固体材料的导电类型、杂质含量以及能量零点的选取有关。E_F 是一个很重要的物理参数，只要知道了 E_F 的数值，在一定温度下，电子在各量子态上的统计分布就完全确定了，如图 11-1-2 所示。

当 $T=0$ K 时：

若 $E<E_F$，则 $F(E)=1$；

若 $E>E_F$，则 $F(E)=0$。

在绝对零度时，能量比 E_F 小的量子态被电子占据的概率是 100%，因而这些量子态上都有电子；而能量比 E_F 大的量子态被电子占据的概率是零，因而这些量子态上都没有电子，是空的。因此，绝对零度时，E_F 可看成量子态是否被电子占据的界限。

当 $T>0$ K 时：

若 $E<E_F$，则 $F(E)>1/2$。

若 $E=E_F$，则 $F(E)=1/2$。

若 $E>E_F$，则 $F(E)<1/2$。

当系统的温度高于绝对零度时：

(1) 若量子态的能量比 E_F 低，该量子态被电子占据的概率大于 50%。

(2) 若量子态的能量比 E_F 高，该量子态被电子占据的概率小于 50%。

(3) 若量子态的能量等于 E_F，该量子态被电子占据的概率是 50%，即被电子填充的概率和不被填充的概率是相等的。

E_F 定义为：在绝对零度(0 K)时，原子内电子所占的最高能级的能量。显然，在 0 K 时，所有低于 E_F 的能级将完全被电子占满，而高于 E_F 的能级则完全空着。

Fermi 函数 $F(E_F)$定义为：当物体所在的环境温度高于绝对零度时，在能量为 E_F 的能级上发现电子的概率为 50%。

真空能级表示电子刚刚能离开表面进入真空时的能量，用 E_V 表示。真空能级与 Fermi 能

级的差值称为功函数，一般为几电子伏特。

在电子能谱中，E_F 和 E_V 均可作为参考能级。

11.1.2　X 射线光电子能谱的基本原理

原子由原子核及绕核运动的电子组成。电子具有确定的能量，并在一定的轨道上运动。第 i 轨道上运动的电子的结合能记为 $E_B(i)$，简称 E_B。当用一束能量为 $h\nu$ 的 X 射线照射某固体样品(M)时，可以激发出某原子或分子中某个轨道上的电子，使原子或分子电离，激发出的电子获得了一定的动能 E_k，留下 M^+。X 射线的激发过程可表示如下：

$$M + h\nu \longrightarrow M^+ + e^- \tag{11-1-2}$$

式中，e^-为光电子。若这个电子的能量高于真空能级(E_V)，就可以克服表面能垒，逸出体外而成为自由电子。图 11-1-3(a)为这一过程的示意图[1]。

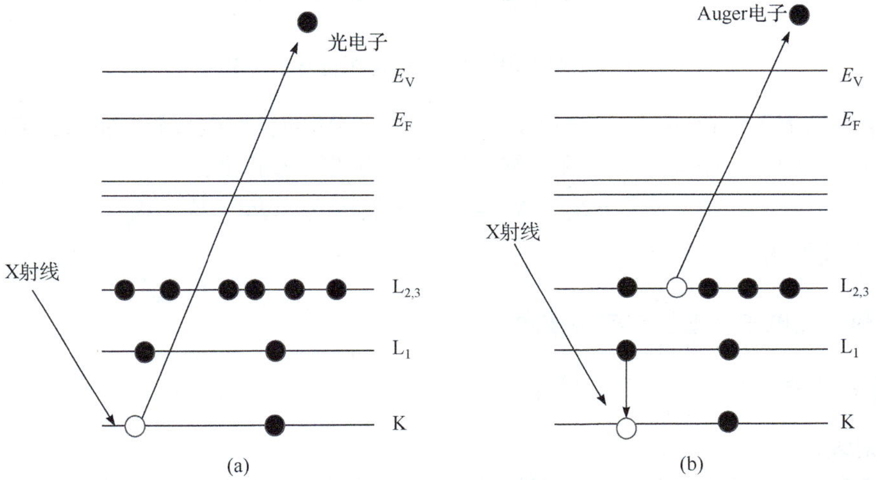

图 11-1-3　(a) X 射线引发的芯能级电离；(b) Auger 电子产生过程

其中，光电子发射过程的能量守恒方程为

$$E_k = h\nu - E_b - E_r \tag{11-1-3}$$

式中，E_k 为某一光电子的动能；E_b 为结合能；$E_r = \frac{1}{2}(M-m)V_a^{*2}$，为原子的反冲能量，通常小于 0.1 eV，可以忽略，则得

$$E_k = h\nu - E_b \tag{11-1-4}$$

式(11-1-4)是光电子能谱分析的基础。在实际分析中，采用 E_F 作为基准(结合能为零)，测得样品的 E_b 值，就可以判断出被测元素。每种元素的主要光电子峰的能量几乎是独一无二的，因而利用这种光电子能量峰就可以非常直接、简捷地鉴别样品中的元素组成。

对于孤立原子或分子，E_b 就是将电子从所在轨道移到真空所需的能量，是以真空能级为能量零点的。但对于固体样品，必须考虑晶体势场和表面势场对光电子的束缚作用，通常选取 Fermi 能级为 E_b 的参考点。如图 11-1-4 所示，此时的 Fermi 能级为 0 K 时固体能带中充满电子的最高能级，则结合能为

$$E_b = h\nu - E_k - \Phi_s \tag{11-1-5}$$

式中，Φ_s 为固体化合物的功函数。

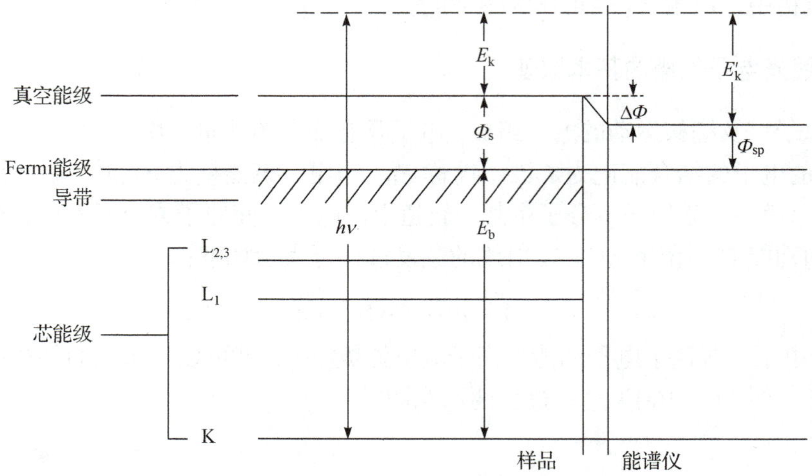

图 11-1-4　固体化合物的能级位置示意图

为防止样品上正电荷积累，固体样品必须保持和谱仪的良好电接触，使两者 Fermi 能级一致。在实际实验中，真空能级因存在差异，用仪器测到的电子动能 E'_k 为

$$E'_k = E_k + \Delta\Phi = E_k - (\Phi_{sp} - \Phi_s) = h\nu - E_b - \Phi_{sp} \tag{11-1-6}$$

式中，Φ_{sp} 为仪器的功函数。

11.1.3　X 射线光电子能谱仪与实验技术

1. X 射线光电子能谱仪的结构简介

1) X 射线源

XPS 通常用 Al 或 Mg 靶作为 X 射线源。对于 Mg 靶，X 射线的能量为 1253.6 eV，线宽为 0.7 eV。对于 Al 靶，X 射线的能量为 1486.6 eV，线宽为 0.85 eV。评价光电子能谱仪性能最主要的技术指标是仪器的灵敏度和分辨率。一般仪器分辨率用光谱峰的半峰高宽度表示。影响光谱峰的半峰高宽度的因素包括 X 射线的线宽、受激样品原子的能级线宽和能量分析器的线宽。用 Al 或 Mg 靶作为 X 射线源的能谱仪获得的光谱峰的半峰高宽度一般为 1～2 eV。有些 XPS 使用单色化的 Al 或 Mg 靶作为 X 射线源。其优点是可以去除不必要的 X 射线，使 Al 或 Mg 靶的线宽从 0.7～0.85 eV 减小为 0.30 eV，并提高信噪比。但是使用单色化 X 射线源也有不足之处，即样品有效分析面积接受的电子数小于使用同样的非单色化 X 射线源时的 1/10，造成谱峰的信号强度大大减弱。

为了解决上述问题，XPS 可用回旋加速器同步辐射源。同步辐射是速度接近光速的带电粒子在磁场中沿弧形轨道运动时，沿偏转轨道切线方向发射连续谱的电磁波。同步辐射光源是一种专门用于产生同步辐射的设施，通常由加速器和光束线组成。各种类型的同步辐射光源提供了不同能量范围和光束特性的同步辐射束线，以满足不同的科学研究和应用需求。同步辐射光源发出的光子束具有亮度高、波段宽、脉冲窄、偏振高、发散性小的特点，而且能量连续可调。由于早期 X 射线不能聚焦，XPS 的空间分辨率差。随着科学技术的飞速发展和仪器厂家对新技术的开发应用，近年来 XPS 的空间分辨率有很大提高，可以达到 0.1 μm，用 XPS 可以对选定的某一元素进行图像扫描，即给出化学相得到元素的空间分布情况。

2) 能量分析器

能量分析器的功能是测量从样品中发射出来的电子能量分布。其主要性能指标是能量分辨能力。通常能量分析器有两种类型：半球型能量分析器和筒镜型能量分析器。半球型能量分析器具有对光电子的传输效率高和能量分辨率高等特点，多用于 XPS。而筒镜型能量分析器由于对 Auger 电子的传输效率高，主要用于 AES。XPS 能量分析器的性能直接影响谱仪的分辨率和灵敏度。

3) 电子检测器

光电子能谱仪中被检测的电子流非常弱，一般为 10^{-19}～10^{-13} A/s，因此现在多采用电子倍增器加计数技术。最新应用于光电子能谱仪的电子检测器是延迟检测器，尤其在微区(10 μm 左右)分析时，可大大提高光谱和成像的灵敏度。

2. X 射线光电子能谱仪的实验技术

1) 制备样品

XPS 和研究的课题都对分析的样品有要求，因此要正确地制备和处理样品才能获得“真实”表面的 XPS 谱图。样品的尺寸必须符合一定的大小规范。对于块体样品和薄膜样品，其长、宽最好小于 10 mm，高度小于 5 mm。对于体积较大的样品，则必须通过适当方法制备成大小合适的样品。但在制备过程中，必须考虑到处理过程可能会对表面成分和状态造成的影响。粉体样品有两种制样方法：一种是用双面胶带直接将粉体固定在样品台上；另一种是将粉体样品压成薄片，然后固定在样品台上。前者的优点是制样方便，样品用量少，预抽到高真空的时间较短；缺点是可能会引入胶带的成分。在普通的实验过程中，一般采用胶带法制样。后者的优点是可在真空中对样品进行处理，如原位和反应等，其信号强度也比胶带法高得多；缺点是样品用量太大，抽到超高真空的时间较长。对于含有挥发性物质的样品，在样品进入真空系统前需用溶剂清洗或通过对样品加热等方法清除掉挥发性物质。处理样品时，应该保证样品中的成分不发生化学变化。对于表面被油等有机物污染的样品，在样品进入真空系统前必须用油溶性溶剂(如环已烷、丙酮等)清洗掉样品表面的油污，再用乙醇清洗掉有机溶剂。对于无机污染物，可以采用表面打磨或离子束溅射的方法清洁样品。对于具有弱磁性的样品，可以通过退磁的方法去掉样品的微弱磁性，然后就可以像正常样品一样分析。当样品的磁性很强时，还有可能使分析器头及样品架磁化，因此绝对禁止带有磁性的样品进入分析室。在 XPS 分析中，为了清洁被污染的固体表面，常利用离子枪发出的离子束对样品表面进行溅射剥离，以及对样品表面组分进行深度分析。一般采用 0.5～5 keV 的 Ar 离子源，扫描离子束的束斑直径一般为 1～10 mm，溅射速率范围为 0.1～50 nm/min。但是，离子束溅射的还原作用可以改变元素的存在状态，许多氧化物会被还原成较低价态的氧化物，如 Ti、Mo、Ta 等。在研究溅射过的样品表面元素的化学价态时，应注意这种溅射还原效应的影响。

2) 荷电校正

对于绝缘体样品或导电性能不好的样品，经 X 射线辐照后，表面会产生一定的电荷积累。样品表面荷电相当于从表面射出的自由光电子增加了一定的额外电场，使测得的结合能比正常值高。在实际的 XPS 分析中，一般采用内标法进行校正，通常有金内标法和碳内标法。对于不含碳样品，最常用的方法是用真空系统中最常见的有机污染碳的 C1s(结合能 284.8 eV)进行校正。也可以利用检测材料中已知状态元素的结合能进行校正。对于含碳样品：①碳元素主要以饱和碳(C—C)形式存在，且 C—C 峰占主导，如金刚石、聚乙烯(PE)，直接以 284.8 eV 为基准进行校正即可；②碳元素主要以不饱和碳(C═C)形式存在，且 C═C 峰占主导，如石墨烯、碳纳米管(CNT)、聚乙炔等含 sp^2 杂化碳的样品，校正时要用 sp^2 杂化碳的峰作为参考，其结合能通常为 284.0 eV。有些能谱仪可利用低能电子中和枪，辐照大量的低能电子到样品表面，中和正电荷。控制合适的电子流密度，不产生过中和现象是非常重要的。

11.1.4　组分识别

1. 光电子峰

光电子峰在谱图中是最主要的。当各种原子相互结合形成化学键时，内层轨道基本保留原子轨道特征，而外层轨道形成新的价轨道或价带，进而在光电子能谱图中相应出现两类峰：内层能级峰和价电子峰。

内层能级峰的特点如下：当原子构成不同化合物、合金、吸附层时，由于本身价态的不同(如 Cu^0、Cu^+、Cu^{2+}等)或在化学结构中所处的环境不同(如在羧基、酮基、碳酸根等中的 C)，同一元素的结合能数值相对某个标准值(一般选纯元素结合能)产生位移，称为化学位移。化学位移有很多规律可循，一般来说，原子本身所带的电荷越正，周围相连原子的电负性越大，其内层电子结合能数值往往越大(对于稀土化合物，有时也有反常情况)。

除化学位移外，有些物理因素也可引起位移。最常见的就是荷电位移。此外，高度分散的金属等随着金属原子团簇尺寸(或超薄膜厚度)及衬底不同，结合能也有所变化。在使用 XPS 进行精密测量时，发现金属(如典型的过渡金属和稀土金属)和半导体的不同晶面，其表面顶层原子的结合能与内部原子结合能比较时，也会表现出或大或小的位移[2]。这些位移可以提供丰富的物理和化学方面的信息。

另一类价电子能谱仅涉及低结合能数据，一般不超过 30 eV。为了获取更多的信息，也常延伸到 50 eV。由于价电子为分子或固体所共有，因此价电子能谱对化合物整体的鉴定有很强的指纹作用，常用于理论研究。

内层光电子峰的标识一般用发出光电子的元素及其轨道状态表示。对于原子，包括主量子数 N、角量子数 L 以及自旋-轨道相互作用的内量子数 $J=|L \pm S_e|$。S_e 为电子自旋量子数，如 Na 1s、Cu $2p_{3/2}$ 等。对于分子，特别是它的价电子峰，一定要用分子轨道表示，直线分子如 HF 的 1σ、2σ、3σ、1π，多原子非直线分子如 H_2O 的 1α、$2a_1$、$1b_2$、$3a_1$、$1b_1$ 等。晶体的外层价电子能级表现为一系列能带。

2. Auger 电子峰

原子内层被 X 射线激发出光电子形成一个空穴时，将处于激发状态，当邻近轨道的电子填充这个空穴时，多余的能量又将某轨道上的另一个电子击出，这就是 Auger 电子。可见，Auger 电子涉及 3 个能级，其动能取决于元素的种类。在 XPS 谱图中出现的 Auger 电子峰增加了谱图分析的复杂程度。另外，XPS 谱图中的 Auger 电子峰可为研究者提供有价值的信息：某些情况下 Auger 电子峰往往比光电子峰有更高的灵敏度，如金属钠在 265 eV 附近的 Auger 电子峰 Na KLL 强度是 Na 2s 光电子峰的 10 倍；有些元素处于不同化学环境时，它们在 XPS 谱图上的光电子峰并没有显示出可观测的位移，然而 Auger 电子峰随着化学环境不同出现明显的位移。表 11-1-1 列出几种元素化合物的光电子峰和 Auger 电子峰位移的对比[3]。

表 11-1-1　几种元素化合物的光电子峰和 Auger 电子峰位移的对比

状态变化	光电子峰位移/eV	Auger 电子峰位移/eV
Cu→Cu_2O	0.1	2.3
Zn→ZnO	0.8	4.6
Mg→MgO	0.4	6.4
Ag→$AgSO_4$	0.2	4.0
In→InO_3	0.5	3.6

3. 自旋-轨道分裂峰

自旋-轨道相互作用是一种属于相对论效应的磁相互作用。对于内层能级光电子峰，除了非简并的 s 轨道电子(L=0)以外，均按自旋-轨道相互作用的内量子数 $J=|L \pm S_e|=|L \pm 1/2|$分裂为两峰，分别对应不同状态的电子电离，如 $2p_{1/2}$ 和 $2p_{3/2}$、$3d_{3/2}$ 和 $3d_{5/2}$ 等。这就是自旋-轨道分裂。自旋轨道分裂峰的间距随原子序数增大而增加，光致电离的简并轨道越接近内层，其分裂间距也越大。通常自旋-轨道分裂峰的强度比大致符合微观状态数 $2J+1$ 的比值。例如，$2p_{3/2}$(J=3/2)和 $2p_{1/2}$(J=1/2)的强度比为 2∶1。一般情况下，自旋-轨道分裂的间距受化学态的影响很小。然而，对于有未成对电子的开壳层过渡元素等，由于下述多重裂分的影响，分裂间距以及峰形随化学态也有所变化，从而可以提供化学态信息。图 11-1-5 显示了 Ag 3d 分裂为 $3d_{3/2}$ 和 $3d_{5/2}$ 峰[4]。

4. 震激峰

光电子能谱中的震激峰是光激发与光电离作用同时发生的现象。内层电子的光电发射后的终态弛豫会使价电子重排，其中使各价电子从原来占据的轨道向能量较高的尚未被占据的轨道跃迁的过程称为震激(shake up)。在主峰的高结合能(低动能)侧离主峰几电子伏特的能量位置产生震激峰。在稀土元素中，还会出现另一类震离(shake off)峰，此时在主峰的低结合能侧出现一个伴峰。图 11-1-6 为震激峰示意图。

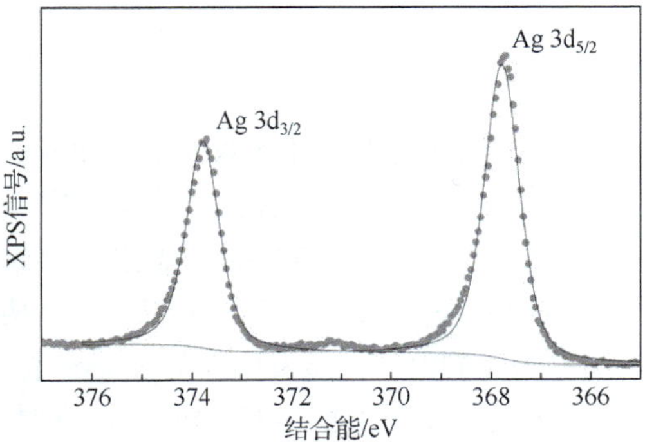

图 11-1-5　Ag 3d 分裂为 $3d_{3/2}$ 和 $3d_{5/2}$ 峰

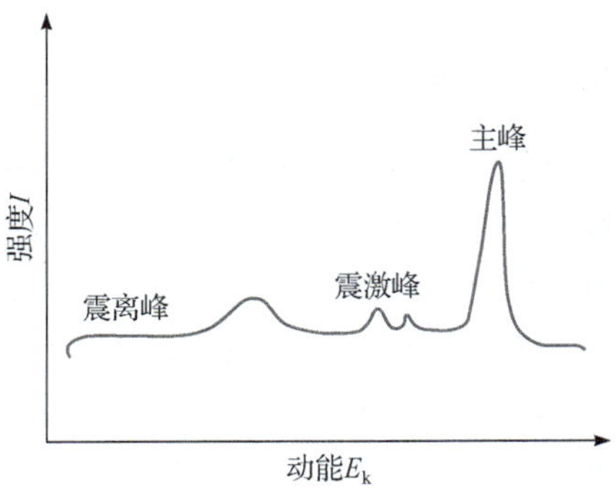

图 11-1-6　震激峰示意图

5. 能量损失峰

部分光电子在超越固体表面的过程中，不可避免地要经历各种非弹性散射，因而损失能量，在 XPS 谱图上主峰低能端出现不连续的伴峰，称为能量损失峰。图 11-1-7 显示出 Al_2O_3(蓝宝石)的 O 1s 能量损失峰[5]。当光电子能量为 100～1500 eV 时，它经历的非弹性散射的主要方

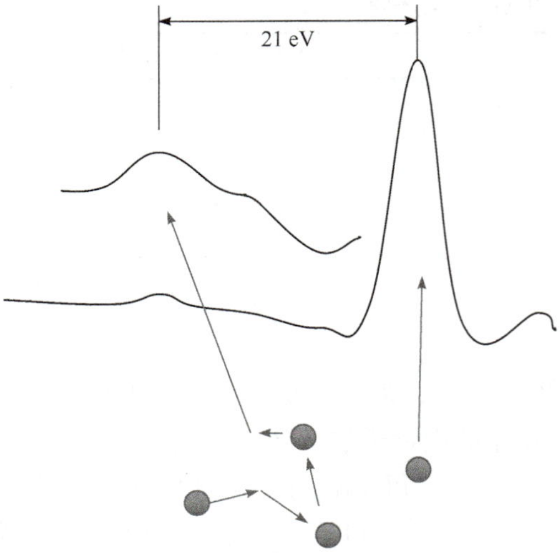

图 11-1-7　Al_2O_3(蓝宝石)的 O 1s 能量损失峰

式是激发固体中自由电子的集体振荡，产生等离子体激元(plasmon)。等离子体激元所造成的光电子能量损失是相当大的。在光电发射中，还存在表面等离子体激元能量损失峰。近年来，在金属纳米颗粒的研究中发现，表面等离子体共振吸收峰随纳米颗粒的形状和尺寸的变化而位移。

6. 卫星峰

常用的 X 射线源(阳极材料)是 Mg 或 Al $K_{\alpha1,2}$，其中混杂 $K_{\alpha3,4,5,6}$ 和 K_{β} X 射线，分别由阳极材料原子中 L_2 和 L_3 能级上 6 个状态不同的电子及 M 层的电子跃迁到 K 层上产生荧光 X 射线效应，统称为 X 射线家族射线。样品原子在受到 X 射线照射时，除了发射特征 X 射线激发的光电子外，家族中其他 X 射线同样能激发出光电子，这些光电子往往有较高的动能，因而在光电子主峰结合能的低能端产生强度较小的伴峰，即卫星峰。卫星峰离光电子主峰的距离和谱峰的强度因阳极材料的不同而异。表 11-1-2 列出了 Mg 和 Al 的 X 射线家族射线的位移和相对强度[5]。

表 11-1-2　Mg 和 Al 的 X 射线家族射线的位移和相对强度

阳极材料		$K_{\alpha1,2}$	$K_{\alpha3}$	$K_{\alpha4}$	$K_{\alpha5}$	$K_{\alpha6}$	K_{β}
Mg	位移/eV	0	8.4	10.2	17.5	20	48.5
	相对强度	100	8	4.1	0.55	0.45	0.5
Al	位移/eV	0	9.8	11.8	20.1	23.4	69.7
	相对强度	100	6.4	3.2	0.4	0.3	0.55

7. X 射线伴峰和鬼峰

在未单色化的 Mg 靶或 Al 靶等产生的 X 射线中，除了最强的未分开的双线 $K_{\alpha1}$ 和 $K_{\alpha2}$ 以外，还包括一些光子能量更高的次要成分和能量上连续的“白色”辐射。在光电子能谱中，前者在主峰的低结合能处形成与主峰有一定强度比例的伴峰，称为 X 射线伴峰，后者主要形成背景。然而，对于 Auger 电子，它的动能与光子能量无关，足够能量的连续辐射均可用于产生某些 Auger 电子，甚至有意识地用能量更高的连续辐射电离更内层的电子，激发出新的 Auger 电子。

在某些失误情况中，X 射线辐射不是来自阳极材料本身，如 Al 靶中有 Mg，Mg 靶中有 Al，阳极靶面露出 Cu 基底，靶面碳污染或氧化等。由于其他元素的 X 射线也可以引起样品光电发射，在正常光电子主峰一定距离处出现干扰的光电子峰，称为 X 射线鬼峰。这是实验中应尽量避免和注意的。

8. 弛豫效应

在光电离过程中由于体系电子结构的重新调整，弛豫作用使 XPS 谱线向低结合能方向移动。弛豫是一种普遍现象，可分为原子内项(intra-atomic term)和原子外项(extra-atomic term)两部分。原子内项是指单独原子内部电子的重新调整产生的影响。自由原子只存在这一项。原子外项是指与被电离原子相关的其他原子的电子结构重新调整产生的影响，对于分子和固体，这一项占有相当大的比例。

XPS 谱中的主峰(光电子峰)相当于绝热结合能的位置(对应于离子基态)。由于弛豫能的存在，光电子主峰的位置降低了。Koopmans 近似的结合能是绝热结合能与其他终态(伴峰)的能量加权平均值，因此弛豫能越大，相应引起的卫星峰应更强、更多，所以 XPS 中的伴峰是弛豫过程释放的弛豫能的产物。图 11-1-8 显示 $CeO_2(111)$晶面和 Ce(Ⅲ)氧化物的六个峰，相当于三对 Ce 3d 的自旋分裂峰[6]，这是弛豫后形成不同终态造成的。

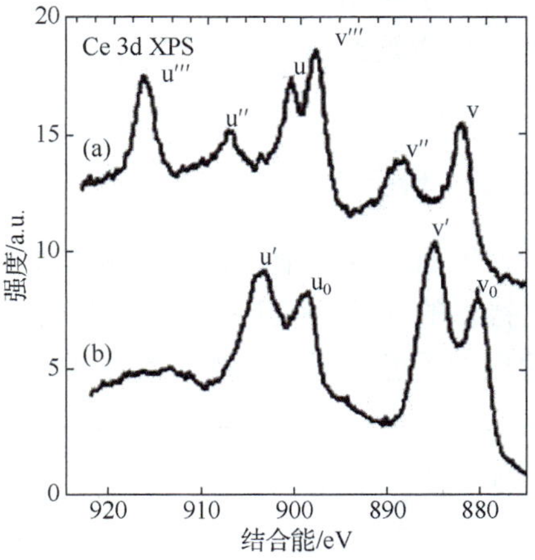

图 11-1-8　$CeO_2(111)$晶面(a)和 Ce(Ⅲ)氧化物(b)的 Ce 3d XPS 谱图

9. 化学位移

原子因所处化学环境的不同而引起的内层电子结合能变化，在 XPS 谱图中表现为谱峰的位移，这种现象称为化学位移。化学位移现象的起因是内层电子一方面受到原子核强烈的库仑作用而具有一定的结合能；另一方面又受到外层电子的屏蔽作用。当外层电子密度减小时，屏蔽作用将减弱，内层电子的结合能增加；反之，结合能将减小。因此，当被测原子的氧化价态增加或与电负性大的原子结合时，其 XPS 峰都将向结合能增加的方向位移。

原子所处化学环境不同大体包含两重意思：一是指与它结合的原子种类和数量不同；二是原子具有不同的价态。例如，纯金属铝原子的化合价为零价，其 2p 轨道电子结合能为 72.9 eV，当它与氧结合形成 Al_2O_3 后，铝为正三价(Al^{3+})，这时 2p 轨道电子结合能为 74.4 eV，增加了 1.5 eV。除少数元素(如 Cu、Ag 等)内层电子化学位移较小，在 XPS 谱图中不太明显外，一般元素化学位移在 XPS 谱图中均可分辨。图 11-1-9 显示三氟乙酸乙酯中的 C 1s 峰[7]，化合物三氟乙酸乙酯中含有四个碳原子和两个氧原子，由化学结构式可见，这四个碳和两个氧分别处在不同的化学位置。按照结合元素电负性顺序 F>O>C>H，这四个碳的 1s 轨道电子结合能逐渐减小。图 11-1-10 显示出镍的各种化合物中 Ni $2p_{3/2}$ 轨道结合能的化学位移[8]。各种元素化合

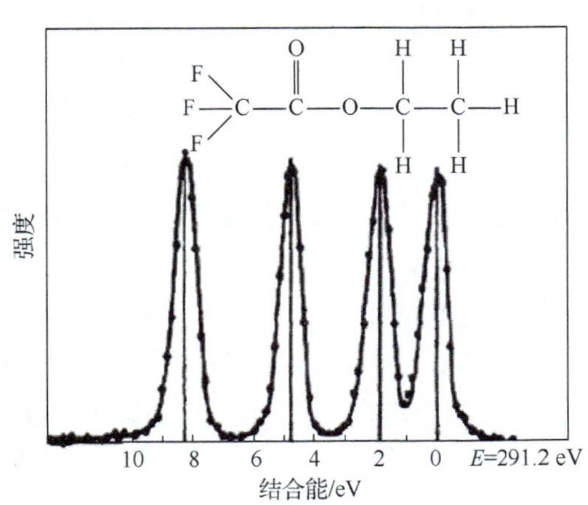

图 11-1-9　三氟乙酸乙酯中的 C 1s 峰

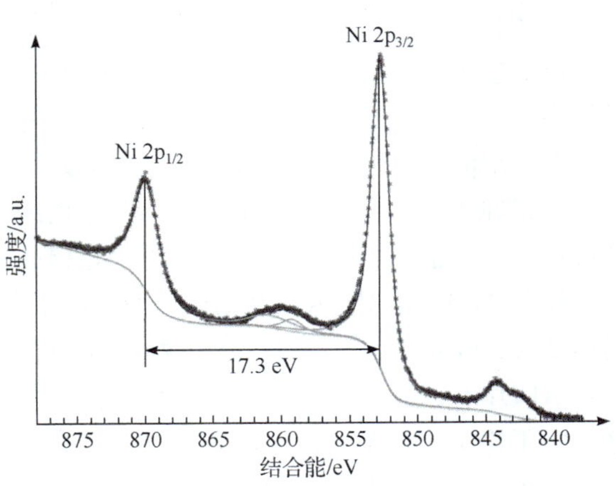

图 11-1-10　Ni $2p_{3/2}$ 轨道结合能的化学位移

物主电子轨道结合能的化学位移在分析元素的化学状态时有很好的参考作用。特别指出的是，有些元素(Ag、Ce、Sn、Co 等)的氧化态主峰结合能比零价态的小，进行谱图分析时要特别注意。

11.1.5 价态分析

表面元素化学价态分析是 XPS 最重要的分析功能，也是 XPS 谱图解析最难且比较容易产生错误的部分。在进行元素化学价态分析前，首先必须对结合能进行正确的校正。因为结合能随化学环境的变化较小，当荷电校正误差较大时，很容易标错元素的化学价态。此外，有一些化合物的标准数据依据不同的作者和仪器状态存在很大的差异，在这种情况下这些标准数据仅能作为参考，最好是自己制备标准样品，这样才能获得正确的结果。有一些化合物的元素不存在标准数据，要判断其价态，必须用自制的标样进行对比。还有一些元素的化学位移很小，利用 XPS 的结合能不能有效地进行化学价态分析，在这种情况下，可以对线形及伴峰结构进行分析，也可以获得化学价态的信息。

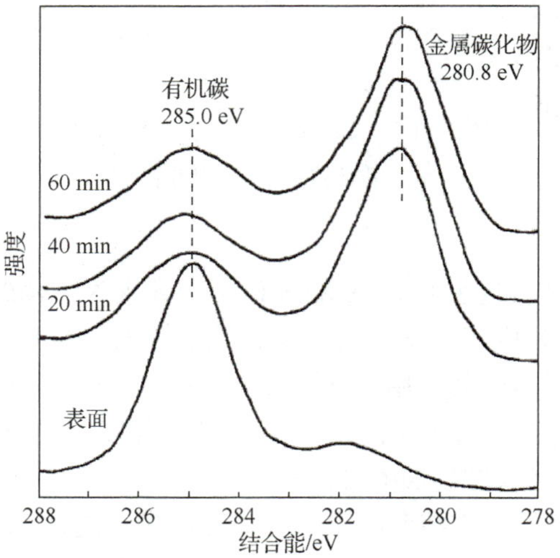

图 11-1-11 PZT 薄膜中碳的化学价态谱图

如图 11-1-11 所示[9]，在 PZT 薄膜表面，C 1s 的结合能为 285.0 eV 和 280.8 eV，分别对应有机碳和金属碳化物。有机碳是主要成分，可能是表面污染造成的。随着溅射深度的增加，有机碳的信号减弱，金属碳化物的峰增强。这说明在 PZT 薄膜内部的碳主要以金属碳化物形式存在。

11.1.6 X 射线光电子能谱解析实例分析

图 11-1-12 为表面被氧化且有部分碳污染的金属铝的典型 XPS 谱图。其中，图 11-1-12(a)是宽能量范围扫描的全谱，主要由一系列尖锐的谱线组成；图 11-1-12(b)则是(a)低结合能端的放大谱，显示了谱线的精细结构[9]。图中除了 Al 2s 和 Al 2p 谱线外，O 1s 和 C 1s 两条谱线的存在表明金属铝的表面已被部分氧化并被有机物污染。谱图的横坐标是轨道电子结合能。由于 X 射线能量大，而价带电子对 X 射线的光电效应截面远小于内层电子，因此 XPS 主要研究原子的内层电子结合能。由于内层电子不参与化学反应，保留了原子轨道特征，因此其电子结合能具有特定值。如图 11-1-12 所示，每条谱线位置与相应元素原子内层电子的结合能一一对应，不同元素原子产生了彼此完全分离的电子谱线，因此相邻元素的识别不会发生混淆。这样对样品进行一次宽能量范围的扫描，就可确定样品表面的元素组成。

如图 11-1-12(b)所示，在 Al 2s 和 Al 2p 谱线高结合能侧都有一个肩峰。主峰对应纯金属铝的 2s 和 2p 轨道电子，相邻的肩峰则分别对应 Al_2O_3 中铝的 2s 和 2p 轨道电子。这是纯金属铝和 Al_2O_3 中的铝所处的化学环境不同引起内层轨道电子结合能向高结合能方向偏移造成的。这种由于化学环境不同而引起内层电子结合能位移的现象称为化学位移。研究表明，大多数非金属原子的化学态和金属的氧化态在很多情况下是可以区分的，这样就可以根据内层电子结合能位移大小判断有关元素的化学态。

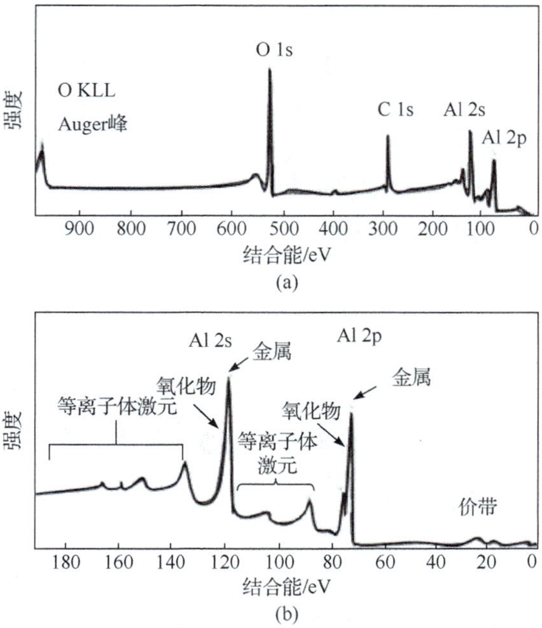

图 11-1-12　表面被氧化且有部分碳污染的金属铝的典型 XPS 谱图

(a) 全谱；(b) 放大谱

谱图的纵坐标是光电子的强度，通常以单位时间内接收到的光电子数表示。光电子峰的强度与产生该信号的元素含量、电子的平均自由程和样品原子各个能级的光致电离截面等因素有关。充分考虑相同激发源及谱仪接收等因素后，可以用光谱峰面积结合原子灵敏度因子法进行表面元素的半定量分析。

此外，谱图还显示出 O 的 KLL Auger 谱线、铝的价带谱和等离子体激元等伴峰结构。这些伴峰常与样品的电子结构密切相关。在分析 XPS 谱图时，要特别注意区分伴峰与主峰的化学位移峰以避免相互混淆，导致错误的结论。

11.2　紫外光电子能谱

紫外光电子能谱(UPS)又称光电子发射能谱(photoelectron emission spectroscopy，PES)，是用紫外能量范围的光子激发样品原子的外层电子，是分析样品外层轨道结构、能带结构和表面态情况的光电子能谱。

11.2.1　紫外光电子能谱的基本原理

UPS 是光电子能谱的一种，基本原理类似于 XPS。XPS 采用 X 射线激发样品，主要用于测量内层电子结合能，而 UPS 主要用于研究价电子的电离电能。UPS 是利用能量为 16～41 eV 的真空紫外光子照射被测样品，测量由此引起的光电子能量分布的一种谱学方法。忽略分子、离子的平动与转动能，紫外光激发的光电子能量也要满足式(11-1-3)，与 XPS 不同，UPS 入射光子的光源能量较低，只能使原子外层电子，即价电子、价带电子电离，因此主要用于研究价电子和价带结构的特征。另外，这些特征受表面状态的影响较大，因此 UPS 也是研究样品表面状态的重要工具。

能带结构和表面状态与化学反应和固体特性密切相关。并且固体中由紫外光激发的能量为 16～41 eV 的光电子，其非弹性平均自由程较小，故对表面状态比较灵敏。因此，UPS 广泛用于研究固体样表面的原子、电子结构。UPS 通常用于激发材料的核心能级，并测量受紫外光子照射的分子的动能。该能量发射度用于确定价带中分子轨道的能量。UPS 谱图中单个峰归因于分子轨道，包括成键轨道、非成键轨道和反键轨道。

UPS 通常使用气体放电灯产生氦辐射，氦辐射穿透样品的平均深度为 2.5 nm。由于渗透深度小，UPS 只能电离最外层的电子，即价电子。UPS 已广泛用于确定固体的电子结构和表面分子吸附的有效性。UPS 常用于测量材料的价带杂化、价带最大值位置、电子亲和能、电离能、活化能和功函数。

然而，UPS 不能用于确定带隙的真实值，因为该过程只能给出 Fermi 能级的位置。这也是一种易受影响的技术，结果很容易受到样品中少量污染物的影响。

11.2.2 紫外光电子能谱仪与实验技术

1. 紫外光电子能谱仪的组成

紫外光电子能谱仪包括以下几个主要部分：单色紫外光源、电子能量分析器、真空系统、溅射离子枪源或电子源、样品室、信息放大、记录和数据处理系统。紫外光电子能谱仪除光源不同外，其他装置类同于 X 射线光电子能谱仪，因此这里主要介绍紫外光源。

一般用于 UPS 测试的理想的激发源应能产生单色的辐射线且具有一定的强度，目前常用的紫外光源是 He、Ne 等气体放电中产生的共振线。例如，He 共振灯(图 11-2-1)，其在超高真空(约 10^{-8} mbar)环境下通过直流放电或微波放电使稀有气体电离，产生带有特征性的橘色的等离子体，主要包含 He Ⅰ 共振线(波长为 584 Å，光子能量为 21.22 eV)和 He Ⅱ 共振线(波长为 304 Å，光子能量为 40.8 eV)。其中，He Ⅰ 线的单色性好(自然线宽约 5 meV)、强度高、连续背景低，是目前常用的激发源。

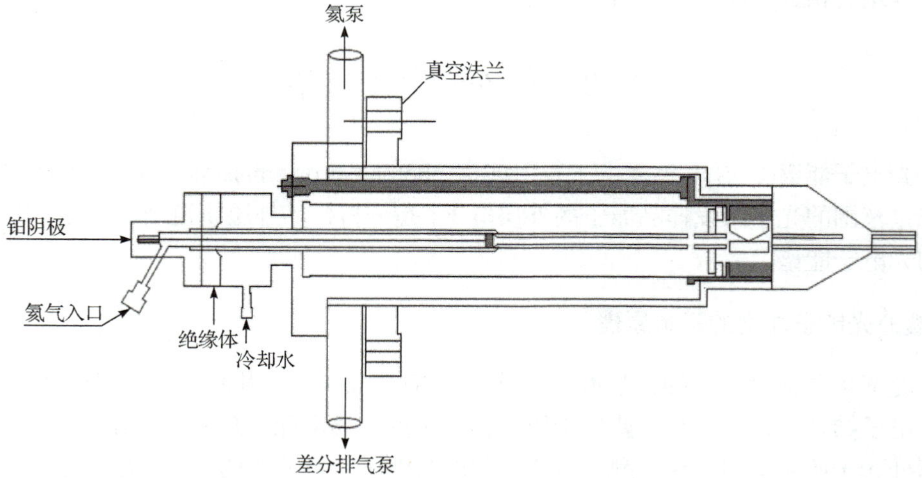

图 11-2-1 UPS 中的 He Ⅰ 气体放电灯示意图

由于这种光子能量可使一切固体物质中的价带电子激发，因此没有可透过而不衰减的窗口材料；又因其在大气中易被吸收，只能在真空中传播，故称为真空紫外光。在紫外光电子能谱仪中，为维持放电室的较高压力和样品分析室的极低压力，必须在紫外光源中使用毛细管通道和差压抽气系统。气体放电共振线给出紫外光，其自然线宽度较窄，通常小于 0.001 eV，不需使用单色仪处理。

2. 紫外光电子能谱仪的实验技术

1) 样品要求

UPS 原则上可以分析气体、液体和固体样品。

对于气态样品，可以控制一定的流量直接引入电离室，在电离室内样品气体的压力保持在 10^{-2}～10^{-1} Torr。由于样品气体进入电离室以后能通过狭缝缓慢地漏进分析器室并被真空泵抽走，为了在电离室维持一定的压力，在记录谱图的过程中应该不断地输进样品气体，并调节入口阀门使样品气体的压力保持稳定。

对于液体样品，如果是可挥发的液体样品，只要它们的蒸气在电离室中能维持 10^{-2}～10^{-1} Torr 的压力，就可以用同样的方法分析；如果是不挥发样品，可以把它们引入电离室中的样品托上加热，如加热至低于样品熔点 50℃的温度使其挥发，可以获得适当的蒸气压。

对于粉末、薄膜、块体等固体样品，可以将样品置于样品室内，要求样品表面平整无污染，尺寸应为 5 mm×5 mm～10 mm×10 mm，厚度≤2 mm；块体样品测试其表面 1～2 nm，表面吸附的碳氧会直接影响测试结果，建议被氧化的样品用离子源清洁后再测试，数据更加准确；粉末样品需要制成 10 mm×10 mm 薄片。

2) 光电子能谱的校正

对于气态样品，最常用的校正方法是引入微量稀有气体(氩、氪和氙)作为标准校正谱线，这是由于稀有气体 He I 激发的光电子能谱特别简单，仅有一个轨道发生电离作用。对于电离能量比较低的化合物，碘代甲烷也可用作标准校正谱线，因为它的第一谱带是很明确的自旋轨道双线，电离能量分别是 9.55 eV 和 10.16 eV。若要在相当大的能量范围内对谱进行校正，则可以考虑使用二硫化碳作为标准，它的谱图中有几个尖锐的峰，电离能量分别对应 10.068 eV、10.122 eV、12.838 eV、14.478 eV 和 16.196 eV。

测量固体样品时一般不采用加入标准校正的方法，因为固体的价带分不开，样品和标准的谱图互相重叠，而且标准的加入可以移动 Fermi 能级。由于一般的谱仪上 X 射线和紫外光源齐备，因此可以根据 X 射线光电子能谱的校正，从内层能级延伸到外层能级，对紫外光电子能谱进行校正。

11.2.3　表面组分识别与电子结构信息

UPS 比 XPS 具有更高的表面灵敏度。UPS 入射光子能量低，其发射的光电子动能远低于 XPS 中发射的光电子动能，光激发电子仅来自非常浅(～10 Å)的样品表面，反映的是原子 Fermi 能级附近的电子，即价层电子相互作用的信息。可以在高能量分辨率(10～20 meV)水平上探测价层电子能级的亚结构和分子振动能级的精细结构，因此它被广泛用于研究气体样品的价电子和精细结构以及固体样品表面的原子、电子结构，是研究材料价电子结构的有效方法。

1. 表面组分识别

高分辨的紫外光电子能谱仪最初主要用于测量气态分子的电离能量，研究分子轨道的键合性质以及定性鉴定化合物种类。UPS 目前主要应用于催化、金属腐蚀、黏合、电极过程和半导体材料与器件等领域，探索清洁表面或有化学吸附物的表面的电子结构，参与表面化学键的金属电子和分子轨道的组合信息，以及有关电子激发和电荷转移等信息。

固体的物理和化学性质与它们的能带结构密切相关，固体中的价电子结构比分子材料中单个原子或分子的价电子结构复杂得多。采用 UPS 研究固体表面时，由于固体的价电子能级被离域或成键分子轨道的电子占有，从价层能级发射的光电子谱线相互紧靠，价电子能级的亚结构、分子振动能级的精细结构等叠加成带状结构，因此得到的光电子能量分布并不直接代表价带电子的态密度，而应包括未占有态结构的贡献，即受电子跃迁的终态效应影响，如自旋-轨道耦合、离子的解离作用、Jahn-Teller 效应、交换分裂和多重分裂等。

UPS 通过测量价层电子的能量分布从中获得有关价电子结构的各种信息，包括材料的价带谱、逸出功、VB/HOMO 位置以及态密度分布等。在 UPS 测量中，光激发电子的动能为 0～40 eV，在此能量区间的电子逃逸深度较小，且随能量急剧变化，而固体材料表面不可避免存在污染，这种表面污染对测量结果的影响尤为敏感。此外，考虑到光电发射过程中表面荷电效应的影响，UPS 适用于分析表面均匀洁净的导体以及导电性好的半导体薄膜材料。对于导体(金属)，其价带与导带有交替重叠部分；而半导体的价带与导带是分开的，带宽较窄，介于绝缘体与导体之间。

对于以能带结构为主要研究对象的 UPS 谱图，除了需要对谱结构本身进行仔细辨识外，还要对谱的端边进行精确标定，这包含了上面提到的高动能起始边(E_F，确定电子态密度时的能量参考点)、低动能截止边($E_{cut-off}$)以及半导体材料研究中关注的价带顶或 HOMO 能级的位置。

2. 电子结构信息

1) 自旋-轨道耦合

对于闭壳层的分子或原子，当其中的一个电子被激出形成离子态后，它的总自旋量子数就不为零，电子自旋和它的轨道角动量之间存在的磁相互作用，即自旋-轨道耦合的结果导致其能级发生分裂，形成两个具有不同能量的态，如轨道量子数为 l，即得 j_1=l−1/2，j_2=l+1/2，它们的能量差值 $\Delta E_j = E_{j_1} - E_{j_2}$ 称为自旋-轨道耦合常数。在高分辨的光电子能谱仪中能观测到这种分裂导致的两个峰，并测出耦合常数。图 11-2-2 给出了自旋-轨道耦合分裂的简单例子[8]。在这类化合物中，卤素原子的孤对电子为 e 轨道，电离时给出 ^{2}E 态，分裂为 $E_{3/2}$ 和 $E_{1/2}$ 两个组分。

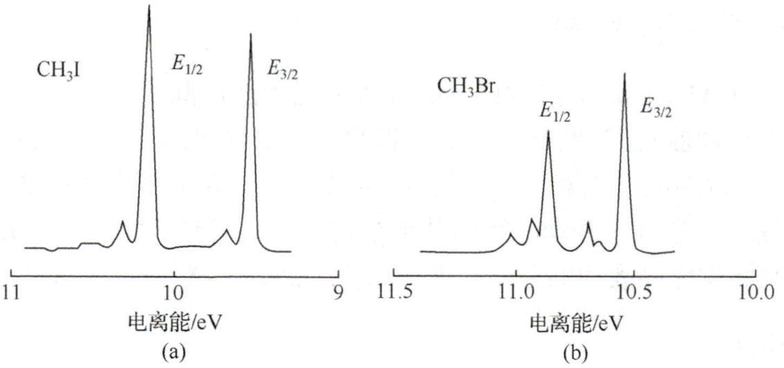

图 11-2-2　CH_3I(a)和 CH_3Br(b)的 UPS 谱图

2) 自旋-自旋耦合

对于开壳层分子，当其他成对电子中一个电子被激发发射出来后，留下一个未配对电子。其与原来未配对电子的自旋相互作用会出现平行和反平行两种情况，从而使 M^+有两种不同的能量状态，并且光电子能量也不同，引起谱线的分裂。

如图 11-2-3 所示，开壳层分子 O_2，其基态是两个电子平行自旋的三重态 $\sigma_g^3\Sigma_g^-(\sigma_g^2\pi_u^4\pi_g^2)$，一个 π_g 电子的电离产生 O_2^+ 的基态 $X^2\Pi_{g}$。当一个电子从 π_u 轨道电离，由于两个未成对电子的耦合作用，将给出两个态 $a^4\Pi_u$ 和 $A^2\Pi_u$。当一个电子从 σ_g 轨道电离，同样地，由于自旋-自旋耦合作用，也给出两个态：$b^4\Sigma_g^-$ 和 $B^2\Sigma_g^-$。

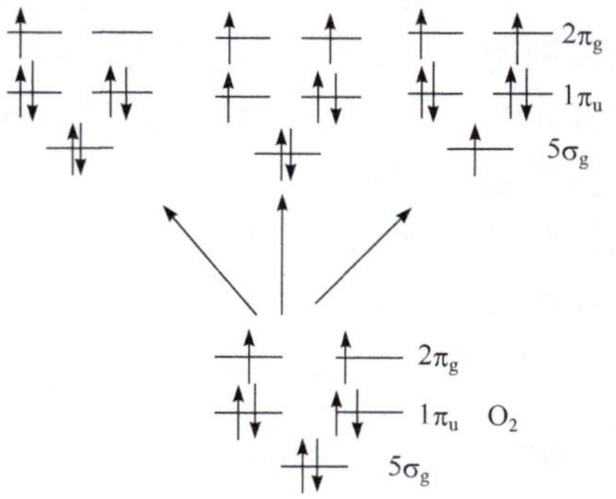

图 11-2-3　O_2 和 O_2^+ 的分子轨道

由上所述，UPS 的谱带结构和特征直接与分子轨道能级次序、成键性质有关，因此对分析分子的电子结构非常有用。

11.2.4　功函数测量与振动精细结构识别

1. 功函数测量

一般 UPS 直接以 Fermi 能级为能量参考点，则结合能 E_B=0 就对应 Fermi 能级 E_F。但是 Einstein 的光电方程需要考虑能量分析器的功函数(Φ_{sp})的偏离：

$$E_k = h\nu - E_B - \Phi_{sp} \tag{11-2-1}$$

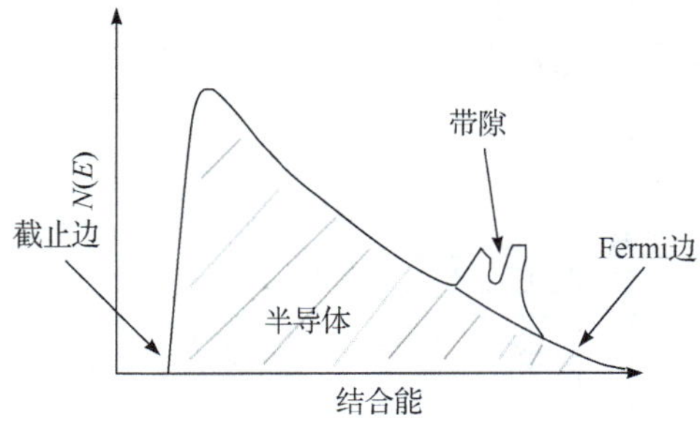

图 11-2-4　典型的 UPS 谱图

图 11-2-4 为典型的 UPS 谱图，左侧为二次电子截止边，右侧高动能区为 Fermi 边。光电子激发的电子在近表层发生非弹性散射作用，激发出的二次电子也有足够的能量逸出表面，形成谱图中的二次电子背景(secondary electron background)。

对于金属样品，给定激发光子能量 $h\nu$，检测到的最大动能为

$$E_F = h\nu - \Phi_{sp} \tag{11-2-2}$$

而最小动能由样品功函数(Φ)与分析器功函(Φ_{sp})共同决定：

$$E_{k,min} = \Phi - \Phi_{sp} \tag{11-2-3}$$

两个能量进行差减，可以得到金属样品的绝对功函数：

$$\Phi = h\nu - (E_{k,max} - E_{k,min}) = h\nu - W \tag{11-2-4}$$

式中，W 称为 UPS 出射电子谱带的宽度，即 Fermi 边的能量与截止边的能量差值。

上述例子是以金属样品为例，此时金属样品与谱仪电接触良好，Fermi 能级完全一致，可以测得金属的绝对功函数。对于半导体，E_F 位于带隙之间，它与价电子所能填充能量位置(价

带顶)有一个位置的能量差，比较难确定，UPS 谱图高动能起始边其实对应于价带顶位置，采用上述计算方法，实际上得到的为价带顶(VBM)的位置，也可用来计算电离能。

2. 振动精细结构识别

对于同一电子能级，分子还可能有许多不同的振动能级，而同一振动能级还可能有许多不同的转动能级。由于电子能级间隔远大于振动能级间隔，而振动能级又远大于转动能级，当入射紫外光子与分子发生相互作用导致电子能级变化时，必然也引起振动和转动能级的变化。此外，分子的平动能也将发生改变。由于分子的平动和转动能级差很小，UPS 实验几乎分辨不出，因此实际测得的紫外光电子能谱图既有结合能峰，又有振动精细结构。

在室温下一般分子 M 处于振动基态(v=0)，而 M^+可处于各种振动激发态($v' = 0, 1, 2, \cdots$)，则

$$E_k = h\nu - I_n^{(a)} - [E'_v(v') - E'_v(0)] \tag{11-2-5}$$

式中，$E'_v(v')$ 和 $E'_v(0)$ 分别为 M^+的 v'振动态和振动基态的能量；$I_n^{(a)}$ 为由分子 M 的振动基态到离子的振动基态的电离能，称为绝热电离能。

以简单的双原子分子为例。图 11-2-5 为 CO 光电子能谱及对应的 CO 和 CO^+的势能曲线[9]。电离后离子基态($\tilde{X}$)的势能曲线最低点不改变，表明它是由非键电子电离产生的，在光电子能谱图上表现出一条很强的振动跃迁线，对应于从($v = 0$)到($v' = 0$)的跃迁，旁边的两个振动峰则对应于较小概率的相互作用。第二条谱带为 $1\pi^{-1}$，对应于从 CO 的$1\Sigma^+$ 电子态到 CO^+的 2Π电子态的跃迁。由于移走的是成键电子，电离后离子的势能曲线向核间距变大的方向移动，因此

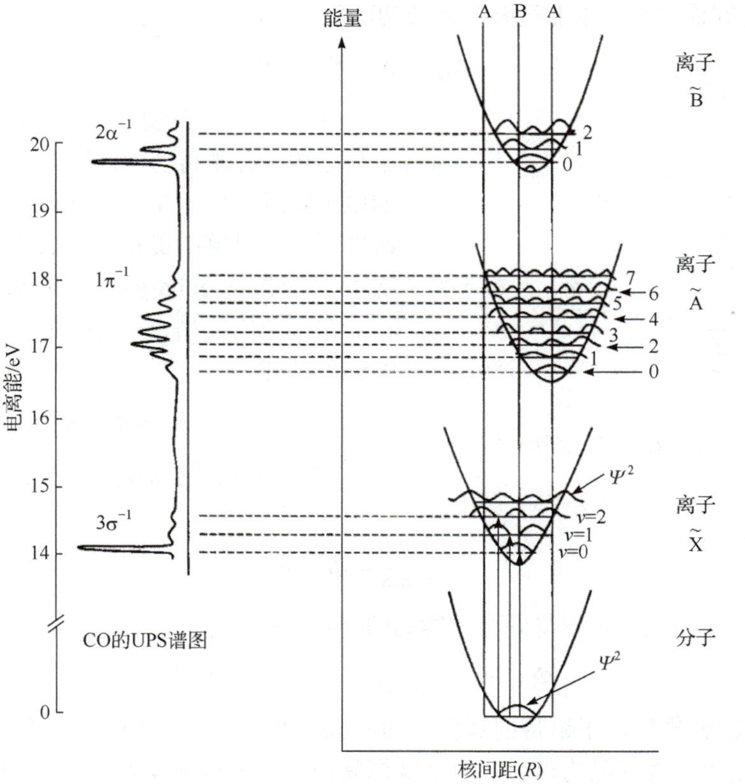

图 11-2-5　CO 光电子能谱及对应的 CO 和 CO^+的势能曲线

振动能级间隔比分子小，振动峰的能量间距变小，各振动峰的强度与 Franck-Condon 因子成比例。如果电子从反键轨道电离，则离子的势能曲线向核间距变小的方向移动，导致振动能谱峰的能量间距比分子的大，氧分子的光电子能谱中电离能在 12～13 eV 处的谱带就是这种情况。因此，从光电子能谱的振动精细结构和峰的间距可判断被电离电子所在的分子轨道成键的特征。

11.2.5　紫外光电子能谱解析实例分析

何丕模等利用紫外光电子能谱对新型有机半导体三萘基膦(TNP)在金属 Ag(110)表面上沉积生长及其电子性质等进行了研究[10]。图 11-2-6 给出了 Ag(110)表面上沉积 5 nm 厚的三萘基膦有机膜经不同温度退火后的 UPS 谱图。从谱图的结果可以清晰地看出，随着退火温度升高，三萘基膦的特征谱峰，如位于 Fermi 能级以下 9.3 eV 和 11.0 eV 处的谱峰，几乎没有能量位移；而谱峰的强度，特别是位于 9.3 eV 和 11.0 eV 处的谱峰的强度，在低于 450 K 退火时几乎不变；从 450 K 退火开始，三萘基膦的谱峰强度开始减小，且在 3.7～8.0 eV 的衬底 Ag 的 d 带谱峰出现；当退火温度为 640 K 时，有关三萘基膦的特征谱峰已经观察不到，其 UPS 谱图显示了清洁衬底 Ag(110)表面的特征。三萘基膦特征谱峰即使在退火的情况下都几乎没有能量位移，进一步表明三萘基膦与衬底 Ag(110)表面的相互作用很弱，而三萘基膦特征谱峰的强度减小则是退火使三萘基膦分子在 Ag(110)表面脱附所致。实验结果表明，三萘基膦在 420 K 以下可在 Ag(110)表面稳定存在，当温度再升高时，三萘基膦分子开始脱附，在 500 K 退火时还有三萘基膦分子存在，而更高的温度退火(如 640 K)则导致三萘基膦全部在 Ag(110)表面脱附。

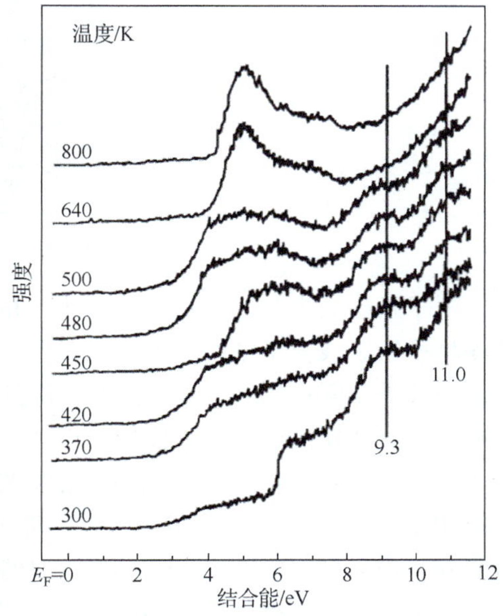

图 11-2-6　Ag(110)表面上沉积 5 nm 厚的三萘基膦有机膜经不同温度退火后的 UPS 谱图

11.3　电子顺磁共振技术

电子顺磁共振(electron paramagnetic resonance，EPR)是由苏联物理学家 Zavoisky 于 1944 年从 $MnCl_2$、$CuCl_2$ 等顺磁性盐类发现的。物理学家最初用这种技术研究某些复杂原子的电子结构、晶体结构、偶极矩及分子结构等问题。化学家根据电子顺磁共振测量结果，阐明了复杂有机化合物中的化学键和电子密度分布以及与反应机理有关的许多问题。美国的 Commoner 等于 1954 年首次将电子顺磁共振技术引入生物学的领域中，他们在一些植物与动物材料中观察到有自由基存在。20 世纪 60 年代以来，由于仪器不断改进和技术不断创新，电子顺磁共振技术已在物理、化学、化工、生物、医学、环境、地质探矿等许多领域得到广泛的应用。典型的电子顺磁共振波谱仪的组成结构如图 11-3-1 所示。

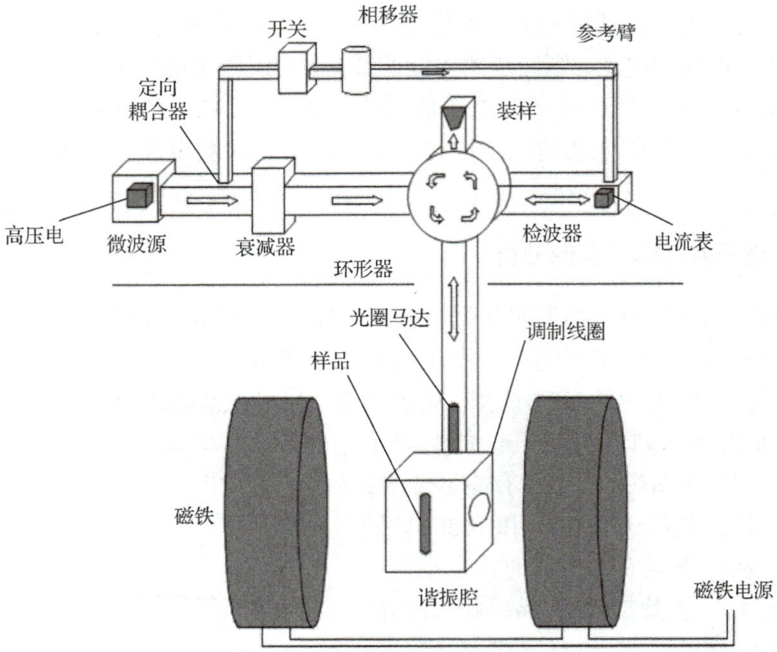

图 11-3-1　电子顺磁共振波谱仪

电子顺磁共振是一种由不配对电子的磁矩发源的磁共振技术，可用于从定性和定量方面检测物质原子或分子中所含的不配对电子，并探索其周围环境的结构特性[11]。对于自由基，轨道磁矩几乎不起作用，总磁矩的绝大部分(99%以上)贡献来自电子自旋，因此电子顺磁共振也称电子自旋共振(ESR)。它是研究分子结构和运动，分析和鉴别自由基、过渡金属离子和稀土离子的有力工具，可测试在磁场中对微波有吸收的、具有顺磁性的各种样品。电子顺磁共振广泛用于化学、物理、生物、地质、考古等领域的研究。在化学领域可研究氧化还原过程，检测双自由基和三重态分子、反应动力学、有机金属化合物等。

对于光催化过程，半导体粒子在带隙激发后，产生的电荷载流子可以激发吸附在半导体上的分子发生氧化还原反应。由于这些氧化还原过程产生顺磁性的物种，如·OH、O_2^-·等，电子顺磁共振技术能够提供关于反应机理和动力学的有价值信息。

11.3.1　电子顺磁共振技术的原理及特点

1. 共振条件

电子是具有一定质量和带负电荷的一种基本粒子，它能进行两种运动：一种是在围绕原子核的轨道上运动，另一种是通过其中心的轴所做的自旋。由于电子的运动产生力矩，在运动中产生电流和磁矩 μ_s：

$$\mu_s = -g\beta S \tag{11-3-1}$$

式中，g 为 Landé 因子(其值为 2.0023)；β 为 Bohr 磁子；S 为自旋角动量。

对于单电子，$S=1/2$，电子自旋状态有 $2S+1$ 个，即 $M_s=\pm1/2$。在外加恒磁场 H 中，由于电子的自旋量子数为 1/2，故电子在外磁场中只有两种取向：一种是与 H 平行，对应于低能级，$E_\beta = -1/2g\beta H$；另一种是与 H 反平行，对应于高能级，$E_\alpha = +1/2g\beta H$，两能级之间的能量差$\Delta E = g\beta H$。若在垂直于H的方向加上频率为ν的电磁波使其满足$h\nu = g\beta H$，则处于两能级间的电子受激跃迁，低能级的电子吸收电磁波能量而跃迁到高能级，产生顺磁共振现象，该过程如图 11-3-2 所示。在上述产生电子顺磁共振的基本条件中，h为 Planck 常量，g为波谱分裂因子(简称g因子或g值)，β为电子磁矩的自然单位，称为 Bohr 磁子。以自由电子的$g = 2.0023$、$\beta = 9.2710\times10^{-21}$ erg/Gs、$h = 6.62620\times10^{-27}$ erg·s 代入上式，可得电磁波频率与共振磁场之间的关系式：1(MHz) = 2.8025H(Gs)。从共振条件$h\nu = g\beta H$看，h、β为常数，在微波频率固定后，ν也为常数，余下的g值与H成反比。

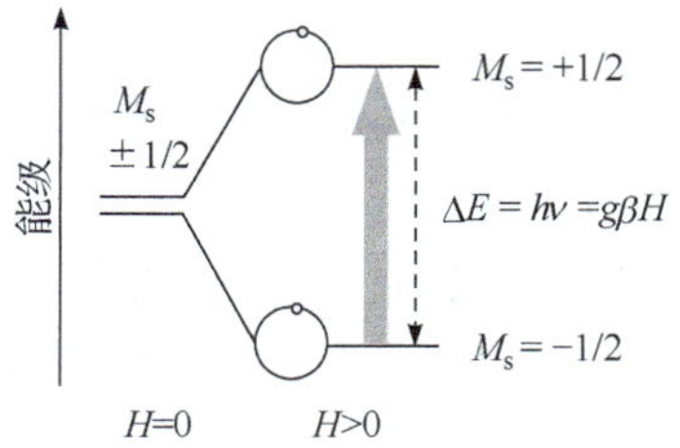

图 11-3-2　自旋体系能级在外磁场下的分裂情况

受激跃迁产生的吸收信号经电子学系统处理可得到 EPR 吸收谱线，EPR 波谱仪记录的吸收信号一般是一次微分线型，或称一次微分谱线，g值可由下式计算得出：

$$g = \frac{h\nu}{\beta H} = 0.07147\frac{\nu(\text{GHz})}{H(\text{T})} \tag{11-3-2}$$

式中，H值对应吸收曲线最高点，也就是微分曲线中峰顶和峰谷中间对应的磁场强度H。由此便可计算出g因子。由g因子可大致判断测试的元素原子所处的化学环境及电子的状态。

2. g 因子

1) g因子的概念

g因子是能够反映顺磁性分子中电子自旋运动和轨道运动之间的相互作用，即反映自旋角动量和轨道角动量贡献大小的重要参数。通过测量g因子，有助于了解信号来源和磁性粒子的性质。由$h\nu = g\beta H$可知，当波谱仪采用扫场法时，微波频率ν固定，则g因子只与磁场强度有关。对于自由电子，它只具有自旋角动量而无轨道角动量，或者说它的轨道角动量已经完全猝灭，因此其g因子的值$g_e = 2.0023$。对于大部分自由基，其g值都十分接近g_e值。

2) g因子的测定

通常用绝对法或比较法测量g因子。根据共振条件$h\nu = g\beta H$，式中微波频率ν用微波数字频率计算出，单位为 Hz；共振磁场强度用核磁共振高斯计测出，单位为 Gs；Planck 常量$h = 6.62620\times10^{-34}$ J · s；Bohr 磁子$\beta = 9.2710\times10^{-28}$ J/Gs；根据以上数据即可算得g因子。g因子的测量精度取决于微波频率和磁场的稳定度、均匀性，以及H和ν的精度[12]。

3) 超精细相互作用

顺磁性物质分子中，未成对电子不仅与外磁场有相互作用，还与附近的磁性核之间有磁相互作用，这种未成对电子自旋和核自旋的相互作用称为超精细耦合或超精细相互作用。超精细相互作用使原来单一的 EPR 谱线分裂成多重谱线，这些谱线称为超精细线或超精细结构。通过分析谱线数目、谱线间距以及相对强度，可以判断与电子相互作用的磁性核的自旋种类、数量及相互作用的强弱，有助于确定自由基等顺磁性物质的分子结构。

3. EPR 的优点和缺点

优点：①EPR 是观察自由基等顺磁性物质的一种最直接、高灵敏的方法(与核磁共振相比)；②不需对样品进行复杂的处理，直接检测而不破坏样品。

缺点：①自由基寿命很短、浓度太低；②对于含有顺磁性离子或原子的化合物，EPR 一般只能给出较少的局部结构信息，或得到结构方面的信息复杂，难以做出准确的判定；③局限性大，只能检测顺磁性物质。

4. EPR 的制样要求

(1) 粉末样品 30 mg 以上，粒径小于 2 mm；吸波材料、铁磁性样品不适合做 EPR 测试。

(2) 液体样品 2 mL 以上。

(3) 块状样品两个方向 2 mm×2 mm 以内，第三个方向 1 cm 以内。

(4) 自由基捕获剂：5, 5-二甲基-1-吡咯啉-*N*-氧化物(DMPO)、2, 2, 6, 6-四甲基哌啶(TEMP)、2, 2, 6, 6-四甲基哌啶-1-氧自由基(TEMPO)等。

(5) 时间点说明：黑暗也算 1 个时间点，即光照 0 min 的数据，每隔一段时间采谱。

5. EPR 波谱仪构造

EPR 波谱仪内部构造如图 11-3-3 所示。

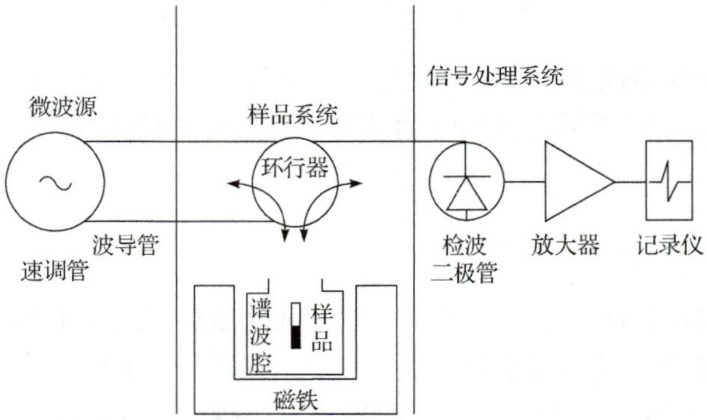

图 11-3-3　EPR 波谱仪内部构造示意图

1) 微波系统

速调管在波谱仪中被广泛作为微波源使用，具有稳定、高能、噪声低的优势，能有效提高仪器分辨率。

2) 样品系统

样品系统主要由环形器和磁铁构成。EPR 波谱仪中，采用电磁铁作为磁场源，要求均匀、稳定。当需要较高磁场时，通常采用超导磁体作为磁场源。

3) 信号处理系统

信号处理系统主要由检波二极管、放大器、记录仪组成。其主要功能是：把弱的直流 EPR 吸收信号调制成高频交流信号，经高频放大后得到原吸收线型的一次微分信号，即 EPR 谱。

11.3.2　电子顺磁共振技术的研究对象

电子顺磁共振技术的研究对象可分为以下几大类。

1. 在分子轨道中出现不配对电子(或称单电子)的物质

(1) 自由基：自由基就是在分子中具有一个未成对电子的化合物。例如，1, 1-二苯基-2-苦肼基(DPPH)的结构式如图 11-3-4 所示。

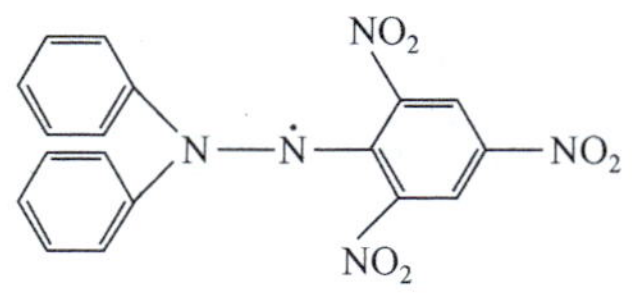

图 11-3-4　DPPH 的结构式

(2) 双自由基(biradical)或多自由基(polyradical)：这类化合物含有两个(或两个以上)未成对电子，并且这两个未成对电子相距甚远，它们之间的相互作用很弱[12]。

(3) 三重态分子(triplet molecule)：这种化合物在分子轨道中也具有两个未成对电子，但和双自由基不同，这两个电子相距很近，彼此间有很强的相互作用。三重态分子有两类：一类是在热或光的激发下，由原来的抗磁性分子变成顺磁性的三重态分子，即激发三重态分子；另一类是基态本身就是三重态分子，如氧分子 O_2。

O_2 的分子轨道：

$$2O[(1s)^2(2s)^2(2p)^4] \rightarrow O_2\,[KK(\sigma_{2s})^2(\sigma_{2s}^*)^2(\sigma_{2p})^2(\pi_{y2p})^2(\pi_{z2p})^2(\pi_{y2p}^*)^1(\pi_{z2p}^*)^1]$$

这里，(π_{y2p}^*)轨道和(π_{z2p}^*)轨道具有相同的能量，根据 Hund 定则，电子必须按自旋平行电子数最多的方式填入。这样 O_2 分子就应有两个自旋平行电子，因此它也是一种三重态分子。

2. 在原子轨道中出现单电子的物质

这类物质包括碱金属原子、过渡金属离子(包括铁族、钯族、铂族离子，它们依次具有未充满的 3d、4d、5d 壳层)、稀土元素离子(具有未充满的 4f 壳层)等[12]。例如：

$V_{23}(4s^23d^3)$：$V^{5+}(3d^0)$无 EPR 信号，$V^{4+}(3d^1)$有 EPR 信号。

$Mn_{25}(4s^23d^5)$：$Mn^{5+}(3d^0)$无 EPR 信号，$Mn^{2+}(3d^5)$有 EPR 信号。

过渡金属和稀土元素的 EPR 谱线特点：谱线复杂且谱线大多很宽，理论处理也较困难。

原因：①电子处在离子的 d 层中，它们的自旋运动和轨运动间有很强的自旋-轨道耦合作用；②离子并非以自由形式存在，处在由配体组成的晶体场中。

3. 固体中的晶格缺陷

一个或多个电子(或空穴)陷落在缺陷中或其附近，形成了一个具有单电子的物质，如色心等，或因为缺少原子引起的含有单电子的原子缺陷。

色心是离子晶体中一个负离子空位和一个被束缚在缺位库仑场中的电子形成的缺陷，是一种非化学计量比引起的空位缺陷，该空位能吸收可见光，使原来透明的晶体出现颜色。色心又称 F 心。

4. 其他体系

有一些分子如 NO、NO_2 等本身就是顺磁性分子。又如，氢、氮原子也具有顺磁性。

11.3.3　电子顺磁共振谱图解析

1. EPR 谱图的组成

EPR 波谱仪记录的吸收信号一般是一次微分线型，或称一次微分谱线，如图 11-3-5 所

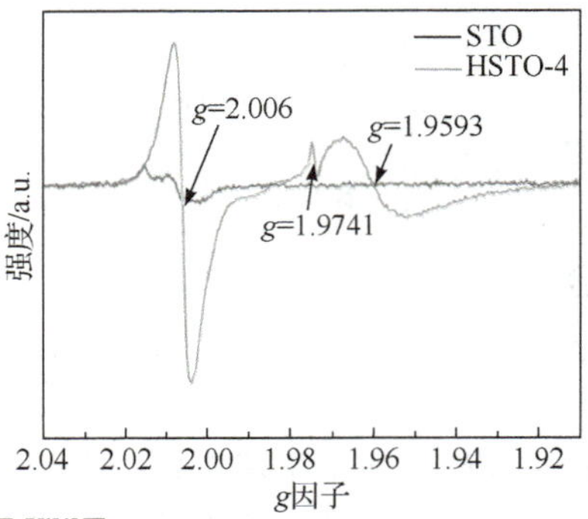

图 11-3-5　EPR 谱图

示[13]。EPR 谱图的横坐标有两种表达方式，即磁场强度和 g 因子。磁场强度常见的单位有毫特斯拉(mT)和高斯(Gs)，两者换算关系是 1 mT = 10 Gs。g 因子是量纲一的量，又称顺磁性物质的指纹，常用于表征空位/过渡金属离子价态。纵坐标是信号强度(intensity)，是任意单位，常用 a.u. 表示。

2. EPR 谱图的线型、线宽和 g 因子

1) 线型

如图 11-3-6 所示，EPR 的线型分为 Lorenz 线型(上半部分)和 Gauss 线型(下半部分)两种，Lorenz 线型拐角处呈现一定的弧度，Gauss 线型拐角处类似直角[12]。

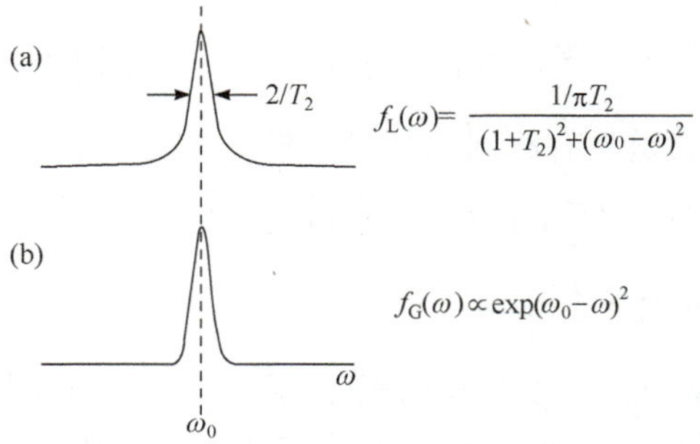

图 11-3-6　EPR 谱图的 Lorenz 线型(a)和 Gauss 线型(b)

2) 线宽

如图 11-3-7 所示，一个峰的最高点与最低点之间的距离记作ΔH或ΔB，两者之间相差的距离就是谱图的线宽，单位一般是 Gs 或 mT[12]。

3) g 因子

如图 11-3-8 所示，单峰的 g 因子是峰与峰的中心点对应的磁场，双峰的 g 因子是两峰中心处对应的磁场，对称的多峰的 g 因子是中心峰的中心对应的磁场[14]。

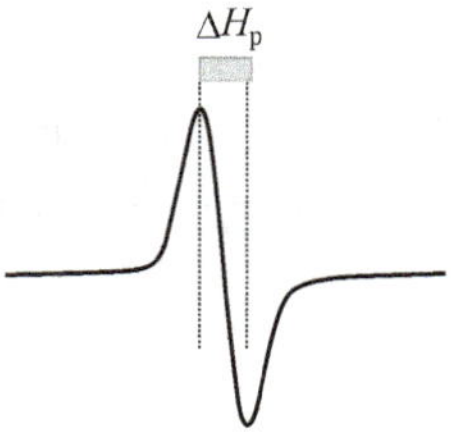

图 11-3-7　EPR 谱图的线宽

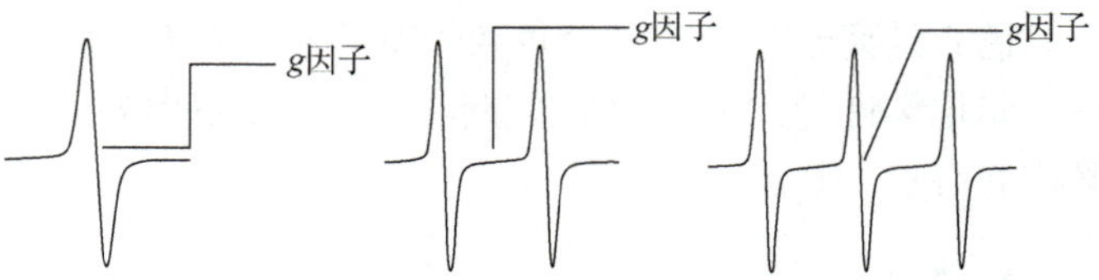

图 11-3-8　EPR 谱图的 g 因子读取

3. 一些常见自由基的 EPR 谱图

电子顺磁共振技术的研究对象是含有单个电子的物质，如自由基、过渡金属离子等。因此，电子顺磁共振技术作为识别与检测自由基的有力手段，具有不可替代的优势。然而，含有

未配对电子的活性自由基具有寿命较短、稳态浓度低的特点，直接的 EPR 实验通常不能检测。为了解决这一问题，早在 20 世纪 60 年代，科研人员就提出了自由基捕获技术与电子顺磁共振技术相结合的方案。利用自旋捕获剂与活性自由基发生化学反应生成稳定顺磁性的自旋加合物，然后由 EPR 谱反映出特征信号，从而达到活性自由基检测与鉴别的目的。该方案因具有检测灵敏度高、特异选择性强的优点，广泛应用于有关活性自由基检测的各个领域。

针对不同的自由基需要使用不同的捕获剂或者在不同溶剂中进行实验，表 11-3-1 列出了部分常用的自由基捕获剂以及溶剂的选择。

表 11-3-1　部分常用的自由基捕获剂及溶剂选择

检测自由基	选用捕获剂	选用溶剂	常用捕获剂浓度/(mmol/L)
羟基自由基	DMPO	水	100
超氧自由基	DMPO	甲醇	100
单线态氧	TEMP	实验溶剂	10

1) 羟基自由基(·OH)

由于·OH 的寿命很短，不能直接测出其 ESR 信号。5, 5-二甲基-1-吡咯啉-*N*-氧化物(DMPO)是常用的·OH 捕获剂，它与·OH 作用生成自旋加合物氮氧自由基 DMPO-·OH 。

如图 11-3-9 所示，·OH 有 4 个峰，从左往右，峰强度的比例依次是 1∶2∶2∶1。

2) 超氧自由基($\cdot O_2^-$)

如图 11-3-10 所示[15]，$\cdot O_2^-$ 有 6 个峰，从左往右，4 大 2 小(1、2、4、6 位置的峰强度差不多等高，3 和 5 位置的峰强度低些)。

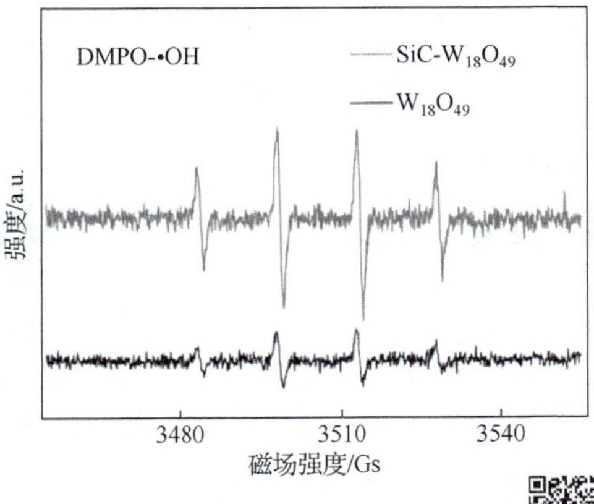

图 11-3-9　·OH 的 EPR 谱图

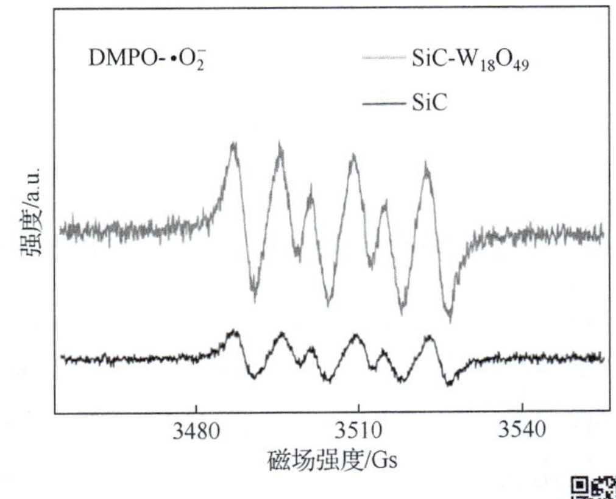

图 11-3-10　$\cdot O_2^-$ 的 EPR 谱图

3) 单线态氧($^1O_2$)

如图 11-3-11 所示[16]，$^1O_2$ 有 3 个峰，从左往右，3 个峰等高，峰强度的比例为 1∶1∶1。

4) 空位

如图 11-3-12 所示，空位主要看 g 因子的值，常见的 O 空位是 2.003 左右，S 空位是 2.004 左右，N 空位是 2.005 左右。

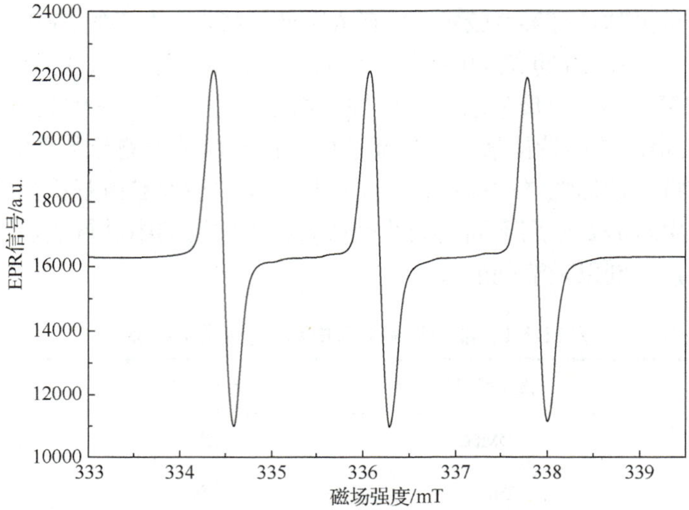

图 11-3-11　单线态氧的 EPR 谱图

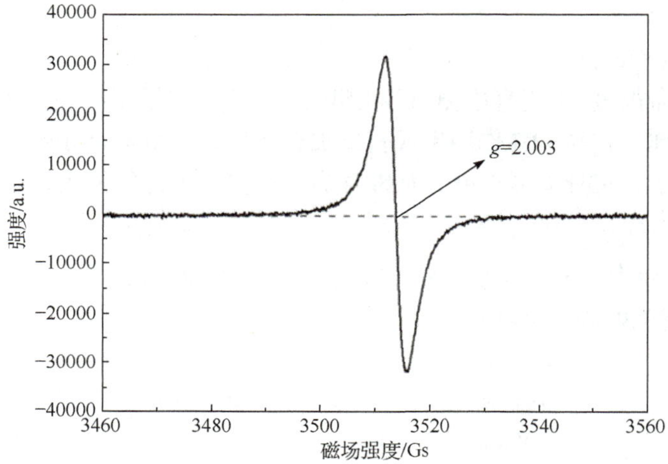

图 11-3-12　氧空位的 EPR 谱图

11.3.4　电子顺磁共振技术在光催化研究中的应用与前沿实例分析

对于光催化，半导体粒子在带隙激发后，产生的电荷载流子可以启动吸附在半导体上的分子发生氧化还原反应。由于这些氧化还原过程产生顺磁性的物种，因此电子顺磁共振技术不仅能够提供关于反应机理和动力学的有价值的信息，还能判断光催化剂中组分的化学状态以及鉴定催化剂受光激发后产生的自由基的种类和数目，为高效光催化剂的设计提供重要信息。目前，该技术是研究光催化微观过程最有效的手段，是光催化机理研究必不可少的研究方法。

EPR 可以用来测定 TiO_2 中氧缺陷和 Ti^{3+}化学状态，也可以测定 TiO_2 中金属或非金属掺杂物的电子状态以及 TiO_2 催化剂受光激发后产生的自由基的种类和数目[18,19]。

习　题

1. 什么是 X 射线光电子能谱分析？简述其基本原理。
2. XPS 分析中的非导体样品表面的荷电效应是如何产生的？如何消除荷电效应？

3. XPS 表面分析对样品的基本要求有哪些？
4. UPS 的制样要求有哪些？
5. XPS 与 UPS 谱图能够分析出的样品信息有哪些不同点？
6. EPR 测试时对样品有哪些基本要求？用 EPR 测试自由基时常见的捕获剂有哪些？

参考文献

[1] 辛勤, 罗孟飞. 现代催化研究方法. 北京: 科学出版社, 2009.

[2] 辛勤. 固体催化剂研究方法. 北京: 科学出版社, 2004.

[3] 陆家和，陈长彦, 等. 表面分析技术. 北京: 电子工业出版社, 1987.

[4] Alzahrani A, Barbash D, Samokhvalov A. “One-pot” synthesis and photocatalytic hydrogen generation with nanocrystalline Ag(0)/$CaTiO_3$ and *in situ* mechanistic studies. J Phys Chem C, 2016, 120(36): 19970-19979.

[5] Moudler J F, Stickle W F, Sobol P E, et al. Handbook of X-ray Photoelectron Spectroscopy. Eden Prairie: Perkin-El-mer Corporation, 1992.

[6] Mullins D R, Overbury S H, Huntley D R. Electron spectroscopy of single crystal and polycrystalline cerium oxide surfaces. Surf Sci, 1998, 409: 307-319.

[7] Ghosh P K. Introduction to Photoelectron Spectroscopy. Hoboken: John Wiley & Sons, 1983.

[8] Hu Y F, Liu J L, Dou W T, et al. An ultraviolet photoelectron spectroscopy study on bandgap broadening of epitaxial graphene on SiC with surface doping. Carbon, 2020, 157: 340-349.

[9] 赵地顺. 催化剂评价与表征. 北京: 化学工业出版社, 2011.

[10] 陆赟豪, 段效邦, 吕萍，等. 三萘基膦在 Ag(110)面上沉积的紫外光电子能谱研究. 物理学报, 2005, (09): 4319-4323.

[11] 徐元植. 实用电子磁共振波谱学: 基本原理和实际应用. 北京: 科学出版社, 2008.

[12] 裘祖文. 电子自旋共振波谱. 北京: 科学出版社, 1980.

[13] Xu H Y, Wang Z L, Liao H H, et al. Proximity of defects and Ti-H on hydrogenated $SrTiO_3$ mediated photocatalytic reduction of CO_2 to C_2H_2. Appl Catal B: Environ, 2023, 336: 122935.

[14] 张建中. 自旋标记 ESR 波谱的基本理论和应用. 北京: 科学出版社, 1987.

[15] Lin M, Luo M L, Liu Y Z, et al. 1D S-scheme heterojunction of urchin-like SiC-$W_{18}O_{49}$ for enhancing photocatalytic CO_2 reduction. Chinese J Catal, 2023, 50: 239-248.

[16] Victorian H F V, Ferreira D C, Filho J B G, et al. Detection of singlet oxygen by EPR: The instability of the nitroxyl radicals. Free Radical Bio Med, 2022, 180: 143-152.

[17] Yang K, Li Y X, Huang K, et al. Promoted effect of PANI on the preferential oxidation of CO in the presence of H_2 over Au/TiO_2 under visible light irradiation. Int J Hydrogen Energ, 2014, 39(32): 18312-18325.

[18] Yang K, Huang K, Lin L L, et al. Superior preferential oxidation of carbon monoxide in hydrogen-rich stream under visible light irradiation over gold loaded hedgehog-shaped titanium dioxide nanospheres: Identification of copper oxide decoration as an efficient promoter. J Power Sources, 2015, 284: 194-205.

[19] 赵洪霞, 沈晨, 陈秀英, 等. 基于 EPR 技术的 5 种纳米金属氧化物光生活性物种的形成研究. 环境科学学报, 2017, 37(7): 2609-2615.

第 12 章　催化剂形貌结构分析技术

催化剂形貌是指催化剂表面的形态和结构特征。催化剂的形貌可以分为晶体形态和非晶体形态两种。晶体形态是指催化剂表面的晶体结构特征，包括晶面形貌、晶面结构等，一般用晶体面指数法和拓扑结构法描述。非晶体形态是指催化剂表面的非晶体结构特征，如表面氧空位、表面金属活性位等。大量研究表明某些特定形状的催化剂具有更高的催化活性。例如，球形金纳米颗粒的催化活性比棒状的高，而六角形金纳米颗粒的催化活性比球形和棒状的更高。不仅如此，催化剂形貌还会影响反应物在催化剂表面的吸附位置、表面结合类型和控制反应路线等，从而影响反应的选择性。因此，表征催化剂的形貌结构特征对深入理解和分析催化剂产生活性和选择性的本质原因具有重要意义。本章着重介绍透射电子显微镜(transmission electron microscope，TEM)、扫描电子显微镜(scanning electron microscope，SEM)和原子力显微镜(atomic force microscope，AFM)的基本原理、仪器构造、实验技术与样品制备以及在催化剂材料形貌结构研究中的应用。

12.1　电子波与电磁透镜

12.1.1　光学显微镜的分辨率

一个理想的点光源经透镜成像，因衍射效应，在像平面上形成有一定尺寸的中央亮斑及其周围明暗相间的圆环组成的衍射图样，称为 Airy 斑，如图 12-1-1 所示。因光强度 84%集中在中央亮斑，所以常以 Airy 斑的第一暗环半径(r_0)衡量光斑的大小。

物体可视为由许多物点组成，每个物点为一个点光源，经透镜成像后，在像平面上形成各自的 Airy 斑。

当两个 Airy 斑彼此接近[图 12-1-2(a)]甚至重叠时[图 12-1-2(b)]，成像图像模糊不清，无法分辨两物点；而当两物点相距较大时[图 12-1-2(c)]，两 Airy 斑像彼此分开，则可进行有效的分辨。当两个 Airy 斑中心间距等于第一暗环半径 r_0 时，样品上两物点刚好能被分辨，并定义为透镜的分辨率 Δr_0。

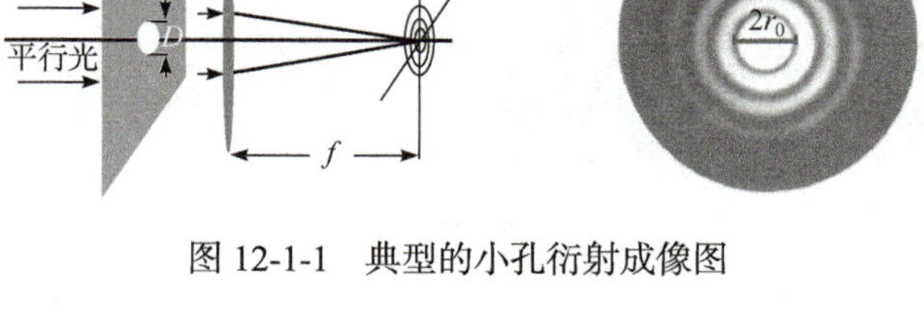

图 12-1-1　典型的小孔衍射成像图

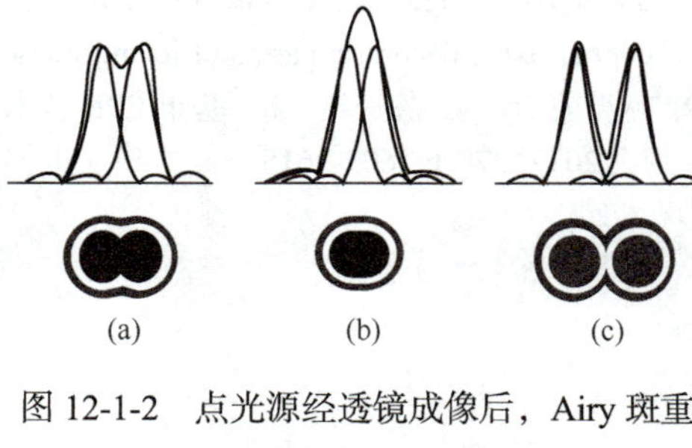

图 12-1-2　点光源经透镜成像后，Airy 斑重叠(分辨)图示

根据相关公式及条件优化，光学分辨率可用简化公式表示：

$$\Delta r_0 \approx \frac{1}{2}\lambda \tag{12-1-1}$$

式中，λ 为入射光的波长。从式(12-1-1)可以了解到：①透镜分辨率取决于光波长，半波长为光学玻璃透镜分辨本领的理论极限；②可见光的波长为 390～760 nm，若取较小值 400 nm，则光学透镜极限分辨本领为 200 nm(0.2 μm)；③以波长更短(13～390 nm)的紫外线为入射光源时，因物质对紫外线的强吸收，可供照波段限于 200～250 nm，则其理论分辨率可以达到 100 nm(0.1 μm)。

由此可见，光学显微镜的分辨率具有一定的局限性，无法满足对微观世界更为细致分辨的需求，需要寻找波长更短的有效光源。

12.1.2　电子波

1927 年，法国物理学家 de Broglie 鉴于光的波粒二象性，提出了著名的物质波理论，并且发现了电子波的波长是可见光的 $1/10^5$。这使人们想到电子束作为新光源的可能性。

根据 de Broglie 公式，电子波长(λ)与其运动速度(v)和质量(m_0)存在如下关系：

$$\lambda = \frac{h}{m_0 v} \tag{12-1-2}$$

式中，h 为 Planck 常量，6.626×10^{-34} J · s；m_0 为电子的质量，9.11×10^{-28} g；v 为电子的速度，m/s。

电子的速率与电子的加速电压 V 有关

$$\frac{1}{2}m_0 v^2 = eV \tag{12-1-3}$$

当 V 大于几万伏时，电子运动速度很快，根据相对论理论，须对电子质量 m 进行校正，即

$$m = \frac{m_0}{\sqrt{1-(v/c)^2}} \tag{12-1-4}$$

因此，在高电压下，电子波的波长为

$$\lambda = \frac{12.25}{\sqrt{V(1+0.9788\times10^{-6}V)}} \tag{12-1-5}$$

表 12-1-1 中列出了在不同加速电压下电子的近似波长。从表中发现，当 V=100～200 kV 时，电子波的波长比可见光(390～760 nm)小 5 个数量级。

表 12-1-1　不同加速电压下电子的近似波长

加速电压 V/kV	电子波波长 λ/nm	加速电压 V/kV	电子波波长 λ/nm
1	0.0388	5	0.0713
2	0.0274	10	0.0122
3	0.0224	20	0.00859
4	0.0194	30	0.00698

续表

加速电压 V/kV	电子波波长 λ/nm	加速电压 V/kV	电子波波长 λ/nm
40	0.00601	100	0.00370
50	0.00536	200	0.00251
60	0.00487	500	0.00142
80	0.00418	1000	0.00087

12.1.3　电磁透镜

光学显微镜中利用玻璃透镜进行聚焦成像，而以电子波为入射源时，需要利用电磁透镜对电子进行聚焦成像。

对电子束的控制主要通过两种物理效应实现。运动的电子在磁场中将根据右手定则受到Lorenz力的作用，因此可以使用磁场控制电子束。使用磁场可以形成不同聚焦能力的磁透镜，透镜的形状根据磁通量的分布确定。另外，电场可以使电子偏斜固定的角度。对电子束进行连续两次相反的偏斜操作，可以使电子束发生平移。这种作用在后面介绍的透射电子显微镜中用作电子束移动的方式，而且在扫描电子显微镜中起到了非常重要的作用。通过这两种效应以及使用电子成像系统，可以对电子束通路进行足够的控制。

1. 电磁透镜的基本原理

通电短线圈即为最简单的电磁透镜，它能造成轴对称不均匀分布的磁场，磁力线围绕导线呈环状，如图 12-1-3 所示。电子以速度 v 进入磁场 A 点，电子受到 B_r 分量作用。根据右手定则，电子受切向力 F_t[图 12-1-3(a)]。切向力 F_t 使电子获得切向速度 v_t，v_t 随即与 B_z 分量叉乘，形成另一向透镜主轴靠近的径向力 F_r，径向力 F_r 使电子向主轴偏转(聚焦)。电子到达 B 点，B_r 方向改变了 180°，F_t 随之反向，但 F_t 反向只能使 v_t 变小，而不能改变 v_t 方向。因此，穿过线圈的电子仍然趋向于向主轴靠近。

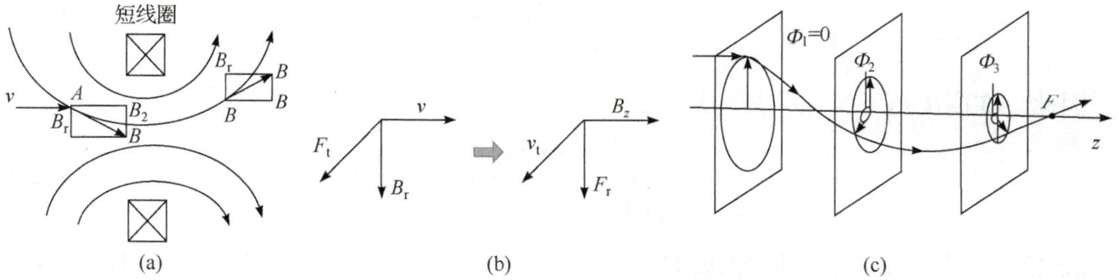

图 12-1-3　电磁透镜的聚焦原理和路径

(a) 电子的聚焦原理示意图；(b) 电子在磁场中的受力图；(c) 电子在透镜中的聚焦路径

电子穿过线圈，在磁场作用下做圆锥螺旋近轴运动。因此，一束平行主轴的电子束通过电磁透镜将聚焦在轴线上一点，即焦点。

光学显微镜和电子显微镜的基本光学原理相似，它们之间的区别仅在于使用的照明源和聚焦成像的方法不同：前者用可见光照明，用玻璃透镜聚焦成像；后者用电子束照明，用一定形状的静电场或磁场聚焦成像(图 12-1-4)。

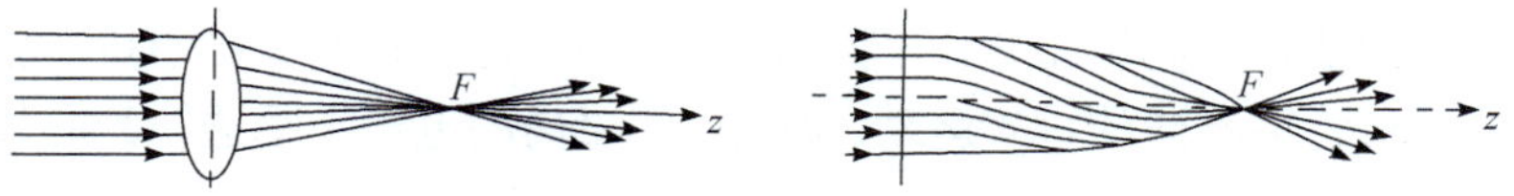

(a)　　(b)

图 12-1-4　光学玻璃透镜(a)和电磁透镜(b)的聚焦图示

2. 像差

电子透镜也存在缺陷，其实际分辨距离远小于理论分辨距离。电子波波长比光波短 5 个数量级，理论分辨率可达 0.002 nm，但实际只提高了 3 个数量级，最高分辨率为 0.1～0.2 nm，主要原因是电磁透镜存在像差。

像差分为两类，即几何像差和色差：因透镜磁场几何形状的缺陷而造成的像差称为几何像差，又分为球差和像散；因电子波的波长或能量发生一定幅度的改变所致的像差称为色差(图 12-1-5)。

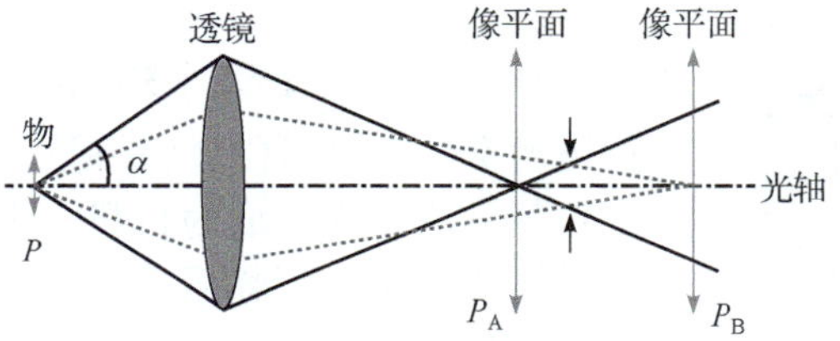

(a)

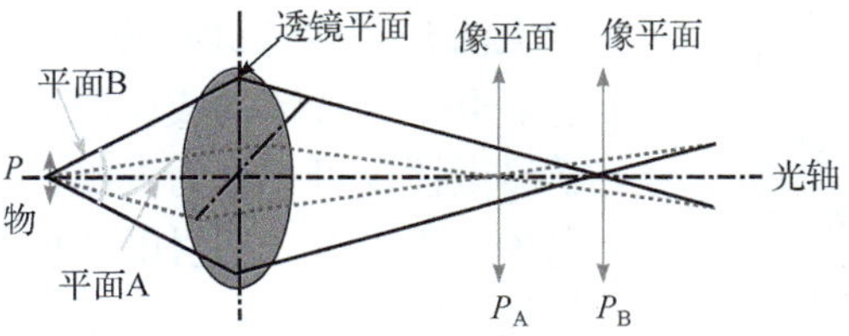

(b)

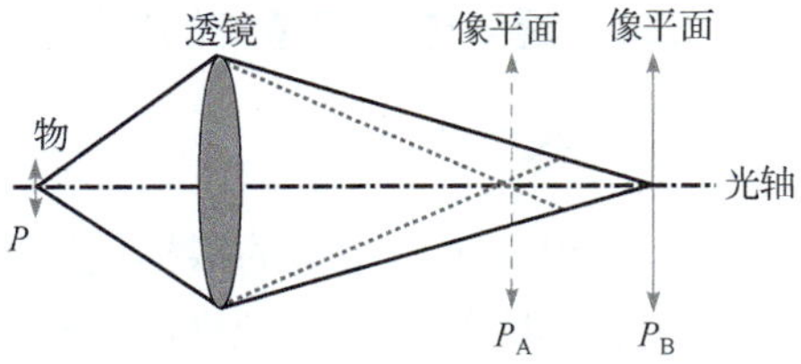

(c)

图 12-1-5　像差的形成

(a) 球差；(b) 像散；(c) 色差

球差是由电子透镜的中心区域和边沿区域对电子的会聚能力不同造成的。远轴的电子通过透镜后折射得比近轴电子厉害得多，以致两者不交在一点上，结果在像平面形成一个漫散圆斑。

像散是由透镜磁场的非旋转对称引起的。透镜磁场的非旋转对称性会使不同方向上的聚焦能力出现差别，结果使成像物点 P 通过透镜后不能在像平面上聚焦成一点，而得到一个散焦斑。

色差是由电子的能量不同从而波长不同造成的。电子透镜的焦距随着电子能量而改变，因此能量不同的电子束将沿不同的轨迹运动。通常，能量高的电子在距透镜光心较远处聚焦；能量低的电子在距光心较近处聚焦，从而形成焦距差。

3. 景深和焦深

景深是指在保持像清晰的前提下，试样在物平面上下沿镜轴可移动的距离，或者称为试样超越物平面所允许的厚度；焦深是指在保持像清晰的前提下，像平面沿镜轴可移动的距离，或者称为观察屏或照相底板沿镜轴所允许的移动距离。

电磁透镜之所以有这种特点，是由于所用的孔径角非常小。这种特点在电子显微镜的应用和结构设计上具有重大意义。

12.2　透射电子显微镜

1938 年，德国工程师 Knoll 和 Ruska 制造出了世界上第一台透射电子显微镜(图 12-2-1)。该技术自诞生以来，经过几十年的发展，现已成为材料、化学、化工、物理、生物等领域科学研究中进行物质微观结构观察、测试十分重要的手段，尤其是近 20 多年来，纳米材料研究的快速发展又赋予这一电子显微技术极强的生命力，可以说没有透射电子显微镜，就无法开展纳米材料的研究。

图 12-2-1　第一台透射电子显微镜的实物图

透射电子显微镜的成像原理与光学显微镜类似，不同的是光学显微镜以可见光为光源，而透射电子显微镜以高速运动的电子束为光源。透射电子显微镜是通过电压加速电子获得波长较短的 de Broglie 电子波，利用电磁透镜将电子波聚焦，并在显示屏上进行成像的一种分析技术。

12.2.1　透射电子显微镜的仪器构造及成像原理

1. 仪器构造

透射电子显微镜的结构包括主体和辅助系统两大部分。其中，照明系统(主要包括电子枪和聚光镜)、样品室、成像系统(主要包括物镜、中间镜和投影镜)、观察和记录系统是透射电子显微镜的核心部分(图 12-2-2)；而辅助系统包含真空系统(机械泵、离子泵等)、电路系统(变压器、调整控制)、水冷系统等。本章将主要围绕主体部分进行介绍。

1) 照明系统

透射电子显微镜中的照明系统主要用来产生高速、平行的电子波。其主要由作为阴极的电子枪、栅极(电位比灯丝还要负几百到几千伏，数值可调)和处于零电位的阳极构成。电子枪中的加热灯丝产生电子束，在阳极加电压下使电子开始加速，经加速，具有高能量的电子从阳极板的孔中射出，电子束能量(电子波波长)与加速电压有关，而栅极主要起控制电子束形状的作用。照明部分的主要作用就是提供亮度高、相干性好、束流稳定的照明电子束。因此，为了能够产生更符合要求的电子束，电子枪也经历了三个主要发展阶段：钨灯丝、六硼化镧单晶以及场发射电子枪。目前，场发射电子枪产生的电子束质量最好，其亮度是普通钨灯丝的上万倍，而且单色性好，尤其适合高级透射电子显微镜。有关电子枪部分将在 12.3 节中进行详细介绍。

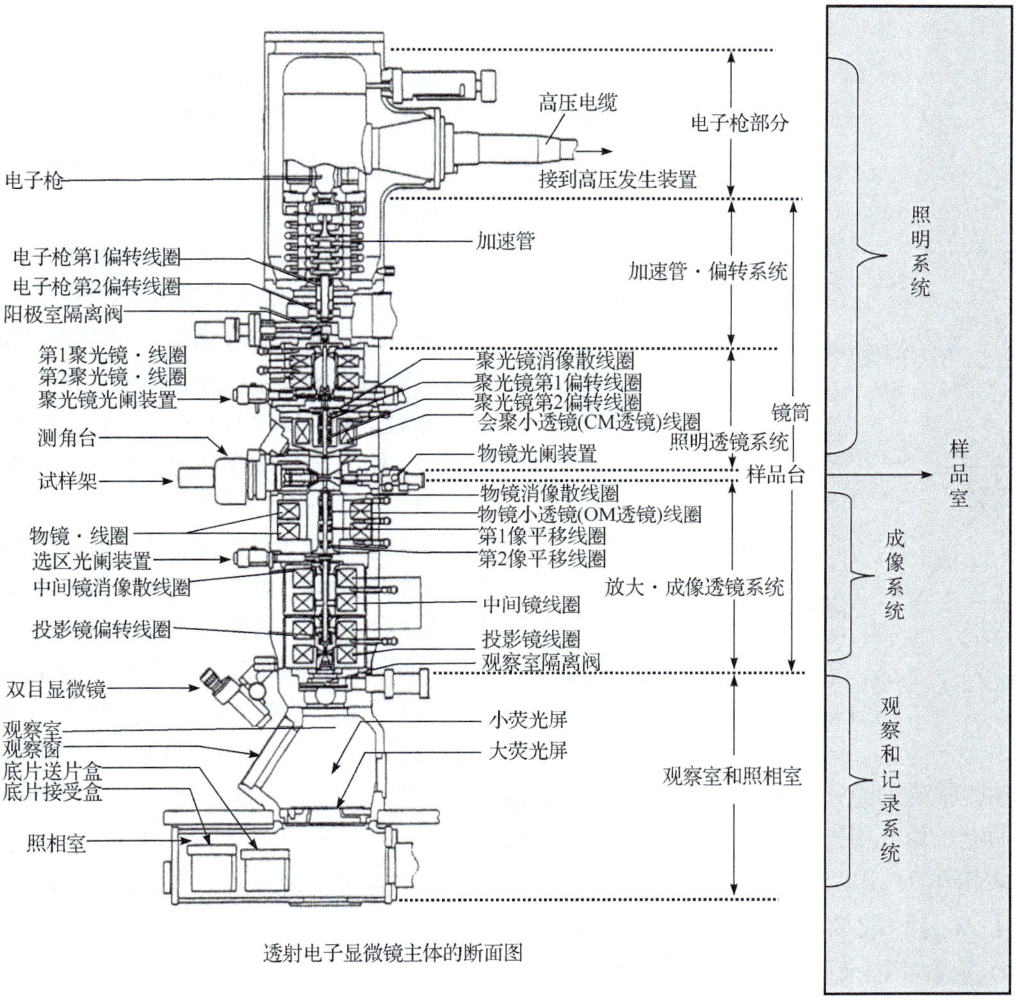

图 12-2-2　透射电子显微镜仪器构造示意图

2) 样品室

透射电子显微镜表征需要将样品固定至样品室，样品室位于照明系统和物镜之间，其作用是安装各种形式的样品杆，提供样品在观察过程中的各种运动，如平移、倾斜和旋转等。由于表征样品用量很少，且本身尺寸也不大，同时需要保证电子束的透过，因此需要借助载网样品台(通常为铜网)对样品进行支撑(图 12-2-3)。

3) 成像系统

成像系统包括物镜、中间镜、反差光阑、衍射光阑、投影镜以及其他电子光学部件。它的主要功能是：由于穿过样品的电子携带了样品本身的结构信息，将穿过试样的电子束在透镜后成像或成衍射图样，并经过物镜、中间镜和投影镜接力放大，最终以图像或衍射像的形式显示于荧光屏上。透射电子显微镜中，物镜、中间镜、投影镜是以积木方式成像，即上一透镜的像

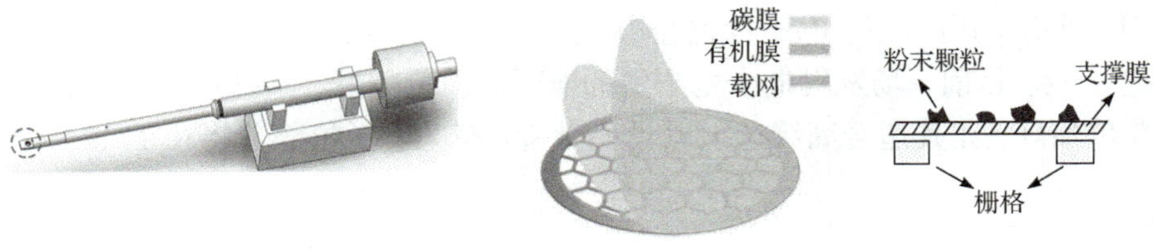

(a)　　(b)　　(c)

图 12-2-3　透射电子显微镜测试装填样品的器具结构示意图
(a) 样品杆；(b) 常用样品支撑用载网，直径约为 3 mm；(c) 样品分散在栅格

就是下一透镜成像时的物，也就是说，上一透镜的像平面就是下一透镜的物平面。

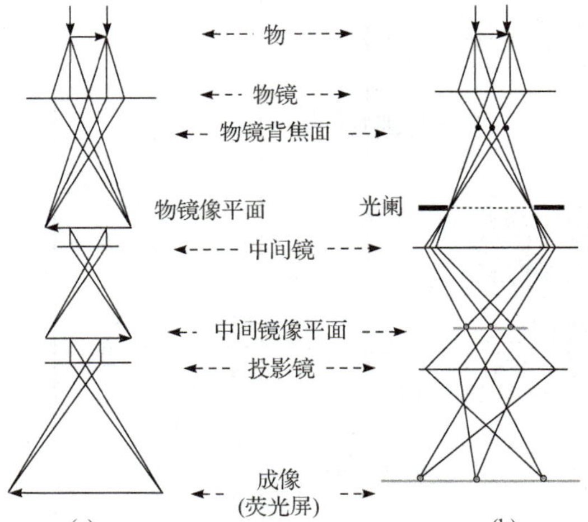

图 12-2-4　透射电子显微镜的成像系统示意图
(a) 放大像；(b) 衍射像

图 12-2-4 为透射电子显微镜的成像系统示意图。其中，物镜是成像系统中最关键的部分，决定了透射电子显微镜分辨本领的高低。它的功能是将来自样品不同部位、传播方向相同和相位相同的弹性散射电子束会聚于其后焦面上，构成含有试样结构信息的散射图样或衍射图样；而将来自试样同一点但不同方向的弹性散射束会聚于其像平面上，构成与试样组织对应的显微像。物镜的任务就是形成第一幅电子像或衍射像，完成物到像的转换并加以放大。中间镜的作用是控制透射电子显微镜总的放大倍数，把上方物镜形成的一次中间像或衍射像投射到投影镜的物平面上，而投影镜是一种短焦距强磁透镜，它可把经过中间镜形成的二次中间像或衍射像投影到荧光屏上，最终形成放大的电子像或衍射像。通常，物镜成像倍率为 50～100；中间镜放大倍率为 0～20；而投影镜放大倍率为 100～150。在这种成像方式中，总放大倍率就是各透镜倍率的乘积 ($M_{总} = M_{物}M_{中}M_{投}$)，故总放大倍率为 1000～200000 倍。

4) 观察和记录系统

由于最终的信号主要为电子，因此观察和记录试样图像需要使用荧光屏或照相机。

2. 成像原理

透射电子显微镜的成像过程：电子枪产生的电子束经 1～2 级聚光镜后均匀照射到试样上的某一待观察微小区域上，入射电子与试样物质相互作用，由于试样很薄，绝大部分电子穿透试样，透射出试样的电子经过物镜、中间镜、投影镜的三级磁透镜放大，投射在观察图形的荧光屏上，荧光屏将电子强度分布转变为人眼可见的光强分布，于是在荧光屏上显示出与试样形貌、组织、结构相对应的图像(图 12-2-4)。

透射电子显微镜的成像原理：遵循 Abbe 成像原理(图 12-2-5)，即平行入射波受到有周期性特征物体的散射作用在物镜的后焦面上形成衍射谱，各级衍射波通过干涉重新在像平面上形成反映物的特征的像。根据 Abbe 成像原理，穿过试样的透射电子束在物镜像平面成放大的像，故 TEM 可用来进行形貌分析；在物镜后焦面成衍射图样，故 TEM 也可用来进行物相分析。

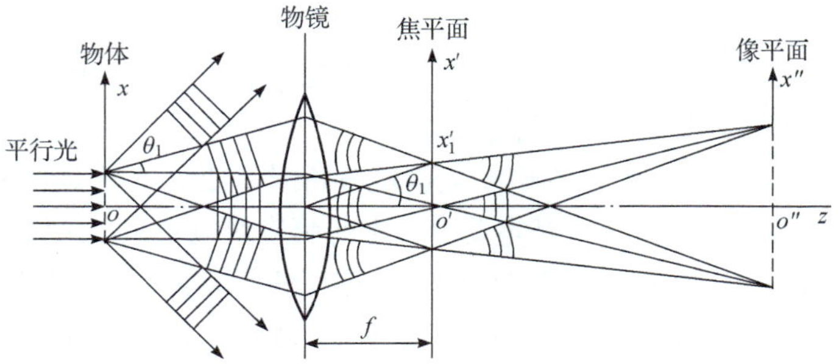

图 12-2-5　Abbe 成像原理

12.2.2　透射电子显微镜的样品制备及实验技术

1. 样品制备

TEM 分析的样品必须对电子束具有一定的可透过性，通常样品观察区域的厚度以控制在 100～200 nm 为宜；对于高分辨率 TEM，样品要求厚度为 5～10 nm。因此，需要对样品进行适当的处理。目前，不同的样品经过合适的加工处理均能利用 TEM 进行表征，下面列举几种常见样品的制备方法。

1) 粉末样品

粉末是最常见的一种样品形态。这类样品的制备主要包括以下几个步骤：

(1) 取少量粉末置于易挥发的惰性分散剂中。常见分散剂有水、乙醇和丙酮等，以不与样品发生任何反应作为分散剂的选择原则。

(2) 超声处理。在超声波作用下制备粉末悬浮液。一般超声波分散 15 min 即可，然后静置 1～3 min，使较大的颗粒沉淀下来。

(3) 用滴管吸取悬浮液表面液体，在合适的载网上滴加适量液体(1～3 滴即可，见图 12-2-6)。

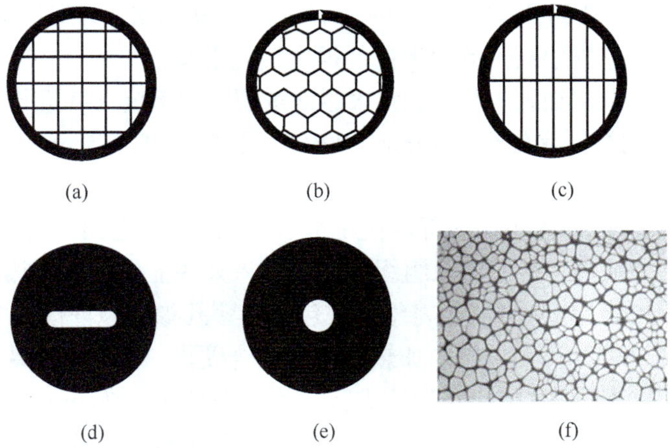

图 12-2-6　不同孔洞结构的载网

(a) 方孔；(b) 圆孔；(c) 平行孔；(d) 狭缝；(e) 单孔环；(f) 普通微栅

(4) 采用自然风干或适度烘烤的方法充分干燥载网，收集备用。

需要注意的是，应根据样品的性质选择载网。目前，用来支撑粉体样品的载网通常为覆盖碳膜的铜网。此外，还有镍网、金网、钼网等载网，并且载网栅格的大小也可以根据样品进行选择。

2) 金属块体、薄膜等样品

对于非超细粉末样品，如较大块状高分子、陶瓷和金属等材料，由于它们的厚度大，无法直接进行检测，必须对试样进行超薄化预处理。

以金属块体为例，这类材料用透射电子显微镜分析时需要加工成类似载网尺寸的薄膜。这类薄膜样品的制备需要满足以下 3 个基本要求：①薄膜应对电子束“透明”，且制得的薄膜应保持与大块样品相同的组织结构；②薄膜得到的图像应便于分析，故即使在高压电子显微镜中也不宜采用太厚的样品，减薄过程要做到尽可能均匀，薄膜应具有适当的强度和刚性；③薄膜制备方法必须便于控制，具备足够的可靠性和重复性。

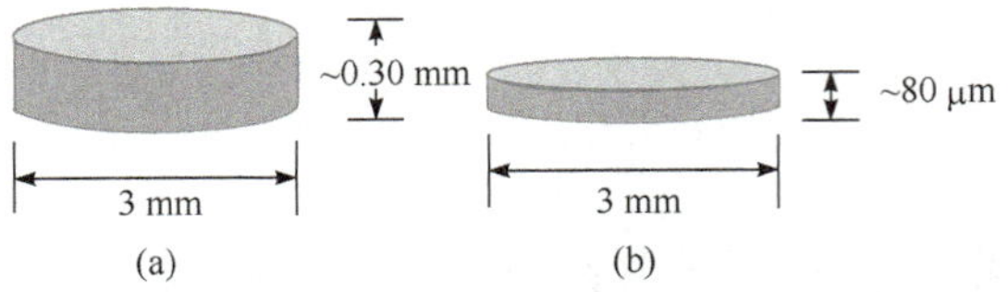

图 12-2-7　金属样品处理后的图示

(a) 切割；(b) 减薄

薄膜样品的制备主要包括切割和减薄工艺(图 12-2-7)。

(1) 切割：可以用超声(适用于脆性样品)或冲压器(适用于塑性样品)获得直径 3 mm、厚度为 0.20～0.30 mm 的薄片。

(2) 减薄：利用机械研磨、化学抛光、双喷、离子减薄等技术工艺，将样品最终厚度控制在 80 μm 内。

3) 生物样品

生物样品含有较多的水分，且组织结构在高速电子的轰击下会受到影响，从而不利于样品的观察，因此需要经过一系列处理。样品的制备过程主要包括固定、脱水、包埋、切薄片、染色等。

(1) 固定：截取特定的生物组织，利用物理或化学手段将其固定在特定的固定液(常用四氧化锇或戊二醛为固定液)中。其目的是尽可能保持细胞中各种细胞器以及大分子结构的自然状态，并将其固定在它们原来的位置上。

(2) 脱水：利用乙醇或丙酮等溶剂将组织中的水分置换出来，并保持细胞组织框架结构的稳定性，同时为后续支撑框架结构的包埋试剂提供填充空间。

为了避免急骤脱水引起细胞的收缩，脱水通常按照一定溶度梯度进行。例如，70%丙酮脱水处理 15 min，80%丙酮脱水处理 15 min，90%丙酮脱水处理 15 min，100%丙酮脱水处理 10 min。

(3) 包埋：利用包埋剂渗入组织内部取代脱水剂，并最终固化，以便进行后续的超薄切片。

包埋剂在聚合前为液体，能够渗入组织内，当加入某些催化剂并加热后，能聚合成固体。常用的包埋剂为环氧树脂；常规方法是将组织块包埋在多孔橡胶包埋模板中，然后置于烘箱内烘干，在 45℃(12 h)、60℃(36 h)烘箱内加热，即可聚合硬化，形成包埋块。

(4) 切薄片：采用超薄切片机将包埋块进行切片，得到 50～70 nm 的超薄切片。

(5) 染色：主要目的是增强样品的反差。一般用重金属盐(如乙酸铀、柠檬酸铅)与组织细胞中某些成分结合或被组织吸附以达到染色的目的。

2. 实验技术

透射电子显微镜的实验技术主要包括形貌分析、晶相(电子衍射)分析以及元素分析技术。其中，形貌分析技术即为电磁透镜的放大技术；晶相分析源于电子与样品的相互作用产生的衍射信息，同时利用电磁放大技术对衍射的信号进行增强；元素分析技术利用的是 X 射线的产生原理，即电子与样品相互作用会形成原子的特征 X 射线，从而进行元素的确定。此外，随着实验技术的不断发展，利用透射电子显微镜观察样品物理和化学的原位变化也逐步得到关注，这对电子显微镜设备参数也提出了较高的要求。下面主要介绍常用的实验技术。

1) 形貌分析(高分辨)

形貌分析是透射电子显微镜最常用的技术之一。根据 Abbe 成像原理，穿过试样的透射电子束在物镜像平面成放大的像，从而可以用来进行形貌分析(图 12-2-4 及图 12-2-5)。

2) 晶相(电子衍射)分析

在透射电子显微镜中，透过样品的电子可以分成两类：一类是继续按照原来方向运动的电子，能量几乎没有改变，称为直进电子；另一类是运动方向偏离原来方向的电子，称为散射电子。如果散射电子在某些方向上的平行路径符合该晶体晶面的 Bragg 方程，那么这些方向的电子就会发生相干加强，进而在透镜的背焦面上会聚成一个加强的衍射斑(图 12-2-8)。晶体究竟会在哪些方向产生平行光之间彼此加强的衍射，最终还是取决于 Bragg 方程(见第 10 章)。因此，通过对电子衍射的信号进行分析，可以得到样品晶体结构的相关信息。

3) 高分辨透射电子显微镜(HRTEM)图

1 高分辨透射电子显微镜图就是比普通透射电子显微镜的分辨率更高的电子显微镜图。入射电子与原子发生碰撞作用后，会使入射电子波发生相位的变化，而高分辨像的衬度就是由透射波与衍射波的相位差形成的图像。这种图案既包含了样品的轮廓，又体现了样品的晶相特征，能够综合反映样品的形貌和晶相信息。由于需要同时获取透射和衍射信号，因此利用该实验技术时，要求所分析的样品尽量薄些，有助于不同衬度的合成。

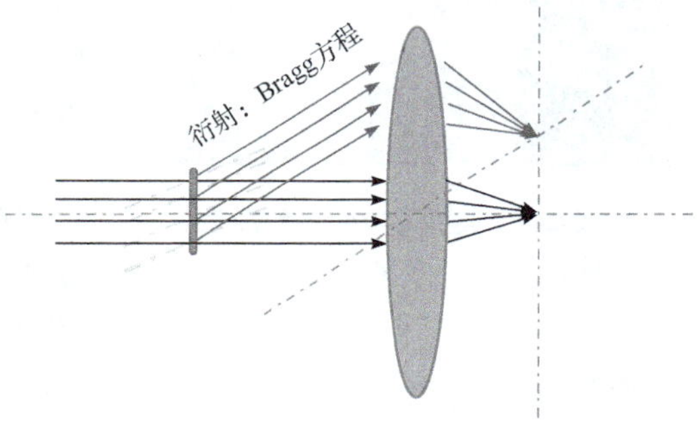

图 12-2-8　透射电子经过样品后形成的衍射斑示意图

4) 元素分析

元素分析技术主要利用 X 射线特征谱原理(见第 10 章)。电子枪产生的高速电子与样品发生相互作用，会激发原子的核外电子，从而产生元素的特征 X 射线，通过探头分析 X 射线，便可确认元素的类别。

同样，利用这一技术无法对氢和氦元素进行识别。此外，利用透射电子显微镜进行元素分析，样品的部分元素成分和含量会受到碳膜、载网等材料的干扰，因此需要选择合适的载网。

12.2.3　透射电子显微镜电子衍射谱图与前沿实例分析

1. 电子衍射谱图

电子衍射谱主要有多晶电子衍射谱和单晶电子衍射谱，还包括非晶样品衍射谱图。在透射电子显微镜的衍射图样中，对于不同的试样，采用不同的衍射方式时，可以观察到多种形式的衍射结果，如单晶电子衍射图样、多晶电子衍射图样、非晶电子衍射图样、会聚束电子衍射图样、菊池图样等。电子衍射谱的标定就是确定电子衍射谱图中的各衍射斑(或衍射环)对应的晶面指数和晶带轴(多晶不需要)。

1) 多晶电子衍射谱

在做电子衍射时，如果试样中晶粒尺寸非常小，那么即使做选区电子衍射，参与衍射的晶粒数也会非常多，这些晶粒取向各异，与多晶 X 射线衍射类似，衍射球与反射球相交得到一系列衍射圆环。由于电子衍射时角度很小，透射束与反射球相交的地方近似为一个平面，并且倒易点扩展成倒易球，多晶衍射图样如图 12-2-9(a)、(b)所示的同心衍射圆环(圆环的半径可以用下式计算：$R = L\lambda/d$。式中，R 为圆环半径；L 为相机长度；λ 为电子波长；d 为晶面间距；$K = \lambda L = Rd$，称为相机常数)。

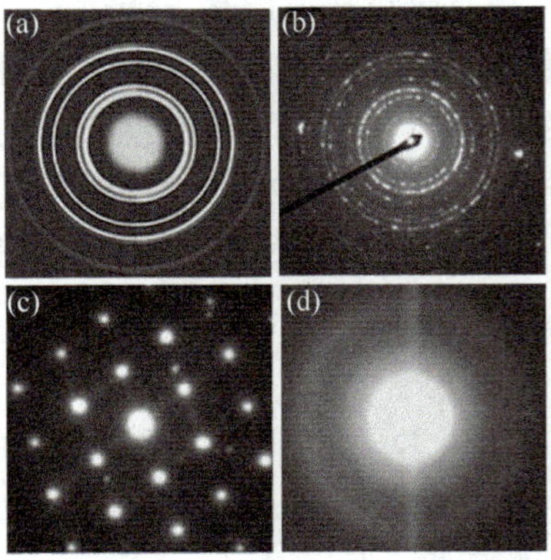

图 12-2-9　典型的电子衍射图案
(a)、(b) 多晶；(c) 单晶；(d) 非晶

根据上述公式，可以对多晶晶体的电子衍射图样进行标定：①测出各衍射环的直径，算出它们的半径；②考虑晶体的消光规律，算出能够参与衍射的最大晶面间距，将其与最小的衍射环半径相乘，即可得出相机常数和相机长度(如果相机常数已知，则直接到第③步)；③由衍射环半径和相机常数，可以算出各衍射环对应的晶面间距，将其标定。如果是晶体结构未知的样品，同样可以根据上述公式对各晶面距离进行计算，再通过查 PDF 标准卡片，标定物相。

2) 单晶电子衍射谱

单晶样品衍射图案的特点是形成中央亮斑和周围其他离散分布、强弱不等的衍射斑，斑点呈规律性分布[图 12-2-9(c)]。

单晶电子衍射谱实际上是倒空间中的一个零层倒易面，对它标定时，只考虑相机常数已知的情况。通常晶体结构已知的单晶电子衍射图样可以从相关书籍上查到。如果得到的衍射图样与标准图样完全一致，则基本上可以确定该图样。这种方法只适用于简单立方、面心立方、体心立方和密排六方的低指数晶带轴。

对于一般的单晶，则采用尝试-校核法：①量出透射斑到各衍射斑的矢径的长度，利用相机常数算出与各衍射斑对应的晶面间距，确定其可能的晶面指数；②确定矢径最小和次小的衍射斑的晶面指数，两晶面之间夹角自洽；③将两个矢径相加减，得到其他衍射斑的晶面指数，看它们的晶面间距和彼此之间的夹角是否自洽，如果不能自洽，则改变第二个矢径的晶面指数，直到它们全部自洽为止；④由衍射图样中任意两个不共线的晶面叉乘，即可得出衍射图样的晶带轴指数。

此外，对晶体结构未知的单晶电子衍射图样进行解析时，所用方法与晶体结构已知的有所不同，方法核心主要是构造三维倒易点阵。这里不展开阐述。

3) 非晶电子衍射谱

由于非晶没有规则的有序结构，非晶样品的衍射图案通常由中央亮斑及其外围越来越暗的弥散光晕构成，如图 12-2-9(d)所示。

4) 电子衍射的优缺点

电子衍射能在同一试样上将形貌观察与结构分析结合起来。特别是对于单晶样品，可以直观地辨认出一些晶体的结构和对称性特点，使晶体结构的研究比 X 射线简单。然而，由于电子衍射强度有时几乎与透射束相当，以致两者产生相互作用，使电子衍射图样，特别是强度分析变得复杂，不能像 X 射线那样通过测量衍射强度广泛地测定结构，精度也远比 X 射线低。

2. 前沿实例

目前有关 TEM 的研究报道已非常丰富，这得益于科学技术的迅猛发展以及科研工作者的努力钻研。这里只简单地选取一些典型的电子显微镜图对这一分析技术进行说明。

图 12-2-10 是利用单片石墨烯为载体负载纳米级金属颗粒的复合材料 TEM 图。其中，图 12-2-10(a)和(b)为石墨烯-Au 复合物的 TEM 图，(c)和(d)为石墨烯-Pt 复合物的 TEM 图。首先，从图 12-2-10(a)中可以发现，由于石墨烯只有单层厚度，因此大部分电子束会穿透样品，只有少量电子被吸收散射，在荧光屏上反映出石墨烯和背景的亮度非常接近。由于金属颗粒相对较大，能够吸收、散射较多的电子。由于电子透过较少，在显示屏上就显示出黑色的斑点。图 12-2-10(b)是样品的暗场图像，通过对比识别出较薄的单片材料。图 12-2-10(b)的插图即为 HRTEM 图。由于颗粒较小，能够得到透射和衍射的合成图，进而得到颗粒的 HRTEM 图。从图中可以清晰地看到 Au 颗粒的尺寸(约 10 nm)及其不同晶面的晶格条纹。事实上，当选择不同入射电子波的方向或颗粒之间不同的夹角时，还可以观察到其他晶面的晶格条纹。因此，在一些 HRTEM 图中，由于观察角度的变化，会在样品中发现晶格条纹相互交叉，形成网状结构的图案。图 12-2-10(c)和(d)显示了具有相似结构的石墨烯-Pt 复合物的 TEM 图。通过对比 HRTEM 图，可以比较准确地知道负载颗粒的大小和晶型的区别，从而对不同材料进行甄别。

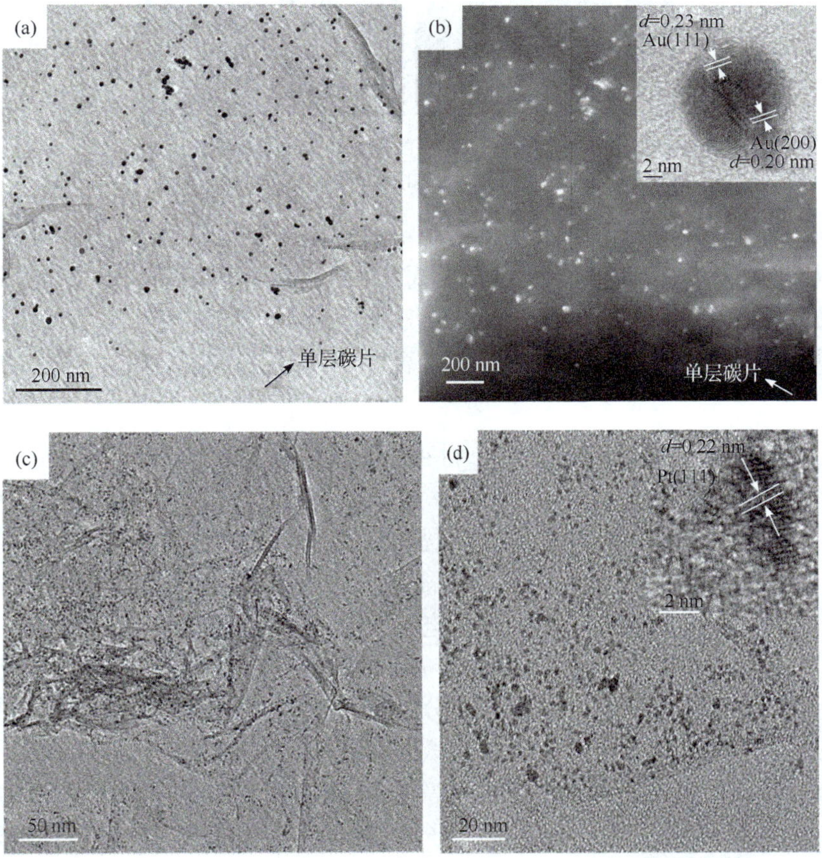

图 12-2-10　单片石墨烯负载纳米级金属颗粒的 TEM 图[1]

(a)、(b) 石墨烯-Au 复合物，插图为金属的 HRTEM 图(晶格线)；(c)、(d) 石墨烯-Pt 复合物

此外，在辨别材料的基本属性和差别时，除了大小、晶型，元素分析也非常实用。如

图 12-2-10(b)和(d)所示，通过晶格条纹可以区别颗粒的属性。但当样品的晶面间距接近或衍射角度不同时，有时也难以准确辨别。元素的 X 射线分析可以更好地对材料进行准确的定性。图 12-2-11 显示了一种氮掺杂的碳化钛(N-doped $Ti_3C_2T_x$，T = —F、—O、—OH)材料的 TEM 图及其元素分析图像。除了形貌分析(包括 HRTEM)外，通过透射电子显微镜的元素分析功能对材料的组成可以进行有效的定性分析。

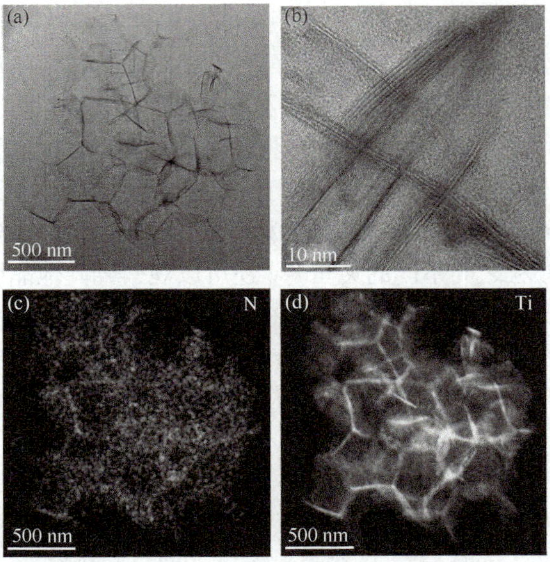

图 12-2-11　碳化钛样品的透射电子显微镜分析[2]
(a) TEM 图；(b) HRTEM 图；(c)、(d) 样品中 N 和 Ti 成分的元素分布图

如图 12-2-11(c)和(d)所示，样品中 N 元素和 Ti 元素分布均匀，这不仅说明 N 元素被有效地掺杂到 $Ti_3C_2T_x$ 材料中，而且掺杂的效果相对均一，从而可以证明这一材料组分的均匀性。目前，利用透射电子显微镜对材料的元素进行分析，不仅可以识别出组成样品的元素类别，还可以用来证明复合材料的均匀性。这对材料的合成、分析、调控具有非常重要的指导意义。

12.3　扫描电子显微镜

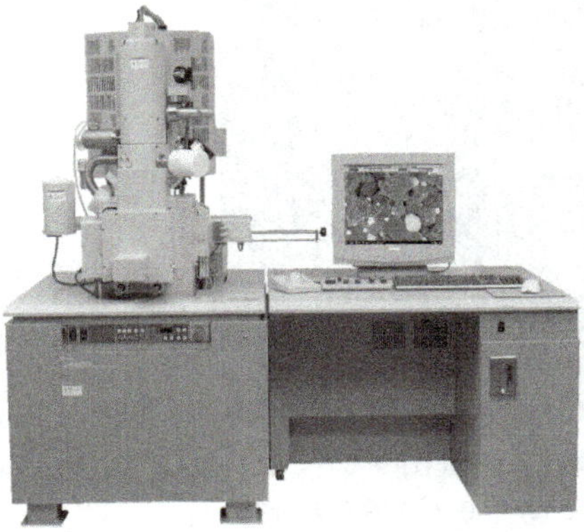

图 12-3-1　冷场发射扫描电子显微镜

扫描电子显微镜(SEM)的设计思想和工作原理于 1935 年被提出，1952 年英国工程师 Oatley 制造出了第一台扫描电子显微镜。商品扫描电子显微镜的分辨率从第一台的 25 nm 提高到现在的 0.8 nm，已经接近透射电子显微镜的分辨率。与透射电子显微镜类似，现在大多数扫描电子显微镜都能与 X 射线波谱仪、能谱仪以及自动图像分析仪等组合，使其成为分析样品表面微观结构的一种多功能电子光学仪器。数十年来，扫描电子显微镜已广泛应用于材料学、冶金学、地矿学、生物学、医学以及机械制造、生产工艺控制、产品质量控制等学科和领域中，促进了各有关学科的发展。图 12-3-1 为常用的冷场发射扫描

电子显微镜。

12.3.1　扫描电子显微镜的仪器构造及成像原理

1. 仪器构造

扫描电子显微镜的结构分为五部分：电子光学系统(电子枪、加速线圈、磁透镜聚焦等)、扫描系统、信号接收和成像系统、样品台及真空系统(图 12-3-2)。其中，电子光学系统、扫描系统以及成像系统是扫描电子显微镜的重要组成部分。本小节主要介绍电子光学系统。

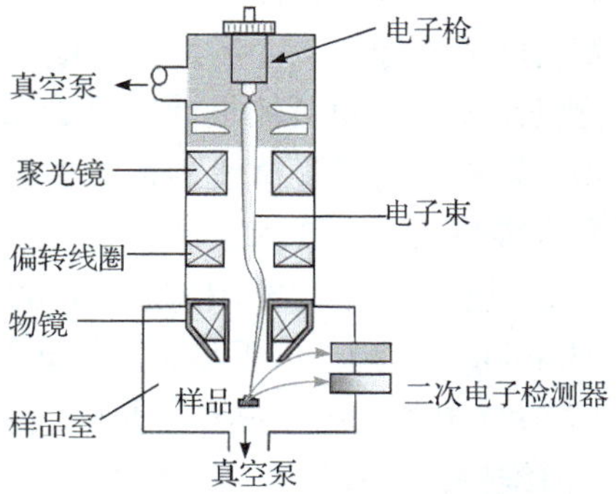

图 12-3-2　冷场发射扫描电子显微镜的结构示意图

电子光学系统主要由电子枪和电磁透镜组成。电子枪提供一个稳定的电子源，形成电子束。电子束在高压电场作用下，加速通过阳极轴心孔进入电磁透镜系统，该系统由聚光镜和物镜组成，聚光镜可以改变入射到样品上的电子束流的大小，物镜决定电子束束斑的直径(与透射电子显微镜类似)。由于产生电子的电子枪往往会决定电子显微镜的主要性能指标，这里将对其进行详细介绍。

电子枪需要产生亮度高、电子能量散布小的电子束。根据电子束产生形式不同，扫描电子显微镜电子枪可以分为两大类：一类是热游离产生电子；另一类是场发射产生电子。

(1) 热游离方式是利用高温使灯丝产生足够能量克服材料功函数，从而形成自由电子。这类电子枪的灯丝主要有钨灯丝和六硼化镧(LaB_6)灯丝两种。钨灯丝的价格相对便宜，其功函数约为 4.5 eV。通常将直径约 100 μm 的钨灯丝弯曲成 V 形，在操作温度为 2700 K 时，可以有效地产生热电子。但由于钨灯丝热游离电子束的散布较大，且灯丝会随时间蒸发，因此这类电子枪材料的使用受到了一定的限制。LaB_6 灯丝的功函数约为 2.4 eV，比钨丝略低。因此，LaB_6 灯丝只要在 1500 K 的操作温度下即可形成有效的电子束，而且亮度更高。不过，LaB_6 在加热时活性很强，须在较好的真空环境下操作，因此仪器的购置费用也相对较高。

(2) 场发射电子枪是目前市场上高分辨扫描电子显微镜采用的主流模式。场发射基本原理是金属表面受到 10^8 V/cm 大小的电场时，会有可观数量的电子发射出来。在这类电子显微镜中，金属被加工成非常纤细的尖端并作为阴极，在一定的电压下，电子束便从尖锐的阴极尖端发射出来，形成电子束。由于这类电子束极细且具有高电流密度，其亮度可达热游离电子枪的数百倍甚至千倍，因此场发射扫描电子显微镜具有很高的分辨率。

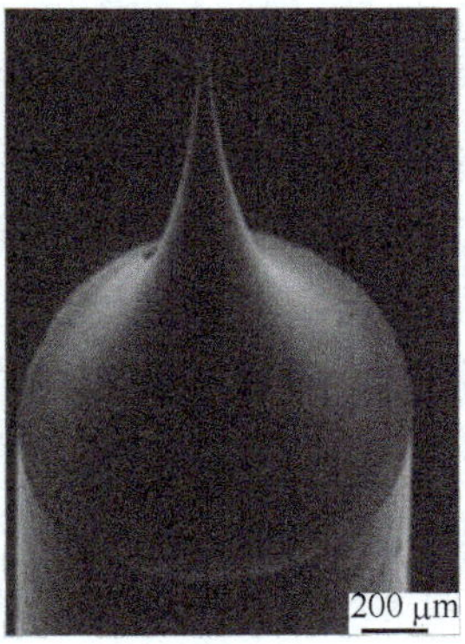

图 12-3-3　场发射电子枪的钨针尖结构

场发射电子枪选用的阴极材料必须是高强度材料，能承受高电场加在阴极尖端的高机械应力，钨因其高强度而成为较佳的阴极材料(图 12-3-3)。要从极细的钨针尖场发射电子，金属表面必须完全干净，无任何外来材料的原子或分子在其表面，即使只有一个外来原子落在表面，也会降低电子的场发射。因此，场发射电子枪通常需要保持超高真空度，以防止钨阴极表面累积原子。

目前常见的场发射电子枪也有两种：冷场发射式(cold field emission)和热场发射式(thermal field emission)。

(1) 冷场发射式最大的优点是电子束直径最小、亮度最高、影像分辨率较好，同时能量散布最小，故能改善在低电压下操作的效果。但为避免针尖被外来气体吸附而降低场发射电流，使发射电流不稳定，冷场发射式电子枪需在 10^{-10} Torr 的真空度下操作。此外，冷场发射式电子枪仍需要定时短暂加热针尖至 2500 K(此过程称为 flashing)，以去除可能吸附的气体原子。冷场发射扫描电子显微镜的束流小且不稳定，适合做表面形貌观察，不适合进行能谱分析，相对而言维护成本和要求较低。

(2) 热场发射式电子枪是在 1800 K 下操作的，避免了大部分气体分子吸附在针尖表面(无须 flashing 操作)。由于热场发射式能维持较佳的发射电流稳定性，因此这类电子枪能在较差的真空度(10^{-9} Torr)下操作。热场发射扫描电子显微镜的电子束流大且稳定，适合进行能谱分析，但维护成本和要求相对较高；其电子能量散布比冷场发射式大 3～5 倍，影像分辨率较差，不常使用。

2. 成像原理

扫描电子显微镜和透射电子显微镜的成像原理不同：透射电子显微镜的成像原理主要基于对透射电子的多级放大；而扫描电子显微镜的成像原理则是对与样品相互作用后形成的各类电子和射线信号进行的图像模拟。在扫描电子显微镜中，由电子枪发射并经过聚焦的电子束通过扫描线圈等装置控制电子束的方向，使其在样品表面进行逐点扫描，激发样品产生各种物理信号，包括背散射电子、二次电子、吸收电子、透射电子、特征 X 射线等(图 12-3-4)。将产生的信号按强弱成比例地转换成视频信号，可以获得反映样品表面各种特征的扫描图像。

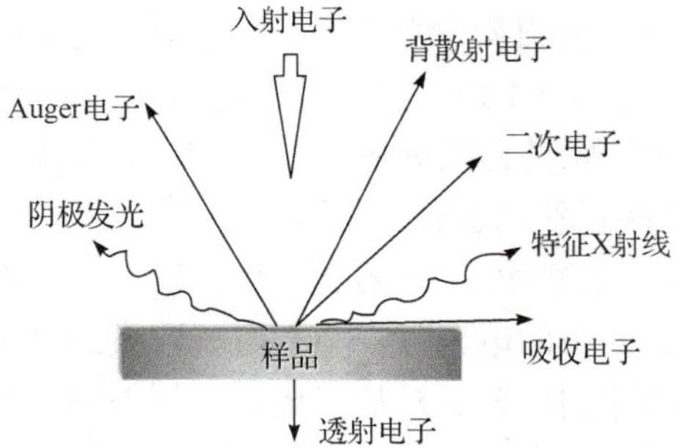

图 12-3-4 电子与物体相互作用可能形成的各类物理信号

在上述各种信号中，二次电子和背散射电子信号是最常用的两种信号，尤其是二次电子。二次电子是指被入射电子轰击出来的核外电子。由于原子核与外层价电子间的结合能很小，当原子的核外电子从入射电子获得了大于相应结合能的能量后，便可脱离原子成为自由电子，称为二次电子。二次电子能量比较低，仅在样品表面 5～10 nm 的深度才能逸出表面，它的强度与原子序数没有明确的关系。由于样品表面各点形貌等各异，其二次电子发射强度不同，因此显示器屏上对应的点的亮度也不同，进而可以获得分辨率较高的表面形态图像。

背散射电子是指入射电子与样品相互作用(弹性和非弹性散射)后，再次逸出样品表面的高能电子。通常，背散射电子的产额随样品的原子序数增大而增加。因此，背散射电子信号的强度与样品的化学组成有关，即与组成样品的各元素的平均原子序数有关。样品表面上平均原子序数大的部位形成较亮的区域，产生较强的背散射电子信号；而平均原子序数较小的部位则产生较少的背散射电子，在荧光屏或照片上就是较暗的区域。通过荧光屏上明暗衬度的对比，可以获得具有一定原子序数衬度的图像。

12.3.2　扫描电子显微镜的样品制备及测定要求

1. 样品制备

扫描电子显微镜的优点之一是制样简单。SEM 的成像原理是通过探测器获得二次电子和背散射电子信号，如果电荷在样品中不断富集，会阻挡入射电子束进一步进入样品及样品内电子射出样品表面，从而造成图像的扭曲、变形、晃动，影响拍摄效果。因此，为了防止样品荷电，需要使用导电介质(常用双面导电胶和导电银胶，图 12-3-5)将样品与样品台接触固定(图 12-3-6)，以便富集的电子传导出去。而对于导电性差或不导电的样品，需要借助离子溅射仪或真空镀膜仪在其表面喷镀一层导电层。

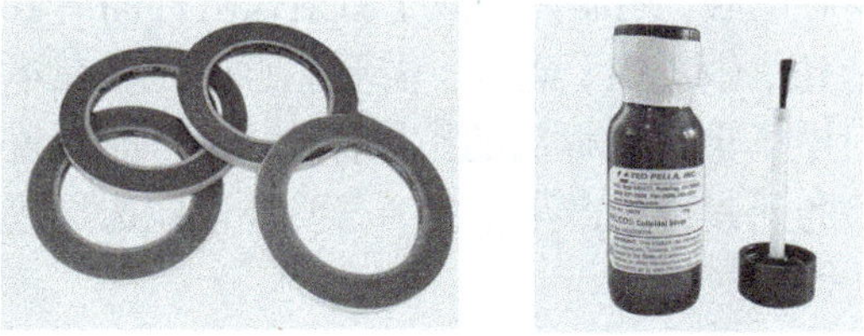

(a)　(b)

图 12-3-5　制样材料

(a) 双面导电胶；(b) 导电银胶(液态)

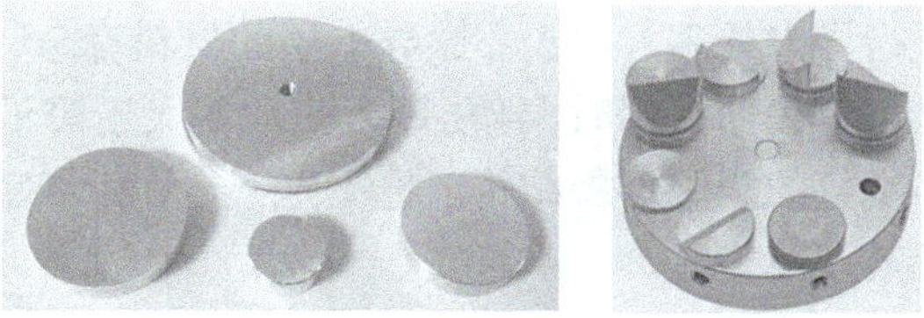

(a)　(b)

图 12-3-6　SEM 样品台

(a) 传统 SEM 样品台；(b) 异型样品台

1) 粉末样品

先将导电胶带粘在样品台上，然后将粉末样品均匀地撒在导电胶上面，再用压缩空气(或洗耳球)吹去没有粘住的样品，以防止未被粘住的样品污染设备。粘样品时不能挤压样品，避免挤压过程对样品表面的微观形貌造成破坏。此外，也可采用类似透射电子显微镜的样品制备方法，即用超声波分散样品后滴在小的载玻片上，自然干燥，再利用镀膜或导电胶将载玻片与样品台进行导电相连。

2) 固体块状样品

块体样品应尽量小且具有很好的代表性，尺寸不能超过电子显微镜样品台大小，且高度需在仪器允许的范围内(根据各电子显微镜的限高台)。为了避免取样过程中样品被污染而影响结果分析，一般需要用溶剂先对样品进行超声清洗，同时制样过程中避免样品与手直接接触。干燥后的样品用导电胶粘在样品台上。如果样品的底面不平整，可以采用导电银胶进行粘贴。导电银胶可以填满样品和载物台之间的缝隙，更好地保证样品在抽真空以及表征时信号平稳不漂移。

对于导电样品，可以直接放入扫描电子显微镜中观察；对于不导电或导电性差的样品，需要进行镀膜处理后再放入扫描电子显微镜中观察。

3) 生物样品

生物样品性质较为特殊，一般都具有含水量高、质地柔软、导电性差、对热和电子束等敏感等特性。因此，生物样品的制样过程较为复杂，主要包括取样、固定、脱水、干燥、粘样、导电处理几个步骤。

2. 测定要求

1) 样品不含水分

湿的样品会释放出水蒸气，使仪器的真空度很难达到测试要求；水蒸气遇到高能电子束会被电离，还会增加电子束的能量分散，导致成像模糊，分辨率降低。同时，水蒸气还会与高温钨丝反应，加速电子枪灯丝挥发，从而降低灯丝的寿命。此外，在高真空状态下，大部分含水样品的表面易发生变形，导致结果失真。因此，测试样品特别是生物样品需要经过合适的干燥处理。

2) 样品不含挥发物

有机油脂类污染物在电子束的作用下容易分解产生碳氢化物，会遮盖样品表面的细节或吸附在探测器晶体表面，从而降低成像信号产量，造成探测器、光阑等部件污染。

3) 样品导电性

在制样部分对样品导电性的要求已有描述。对于导电样品，可以直接使用导电胶或导电银胶固定；对于导电性差或不导电的样品，不仅需要导电胶，还需借助离子溅射仪对样品的表面进行导电处理。用于蒸镀导电层的材料有金、铂、银、铜、铝、碳等。需要注意的是，在不导电材料表面镀层时，镀层厚度一般要大于等于入射电子束进入样品的扩散深度，且不能掩盖样品本身的凹凸形貌结构。此外，镀层元素会对样品的元素分析产生干扰，需要合理地选择镀层元素及厚度。

4) 样品磁性

扫描电子显微镜的物镜和扫描线圈都是通过电磁场控制的，磁性样品在有磁场存在时会造成磁场叠加，叠加的磁场可能不均匀，使得物镜磁场偏离轴心对称，导致束斑变形，造成像散。叠加的磁场影响扫描线圈的交变磁场，影响扫描区域的大小，造成放大倍率不准。因此，对于磁性样品，需要进行额外的消磁处理。

12.3.3　扫描电子显微技术和能谱分析技术前沿实例

扫描电子显微镜主要有两种分析技术：一种是典型的形貌分析；另一种是样品的能谱(或元素)分析。

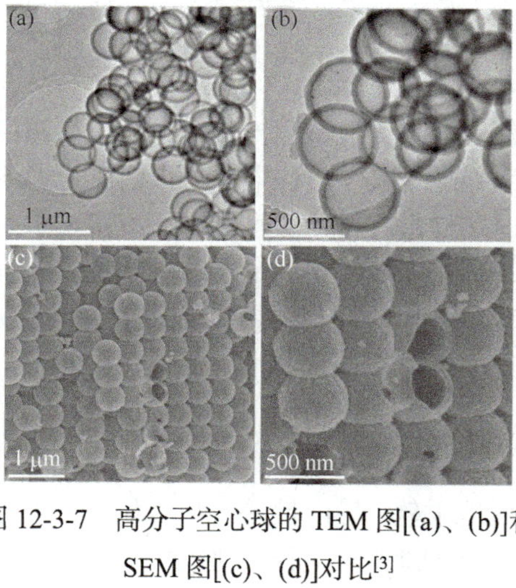

图 12-3-7　高分子空心球的 TEM 图[(a)、(b)]和 SEM 图[(c)、(d)]对比[3]

1. 形貌分析及实例

扫描电子显微镜不仅具有很好的分辨率，而且由于其景深很大，能够获得比透射电子显微镜更加立体的图像。为了能够更好地体现出扫描电子显微镜的这种立体效果，在图 12-3-7 中同时列出了具有空心球壳样品的 TEM 和 SEM 图，其中(a)和(b)是 TEM 图，(c)和(d)是 SEM 图。通过对比这两组电子显微镜图可以发现，TEM 图相对比较扁平，无法分辨样品是空心球还是空心环；而从 SEM 图可以清晰地看出样品为空心球形结构。

2. 能谱分析技术

由前面章节的内容可知，电子与样品相互作用会产生特征 X 射线谱，这是电子显微镜用来分析元素的一个重要技术。其原理与透射电子显微镜相同，即利用聚焦电子束照射需要分析的点、线或面，激发试样元素的特征 X 射线。用谱仪探测并显示 X 射线谱，根据谱线峰值位置的波长或能量确定分析区域中存在的元素。

由于扫描电子显微镜具有逐点扫描的特点，因此由其获得的能谱图有三种基本形式：点扫描分析、线扫描分析以及面扫描分析。例如，定性(定点)分析是对试样某一选定点(区域)进行定性成分分析，以确定该点区域内存在的元素。图 12-3-8 显示了一种负载银纳米颗粒的石墨烯基复合物的 SEM 图和元素分析。由于金属银的信号很强，因此在元素分析中几乎只有银元素信号的存在。由于扫描电子显微镜的特点，点扫描方式通常不是特别精细，仅可以对样品某个局部区域的元素组成进行定性分析。例如，当样品不是很均匀时，可以调整扫描区域，使一些信号发生遗漏。

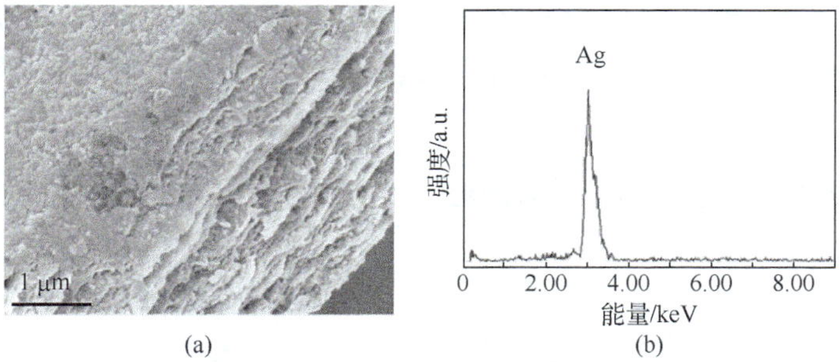

图 12-3-8　负载银粒子的石墨烯膜的 SEM 表征[4]
(a) 样品的宏观图；(b) 元素的定性分析

线扫描以及面扫描实质上与点扫描类似，只是将点扫描在横、纵两个方向上进行了叠加。目前，元素的面扫描是最常用的元素分析技术，因为其不仅能够识别出样品中可能具有的元素(除了氢和氦两种元素)，还可以很好地呈现出各元素在样品中的分散性，从而确定样品的组成在整个块体中是否均匀。与透射电子显微镜的元素分析相比，SEM 因其扫描的范围更大，从而可以得到更加具有代表性的元素分布情况。

图 12-3-9 显示了一种氮掺杂石墨烯的三维多孔结构 SEM 图及相应的元素分布图。图 12-3-9(a) 显示了这个样品的截面图，结合元素分析可以发现，氮和碳元素在整个截面中分布得非常均匀，说明氮元素的掺杂不仅发生在表面，内部也同样得到了有效的氮化。氮元素的掺杂策略会影响样品中氧原子(羟基、羧基、环氧基等)的含量，因此截面中氧的含量显得非常微弱。利用扫描电子显微镜分析样品的元素，可以更加全面地反映宏观样品的元素分布，有助于各种材料组成的分析。

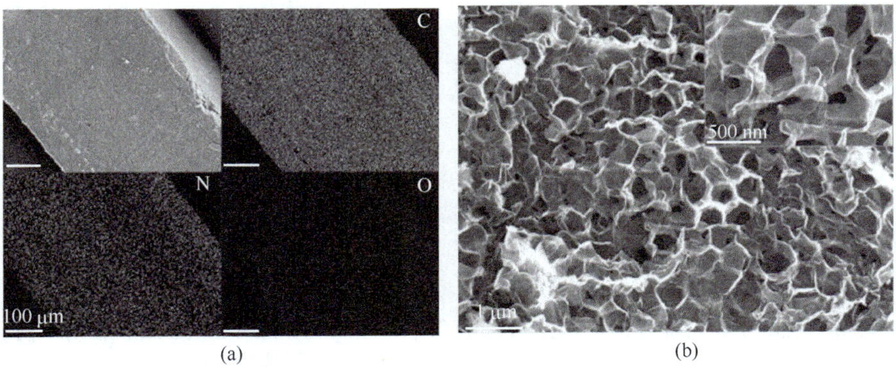

图 12-3-9　氮掺杂的石墨烯多孔材料的 SEM 表征[5]
(a) 样品的宏观截面图及其元素分布图；(b) 局部放大图

12.4　原子力显微镜

1982 年，Binnig 和 Rohrer 在 IBM 公司苏黎世实验室共同研制了第一台扫描隧道显微镜(scanning tunneling microscope，STM)，使人们首次真正实时地观察到单个原子在物体表面的排列方式以及与表面电子行为有关的物理、化学性质。STM 要求样品表面能够导电，从而使得 STM 只能直接观察导体和半导体的表面结构。为了克服 STM 的不足，研究者推出了原子力显微镜(AFM)。AFM 是一种利用原子或分子间的相互作用观察物体表面微观形貌的新型实验技术，即通过探针与被测样品之间微弱的相互作用(原子力)获得物质表面形貌的信息。因此，除导电样品外，AFM 还能够观测非导电样品的表面结构，且不需要用导电薄膜覆盖，其应用领域更为广阔。

12.4.1　原子力显微镜的基本原理及仪器结构

1. 基本原理

AFM 的原理较为简单，它是用微小探针“摸索”样品表面获得相关位置信息。首先，了解一下原子之间的 van der Waals 力。如图 12-4-1 所示，原子与原子之间存在一定的相互作用，当两个原子比较接近甚至接触时，会产生一定的排斥力；而当两个原子距离较远时，则会产生一定的吸引力。AFM 就是通过改变小探针与样品表面的距离探测作用力的变化，然后将探针这种距离的变化转换为电信号，再转为图像信号。

2. 仪器结构

AFM 的仪器结构较为简单，如图 12-4-2 所示。这类设备的主要部分是将一个对微弱力极敏感的微悬臂一端固定，另一端有一微小的针尖；当针尖与样品表面非常接近时，针尖尖端原子与样品表面原子间存在极微弱的力(图 12-4-1)，从而使微悬臂产生微小的上下偏转；通过检测微悬臂的偏转量，可以获得微悬臂对应于扫描各点的位置变化，从而获得样品表面形貌的图像。通常将 AFM 的测试系统分成三个部分：力检测部分、位置检测部分和反馈系统。作为力检测部分的重要传感器——微悬臂(探针)以及位置检测部分是原子力显微镜获得原子分辨率最关键的部件，它们直接影响 AFM 的检测精度。

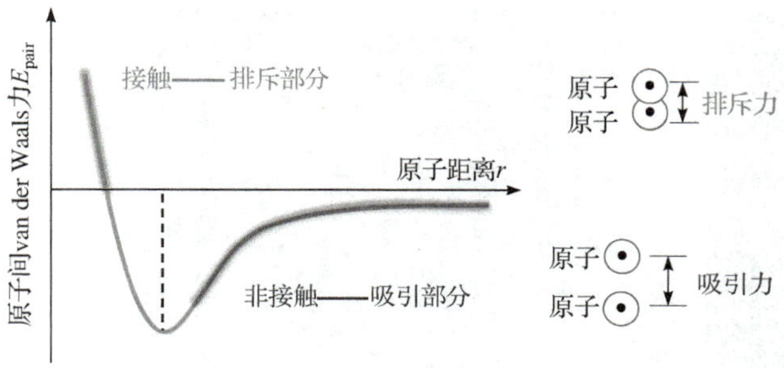

图 12-4-1　原子距离与 van der Waals 力之间的变化关系

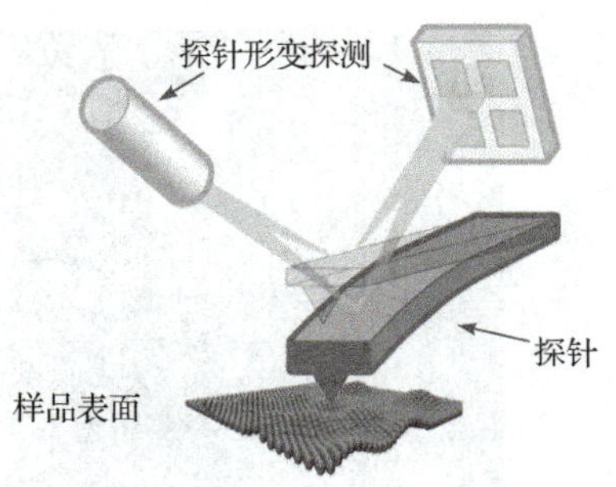

图 12-4-2　AFM 仪器的结构示意图

1) 力检测部分(微悬臂)

在 AFM 中，要检测的根本物理量是原子与原子之间的 van der Waals 力，因此在该系统中使用微悬臂检测原子之间力的变化量。微悬臂通常由长 100～500 μm、厚 0.5～5 μm 的硅片或氮化硅片制成。微悬臂顶端有一个尖锐探针，用来检测样品和针尖间的相互作用。微悬臂探针有一定的规格，如长度、宽度、弹性系数以及针尖的形状，可根据样品的特性及操作模式的不同选择不同类型的探针(图 12-4-3)。

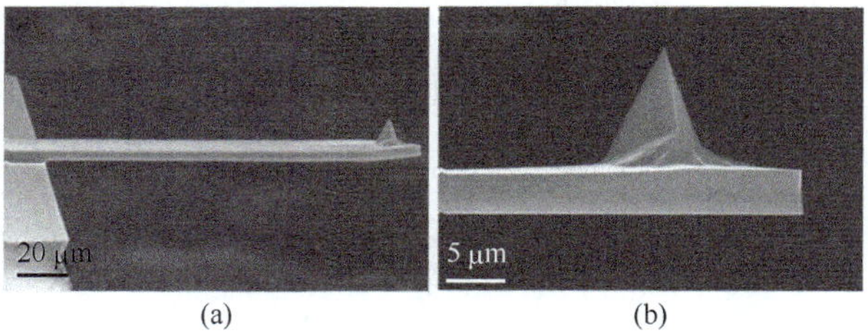

图 12-4-3　原子力显微镜探针示例

2) 位置检测部分

当针尖与样品之间产生相互作用后，会使微悬臂摆动，从而产生位置的偏移。通过记录偏移量并将其转换为电信号，可以获得相应的三维图像。目前微悬臂形变的检测方法有多种，主要包括电容法、隧道电流法、光学干涉法以及光学偏转测量法。这几种方法的检测原理基本相似，只是探测微悬臂形变的方法略有不同。这里简单介绍电容法和光学偏转测量法。

(1) 电容法。电容法是将微悬臂作为平板电容器的一块平板，另一块平板则平行地位于微悬臂上方。微悬臂的偏转量通过测量该电容器的电容值的变化，由电容与距离之间的关系 $C=\varepsilon S/d$(式中，C 为电容；ε 为平行板间介质的介电常数；S 为平行板面积；d 为平行板间的距离)计算得到。电容法的垂直位移检测精度为 0.03 nm 左右，精度相对较差(图 12-4-4)。

(2) 光学偏转测量法。光学偏转测量法是在微悬臂的顶部设置一面微小的镜子，通过检测小镜子上反射光束的偏转可以得到微悬臂偏转的信息(图 12-4-5)。这种检测方法具有简单、稳定、可靠、精度高等优点，是目前原子力显微镜中应用最为普遍的方法。

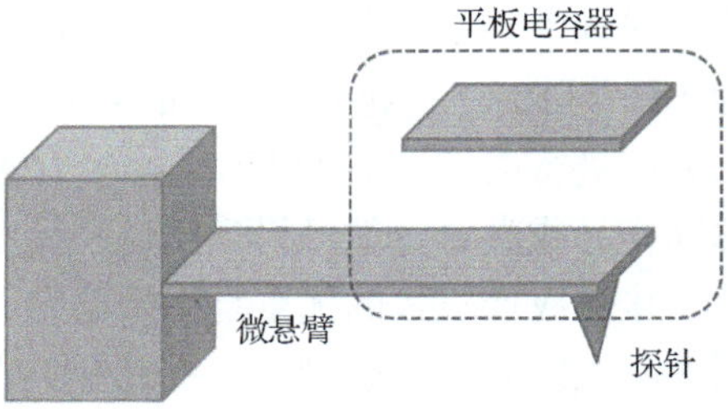

图 12-4-4　电容法测量微悬臂形变示意图

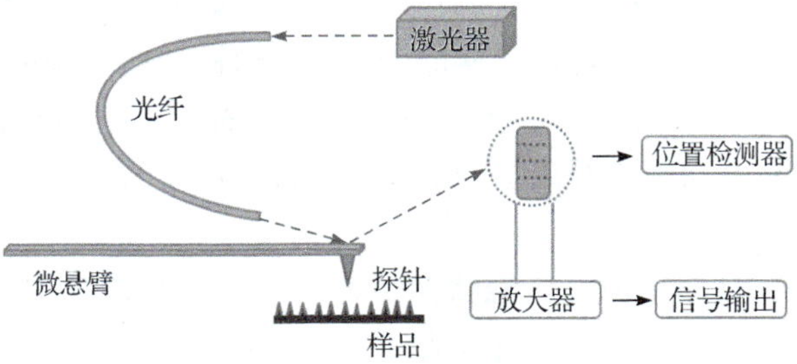

图 12-4-5　光学偏转测量法测量微悬臂形变示意图

3) 反馈系统

在 AFM 系统中，位置信号经由检测器记录后，在反馈系统中将此信号当作反馈信号，通常驱动由压电陶瓷管制作的扫描器做适当的移动，以保持样品与针尖具有一定的作用力。

当对压电陶瓷施加电压时，它会沿特定的方向伸长或缩短，而伸长或缩短的尺寸与所加电压的大小呈线性关系。因此，可以通过改变电压来控制压电陶瓷的微小伸缩。通常将三个分别代表 x、y、z 方向的压电陶瓷块组成三脚架的形状，通过控制 x、y 方向伸缩达到驱动探针在样品表面扫描的目的；通过控制 z 方向压电陶瓷的伸缩达到控制探针与样品之间距离的目的。

12.4.2 原子力显微镜的工作模式及研究对象

1. 工作模式

原子力显微镜有三种基本成像工作模式(图 12-4-6)，分别是接触式(contact mode)、非接触式(non-contact mode)以及敲击式(tapping mode)。

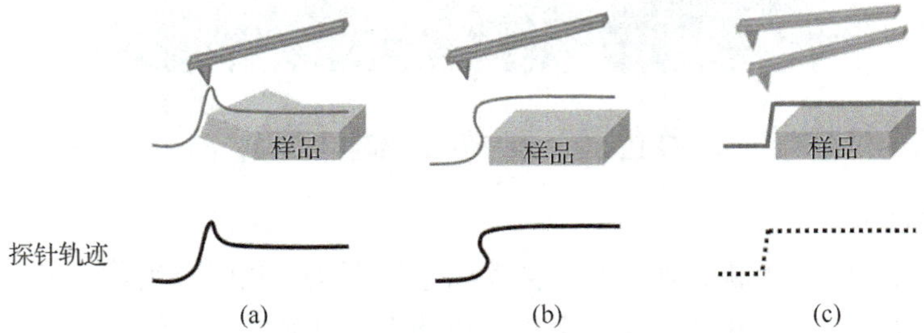

图 12-4-6 原子力显微镜工作模式
(a) 接触式；(b) 非接触式；(c) 敲击式

1) 接触式

接触式是 AFM 工作模式中最直接的成像模式。在整个扫描成像过程中，AFM 探针的针尖始终与样品表面保持紧密的柔性“实际接触”。它们之间的相互作用是排斥力(图 12-4-1)。在这一模式下，通过微悬臂施加在针尖上的力有可能会破坏试样的表面结构，因此力的大小一般为 10^{-10}～10^{-6} N。此外，若样品表面过于柔嫩而不能承受这一作用力，则不宜选用接触式对样品表面进行成像。在接触形成排斥力的条件下，保持针尖与样品间库仑排斥力恒定，通过上下移动样品或微悬臂就可得到用这种斥力模式的样品表面图像。

接触成像模式的优点是图像稳定，分辨率高；缺点是针尖和样品间黏附力的作用、磨损等因素不仅影响成像质量，对探针针尖也有很大的损耗。

2) 非接触式

在非接触式 AFM 中，微悬臂探针以接近其自身共振频率(一般为 100～400 kHz)及几纳米到数十纳米的振幅进行振动。当探针接近样品表面时，探针共振频率或振幅发生变化。检测器检测到这种变化后，把信号传递给系统，然后通过移动样品或微悬臂保持探针共振频率或振幅恒定，进而使探针与样品表面平均距离恒定。在非接触成像模式下，通过记录扫描器的上下移动获得样品表面形貌图。

采用非接触式探测试样表面时，微悬臂在距离试样表面上方 5～10 nm 处振荡。这一距离范围在 van der Waals 力曲线上位于非接触区域(图 12-4-1)，探针和样品表面所受的总力很小，通常在 10^{-12} N 左右。因此，利用非接触式进行测试时，样品不会被破坏，而且针尖也不会被污染，特别适合研究柔嫩物体的表面。然而，由于作用力较小，这种操作模式容易受到外部环境的影响。例如，在室温大气环境下，样品表面会不可避免地积聚薄薄的一层水，它会在样品与针尖之间形成毛细桥，从而增加尖端对表面的黏附力，使图像分辨率变差。因此，非接触成像模式仅适合非常憎水的样品，不适合在普通环境下对样品的表面进行分析。

3) 敲击式

敲击式 AFM 与非接触式 AFM 相似，但它的样品与针尖距离更近。与非接触式 AFM 相同，在敲击式 AFM 中，微悬臂在试样表面上方以其共振频率振荡，针尖会短暂地接触或敲击样品表面。当针尖刚接触到样品时，微悬臂振幅减小到某一数值，反馈系统维持这一数值的振幅。当针尖扫描到样品凸出区域时，微悬臂共振受到阻碍变大，振幅随之减小；相反，当针尖通过样品凹陷区域时，微悬臂振动受到的阻力减小，振幅随之增大。通过微悬臂振幅的变化调节针尖与样品的距离，使微悬臂振幅保持恒定。记录针尖与样品的距离变化，可得样品表面形貌图。

与接触式和非接触式 AFM 相比，敲击式 AFM 有明显的优点。敲击式 AFM 有效防止了样品对针尖的黏滞现象和针尖对样品的损坏。如图 12-4-6 所示，用接触式 AFM 成像易使样品因摩擦力和黏滞力被拉起，从而产生假象；用非接触式 AFM 成像时，因其分辨率低，不能得到样品的精细形貌。敲击式 AFM 集中了接触式分辨率高和非接触式对样品损害小的优点，可以得到既能反映真实形貌又不破坏样品的图像。

2. 研究对象

AFM 主要测量探针与样品表面的作用力变化，因此其应用范围十分广泛。AFM 的样品载体选择范围较宽，包括云母片、玻璃片、石墨、抛光硅片、二氧化硅和某些生物膜等。其中，云母片由于表面非常平整且易于形成(胶带粘贴撕开即可)，是目前最常用的载物平台。此外，抛光硅片也是非常理想的载体，但需要对其表面进行处理(将浓硫酸与 30%过氧化氢溶液按体积比 7 : 3 混合，90℃加热 1 h)。

AFM 可以在大气、真空、低温和高温、不同气氛以及溶液等各种环境下对样品进行表征。由于不受样品导电性质的限制，AFM 可以对导体、半导体和绝缘体等各类样品进行分析，还包括高分子材料、生物样品、有机物种等。此外，除了能够对样品的表面形貌、微纳米结构进行成像分析外，AFM 还可以应用于表面化学反应、纳米加工与操纵、超高密度信息存储、摩擦学及各种力学、生物力学等诸多领域。下面主要以传统无机结构材料、高分子材料以及细胞、蛋白质、核酸等生物材料为研究对象进行讨论。

1) 传统无机结构材料

(1) 三维形貌分析。通过检测探针与样品间的作用力可表征样品表面的三维形貌，这是 AFM 最基本的功能。AFM 在水平方向具有 0.102 m 的高分辨率，在垂直方向的分辨率约为 0.01 m。例如，利用 AFM 可以对二维材料的大小以及厚度进行分析。由于表面的高低起伏状态能够准确地以数值的形式获取，AFM 对表面整体图像进行分析可得到样品表面的粗糙度、颗粒度、平均梯度、孔结构和孔径分布等参数，也可对样品的形貌进行丰富的三维模拟显示，使图像更适合人的直观视觉。

(2) 成分分析。AFM 不能进行元素分析，但它在相位图(phase image)模式下可以根据材料的某些物理性能的不同提供成分的信息。

(3) 原位分析。AFM 提供了一个原子级观测研究晶体生长界面过程的平台。利用其高分辨率以及可在溶液和大气环境下工作的特点，人们可以精确、实时地观察生长界面的原子级分辨图像，了解界面生长的动态过程，深入地研究晶体的生长理论，从而有利于进行晶体材料更为深入的理论研究和实际应用。

2) 高分子材料

(1) 表面微纳米结构。高分子的形貌可以通过接触式和敲击式 AFM 研究。在空气中扫描样品时，水膜的存在使样品与针尖有较强的毛细作用，加大了针尖与样品的表面作用力；直接在液相中扫描样品，可对高分子材料进行形貌表征。

(2) 纳米机械性能。高分子材料弹性模量的变化范围为几兆帕到几吉帕。因此，在接触式 AFM 中，以不同的力扫描样品可以得到样品机械性能的信息。

(3) 高分子组分分布。高分子材料通常由不均一的相组成，因此研究相的分布可以给出高分子材料许多重要的信息。例如，两种不同高分子材料和橡胶颗粒共混，可以从高度图和相图中分辨不同的高分子组分。

3) 生物材料

(1) 形态结构。利用 AFM 可以对细胞的形态进行分析。例如，对于单个细胞，AFM 不但能够提供长度、宽度、高度等形态方面的信息，而且可以对膜上的离子通道、细胞间连接等细微结构，以及膜本身的骨架结构进行分析。AFM 还可以观察蛋白质的细微结构，如蛋白质分子的螺旋结构，并能测算复合物中蛋白质的大小。

(2) 动态过程。AFM 可以在生理状态下观察任何活的生命样品和动态过程，包括生物大分子之间的生化反应过程、病毒对细胞的感染过程、蛋白质的结晶析出等，目前已广泛应用于生物样品的测试表征中，如 DNA 的复制、转录和蛋白质的翻译等生化反应过程。

(3) 生物力学。将空间分辨率与力学感应相结合是 AFM 的一个显著优点。将探针连接在弹性系数很小的微悬臂上，AFM 对力的测量敏感性可达到皮牛(pN)水平，可用于测量生物分子间的相互作用，如核酸与蛋白质的相互作用、酶与底物的相互作用、抗原与抗体的相互作用、受体与受体间的相互作用以及药物小分子与靶向中心的相互作用等。利用 AFM 对各点的高度及作用力进行测量，除可获取生物样品的表面形态和三维结构外，还可以得到其表面硬度、黏弹性、摩擦力等力学特性的表面图谱。

(4) 纳米操纵。利用 AFM 的 van der Waals 力作用原理，能对目标区域进行切割、提取等操作。例如，我国科学家已实现对 DNA 分子的人工拉直操纵，可以将 DNA 排布成纳米尺度的二维网格。对生物大分子的纳米操纵，不仅是获得生物大分子特性的一种新的生物学方法，也为生物大分子的应用展示了更为广阔的前景。

12.4.3 原子力显微镜研究的应用与前沿实例分析

1. 团簇、量子点

团簇和量子点均是尺寸较小的零维颗粒材料，如量子点的尺寸通常为 2～10 nm。利用 AFM 可以对其三个维度方向上的尺寸进行测量。图 12-4-7 显示了石墨烯和碳化钛量子点的 AFM 图。从 AFM 图中不仅可以了解颗粒在水平方向的大小，还可以了解它们在垂直方向的高度(图片下方的曲线变化对应图中画线部分)。

2. 二维材料

二维材料是一类特殊维度的纳米材料，由于这类材料的 z 轴方向(厚度)通常只有若干个甚至是单原子，因此其厚度信息难以用其他电子显微镜技术进行表征。而 AFM 特有的微悬臂测量机理，使其在二维材料的表征方面体现出较大的优势。图 12-4-8 显示了不同尺寸氧化石墨烯的 AFM 图及其厚度变化曲线。图中清晰地显示了单片氧化石墨烯的尺寸，同时通过高度曲线的测量，可以知道氧化石墨烯单片的厚度(约 1 nm)。图 12-4-9 展示了一种具有平面多孔结构特征的二维碳化钛纳米片的 AFM 图及其立体图像。虽然其他表征手段(如 TEM)也可以对平面孔的大小及分布进行表征，但 AFM 不仅可以表征这些相关信息，还可以给出样品的立体结构(结合厚度)信息，有助于人们更好地认识具有特殊微纳米结构的二维材料。

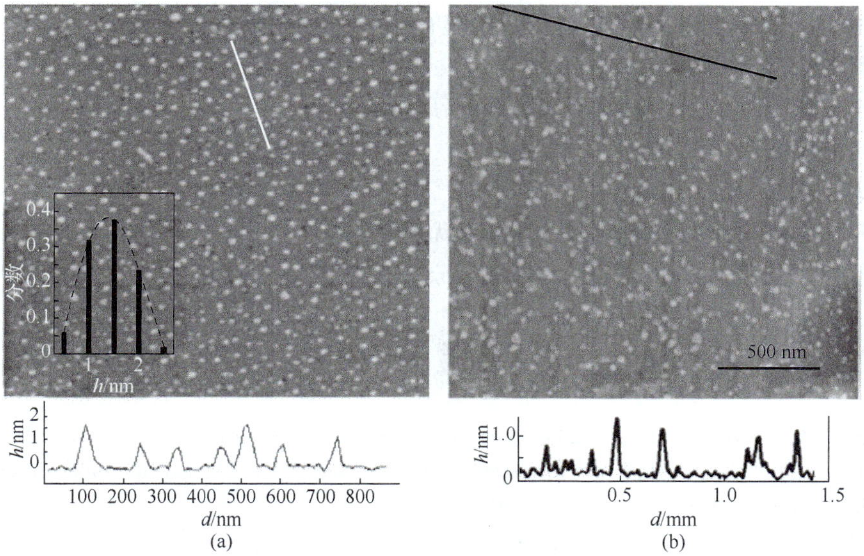

图 12-4-7　石墨烯量子点[6](a)和碳化钛量子点[7](b)的 AFM 图

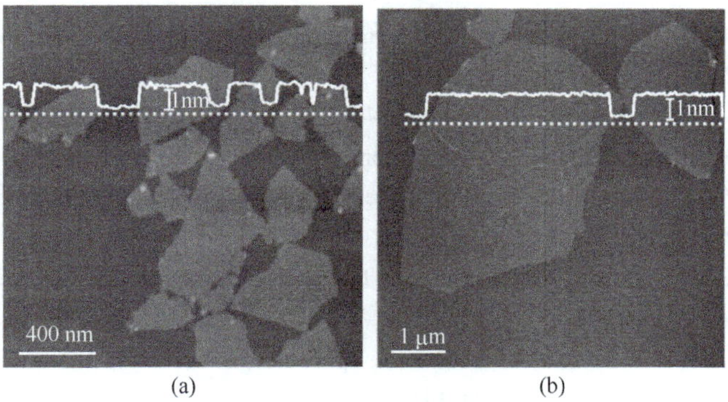

图 12-4-8　不同尺寸氧化石墨烯的 AFM 图及其厚度变化曲线[8]

(a) 小片；(b) 大片

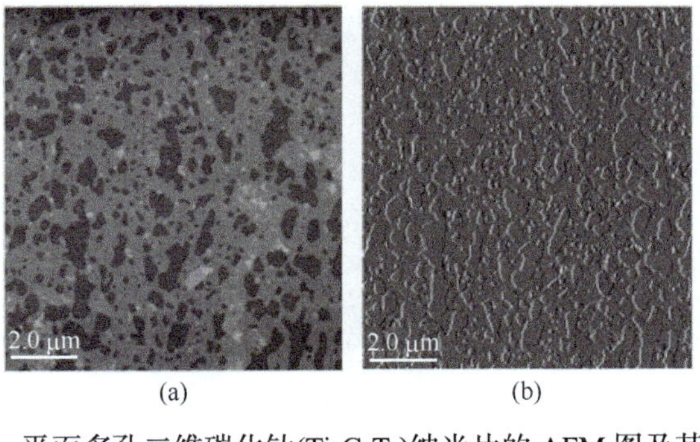

图 12-4-9　平面多孔二维碳化钛($Ti_3C_2T_x$)纳米片的 AFM 图及其立体图像

习　题

1. 光学显微镜和电子显微镜有哪些区别?
2. 电磁透镜中的像差有哪些？各由什么因素引起?
3. 透射电子显微镜可以获得样品的哪些信息?
4. 电子与物体相互作用，表面会激发哪些信号？它们有哪些特点和用途?
5. 扫描电子显微镜的成像原理与透射电子显微镜有何不同?
6. 场发射电子显微镜的主要原理是什么?
7. 扫描电子显微镜和透射电子显微镜的元素分析原理是什么?
8. 扫描电子显微镜对样品有什么要求？为什么?
9. 原子力显微镜的工作原理是什么?
10. 原子力显微镜的工作模式有哪些？各有什么优缺点?
11. 原子力显微镜可以在哪些环境中对样品进行分析?

参 考 文 献

[1] Xu C, Wang X, Zhu J W. Graphene-metal particle nanocomposites. J Phys Chem C, 2008, 112(50): 19841-19845.

[2] Zhang G J, Wang L H, Sa R J, et al. Interconnected N-doped MXene spherical shells for highly efficient capacitive deionization. Environ Sci: Nano, 2022, 9(1): 204-213.

[3] Wei G B, Wang L H, Ding Z X, et al. Carbazole-involved conjugated microporous polymer hollow spheres for selective photocatalytic oxidation of benzyl alcohol under visible-light irradiation. J Colloid Interf Sci, 2023, 642: 648-657.

[4] Xu C, Wang X. Fabrication of flexible metal-nanoparticte films using graphene oxide sheets as substrates. Small, 2009, 5(19): 2212-2217.

[5] Zhang G J, Li W Y, Chen Z X, et al. Freestanding N-doped graphene membrane electrode with interconnected porous architecture for efficient capacitive deionization. Carbon, 2022, 187: 86-96.

[6] Dong Y Q, Shao J W, Chen C Q, et al. Blue luminescent graphene quantum dots and graphene oxide prepared by tuning the carbonization degree of citric acid. Carbon, 2012, 50(12): 4738-4743.

[7] Xue Q, Zhang H J, Zhu M S, et al. Photoluminescent Ti_3C_2 MXene quantum dots for multicolor cellular imaging. Adv Mater, 2017, 29(15): 1604847.

[8] Xu C, Zhu J L, Yuan R S, et al. More effective use of graphene in photocatalysis by conformal attachment of small sheets to TiO_2 spheres. Carbon, 2016, 96: 394-402.

第 13 章　原位光谱监测技术与方法

催化反应过程主要包括外扩散、内扩散、表面吸附、表面反应、表面脱附等基本步骤。催化反应得以发生，主要依赖于其表面活性位的存在。催化剂的表面结构对其物理化学性质、电子结构等特征具有非常大的影响，然而催化剂的表面结构会随着所处环境发生变化，处于一种动态平衡状态，即表面重构。为了实现对催化剂表面结构和表面反应的实时观察，对其进行时间和空间的分辨表征，应用原位光谱监测技术表征催化剂的表面结构已经成为研究催化剂结构和性能不可或缺的重要手段。原位光谱监测技术还可以对化学反应的过程、物质结构以及形态等进行实时观察，得到反应中间体等信息，有助于研究人员分析并明确反应机理。此外，各种光谱监测技术不仅可以独立使用，还可以联合使用，从而获得众多高精度、多维度的研究成果，推动科学研究向前发展。本章主要介绍紫外-可见漫反射光谱、红外光谱、Raman 光谱等原位光谱监测技术与方法。

13.1　紫外-可见漫反射光谱

紫外-可见漫反射光谱(ultraviolet-visible diffuse reflection spectrometry，UV-Vis DRS)不同于一般的吸收光谱，它是一种在紫外、可见和近红外区的反射光谱，与物质的电子结构有关，是研究材料光学性质及半导体能带结构的重要表征手段。

13.1.1　紫外-可见漫反射光谱的基本原理

当光照射到固体表面时，发生反射和散射。当发生镜面反射时，反射角等于入射角，光不被吸收。而当光束入射到粉末状的晶面层时，一部分光在各晶粒面表层产生镜面反射；另一部分光则折射到表层晶粒的内部，经部分吸收后至内部晶粒界面，再发生反射、折射、吸收。如此多次重复，最后从粉末表层朝各个方向反射出来，这种辐射称为漫反射光。对固体粉末样品的镜面反射光及漫反射光同时进行检测可得到其漫反射光谱。光谱产生的根本原理是固体中金属离子的电荷跃迁。在过渡金属离子-配体体系中，一方是电子给予体，另一方是电子接受体，在光激发下发生电荷转移，电子吸收能量，光子从给予体转移到接受体，在紫外区产生吸收光谱。当过渡金属离子本身吸收光子被激发时，发生内部 d 轨道内的跃迁(d-d 跃迁)，需要能量较低，表现为在可见光区或近紫外区的吸收光谱。收集这些光谱信息，即获得漫反射光谱，从而确定过渡金属离子的电子结构(价态、配位对称性)。

一束单色光入射到一种既能吸收光又能反射光的物体上的光学关系通常描述为漫反射定律，称为 Kubelka-Munk 方程，当这个方程应用于无限厚不透明物质时，表示如式(13-1-1)：

$$F(R_\infty)=\frac{(1-R_\infty)^2}{2R_\infty}=\frac{K}{S} \tag{13-1-1}$$

式中，$F(R_\infty)$称为减免函数或 Kubelka-Munk 函数；R_∞ 为层厚无穷大时的绝对反射率，以百分数表示；K 为吸收系数，主要取决于漫反射体的化学组成；S 为散射系数，主要取决于漫反射体的物理特性。

对于半导体纳米粉体材料，其吸收边与 $F(R_\infty)$之间的关系为

$$[h\nu F(R_\infty)]^{1/n} = A(h\nu - E_g) \tag{13-1-2}$$

式中，$h\nu$ 为光子能量，单位为电子伏特(eV)；E_g 为带隙，单位为电子伏特(eV)；A 为比例常数；n 为常数，与材料的性质有关，直接带隙半导体 n 取 1/2，间接带隙半导体 n 取 2。

在实际测试中，通常用白板作为参比，测试样品对于参比白板的相对反射率为 R，此时式(13-1-2)转化为式(13-1-3)

$$[h\nu F(R)]^{1/n} = A(h\nu - E_g) \tag{13-1-3}$$

由紫外-可见漫反射光谱[图 13-1-1(a)]，结合式(13-1-3)可计算材料的带隙 E_g[图 13-1-1(b)]。

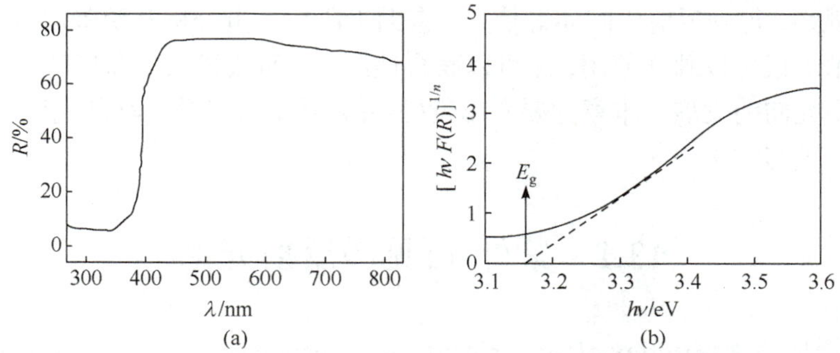

图 13-1-1 半导体纳米 TiO_2 的紫外-可见漫反射光谱(a)和$[h\nu F(R)]^{1/n}$-$h\nu$ 曲线(b)

13.1.2 紫外-可见漫反射光谱的测试方法

1. 积分球法

紫外-可见漫反射光谱的测试方法是积分球法。积分球又称光通球，是一个中空的完整球壳，其结构如图 13-1-2 所示，其典型功能就是收集所有的漫反射光。积分球内壁涂有白色漫反射层(一般为 $BaSO_4$ 或 MgO)，球内壁各点漫反射均匀。光源在球壁上任意一点产生的光照度是由多次反射光产生的光照度叠加而成的，即光源发出的光经过处理进入样品，通过积分球，入射光束照在样品表面，并反射到积分球内，光线在球中自动聚集。由于样品对紫外-可见光的吸收比参比强，因此通过积分球收集到的漫反射光的信号要弱一些，收集起来的光线再投射到接收器(光电倍增管或光电池)，产生电信号，并以波长的函数在记录仪上记录下来，这种信号差异可以转化为紫外-可见漫反射光谱。

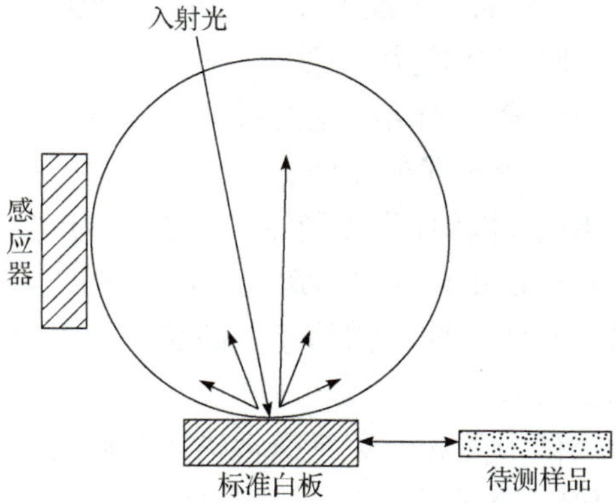

图 13-1-2 积分球示意图

2. 参比白板

选择的参比白板表面应平整光滑，易制备，白板制备原料要求在所要测定的波长范围内具

有良好的反射率(100%)，不能有特征吸收，同时有一定的化学稳定性和机械性能，可以长期使用不变质，不易碎，一般为 $BaSO_4$、MgO、Al_2O_3 或聚四氟乙烯四种材料之一。此外，参比白板的制备技术也会影响其反射率，如颗粒的大小、压片时压力的大小等。自制白板与商用白板均应计量检定后使用。

3. 样品制备

制备样品主要包括以下内容：

(1) 将固体样品(用量应不低于 20 mg)研磨成具有一定颗粒度的粉末，保证重现性，压成片状，干燥。

(2) 样品压制：将样品充满整个样品槽，用玻璃棒压实，使其表面平整光滑；对于特制的样品池，应将样品均匀铺在样品池表面，用石英片或玻璃棒将其压实、压平。

(3) 样品也可以用稀释剂稀释测定，稀释剂可用 MgO、$BaSO_4$、NaCl、SiO_2 等。

4. 测试条件

宜采用如下测试条件：

(1) 光源：氘灯与钨灯。

(2) 波长范围：200～800 nm。

(3) 环境条件：温度 20～25℃，相对湿度不大于 85%。

(4) 扫描步长：小于 1 nm。

(5) 狭缝宽度：2～8 nm。

5. 测试步骤

(1) 取两块白板分别用于参比与基线扫描，将其分别置于参比和样品测试窗口。

(2) 设定波长范围、扫描步长、狭缝宽度、扫描速率等参数。

(3) 对参比白板进行波长扫描，建立系统基线。

(4) 取下样品测试窗口的白板，放置测试样品。

(5) 在设定波长范围内进行扫描，得到测试样品的紫外-可见漫反射光谱。

(6) 按上述步骤，对同一样品应进行至少 3 次平行测试。

13.1.3　影响紫外-可见漫反射光谱的因素

以下因素的影响规律适用于不同型号的紫外-可见分光光度计。

1. 样品

样品用量过少，检测到的信号弱且误差较大，重复性欠佳。此外，水分的存在导致散射能力降低，表观吸光度增加，水分子与样品发生化学反应或形成氢键会使光谱发生变化。

2. 测试

(1) 扫描步长：扫描步长增大会降低测试结果的准确度。

(2) 狭缝宽度：狭缝小，得到的谱图噪声大；狭缝大，测试的分辨率低。

(3) 吸附剂或稀释剂粒度的大小：随着吸附剂或稀释剂粒度的增大，谱带倾向于增宽。因此，在准备样品和制样以及测试过程中需要充分考虑，尽量排除干扰因素。

13.1.4　紫外-可见漫反射光谱谱图解析

紫外-可见漫反射光谱可以研究半导体纳米粉体材料表面吸附、固体物质之间的反应以及光吸收性能的测定。此外，半导体吸收紫外-可见光波段的能量使电子由价带顶跃迁至导带底，产生吸收，由此可获得材料的吸收波长信息，并可通过 Kubelka-Munk 方程计算半导体材料的带隙。

1. 研究固体表面的吸附

固体的表面吸附可分为两种，一种称为物理吸附，另一种称为化学吸附。物理吸附是分子以 van der Waals 力与吸附剂表面连接，而化学吸附是被吸附分子与吸附剂表面生成了化学键(离子键、共价键、配位键等)。物理吸附使分子发生变形，形成诱导的不对称性，使分子的极性发生变化，在吸收光谱中出现谱带偏移；而化学吸附使分子的结构发生变化，在吸收光谱中出现新的谱带。

Ruiz 等利用紫外-可见漫反射光谱确定了 $H_2Ti_3O_7$ 纳米管(NT-8)对碱性品红染料(BF)有化学吸附作用[1]。将吸附前的 NT-8 与吸附 BF 后的 NT-8@BF 的紫外-可见漫反射光谱(图 13-1-3)进行比较，NT-8 只在 350 nm 处有明显的吸收带，而 NT-8@BF 在 530～550 nm 处出现了一个新的宽吸收带，说明 BF 化学吸附在 $H_2Ti_3O_7$ 纳米管表面。

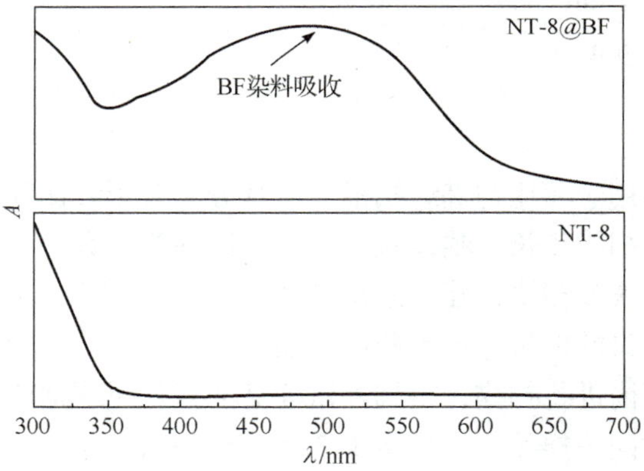

图 13-1-3　NT-8 吸附 BF 前后的紫外-可见漫反射光谱

2. 研究固体物质之间的反应

将所得紫外-可见漫反射光谱与标准谱图或文献记录谱图对比，可以研究催化剂表面过渡金属离子及其配合物的结构、氧化状态、配位状态以及催化剂与载体之间发生的反应和生成的物质。

Long 等采用表面金属有机化学和配体交换相结合的方法，制备了一系列新型表面联吡啶配合物接枝 TiO_2 纳米复合材料[2]，如图 13-1-4 的紫外-可见漫反射光谱所示，Ru-H-TiO_2 纳米杂化物表面的光响应扩大到可见光区，相应的带隙宽度从 3.24 eV 下降到 3.15 eV(图 13-1-4 的插图)。在表面与联吡啶、4, 4-联吡啶、5, 5-联吡啶配体交换，在 400～500 nm 区域出现的两个新吸收峰归因于 Ru(Ⅱ)联吡啶复合物的金属-配体电荷转移(MLCT)和 d→π^*跃迁。

3. 研究催化剂的光吸收性能

在 TiO_2 微球表面整齐排列的 $Ni(OH)_2$ 纳米片的花状纳米结构实现高效光催化析氢[3]。如图 13-1-5 所示，原始 TiO_2 在约 380 nm 处表现出带隙吸收，对应的带隙能量约为 3.2 eV。当包覆 $Ni(OH)_2$ 壳层时，TiO_2 的光响应显著地延伸到可见光区。在 600～800 nm 和 450 nm 可见光区观察到 TiO_2@$Ni(OH)_2$ 样品的吸收。

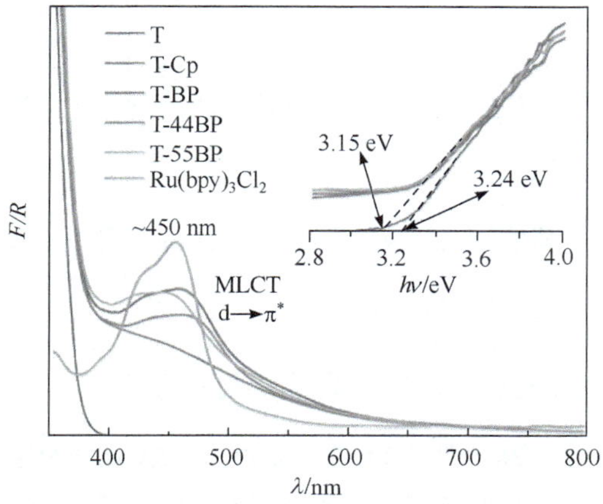

图 13-1-4　光催化剂的紫外-可见漫反射光谱(插图为 Tauc 图)

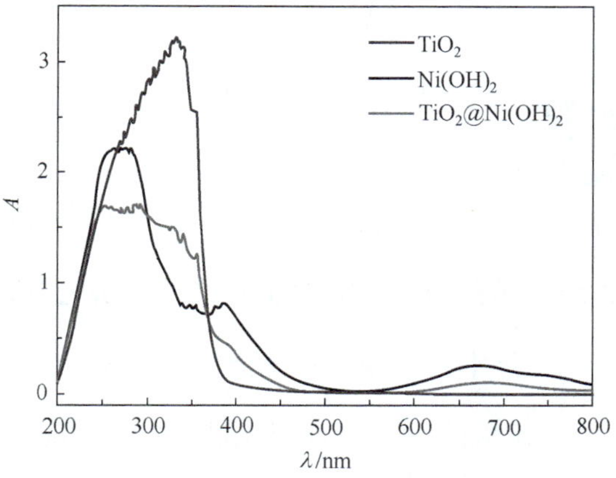

图 13-1-5　$Ni(OH)_2$、TiO_2@$Ni(OH)_2$ 和 TiO_2 样品的紫外-可见漫反射光谱

4. 计算半导体的禁带宽度

计算半导体的禁带宽度主要是利用基于 Tauc、Davis 和 Mott 等提出的式(13-1-4)：

$$(\alpha h\nu)^{1/n} = A(h\nu - E_g) \tag{13-1-4}$$

式中，α为吸光指数；h 为 Planck 常量；ν 为频率；A 为常数；E_g 为半导体禁带宽度；指数 n 与半导体类型直接相关，直接带隙半导体 n=1/2，间接带隙半导体 n=2。

以一种间接带隙半导体为例，具体操作如下：

(1) 计算：利用紫外漫反射光谱数据分别计算 $(\alpha h\nu)^{1/n}$ 和 $h\nu$。其中，$n = 2$；$h\nu = hc/\lambda$ [h=6.626×10^{-34} J · s；c 为光速，3×10^8 m/s；λ 为光的波长(单位为 m)；可得到 $h\nu = 1240/\lambda$，此处 1240 是几个物理学常数相乘除得到的数值。某一波长的光所对应的能量为 hc/λ，即 Planck 常量乘以光速除以光波长，单位为 J，如果将单位转化为电子伏特(eV)，则应记为 $hc/(\lambda e)$，e 为电子电量。将几个常数的数值代入公式可得 $hc/(\lambda e)=(6.626\times10^{-34}\times3\times10^{8})/(\lambda\times1.6\times10^{-19})=1240/\lambda$，此时 λ 的单位为 nm]。可以用 Excel 或 origin 进行计算，注意单位的换算。

(2) 作图：在 origin 中以 $(\alpha h\nu)^{1/n}$ 对 $h\nu$ 作图。

(3) 直线外延求取 E_g：将上述步骤所得图形中的直线部分外推至横轴($y = 0$)，交点即为禁带宽度值。

一种基于溴化甲脒铅和钨酸铋形成 Z 型异质结的光催化剂($FAPbBr_3/Bi_2WO_6$)，因其具有较强的氧化性，用于光催化 CO_2 还原和苯甲醇氧化制苯甲醛反应，实现了太阳能到化学能的转换[4]。分别测试了 Bi_2WO_6、$FAPbBr_3$ 及 12.5% $FAPbBr_3/Bi_2WO_6$(FA/BT)材料的紫外-可见漫反射光谱，利用 Tauc plot 法计算了不同材料的禁带宽度，确定了 Bi_2WO_6 和 $FAPbBr_3$ 的带隙分别为 2.8 eV 和 2.2 eV，如图 13-1-6 所示。

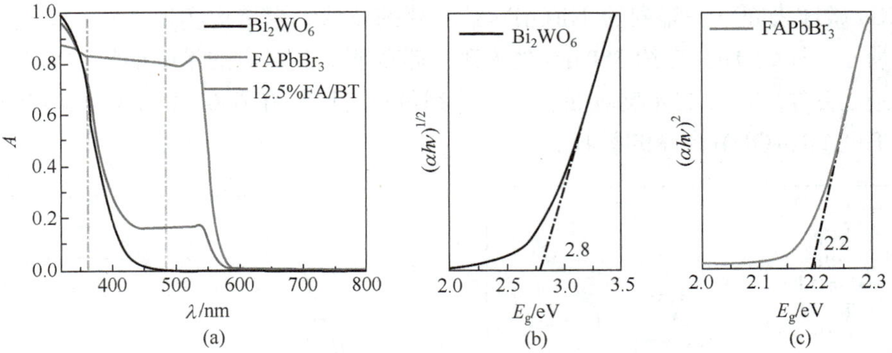

图 13-1-6　Bi_2WO_6、$FAPbBr_3$ 和 12.5% $FAPbBr_3$/Bi_2WO_6 的紫外-可见漫反射光谱(a)和对应的带隙(b)、(c)

13.1.5　紫外-可见漫反射光谱在催化研究中的应用与前沿实例分析

1. 紫外-可见漫反射光谱研究掺杂、负载对 TiO_2 光响应范围及能带结构的影响

利用紫外-可见漫反射光谱与 Tauc plot 法确定催化剂的禁带宽度。例如，石墨烯与 N/Ti^{3+}-TiO_2 形成的异质结构(GNTT)在光降解亚甲基蓝(MB)效率方面相较于纯 TiO_2 和 N/Ti^{3+}-TiO_2(NTT)有明显提升。如图 13-1-7 所示，P25 TiO_2 在 393 nm 处出现吸收带边缘。而 N 掺杂的 TiO_2 吸收带边红移至 420 nm。这是由于氮元素的掺杂在 TiO_2 禁带中引入了掺杂能级，改变了 TiO_2 的电子结构，从而增加了 TiO_2 的光吸收范围。与 N-TiO_2 相比，N 和 Ti^{3+}共掺杂可以进一步促进 N-TiO_2 的光吸收范围。NTT 催化剂在 400～800 nm 表现出更高的吸收强度。此外，由于 GNTT-1、GNTT-2、GNTT-3 含有黑色石墨烯，因此在 400～800 nm 表现出了更广泛的吸收。根据 Tauc plot 法换算带隙值可以进一步探索掺杂对 TiO_2 能带结构的影响。计算出 P25 TiO_2 的带隙约 3.09 eV，N-TiO_2 约 2.89 eV，NTT 约 2.62 eV，GNTT-1 约 2.50 eV，GNTT-2 约

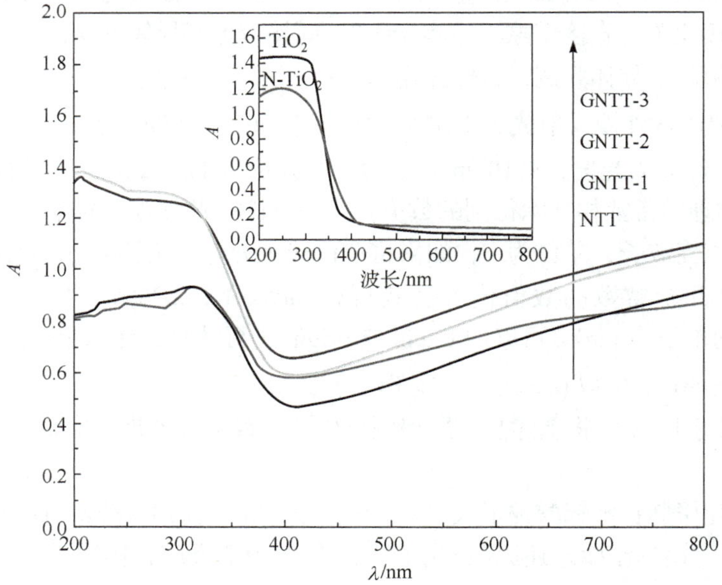

图 13-1-7　TiO_2、N-TiO_2、NTT 和 GNTT 样品的紫外-可见漫反射光谱

2.41 eV 以及 GNTT-3 约 2.35 eV。通过对比发现，将掺杂剂引入 TiO_2 的晶格中会导致 TiO_2 的带隙减小，从而拓宽了光吸收范围。此外，GNTT-1、GNTT-2 和 GNTT-3 异质结构的带隙比 NTT 更小，表明石墨烯与 TiO_2 偶联可以缩小其带隙。而 TiO_2 带隙的变化会影响 TiO_2 吸收光子能量的能力，进而影响光生载流子的产生与迁移。因此，与 TiO_2、N-TiO_2 和 NTT 样品相比，GNTT 样品具有更好的光学响应，展现了其在可见光催化方面的潜力[5]。

2. 紫外-可见漫反射光谱测定 WO_{3-x} 的氧空位浓度

通过对比不同催化剂的紫外-可见漫反射光谱可以检测材料中氧空位浓度的变化情况[6]。采用真空脱氧的方法可以在 WO_3 表面引入氧空位缺陷。图 13-1-8 展示了 WO_3 和不同温度下生成的 WO_{3-x} 样品的紫外-可见漫反射光谱。可以看到，高度结晶的 WO_3 吸收带边缘位于 460 nm 处，在 460～800 nm 基本上没有长波的可见光吸收。而 W150、W250、W350、W450 和 W550 样品的吸收带边缘逐渐向长波的可见光区移动，且样品仍然保持对紫外光的吸收。随着处理温度的升高，氧空位数量增加，样品颜色发生变化。真空热处理后的样品在 480～800 nm 的可见光吸收逐渐增强。以上实验结果表明，大量的氧空位可能在 WO_{3-x} 的禁带中形成缺陷能级，从而缩小带隙，增强可见光吸收。

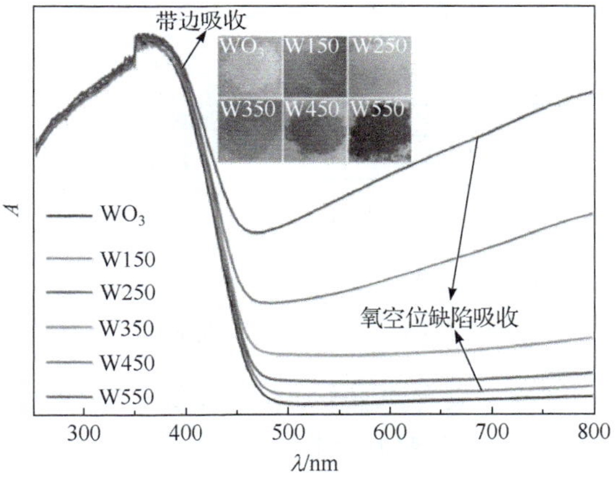

图 13-1-8 WO_3、W150、W250、W350、W450 和 W550 样品的紫外-可见漫反射光谱

13.2 原位 Fourier 变换红外光谱

在诸多催化剂表征方法中，分子光谱尤其是红外光谱是最有前景和应用最广泛的表征方法。通常所说的红外光谱指的是入射光波数范围为 400～4000 cm^{-1} 的中红外光谱。由于分子的红外光谱可以给出结构信息，因此许多年以前人们就对红外光谱用于催化研究十分感兴趣。Fourier 变换红外光谱仪具有波数定位准、光谱分辨率高、光谱采集速度快、信噪比高等优点，因而得到了广泛的应用。

13.2.1 Fourier 变换红外光谱的基本原理

任何分子就其整个分子而言，都是电中性的。但构成分子的各原子因价电子得失的难易而表现出不同的电负性，因此分子也显示不同的极性。通常用分子的偶极矩 μ 描述分子极性，设正、负电中心的电荷分别为 $+q$、$-q$，正、负电荷中心距离为 d，则 $\mu = q \times d$。由于分子内原子处于其平衡位置不断振动的状态，在振动过程中 d 的瞬时值不断发生变化，因此分子的偶极矩 μ 也发生相应的改变，即分子具有确定的偶极矩变化频率。单原子或同核双原子分子 $d=0$，这类对称分子中原子的振动并不引起偶极矩的变化。

一个原子在空间的运动有 3 个自由度，分子作为一个整体的运动有平动、转动和振动，含有 n 个原子的分子在空间的运动就有 $3n$ 种运动状态。分子振动能级之间的跃迁(同时伴随转动能级的跃迁)产生红外光谱(图 13-2-1)。只有将外界红外光的能量转移到分子中才能实现分子振动能级的跃迁，这种能量的转移是通过偶极矩的变化实现的。将有偶极矩变化的基团视为一个偶极子，偶极子具有一定的原有振动频率，因此只有当辐射频率与偶极子频率匹配时，分子才与辐射能发生相互作用，从而增加它的振动能，使振动加剧，即分子由原来的基态振动跃迁到较高的振动能级。因此，并非所有的振动都会产生红外吸收，只有发生偶极矩变化的振动才能引起可观测的红外吸收，这种振动称为红外活性，反之则称为非红外活性。若用连续频率的红外光照射某样品，由于样品对不同频率的红外光吸收不同，将得到该样品的特征红外吸收光谱图。

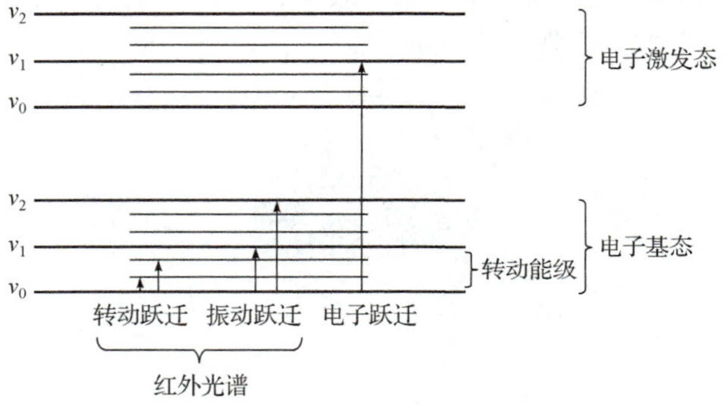

图 13-2-1　红外光谱原理示意图

在分子振动的形式中，双原子只有伸缩振动，而多原子有多种振动形式，但可以将其分解为许多简单的基本振动。大体上可归纳为伸缩振动和弯曲振动两大类(图 13-2-2)。伸缩振动是指原子沿键轴方向做使键长发生变化的往返运动。弯曲振动也称变形振动，是指原子沿垂直于它的键轴方向的运动，可能有键角的变化。弯曲振动又分为面内弯曲振动及面外弯曲振动两种。面内弯曲振动是指弯曲振动在几个原子构成的平面内进行。面外弯曲振动是指弯曲振动在几个原子构成的平面上下进行。上述每种振动都具有其特定的振动频率，即有相应的红外吸收峰。除了因为仪器分辨率不高导致的吸收峰数目减少之外，并不是所有的分子振动形式都能在红外区域中观察到，实际上反映在红外光谱中的吸收峰有时会增多或减小。

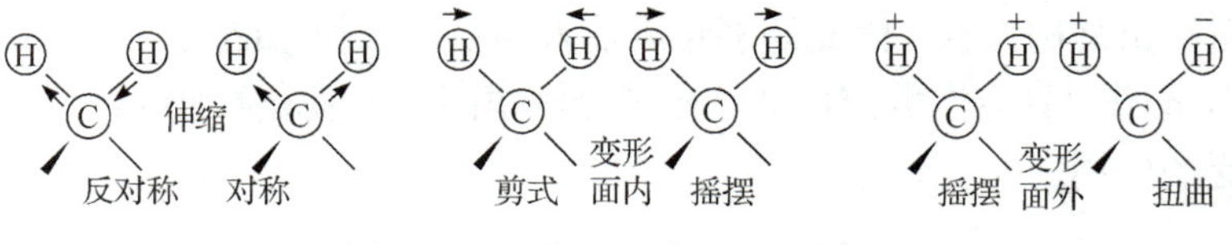

图 13-2-2　分子振动形式示意图

在红外光谱中，红外吸收峰的强度与分子振动时偶极矩的变化以及能级的跃迁概率有关。振动时分子偶极矩的变化越小，谱带强度越弱。红外吸收强度分别用很强(vs)、强(s)、中(m)、弱(w)表示。基团的振动频率则主要取决于基团中原子的质量及化学键的力常数。不同基团的某种振动形式可能在同一频率范围内都有红外吸收。例如，—OH、—NH 的伸缩振动峰都在 3400～3200 cm^{-1}，但二者峰形状有显著不同。此时，峰形的不同有助于官能团的鉴别。因此，通过样品的红外特征吸收峰的变化，就可得到分子结构方面的详细信息。

13.2.2 各类有机化合物基团的特征吸收

典型的有机化合物基团对应的特征吸收峰如表 13-2-1 所示。

表 13-2-1 典型的有机化合物基团对应的特征吸收峰

键型	化合物类型	吸收峰位置/cm^{-1}	吸收强度
C—H	烷烃	2960～2850	强
═C—H	烯烃及芳烃	3100～3010	中等
≡C—H	炔烃	3300	强
C—C	烷烃	1200～700	弱
C═C	烯烃	1680～1620	不定
C≡C	炔烃	2200～2100	不定
C═O	醛	1740～1720	强
	酮	1725～1705	强
	酸及酯	1770～1710	强
	酰胺	1690～1650	强
—OH	醇及酚	3650～3610	不定，尖锐
	氢键结合的醇及酚	3400～3200	强，宽
—NH_2	胺	3500～3300	中等，双峰
C—X	氯化物	750～700	中等
	溴化物	700～500	中等

13.2.3 影响吸收峰位置变化的因素

基团的振动频率并不是孤立的，而是与分子内部各种结构因素，如振动耦合、空间效应、氢键、质量效应、诱导效应和共轭效应等，以及外部因素，如测定条件、试样状态、溶剂极性等有关。影响吸收峰位置变化的因素很多，在此简单列举如下。

1. 振动耦合

当两个基团相邻且振动基频相差不大时，振动的耦合引起吸收频率偏离基频，一个移向高频方向(反对称)，另一个移向低频方向(对称)，这种现象称为振动耦合。而当一种振动模式的倍频或合频与另一振动基频相近时，由于其相互作用而产生的强吸收带或发生的峰裂分称为 Fermi 共振。Fermi 共振也是一种振动耦合，只不过发生在基频与倍频或合频之间。

2. 空间效应

分子中大的基团存在空间位阻作用，迫使邻近基团的键角改变，使其振动吸收频率发生变化。当共轭体系的共平面性被破坏或偏离时，共轭体系也受到影响或破坏，其吸收频率将移向高波数。

3. 氢键

氢键的形成降低了化学键的力常数，吸收频率移向低波数方向；振动时的偶极矩变化加大，吸收强度增加，常形成宽而强的吸收峰。氨基发生分子缔合，其吸收频率可降低 100 cm^{-1}或更多。羧基形成强烈氢键，吸收频率移至 2500～3000 cm^{-1}。

4. 质量效应

当一些含氢基团与某些基团的吸收峰发生重叠时，可将该官能团的氢进行氘代，使其吸收峰移向低波数，将原来的重叠峰分离。例如，在蛋白质中酰胺Ⅰ带的吸收峰与水分子的 O—H 弯曲振动的强吸收峰重叠，因此经常使用重水代替水研究溶液状态下的蛋白质分子。

5. 诱导效应和共轭效应

取代基具有不同的电负性，通过静电诱导作用，引起分子中电子分布的变化，从而改变化学键力常数，使振动频率发生变化，这种效应称为诱导效应。诱导效应振动频率向高波数移动。共轭效应使共轭体系中的电子云密度平均化，双键略有伸长，单键略有缩短，使双键具有单键特性而单键具有双键特性。共轭效应使振动频率向低波数移动。

6. 外部因素

外部因素对官能团吸收频率的影响往往是通过内因起作用的。温度对物质的红外吸收光谱有明显的影响，低温下，物质的吸收带尖锐；温度升高，带宽增加，带数减少。同一物质，其所处状态不同导致分子间相互作用不同，测得的光谱也不同，一般在气态下测得的谱带的波数最高，并能观察到振动谱带的转动精细结构。如果样品分子中含有极性基团，则溶剂的极性越强，二者相互作用越强，样品红外光谱的变化越大。

由于多种因素都对官能团的吸收频率有影响，当把未知物红外光谱图与已知样品或标准谱图对比时，应注意作图条件，最好能以大致相同条件下得到的光谱图进行对比。

13.2.4　原位 Fourier 变换红外光谱谱图解析

催化剂表征研究中主要涉及化学吸附。化学吸附中由于吸附分子与表面形成某种键合，因此吸附分子的红外光谱与吸附前相比有较大的变化。除了会出现新的吸附键(表面键)的伸缩振动等谱带外，还会影响原来分子的振动频率，导致一定的位移。如果吸附后分子的化学结构有所改变(如双键打开等)，则相应的振动频率变化更大。化学吸附分子的振动光谱尽管会有较大的变化，但是它仍保留着吸附前的许多光谱特征。原位谱学观察是阐明反应机理、分子与催化剂相互作用的动态学和中间物结构最有效的技术。这有利于吸附分子的鉴别，通过吸附前后光谱的对比，可以获得吸附物种的有关信息，进而关联有关的催化现象。

解析红外谱图时，计算振动自由度很重要，它反映了吸收峰的数量，谱带简并或发生红外非活性振动会使吸收峰的数量少于振动自由度。振动自由度计算公式如下：

$$\text{非线性分子振动自由度} = 3n - 6$$

$$\text{线性分子振动自由度} = 3n - 5$$

式中，n 为分子中所有原子的数目。振动自由度与原子数(n)直接相关，原子越多，振动模式越复杂。此外，碳骨架的不饱和程度(不饱和度 N)通常也与振动模式的复杂程度相关。N 的计算公式如下：

$$N = \frac{2n_C + 2 - n_H + n_X - n_N}{2}$$

式中，n_C 为分子中碳原子数；n_H 为分子中氢原子数；n_X 为分子中卤素原子数；n_N 为分子中氮原子数。$N=0$，表示无双键或环状结构；$N=1$，表示一个双键或一个环状结构；$N=2$，表示两个双键或两个环或双键和环或一个三键；$N=4$，表示分子中可能含有苯环；$N=5$，表示分子中可能含有一个苯环和一个双键。分子中环或重键越多，振动模式越复杂。

红外光谱峰的类型如下：

(1) 基频峰：分子吸收一定频率的红外光，振动能级从基态跃迁至第一振动激发态产生的吸收峰。基频峰的峰位置等于分子或基团的振动频率，强度大，是红外光谱的主要吸收峰。

(2) 泛频峰：分子的振动能级从基态跃迁至第二振动激发态、第三振动激发态等高能态时产生的吸收峰，此类峰强度弱，难辨认，但增加了光谱的特征性。

(3) 特征峰和指纹峰：特征峰是可用于鉴别官能团存在的吸收峰，对应于分子中某化学键或基团的振动形式，同一基团的振动频率总是出现在一定区域；而指纹区吸收峰特征性强，对分子结构的变化高度敏感，能够区分不同化合物结构的微小差异。

红外谱图解析步骤：先特征，后指纹；先强峰，后次强峰；寻找一组相关峰再佐证；先识别特征区的第一强峰，找出其相关峰，进行归属。

13.2.5　电化学原位红外光谱

1. 电化学原位红外光谱的四种模式

电化学原位红外光谱是将电化学测量方法与红外光谱技术结合，实时监测气-液-固三相界面处发生的催化反应，在分子水平上获得反应物、目标产物、电极表面成键、中间体等信息。这种表征技术对研究电催化反应机理、调控催化剂电子结构和验证新的表面成键模式具有重要意义。电化学原位红外光谱的入射模式可分为透射模式(transmission mode)和反射模式(reflection mode)，反射模式又可分为外反射模式和内反射模式，内反射模式进一步分为Kretschmann 模式和 Oto 模式。Kretschmann 模式是将催化剂直接化学镀到窗片上，入射光在催化剂-窗片界面处发生全反射，如直接将铜催化剂电镀到石英晶体上；Oto 模式是具有高折射率的窗片和催化剂之间存在狭缝，狭缝的宽度非常小，为几十到几百纳米，使用起来不方便，故很少使用。透射模式如图 13-2-3(a)所示；外反射模式如图 13-2-3(b)所示，两种内反射模式如图 13-2-3(c)和(d)所示。

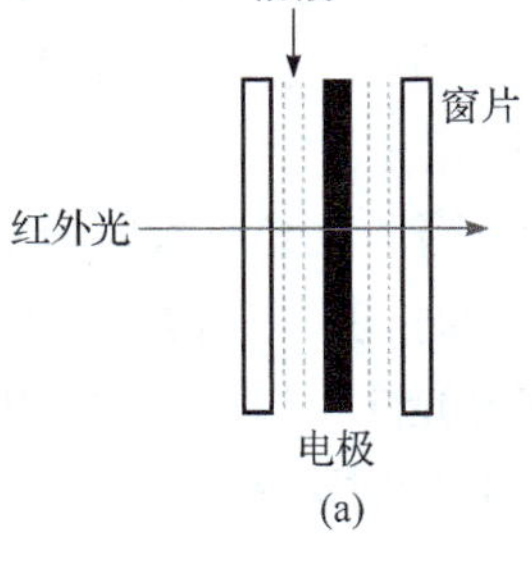

(a)

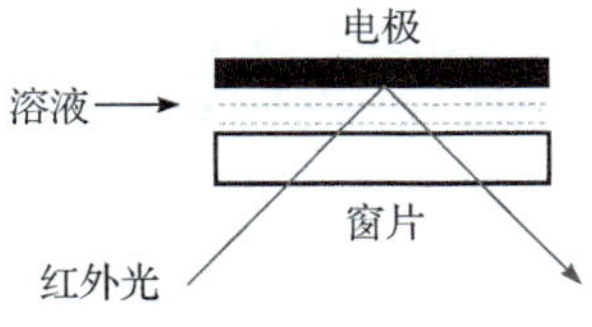

(b)

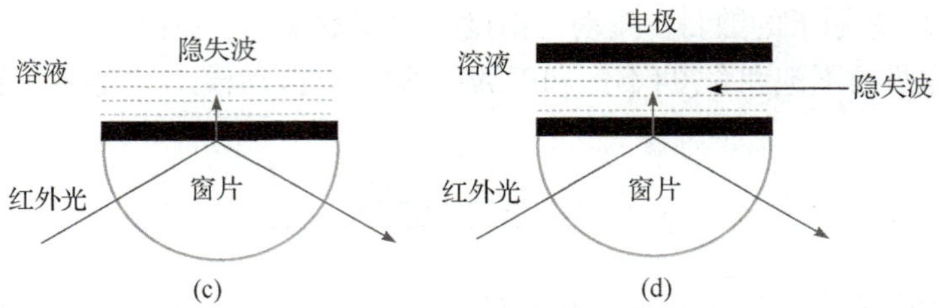

图 13-2-3　电化学原位红外光谱的四种模式

(a) 透射模式；(b) 外反射模式；(c) Kretschmann 内反射模式；(d) Oto 内反射模式

2. 测试电解池

绝大多数固体电极不透红外光，有吸收，因此电化学原位红外光谱大多数情况下采用反射模式。采用外反射模式可以检测电极表面吸附物种的性质、取向和成键方式，采用的电解池是薄层电解池，如图 13-2-4(a)所示。两种内反射模式采用的电解池为衰减全反射(attenuated total reflection，ATR)电解池，如图 13-2-4(b)所示。

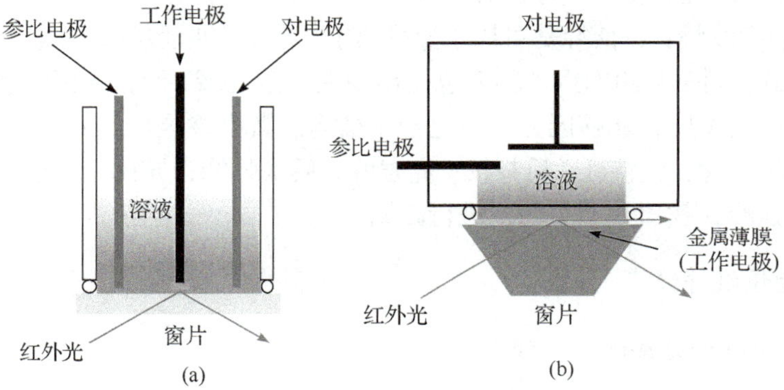

图 13-2-4　电化学原位红外光谱电解池

(a) 薄层电解池；(b) ATR 电解池

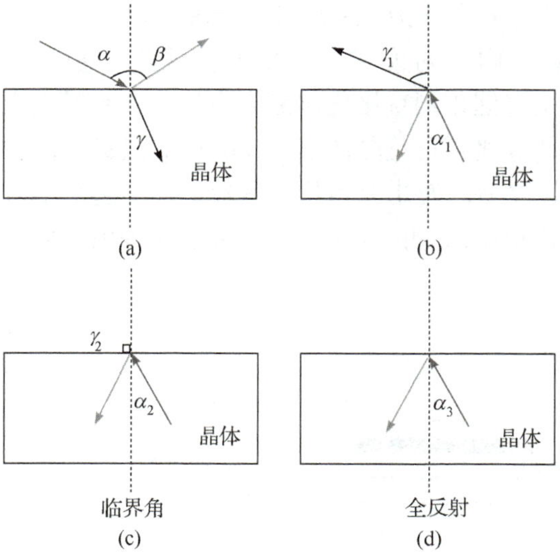

图 13-2-5　单色光反射、折射和全反射示意图

ATR 附件可以分为四类：水平 ATR、可变角 ATR、圆形池 ATR 和单次反射 ATR。前三类都属于多次内反射 ATR，最后一类属于一次内反射 ATR。这四类 ATR 附件的工作原理都是相同的。ATR 的工作原理如图 13-2-5 所示。当一束单色光以入射角α从空气射向一块透光材料的晶体表面时，其中一部分光发生反射(反射角β等于入射角α)，另一部分光发生折射，如图 13-2-5(a)所示。因为空气与晶体材料相比，空气是光疏介质，晶体是光密介质，所以入射角α大于折射角γ。

相反，当一束光以入射角α_1从晶体内部射向晶体内表面时，其中一部分光在晶体内发生反射，而另一部分光向空气中折射，如图 13-2-5(b)所示。因为晶体的折射率大于空气的折射率，所以入射

角 α_1 小于 γ_1。随着入射角 α_1 的增大，折射角 γ_1 也增大。当入射角 α_1 增大到一定角度 α_2 时，折射角 γ_2 等于 90°，此时折射光将沿晶体界面传播，如图 13-2-5(c)所示。当折射角等于 90° 时的入射角称为临界角。当入射角 $\alpha_3 > \alpha_2$，即入射角大于临界角时，入射光全部被反射，如图 13-2-5(d)所示。ATR 附件就是利用光的全反射原理工作的。

不同的电化学原位红外光谱电解池，其电动势响应速率、传质速率和电流分布密度以及对中间产物的敏感性不同，因此在测试过程中应根据反应的特点使用合适的电解池，目前得到的电化学原位红外光谱大多数使用的是 ATR 电解池。尽管红外光在金属薄膜和窗片之间发生全反射，但红外光的隐失波(evanescent wave)仍可通过金属薄膜到达溶液界面并呈指数衰减，ATR 电解池是依靠电极表面产生的隐失波检测表面物种的红外信号。隐失波是红外光在晶体外表面上产生的一种驻波，可以理解为红外光在晶体表面上光波垂直于电极表面的一种分量，如图 13-2-6 所示。

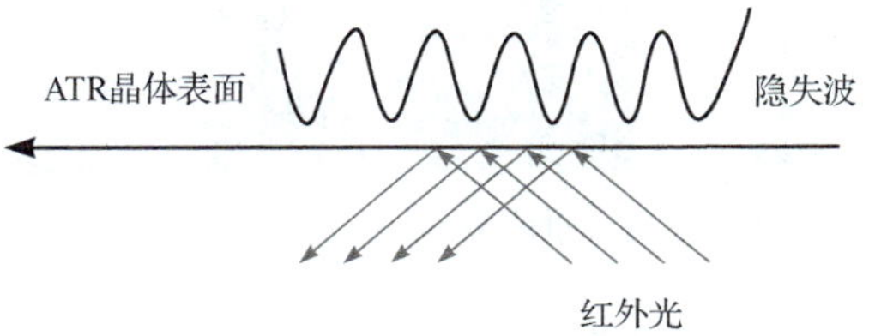

图 13-2-6　隐失波

3. 电化学原位 Fourier 变换红外光谱测试方法

电解液：0.1 mol/L $KHCO_3$。

工作电极：工作电极可以分为以下三类：金属铜电极、贵金属电极(如金电极)和玻碳电极，如图 13-2-7 所示。采用这些金属作为工作电极，因为它们不仅是优良的电子导体，而且能够在测试过程中产生表面增强信号。

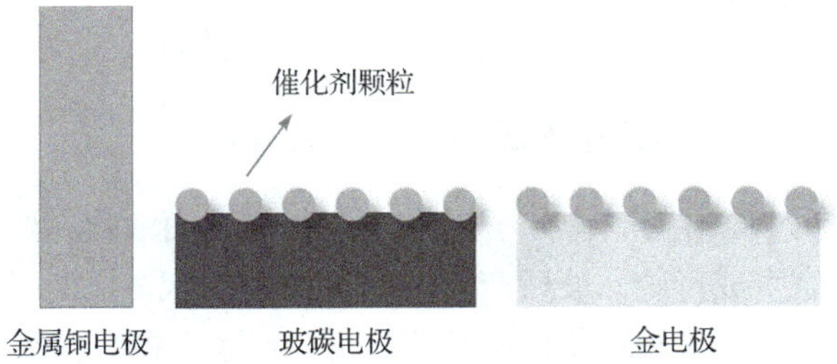

图 13-2-7　常见的工作电极

参比电极：银-氯化银参比电极(饱和氯化钾溶液)。

对电极：铂片电极。

电化学工作站；Fourier 变换红外光谱仪。

检测器：采用 Hg-Cd-Te(mercury cadmium telluride，MCT)半导体材料薄膜检测器，又称光电导检测器。

测试方法：恒电位测试，实时记录 Fourier 变换红外光谱。测试电位从开路电位(OCP)到 −1.2 V (*vs*. RHE)，测试时间为 80 s，间隔 0.1 V 采集一次红外光谱。

注意事项：过电位较小时，反应动力学较慢，产生的气体较少，测试效果更佳，有利于研究催化剂结构的变化。随着过电位增加，反应动力学加快，产生气体较多，对红外光有一定的散射作用，测试效果变差。另外，产生的气体会使催化剂从电极表面脱落，无法继续测试。这可以通过增加催化剂浆液负载量或者提高电极浆液的黏度解决，但负载量不是越多越好，不同材料具有不同的最佳负载量。测试装置如图 13-2-8 所示。

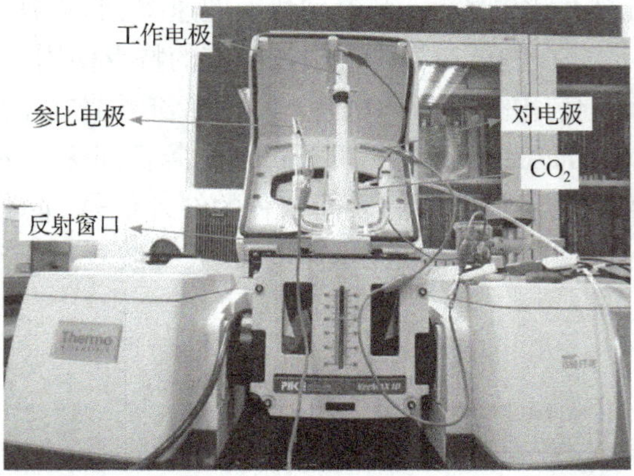

图 13-2-8　电化学原位 Fourier 变换红外光谱测试装置

4. 电化学原位红外光谱的谱图采集

$$\frac{\Delta R}{R}=\frac{R(E_S)-R(E_R)}{R(E_R)}$$

$$A=-\lg\frac{R(E_S)}{R(E_R)}$$

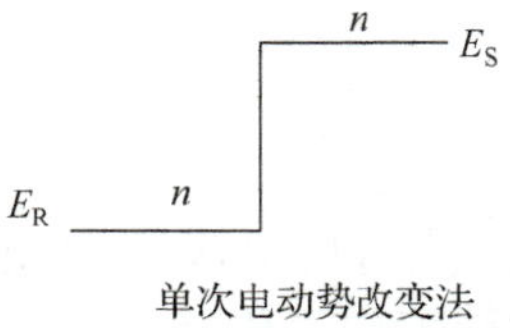

图 13-2-9　参考电动势 E_R 和研究电动势 E_S 下得到的计算公式及电动势差谱

单次电动势改变法：在采集电化学原位红外光谱时，首先在参考电动势 E_R 下采集 n 次干涉图，然后一次性地阶跃到研究电动势 E_S 下，同样采集 n 次干涉图。经过 Fourier 变换得到 E_R 和 E_S 下的单光束光谱 $R(E_R)$和 $R(E_S)$，最终光谱为 E_R 和 E_S 下得到的电动势差谱，如图 13-2-9 所示，A 为吸光度，由图中公式计算得出。这种方法通常用于研究在 E_R 和 E_S 下发生不可逆变化和反应的体系。

13.2.6　原位红外光谱在光催化研究中的应用与前沿实例分析

一般认为，催化反应过程由反应物分子吸附在催化剂表面活化，然后与另一被活化的分子或反应分子发生催化反应生成产物，最后产物脱附等步骤组成。长期以来，人们研究了各种分子在催化剂表面的吸附态，获得了许多有意义的信息，但是这些信息都是在反应没有发生时测得的。因此，测定催化剂表面吸附物种结构，对认识和了解催化反应机理具有重要的意义。原位红外光谱是研究反应中间物种和反应机理的重要技术和方法。

当反应物分子吸附到催化剂表面后，由于吸附分子与催化剂表面的相互作用，原来分子的振动频率和红外吸收强度发生变化，通过分析这些变化，就可获得吸附物种的结构信息，在多种吸附物种中识别出参与反应的中间物，进而揭示催化反应的机理。

Yuan 等利用原位漫反射 Fourier 变换红外光谱技术，对 N_2 和 NRR 途径在 BTO 和 BTO-OV2 上的吸附状态进行了探究[7]。如图 13-2-10(a)所示，3000～3700 cm^{-1} 和 1670 cm^{-1} 附近两个明显的宽峰对应 BTO 和 BTO-OV2 表面的羟基峰。当 N_2 分子化学吸附在催化剂上时，电子注入 π^*反键轨道中，从而延长了 N≡N 键，降低了振动频率。当 N_2 以端向构型进行吸附时，

吸附的 N_2 分子的振动频率通常为 2400～1800 cm^{-1}；而在侧向吸附构型中，两个 N 原子可以同时与催化剂相互作用，进一步延长 N≡N 键，导致红移。随着吸附时间的延长，BTO-OV2 谱图中 1630 cm^{-1} 处的峰强度逐渐增加，表明 N_2 的侧向吸附增强。相比之下，原始 BTO 谱图中并没有观察到明显的 N_2 吸附峰。随后研究了光照射下中间体随反应时间的变化。如图 13-2-10(b)所示，3555 cm^{-1} 处的峰对应 N—H，而在 1392 cm^{-1} 和 2894 cm^{-1} 处的峰可归因于 BTO-OV2 对 NH_4^+ 的特征吸收。此外，在 1056 cm^{-1} 和 1242 cm^{-1} 处的峰可归属于 NH_x 中间物种。因此，反应机理如下：N_2 中的两个氮原子连接到 OVs 附近的两个 Ti^{3+} 上，优先在其中一个氮原子上加氢，打破 N≡N 键。然后将每个氮原子分别氢化，形成两个等价的氨。此外，在以原始 BTO 为催化剂的实验条件下，未检测到与 N 相关的中间体物种，这进一步证实了 OVs 附近的 Ti^{3+} 可能在氮分子的吸附和活化中起关键作用。

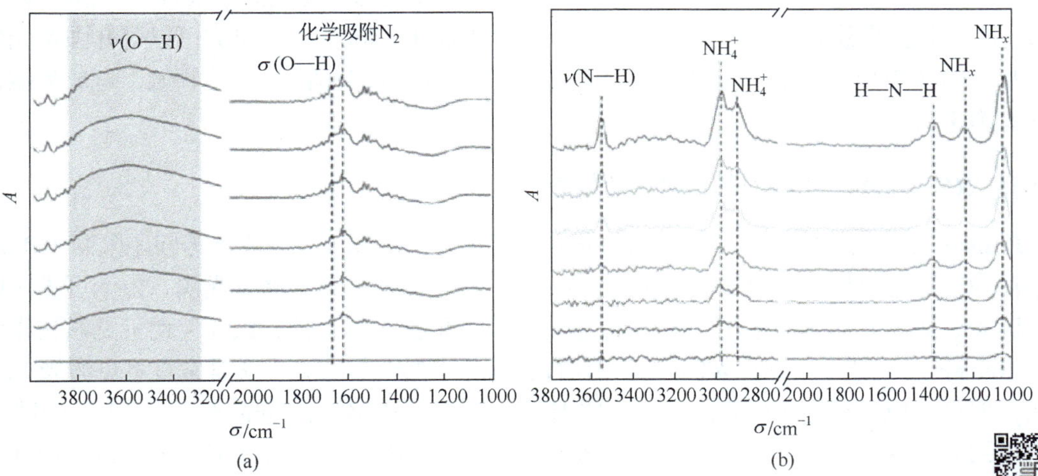

图 13-2-10　BTO-OV2 在 N_2 吸附(a)和 NRR 途径(b)的原位红外光谱图

在半导体光催化过程中，光催化剂首先吸收入射光子产生光电子-空穴对，光电子和空穴随后经历扩散、捕获、复合及参与表面光催化氧化还原反应等过程，实现光能到化学能的转化。原位红外光谱在认识理解这一过程中起到了举足轻重的作用。通过这项技术可以更清楚地观测光生载流子在催化剂本体内及界面处的动力学过程。在这项技术的基础上，众多研究工作者使用红外光谱技术对光催化反应机理进行了深入研究。

13.3　原位 Raman 光谱

印度物理学家 Raman 于 1928 年以灯光的某一波长作光源，照射苯、CCl_4 等液体，将散射光通过分光棱镜，用眼睛或摄谱仪观察，发现在光散射过程中，除了与入射光频率 ν_0 强度相同的 Rayleigh 散射光外，在 Rayleigh 散射光的两侧还对称地分布着一系列其他频率的非弹性散射光。这种光的频率发生改变的非弹性散射现象称为 Raman 散射效应，频率发生改变的散射光称为 Raman 散射光。图 13-3-1 为 Raman 和 Rayleigh 散射的量子能级，处于基态 E_0 的分子的电子受能量为 $h\nu_0$ 的入射光子激发跃迁到受激虚态，而受激虚态是不稳定的，因此电子又很快跃迁回基态 E_0,将吸收的能量 $h\nu_0$ 以光子的形式释放出来，这就是弹性散射，称为 Rayleigh 散射。跃迁到受激虚态的电子还可以跃迁到电子基态中的振动激发态 E_n 上，并释放出能量为

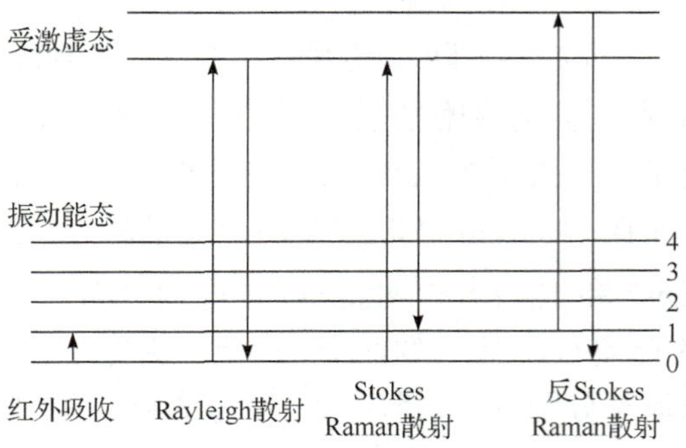

图 13-3-1　Raman 和 Rayleigh 散射的量子能级

$h(\nu_0-\nu_m)$的光子，这就是非弹性散射，产生的散射光为 Stokes 线。处于受激虚态的电子若跃迁回基态，放出能量为 $h(\nu_0+\nu_m)$的光子，即为反 Stokes 线，这时分子失去了 $h\nu$ 的能量。在常温下，根据 Boltzmann 分布统计，处于基态的分子占绝大多数，所以通常 Stokes 线比反 Stokes 线强得多。Raman 谱线强度与入射光的强度和样品分子的浓度成正比。利用 Raman 效应与样品分子的上述关系，可对物质分子的结构和浓度进行分析研究，在此基础上建立了 Raman 光谱。

1960 年发现激光后，Raman 光谱得以迅速发展。选择合适的激发波长进行共振 Raman 光谱和紫外 Raman 光谱研究可以避开强荧光信号的干扰，因而激光 Raman 光谱广泛用于物质的鉴定和分子结构的分析等领域，也成为催化研究的有力工具。

13.3.1　紫外 Raman 光谱的基本原理及特点

Raman 光谱虽然应用于催化领域的研究，但荧光干扰和灵敏度较低等问题限制了 Raman 光谱更为广泛的应用。传统的 Raman 光谱一般采用可见激光作为激发光源，由于可见区极易产生荧光，而荧光的强度往往是 Raman 强度的几万倍甚至百万倍，因此使用可见激光作为光源的 Raman 光谱经常受到荧光的干扰，有时甚至得不到光谱。荧光干扰是常规可见激光 Raman 光谱在催化领域进行应用研究的主要制约因素。另外，一些深色的样品对可见光吸收很强，也很难得到 Raman 光谱。因此，采用紫外激光作为激发光源，将 Raman 光谱的测量区域从可见区移到紫外区，不但能解决荧光干扰问题，而且能解决深色样品的吸收问题，同时 Raman 信号强度与激光频率的四次方约成正比，可以增强本征 Raman 信号的灵敏度。特别是当紫外激光位于样品的吸收带时会产生共振效应，可以探测样品浓度极低的 Raman 信号。移开激发波长有以下两种方法：

(1) 将激发波长向近红外(＞700 nm)方向移动可以避开大部分荧光，因为近红外光频率低，一般不会激发电子吸收带(图 13-3-2)，很多研究者通过采用 Fourier 变换 Raman 光谱得到了没有荧光干扰的 Raman 光谱。

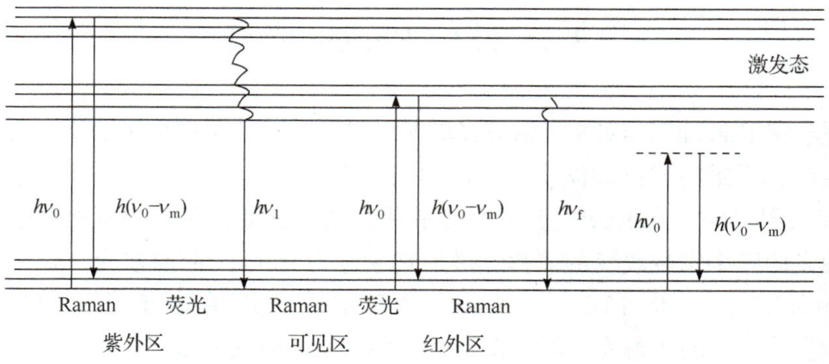

图 13-3-2　荧光和 Raman 散射过程示意图

(2) 将激发波长向深紫外(＜300 nm)方向移动。采用紫外激光作为激发光源，由于紫外光能量较高，物质分子吸收紫外光后，处于电子基态的分子激发跃迁到高于第一电子激发态的虚态能级，然后通过两种形式回到电子基态：第一种是从虚态能级直接跃迁回电子基态，即 Rayleigh 或 Raman 散射过程；第二种是从虚态能级通过无辐射跃迁降到第一电子激发态的最低振转能级，然后通过辐射跃迁回到电子基态，这是荧光或磷光的辐射过程。由于在虚态能级和第一电子激发态之间有一个间隙，因此 Raman 信号出现在比荧光波长更短的区域，从而有效地避开荧光干扰。

1997 年，中国科学院大连化学物理研究所建成国内第一台连续波紫外共振 Raman 光谱仪，并将其应用于催化研究。紫外共振 Raman 光谱仪解决了催化研究中长期以来难以解决的荧光干扰难题。对可见 Raman 光谱中有强的荧光背景，如负载型过渡金属氧化物、催化剂积碳失活、金属氧化物相变等进行了研究，并取得了一系列过去文献中从未报道过的新结果。

紫外 Raman 光谱具有灵敏度高和可避开荧光干扰等优势，同时由于很多化合物的电子吸收带在紫外区，还可以进行共振 Raman 光谱的研究，因此紫外 Raman 光谱在催化研究中具有很大的优势和潜力。

13.3.2 共振 Raman 光谱的原理、技术及特点

常规 Raman 光谱实验中，使用的激发线波长远离化合物的电子吸收谱带，由此得到的光谱的形状与激发波长的关系只服从激光频率的四次方的关系。但当激发光源接近或位于化合物的电子吸收光谱带内时，某些 Raman 谱带的强度将大大增强，这种现象称为共振 Raman 效应。共振 Raman 光谱的理论基于共振 Raman 效应(resonance Raman effect)。共振 Raman 效应可以由 Kramers、Heisenberg 和 Dirac 跃迁极化率公式[式(13-3-1)]解释：

$$(\tilde{\alpha}_{\rho\sigma})_{\mathrm{fi}}=\frac{1}{h}\sum_{\mathrm{r}\neq\mathrm{i,f}}\left\{\frac{\langle \mathrm{f}|\hat{\mathrm{p}}_{\rho}|\mathrm{r}\rangle\langle \mathrm{r}|\hat{\mathrm{p}}_{\rho}|\mathrm{i}\rangle}{\omega_{\mathrm{ri}}-\omega_{\mathrm{o}}-\mathrm{i}\Gamma_{\mathrm{r}}}+\frac{\langle \mathrm{f}|\hat{\mathrm{p}}_{\rho}|\mathrm{r}\rangle\langle \mathrm{r}|\hat{\mathrm{p}}_{\rho}|\mathrm{i}\rangle}{\omega_{\mathrm{rf}}+\omega_{\mathrm{o}}+\mathrm{i}\Gamma_{\mathrm{r}}}\right\} \tag{13-3-1}$$

当激光的频率 ω_{o} 与吸收的频率 ω_{ri} 接近时，跃迁极化率的第一项的分母接近 0，因此跃迁极化率会是物理无穷大，共振 Raman 谱带的强度将大大增加。其物理图像如图 13-3-3 所示，当激发频率接近或重合于分子的一个电子吸收带时，电子的跃迁过程为由基态跃迁到激发态的振动中间态。常规过程的 Raman 跃迁为虚拟中间态变为真实的中间态，其跃迁概率会极大提高，因而 Raman 有效散射截面异常增大，导致某一个或几个特定的 Raman 谱带强度急剧增加，一般比正常的非共振 Raman 谱带强度增大 10^4～10^6 倍，甚至出现正常 Raman 效应中观察不到的泛频及组合振动频率的谱峰。

共振 Raman 光谱具有以下优点：

(1) 灵敏度高，可检测低浓度和微量样品。

(2) 通过共振 Raman 谱带强度与激发线的关系，可以给出有关分子振动和电子运动相互作用的信息。

(3) 在共振 Raman 偏振测量中，有时可以得到在正常 Raman 效应中得不到的关于分子对称性的信息。

(4) 利用标记分子基团的共振 Raman 效应，可研究大分子聚集体的局部结构，因而共振 Raman 光谱已成为研究有机分子、离子、生物大分子甚至活体组织的有力工具。

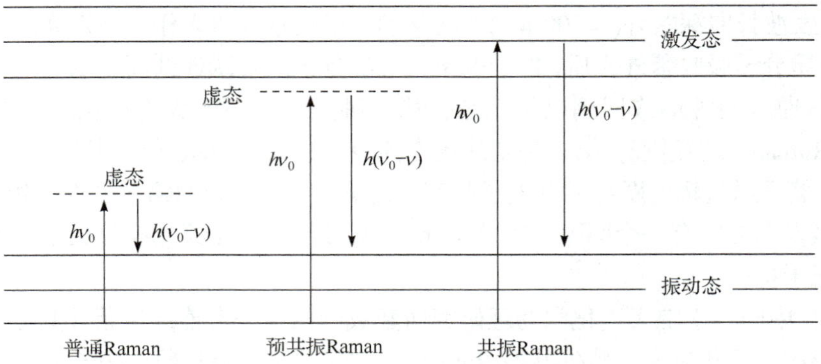

图 13-3-3　普通 Raman 散射和共振 Raman 散射

共振 Raman 光谱的缺点主要在于：

(1) 设备费用较高，操作不如红外光谱、紫外光谱技术方便，有时还会因荧光而得不到光谱图。

(2) 随着波数增大，共振 Raman 光谱强度变弱，甚至记录不到，这是由于当用相当于或高于单键、双键或三键键能波数的激光照射样品时，样品吸收了光子，引起这些化学键断裂，分子跃迁到某个解离连续态的概率大于散射最终态。

共振 Raman 光谱已用于研究物质分子和多核离子的电子能级的跃迁及其结构、一系列过渡金属络合物分子的构象和几何构型、自由基反应动力学和生物大分子样品的结构等。

13.3.3　原位 Raman 光谱与 SEM、AFM、红外光谱等联用技术

1. 与 SEM 联用

Raman 技术在分子级别上提供样品的化学结构、组分信息，而 SEM 可在纳米尺度上提供高空间分辨率的形貌图像。将以上技术联用，使用 SEM 观察样品形貌，并为 Raman 光谱选择测样点，用 Raman 技术得到样品的化学结构与组分。

2. 与 AFM 联用

Raman 光谱与 AFM 的联用开启了一个非常有意义的新领域，它可以提供样品的组分和结构的全新的信息。这一联用系统可以在纳米尺度上提供样品形貌等物理信息，将这些信息与 Raman 光谱成像提供的化学信息相结合，可以更加综合地对样品特性进行表征。

3. 与红外光谱联用

Raman 光谱与红外光谱给出的都是分子的振动和转动光谱，因此常用于催化剂的结构研究。但 Raman 光谱与红外光谱又有所不同，分子的极化率发生变化时，才具有 Raman 活性；分子的偶极矩发生变化时，才具有红外活性。可见，两者是互补的，不能相互替代。红外吸收是一个直接的吸收过程，而 Raman 是一个散射过程。它们的出现服从不同的规律，因而对不同官能团的敏感度也不同。

例如，对于负载型催化剂体系，由于大部分载体(如 Al_2O_3、SiO_2、TiO_2 等)在 1000 cm^{-1} 以下有很强的红外吸收，而催化剂活性组分(如金属氧化物等)的特征红外吸收峰在较低的波数，因此用红外光谱表征固体催化剂的结构非常困难。但这些常用载体的 Raman 散射截面很小，

Raman 峰很弱，如无定形 SiO_2 几乎观察不到 Raman 吸收峰，因此载体对负载型催化剂活性组分的干扰很少。对于含水的催化剂体系，由于水的红外吸收峰特别强，用红外光谱研究这类体系的催化剂结构和催化反应过程非常困难。但水的 Raman 吸收峰很弱，因此 Raman 光谱特别适合研究水溶液体系的催化反应以及水溶液中催化剂的制备过程等。

与独立的 Raman 光谱和红外光谱分析系统相比，Raman 光谱与红外光谱联用系统不但可以降低费用，而且极大地节省了实验空间，同时性能不受影响。由于不需要转移样品且无须重新定位测量点，因此可以快速进行 Raman 光谱和红外光谱测量，节约操作时间。由此，同时利用 Raman 光谱和红外光谱的优势，可获得样品的全部振动信息。

13.3.4 原位共振 Raman 光谱技术催化研究热点与前沿实例分析

1. 原位共振 Raman 光谱测定 WO_{3-x} 的氧空位浓度

Raman 光谱是研究表面分子结构的一种有效方法，可用于探索氧空位缺陷对样品表面结构的影响[6]。如图 13-3-4 所示，WO_3 中 O—W—O 键的伸缩振动位于 806 cm^{-1} 处，其弯曲振动位于 275 cm^{-1} 处。Raman 光谱是测定缺陷浓度的有效方法，常用来表征氧空位含量。通过对样品 Raman 光谱的比较，可以显著地观察到从 WO_3 到 W550，样品的特征 Raman 峰强度逐渐变弱，这表明氧空位的数量随着真空热处理温度的升高而增加。

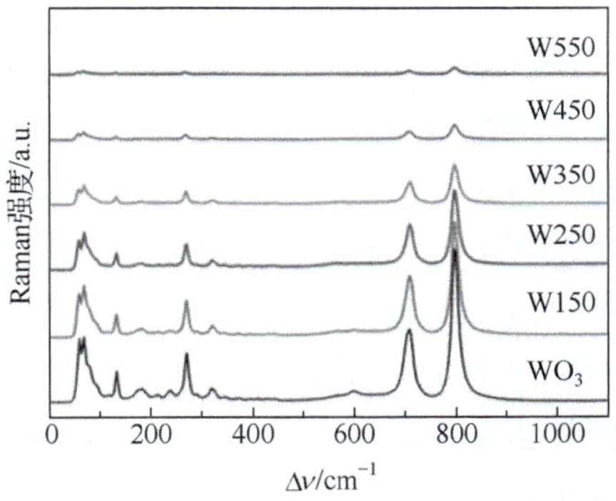

图 13-3-4 WO_3 和不同温度下生成的 WO_{3-x} 的 Raman 光谱

Raman 光谱因其独特的优点而广泛用于原位催化反应的研究。随着 Raman 光谱技术的不断发展，可在原位反应条件下对催化剂的结构变化、活性相的组成、反应中间物等进行检测，很大程度上拓展了 Raman 光谱在催化研究领域的应用。

2. 原位共振 Raman 光谱研究 CO_2 还原反应中 Cu-In-Sn 对中间体的吸附活化

利用原位 Raman 技术证明催化剂 Cu-In-Sn(CIT)对 HCOOH 的选择性，同时探索 CO_2 还原反应(RR)的机制[8]。如图 13-3-5(a)所示，1011～1047 cm^{-1} 区域的吸收峰对应于 $^*CO_3^{2-}$ 中 O—C—O 键的对称伸缩振动，而 1538～1547 cm^{-1} 处的峰归属于 $^*CO_2$ 的反对称伸缩振动。这表明 CO_3^{2-} 和 CO_2 都作为反应物参与了 CO_2 还原反应。1614 cm^{-1} 处的信号源于 HO—H 作为质子供体的伸缩振动。显然，被吸附物种的 Raman 振动强度对施加的电动势敏感。由此可以推断出，负电动势越大，越有利于反应物和中间体的吸附和活化。检测到的中间体主要是 $^*HCO_2$ 和 $^*COOH$。其中，1345～1391 cm^{-1} 处的信号源于 $^*COOH$ 中 C—O 键的伸缩振动。此外，$^*HCO_2$ 中间体在 1298 cm^{-1} 处的 C—H 和 1433 cm^{-1}、1465 cm^{-1} 的 O—CH—O 的 Raman 位移随着施加电动势的变化而变化。结果表明，C—H 在逐渐增大的负电位下的振动更为稳定，而 O—CH—O 则相反。由此得出结论：更负的电动势有利于 $^*HCO_2$ 在 O 原子处的继续氢化，得到的最终产物为 HCOOH。性能实验成功地验证了这一点[图 13-3-5(b)]。同时，在 2050 cm^{-1} 处没有明显来自 C≡O 的振动信号，这也与实验结果一致。

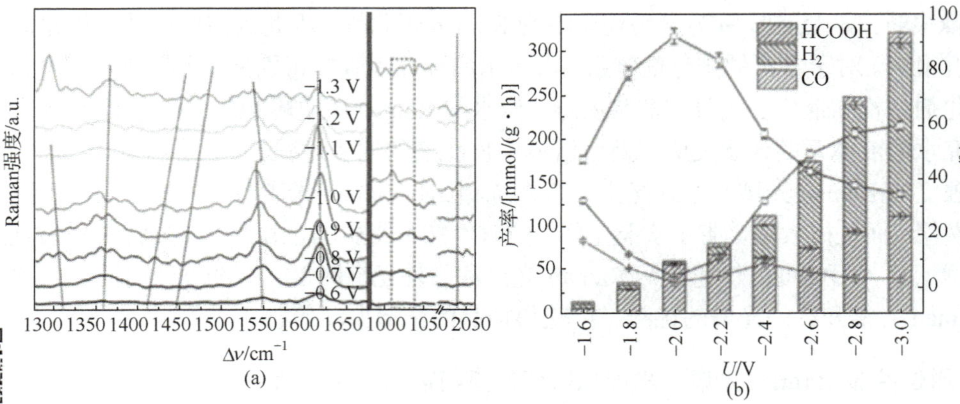

图 13-3-5　(a) 在电位窗口为−0.6～−1.3 V(*vs.* RHE)的定制气体扩散电化学电池(GDEC)上收集的 CIT 的原位 Raman 光谱；(b) 通过 CIT 的电池电压与 CO_2 还原反应产物的选择性和产率的关系

13.3.5　原位紫外 Raman 光谱研究催化剂积碳失活与活性中心的前沿实例分析

催化剂表面的积碳物种主要是一些高度脱氢的含碳化合物，如烯烃、稠环芳烃、石墨前驱体和石墨等，这些物种的形成机理和表面状态很难研究。虽然 Raman 光谱在理论上讲应该是一种理想的表征表面积碳的技术，但由于碳氢化合物有很强的荧光干扰，很难用可见 Raman 光谱进行表征。积碳的谱峰主要出现在 1360～1400 cm^{-1}、1580～1640 cm^{-1} 和 2900～3100 cm^{-1} 三个区域，分别归属为 C—H 弯曲振动、C═C 伸缩和 C—H 伸缩振动。通过对这些谱峰的位置和相对强度的分析，可以区分烯烃、聚烯烃、芳烃、聚芳烃、类石墨等不同形态的积碳。采用紫外激发线不但能使 Raman 散射截面增加，还可以有效避开荧光干扰，得到信噪比很好的紫外 Raman 光谱。

1. 原位紫外 Raman 光谱研究蒸汽裂解过程中焦炭物质的变化

刘中民等在 923 K 下用蒸汽处理 ZEOS(SAPO-34 沸石，平均晶体尺寸较小，约为 1 μm)焦化样品，通过紫外 Raman 光谱检测焦炭种类[9]。如图 13-3-6 所示，1630 cm^{-1}、1415 cm^{-1} 和 1360 cm^{-1} 处的谱带与多环芳烃(如萘、菲和芘)有关，而 1600 cm^{-1} 处的谱带归属于无定形碳的

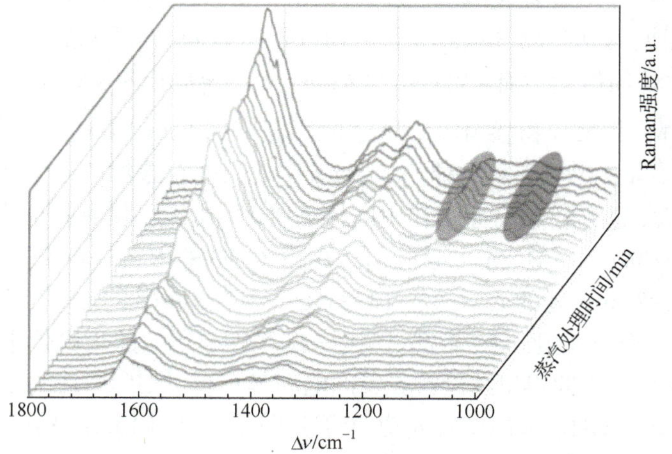

图 13-3-6　在 923 K 下用蒸汽处理的 ZEOS 焦化样品不同时间的原位紫外 Raman 光谱

强 G 谱带，并与 1630 cm^{-1} 的谱带重叠。可以看出，在蒸汽裂解过程中，1630 cm^{-1}、1415 cm^{-1} 和 1360 cm^{-1} 处的峰强度下降，表明多环芳香烃(PAHs)被消除。同时，在 1600 cm^{-1} 处出现的峰表明存在无定形碳。以上结果表明，尽管大多数焦炭在蒸汽裂解过程中进行加氢裂化，但一部分焦炭会进一步冷凝，这可能遵循交叉排列机制。此外，随着蒸汽裂解时间的变化，1630 cm^{-1} 处的谱带缓慢转变为 1640 cm^{-1}，1360 cm^{-1} 变为 1370 cm^{-1}，这意味着存在 PAHs 的转化，如菲转化为萘。同时，位于 1240 cm^{-1} 和 1125 cm^{-1} 的波段是 PAHs 的支链外环芳烃，这些峰出现在蒸汽裂解的初始阶段。这一系列观察结果直接证明了焦炭物质在蒸汽裂解过程中发生了开环反应。

2. 原位紫外 Raman 研究催化剂 Ni-Mo 转化生物质得到的固体产物类型

路芳等提出的催化剂 Ni-Mo 能够实现在相对低温条件下将原料生物质直接转化为 H_2[10]。随着反应温度的升高，催化剂能够将原料转化为 H_2(58.6 mmol/g)。对催化反应后的气体、液体和固体碳产物进行分析后发现：随着反应温度的升高，气体产物的碳产率逐渐升高，液体和固体产物的碳产率逐渐降低。采用紫外 Raman 光谱对分离得到的 Ni-Mo 催化剂上的固体产物进行了监测(图 13-3-7)。根据谱图可以观察到，在 1610 cm^{-1} 左右出现了与 C═C 键伸缩振动有关的 Raman 峰。这说明固体产物可能以苯衍生物或烯烃聚合物的形式存在。

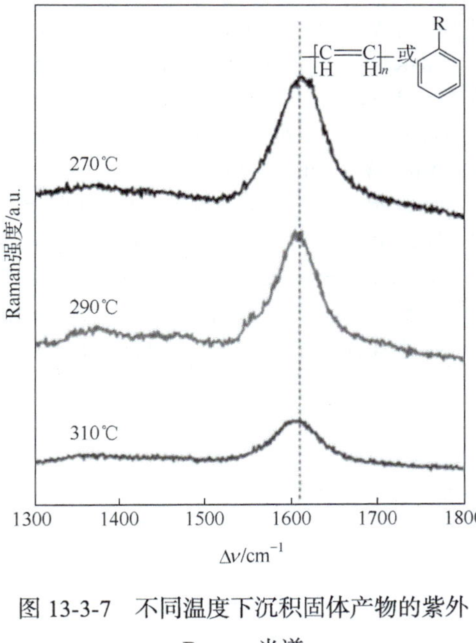

图 13-3-7　不同温度下沉积固体产物的紫外 Raman 光谱

激光技术的兴起使 Raman 光谱成为激光分析中最活跃的研究领域之一。激光 Raman 光谱和红外光谱相辅相成，成为进行分子振动和分子结构鉴定的有力工具。近年来，材料科学、激光和同步加速器技术及纳米技术的重大进展，为 Raman 光谱在催化研究等各领域的应用提供了越来越多的机会和可能性。在催化研究领域中，Raman 光谱的优越性在于可以较容易地实现原位监测，可在高温高压下表征催化剂的变化，不受气相或载体的干扰。同时，紫外 Raman 光谱和共焦显微 Raman 光谱等新的 Raman 技术的出现，解决了 Raman 光谱早期存在的一些问题，如荧光干扰、固有的灵敏度低等。近年来，纳秒、皮秒激光器的出现及其他光谱技术的不断革新，使时间分辨 Raman 光谱、近场共焦 Raman 光谱、原子力与 Raman 成像联用光谱、光诱导力与 Raman 成像联用光谱在催化中的应用成为可能。这一技术可达到高的时间分辨和空间分辨，从而进一步拓展了 Raman 光谱在催化中的应用范围，使 Raman 光谱成为传统催化、光催化、材料合成和其他研究领域中越来越重要的一个表征手段。

习　题

1. 紫外-可见漫反射光谱是如何应用于催化领域的？
2. 在进行紫外-可见漫反射光谱的测试中应注意哪些问题？
3. 产生红外光谱的条件是什么？

4. 红外光谱定性分析的基本依据是什么？简述红外光谱定性分析的过程。
5. 什么是指纹区？它有什么特点和用途？
6. 原位 Raman 光谱技术有什么优越性？
7. 红外光谱和 Raman 光谱有什么异同？
8. 紫外 Raman 光谱是如何克服 Raman 光谱本身存在的问题的？

参 考 文 献

[1] Hinojosa-Reyes M, Camposeco-Solis R, Ruiz F. $H_2Ti_3O_7$ titanate nanotubes for highly effective adsorption of basic fuchsin dye for water purification. Microp Mesop Mater, 2019, 276: 183-191.

[2] Zhang P, Sui X Y, Long J L, et al. Surface Ru—H bipyridine complexes-grafted TiO_2 nanohybrids for efficient photocatalytic CO_2 methanation. J Am Chem Soc, 2023, 145(10): 5769-5777.

[3] Zhang W, Zhang H W, Long J L, et al. 3D flower-like heterostructured TiO_2@$Ni(OH)_2$ microspheres for solar photocatalytic hydrogen production. Chinese J Catal, 2019, 40(3): 320-325.

[4] Huang H W, Zhao J W, Du Y J, et al. Direct Z-scheme heterojunction of semicoherent $FAPbBr_3/Bi_2WO_6$ interface for photoredox reaction with large driving force. ACS nano, 2020, 14(12): 16689-16697.

[5] Lin X J, Sun M X, Sun S F, et al. Graphene promoted triphasic N/Ti^{3+}-TiO_2 heterostructures: *In-situ* hydrothermal synthesis and enhanced photocatalytic performance. J Alloys Comp, 2019, 785(15): 732-741.

[6] Liu Q, Wang F J, Lin H X, et al. Surface oxygen vacancy and defect engineering of WO_3 for improved visible light photocatalytic performance. Catal Sci Technol, 2018, 8(17): 4399-4406.

[7] Yuan J, Feng W H, Zhang Y F, et al. Unraveling synergistic effect of defects and piezoelectric field in breakthrough piezo-photocatalytic N_2 reduction. Adv Mater, 2023, 36(5): 2303845.

[8] Zhao J W, Huang L, Xue L, et al. Selectively converting CO_2 to HCOOH on Cu-alloys integrated in hematite-driven artificial photosynthetic cells. J Energy Chem, 2023, 79: 601-610.

[9] Zhou J B, Gao M B, Zhang J L, et al. Directed transforming of coke to active intermediates in methanol-to-olefins catalyst to boost light olefins selectivity. Nat Commun, 2021, 12: 17.

[10] Si X Q, Zhao Z T, Lu F, et al. Low-temperature efficient hydrogen production from raw biomass on the Ni-Mo catalyst. ACS Catal, 2022, 12(17): 10629-10637.

第 14 章　时空分辨的光谱技术

时空是物理学中的一个基本概念，通常定义为四维的连续和相互关联的物理空间，包括三个空间维度和一个时间维度。时空分辨(temporal-spatial resolution)是指在同一区域进行的相邻两次遥感观测的最小时间间隔，既有时间分辨，又有空间分辨，是二者的简称。时间分辨光谱(time-resolved spectroscopy)是在传统光谱学的基础上，由光脉冲技术和微弱、瞬态光信号检测方法相结合发展起来的一个新兴学术领域。与以考察处于平衡状态下的稳定分子结构以及这些稳定分子浓度随时间变化的化学动力学过程为主的传统化学学科不同，时间分辨光谱的基本任务是实时监测分子在某些物理、化学过程或特定的生命活动中呈现的瞬间结构、状态及其运动变化的微观步骤，在分子水平上揭示相关物质体系的各种物理功能、化学行为以及生命活动现象的奥秘，进而为寻求调节或控制这些分子过程的有效途径提供科学启示和实验依据。因此，时间分辨光谱在方法上与传统的光谱学相同，它也是在光辐射场与物质分子的相互作用过程中，通过测量光辐射场的强度、频率或偏振方向的改变，探求物质分子结构和所处的能量状态；但它与传统的光谱学又有重大不同，即探测的对象不是处于平衡状态的“稳定”的分子，而是分子在某些物理、化学、生命活动过程中从一种平衡状态转化到另一种平衡状态的运动变化时相继出现的各种介稳态中间物的瞬态形态，并对这些瞬态形态转化的微观动态学步骤进行跟踪监测。近年来，以原子力显微技术为代表的空间分辨技术的快速发展给时间分辨光谱研究带来了新机遇，开辟了时空分辨光谱技术研究新篇章。本章主要介绍时间分辨光谱的基本原理、种类、实验技术、谱图解析、前沿发展方向及其在光电、光催化和太阳能转换等前沿科学研究领域的应用。

14.1　飞 秒 激 光

14.1.1　飞秒激光的基本原理

激光(laser)是一种非常强的相干光源，它的谱能量密度比其他非相干光源高好几个数量级。激光是激光器中的原子、离子、分子或各种激发态分子复合物(excimer，exciplex)等工作物质粒子在布居反转(population inversion)状态下，通过在特定能级间的受激辐射跃迁(stimulated radiative transition)而产生的相干光辐射(coherent optical radiation)。激光器包括三种基本元件：①增益介质，即工作物质粒子，对入射光辐射场(电磁波)进行放大；②能量泵浦源，将能量选择性地泵浦到增益介质中，在选择好的能级上实现粒子数占据和粒子数反转；③光学谐振腔，由两个相对的镜子组成，将受激辐射的一部分能量储存并限制在几个共振模式中。光学谐振腔的作用是对增益介质中被激发的分子发出的辐射进行选择性的反馈。

激光产生的原理是[1]：频率为ν、强度为 I_ν的光辐射沿 z 轴方向经过工作物质粒子体系，当入射光的频率与物质粒子在 n 状态和 m 状态之间进行跃迁过程的频率相同($\nu = \nu_{mn}$)时，根据 Einstein 辐射跃迁定律，它们之间因相互作用而引起入射光辐射场强度的变化 δI_ν为

$$\delta I_{\nu} = (B_{\mathrm{mn}}N_{\mathrm{m}} - B_{\mathrm{nm}}N_{\mathrm{n}}) \cdot g(\nu - \nu_{\mathrm{mn}}) \cdot (I_{\nu}/c) \cdot h\nu \cdot \delta_z \tag{14-1-1}$$

或

$$\frac{1}{I_{\nu}}\frac{\mathrm{d}I_{\nu}}{\mathrm{d}z} = \frac{A_{\mathrm{mn}}C^3}{8\pi\nu^2}\left(N_{\mathrm{m}} - \frac{g_{\mathrm{m}}}{g_{\mathrm{n}}}N_{\mathrm{n}}\right)g(\nu - \nu_{\mathrm{mn}}) = \alpha_{\mathrm{H}}(\nu) \tag{14-1-2}$$

式中，$g(\nu-\nu_{\mathrm{mn}})$是在ν_{mn}处的谱线宽度范围内归一化的强度分布曲线。式(14-1-2)也可改写为

$$I = I_0\exp\left[\alpha_{\mathrm{H}}(\nu)z\right] \tag{14-1-3}$$

若通过某种方式将物质粒子激发，使物质粒子处于某一高能态 m 的粒子浓度大于相关的低能态 n 的粒子浓度，即$\frac{g_{\mathrm{m}}}{g_{\mathrm{n}}}N_{\mathrm{n}} < N_{\mathrm{m}}$，在这种布居反转条件下，$\alpha_{\mathrm{H}}(\nu)$将大于 0。此时的高能态物质粒子将受激发射出激光。由于物质粒子受激发射跃迁产生的光辐射场的频率、传播和偏振方向与入射光辐射场相同，且具有相同相位，此时入射的光辐射在激活工作物质内传播将增大辐射场的强度，使 $I>I_0$。强度增大的程度与该激活工作物质的光程长度 z 成比例。不难设想，若将活性工作物质置于 Fabry-Perot 谐振腔(也称平面平行谐振腔，plane-parallel resonator，由两个平行平面反射镜组成)中，光辐射场在光学谐振腔中多次往返传播将明显增大该光辐射场通过活性工作物质的光程长度。若光辐射通过活性工作物质一次的光强增大程度超过其在传播过程中的损耗(包括在反射镜面的不完全反射)，或者说，光辐射通过光学谐振腔一次的单程增益 $G(\nu)$超过它的单程损耗 $r(\nu)$，即该光辐射场在满足以下阈值条件时

$$G(\nu) \geqslant r(\nu) \tag{14-1-4}$$

在这一光学谐振腔中多次往返“振荡”，使其强度不断增大。达到“强度饱和”后，在光学谐振腔中往返传播(振荡)的光辐射场将以激光辐射形式输出。

应指出：由于在光学谐振腔内往返传播的过程中发生“建设”和“破坏”性的干涉，入射的光辐射被不断增强的激光辐射场干涉，形成频率为$\nu_q = \frac{qc}{2L}$、数目为激光半波长正整数$q = \frac{2L}{\lambda}$的 1 倍、2 倍、……、N倍(一般 $q = 10^5 \sim 10^6$)、沿腔轴向振荡的激光轴模(axial mode)或纵模(longitudinal mode)。其中，每个振荡模的谱带带宽$\delta_{\nu} = (1-R)\frac{c}{L} = 2\Delta\nu_q(1-R)$。$R$ 为所用反射镜的最小反射率；两个相邻的纵模的间隔$\Delta\nu_q$取决于光速 c 和光学谐振腔的长度，即构成它的一对反射镜的法线间距 L

$$\Delta\nu_q = \nu_q - \nu_{1-q} = \frac{c}{2L}$$

此外，激光辐射场也可在两个垂直于谐振腔轴的方向 a、b，以半波长数分别为 m 和 n 的横向电磁场模式 $\mathrm{TEM}_{m,n}$ 的横模(transverse mode)形式进行振荡。其中，最主要的振荡模式仍是 $m = n = 0$ 的基模 $\mathrm{TEM}_{0,0}$，后者在谐振腔内形成具有径向强度呈 Gauss 分布的光束，如图 14-1-1 所示。

在光学谐振腔内，因被增强形成的激光辐射的频率虽仍处于满足单程增益 $G(\nu)$超过单程损耗 $r(\nu)$的布居反转的活性工作物质粒子的辐射跃迁的谱带范围，即增益带宽(gain bandwidth)内，但从谐振腔输出的激光辐射的光谱带宽可远小于自发辐射跃迁的谱带宽度，且其传播方向偏离反射镜法线(光学谐振腔轴线)的光辐射将在振荡过程中被折射出谐振腔外，从而使谐振腔

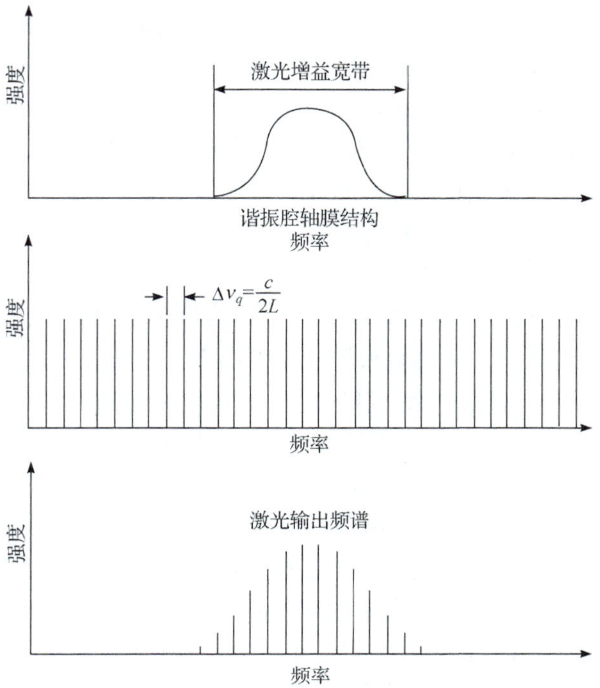

图 14-1-1　Fabry-Perot 光学谐振腔内各种光辐射振荡模式的频谱线宽

输出的激光辐射具有良好的方向性。也就是说，它在传播途中的光束发散很小(衍射极限)，以致它的聚焦光斑直径可小到和该光波波长 λ 为同一数量级。

基于上述工作原理，现已可采用气体、液体、固体和半导体等不同激光工作物质在稳定杆、非稳定光学谐振腔中，利用光激发、放电激发、电子注入，甚至利用化学反应过程等多种手段激发而产生激光辐射。已经商品化的激光器有以下四大类：

(1) 固体激光器。常见的是将 Nd^{3+}掺杂到具有良好透明特性的玻璃、钇铝石榴石 $3Y_2O_3{:}5Al_2O_3$(YAG)晶体等基质内作为工作物质的固体激光器。它们采用脉冲闪光灯或半导体激光器，输出波长为 0.73 μm 和 0.8 μm 的激发光，将 Nd^{3+}工作粒子从基态 $^4I_{9/2}$ 激发或被泵浦(pump)到高能态 $^4F_{3/2}$，在向低能态 $^4I_{11/2}$ 的几个跃迁过程中产生激光辐射，其中最强的跃迁谱线波长为 1.06 μm。根据所用激发光源的工作方式不同，Nd^{3+}固体激光器产生的激光辐射可以单一脉冲、重复脉冲或连续波形式输出。

(2) 气体激光器。常见的有氩离子气体激光器，它是通过弧光放电将氩原子激发，并进一步电离生成离子，氩离子在 $4p^2$、$4p^4 \to 4s^2$ 等激发态能级间受激辐射跃迁产生激光辐射。氩离子气体激光器由气体放电管、放电激发电源和光学谐振腔等三个基本部分构成，一般采用直流电源激发，工作电压一般为几百伏，工作电流为 10～100 A。输出的氩离子气体激光在不同波长范围的分布与放电激发的工作条件有关，相对强度最高的氩离子气体激光的波长分别为 350.7 nm、480 nm 和 514.5 nm。无论在上述哪一波长处产生氩离子激光辐射输出，都要求放电电流达到要求的最低放电电流阈值 I_{th}。当放电电流值超过阈值 I_{th}，激光输出的功率 P 将随电流强度 I 的增大而增加。但激光输出的功率随放电电流增大有一个“饱和”极限，超过极限值，输出功率反而随放电电流增大而降低。

(3) 半导体激光器。它是用半导体材料作为工作物质的激光器，是基于半导体导带高能状态和价带低能状态间呈现布居反转的电子-空穴复合，将电能转化成激光辐射，输出的激光波长可覆盖 0.7～30 μm 的光谱范围。在半导体激光体系中，工作物质采用给体或受体掺杂浓度超过 10^{18} 原子/cm^3、具有高度简并的 p 型区和 n 型区的 pn 结半导体二极管，此时的布居反转通常出现在 pn 区。最常见的 pn 结半导体激光工作物质是砷化镓(GaAs)，它分别构成 p 型区和 n 型区，并直接连接成同质结(homojunction)，其输出的激光波长为 0.84 μm。这类半导体激光器可在室温下以输出功率大于 5 mW 的连续波方式工作，它的电光转化效率≥10%，注入的载流子的复合发光的量子产率高达 70%。

(4) 有机液体染料激光器。它利用某些有机染料的溶液作为工作物质而产生激光辐射。由于工作物质被激发的方式不同，有机染料激光器可以以连续波(CW)形式输出，也可以输出重复频率很高的激光脉冲序列，且单个激光脉冲的宽度可压缩到皮秒(ps，10^{-12} s)至飞秒(fs，10^{-15} s)数量级，因此在时间分辨光谱中的应用受到广泛重视。目前在实际工作中获得广泛应用的染料分子主要有四大类：以聚亚甲基为主的花青(cyanine)系染料分子、以罗丹明(rhodamine)为代表的黄嘌呤(xanthine)系染料分子、含氧杂萘邻酮环的香豆素(coumarin)染料分子和某些有机闪烁体(scintillator)。有机染料大分子的复杂分子结构决定了它的电子能级有密集的振动和转动能级结构。这不仅可使它们有可能通过众多的辐射跃迁而在一个较宽的光谱谱带范围内各个紧密相邻的波长处产生激光辐射，也可在指定的单一波长处获得单色性很高的激光，而且这种单色性很高的激光也可在相应的光谱谱带范围内连续调制。

激光脉冲是时间分辨光谱方法中用于激发分子体系及跟踪监测相关分子过程的主要手段。这是因为只有激光才可形成持续时间短暂(10^{-15}～10^{-6} s)并具有足够用于有效激发分子体系的能量(如＞10^{-9} J/脉冲)的光脉冲，而且这种光脉冲可以以单个脉冲或多个脉冲的形式，以所需要的重复频率在一定时间内连续、稳定地输出。此外，激光的波长可遍及从真空紫外到亚毫米波段的广阔的光谱范围，且具有优良的光谱单色性，即 $\left(\frac{\Delta\nu}{\nu}\right)\geqslant 10^{-12}$ 。也就是说，它在一定波长(或频率 ν)处的光谱谱线线宽 $\Delta\nu$ 可以很窄(≤0.1 cm^{-1})，从而有可能对分子的指定振动甚至一些转动量子状态有选择地进行激发。

14.1.2　飞秒激光技术

1981 年，人们第一次使激光脉冲的宽度真正进入飞秒量级，当时美国人 Fork 及其合作者利用被动锁模原理成功研制出了碰撞锁模(colliding pulse mode-locking，CPM)染料激光器首次获得了飞秒量级的激光脉冲[2]，从此激光技术开始步入飞秒激光阶段。1985 年，Fork 等在染料激光器中获得了 27 fs 的超短脉冲[3]。1991 年，英国人 Spence 等利用氩离子激光器全线泵浦，将 SF14 棱镜对插入激光腔以补偿掺钛蓝宝石(Ti:Sapphire，Ti:S)激光器的材料色散，首次成功研制出以掺钛蓝宝石为增益介质的飞秒激光器，仅依赖钛宝石晶体的 Kerr 效应(Kerr 镜自锁模)获得了 60 fs 的激光脉冲。目前，除钛宝石晶体可作为飞秒脉冲激光器的增益介质外，其他晶体如 Cr:LiSAF(辐射波长 700～920 nm)、Cr:Forsterite(辐射波长 1130～1348 nm)、Cr:YAG(辐射波长 1350～1600 nm)等固体激光介质也相继实现锁模运转，并得到稳定的飞秒激光脉冲。尽管利用不同的增益介质可以获得不同波段的飞秒脉冲光源，但仍不能满足实际应用中光谱调谐要求。因此，需要利用非线性光学晶体的频率变换特性实现激光中心波长的调谐。本小节主要介绍输出 800 nm 中心波长的钛宝石飞秒脉冲激光光源，利用光参量放大过程获得可见、近红外波段的飞秒脉冲，利用倍频或差频将飞秒脉冲延伸至紫外及中红外波段。

1. 钛宝石晶体

钛宝石晶体是掺杂三价钛离子(Ti^{3+})的氧化铝单轴晶体，化学表达式为 Ti^{3+}: α-Al_2O_3，属于六方晶系[4]。Ti^{3+}的电子能级具有多重简并，且可在晶体配位场作用下发生劈裂并与周围蓝宝石晶格振动能级发生耦合，其基态和激发态能级展开后形成很宽的能带，因此其吸收谱带和荧光发射谱带都很宽，如图 14-1-2 所示。钛宝石晶体的主吸收峰在 488 nm，属于蓝绿光波带，吸收谱带 400～600 nm；增益峰在 800 nm 附近，增益波段范围 650～1200 nm，半极大宽度为 220 nm 左右，理论上可以支持 3 fs 的超短脉冲。此外，从图 14-1-2 可以看出，钛宝石晶体在 π 偏振方向的吸收和荧光发射强度都大于在 σ 偏振方向，因此选择晶体 π 偏振方向工作，可使激光器获得最大的泵浦能量吸收和激光发射。

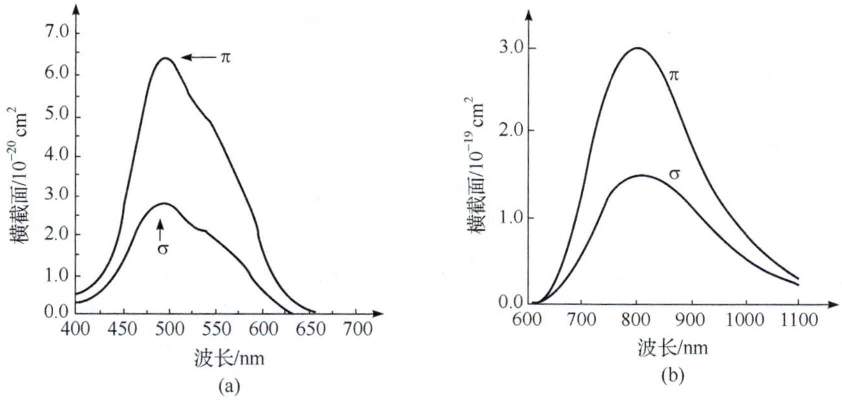

图 14-1-2　钛宝石的吸收光谱(a)和荧光发射光谱(b)

2. Kerr 镜自锁模

实现激光锁模的方法很多，主要分为主动锁模和被动锁模两大类。主动锁模是外加主动调制信号使谐振腔内激光产生调制从而实现锁模，如声光调制锁模、电光调制锁模、同步泵浦锁模等。主动锁模受到主动调制器件响应时间的限制，很难在主动调制情况下产生飞秒脉冲。被动锁模是在谐振腔内放置一个被动元件使腔内激光自身产生调制，从而实现锁模。最常用的调制器件是具有可饱和吸收性质的光学元件，即可饱和吸收体(saturable absorber)。而有些被动锁模机制不需要依靠材料的可饱和吸收特性就可以实现与强度有关的吸收，只需利用谐振腔内元件的非线性光学特性有选择性地透过腔内强光损耗腔内弱光。Kerr 镜自锁模(Kerr lens mode-locking，KLM)就是利用增益介质的三阶非线性光学 Kerr 效应，通过光阑锁定谐振腔中纵模振荡的相位，是这一机制的典型实例。飞秒钛宝石激光器是利用 Kerr 镜自锁模产生短至几飞秒的激光脉冲。下面详细介绍 Kerr 镜自锁模的基本原理。

1) 自相位调制

具有 Kerr 效应的介质称为 Kerr 介质。在强光照射下，Kerr 介质的折射率与光强成正比，其函数关系式为

$$n = n_0 + n_2 I(t,\ r) \tag{14-1-5}$$

式中，n_0 为介质的线性折射率；n_2 为介质的非线性折射率系数；$I(t,\ r)$为通过介质的光场强度，

是时间和空间的函数。对于固体材料，n_2 为 10^{-16} cm^2/W 量级，因此只有在强光照射下介质才会显现其非线性效应。

如果只考虑脉冲光束在时间上的分布，$I(t, r)$可简化为 $I(t)$。光脉冲经过厚度为 L 的 Kerr 介质后，将产生一个附加相位$\Delta\varphi$：

$$\Delta\varphi(t)=\frac{2\pi n_2 L}{\lambda}I(t) \tag{14-1-6}$$

对相位求一阶导数可得到频率，$\omega=-\mathrm{d}\varphi/\mathrm{d}t$。因此，这一随时间变化的附加相位将产生随时间变化的附件频率，即频移(frequency shift) $\Delta\omega(t)$：

$$\Delta\omega(t)=-\frac{\mathrm{d}\Delta\varphi(t)}{\mathrm{d}t}=-\frac{2\pi n_2 L}{\lambda}\times\frac{\mathrm{d}I(t)}{\mathrm{d}t} \tag{14-1-7}$$

$\Delta\omega(t)\neq 0$ 时表示光束有新的频率成分产生，其结果是使脉冲激光的光谱获得展宽，这就是自相位调制(self-phase modulation，SPM)。自相位调制引起的脉冲光谱展宽为锁模激光器获得更短的激光脉冲提供了可能，在飞秒激光的产生过程中起着非常重要的作用。

2) 自聚焦

自相位调制在空域会对脉冲形状造成影响，使脉冲产生自聚焦(self-focusing)。假设一个 Gauss 脉冲[强度函数的空间分布表示为 $I(r)$，r 为圆坐标变量]经过 Kerr 介质，由于脉冲中部比脉冲边缘光强高很多，因此在 Kerr 效应作用下，脉冲中部将比边缘经历更大的非线性折射率改变，从而使脉冲中部的相速度比脉冲边缘小，光束将发生会聚，如同经过一个薄透镜(图 14-1-3)。将光束经过 Kerr 介质后发生会聚的现象称为自聚焦，而将引入 Kerr 效应的薄透镜称为 Kerr 透镜。自聚焦过程与其形成的 Kerr 透镜是钛宝石激光器进行 Kerr 镜自锁模的关键。

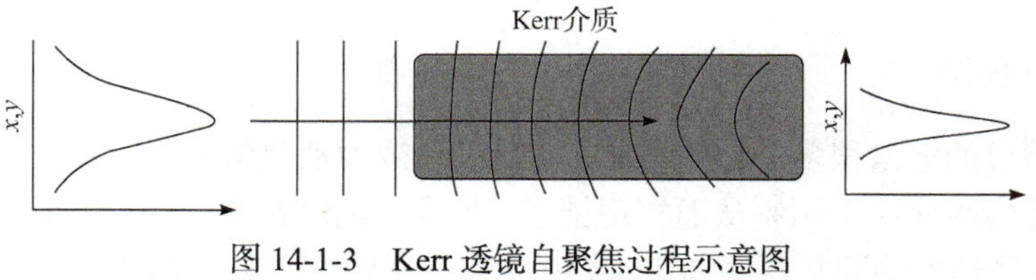

图 14-1-3　Kerr 透镜自聚焦过程示意图

3) 透镜锁模过程

钛宝石激光器可以支持许多纵模同时振荡，这些模式之间的拍频将对连续光产生自振幅调制。被调制的连续光中总会有一个足以启动增益介质 Kerr 效应的原始脉冲。Kerr 效应一旦启动，将使原始脉冲同时发生自相位调制和自聚焦效应，改变原始脉冲的光谱特性和空间特性，从而可以与连续光光束区分开。被调制的原始脉冲光束尺寸由于发生自聚焦，其小于连续光的光束尺寸。此时，在谐振腔内适当位置处放置一个大小合适的光阑，如图 14-1-4 所示，对连续光引入更大的损耗，但允许脉冲光通过，这样谐振腔将更适合脉冲光运转，从而有利于锁模的实现。

锁模启动后，对于谐振腔内的脉冲激光，如图 14-1-5(a)所示，其时域上的 Gauss 函数决定了脉冲的光强在中部总高于脉冲的前后沿。因此，经过 Kerr 介质后，脉冲中部经历很强的自聚焦导致光斑变得很小，而脉冲的前沿和后沿因强度较低而经历较弱的自聚焦导致光斑变化不大。此时，若再经过一个尺寸合适的光阑，脉冲的前后沿损耗较大而中部几乎没有损耗，

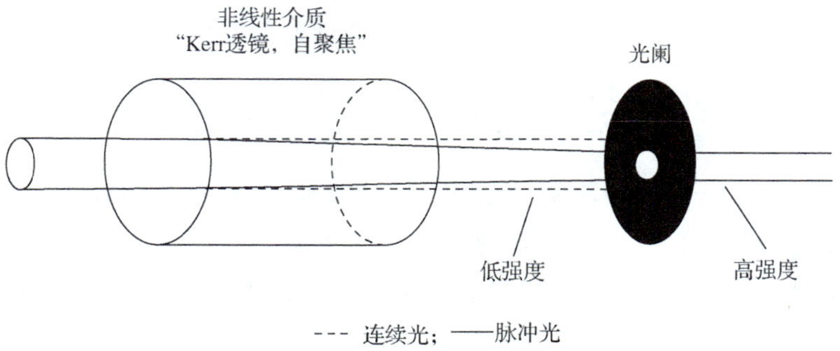

图 14-1-4　连续光和脉冲光经过 Kerr 介质后的变化情况示意图

如图 14-1-5(b)所示。这种对脉冲前后沿的损耗类似于可饱和吸收体对脉冲前后沿的吸收，其作用是对脉冲在时域上进行压缩，称为 Kerr 镜自锁模的脉冲压缩机制。这种脉冲压缩机制直接与增益介质的 Kerr 效应有关，而 Kerr 效应是瞬时的(1 fs 左右)。因此，理论上 Kerr 镜自锁模可以输出脉宽小到 6.5 fs 的激光脉冲。

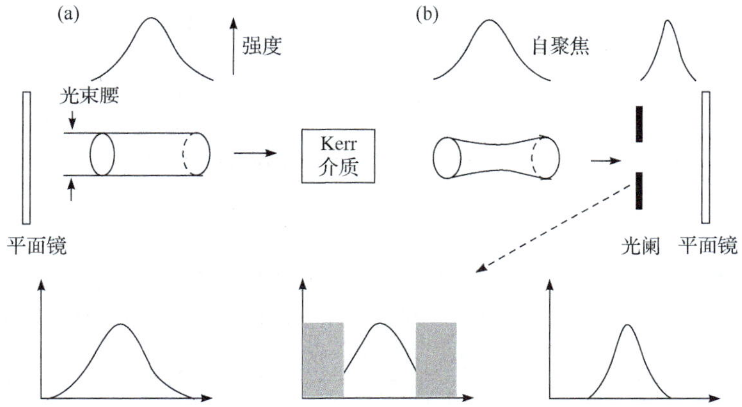

图 14-1-5　(a) 脉冲经过 Kerr 介质的变化情况示意图；(b) 脉冲经过 Kerr 介质，再经过小孔光阑后的变化示意图

3. 光谱频率调制与转换

对于时间分辨光谱测量应用，如何将现有激光脉冲光源输出的激光脉冲波长转换到激发分子需要的指定频率处是必须解决的关键技术问题之一。将激光脉冲的光谱频率 ν_n 转换为另一光谱频率 ν_m 的最直接方法是，利用频率为 ν_n 的激光脉冲激发另一激光工作物质 m，使其在新的光谱频率 ν_m 处产生激光输出。利用氩离子激光“抽运”某种有机染料溶液而在更长波长处发射激光便是常见的典型实例。显然，利用这一方法转换激光频率时，所能达到的频率光谱范围、激光强度随时间分布的波形以及辐射场的能量密度都受到被“抽运”的另一激光工作物质特性(特别是化学稳定性)的限制。因此，在转换激光脉冲光谱频率的实践中，人们更广泛采用的方法是，利用高功率激光辐射场和物质的非线性相互作用而产生出频率和入射光波不同的相干光辐射。

利用光与物质相互作用的非线性光学效应进行激光脉冲的光谱频率转换的原理可用非简谐振子模型的经典理论近似描述。根据这一简化模型，与光辐射场相互作用的介质由 N 个经典非简谐振子组成，非简谐振子是束缚在原子周围的电子或周期性地改变其原子相对间距的

分子。在有光波的电场 $E(t)$驱动下，非简谐振子的运动方程可写为

$$\frac{\mathrm{d}^2 r}{\mathrm{d}t^2}+\Gamma\frac{\mathrm{d}r}{\mathrm{d}t}+\omega_0^2 r+ar^2=-\frac{e}{m}E(t) \tag{14-1-8}$$

运动方程式(14-1-8)一般难以求解。但当非简谐力 $mar^2 \ll m\omega_0^2 r$ 时，在求解运算的逐级近似中，可将它作为微扰处理。此时，可设 $r=r^{(1)}+r^{(2)}+r^{(3)}+\cdots$，式中，$r^{(n)}=a_n E^n$，$n=0, 1, 2, \cdots$。若将作用于非简谐振子的外电场 $E(t)$用频率为 ω_1 和 ω_2 的 Fourier 分量的平面波表示：

$$E(t)=\frac{1}{2}\left[\varepsilon(\omega_1)\exp(-i\omega_1 t)+\varepsilon(\omega_2)\exp(-i\omega_2 t)\right]+c.c \tag{14-1-9}$$

其中 $c.c$ 代表复共轭。求解线性化的式(14-1-8)可得一级近似解：

$$r^{(1)}=r^{(1)}(\omega_1)+r^{(1)}(\omega_2)+c.c \tag{14-1-10}$$

式中

$$r^{(1)}(\omega_i)=\frac{e}{2m}\left[\frac{\varepsilon(\omega_i)\exp(-i\omega_i t)}{\omega_0^2-\omega_i^2-2i\omega_i\Gamma}\right] \quad (i=1,\ 2,\ \cdots) \tag{14-1-11}$$

用 $ar^{(1)}$的平方作为式(14-1-8)中 ar^2 的近似，可得出二级近似解：

$$r^{(2)}=r^{(2)}(\omega_1+\omega_2)+r^{(2)}(2\omega_1)+r^{(2)}(2\omega_2)+r^{(2)}(0)+c.c \tag{14-1-12}$$

式中

$$\begin{cases} r^{(2)}(\omega_1+\omega_2)=\dfrac{ae^2}{2m^2}\dfrac{\varepsilon(\omega_1)\varepsilon(\omega_2)\exp[-i(\omega_1+\omega_2)t]}{(\omega_0^2-\omega_1^2-i\omega_i\Gamma)^2(\omega_0^2-\omega_2^2\mp i\omega_2\Gamma)[\omega_0^2-(\omega_1\pm\omega_2)-i(\omega_1\pm\omega_2)\Gamma]} \\ r^{(2)}(2\omega_i)=\dfrac{ae^2}{2m^2}\dfrac{\varepsilon^2(\omega_i)\exp(-i2\omega_i t)}{(\omega_0^2-\omega_1^2-i\omega_i\Gamma)^2(\omega_0^2-4\omega_i^2-2i\omega_i\Gamma)} \quad (i=1,\ 2) \\ r^{(2)}(0)=\dfrac{ae^2}{2m^2}\dfrac{1}{\omega_0^2}\left[\dfrac{\varepsilon^2(\omega_i)}{\omega_0^2-\omega_1^2-i\omega_{i1}\Gamma}+\dfrac{\varepsilon^2(\omega_2)}{\omega_0^2-\omega_2^2-i\omega_2\Gamma}\right] \end{cases} \tag{14-1-13}$$

用上述类似逐级迭代方法求解非简谐振子运动方程，也可得到更高级 $r^{(n)}$ 的解。由此得出的 $r^{(n)}$ 值可用于直接求出介质在高强度光辐射场作用下产生的 n 阶非线性极化强度 $P^{(n)}$：

$$P^{(n)}=-Ner^{(n)} \tag{14-1-14}$$

由此可见，当高强度光辐射场作用于非简谐振子时，可在新的频率处产生其强度由非简谐性 a 决定的非线性极化强度分量 $P^{(n)}$，该非线性极化强度分量的振荡将导致在这些新的频率处产生新的光辐射。例如，在 $\omega=0$ 处可发生“光学整流”；二阶非线性极化强度分量 $P^{(2)}$ 振荡的结果将产生和频频率 $\omega_1+\omega_2$、差频频率 $\omega_1-\omega_2$ 和二次谐波频率 $2\omega_1$、$2\omega_2$ 的光辐射。因此，这些非线性光学效应可作为激光脉冲的光谱频率转换的基础。事实上，光与物质相互作用的典型非线性光学过程，如光学混频(light mixing)、谐波产生(harmonic generation)、光参量相互作用(optical parametric interaction)以及受激 Raman 散射(stimulated Raman scattering)等，已经成功用于实现激光脉冲的光谱频率转换，详情可参考著名物理学家、美籍华裔沈元壤教授所著 *The Principles of Nonlinear Optics*(《非线性光学原理》)[5]。本节仅简要介绍在时间分辨光谱测量实

践中常用到的集中激光脉冲光谱频率转换技术。

1) 光学混频

非线性光学频率变换是超快激光光源进行频率扩展的重要手段。利用不同频率的光波 ω_1，ω_2，…在非线性介质内相互作用，产生频率为入射光频率之和 $(\omega = \omega_1 + \omega_2 + \cdots)$ 或入射光波频率之差 $(\omega = \omega_1 - \omega_2 - \cdots)$ 的光波的非线性光学混频过程，是激光波长调谐范围向短波或长波区扩展的常用方法之一。最常见的典型混频过程是，频率为 ω_1 和 ω_2 的基频入射光波通过光学和频 $(\omega_1 + \omega_2 \to \omega_3)$ 产生频率 ω_3 等于两个入射光波频率之和 $(\omega_3 = \omega_1 + \omega_2)$ 的光辐射。在这一过程中，频率为 ω_1 和 ω_2 的两个基频入射光波在非线性介质内相互作用产生极化强度 $P^{(2)}(\omega_3 = \omega_1 + \omega_2)$；该极化强度是一个振动偶极矩集合，它的振动将产生频率为 ω_3 的和频光波。为使能量有效地从频率为 ω_1 和 ω_2 的基频光波转移到生成的和频光波，和频过程必须满足能量守恒 $\omega_3 = \omega_1 + \omega_2$ 和动量 $k(\omega_3) = k(\omega_1) + k(\omega_2)$ 守恒，其中，$k(\omega_i)$ 为 ω_i 光波的波矢量，$k(\omega_i) = \dfrac{n(\omega_i)\omega_i}{c_0}$，式中的 $n(\omega_i)$ 和 c_0 分别为介质对频率 ω_i 光波的折射率和真空中的光速。频率为 ω_3 的和频光波将沿由动量守恒条件确定的相位匹配方向传播，相位匹配条件可简写为 $n(\omega_1)\omega_1 + n(\omega_2)\omega_2 = n(\omega_3)\omega_3$。从原理上看，非线性晶体中的三波相互作用的相位匹配有两种类型。如果频率为 ω_1 和 ω_2 的光波具有相同的偏振，则为平行匹配(或称为 I 类相位匹配)；反之，如果光波 ω_1 和 ω_2 具有正交的偏振，则为正交匹配(或称为 II 类相位匹配)。

为了定量描述和频过程，可考察包括 $E(k_1,\ \omega_1)$、$E(k_2,\ \omega_2)$ 和 $E(k_3,\ \omega_3)$ 在内的耦合波方程，在假设各光波的损耗可忽略不计、采用无线大平面波近似、慢变振幅近似的条件下，求解该方程，可得在 z 处生成的和频光波的输出功率 $P(\omega_3, z)$

$$P(\omega_3, z) = \frac{8\pi^3\omega_3^2}{c^2\sqrt{\varepsilon(\omega_1)\varepsilon(\omega_2)\varepsilon(\omega_3)}}\left|\chi_{\text{eff}}^{(2)}\right| l^2 \left[\frac{\sin\left(\dfrac{\Delta kz}{2}\right)}{\dfrac{\Delta kz}{2}}\right]^2 \left[\frac{P(\omega_1)P(\omega_2)}{A}\right] \tag{14-1-15}$$

式中，$P(\omega_i)$ 为频率为 ω_i 的光波功率；$\varepsilon(\omega_i)$ 为介质在频率为 ω_i 处介电常数；l 为介质中各光波相互作用区的长度；A 为以 cm^2 为单位的光束横截面；$\chi_{\text{eff}}^{(n)}$ 为 n 级有效非线性极化率：

$$\chi_{\text{eff}}^{(2)} = \hat{e}_3 \chi^{(2)}(\omega_3 = \omega_1 + \omega_2) : \hat{e}_1\hat{e}_2 \tag{14-1-16}$$

式中，$\hat{e}_i$ 为频率为 ω_i 的光波的偏振矢量；$\chi^{(n)}$ 为关联入射光波电场 E 和只在该电场作用下产生极化强度 P 的比例函数：

$$P^{(n)}(k,\ \omega) = \chi^{(n)}(k = k_1 + k_2 + \cdots + k_n,\ \omega = \omega_1 + \omega_2 + \cdots + \omega_n) : E(k_1,\ \omega_1)E(k_2,\ \omega_2)\cdots E(k_n,\ \omega_n) \tag{14-1-17}$$

在介质中相互作用的光波相位失配程度用 Δk 表示：

$$\Delta k = k_1 + k_2 - k_3 \tag{14-1-18}$$

相位失配程度 Δk 的倒数定义为相干长度 l_c，即 $l_c = \dfrac{1}{\Delta k}$。如果各光波相互作用区长度 $l < l_c$，和频光波的输出将随 l 的平方而增大；如果 $l > l_c$，则和频光波的输出将趋于饱和，甚至降低。

由式(14-1-15)可见，为使频率为 ω_1、ω_2、$\cdots$ 的基频入射光波有效转换为具有和频频率 $\omega(\omega=\omega_1+\omega_2+\cdots)$ 的输出光波，首先需选择一种在参与和频过程的各光波频率 ω_i 处的吸收率很低但非线性极化率 $\chi^{(n)}$ 足够大的光学晶体，并且使频率为 ω_i 的各光波可在该晶体中实现共线相位匹配，以避免它们在该介质中传播时因光束截面有限而引起各光波相互作用区的有效长度减少，即应满足 $\Delta k=k_1+k_2-k_3=0$ 的要求；这一要求可用折射率 $n(\omega_i)$ 表示：

$$\omega_1\left[n(\omega_3)-n(\omega_1)\right]+\omega_2\left[n(\omega_3)-n(\omega_2)\right]=0 \tag{14-1-19}$$

显然，若采用具有正常色散，即 $n(\omega_3)>n(\omega_1)$，$n(\omega_2),\cdots$，各向同性或立方对称的晶体材料，上述要求无法满足。换句话说，进行光学混频所用的非线性介质，不仅要求非线性极化率 $\chi^{(n)}$ 足够大，而且必须选用具有反常色散的晶体，特别是双折射晶体。根据双折射晶体对不同偏振状态的寻常光(o 光)和非寻常光(e 光)的折射率不同，将晶体切割，使晶体光轴与光波传播方向间呈现特定的夹角，通常称为相位匹配角 θ_{m}，以满足这一非线性光学过程的相位匹配要求。视晶体双折射特性不同，相位匹配有两类组合方式，见表 14-1-1。

表 14-1-1　光波在单轴晶体中的相位匹配组合

晶体种类	Ⅰ类相位匹配(平行匹配)	Ⅱ类相位匹配(正交匹配)
负单轴晶体($n_e<n_o$)	o + o → e	o + e → e
正单轴晶体($n_e>n_o$)	e + e → o	o + e → o

相位匹配要求所确定的匹配角 θ_{m} 实际上是一个围绕介质晶轴的锥体半顶角。为使和频过程效率最高，还必须选择基频光波的入射方向(θ_{m}，ϕ)，其中方位角 ϕ 根据晶体介质在基频光束的入射方向的有效非线性极化率 $\chi_{\mathrm{eff}}^{(2)}$ 是否达到最佳值进行选择。式(14-1-15)也表明，为提高光波频率转化效率，还必须选择一个适当的晶体长度 l。式(14-1-15)虽然表明了和频光波的输出功率随介质中各光波相互作用长度 l 和入射光波功率 $P(\omega_1)$ 和 $P(\omega_2)$ 增大而增大，但只有在 $l<l_c$ 的条件下，和频光波的输出功率 $P(\omega_3)$ 才正比于长度 l 的平方。此外，入射光波的最大功率 $P(\omega_1)$ 和 $P(\omega_2)$ 也受到非线性晶体介质的光学损伤阈值的限制。

光学差频过程在理论上与光学和频过程没有原则性差别，但它在技术上的重要性在于，可利用不同基频入射光波在非线性介质内的相互作用而产生其频率为两个基频光波频率差的光波，从而成为将激光脉冲频率从高频光谱区转换到低频光谱区的常用方法。例如，由频率为 ω_1 和 ω_3 基频入射可见光波产生频率为 $\omega_2=\omega_3-\omega_1$ 的差频红外光辐射。与式(14-1-15)类似，差频光波的输出功率 $P(\omega_2,\ z)$ 为

$$P(\omega_2,z)=\frac{8\pi^3\omega_2^2}{c^3\sqrt{\varepsilon(\omega_1)\varepsilon(\omega_2)\varepsilon(\omega_3)}}\left|\chi_{\mathrm{eff}}^{(2)}\right|l^2\left|\frac{\sin\left(\dfrac{\Delta kz}{2}\right)}{\dfrac{\Delta kz}{2}}\right|^2\left[\frac{P(\omega_1)P(\omega_3)}{A}\right] \tag{14-1-20}$$

式中

$$\chi_{\mathrm{eff}}^{(2)}=\hat{e}_2\chi^{(2)}\leqslant(\omega_2=\omega_3-\omega_1):\hat{e}_3\hat{e}_1 \tag{14-1-21}$$

不言而喻，为有效产生差频光波，需满足与上述光学和频相同的非线性介质选择、光波相

位匹配等一系列基本要求。但有两点需要说明：①由于 $\omega_2 < \omega_3$，正比于频率 ω_2 平方产生输出功率 $P(\omega_2, z)$ 光波的效率通常并不高；②当入射光束直径与频率为 ω_2 的差频红外波长相近时，光束的衍射影响需重视。

2) 光学倍频

光学倍频是通过在特定介质中的非线性光学作用将频率为 ω 的入射光波转换为频率为入射光波频率整数倍 $2\omega, 3\omega, \cdots, n\omega$ 的光波输出。它实际上是一种由相同频率的入射光波进行独特的和频过程。以由频率为 ω 的入射光波转换为频率 2ω 的二次谐波(倍频)为例，根据不同光波在介质中传播的耦合波方程，在平面波近似以及略去入射激发光波损耗等近似条件下，二次谐波的输出功率 $P(2\omega)$ 为

$$P(2\omega) = \frac{8\pi^3\omega_3^2}{c^3\varepsilon(\omega)\sqrt{\varepsilon(\omega_3)}}\left|\chi_{\text{eff}}^{(2)}\right| l^2 \left[\frac{\sin\left(\dfrac{\Delta kz}{2}\right)}{\dfrac{\Delta kz}{2}}\right]^2 \left[\frac{P(\omega)^2}{A}\right] \tag{14-1-22}$$

式中，$\chi_{\text{eff}}^{(2)} = \hat{e}_{2\omega}\chi^{(2)}(2\omega = \omega + \omega) : \hat{e}_\omega \hat{e}_\omega$，其相匹配条件为 $\Delta k = k(2\omega) - 2k(\omega)$。此时，为进行光学倍频而可用的非线性介质不仅要求非线性极化率足够大，而且必须具有反常色散和双折射特性。从熔融状态结晶而成的铌酸锂($LiNbO_3$)、铌酸钡钠($Ba_2NaNb_5O_{15}$)以及碲(Te)、硒化镉(CdSe)、砷化镓(GaAs)、磷化镓(GaP)等质地坚硬、不易潮解且能承受热冲击的晶体材料，特别是磷酸钛氧钾($KTiOPO_4$，简称 KTP)和偏硼酸钡(β-BaB_2O_4，简称 BBO)应用最广泛。

通常紫外波段的飞秒脉冲是通过倍频方法产生的。最简单的倍频过程是，将需要倍频的飞秒脉冲聚焦至 BBO 非线性晶体上，即可获得倍频输出。在实际实验中，倍频过程的应用有三种情况：①将钛宝石飞秒放大器输出的 800 nm 飞秒脉冲倍频至 400 nm；②将非共线光参量放大输出的可见光波段 500～750 nm 飞秒脉冲倍频至 250～375 nm；③利用自相关法测量脉冲宽度时的和频过程，虽然称为和频，但当和频的两束光来自同一光源，且两束光之间的夹角很小时，也可以近似为倍频过程。倍频过程一般为 I 类相位匹配。基频光 ω_f、倍频光 ω_s 之间的相位匹配关系为

$$\omega_s n_s = 2\omega_f n_f \tag{14-1-23}$$

式中，下标 s 表示倍频二次谐波，f 表示基频。飞秒激光含有多种频谱成分，在倍频时通常只有中心频率成分满足相位匹配条件 $\Delta k = 0$，而脉冲中其他频率成分的光 $\Delta k \neq 0$，即存在相位失配，不同频率的光谱成分失配量不同，因此倍频的转换效率也不同，所以使用倍频晶体对飞秒脉冲倍频时，得到的倍频光会受到增益 $G \propto \left[\dfrac{\sin(\Delta kl)}{(\Delta kl)}\right]^2$ 的调制，即光谱滤波。由此可见，调整非线性晶体厚度 l，使 $\left[\dfrac{\sin(\Delta kl)}{(\Delta kl)}\right]^2$ 函数的谱带宽度大于基频光的光谱宽度，才能忽略光谱滤波现象。

为了合理使用非线性晶体通过二次谐波产生进行激光波长的有效转换，可以进行腔内倍频和腔外倍频两种系统设计。腔内倍频是将所用的倍频晶体直接置于激光谐振腔内，如图 14-1-6(a)所示。该谐振腔内的反射镜对频率为 ω 的基频光波为全反射，但输出端的反射镜对频率为 2ω 的二次谐波适当透过。此时，腔内倍频过程是将在其中振荡的一部分基频光波转换为它的二次

谐波，并通过输出端的发射镜直接耦合到谐振腔外，最终以频率为 2ω 的倍频光波输出。显然，腔内倍频的一个重要优点是，基频光波可在谐振腔内进行多次折返，反复穿过非线性晶体而重复产生二次谐波。因此，它常用于对功率不高的连续波或高重复频率的准连续波激光倍频。但为避免产生的二次谐波再次进入倍频晶体时与基频光波出现相位不同步，引起干涉降低倍频效率，在实际工作中通常采用如图 14-1-6(b)所示的双通道腔内倍频激光系统设计，即采用棱镜或双色分束器将产生的二次谐波直接耦合到谐振腔外，不再进入倍频晶体。腔外倍频是实际工作中最常用的一种二次谐波产生方式。它将谐振腔输出的激光通过置于腔外的非线性晶体产生二次谐波。这种二次谐波产生方式实现光波倍频的条件、输出功率以及频率变换效率等工作特性均可直接基于上述有关谐波产生过程的理论分析进行推算。

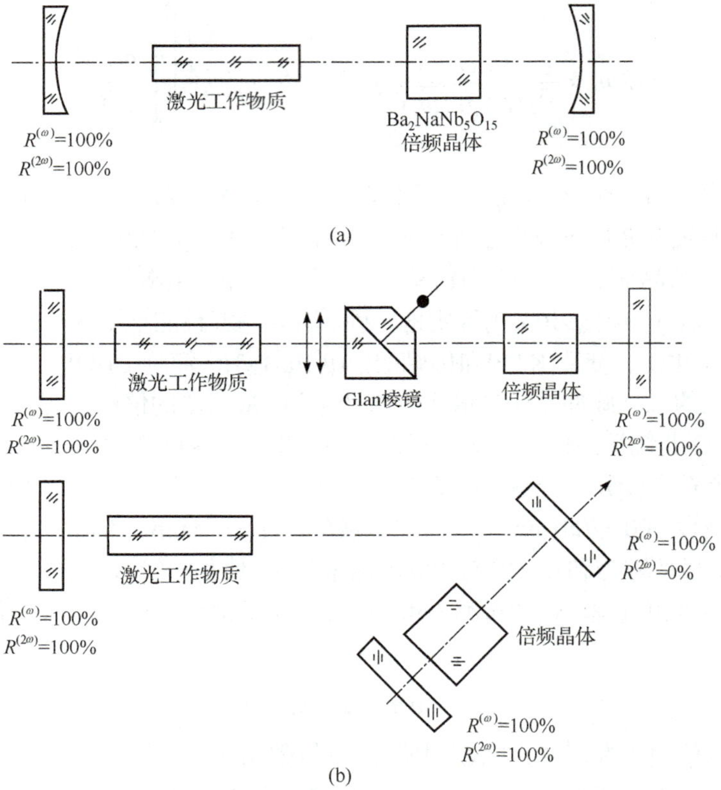

图 14-1-6　腔内倍频激光系统设计示意图

(a) 腔内倍频激光系统设计；(b) 双通道腔内倍频激光系统设计

3) 光参量振荡

光参量相互作用是可以使入射激光频率转换的另一种非线性光学过程。在这一过程中，通常伴随着入射高频(ω_p)激发光波在非线性光学介质中的湮灭，产生频率不同的低频(ω_s , ω_i)光波。其中，频率较高的 ω_s 通常称为信号波，而频率较低的 ω_i 则称为空闲波， $\omega_p \to \omega_s + \omega_i$ 。这些低频光波的产生可设想为由高强度的入射高频 ω_p 激发光波和介质中低强度的频率为 ω_s 和 ω_i 的低频噪声成分在非线性光学介质中发生“拍频”相互作用的结果。例如， ω_p 和 ω_s 发生拍频 $\omega_p - \omega_s \to \omega_i$ 产生的频率为 ω_i 的低频光波可进一步与入射光波发生拍频 $\omega_p - \omega_s \to \omega_i$ 而产生与原来噪声成分频率 ω_s 相同的信号光波。这样，在满足相位匹配的条件下，产生的低频信号波和空闲波在介质中传播时将不断叠加而增大其辐射场强度。不难设想，当将在其中进行光参量相互作用的非线性光学晶体置于由一对反射镜组成的光学谐振腔中时，在高频入射激光光波作用下通过光参量相互作用产生的低频波可在谐振腔内形成光参量振荡(optical parametric oscillation，OPO)而增大其强度，并以具有一定功率密度的低频激光形式从谐振腔中输出。此时，若采用只可对入射激光频率 ω_p 和一种频率 ω_s (或 ω_i)的光辐射透明的反射镜构成的单共振谐振腔，所输出激光的频率将是 ω_s (或 ω_i)；若采用其反射镜可对 ω_s 和 ω_i 两个频率的光辐射进行反馈的双共振谐振腔，则可同时获得 ω_s 和 ω_i 两个频率的激光输出。

自 1965 年 Giordmaime 和 Miller 报道如图 14-1-7 所示的光参量振荡器结构设计以来，这一激光频率转换技术已取得相当引人注目的发展。例如，采用铌酸锂($LiNbO_3$)晶体作为非线性光学介质，通过光参量振荡可将 Nd:YAG 激光器产生的激光脉冲转换为在可见光波段到近红外光谱区波长可调的激光辐射。一些早期有代表性的光参量振荡器的工作特性如表 14-1-2 所示。其后大量实验结果表明，当采用磷酸二氢钾(KDP)、磷酸二氢铵(ADP)、α-HIO_3、$LiNbO_3$、$Ba_2NaNb_3O_{15}$ 等非线性光学晶体作为光参量振荡介质时，其在可见光和近红外光谱范围内的转换效率达到约 10%是可能的。最后应当指出的是，光参量的相互作用也可以在三个以上的光波参与下，通过介质的三阶或更高阶的非线性极化实现。这些过程产生的光波频率可以在一个较宽的光谱范围内分布，并可能随入射光波功率密度的增大而形成连续谱。因此，光参量的相互作用也是在时间分辨吸收光谱方法中的一种能产生波长在一个相当宽阔的光谱范围内连续分布的“白光”激光超短脉冲的方法。

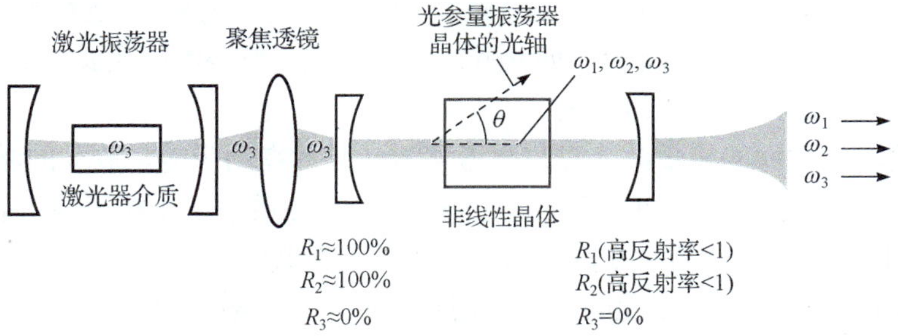

图 14-1-7　光参量振荡器原理结构示意图

表 14-1-2　一些早期有代表性的光参量振荡器的工作特性

激发光源 (入射光波长/μm)	非线性 光学晶体	输出功率 (脉冲宽度)	转换效率/%	调谐波长 范围/μm
钕玻璃 二次谐波(0.532) 三次谐波(0.35)	KDP	100 kW(20 ns)	3	0.957～1.17 0.48～0.58 0.96～1.16
钕玻璃二次谐波(0.532)	α-HIO_3 $LiNbO_3$	10 MW(20 ns)	～10	0.68～2.4
Nd:YAG 基波(1.06)	$LiNbO_3$	0.1～1 MW(～15 ns)	～40	1.4～4.4
Nd:YAG 四次谐波(0.266)	ADP	100 kW(20 ns)	25	0.42～0.73
Nd:YAG 二次谐波(0.472, 0.532, 0.579, 0.635)	$LiNbO_3$	0.1～10 W(～200 ns)	～45	0.55～3.65

续表

激发光源 (入射光波长/μm)	非线性 光学晶体	输出功率 (脉冲宽度)	转换效率/%	调谐波长 范围/μm
Nd:YAG(1.833)	CdSe	～1 kW(100 ns)	40	2.2～2.3 8.1～8.5
CaF_2:Dy(2.36)	CdSe	5 kW(30 ns)	0.5	3.3，7.86
HF(2.87)	CdSe	800 W(～300 ns)	10	4.3～4.6 8.1～8.3
Nd:$CaWO_4$(1.065)	Ag_3AsS_3	100 W(25 ns)	～0.1	1.22～8.5

中红外波段的光谱范围为 3～20 μm，该波段的飞秒脉冲可以通过光参量放大、光参量产生和差频三种方法获得。这三种方法均属于三波混频过程。光参量过程产生的中红外光的输出波长以及转换效率依赖于非线性晶体的选择；要求非线性光学晶体对泵浦光或差频的两束激光与中红外波段的信号光有足够高的透过率和有效的非线性系数。在飞秒光谱学实验中，共线光参量放大器是常用的近红外波段光源，因此利用共线光参量放大器(Ⅱ类相位匹配)输出的信号波 ω_s 与空闲波 ω_i 进行差频获得中红外飞秒脉冲是一种简单可行的方法。

14.1.3　飞秒激光放大技术

飞秒激光放大技术是与飞秒激光平行发展的技术。飞秒激光振荡器输出的功率一般为几十到几百毫瓦，重复频率为几十至百兆赫兹量级。因此，从振荡器输出的脉冲能量仅为几十皮焦到几纳焦，对应的光强为兆瓦量级。如此低的脉冲能量一般很难满足实际应用要求，必须对从振荡器输出的飞秒脉冲进行能量放大。

为定量描述激光脉冲的能量放大过程，考察激光脉冲在用于能量放大的激活介质(简称放大介质)中沿一定方向传播时的光强度 $I(x, t)$变化情况。当介质中工作粒子的布居反转密度$\Delta n(x, t)$在垂直于激光脉冲传播方向的平面内呈均匀分布时，在截面为 dx 的单元空间体积内的光子流密度 $I(x, t)$随时间 t 和空间 x 变化的速率可用时间相关的传输方程式描述：

$$\frac{1}{v}\frac{\partial I(x,t)}{\partial t}+\frac{\partial I(x,t)}{\partial x}=\sigma\Delta n(x,t)I(x,t)-\gamma I(x,t) \tag{14-1-24}$$

式中，$0\leqslant x\leqslant l$，l 为放大介质的有效光程长；v 为介质中的光速；σ 为工作粒子在布居反转能级间的受激辐射跃迁截面，它与工作粒子性质有关；γ 为激光脉冲在激活介质中传播时由于吸收、散射等因素引起的光学损耗系数，但在许多情况下，因其值较小而将 $\gamma I(x,t)$ 乘积项忽略不计。当入射脉冲宽度远小于许多放大介质中工作粒子的自发辐射寿命和工作粒子被激发到受激辐射跃迁上能级的速率的倒数时，工作粒子的布居反转密度$\Delta n(x, t)$将随入射的激光脉冲和放大介质相互作用过程而变化，并可表示为

$$\frac{\partial \Delta n(x,t)}{\partial t}=-\sigma\Delta n(x,t)I(x,t) \tag{14-1-25}$$

上述描述激光脉冲能量放大过程的速率方程[式(14-1-24)和式(14-1-25)]应作为非稳态方程处理。其边界条件可选用 $\Delta n(x,t<0)=\Delta n_0$ 和 $I(x=0,t)=I_0(t)$，其中 Δn_0 和 $I_0(t)$ 分别表示 $\Delta n(x,t)$ 和 $I(x,t)$ 之间没有发生相互作用时的初始值。利用这些初始条件，在入射的激光脉冲为矩形波的近似条件下，当 $0\leqslant t\leqslant \tau_p$ 时，$I(x,t)=I_0$；当 $t<0$ 和 $t>\tau_p$ 时，$I(x,t)=0$，采用变量

分离法求解式(14-1-24)和式(14-1-25)可得出

$$I(x,t)=\frac{I_0}{1+[\exp(-\sigma\Delta n_0 x)-1]\exp\left[-\sigma I_0\left(t-\frac{x}{v}\right)\right]} \tag{14-1-26}$$

而从放大介质输出的激光脉冲光子流密度，即 $x=l$ 时的 $I(l,t)$ 将为

$$I(l,t)=\frac{I_0}{1+[\exp(-\sigma\Delta n_0 l)-1]\exp\left[-\sigma I_0\left(t-\frac{l}{v}\right)\right]} \tag{14-1-27}$$

式(14-1-26)和式(14-1-27)虽然是在引入一系列假设和限制条件下导出的，但仍可用于对激光脉冲能量放大过程进行定量描述。

激光脉冲在放大介质中传播时，将描述该过程光子流密度传输速率的方程[式(14-1-24)]对时间 t 从 $-\infty$ 到 $+\infty$ 积分，可得到其能量 $E(x)$ 随传播距离 x 的变化表达式：

$$\frac{\mathrm{d}E(x)}{\mathrm{d}x}=g_0E_\mathrm{s}(x)\left[1-\exp\frac{E(x)}{E_\mathrm{s}}\right]-\gamma E(x) \tag{14-1-28}$$

式中，g_0 为不饱和增益系数；$E(x)=h\nu\int_{-\infty}^{+\infty}I(x,t)\mathrm{d}t$ ；E_s 为放大介质的饱和能量密度，$E_\mathrm{s}=\dfrac{h\nu}{\sigma}$。若将传播过程中的光学损耗忽略不计，由式(14-1-28)可得出，在放大介质中传播经过光程长 l，从介质中输出的激光脉冲光子流能量 $E(l)$ 将为

$$E(l)=E_\mathrm{s}\ln\left[1+\left(\exp\frac{E_\mathrm{in}}{E_\mathrm{s}}\right)-1\right]\exp(g_0l) \tag{14-1-29}$$

式中，E_in 为入射的激光脉冲光子流能量；$\exp(g_0l)$ 通常称为介质的不饱和放大增益。经过放大介质而将入射激光脉冲能量增大的程度与所用放大介质的增益特性(包括工作粒子的受激辐射跃迁截面 σ 和它的布居反转密度的初始值 Δn_0)以及它的有效光程长 l 有关。当入射激光脉冲的输入能量 E_in 较小并满足 $E_\mathrm{in}\ll E_\mathrm{s}$ 的条件时，式(14-1-29)可近似表示为

$$E(l)=E_\mathrm{in}\exp(g_0l) \tag{14-1-30}$$

即被放大激光脉冲的输出能量 $E(l)$ 将随输入能量 E_in 的增大而成正比例线性增大。放大介质特性和被放大激光脉冲的输入与输出能量的典型函数关系如图 14-1-8 所示。但随入射激光脉冲的输入能量进一步增大而趋近于 E_s，$E(l)$ 将偏离上述线性关系；当入射激光脉冲的能量进一步加大，超过该放大介质的饱和能量密度 E_s 时，被放大激光脉冲的输出能量 $E(l)$ 将再次随输入能量 E_in 的增大而线性增加。然而，在 $E_\mathrm{in}>E_\mathrm{s}$ 条件下的这一线性区内，输出能量和输入能量的函数关系将近似地表示为

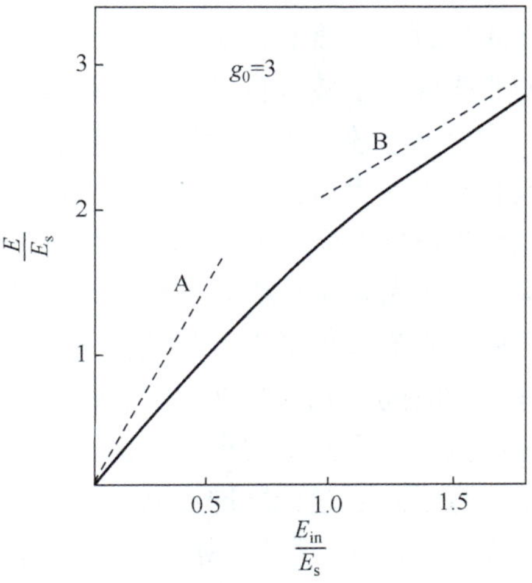

图 14-1-8　被放大激光脉冲的输入能量 E_in 与输出能量 E 的典型函数关系

$$E(l)=E_{\mathrm{in}}+E_{\mathrm{s}}g_0 l \tag{14-1-31}$$

式中，$E_{\mathrm{s}}g_0 l=\left(\dfrac{h\nu}{\sigma}\right)(\sigma\Delta n_0)l=h\nu\Delta n_0 l$。这是放大介质中储存的全部“有用的”能量。在 $E_{\mathrm{in}}>E_{\mathrm{s}}$ 条件下，这部分能量均可有效地用于提高被放大的入射激光脉冲的能量输出。因此，激光脉冲的能量放大应选择在 $E_{\mathrm{in}}>E_{\mathrm{s}}$ 的饱和放大条件下工作。

如果考虑到激光脉冲在放大介质中传播时出现的能量损耗问题，当 $E_{\mathrm{in}}\ll E_{\mathrm{s}}$ 时，式(14-1-31)应改写为

$$E(l)=E_{\mathrm{in}}+E_{\mathrm{s}}\exp(g_0-r)l \tag{14-1-32}$$

此时，激光脉冲的输出能量 $E(l)$ 仍将随初始输入能量 E_{in} 增加而按较小的比例增大；但在 $E_{\mathrm{in}}\gg E_{\mathrm{s}}$ 饱和放大条件下工作时，激光脉冲的输出能量 $E(l')_{\mathrm{lim}}$ 将为

$$E(l')_{\mathrm{lim}}=E_{\mathrm{in}}+E_{\mathrm{s}}g_0 l'-E_{\mathrm{s}}\exp(-rl) \tag{14-1-33}$$

也就是说，当激光脉冲在放大介质中传播一段距离后，其能量已达到“饱和”而不能再进一步增大，进一步加大传播距离则会因能量损耗而降低输出能量。因此，当 $g_0\gg r$ 时，激光脉冲的输出能将有一个最大值。在实际工作中，激光脉冲能量放大所允许的最大程度并不受上述因素的制约，而是要求考虑被放大介质材料本身的光学损伤的能量阈值 E_{d}。此外，还必须合理选择所用放大介质的有效光程长 l 以及不饱和增益系数 g_0，以免在放大介质中出现放大自发发射(amplified spontaneous emission，ASE)和某些光学反馈(如介质输出端表面的光反射)引起的寄生振荡(parasitic oscillation)等不希望出现的不良效应，导致工作粒子的布居反转密度 Δn 减小，从而使放大介质的不饱和增益降低。据此，激光脉冲放大所达到的最大能量 E_{m} 可根据经验公式予以定量估计：

$$E_{\mathrm{m}}=E_{\mathrm{d}}(g_0 l)_{\mathrm{m}}^2 g_0^{-2} \tag{14-1-34}$$

应指出，在脉冲能量放大过程中，特别是当被放大的激光脉冲宽度为 ps、fs 量级时，其激光脉冲的峰值功率往往可以达到足以在介质中引起一些非线性光学过程的水平，而这些非线性光学过程出现和消失的响应时间又往往可与被放大的脉冲宽度相比拟，因而这些可能出现的非线性光学效应将可能影响被放大激光脉冲的特性参数。

根据上述激光脉冲放大原理，选用放大介质时需要考虑的一个重要因素是，其工作粒子应具有与被放大激光脉冲频率相匹配的能级结构。为此，最简单的选择是采用同一或同类用于产生激光脉冲的激活介质作为放大介质。但同时要考虑以下几点：因其中激光脉冲的光子流密度最高，放大介质材料应具有更高的光学损伤阈值 E_{d}；当用于 ps 级超短激光脉冲放大时，放大介质应具有较低的非线性折射率，以避免一些非线性光学效应出现而影响被放大的激光超短脉冲的时间和光谱特性参数；此外，以“最充分利用放大介质中所储存的能量，使入射的激光脉冲能量放大到所要求的数值”为出发点，对所用放大介质的几何尺寸也有所选择，且放大介质垂直于入射激光脉冲传播方向的横截面应与入射激光脉冲光束的横截面相匹配。例如，在放大 $\mathrm{TEM}_{0,0}$ 单基模激光脉冲时，所用放大介质输入横截面和输出横截面的直径 d 应等于 Gauss 光束在各相应位置处的光斑半径 $w(x)$的两倍，$w(x)$可用式(14-1-35)求出：

$$w(x)=w_0\sqrt{1+\left(\frac{\lambda x}{\pi w_0^2}\right)^2} \tag{14-1-35}$$

式中，λ 为激光脉冲波长；w 为该 Gauss 光束的束腰半径；x 为相对于光束束腰截面的间距。如果被放大的是多横模激光脉冲，所用放大介质的横截面直径 d 可根据入射光束的发散角 $\theta = \frac{d}{x}$ 近似估算。

目前，在实际应用中，最常用的激光脉冲能量放大方法是啁啾脉冲放大(chirped-pulse amplification，CPA)技术。如图 14-1-9 所示，先将飞秒激光脉冲展宽，然后对展宽后的脉冲进行放大，最后对经过放大后的脉冲进行压缩，使其恢复到原来的飞秒量级。在激光啁啾脉冲放大系统中，从振荡器输出的锁模脉冲首先经过一个能提供较大色散的脉冲展宽器，将飞秒脉冲展宽 $10^3 \sim 10^5$ 倍，达到皮秒甚至纳秒量级，形成带有强烈啁啾的长光脉冲。此时，激光脉冲的峰值功率已大大降低，然后进入激光放大器，从激光放大介质抽取足够的能量后，再经过一个能提供与脉冲展宽器相反色散的脉冲压缩器，将经过放大后的展宽脉冲压缩回原来的脉冲宽度量级。因此，飞秒激光啁啾脉冲放大系统一般由振荡器、展宽器、放大器、压缩器四部分组成。利用啁啾脉冲放大技术，可以将单脉冲能量放大至毫焦甚至焦耳量级，脉宽为几十至百飞秒，光强可达太瓦(terawatt，TW)至拍瓦(petawatt，PW)量级。

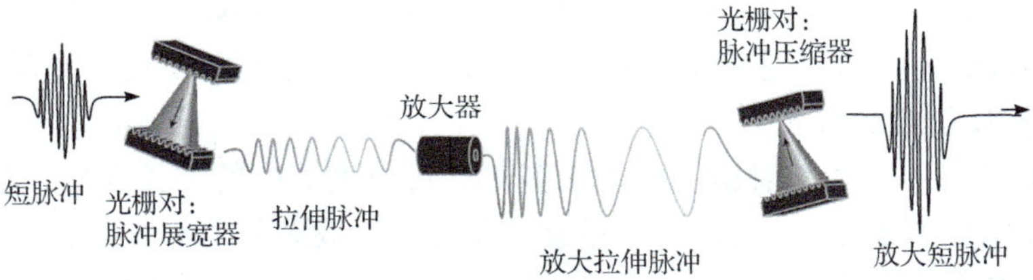

图 14-1-9　啁啾脉冲放大技术原理示意图

在啁啾脉冲放大系统中，提供色散的常用器件为光栅对。光栅对能提供负的群延迟色散，可用作压缩器；在负色散光栅对之间增加一个望远系统，即可获得产生正群延迟色散的光栅对作为展宽器使用。展宽器和压缩器是成对使用的，它们的好坏直接影响整个放大系统色散补偿的效果，而色散补偿的好坏直接关系到压缩后脉冲的质量。在实际应用中，针对一个特定的放大系统，要设计出一个优秀的展宽-压缩器，首先就要求展宽器有较强的展宽能力，以使脉冲更好地抽取放大器的能量，减少非线性效应。然后考虑如何使展宽-压缩器与特定放大器相匹配，也就是色散补偿问题，以便得到质量较好的短脉冲。

啁啾脉冲放大器根据腔结构的不同分为两种：再生放大器和多通放大器。

再生放大器是将种子脉冲引入放大器腔内，待种子脉冲在腔内多次往复被放大后，再将脉冲从腔中导出，如图 14-1-10 所示。再生放大器本身也是一个调 Q 脉冲激光器，若没有种子脉冲输入，再生放大器只输出纳秒级的调 Q 脉冲。其优点是：对种子光的放大效率高、运行稳定、输出光束质量好、可以得到 $TEM_{0,0}$ 的基模输出。但再生放大器的再生腔内一般由 Kerr 盒 PC 和 Glan 棱镜 G3 等构成 Q 开关，激光在再生腔每经历一周都要两次经过 Q 开关，因此放大器总的材料色散比较大。

以图 14-1-10 为例，种子光在再生腔中的导入和放大后的导出过程如下：

(1) 当 Kerr 盒上没有加高压时，Kerr 盒相当于一个 1/4 波片。种子光为垂直偏振方向，可以从 Glan 棱镜(反射垂直偏振的激光，透射水平偏振的激光)进入腔内，两次经过 Kerr 盒变成水平偏振，从而可以穿过 Glan 棱镜，飞向再生腔的另一端。

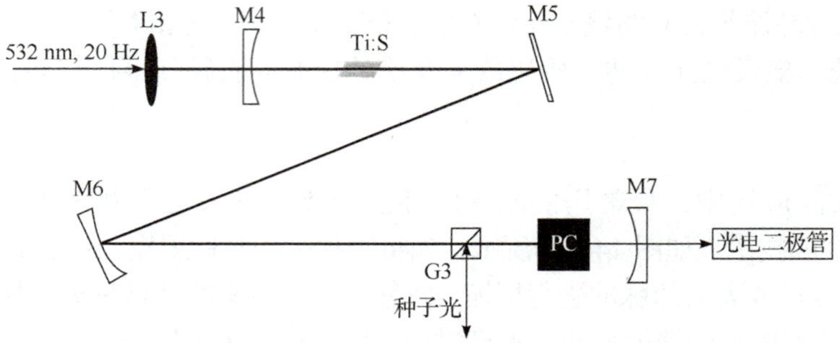

图 14-1-10　再生放大器的结构示意图

(2) 当种子脉冲第二次通过 Kerr 盒后，Kerr 盒立即被施加相当于 1/4 波长的电压，此时 Kerr 盒的作用相当于 1/2 波片。而腔内脉冲每循环一周需要两次通过 Kerr 盒，因此入射至 Glan 棱镜时的偏振方向总为水平偏振，种子脉冲被捕获于再生腔内，反复经过增益介质而放大。

(3) 当种子脉冲在腔内经过足够次数放大后，腔内脉冲能量达到最大值，此时需要将脉冲导出再生腔。在脉冲刚刚穿过 Kerr 盒经过 Glan 棱镜飞向增益介质时撤掉施加在 Kerr 盒上的电压，Kerr 盒又恢复为一个 1/4 波片；当脉冲经过 Kerr 盒至凹面镜 M7 然后反射再次经过 Kerr 盒后(两次经过 Kerr 盒)，即相当于经历了一个半波片，其偏振方向转变为垂直方向，从而在经过 Glan 棱镜时被反射至腔外。

多通放大器是利用多个反射镜使种子光多次经过放大器中的增益介质，达到放大光脉冲的目的，光路结构如图 14-1-11 所示。多通放大器与再生放大器的本质区别是不存在谐振腔，因此结构简单。多通放大器不需要腔内开关元件，种子光只一次经过选单元件(Kerr 盒和 Glan 棱镜)，因此极大地减少了整个 CPA 系统中材料色散的产生，有利于对系统进行色散补偿和脉冲压缩。多通放大器的致命缺点是不能保证每次种子光与泵浦光较好地共线耦合，易导致光束质量畸变。

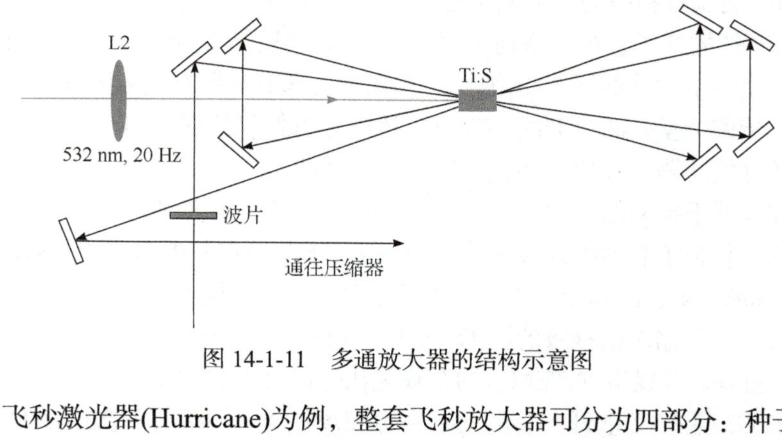

图 14-1-11　多通放大器的结构示意图

以美国的飞秒激光器(Hurricane)为例，整套飞秒放大器可分为四部分：种子光源(Maitai)、放大器泵浦源(Evolution)、展宽器和压缩器、再生放大腔。从 Maitai 出来的种子光需经过 Faraday 旋光器后进入展宽器；Faraday 旋光器的作用是隔离后续光路中返回的微弱光脉冲，以防止其反馈进入 Maitai 而影响锁模的稳定性。百飞秒量级的种子光经过展宽器被展宽成皮秒量级的宽脉冲进入放大器的再生腔进行放大，当光脉冲被充分放大后再被导出再生腔；然后经过压缩器，使皮秒量级被放大光脉冲经过压缩器的色散补偿将脉冲宽度压缩至百飞秒量级作为最终的光脉冲输出。详细的光路路线可参阅翁羽翔教授主编的《超快激光光谱原理与技术基础》。

14.1.4　飞秒激光泵浦-探测技术

光学泵浦是指利用光吸收选择性地增加或减少原子或分子能量上的粒子数，从而改变这些能级上的占据数Δn，使其显著地偏离热平衡下的占据数。光学泵浦对分子系统的影响依赖于泵浦激光的特性，如强度、谱宽和偏振，也依赖于吸收跃迁的线宽和跃迁概率。如果泵浦激光的带宽$\Delta\omega_L$大于分子跃迁的线宽$\Delta\omega$，吸收能级$|i\rangle$上的所有分子都会被泵浦。当 Doppler 展宽占据主导地位时，这意味着各种速度的分子可以被同时泵浦到高能级$|k\rangle$。如果激光带宽$\Delta\omega_L$小于分子跃迁的非均匀线宽$\Delta\omega$，则只有满足条件$\omega = \omega_0 - kv = \omega_L \pm \Delta\omega_L / 2$的分子才会被泵浦上去。

因为激光强度大，激光能够在选中的能级$|i\rangle$上产生更大的粒子数的变化$\Delta n_i = n_{i0} - n_i$，其中$n_{i0}$为热平衡下的非饱和值，而$n_i$为非平衡值。因此，可以用另一束电磁波探测占据数密度Δn_i的变化，可以是射频场、微波或者另一束激光。如果与这束“探测波”共振的分子跃迁涉及泵浦跃迁的两个能级$|i\rangle$和$|k\rangle$中的一个，那么泵浦激光和探测波就会与这个耦合的原子或分子跃迁同时共振。这种情况称为光学-射频双共振、光学-微波双共振或光学-光学双共振(OODR)。本小节仅简要介绍光学-光学双共振。

光学-光学双共振技术利用了分子与两个光波同时发生的相互作用，这两个光波被调谐到具有一个共同能级的两个分子跃迁上，这个能级既可以是泵浦跃迁中的低能级$|i\rangle$，也可以是泵浦跃迁中的高能级$|k\rangle$。光学-光学双共振有三种可能的能级结构，如图 14-1-12 所示。图中 V 型双共振方法可以视为激光诱导荧光的逆过程(图 14-1-13)，该方法以能级图中的 V 形状命名。利用激光诱导荧光技术，可以选择性地激发能级$|2\rangle$。由此产生的荧光光谱对应于由该能级到所有更低能级$|m\rangle$上的所有可能的光学跃迁。分析激光诱导的荧光光谱，可以得到更低能

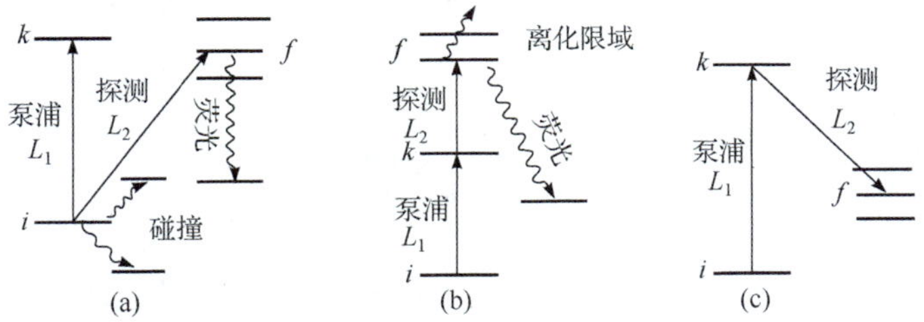

图 14-1-12　光学-光学双共振的不同模式

(a) V 型；(b) 阶梯式激发；(c) Λ 型

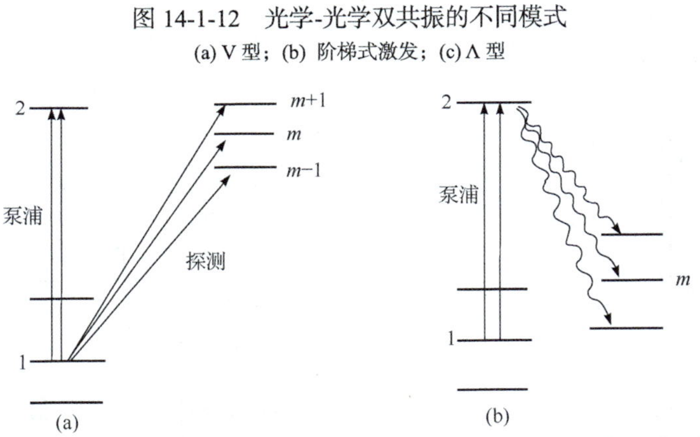

图 14-1-13　V 型光学-光学双共振(a)与激光诱导荧光(b)过程的比较

级的信息。另外，利用 V 型光学-光学双共振技术，可以选择性地耗尽某一个更低的能级$|i\rangle$。这些光学-光学双共振跃迁由较低的能级$|1\rangle$出发，到达探测跃迁涉及的所有更高能级$|m\rangle$，可以根据探测光在有、无泵浦光时的吸收差别监测它们，主要给出的是上能级的信息。

光学-光学双共振的第二种模式[图 14-1-12(b)]是利用一个共同的中间能级$|k\rangle$阶梯式地激发更高的能级$|f\rangle$，中间能级是泵浦跃迁的高能级，同时也是探测跃迁的低能级。这一模式可以研究更高的能级(如 Rydberg 态)，利用这些能级上的激光诱导荧光光谱或因为吸收第三个光子形成的离子，可以监控探测光的吸收。光学-光学双共振的第三种模式是 Λ 型双共振方法，它是一种受激共振的 Raman 过程，是泵浦激光的吸收和探测激光引起的受激辐射将能级$|i\rangle$上的分子相干地转移到能级$|f\rangle$上。有关光学-光学双共振的三种模式的详细讨论可参阅《激光光谱学》。

深入研究光学-光学双共振模式的激发态原子或分子能级$|k\rangle$的动力学性质，包括原子或分子中的电子运动，由辐射过程或碰撞过程引起的激发态能级的衰变过程，激发态分子的异构化过程，以及系统被光学泵浦后向热平衡弛豫的过程，对物理学、化学和生物学的许多分支学科来说是非常重要的，如激发态分子的预解离率、飞秒化学，或者视觉过程中的不同步骤，从光激发视网膜上的视紫红质分子到神经电脉冲抵达大脑等。理解这些过程的关键是要准确测量它们的寿命。因此，从实验上测量激发态原子或分子的寿命，必须要有足够的时间分辨率，也就是说，能够分辨的最小时间间隔Δt必须小于所研究的物理过程的时间尺度 T。尤其是对于时间精度小于 10^{-10} s 的非常快速的弛豫过程来说，绝大多数探测器(除了条纹照相机)都不够快。此时，光学泵浦-探测技术是最佳的选择，它的原理如图 14-1-14 所示。用高速激光脉冲激发待测分子的跃迁$|0\rangle \to |1\rangle$。探测脉冲相对于泵浦脉冲的延迟时间 τ 可变，它可以检测粒子数密度的时间演化过程 $N_1(t)$。时间分辨率仅受限于两束脉冲的脉冲宽度 ΔT，并不依赖于探测器达到时间常数。

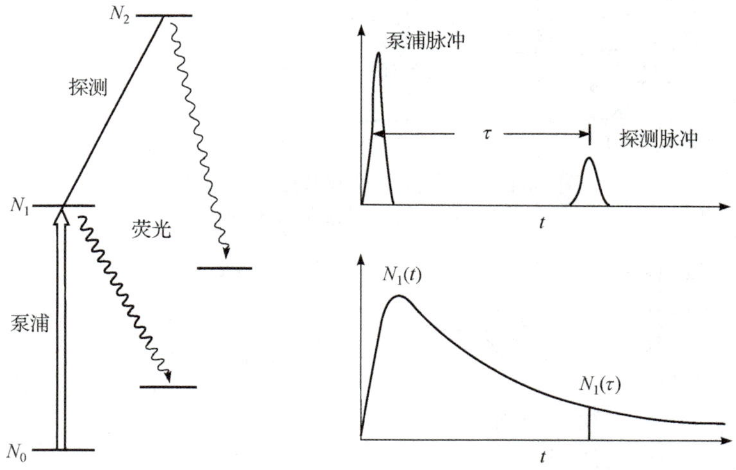

图 14-1-14　光学泵浦-探测原理示意图

飞秒激光泵浦-探测技术使用两个具有时间延迟的飞秒脉冲，其中能量较高、时间较前的作为泵浦光，能量较低、时间延后的作为探测光，对样品分别进行激发和探测，如图 14-1-15(a)所示。泵浦光激发样品到达激发态，经过时间延迟的探测光随后到达，探测样品受到激发后随时间演化。

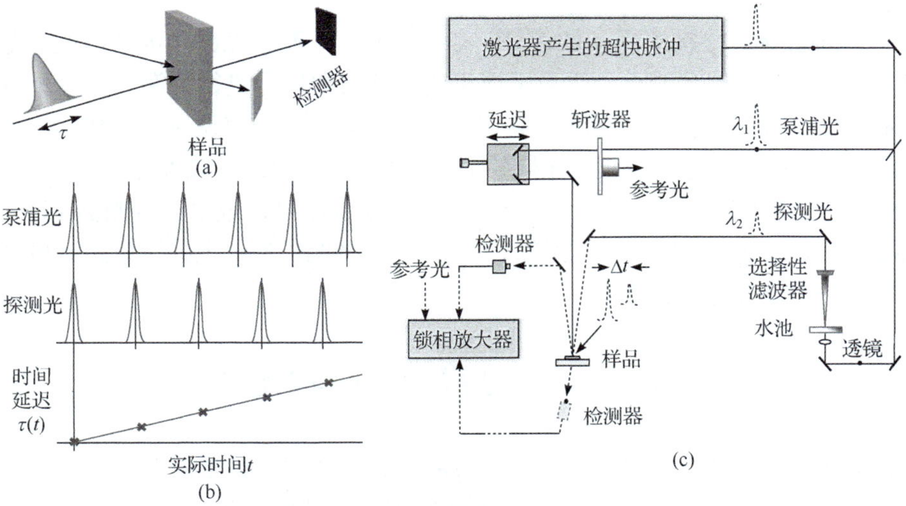

图 14-1-15　激光泵浦-探测技术的原理和光路设计

(a) 泵浦-探测技术的原理示意图；(b) 异步光学采样示意图；(c) 使用锁相放大器的泵浦-探测光路示意图

考虑透射情况，未被激发的介质存在吸收系数 α_0 。激发态多以指数形式衰减，激发后的瞬间，吸收率降低为 $\Delta\alpha_0$ ，满足

$$\Delta\alpha(\tau)=\Delta\alpha_0\mathrm{e}^{-\tau/\tau_{\mathrm{ex}}},\quad \tau>0 \tag{14-1-36}$$

式中， τ 为激发后的时间延迟； τ_{ex} 为激发态寿命。对于光强，令 $\Delta\alpha_0 L\to 0$ ，则

$$I_t(\tau)=I_0\mathrm{e}^{-(\alpha_0-\Delta\alpha_0\mathrm{e}^{-\tau/\tau_{\mathrm{ex}}})L}=I_0\mathrm{e}^{-\alpha_0 L}\mathrm{e}^{\Delta\alpha_0 L\mathrm{e}^{-\tau/\tau_{\mathrm{ex}}}}\approx I_0\mathrm{e}^{-\alpha_0 L}(1+\Delta\alpha_0 L)\mathrm{e}^{-\tau/\tau_{\mathrm{ex}}} \tag{14-1-37}$$

式中，L 为样品透光长度。因此，随时间变化的光强 $I_t(\tau)$ 满足

$$I_t(\tau)\approx I_t(0)(1+\Delta\alpha_0 L\mathrm{e}^{-\tau/\tau_{\mathrm{ex}}}) \tag{14-1-38}$$

则透过光强的相对变化相对于时间延迟可用式(14-1-39)表示：

$$\frac{\Delta T(\tau)}{T_0}=\frac{I_t(\tau)-I_t(0)}{I_t(0)}\approx\Delta\alpha_0 L\mathrm{e}^{-\tau/\tau_{\mathrm{ex}}} \tag{14-1-39}$$

通过以上计算可以发现，透过光强与时间延迟呈指数关系，即可以通过探测不同时刻时间延迟的光强获得样品的时间分辨信息。因此，飞秒激光泵浦-探测技术必要的关键部件包括作为光源的飞秒脉冲激光器、提供时间延迟的延迟线、进行探测的光强探测器三个部分。

21 世纪，超短脉冲激光器有了突破性进展，可以提供 fs 级别的超短脉冲作为超快过程研究中的光探针。脉冲激光具有 MHz 到 kHz 不等的重频，即脉冲存在 ns 到 ms 不等的时间间隔，远大于 fs 级别的超快过程，因此泵浦-探测可以看成在许多个脉冲周期中对样品重复激发和探测的所得信号的叠加。时间延迟的实现方式有异步光学采样和电动平移台。异步光学采样不会用到机械部件，工作较为稳定。主要采用两台工作在不同重复频率的超快激光器使泵浦光和探测光的光脉冲在时间上不完全重叠，如同长度测量时的游标卡尺，如图 14-1-15(b)所示。电动平移台是实现时间分辨最常见的一种方式。在电机的驱动下载有一对平面镜的平移台前后移动，根据光速进行换算，可以通过控制移动的空间距离精确调整探测光相对于泵浦光的光程差，进而对样品进行不同时间的扫描。信号的探测可以使用各种光强探测器，如光谱仪、电荷耦合检测器(CCD)、雪崩光电二极管(APD)、光电倍增管(PMT)等。时间延迟通过延迟线得到控制与调整。

在泵浦-探测技术中，被测样品的信号一般都比较弱，而且光路中的杂散光、光源与探测器的不稳定都会产生背景噪声。一般采用锁相放大器对弱信号进行探测，实验光路示意图如图 14-1-15(c)所示。利用锁相放大器时，对泵浦光进行调制，并将调制频率作为参考信号，光电探测器信号中只有与参考信号频率相同的部分才会被锁相探测、放大并输出，从而达到提高信噪比的目的。调制可以用斩波器(chopper)、声光调制器(AOM)或电光调制器(EOM)。斩波器利用机械遮挡与通过的方式控制光的通断，声光、电光调制器通过电控可以达到更高的调制频率(MHz 级别)，获得更高的信噪比。

14.2　时间分辨瞬态吸收光谱

时间分辨吸收光谱是基于闪光光解(flash photolysis)的基本思想而发展的一类研究分子结构、状态随时间变化的时间分辨光谱。这一方法鉴别分子结构、状态的原理与传统的吸收方法相同，都是以分子对不同波长的光辐射的吸收产生的光谱为判断依据，只不过时间分辨吸收光谱是实时跟踪监测分子的吸收光谱随时间的变化。传统的吸收光谱测量是根据分子在特定的电子、振动和(或)转动状态对光辐射的吸收获取吸光分子在平衡状态时的结构信息，而时间分辨吸收光谱测量可提供离子、自由基以及高能激发态等各种不稳定分子的结构、状态及其随时间变化的信息。这为揭示一系列重要的化学、物理过程和生命现象中分子变化的微观动态学行为提供重要的实验依据。

近年来，随着激光脉冲技术和微弱、瞬变光电信号检测技术的发展，以泵浦-探测(pump-probe)双脉冲技术为基础建立的各类时间分辨吸收光谱法已将跟踪监测分子吸收光随时间变化的时间分辨率提高到 ns(10^{-9} s)、ps(10^{-12} s)甚至 fs(10^{-15} s)量级，从而使人们能够在原子运动的水平上对化学键生成或断裂的微观分子动态学进行直接观测。但其依然存在吸收光谱测量固有的两个缺陷：一是，观测到的分子吸收都是通过对比光辐射通过被测分子样品前、后的光强度 I_0 和 I_t 得到的，光强度差值 $\Delta I = I_0 - I_t$ 一般比入射前和通过后的光强度 I_0 和 I_t 小很多。这意味着要在短暂的时间间隔内同时记录分子体系在特定波长范围内各个波长处的微弱吸收光信号 $\Delta I(\lambda_i, t)$，而且这些被测光信号的强度随时间不断衰减甚至完全消失，因此要求具备相当灵敏的检测手段和足够高的测量精确度。二是，除了为数不多的小分子以外，吸收光谱能提供的大部分分子信息来自相关分子在它的电子、振动状态间跃迁时所产生的光谱谱带。这种谱带通常由一个较宽波长范围内的各类跃迁谱线构成，特别是那些处于溶液、固体表面以及生物介质中的有机大分子，它们特有的电子振动跃迁谱线不仅会相互叠加，还往往被环境介质的连续吸收谱带“淹没”。因此，实际工作中时间分辨吸收光谱更多的是集中跟踪监测处于可见光波段、由密集电子振动跃迁谱线堆砌而成的无光谱结构的连续谱带。如何从被展宽(甚至被畸变)且无精细光谱结构的连续光谱谱带中获取有关分子结构、状态随时间的变化信息是运用时间分辨吸收光谱方法时必须要考虑的另一重要课题。本节将概述各种时间分辨吸收光谱方法及其典型应用实例，但在具体讨论各种时间分辨方法及其应用之前，先对分子吸收光谱的一些基本概念进行简要回顾。

14.2.1　分子吸收光谱的特征参数

1. 分子吸收光谱的频率特性

分子对光辐射的吸收是由于分子从低能量子状态 m 激发跃迁到高能量子状态 n，被吸收光辐射的频率 ν_{mn} 取决于两个量子状态间的能量差 $\Delta E = E_n - E_m$，因而频率 ν_{mn} 可作为表征吸光分子结构的基本光谱参数之一。一些分子(包括大量具有重要生物功能的大分子)吸收光辐射的频率原则上都可通过现代计算化学方法得到。但在实际工作中，通常利用实验中归纳出的各种类型分子的结构和它们的特征吸收频率间的半经验关系，预测分子吸收光辐射强度在不同频率处的分布，从而得到吸收光谱谱图。例如，分子的电子吸收谱带可认为是由该分子的生色团中处于成键电子轨道 σ、π 和非键电子轨道 n 的价电子在反键电子轨道 σ^* 和 π^* 之间进行跃迁产生的，如图 14-2-1 所示。其中，成键电子轨道 π 和非键电子轨道 n 中电子被激发到反键电子轨道 π^* 的电子跃迁 $n \to \pi^*$、$\pi \to \pi^*$ 吸收的光辐射频率一般处于紫外-可见光波段；激发能较高的 $\sigma \to \sigma^*$ 电子跃迁以及由含有未共用电子对原子的生色团产生的 $n \to \sigma^*$ 电子跃迁，其吸收谱带 $\lambda_{\sigma\to\sigma^*}$ 和 $\lambda_{n\to\sigma^*}$ 通常会偏移到 125～250 nm 的紫外区。此外，由于配位场引起含有 d 电子的金属有机络合物分子中的 d 电子轨道分裂(如 $[Ti(H_2O)_6]^{3+}$ 中分裂的 e_g 和 t_{2g} 轨道)而产生的 $d \to d^*$ 电子跃迁，也在紫外-可见光波段产生光吸收；在可见光波段出现的光吸收谱带则可能是配体 L(ligand)和中心金属 M 原子间发生电荷转移(charge transfer，CT)跃迁 LMCT 和 MLCT 所致。

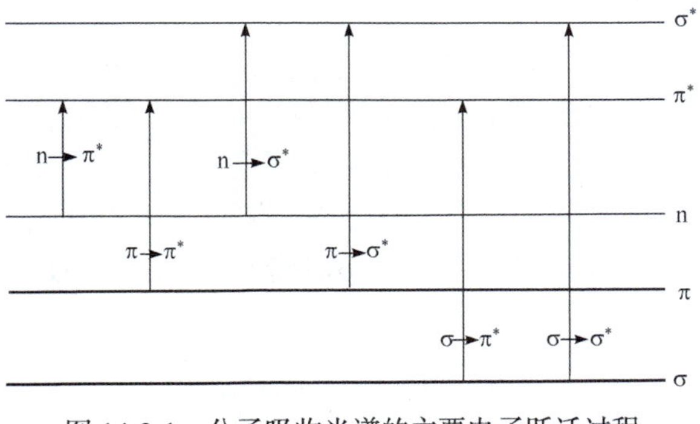

图 14-2-1　分子吸收光谱的主要电子跃迁过程

周期性地改变核间距的原子振动状态和作为整体不断变换空间取向的分子转动能级间的跃迁也可产生具有丰富的分子结构信息的吸收谱带。处于一定电子状态的分子在其不同振动、转动能级间跃迁产生的吸收谱带通常由一组密集分布在红外甚至远红外波段、难以探测的狭窄谱线组成。伴随着在不同电子状态间跃迁产生的振动、转动吸收跃迁，与“纯”电子跃迁的谱线形成含有电子振动光谱结构的宽带吸收光谱谱图。在电子振动吸收谱带中，吸收最强的峰值频率 ν_{max} 将随电子跃迁所引起的相关分子的核间距变化，并相当于不伴随着振动状态改变的纯电子跃迁频率 $\nu_{0\to0}$ 向高频或低频侧发生偏移(Franck-Condon 原理)。因此，分子的电子-振动跃迁产生的吸收谱带不仅可因振动谱带结构而展宽，而且将视分子在跃迁的初始和终止状态时分子结构的不同而导致吸收谱带波形出现差别。双原子分子中电子振动跃迁产生的不对称吸收谱带的吸收峰值偏移如图 14-2-2 所示。

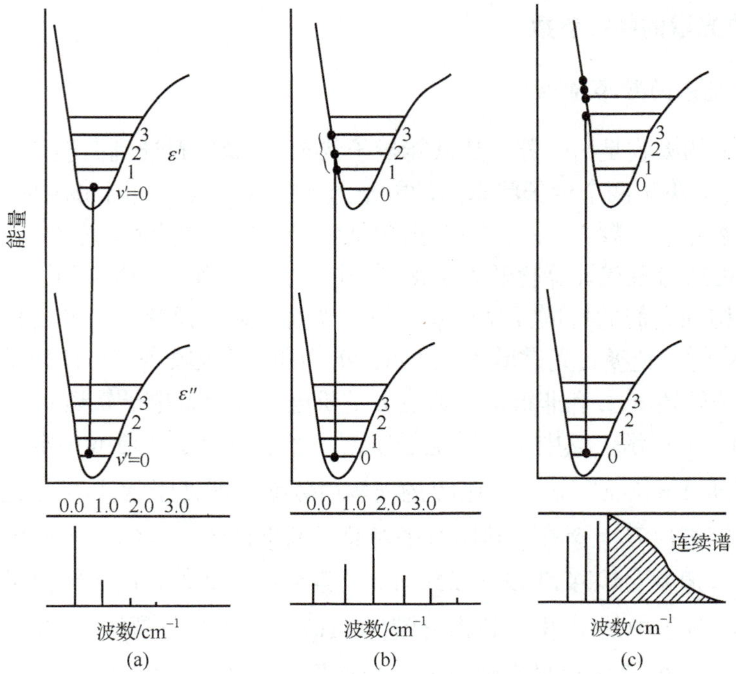

图 14-2-2　双原子分子的电子振动跃迁中吸收峰值偏移

(a) 跃迁的初始状态 ε''和终止状态 ε'完全对称；(b)、(c) 跃迁的终止状态 ε'的核间距相对于初始状态 ε''增大

2. 分子吸收光谱的强度

分子在指定频率 ν_{mn} 处吸收光辐射的强度 $I(\nu_{\mathrm{mn}})$ 正比于该分子在相关能级 m、n 辐射跃迁的概率。在实际工作中，吸收光强度 $I(\nu_{\mathrm{mn}})$ 由测量可被吸收频率 ν_{mn} 的光束在通过被测分子样品时的强度变化 $\mathrm{d}I(\nu_{\mathrm{mn}})$ 得出。假设分子体系的吸光系数 $k(\nu_{\mathrm{mn}})$ 与入射光束的强度 $I_0(\nu_{\mathrm{mn}})$ 无关(Lambert 定律)，且吸收的光强度 $I(\nu_{\mathrm{mn}})$ 与样品中能够吸收频率为 ν_{mn} 的光辐射的分子浓度 c 成正比(Beer 定律)，入射光在样品中传播经过 dx 距离后，由分子吸收而引起的光束强度变化 $\mathrm{d}I(\nu_{\mathrm{mn}})$ 可表示为

$$-\mathrm{d}I(\nu_{\mathrm{mn}}) = k(\nu_{\mathrm{mn}})cI(\nu_{\mathrm{mn}})\mathrm{d}x \tag{14-2-1a}$$

或以积分形式表示为

$$I(\nu_{\mathrm{mn}}) = I_0(\nu_{\mathrm{mn}}) \times 10^{-\varepsilon(\nu_{\mathrm{mn}})cl} \tag{14-2-1b}$$

式中，l 为光束在样品中传播的光程长，即样品池的厚度(通常以 cm 为单位)；c 为样品中的吸光分子浓度(mol/L)；$\varepsilon(\nu_{\mathrm{mn}}) = \dfrac{k(\nu_{\mathrm{mn}})}{2.303}$，通常称为该吸光分子的摩尔吸光系数或消光系数(extinction coefficient)。分子的摩尔吸光系数与相关分子的吸收跃迁过程有关，它也是吸光分子结构的函数。

应该注意的是，利用商品吸收光谱仪器记录的分子吸收光谱谱图并不用该吸光分子在不同波长 λ_i(或频率 ν_i)处的实际吸收光强度 $I_{\mathrm{a}}(\lambda)$ 或 $I_{\mathrm{a}}(\nu)$ 表述，而通常用该分子体系在不同波长处的吸光度(absorbance)A 或光密度(optical density)OD 表述：

$$A(\text{或 OD}) = \varepsilon(\nu_{\mathrm{mn}})cl = \lg\frac{I_0(\nu_{\mathrm{mn}})}{I_{\mathrm{a}}(\nu_{\mathrm{mn}})} \tag{14-2-2}$$

A(或 OD)是用吸光系数 $k(\nu_{mn})$ 或摩尔吸光系数 $\varepsilon(\nu_{mn})$ 表征的在一定测量条件(包括吸光分子浓度 c 和有效吸光光程长 l)下分子吸收光谱的特性参数。吸收光强度的分布 $I_a(\lambda)$ 可由探测光通过样品前、后的光强度差 $I_a(\lambda)=I_0(\lambda)-I_t(\lambda)$ 求出。为得出正确的参数 A(或 OD)，显然必须要满足 Lambert-Beer 定律的使用条件。

(1) 被吸收光束的初始入射光强度 $I_0(\lambda)$ 不宜过高，以免在吸光分子样品中发生可使被吸收光束强度等特性畸变的非线性光学效应，特别是当使用高功率激光超短脉冲激发分子体系时，这一问题必须格外注意。

(2) 被测样品中的吸光分子浓度 c 不应太小，以免光束传播方向因分子被激发而出现显著的吸光分子浓度差，以致难以将浓度 c 近似为常数简化处理。但吸光分子浓度 c 又应该足够低，以免分子间相互作用生成某种形式的络合物而观测到复杂的吸收谱图。因此，在保证准确测定分子的吸光度 A(或 OD)前提下，根据入射光强度水平，尽可能选择低的吸光分子浓度 c 和短的光程长 l(薄的样品池)。

(3) 当利用入射光通过样品池前、后的强度 $I_0(\lambda)$ 和 $I_t(\lambda)$ 差计算被测样品中吸光分子吸收的光强度 $I_a(\lambda)$ 时，测量 $I_0(\lambda)$ 和 $I_t(\lambda)$ 的实验误差必须控制在允许范围内。同时必须考虑到，透过样品池的光强度 $I_t(\lambda)$ 不仅与被测样品的吸收有关，样品池的窗口、窗口材料-样品界面对光束的散射、反射以及样品中其他杂质分子的吸收等也可使光束强度造成附加损失。通过理论计算虽可对此进行一定的修正，但更简便、可靠的方法是，从入射光中按严格比例分出一部分，并将它通过充有同一种纯溶剂和完全相同光学性质的另一样品池作为参比。事实上，目前用于吸收光谱谱图测量的商品仪器中都采用此设计。此时，需仔细挑选光学特性参数尽可能完全相同的样品池，并注意选用在光谱测量的整个波长范围内完全透明，特别是与吸光分子之间没有各种专一性的物理、化学作用的溶剂。

以上三点在时间分辨吸收光谱的实验测量中必须要认真注意。

3. 环境对电子吸收光谱的影响

描述分子吸收光强度在不同波长 λ 或频率 ν 处分布 $I(\lambda_i)$ 的分子吸收光谱谱图由分子的化学结构及其相关跃迁过程的特性决定。但在凝聚态介质中，吸光分子以及它们与周围介质间各种非专一性的离子-偶极、偶极-偶极相互作用和专一性的氢键生成等，可使同一分子的吸收光谱谱图因实验测量条件不同而有所差异。例如，同一分子在溶液中、固体状态或吸附在固体表面或被胶束(micelle)、囊泡(vesicle)等分子笼(molecular cage)包围时，测得的吸收光谱谱图往往与在气体状态时的不同，而且根据溶剂分子、固体环境的不同，光谱谱带的位置出现向长波方向红移(red shift)或向短波方向蓝移(blue shift)。此外，环境介质不仅可引起吸光分子的电子吸收谱带位置偏移，而且可使电子吸收谱带波形出现畸变，这些谱带波形畸变往往由环境介质分子的振动、转动状态的相互作用所致。

环境介质对吸光分子的电子-振动谱带结构的影响的最早理论分析是基于经典的 Onsager 反应场模型建立的 Kirkwood-Baer-Magat (KBM)关系式。根据这一经典理论，以处于由极性溶剂分子组成的球形溶剂腔中的双原子偶极子为模型，极性溶剂分子环境引起偶极子振动频率的偏移 $\Delta\nu$ 可用下述定量关系描述：

$$\frac{\Delta\nu}{\nu_0}=\frac{\nu_0-\nu_s}{\nu_0}=C\frac{n^2-1}{2n^2+1} \tag{14-2-3}$$

式中，ν_0 和 ν_s 分别为偶极子在空气和溶液中的振动频率；n 为溶剂的折射率；C 为与该偶极子的电学性质和所用单位量纲有关的常数。但这一经典方程仅用于描述没有专一性相互作用时的情况，而且其后以此为基础所做的一些改进实际上仅能对这一问题给出半定量表述。也就是说，目前有关环境介质对吸光分子的电子-振动吸收光谱谱图的影响的问题仍值得进一步研究探索。

14.2.2　闪光光解-瞬态吸收光谱法的原型

现代各种时间分辨光谱方法实际上是在 Porter 建立的闪光光解方法的基础上发展而来的。闪光光解有两种工作原理：一种是在某一指定瞬间记录分子在不同波长处的吸收强度分布的光谱谱图，监测不稳定分子在该瞬间的结构、状态的闪光光谱法(flash spectroscopy)；另一种是以跟踪观测某一指定波长处吸收光信号强度随时间的变化，确定某种不稳定分子运动变化过程规律的动力学光谱法(kinetic spectrometry)。这两种方式的原理及装置如图 14-2-3 所示。它们都是用一个放电闪光灯发射的闪光脉冲激发样品中的分子，实验中所用的激发和探测光源以及样品池有许多共同之处，区别在于监测被激发分子的方法、方式不同。

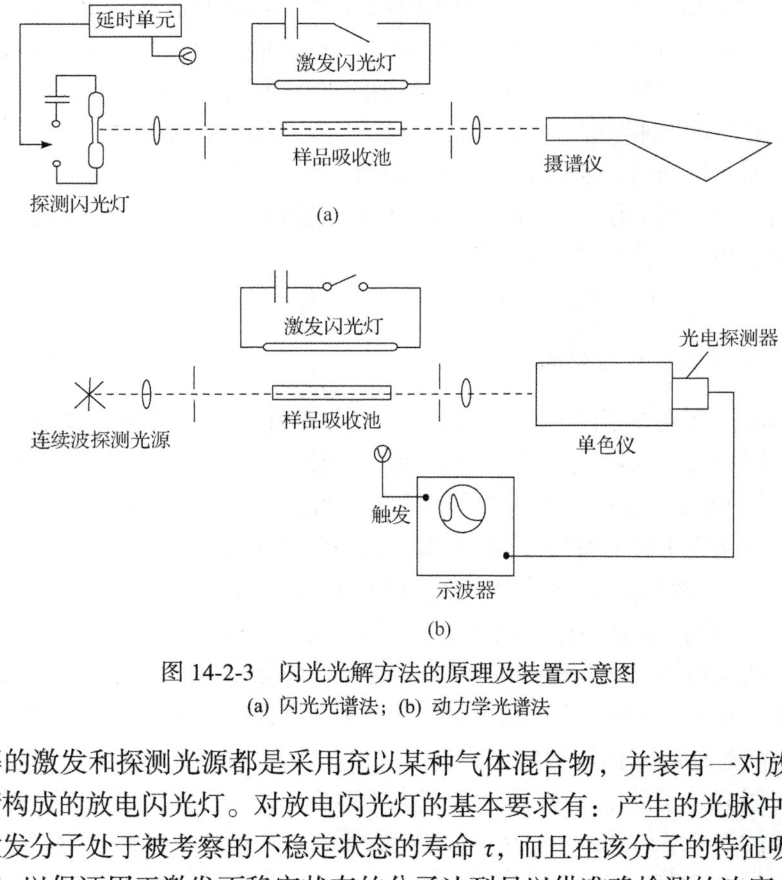

图 14-2-3　闪光光解方法的原理及装置示意图
(a) 闪光光谱法；(b) 动力学光谱法

闪光光解的激发和探测光源都是采用充以某种气体混合物，并装有一对放电电极的透明玻璃或石英管构成的放电闪光灯。对放电闪光灯的基本要求有：产生的光脉冲持续时间 t_p 必须不超过被激发分子处于被考察的不稳定状态的寿命 τ，而且在该分子的特征吸收波长处具有足够的光强度，以保证用于激发不稳定状态的分子达到足以供准确检测的浓度。但激发引起分子体系的光密度变化一般不应超过 0.8。在实际使用过程中，还需附加滤光措施(如采用滤光片或滤光液层)，将选定波长范围之外的无用光辐射除去，以保证样品的光化学稳定性和避免样品被加热。

在动力学光谱法中，测量的参数是波长为 λ 的探测光通过被研究分子体系样品后的吸光度 A_λ 随时间的变化 ΔA_λ。根据式(14-2-2)，在不同瞬间 t_1、t_2 通过单位样品层厚度的吸光度变化 ΔA_λ 可写为

$$\Delta A_\lambda = A_\lambda(t_1) - A_\lambda(t_2) = \lg\frac{I_{0\lambda}}{I_\lambda + \Delta I_\lambda} - \lg\frac{I_{0\lambda}}{I_\lambda} = -\lg\left(1+\frac{\Delta I_\lambda}{I_\lambda}\right) \approx \frac{1}{2.3}\frac{\Delta I_\lambda}{I_\lambda} = \varepsilon_\lambda \Delta c \tag{14-2-4a}$$

式中，ε_λ 为样品中被测分子在波长 λ 处的摩尔吸光系数；Δc 为 t_1～t_2 时间间隔内被测分子浓度的变化，即 $c(t_1)-c(t_2)$；$I_{0\lambda}$、I_λ 分别为透过单位样品层厚度前、后的波长为 λ 的探测光强度，它们与被测的电信号(如电压)强度成正比。则式(14-2-4a)也可改写为

$$\Delta A_\lambda = \frac{1}{2.3}\frac{\Delta V}{V} \tag{14-2-4b}$$

典型的 $\varepsilon_\lambda = 3\times10^4\,\text{mol/(L}\cdot\text{cm)}$。若 $\Delta c = 5\times10^{-8}\,\text{mol/L}$，则由式(14-2-4b)可得

$$\frac{\Delta I_\lambda}{I_\lambda} = \frac{\Delta V}{V} = 1.5\times10^{-3}$$

这意味着，在动力学光谱法中通常面临的一个技术问题是，如何从较强的背景 I_λ 中对强度是千分之几的信号变化 ΔI_λ 进行检测？为此，需对动力学光谱法采用的光源、光束聚焦和波长选择用的单色器等光学单元进行考虑。具体来说，所用光源显然应在被测波长处具有适当的光强度 I_λ，且其光强度能在要求的时间间隔内保持恒定的输出(强度波动应小于 ΔI_λ)。实践表明，设计较好、制作仔细的平均功率为 200～500 W 的短弧长(放电区长度)脉冲氙灯一般都可满足要求。为使探测光有效通过被测分子体系，并对波长为 λ 的透过部分进行检测，通常可根据样品吸收池的几何尺寸，采用适当的聚焦系统(如单色器)将入射的探测光聚焦。单色器的聚光本领(light gathering power，LGP)要大于 0.35。聚光本领的定义为

$$\text{LGP} = \frac{h}{mf^2} \tag{14-2-5}$$

式中，h 为被照明的单色器入口狭缝高度(单位为 mm)；m 为线色散(单位为 nm/mm)；f 为 Fresnel 数。

用于检测特定波长被测光信号的元件通常都选择光电倍增管。其基本要求是：它的光阴极的光谱响应的最敏感范围应与被测光信号波长相对应，而且被测光信号应沿垂直于光阴极表面的方向入射；时间响应要足够快，而且具有足够高的检测灵敏度；光电倍增管中各打拿电极间的电压应合理选择，并使其在线性工作电流范围内工作。此外，它的去耦合电容也应兼顾低频和高频两个极端输出波段。一般的 1P28 型光电倍增管已可满足测量需要。

闪光光谱法是通过记录处于不稳定状态的分子瞬态吸收光谱谱图，从而确定该分子在指定瞬间处于该状态时的结构。当然，综合不同瞬间所记录的谱图，同样也可获得被激发分子的结构、状态随时间变化的动力学信息。闪光光谱法与动力学光谱法有两点不同：其一是，由于闪光光谱法是测量某一指定瞬间 t_i 被激发的样品在一个波长范围内不同波长处被吸收的光强度，因而它所用的探测光光源与动力学光谱法所用的探测光光源的不同之处是，它输出的光脉冲应在要求的波长范围内具有必要的光强度，而且光强度应在相应的范围内呈均匀、连续分布。这样的探测光源通常选用放电电极间距较短(约 5 cm)、内径较小(约 3 cm)并能在临界阻尼放电条件下工作的厚壁脉冲放电石英闪光灯。其二是，闪光光谱法的探测光脉冲和激发光脉冲

间必须实现准确的时间延迟。为使探测光脉冲在激发光脉冲开始后，并经过时间延迟 Δt 后的不同指定瞬间入射，发射探测光脉冲的放电闪光灯可用经过延时脉冲发生器或将外加延时电路控制的激发光脉冲的一部分用于快速光二极管输出的点脉冲触发。

最后应强调，为获得正确的闪光光谱谱图，必须在实验中注意下述几点：

(1) 必须仔细调节各设备单元，保证在分光系统出口的焦平面上可产生具有足够强度的清晰图像，并对激发光脉冲造成的杂散光水平予以抑制。为获得一组可反映分子体系真实状态的瞬态吸收光谱谱图，在合理选择实验系统的同时，还应用时间响应足够快的光电倍增管检查激发和探测光脉冲的波形，以及它们之间的时间延迟零点时间的调节是否满足要求。

(2) 在每次测量前，还必须注意对这些参数逐个检查复核。在摄取不同瞬间的瞬态吸收光谱谱图过程中，探测光脉冲的时间延迟不应该逐步加大，合理的做法是随机选用延迟时间间隔，一遍将可能的系统误差排除。

(3) 在每次瞬态吸收光谱谱图摄取之前，应记录被测分子体系处于被激发前的初始状态时的谱图，以便在每次瞬态吸收光谱谱图摄取之后，与它们在光谱摄取前的数值作对比。

(4) 要特别留意不同延时条件下记录的某一(些)瞬态吸收谱带强度随时间的变化是否受该样品已被激发次数的影响。在一般情况下，最好用浓度较低的新鲜配制的样品在激发光强度较弱的条件下进行观测对比。

在脉冲激光技术被引用到闪光光谱法之前，闪光光谱法的时间分辨率难以精确定量确定，而且受到激发光，特别是探测光脉冲宽度的限制，一般难以超过毫秒(10^{-3} s)量级。但它的一些开创性应用为分子科学的发展提供了大量有重要启发性的科学数据。

14.2.3 纳秒、飞秒瞬态吸收光谱法

虽然通过改善储能电容、放电触发以及放电管几何尺寸参数等，已将闪光光解方法的时间分辨率从 ms(10^{-3} s)提高到 μs(10^{-6} s)水平，但当要求进一步压缩放电闪光灯输出光脉冲的脉冲宽度时，所输光脉冲的脉冲能量已难以满足激发足够数量被测分子的要求。因此，采用持续时间更短暂且具有足够强度的激光脉冲作光源是闪光光解方法发展的必然趋势。

激光闪光光解(laser flash photolysis)方法是以泵浦-探测激光双脉冲技术为基础发展的。这一方法在原理上与采用脉冲放电闪光灯的传统闪光光解方法并无不同之处，它们都是利用一个脉冲宽度 Δt_p 小于所测量分子过程的持续时间 τ 的光脉冲激发(或泵浦)，然后以与 t_p 相同或更短的另一脉冲光探测被激发分子在指定瞬间 t_i 或随时间变化的瞬态吸收谱图。随着采用 Q 调制巨脉冲激光器作为激发光源，激光闪光光解方法测量的时间分辨率已由 μs 提高到 ns(10^{-9} s)，而锁模激光器的应用则将时间分辨率提高到 ps(10^{-12} s)甚至 fs(10^{-15} s)量级。图 14-2-4 为一种早期的激光闪光光解方法的经典设计。其中，脉冲宽度为 ns 量级的激光脉冲由 Q 调制固体激光器产生，输出的激光脉冲的一部分用于激发被测样品，另一部分用于激发某种适当选择的荧光体产生宽带荧光短脉冲，后者在经过一定的时间延迟后可用于对激发样品分子在不同瞬间的吸收光谱谱图进行探测。

一般来说，在时间分辨率为 ns 量级的时间分辨吸收光谱的实际测量工作中，通常可采用闪光灯抽运的 Q 调制固体激光器或脉冲放电激发的气体激光器作为激发光源。当时间分辨吸收测量的时间分辨率为 ps 量级时，获得广泛应用的激发光源只能是可以单一脉冲和以频率高达几兆赫兹的重复脉冲输出超短脉冲的锁模激光器。选择的激发光源的脉冲激光器必须考虑

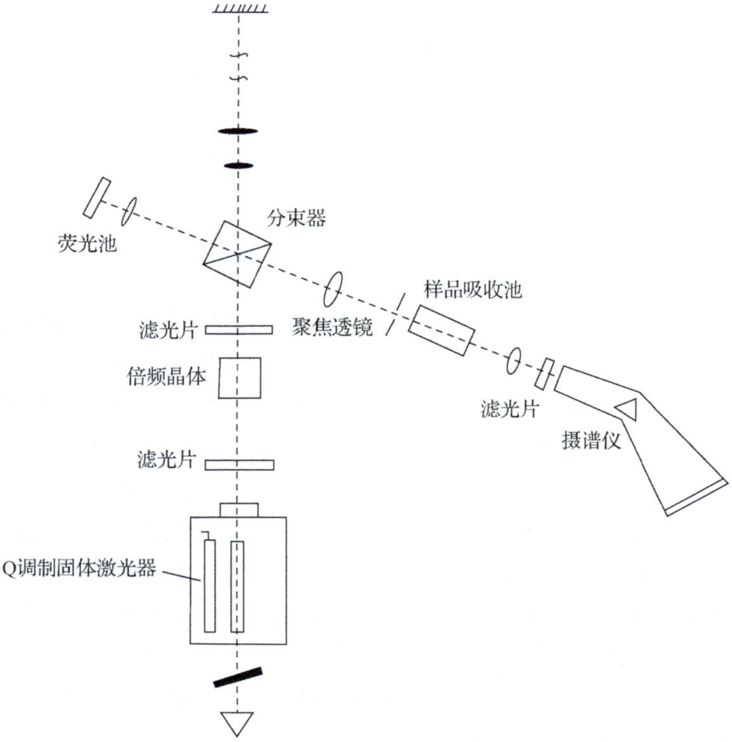

图 14-2-4　纳秒量级泵浦-探测双脉冲闪光光解方法的原理及装置示意图

的共同问题是，用于激发的激光脉冲波长必须与被激发的分子体系的吸收谱带相匹配。而且，具有适当波长的激光脉冲还应具有一定的光子密度，或者说应具有相应能量，以满足将足够浓度的被测分子激发到指定量子状态的要求。因此，在实际工作中还必须采用相应的激光脉冲技术。例如，当所用的激光器不能直接产生所需波长的激光脉冲输出时，需利用频移技术将激光输出脉冲的波长偏移到样品分子相应的吸收谱带范围。又如，当脉冲激光器输出的单脉冲能量很小(如 nJ 量级)时，还需借助脉冲能量放大系统增大单脉冲能量。

在 ns 或 ps 量级的时间分辨吸收光谱测量的实际工作中，最初采用的脉冲探测光源是由 Q 调制固体激光器输出的高强度激光脉冲聚焦而光击穿某些气体产生的连续谱光脉冲。但这些连续谱光脉冲的持续时间并不短。例如，光击穿 O_2 和 Ar 产生的连续谱光脉冲的宽度分别是 30 ns 和 200 ns，而光击穿 Xe 产生的连续谱光脉冲的宽度约为 1000 ns。此外，气体被光击穿而产生的连续谱中往往含有高强度的离子谱线，这将干扰瞬态吸收光谱谱图的摄取。因此，一些荧光体被激发产生的脉冲宽度为 ns 量级的宽带荧光曾成功选用为摄取瞬态吸收光谱谱图的探测光脉冲光源。一些可用于产生宽带荧光探测光脉冲的分子体系在表 14-2-1 中列出。显然，脉冲强度更高、宽度更窄的宽带有机染料激光脉冲比分子荧光更适用于瞬态吸收探测。但染料激光脉冲的波长范围通常都小于同一染料分子的荧光谱带宽度，使其应用范围受到一定的限制。

表 14-2-1　可用于产生宽带荧光探测光脉冲的分子体系

分子体系	溶剂	荧光峰值波长/nm	荧光带宽波长范围/nm
对三联苯	环己烷	340	315～390
2, 5-二苯基噻唑	乙醇	360	335～440

续表

分子体系	溶剂	荧光峰值波长/nm	荧光带宽波长范围/nm
1, 1′, 4, 4′-四苯基丁二烯	环己烯	455	390～580
2-氨基-7-硝基芴	苯	520	452～650
2-氨基-7-硝基芴	异丙醇(294 K)	690	500～1000
4-甲氨基-4′-硝基芴	异丁醇(298 K)	720	530～1100

摄取时间分辨率为 ps 和 fs 量级的瞬态吸收光谱谱图的探测光源是利用高强度超短激光脉冲与某些物质的自相位调制、受激 Raman 散射等非线性光学作用产生的白光超短光脉冲。典型的情况是，锁模玻璃激光器输出脉冲能量时，即可产生持续时间和入射激光与超短脉冲脉宽相近、波长可从 380 nm 延伸到 800 nm，甚至更长波长范围的宽带连续谱白光超短脉冲[6]。该白光脉冲不仅具有高度的方向性和偏振特性，而且其强度在整个谱带范围内呈无谱线结构的平滑分布[7]。此外，四氯化碳等其他液体也可作为白光超短脉冲的工作介质[8]。例如，将波长为 694.3 nm、脉冲能量为 100 mJ、脉冲宽度为 28 ps 的锁模红宝石激光器激光脉冲聚焦到 60%磷酸(phosphoric acid)溶液，特别是多聚磷酸(polyphosphoric acid)中时，即可产生波长范围为 350～950 nm 的白光超短脉冲。此时，所要求的工作介质中的光程长可短至约 2 cm。白光超短脉冲也可利用高功率激光超短脉冲作用于 $KNiF_3$、PrF_3 等晶体材料或 BK-7 玻璃而产生，但白光的波长范围受相关材料的吸收光谱范围限制。

1. 激发和探测光脉冲的时间同步和相对时间延迟

为使泵浦和探测脉冲在时间上准确地达到同步，最简单和最直接的方法是，将同一激光器输出的同一激光脉冲一分为二，分别用于样品分子体系的激发和探测，进而采取一定的措施使它们在时间上相对延迟。

早期，采用激光器和脉冲放电闪光灯分别作为激发和探测光源的时间分辨吸收测量中，通常是利用电子学线路控制这两种光源的触发时间，进而使输出激发和探测光脉冲分别在不同的指定瞬间到达被测样品中的某一空间部位。但电子学延时线路会在时间上出现抖动，使时间延迟的精确度明显降低。当用同一台激光器作为产生激发和探测脉冲的光源时，可通过精准调节其中某一激光的传播光程长 l 实现激发和探测激光脉冲之间的时间延迟。这种光学延时技术中的时间延迟量 Δt 应正比于激发和探测光脉冲传播的光程差 Δl，并有 $\Delta t = \dfrac{\Delta l}{c}$ 的函数关系。式中，c 为在传播介质(如空气)中的光速。经典的光路原理设计如图 14-2-5 所示。

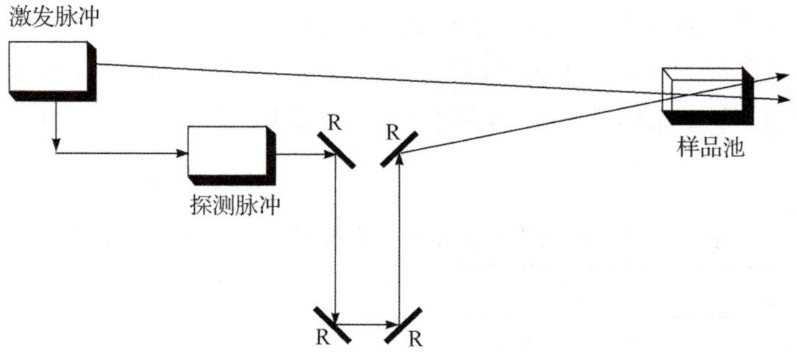

图 14-2-5　激发和探测光脉冲的光学时间延迟的光路

显然，光学时间延迟的精确度是由调节光程差 Δl 的精确度决定的。例如，1 mm 光程长误差引起的延时误差约为 3 ps。但也应看到，当要求延时范围为 100 ns 时，其光程差则要求大于 30 m。最方便产生如此长的光程差的办法是采用多个反射面组合而将脉冲传播的光路折叠。在这种 n 次折叠的光路中，两个相邻的光程长最小变量只能以 $n\Delta l$ 的增量改变，从而延时只能用不连续的、以 $n\Delta l$ 为增量的步进方式进行调节。虽然如此，光学延时的一个突出优点是，在一些持续时间短暂(如约 10 ps)的分子吸收过程的 ps 时间分辨测量中，各探测光脉冲的光学延时可借助阶梯光栅(echelon grating)技术实现[9]。

2. 激发和探测光路设计

运用激发-探测双脉冲技术测量样品分子体系在特定瞬间的吸收强度或在不同波长处吸收强度分布的谱图时，经过相对时间延迟的两个光脉冲的传播轨迹应先后在被激发分子体系的特定空间交会。为此，通常采用小孔光阑或光导管调节入射的光脉冲光束横截面，并根据样品池设计的不同以三种组合方式入射。

最经典的光路设计是，将激发光脉冲和探测光脉冲沿相互垂直方向入射并在样品中相交，如图 14-2-6 所示。这种光路设计方式的优点是简单、容易调节，也利于从被探测光信号中排除激发脉冲的杂散光干扰。尤其是当探测光脉冲强度可在激发光脉冲传播方向的更大区域内均匀分布时，采用如图 14-2-6(b)所示的正交光路，可直接检测被激发分子吸收在激发光脉冲传播经过探测光脉冲径向幅度期间随时间的变化；若宽带探测光脉冲透过样品池后，经棱镜或光栅等光学色散元件将其中不同波长的成分展开，利用这一光路设计，即可记录分子在不同波长处的吸收强度 $I(\lambda_i)$ 在此期间随时间变化的三维谱图 $I(\lambda_i,t_i)$ 。

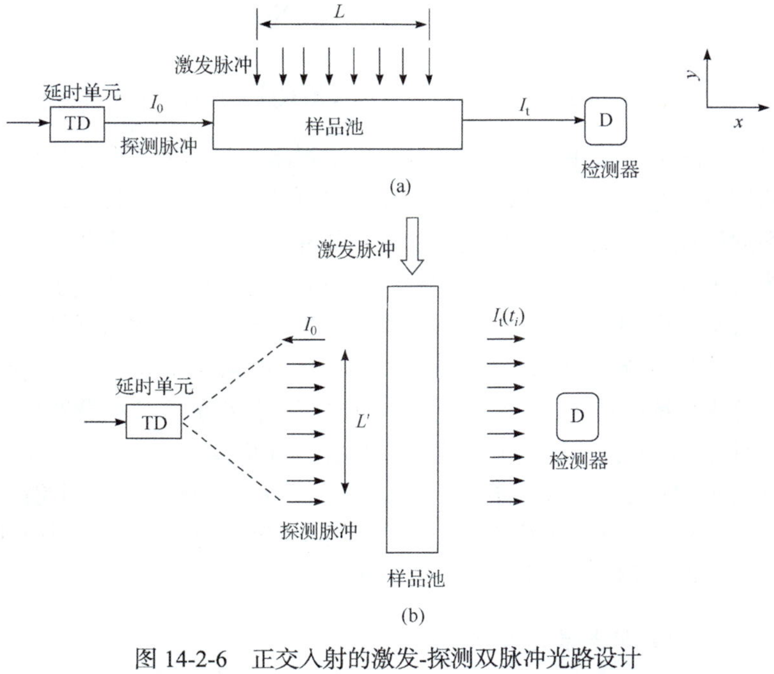

图 14-2-6　正交入射的激发-探测双脉冲光路设计

(a) L：激发光脉冲沿探测光脉冲传播方向 x 的光束截面幅度；(b) L'：探测光脉冲沿激发光脉冲传播方向 y 的光束截面幅度

第二种光路设计是，利用透过式(或反射式)阶梯光栅延时分束器，将探测光脉冲光波分解为一组延时不同的子脉冲，子脉冲通过全反射的双色光学分束器后，沿原先激发光脉冲传播方向共线平行入射，如图 14-2-7 所示。这种光路设计显然不受样品池的尺寸和形状的局限。但采用透过式阶梯光栅对光强度或多或少有影响，此外所用光路需要仔细地分步调节。

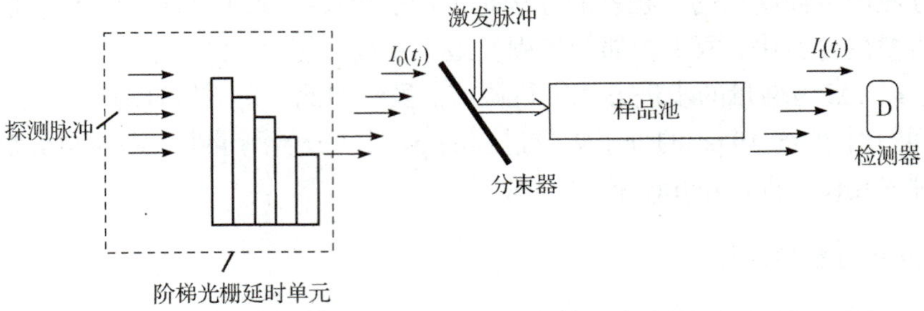

图 14-2-7　共线入射的激发-探测双脉冲光路设计

第三种光路设计是前两种光路的折中方案，即将激发和探测光脉冲的入射传播光径以一定的角度在样品的适当部位交叉汇集，如图 14-2-8 所示。这种光路设计可以调和上述正交与共线入射等光路设计各自的缺陷，但也会导致一部分优点丧失。

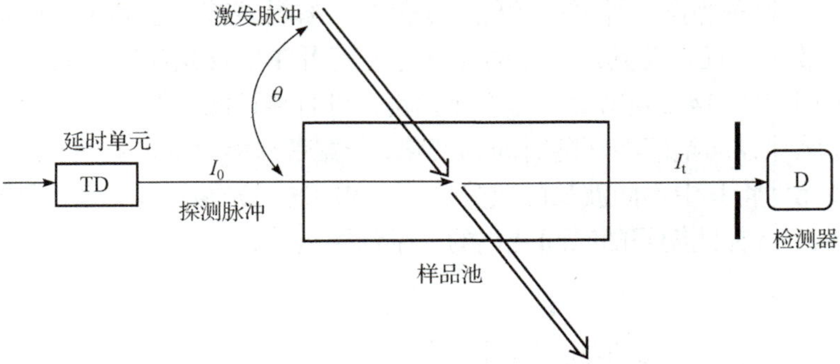

图 14-2-8　交叉入射的激发-探测双脉冲光路设计

最后应指出，无论采用哪种光路设计，必须要重视激发光脉冲在样品中的聚焦程度。因为样品中被激发的被测不稳定分子的浓度与激发光脉冲光子密度的空间分布 $I_{ex}(x)$ 有关，且随它与样品相互作用的体积增大而降低。因此，激发光脉冲在样品池中的聚焦应当适度。过度聚焦会使沿激发光光程的被激发分子出现明显的浓度梯度，被激发分子浓度分布的空间不均匀性将明显影响以二级动力学规律(而不是一级动力学规律)衰变的分子过程的测量结果。为避免过度聚焦引起的浓度梯度影响，在适当选择激发光脉冲入射到样品池所用聚焦透镜的焦长的同时，探测光信号检测系统(如单色器、摄谱仪等)应选用更狭小的入口狭缝宽度，并降低该处探测光信号的聚焦程度，以使被检测的光信号仅来自探测光束横截面中的一个狭小部分，从而减小径向浓度梯度的影响；而轴向浓度梯度可通过适当减小被检测分子的初始浓度降低。此外，过度聚焦可能在样品溶剂或其中的固体杂质上产生热透镜效应，以致溶剂局部过热甚至蒸发而形成气穴(cavitation)，导致出现表观的长寿命吸收等假象。

3. 瞬态吸收的时间分辨光谱的信号检测

在时间分辨率为 ns、ps 甚至更高量级的激发-探测双脉冲时间分辨吸收光谱测量方法中的信号检测问题，原则上看起来与传统的闪光光解方法并无不同，即要求所用光信号检测系统的时间响应更快、激发和探测脉冲间的时间延迟更精确。事实上，随着被测光信号的强度变微弱，它随时间的变化更迅速，在检测吸收光谱信号时总会带来一些具体的技术问题，要求予以专门考虑。

首先，在采用激光脉冲的时间分辨吸收光谱的信号测量中，被激发分子体系在指定瞬间 t_i 和指定波长 λ_i 处的瞬态吸收 $I_a(\lambda_i, t_i)$ 由测量通过样品前、后的探测光强度 $I_0(\lambda_i, t_i)$ 和 $I_t(\lambda_i, t_i)$ 之差得出。为从两个高强度光脉冲强度差中更准确地得出微弱的被测光吸收强度 $I_a(\lambda_i, t_i)$，通常需将相同强度的光脉冲反复激发和探测样品的多次测量结果进行平均化处理，提高检测的信噪比。此时，每次测量中光脉冲的强度波动 $\Delta I_0(\lambda_i, t_i)$ 显然应明显小于被测的最弱的光吸收强度 $I_{a,min}(\lambda_i, t_i)$，从而对激光光源输出的稳定性提出了很高的要求。为排除入射的探测光强度 $I_0(\lambda_i, t_i)$ 波动对 $I_a(\lambda_i, t_i)$ 测量的影响，提高瞬态吸收的灵敏度，简单易行的方法是参照测量分子静态吸收光谱采用的双光路设计原理，同时测量探测光脉冲在同一瞬间 t_i 通过样品前、后的光强度 $I_0(\lambda_i, t_i)$ 和 $I_t(\lambda_i, t_i)$，并以某一指定的 $I_0(\lambda_i, t_i)$ 为基准进行归一化处理。为此，有两种设计方案：①将探测光脉冲通过柱形透镜，在样品池中聚焦为矩形截面的光束，而激发光脉冲只在该矩形截面的一端通过，利用空间位置不同的两个光阑 a、b 测量有、无激发光脉冲通过的探测光脉冲矩形面积两端的强度，即可得到 $I_0(\lambda_i, t_i)$ 和 $I_t(\lambda_i, t_i)$；②用两块柱形透镜将激发和探测光脉冲在样品池中聚集成截面为矩形且其对称轴在空间呈十字交盖的光束，此时同样是利用空间位置不同的两个光阑 a、b 测量激发和探测光脉冲不发生在交盖的区域和交盖区的光强度，即可得出 $I_0(\lambda_i, t_i)$ 和 $I_t(\lambda_i, t_i)$，如图 14-2-9 所示。

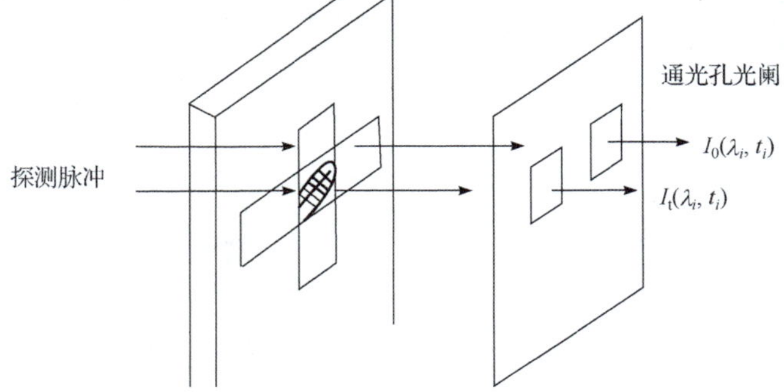

图 14-2-9　瞬态吸收的双光束测量光路设计

其次，在时间分辨率优于 ns、ps 量级的超快瞬态吸收信号测量中，常用的光电信号探测器的时间响应往往难以满足实时监测微小的光信号强度随时间快速变化的要求。因而，此时信号测量的时间分辨率可利用探测光脉冲的脉冲宽度 Δt_p 调节控制。具体来说，就是以探测光脉冲取样(sampling)，在不同瞬间 t_i 测量被激发样品在探测光脉冲作用期间 Δt_p 的光强度的平均值 $\Delta\bar{I}(t_i)$。通过时间延迟依次测量不同时间片段 t_i 的瞬间强度的平均值 $\Delta\bar{I}(t_i)$，即可得出光信号强度随时间变化的分布，其时间分辨率取决于探测光脉冲的脉冲宽度 Δt_p。

近年来，高速光电探测器的发展迅猛。例如，PIN 光二极管的上升时间达到了 20 ps。对于 $\Delta t>10^{-10}$ s 的脉冲，最简单也最廉价的测量方法是利用光二极管、CCD(charge coupled device，电荷耦合器件)探测器和光电倍增管；对于 $\Delta t>10^{-12}$ s 的脉冲，适用的探测器只有条纹照相机。但对于分辨率为 fs 量级的超快瞬态吸收信号的测量，最好的方法是光学关联技术。条纹照相机和光学关联技术的基本原理可参阅《激光光谱学》第 2 卷第六章。

14.2.4　飞秒泵浦-探测瞬态吸收测量系统、光谱仪器与谱图解析

本小节从测量系统的搭建出发，阐述如何建立一套典型的飞秒泵浦-探测瞬态吸收光谱测量系统并采集光谱及动力学数据，然后对部分实验细节和谱图解析进行详细阐述，并简要介绍实验中用到的光谱仪器。

1. 测量系统

图 14-2-10 为一套典型的飞秒时间分辨瞬态吸收光谱测量系统[10]。其中，激光光源为一套包含再生放大器的全固态钛宝石飞秒激光系统，输出基频光的中心波长为 800 nm、脉冲宽度为 150 fs、重复频率为 1 kHz。基频光被引入瞬态吸收光谱测量系统时首先经过一个分光光楔(optical wedge)，其中一个表面发射的光用来产生探测光，透过光楔的光用来产生泵浦光。

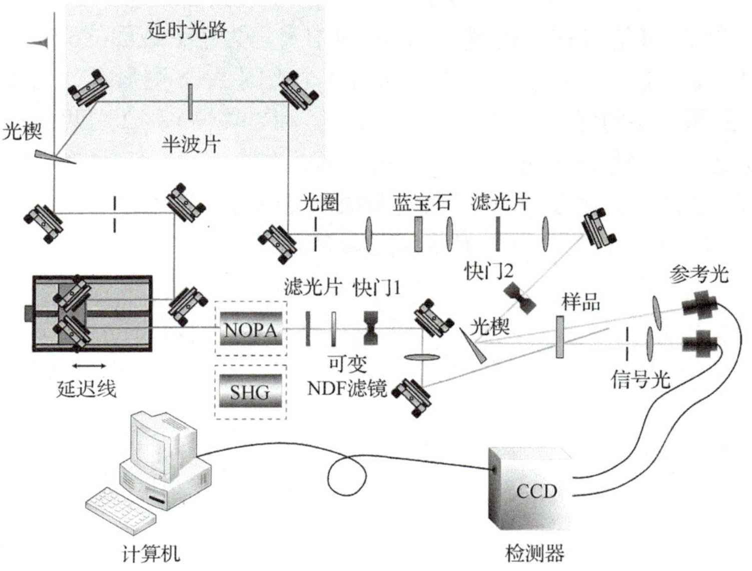

图 14-2-10　典型的飞秒时间分辨瞬态吸收光谱测量系统

泵浦光路：基频光通过延迟线延时后，进入频率转换系统。频率转换指通过二次谐波发生器(SHG)、光参量放大器(OPA)、非线性光参量放大器(NOPA)等手段改变激光的频率，得到满足实验需要的泵浦光(关于频率转换的原理参见 14.1.2 小节)。频率转换后的泵浦光经滤光片滤除杂光并经适当的衰减后被聚焦到样品上用来激发样品。透过样品后的激发光要用挡板或光阑遮掉，以避免进入探测器干扰探测光的测量。

探测光路：800 nm 的基频光经过一段延时光路后被聚焦在一蓝宝石(sapphire)片上产生宽谱的超连续白光(超连续白光的产生可参阅《超快激光光谱原理与技术基础》第九章第五节)，即实验中的探测光。探测光路中，半波片用于改变探测光的偏振，可变光阑(iris)和透镜用于调整基频光的聚焦状况以获得稳定的白光，受激的白光再通过光楔前后表面的发射，形成近乎相同的两束光，即信号光与参考光，并聚焦于样品中。其中，信号光与泵浦光在样品中重合。最后，透过样品的两束白光分别由两根光纤收集并引入光谱仪分光后由 CCD 进行探测。光路中的快门(shutter)1 和 2 分别用于控制泵浦光和探测光是否通过，实现数据采用的分布循环。

数据采集：在图 14-2-10 中，信号光和参考光分别被一根光纤收集并在单色仪狭缝前以上

下排列的方式耦合入单色仪，分光后照射在同一块 CCD 面阵探测器上，通过对 CCD 面阵进行上下分块采集实现信号光和参考光的同时测量。在泵浦和探测光路中分别放置一个快门，用来控制泵浦光与探测光的通过与不通过，用于单独测量探测器的暗背景噪声，泵浦光及探测光激发的样品辐射、探测光在有泵浦光和没有泵浦光条件下的透过光强及参考光的透过光强，最后通过运算扣除相关干扰，获得某延迟时刻 ΔOD(λ) 的信息。因此，一个延迟时刻的数据点需要通过两个快门的开关组合，收集上述信息。为此，设计了一个由快门状态控制的四步循环采样步骤(表 14-2-2)，一个循环提供延迟时刻 ΔOD(λ) 的一次测量结果。

表 14-2-2 快门状态控制的四步循环采样步骤

仪器	泵浦快门 1	探测快门 2	信号光探测器	参考光探测器
步骤 1	×	×	B	B^r
步骤 2	○	×	P	P^r
步骤 3	×	○	$I_{pump\text{-}off}$	$I^r_{pump\text{-}off}$
步骤 4	○	○	$I_{pump\text{-}on}$	$I^r_{pump\text{-}on}$

相应的数据采集过程如下：

步骤 1：快门 1 关(×)和快门 2 关(×)，即不允许泵浦光和探测光通过，此时两个探测器测到的信号为背景 B 和 B^r。

步骤 2：快门 1 开(○)和快门 2 关(×)，即只允许泵浦光通过，此时两个探测器测到的信号为样品的光致发光(如荧光)及散射的泵浦光 P 和 P^r。

步骤 3：快门 1 关(×)和快门 2 开(○)，即只允许探测光通过，此时两个探测器测到的信号主要是样品没有受到激发时透过样品的探测光 $I_{pump\text{-}off}$ 和 $I^r_{pump\text{-}off}$。

步骤 4：快门 1 开(○)和快门 2 开(○)，即同时允许泵浦光和探测光通过，此时两个探测器测到的信号主要是样品受激发时透过样品的信号光 $I_{pump\text{-}on}$ 和参考光 $I^r_{pump\text{-}on}$。

根据 Lambert-Beer 定律，样品对光的吸收可以用透过率(transmittance，T)或光密度(OD)来描述：

$$T=\frac{I}{I_0}\times 100\% \quad 或 \quad \mathrm{OD}=\lg\frac{I_0}{I}=\varepsilon lc \tag{14-2-6}$$

式中，I_0、I 分别为光透过样品前、后的光强；ε、l、c 分别为摩尔吸光系数、样品的厚度、样品的浓度。瞬态吸收实验中观测的是样品被泵浦光激发和未激发时光密度的差值 ΔOD：

$$\Delta\mathrm{OD}=\mathrm{OD}_{pump\text{-}on}-\mathrm{OD}_{pump\text{-}off}=\left(\lg\frac{I_0}{I}\right)_{pump\text{-}on}-\left(\lg\frac{I_0}{I}\right)_{pump\text{-}off} \tag{14-2-7}$$

若假设 $(I_0)_{pump\text{-}on}=(I_0)_{pump\text{-}off}$，则式(14-2-7)可进一步简化为

$$\Delta\mathrm{OD}=\lg\frac{I_{pump\text{-}off}}{I_{pump\text{-}on}} \tag{14-2-8}$$

由于白光自身的性质，其随时间不可避免地存在一定的抖动。而从采集的过程中可以看出 $I_{pump\text{-}off}$ 和 $I_{pump\text{-}on}$ 不是同一时刻采集的，因此其对应的白光 $(I_0)_{pump\text{-}on}$ 和 $(I_0)_{pump\text{-}off}$ 也不相等。

如果直接使用式(14-2-8)，其中必然会含有白光抖动的伪信号。此时，参考光就有了作用：由于参考光不与泵浦光重合，因此不受泵浦光的影响，它随时间的变化即反映白光随时间的变化：

$$\frac{I^{\mathrm{r}}_{\text{pump-off}}}{I^{\mathrm{r}}_{\text{pump-on}}}=\frac{(I_0)_{\text{pump-off}}}{(I_0)_{\text{pump-on}}} \tag{14-2-9}$$

代入式(14-2-8)，得

$$\Delta \mathrm{OD}=\lg\left(\frac{I_{\text{pump-off}}}{I_{\text{pump-on}}}\times\frac{I^{\mathrm{r}}_{\text{pump-on}}}{I^{\mathrm{r}}_{\text{pump-off}}}\right) \tag{14-2-10}$$

最后扣除每种测量条件下的背景，得到瞬态吸收的基本数据采集与计算公式：

$$\Delta \mathrm{OD}=\lg\left(\frac{I_{\text{pump-off}}-B}{I_{\text{pump-on}}-P}\times\frac{I^{\mathrm{r}}_{\text{pump-on}}-P^{\mathrm{r}}}{I^{\mathrm{r}}_{\text{pump-off}}-B^{\mathrm{r}}}\right) \tag{14-2-11}$$

式(14-2-11)是波长的函数，为了得到ΔOD随时间的变化，延迟线每移动一步都要进行上述一整套采集与运算。控制延迟线循环往返运行可以实现多次采集求平均。数据采集完毕后还需要对数据进行啁啾校正。

白光啁啾校正：超连续白光光谱非常宽，在介质中会发生明显的色散。由于群速度色散(group velocity dispersion，GVD)效应，脉冲中不同频率分量在介质中以不同的速度传输，对于正常色散介质，红光(低频/长波)较蓝光(高频/短波)传输得快，则色散后的脉冲为红光在前蓝光在后，脉冲的这种结构称为啁啾(chirp)。白光在通过蓝宝石、透镜、滤光片、样品池等介质后会具有显著的啁啾结构，到达样品时脉冲宽度能达到几皮秒。图 14-2-11 为应用光 Kerr 盒快门技术测得的在不同延迟时刻(Kerr 盒快门泵浦光和探测光之间的时间间隔)通过 Kerr 盒快门的白光光谱分量。可见，在延时早期，蓝光先出现(意味着其在脉冲的最后沿)，红光随后出现(意味着其在脉冲的前沿)，因此白光的这种啁啾结构对瞬态吸收测量是不利的。可以利用白光本身的这种啁啾结构，即利用图 14-2-11，对测到的 $\Delta\mathrm{OD}(\lambda, t)$ 进行校正，该方法最先由 Yamaguchi 等提出[11]。光 Kerr 盒快门的基本原理采用的光路与图 14-2-10 几乎完全一致，只需将原来的样品替换为正己烷或其他 Kerr 介质，最好也采用相同的样品池以保持测到的啁啾量与瞬态吸收实验一致。固体样品用石英等固体 Kerr 介质替代。

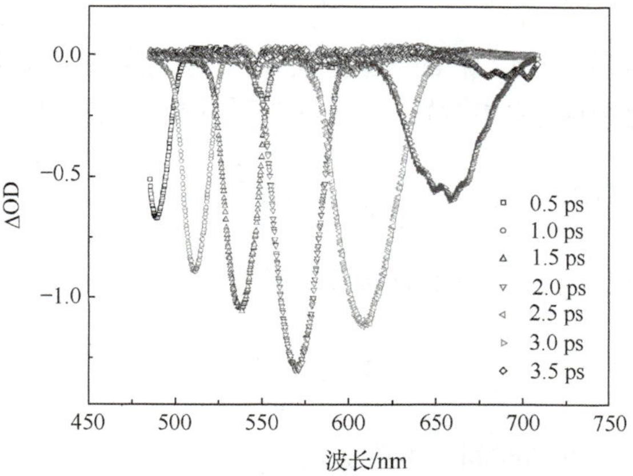

图 14-2-11　不同延迟时刻通过 Kerr 盒快门的白光光谱分量

白光啁啾结构的测量过程如下：

(1) 在接受白光的探测器前放置偏振片/Glan-Tylor 棱镜，一边旋转偏振片/Glan-Tylor 棱镜，一边实时观察白光的光谱使白光最弱，从而获得白光的垂直偏振。

(2) 以(1)得到的白光的偏振信息为已知信息，按照调节偏振光束的方法，调节半波片使泵浦光与白光的偏振方向成 45°。

(3) 将偏振片/Glan-Tylor 棱镜放回接收白光的探测器前并在此使白光消光。

(4) 利用瞬态吸收测量程序测得白光在不同延迟时刻的光谱，如图 14-2-11 所示。

对光谱进行 Gauss 拟合，可以直接从图 14-2-11 中得到不同波长的光到达样品的延迟时间。但是白光在长波位置的光谱形状比较宽，且经常会有比较杂乱的结构，这一点在近红外光谱中尤为明显，给光谱峰值位置的确定带来很大不便，因此在实际应用中往往利用不同波长的白光对应的动力学曲线提取啁啾结构，如图 14-2-12(a)所示。

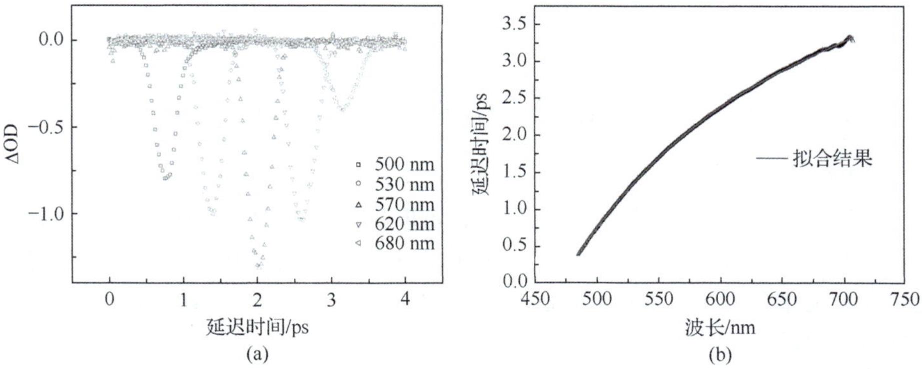

图 14-2-12　不同波长的白光对应的动力学曲线(a)和对动力学曲线进行 Gauss 拟合得到的中心延迟时间对波长的啁啾曲线及相应的多项式拟合(b)

啁啾的提取与校正过程：

(1) 对每个波长的动力学曲线进行 Gauss 拟合获得中心时间，以其对波长作图得到啁啾曲线，如图 14-2-12(b)所示。

(2) 利用三阶或四阶多项式对啁啾曲线进行拟合，就可以得到任意波长的白光对应的延迟时间。

(3) 将所测瞬态吸收数据中每个波长的动力学时间坐标对应的延迟时间进行校正，其物理意义就是人为地令不同波长的探测光在同一时刻到达样品。

(4) 将调整后的所有动力学数据重新组合为新的光谱数据。

通过以上啁啾校正过程，就可以得到具有真正物理意义的瞬态吸收光谱。

2. 光谱仪器与实验光路调节

1) 双镜法调节光路

双镜法是调节光路的基本方法。它使用两个反射镜和两个可变光阑，调节两个反射镜可以使光束路径为任意一条预定的直线，如图 14-2-13(a)所示。具体调节方法如下：

将两个可变光阑 I1、I2 放置在预设光束的路径上→调节 M1 使光束过 I1 的中心→调节 M2 使光束过 I2 的中心→调节 M1 使光束过 I1 的中心→调节 M2 使光束过 I2 的中心……如此循环往复。上述步骤可总结为“近调近，远调远”，指的是通过 M1(近)调光路通过 I1(近)中心，

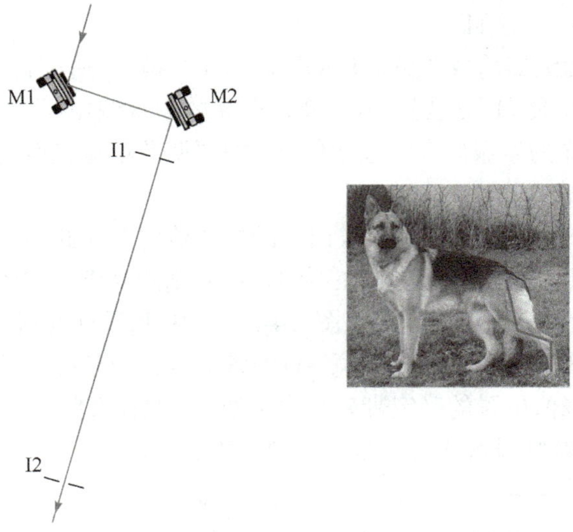

(a)　　(b)

图 14-2-13　调节光路所用的双镜法(a)和“dog-leg”折线形的狗腿示意图(b)

通过 M2(远)调光路通过 I2(远)中心。

通过上述循环调节，光束路线可以无限地趋近两可变光阑中心连成的直线。将两个反射镜尽量摆放得近些，一方面节省空间；另一方面可以避免调节过程中光束离开 M2 反射面的情形。双镜法在英文中称为“walking the beam”或“dog-leg”，光线这种弯折前进的方式正如狗腿弯折的样子，见图 14-2-13(b)。

2) 光程设定

光程的概念在超快激光实验中非常重要，光路的每一次改变都会引起光程的改变从而影响后续实验，对光程的疏忽是初学者常犯的错误。要掌握超快光学实验中光程的设定，首先要理解超快光学中“重合”的概念。在超快光学中，经常会遇到要使两束光重合的情况，如光参量放大、光开关等。超快激光一般为重复频率很高的脉冲光(重复频率一般超出人眼对刷新频率的分辨率)，因此这里所说的重合首先是空间某处两束光斑在空间上的重合，另外还包含两束脉冲到达该处时间上的重合。

下面再考察一下脉冲间的间隔：假设激光的重复频率为 1 kHz，则两个脉冲之间的时间间隔为 1 ms，乘以光速 $c = 3\times10^5$ km/s，两个脉冲之间的空间间隔 D 为 300 km。而单个脉冲所跨越的长度只有 $d = 150$ fs$\times3\times10^5$ km/s = 45 μm。也就是说，实验室中的一束超快激光，任意时刻都不能找到它的两个脉冲，而对于两束相互独立的超快激光，它们最相近的脉冲之间极有可能相距上千米。因此，要准确地让两束激光重合，最好的办法就是使用同一束激光分成的两束，然后让它们经过相同的光程。例如，瞬态吸收实验就是将一束基频光分成两束，然后分别让它们产生泵浦光和探测光，并且通过相同的光程，最后才能在样品处重合。由于泵浦光的产生往往需要通过较长的光路(如通过 OPA、NOPA)，因此探测光路设置了一段较长的延时光路以匹配泵浦光路的光程(图 14-2-10)。在设置光路时，可以先用细线作为量距工具，使泵浦光路和探测光路的光程大致相等，原则是当延迟线处于零点时泵浦光路长于探测光路，当延迟线处于终点时探测光路长于泵浦光路。

3) 延迟线

由于重合的需要，两束激光的脉冲应同时到达发生作用的位置。以上通过光路的设置对光程进行了粗略的控制，下面介绍如何使用延迟线对光程进行精细的调节。

固定其中一束光的光程，在另一束光的光路中加入如图 14-2-10 所示的延迟线(delay line)装置。延迟线装置的基本组成包括一对反射面相互垂直的反射镜和一个平移台，旋转平移台的测微丝杆使反射镜对向前/向后移动，从而缩短/增加光束的光程，达到改变脉冲延时的目的。延迟线理想工作的情况是，光平行导轨入射，经过平移台后平行出射，此时旋转测微丝杆使平移台平移时出射光方向不变。

这种用于重合调节的短光程手动调节系统一般行程较短(大多在 20 mm 以内)，出射光斑的偏移量控制要求低，因此对调节的精细度要求也不高。但是在瞬态吸收实验(或其他动力学测量实验)中，需要测量泵浦光和探测光在不同延时的吸收以获得瞬态吸收动力学$\Delta OD(t)$，测量的瞬态过程有可能持续较长的时间，如 1 ns(对应平移台 150 mm 的行程)，而要求的时间分辨率却很高，如 100 fs(对应 15 μm 的平移台精度)，此时就需要较长的延迟线，并且需要使用电动平移台以实现程序对延时的精确自动控制。下面介绍这种延迟线的调节方法。如图 14-2-14 所示，M1、M2、M3、M4 是反射镜，I1 和 I2 是可变光阑，目的是使光束平行导轨入射且使 M3 和 M4 相互垂直，参照双镜法调节光路的原理，调节步骤如下：

(1) 通过控制器将平移台移至导轨 A 端，调节 M1 使光束过 I1 的中心。

(2) 通过控制器将平移台移至导轨 B 端，调节 M2 使光束过 I1 的中心。

(3) 重复步骤(1)和(2)直至光束在 A、B 端都准确地过 I1 的中心。

(4) 安装 M3、M4 并使它们大致垂直。

(5) 通过控制器将平移台移至导轨 A 端，调节 M3 使光束过 I2 的中心。

(6) 通过控制器将平移台移至导轨 B 端，调节 M4 使光束过 I2 的中心。

(7) 重复步骤(5)和(6)直至光束在 A、B 端都准确地过 I2 的中心。

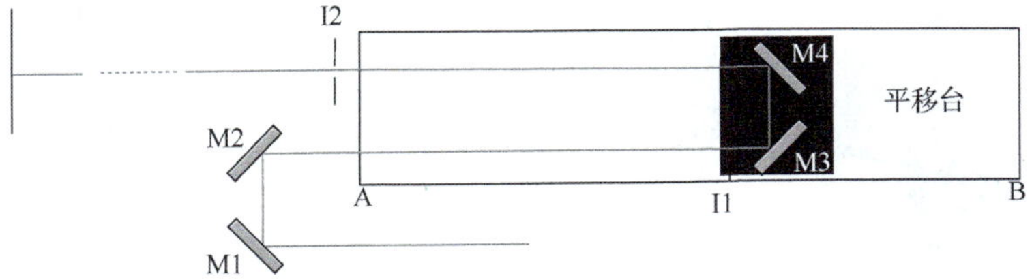

图 14-2-14　长延时光路的调节

事实上对于延迟线，通常使用中空角镜(hollow retroreflector)代替 M3 和 M4。中空角镜是由三个相互垂直的反射镜组成的反射系统，它可以有效抵消平移台的左右抖动和上下抖动对光路的影响，从而有效提高整个测量系统的信噪比。使用中空角镜在调节上的优势是，由于它的三个反射面严格垂直，入射到其上的光束经过两次反射都平行出射，因此可以省去调节步骤中的(5)～(7)，只需要将入射光调节至与导轨平行，另外可以很方便地利用它将平移台的光程加倍，从而获得更长的延时。中空角镜及其应用示意图如图 14-2-15 所示。

4) 重合的调节

在瞬态吸收光谱测量中，样品中泵浦光与信号光的重合情况是影响测量信号的强度和质量的关键因素。重合的调节可以按以下步骤进行(可将荧光样品或白纸置于样品池架中代替所测样品以便观察和调节)。首先将探测光中的信号光正聚焦到样品上，然后利用银反射镜 M1

(a)　　　　(b)

图 14-2-15　中空角镜及其应用示意图

(a) 中空角镜，由三个相互垂直的反射面组成，入射到其上的光束经两次反射后都平行出射；
(b) 利用中空角镜形成双倍光程示意图

调节泵浦光斜照射在样品的同一位置，与信号光的夹角尽量小。然后在泵浦光路中插入一透镜聚焦泵浦光，焦点最好落在样品稍后方，如图 14-2-16(b)所示，这样既便于泵浦光将探测光整个包住，又可防止功率密度过高导致样品损坏，还可以防止在样品中产生白光及其他非线性过程干扰瞬态吸收的测量。但也不要太远离样品，瞬态吸收信号会随着泵浦光焦点的远离而迅速减小。为了方便调节焦点，可以将聚焦透镜 L1 固定在平移台上，也可以将样品架固定在平移台上，调节样品的位置使样品从泵浦焦点处移开，同时将收集探测光的汇聚镜也固定于平移台上，作相应的位置调整(由于可能经常需要对样品池做一些微小的调节，最好将样品架固定在多维调整架上)。调节 M1 使泵浦光和探测光在样品位置重叠。但是只依靠肉眼判断的重合是不准确的，为了进一步对两光束的重合进行确认，可以用微摄像头对重合处的图像进行拍摄并实时显示以辅助调节。完成以上步骤后，就可以连接探测设备，并换上之前测过的某种标准样品进行试测量，并对照测量信号对重合进行最后的优化。

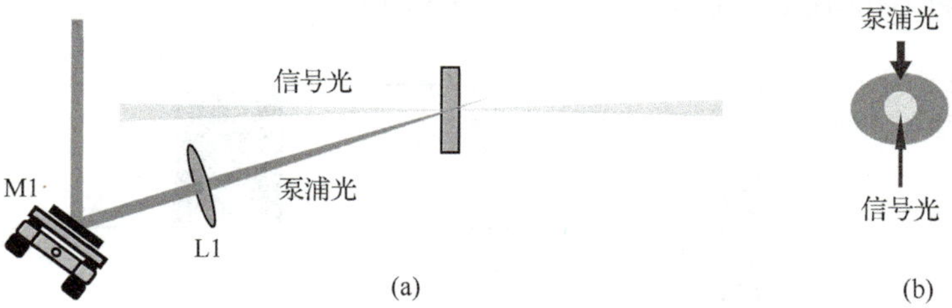

(a)　　　　(b)

图 14-2-16　光路重合调节

(a) 泵浦光与信号光聚焦于样品上并在样品上重合，信号光正入射并聚焦于样品上，泵浦光斜入射聚焦于样品靠后；
(b) 样品中的泵浦光与信号光光斑的相对大小和位置，泵浦光包裹着信号光

5) 偏振调节

由激光器输出的基频光是线偏振且固定的(一般为水平或竖直)，但为了满足超快实验的需求，有时需要改变光的偏振，如 NOPA 中的泵浦光和种子光偏振要互相垂直，瞬态吸收中泵浦光和探测光之间的偏振要调成 54.7°[称为魔角(magic angle)，该角度下测量得到的动力学与偶极矩取向弛豫无关，参见第 11 章]。下面介绍一些超快实验中偏振调节的方法。

改变光偏振方向最常用的元件是半波片，它是一片具有特定厚度的双折射晶体，线偏振光入射后被分解为互相垂直的两个分量，这两个分量通过波片后会产生半个波长的光程差(π 的相位差)，出射时重新组合为新的线偏振特性，旋转半波片可以得到任意偏振方向的光。使用

半波片时需注意，通常的半波片只对应特定的波长。

另一种可以改变光偏振的元件是偏振片。偏振片的作用是只透过特定偏振方向的光，与半波片的区别是透过偏振片的光会因偏振角度的不同而有不同程度的衰减，但一般可用于较宽的光谱波段。

Glan-Tylor 棱镜(或其他偏振分光棱镜)是一种较理想的偏振分光元件，它类似于偏振片，可以很方便地利用它同时获得偏振方向互相垂直的两个分量(透过光和反射光)。

通常调节光束偏振的方法如下(图 14-2-17)：

根据已知的信息(如基频光的偏振方向)校定偏振片或 Glan-Tylor 棱镜的起始位置；在需要改变光束偏振的位置放置相应波长的半波片，在其后方放置校定后的偏振片/Glan-Tylor 棱镜，并根据已知信息调节至所需的出射光的偏振角度(或垂直角度)；在后方放置白屏/功率计，调节半波片使屏上的光斑最强(弱)/功率计示数最大(小)；移去偏振片/Glan-Tylor 棱镜和白屏/功率计。

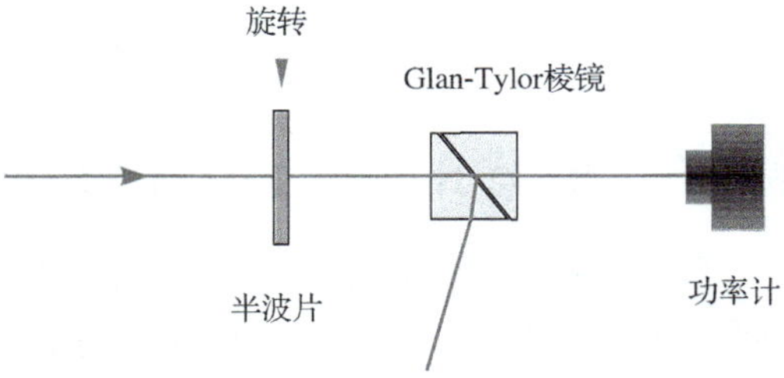

图 14-2-17　调节光束偏振的方法示意图

在瞬态吸收中调节泵浦光和探测光偏振夹角的方法与上述类似，只需要将泵浦光/探测光的偏振方向作为已知的信息。

从上面还可以看出，波片和偏振片/Glan-Tylor 棱镜的组合也可以实现衰减光束的目的，理想情况下旋转波片可以得到任意的衰减比例，在没有合适衰减片的情况下可以替代衰减片。

在超快激光的实验光路中，通常都将光束限制在同一水平高度内。一般来说，同一高度内的反射、透射、聚焦、衰减基本不改变光的偏振方向[但注意一些不保偏的镀膜、PET(聚酯)膜及双折射晶体等会改变光的偏振]。有时会用到潜望镜，用于连接光路高度不同的两个光路系统(如激光器到 NOPA)，在使用时需要注意其对偏振的改变。潜望镜对光束偏振的影响见图 14-2-18。

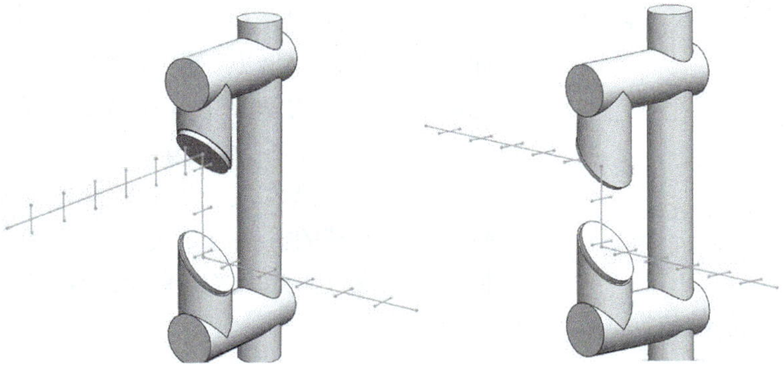
图 14-2-18　潜望镜对光束偏振的影响

事实上，对于任意改变光路高度的两次反射，如果入射光与出射光平行，则偏振不变，因为光束的两次反射面是共平面，任意偏振方向在平行与垂直该反射平面分解再重组后不变；如果出射光与入射光不平行，则偏振发生旋转。

6) 光楔的使用

光楔是前后表面成一定小角度的楔形透光元件。巧妙地使用光楔可以实现很多功能。

当光垂直入射时，可以对光线进行小角度偏折[图 14-2-19 (a)]，如果两个光楔配对使用，分别旋转每个光楔，可以使出射光线位于一个以入射光为轴线的角锥体内的任意方向上。

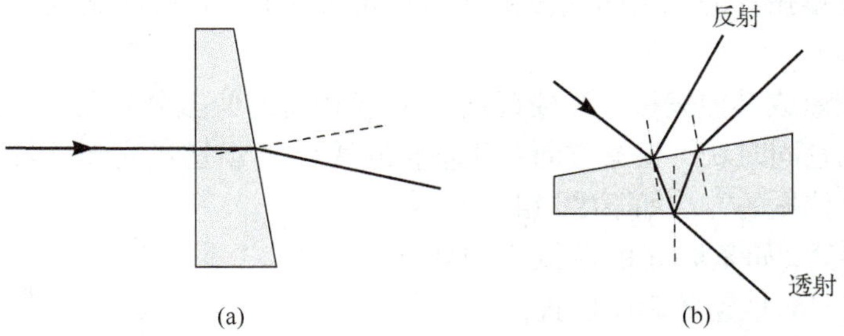

图 14-2-19　(a) 光垂直入射光楔，用于偏折光束；(b) 光倾斜入射光楔，用于分光

当光倾斜入射时，可以用于分光[图 14-2-19 (b)]。使用光楔分光有两个特点：①分光比大；②前后表面反射角不同，反射光在空间上分离。在图 14-2-10 的光路中，两次使用光楔，利用的正是这两个特点。

第一次用于将基频光分为泵浦光路和探测光路，因为产生探测光(白光)需要的能量非常小，大的分光比可以使大部分光透过，不至于造成激光能量的浪费；前后表面的反射光在空间分离可以避免产生的探测光是时间上一前一后两个脉冲信号光的叠加。

第二次用于将探测光分为信号光和参考光，利用的是前后表面反射的光，这两束反射光在空间上相互分开，强度相差不大，光谱非常一致，好于大部分宽带分束片；由于 CCD 非常灵敏，如果用 50∶50 分束片，产生的信号光和参考光会直接使 CCD 饱和，而使用光楔的反射光起到了很好的预衰减作用。

7) 翻转镜的使用

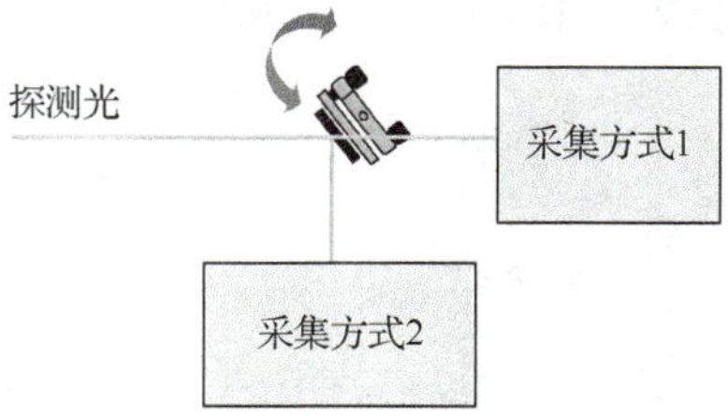

图 14-2-20　使用翻转镜在采集方式 1 与采集方式 2 之间快速切换

飞秒光学测量系统光路上光学元件较多，入射方向的微小变动都会影响系统的正常功能。如果需要经常在两套光路系统间切换而又不必考虑因入射光方向改变而引入的麻烦，可以采用一面翻转镜实现。例如，在瞬态吸收光谱动力学采集方式与单波长动力学采集方式之间的切换，如图 14-2-20 所示。

使用中应选择质量可靠的翻转镜架(flipper mount)减小来回翻转的机械形变误差，或者可以用精密平移台将反射镜推入、推出光路来模仿翻转镜的作用，平移台的刻度作为恢复原位的依据。

8) 实验检错

虽然有的样品由于样品条件问题不适合做飞秒瞬态吸收实验，但当发现所测样品没有信号时不能急着下结论，而应将之前标定过的标准样品换上进行测量，如果也没有信号就说明实验搭建有问题，此时就要对实验寻错。下面列举了一些在仪器正常工作情况下，飞秒瞬态吸收实验中常见的错误现象与对应的原因。

(1) 扫延迟线找不到信号：光程设置错误，延迟线处于零点时，探测光超过泵浦光太多或反之；延迟线未调平，在延迟线移动时，出射光束发生漂移使其在样品处重合不好；重合调节得不好，泵浦光与探测光空间重合不佳或激发光的聚焦与光强欠妥，导致信号太小而淹没在噪声中观察不到。

(2) 有信号但扫延迟线观察不到信号上升沿：光程设置错误，延迟线处于零点时，探测光超过泵浦光太多。

(3) 瞬态光谱抖动剧烈：白光产生条件不佳，导致白光抖动过于厉害；信号与参考光纤探头对光的接收不对称，测到的信号光与参考光之一的光谱严重失真，在计算时对白光的抖动消除不利。

(4) 延迟线不动，调节重合时瞬态光谱不仅大小在变，形状也在变：如果延迟线处于非常靠近时间重合的位置，则这可能是正常现象。如果在延迟线其他位置该现象依然存在，则白光调节不佳，白光未聚焦于样品处，由于色差的原因，白光的各色成分在样品处分散开，泵浦光只与其中部分重合。

(5) 光谱成倒像：信号与参考光纤探头交换，导致所有的 I 与 I^r 量对调，计算得到$-\Delta$OD；如果是 shot-to-shot 测量系统，也可能是判别位的问题，可移动斩波器、调整斩波器相位或更改程序以更正。

3. 谱图解析

飞秒泵浦-探测瞬态吸收光谱技术是利用一束泵浦脉冲激光激发被测样品，使其化学或物理性状发生改变，该变化往往伴随着新的吸光组分，即瞬态组分(transient species)的产生；然后应用另一束脉冲光探测样品被激发后产生的光密度变化ΔOD，即瞬态吸收。通过改变泵浦光和探测光之间的延时，可以得到样品在光激发后不同延迟时刻的瞬态吸收光谱，再经过解析就能获得与瞬态组分产生及衰减相对应的光谱和动力学信息。

为了深入理解ΔOD 的含义，考虑激发后只包含一种瞬态组分的假想样品，如图 14-2-21 所示。

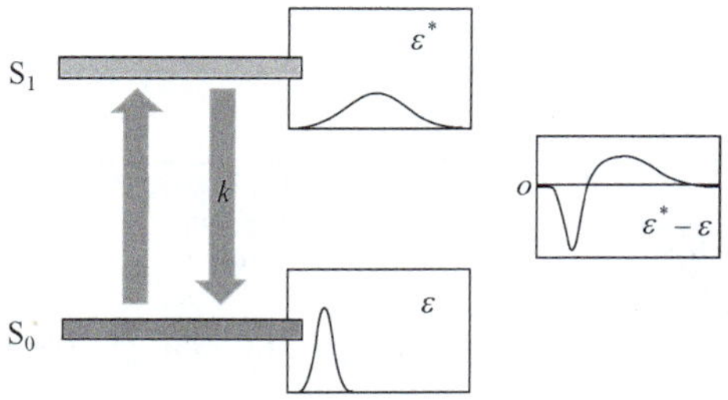

图 14-2-21　假想样品的能级结构与摩尔吸光系数图

该样品在未被激发时处于基态 S_0，光密度为 $OD_{pump\text{-}off}$。被激发后，一部分样品从基态跃迁到激发态：$S_0 \rightarrow S_1$，假设这部分样品的浓度为 c^*，样品的光密度变为 $OD_{pump\text{-}on}$。根据式(14-2-8)和式(14-2-9)，可得ΔOD 为

$$\Delta OD = OD_{pump\text{-}on} - OD_{pump\text{-}off} = \varepsilon l(c - c^*) + \varepsilon^* lc^* - \varepsilon lc = (\varepsilon^* - \varepsilon)lc^* \tag{14-2-12}$$

可见ΔOD 正比于瞬态组分的浓度 c^*。因此，通过观察瞬态光谱的变化就可以得出瞬态组分的变化。由于摩尔吸光系数 ε 是波长的函数，浓度 c 是时间的函数，则式(14-2-12)修正为

$$\Delta OD(\lambda, t) = [\varepsilon^*(\lambda) - \varepsilon(\lambda)]lc^*(t) \tag{14-2-13}$$

显然，$\Delta OD(\lambda, t)$ 是一个关于波长和时间的函数，即数据是一个二维矩阵。从光谱上看，瞬态组分的光谱体现两个部分：$\varepsilon^*(\lambda)$和$-\varepsilon(\lambda)$。$\varepsilon^*(\lambda)$是样品处于激发态时的摩尔吸光系数，称为激发态吸收(excited state absorption，ESA)；$\varepsilon(\lambda)$是样品在基态时的摩尔吸光系数，负号代表它以倒像的形式出现，称为基态漂白(ground state bleaching，GSB)。因此，测到的瞬态组分的光谱是激发态吸收与基态漂白的叠加(superposition)，如图 14-2-22 所示。

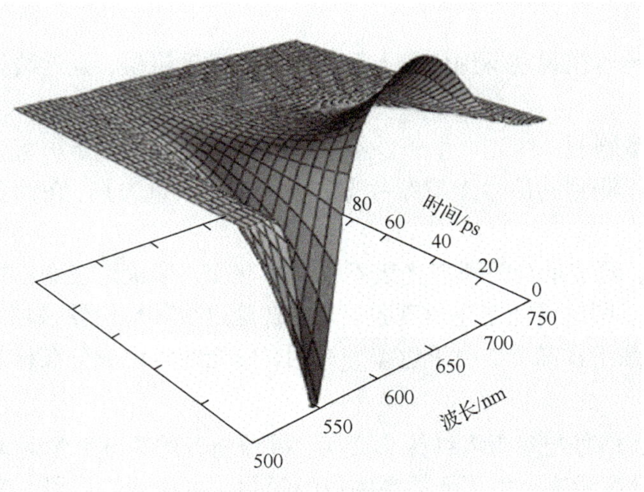

(a)

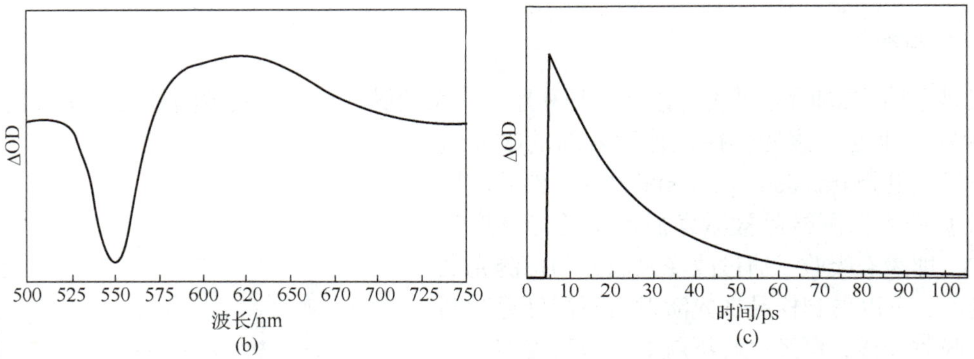

图 14-2-22　(a) ΔOD 随时间与波长变化的三维图；(b) 某时刻的光谱体现；(c) 某个波长的动力学曲线体现 $c^*(t)$

同理，对于多个瞬态组分的情况，就有

$$\Delta\text{OD}(\lambda,t)=\sum_i[\varepsilon_i^*(\lambda)-\varepsilon(\lambda)]lc_i^*(t) \tag{14-2-14}$$

除了吸收外，处于高能级的分子在探测光的作用下还会发生受激发射(stimulated emission，SE)，它等效于负的吸收 $-\varepsilon_{\text{SE}}lc^*$，其中 ε_{SE} 为反映受激发射强度的等效系数。因此，需要对式(14-2-14)进行修正：

$$\Delta\text{OD}(\lambda,t)=\sum_i[\varepsilon_i^*(\lambda)-\varepsilon(\lambda)-\varepsilon_{\text{SE},i}^*(\lambda)]lc_i^*(t) \tag{14-2-15}$$

真实的样品被激发后往往会产生多个瞬态组分，组分的增加会加重光谱重叠度，使瞬态吸收光谱数据变得更加复杂。此时，需借助一些数学手段进行数据处理与分析(具体可参阅《超快激光光谱原理与技术基础》第十章)，但正确的解析依然依赖于对所研究的样品有深入的了解。

14.2.5　飞秒瞬态吸收光谱技术在光催化研究中的应用与前沿实例分析

飞秒时间分辨瞬态吸收光谱能够探测到电子激发态的大部分动力学信息，因而广泛应用于能量转移、电荷转移、电子态与振动态耦合、构型弛豫和异构化过程、光催化和光电催化等微观机制研究。下面列举几个经典实例进行深度讨论分析。

1. 萘亚酰胺有机半导体纳米带的光生电荷产生、分离与迁移动力学

Long 等设计合成了两种萘亚酰胺有机小分子半导体，并详细研究了它们的激子解离动力学及其光催化析氢性能[12]。一种是偶极矩(0.28 deb，1 deb=3.33564×10^{-30} C · m)可忽略不计的对称性 A-π-A 型乙炔基桥连二萘酰亚胺(NINI)，另一种是具有较大永久偶极矩(8.49 deb)、可以产生较强内电场的 D-π-A 型乙炔基桥连咔唑萘酰亚胺(CZNI)有机半导体。NINI-NR 被光激发后，没有电荷分离态的产生，无光催化析氢活性。CZNI-NR 被光激发后，因能产生自由电荷，其析氢速率达到 417 μmol/(h · g)，其表观量子效率约为 1.3%。

2. Au/CdSe 纳米棒等离子体基元诱导的电荷分离态与高效热电子界面转移

Wu 等[13]报道了一条新的热电子高效转移途径，称为等离子体激元诱导的界面电荷转移跃迁(plasmon induced interfacial charge transfer transition，PICCT)。这种发生在胶态量子限域 CdSe 纳米棒顶端 Au 纳米粒子上的 PICCT 是 CdSe 纳米棒与顶端的 Au 纳米粒子之间的强相互作用，导致 Au 等离子体激元产生强烈的界面阻尼。光激发 CdSe 纳米棒顶端的 Au 纳米颗粒时，获得高于 24%的量子效率。

14.3 时间分辨瞬态红外吸收光谱

时间分辨瞬态红外吸收测量技术也是一种基于泵浦-探测原理的光谱学手段，它利用一束超短激光激发样品，另一束连续红外激光探测样品的改变，从而获得样品内部物理化学过程的相关光谱学信息。它是一种定性或定量地研究光化学过程中激发态和中间体的强有力的工具。

时间分辨瞬态红外吸收光谱系统通过检测激光引发的激发态和短寿命中间体对分析光的吸收变化来研究物质的光物理以及光化学过程。其应用主要表现在两个方面：①光化学反应中激发态和中间体研究，包括激发态、中间体的表征和反应动力学；②激发态的能量转移过程，包括激发能量转移、电子转移和质子转移过程。时间分辨瞬态红外吸收光谱可用于瞬态物质(激发单重态、三重态、电荷分离等)的检测以及动力学过程的跟踪，广泛用于新型光电转换材料开发、光催化过程、光动力学药物研究以及物质基本的光物理化学性质的表征等许多领域。时间分辨瞬态红外吸收光谱的特点在于：①可以直接观察瞬态产物物种，通过检测瞬态产物对光的吸收得到的瞬态吸收光谱比荧光发射谱更直接；②可以对瞬态产物进行实时跟踪，特别适用于对光化学反应中激发态和中间体演化过程以及半导体光催化过程中光生电子的动力学过程的观察。

在半导体中，其光生电子通常能吸收红外光，而光生空穴不能吸收红外光。半导体的光生电子通常在红外光谱中表现为无结构的、单调的吸收，这是导带电子和导带底附近的浅束缚态电子的瞬态吸收引起的。半导体的光生电子和空穴在可见光部分也有瞬态吸收，然而这个区域的透射光包含了基态以及一些缺陷态的漂白信号(bleach signal)和荧光信号，这些吸收信号混杂在一起，难以区分。显然，瞬态红外吸收光谱是在室温下探测光生电子和红外吸收中间体动力学信号的一种强有力的研究工具，其最大优势就是它不受这些干扰信号的影响。因此，本节

主要介绍从可见到近红外波段激发产生的纳秒和飞秒时间分辨红外吸收光谱系统及其应用。

14.3.1　纳秒时间分辨红外吸收光谱系统

图 14-3-1 展示了纳秒时间分辨中红外吸收光谱采集系统的整体光路示意图，其主要包括三个部分：泵浦系统、探测系统以及信号与数据采集系统。

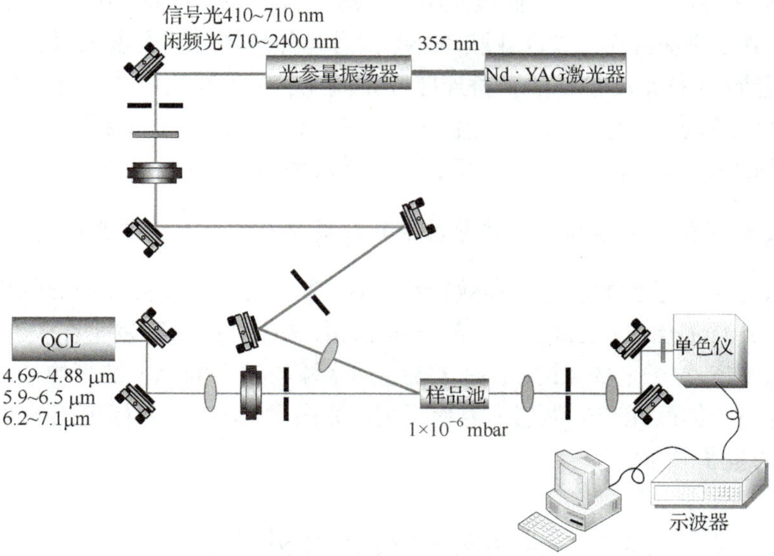

图 14-3-1　纳秒时间分辨中红外吸收光谱采集系统的整体光路示意图
紫色光表示 355 nm 泵浦光；绿色光表示连续可调的激发光；红色光表示中红外的探测光

1. 泵浦系统

现有的大多数实验装置中采用的激发光源为下列准分子激光：ArF(193 nm)、KrF(248 nm)、XeCl(308 nm)和 N_2 分子激光(337 nm)，以及 Nd:YAG 固体激光器产生的三倍频(355 nm)、二倍频(532 nm)和基频光(1064 nm)。然而，这些激光器的输出波长太过单一，已无法满足实验需求。

光参量振荡器(optical parametric oscillator，OPO)作为一种宽调谐相干光源，克服了固体和气体激光器输出波长的局限性，能够产生从紫外到远红外波段的激光。其最大特点是输出频率可以在一定范围内连续改变，使用不同的非线性介质和不同的泵浦源可以得到不同的调谐范围。采用 β-BBO 晶体的光参量振荡器(GWU premiScan-ULD/240)，使用 Nd:YAG 激光器产生的 355 nm(三倍频)激光作为泵浦光，可以产生的信号光为 410～710 nm，闲频光为 710～2400 nm，满足红外探测实验的需求。

2. 探测系统

中红外激光器大致可以分为以下几类：①Cr^{2+}: ZnSe 激光器，室温下工作可以在 2200～3000 nm 调谐；②光参量振荡器，可以在 2～6 μm 调谐，是理想的相干光源；③自由电子激光器，其在 10 mm～10 nm 从红外到紫外宽范围内调谐；④量子级联激光器，其在 3.6～19 μm 中远红外内调谐。图 14-3-1 中的探测系统选用了量子级联激光器和一氧化碳激光器作为可调谐的中红外探测光源，可以覆盖不同的红外光谱区域。

量子级联激光器(quantum cascade laser，QCL)是一种能辐射红外光的特殊半导体激光器，因其灵敏度高、噪声低、可调谐等优势，在脉冲激发载流子探测领域中得到极为广泛的应用。通过合理的半导体设计，量子级联激光器的输出波长可以从中红外拓展到远红外甚至达到THz的水平。图 14-3-1 中选用了 3 台量子级联激光器，其输出光为连续中红外激光，激光波长分别为 4.69～4.88 μm(TLC-21045)、5.9～6.5 μm(EC-QCL TLS-11088)、6.2～7.1 μm(TLC-41068)。

一氧化碳激光器是一种高稳定性气体激光器，该激光器的波长调谐范围为 5.0～6.2 μm，使用计算机控制的步进马达可以准确地调节激光腔内光栅(150 线/mm，闪耀波长 6.3 μm)的转角，使 CO 激光器在输出光光路不变的情况下实现接近连续波长输出，其输出光的谱线间隔约为 4 cm^{-1}。它的输出波长由红外单色仪确定，误差在 1 cm^{-1} 以内。

3. 信号与数据采集系统

信号与数据采集系统主要包括单色仪、汞镉碲(mercury-cadmium-telluride，MCT)探测器、电流放大器、滤波器、示波器以及计算机的采集程序等组成部分。

利用光子导致的电子从价带跃迁到导带后产生的半导体电学特性改变的量子性质，可以实现对红外波段的信号探测，制备出性能比热敏电阻优越得多的红外探测器。在这类探测器中，首先发展的是光导型探测器，随后又发展了光伏型探测器。光导型探测器具有较高的响应强度，其产生的电压信号与实际探测到的光强成正比；而光伏型探测器具有较高的响应速度，其产生的电流与实际探测到的光强成正比。考虑到研究快速动力学的需要及所需探测的波长范围，图 14-3-1 选用的是光伏型 MCT 探测器(KV104-0.5-A-3/8)，实验中需要用液氮冷却，其探测面为边长 500 μm 的正方形区域，响应范围为 4～11 μm，响应时间为 70 ns。由于光伏型 MCT 探测器都有一定的线性工作范围，因此在使用过程中应注意信号光强的幅值不宜变化过大，以免造成信号的失真，一般选 400～600 mV。

经过样品的探测光被准直后聚焦进入单色仪，探测光的信号由液氮冷却的 MCT 探测器探测，从 MCT 探测器产生的电流信号经电流放大器(KA104)放大 1×10^4 倍，放大器的带宽为 100 MHz，转化为电压信号，送入低通滤波器(0～100 MHz)滤除高频噪声后，由数字存储式示波器(TDS520A)采集记录。最终得到的电压信号通过 GPIB 卡存储到计算机，整套系统响应时间约 80 ns。

实验中还需用到不锈钢真空样品池。不锈钢样品池的所有接口都是规格为 CF70(外径 70 mm)的法兰连接件，两个观察窗为直径 34 mm、厚度 4 mm 的 CaF_2 窗片，这个样品池的真空度可以达到 1×10^{-9} mbar。用分子泵对样品池抽真空，真空度可以达到 1.0×10^{-6} mbar。

4. 薄膜样品的制备

以 TiO_2 薄膜为例，TiO_2 纳米薄膜通常是采用涂敷法制成的。制备过程简要介绍如下：在研磨好的 TiO_2 纳米粉末中加入少量的乙酰丙酮(acetylacetone)、表面活性剂(Triton-X100)和去离子水，研磨 2 h，然后用玻璃棒均匀地涂敷在清洗好的 1 in(1 in=2.54 cm)的 CaF_2 窗片上，膜厚为 4～5 μm；待薄膜样品风干后放入马弗炉，在 450℃下烘烤 30 min。通过该方法制得的 TiO_2 纳米薄膜样品如图 14-3-2 所示。

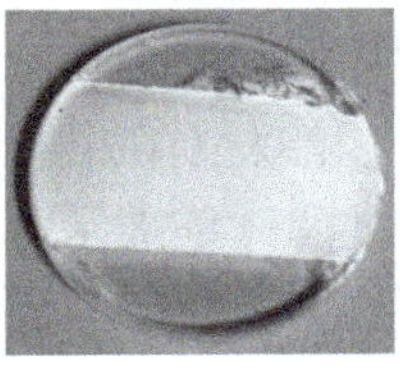

图 14-3-2 涂敷法制得的 TiO_2 纳米薄膜样品示意图

14.3.2　飞秒时间分辨红外吸收光谱系统

图 14-3-3 展示了飞秒时间分辨中红外吸收光谱采集系统的整体光路示意图。其激光光源选用钛宝石激光器。激光器发出中心波长为 800 nm 的基频光，重复频率为 1 kHz，脉冲宽度(半高全宽，FWHM)为 35 fs。之后，800 nm 的基频光分成两路，其中一路进入光参量放大器(TOPAS)中，用于产生连续可调谐的激发光；另一路光用于制备能够覆盖从可见光到中红外范围的超连续(super-continuum)白光。这里仅做简要说明，在超连续白光产生装置中，BBO 晶体用来产生倍频光 400 nm，之后基频光与倍频光用谐波分束器(harmonic beam separator)分开。其中，800 nm 的光经过延迟线后与 400 nm 的光重合，再由一凹面镜将两路光共同聚焦于空气中形成等离子体，产生的中红外超连续光再由另一凹面镜收集并导出。激发光路中引入电动延迟线(electronic delay line)改变激发光与探测光之间的时间延迟。在实验中，机械斩波器频率设置为 500 Hz 并用于调制激发光路。探测光经过样品后，透射光由光谱仪收集，将数据传输到液氮冷却的 64 通道 MCT 探测器中。在实验中，动力学测量数据在没有特殊说明的情况下，均是在 5000 nm 探测的结果，因为此处的信噪比最低。

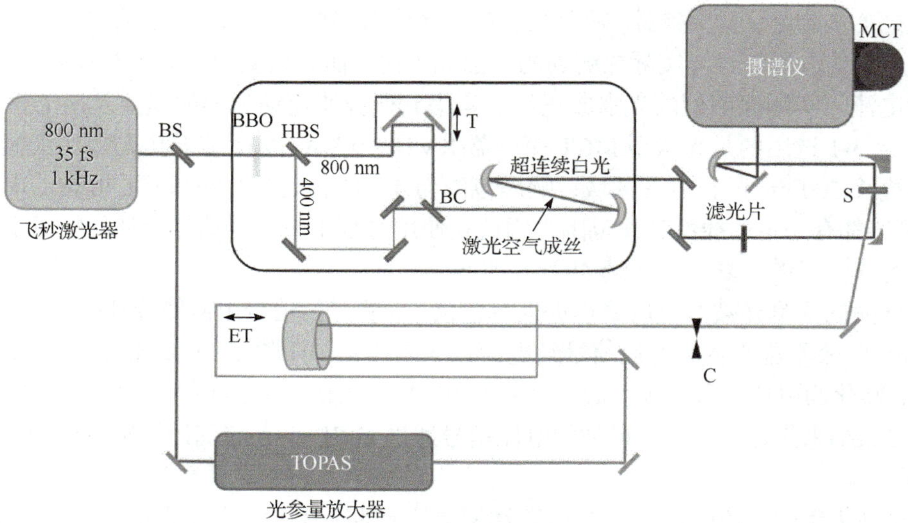

图 14-3-3　飞秒时间分辨瞬态中红外吸收光谱系统

BS：分光器；HBS：谐波分束器；BC：二色镜；S：样品室；T：手动平移台；ET：电动平移台；C：斩波器

14.3.3　时间分辨红外吸收光谱技术在光催化研究中的应用与前沿实例分析

光催化反应中光生载流子的产生与分离过程是承接光吸收与表面催化反应的关键步骤，该过程往往发生在飞秒至纳秒的时间尺度。此外，光生载流子的复合过程，包括后续的化学反应过程都发生在微秒至毫秒量级，其中涉及的物理化学机制也非常复杂。因此，必须利用时间分辨技术才能揭示其中的奥秘。近年来，人们在利用时间分辨中红外光谱技术研究这一领域取得了许多成果，下面列举两个例子进一步详解。

1. 带隙激发扫描-瞬态红外吸收光谱法测定金红石和锐钛矿 TiO_2 之间的能带排列

翁羽翔教授采用带隙激发扫描-瞬态红外吸收光谱法测定了金红石和锐钛矿 TiO_2 之间的能带排列[14]。他们应用该方法对金红石纳米粒子薄膜缺陷态的位置和分布进行了系统的研究，区分了金红石和锐钛矿 TiO_2 表面缺陷态及体相缺陷态(Ti^{3+})的特征吸收光谱，证明了两者体相缺陷 Ti^{3+} 的跃迁能级在实验误差范围(<0.02 eV)内是一致的，并以这些内禀能级作为比较两者导带和价带的相对位置的参考点，从而确定了金红石和锐钛矿 TiO_2 的能带相对排列。结果表明金红石价带顶比锐钛矿高 0.2 eV，表明光生空穴是由锐钛矿定向迁移至金红石，这有助于光生电荷的长程分离，从而提高光催化效率。然而，两者的导带是对齐的，表明光生电子在两相间的迁移没有热力学上的优先选择性，因此其电子的迁移方向是由动力学因素控制的。

2. 飞秒瞬态中红外吸收光谱探测锐钛矿 TiO_2 纳米粒子表面电子注入动力学

Huang 等[15]采用飞秒瞬态中红外吸收光谱详细研究了光激发表面环戊二烯钌氧钛物种产生的电子注入邻近的 TiO_2 纳米粒子表面的动力学过程，发现该物种在 800 nm 光激发下产生的热电子直接注入二氧化钛纳米粒子的表面，注入时间约为 0.5 ps。注入电子在 TiO_2 导带的弛豫过程也被详细研究，并结合纳秒瞬态吸收光谱结果，对环戊二烯钌氧钛表面光活性物种的光激发、电子注入、电子表面捕获和复合等过程的细节给出了清晰的分子解析。

14.4　时空分辨超快显微成像技术

随着科学技术的进步，人们越来越需要观察微观世界。显微镜突破了人类的视觉极限，使其延伸到肉眼无法看清的细微结构。显微镜是从 15 世纪开始发展起来的。从简单的放大镜基础上设计出来的单透镜显微镜，到 1847 年德国人 Zeiss 研制的结构复杂的复式显微镜，以及相差、荧光、偏光、显微观察方式的出现，显微镜更广泛地应用于金属材料、生物、化学、化工等领域。

14.4.1　超高分辨率显微术的基本原理

激光共聚焦显微术和多光子成像虽然提高了荧光显微成像的清晰度，但 x-y 平面的分辨率并无实质性提升。按照 Abbe 公式推算，用可见光成像，x-y 平面的极限分辨率约为 0.2 μm(200 nm)。这个物理学的极限是否可能突破呢？经过多国科学家的探索，循着改变成像策略的思路，三类超高分辨率光学显微技术在 20 世纪 90 年代后集中涌现出来。它们的分辨能力迅速提升，硬件支持逐步完善，各有特色而形成鼎足之势。

1. 受激发射损耗显微镜

受激发射损耗(stimulated emission depletion，STED)显微术的概念最早在 20 世纪 90 年代初提出。简单地说，STED 的基本原理是：使用第二个激光器(STED 激光器，产生环形激光)抑制位于激发中心以外荧光基团的荧光发射，如图 14-4-1 所示。这种抑制是通过受激发射过程实现的：当激发态荧光基团遇到与激发态和基态之间的能量差相匹配的光子时，可以在自发荧光发射发生之前，通过受激发射回到基态。这一过程有效地耗尽了

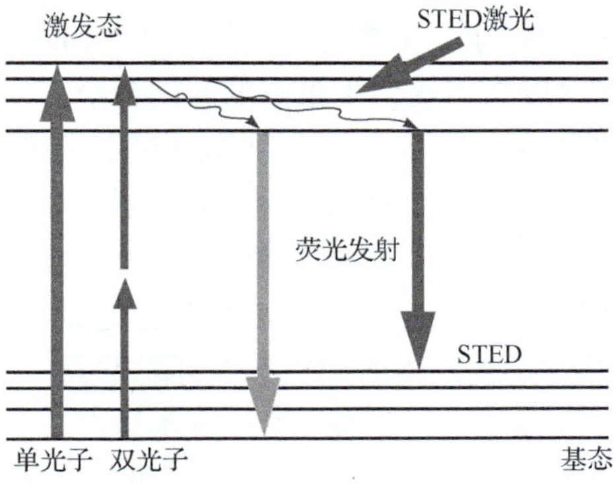

图 14-4-1　受激发射损耗显微术原理示意图

激发态荧光基团的荧光发射能力，只有中心区域的荧光分子可自发辐射荧光，从而获得超衍射极限的荧光发光点。

STED 显微镜一开始是在共聚焦显微镜的基础上改造而来的，因此与共聚焦和多光子成像的技术兼容性好，在活体组织检测中应用广泛。STED 成像相应的荧光化学基团需要具有高的光稳定性和大的受激发射截面，首选发射光谱在可见到近红外波段范围内。2016 年，STED 成像在 x-y 面的最小分辨尺度已接近 20 nm，即因衍射而存在的理论分辨极限的 1/10。Hell 提出的 STED 超分辨荧光显微镜由于具有较高的时间分辨和三维层析能力，是目前光学超分辨技术的重要发展方向。2014 年 Nobel 化学奖授予美国科学家 Betzig 和 Moerner 以及德国科学家 Hell，以表彰他们在发展超分辨荧光显微镜方面做出的贡献。

2. 光激活定位显微镜和随机光学重建显微镜

Abbe 极限衍射方程[式(14-4-1)]指出，在远场无法分辨相距 1 /2 NA(表示物镜的数值孔径)的两个荧光分子所成的像，但是并没有对单个荧光分子的中心位置确定精度进行限制。

$$\Lambda_{\min} = \frac{\lambda}{2n\sin\alpha} = \frac{\lambda}{2\text{NA}} \tag{14-4-1}$$

式中，λ 为介质中光的波长；n 为介质的折射率；α 为物镜的半开角。

如果在 Airy 斑内仅有一个分子在发射荧光，则可以利用单分子定位算法并结合光学系统 Airy 斑的形状，以超高精度(纳米量级)获得荧光分子的中心位置。若将此单分子定位思想用于实现超分辨成像，那么关键在于如何在一个 Airy 斑内区分多个荧光分子。

为了克服一个 Airy 斑内只允许一个分子发射荧光的限制，1995 年美国科学家 Betzig 通过理论分析，提出可以利用光谱特性对 Airy 斑内发射波长不同的荧光分子进行分时探测和中心位置定位，从而实现荧光密集标记样本的超分辨成像。2006 年，Betzig 等利用光激活绿色荧光蛋白(PA-GFP)的可控荧光开关特性，结合单分子定位算法，实现了生物样本的超分辨成像。他们首先利用低能量的 405 nm 激光(激活光)稀疏活化 PA-GFP，再使用 561 nm 激光(激发光)对活化后的 PA-GFP 进行单分子荧光成像，直至活化后的 PA-GFP 分子被光漂白。重复激活—激发—定位—漂白过程，可以在 Airy 斑内高精度地找到大量 PA-GFP 分子的中心位置，从而重建出由 PA-GFP 分子中心位置组成的超分辨图像。这种技术称为光激活定位显微镜(photoactivation localization microscopy，PALM)。2006 年，庄小威提出了随机光学重构显微术(stochastic optical reconstruction microscopy，STORM)，其原理与光激活定位显微术基本相同，但在密集标记样本内实现荧光发射稀疏化的方案有所不同。目前的光学成像技术中，PALM 和 STORM 技术提供了最好的空间分辨率(x-y 平面 20 nm 和纵深轴向 50 nm)，但时间分辨率相对较差，因为图像必须由数秒到数分钟捕获的连续帧进行重建。

PALM 和 STORM 超分辨率技术的基本原理是：通过拟合二维 Gauss 函数确定显微镜形成光斑的质心，从而高精度地定位单个荧光源(如荧光基团)。质心的运算精度仅取决于收集的光子数，分辨尺度可达几十纳米或更小。要得到这种精度，要求被检测荧光分子的密度足够低，使两个荧光基团的光斑不太可能重叠。

以 STORM 成像为例，其本质是一种免疫组织化学荧光成像的超分辨率变体，如可使用与第二抗体结合的光开关荧光基团(如 Alexa Fluor 647，简写为 A647)实现。成像过程中，红色激光激发 A647 分子强烈但短暂地发射荧光，然后迅速切换回稳定的暗态。如果荧光染料(如 A488)位于附近并且用其激发峰匹配的激光(在这种情况下为 488 nm)照射，则可有效地重新激活该荧光基团。重新激活的 A647 分子可以在它们再次切换到稳定的暗态之前被检测和定位。该激发光的强度(可以是脉冲的或连续的)可调整，于是在每个成像周期，视野中只有一小部分荧光基团被打开，从而使单个激活的荧光基团可与其他荧光基团分辨开。在最终的光漂白(荧光消失)之前，每个 A647 分子可以多次打开和关闭。数千个这样的开关周期的局部图像组合起来重建成超分辨率图像。将其他激活基团(如 A405 或 Cy3)通过不同的第二抗体与 A647 结合可实现多色 STORM。这些配对组合(如 A405-A647 或 Cy3-A647)的 A647 荧光基团可以通过与激活剂的激发峰(A405 和 Cy3 的激发峰分别为 405 nm 和 562 nm)匹配的波长照射来选择性地重新激活。

STORM 成像利用可激活荧光基团记录超分辨率影像，而 PALM 则借助了融合到目标蛋白质分子的光开关基因编码蛋白(PAFP)的表达。PAFP 在特定波长的光照下，荧光特性会发生实质性变化。一些 PAFP 显示从暗(非荧光)形式到明亮荧光形式(如 PAmCherry1、PAmRFP1、PA-GFP)的光开关性质，而其他 PAFP(如 mEos2、Dendra、Kaede)则显示荧光发射波长的光开关。使用这些 PAFP 进行超分辨率成像的原理与 STORM 成像基本相同。PAFP 还可进一步用于追踪活细胞内单个分子的运动轨迹。单粒子跟踪 PALM 的实验在稀疏激活和定位方面也遵循与 STORM/PALM 相同的基本原理，并通过分析算法将连续帧中相邻荧光点的位置连接在一起以创建粒子轨迹。

经典的 PALM 和 STORM 成像仅提供二维图像信息。在图像检测器之前引入圆柱形透镜，并结合图像计算，也可实现三维成像功能。

3. 结构照明显微镜和饱和结构照明显微镜

STED 与 STORM/PALM 成像可得到很高的分辨率，但美中不足的是需要很强的激发光进行照明。样本的荧光基团很快被漂白，且产生的自由基容易损伤样本。因此，这几种成像模式特别适合固定处理过的样本，而不利于活性生物样本的观察研究。2002 年后，另一种通过改变照明而实现超高分辨率成像的模式出现了。

结构照明显微镜(structured illumination microscopy，SIM)将图案化照明场(有别于广视场传统照明)应用于样本，提高了光学显微镜的空间分辨率，对活细胞的观察有优势。在这种方法中，照明模式的空间频率与样本特征的空间频率混合，可将高频特征转换为显微镜可检测到的较低频率。通过多个光源在轴向(z)、横向(x-y)或两者上的干涉产生周期性照明图案(莫雷纹，Moiré fringes)，并在获取多幅不同相位和方向光照图像的基础上重建出高分辨率的图像。由于光照模式本身也受到光衍射的限制，SIM 只能通过组合两个衍射有限的信息源使空间分辨率加倍，在 x-y 和 z 轴方向上分别获得 100 nm 和 300 nm 的分辨率。

饱和结构照明显微镜(saturated structured illumination microscopy，SSIM)通过在激发模式中引入亚衍射极限空间特征，将饱和过程的概念应用于 SIM。当荧光基团被强度很高的激发光照射时，荧光发射趋于饱和。在这种强激发下，荧光基团每次回到基态就立即被激发到激发态，荧光寿命成为荧光发射率的限制因素。因此，当荧光基团的荧光强度接近饱和水平时，它不再与激发光强度成正比。在 SSIM 中，当样品被强激发光的正弦模式照亮时，激发模式的峰值被荧光饱和截短并变得平坦，而荧光发射仍然处于低谷。这些效应为激发模式增加了更高阶的空间频率，将该激发模式与样本中的高频空间特征混合，可以有效地将亚衍射极限空间特征引入显微镜的检测范围。最后以与 SIM 中类似的方式重建超分辨率图像。与 STED 和 PALM 相同，SSIM 的空间分辨率从根本上不再受衍射的限制，而是受荧光饱和程度的限制。SSIM 目前已能达到 50 nm 的 x-y 方向分辨率，且分辨尺度可进一步缩小。不过，SSIM 在追求结构上的高分辨率的同时，增加了光毒性和光色选择的限制。

综上所述，STED、STORM/PALM 和 SIM/SSIM 是目前已形成成熟技术体系的三类超高分辨率光学显微成像模式。连同共聚焦激光扫描显微术(CLSM)，超高分辨率光学显微领域共有四大类远场成像技术可供选择。这些技术各有优势和弊端，见表 14-4-1。例如，共聚焦显微镜特别适合活细胞研究，但分辨率不足；STED 弥补了 LSCM 的分辨率缺陷，但限制条件又增多了。SIM/SSIM 理论上虽可无限制提升分辨能力，但伴随激发光强度过度升高和光色选择等问题。STORM/PALM 实际上是一种成像算法，分辨率高，但依赖大量数据的后期合成，对颗粒物和细纤维的成像优于显色切片。目前还没有一种技术能显示出明显的领先优势，或者胜任大多数研究项目。今后哪些技术模式能得到更快的发展和更广泛的应用，还有待实践的检验。

表 14-4-1　超高分辨率光学显微术[16]

性质	分类							
原理	近场		远场					
	小光圈扫描	瞬变波照明	广角+反褶积	共聚焦激光扫描	具有结构照明的波纹效果		饱和发射损耗的 PSF 形	单分子的光开关和定位(点描法)
名称	SNOM/NSOM (近场扫描光学显微术)	TIRFM(全内反射荧光显微镜)		CLSM	SIM(HELM, PEM) 3D-SIM	SSIM (SPEM)	STED CW-STED (连续波受激发射损耗显微)	PALM/FPALM (荧光活化定位显微术)/STORM/ dSTORM/ PALMIRA 线性
照明发射依赖性	线性	线性	线性	线性	线性	非线性	非线性	线性
感光元件	扫描光电倍增管/雪崩光电二极管	大视场 CCD/CMOS	大视场 CCD/CMOS	扫描光电倍增管/雪崩光电二极管	大视场 CCD/CMOS	大视场 CCD/CMOS	扫描光电倍增管/雪崩光电二极管	大视场 CCD/CMOS
x-y 轴分辨率	20～120 nm	200～300 nm	180～250 nm	180～250 nm	100～130 nm	50 nm	20～100 nm	20～50 nm
z 轴分辨率	10 nm(近场范围)	100 nm(近场范围)	500～700 nm	500～700 nm	250～350 nm	未描述	560 nm(CW-STED)～700 nm (100 nm 采用 z 相掩模)	100 nm (TIRF) 20～30 nm (3D-STORM, TIRF)75 nm (BP-FPALM，平面)
串行 z 轴分割	无	无	有	有	有	有	有	有
z 轴叠加范围	无	无	100 μm	100 μm	10～20 μm	无	＞20μm	100 nm 至几微米 (BP-FPALM)
染料	任何染料	任何染料	任何染料	任何染料	大多数光稳定染料	特殊要求染料	特殊要求染料(CW-STED 可用许多商用染料)	特殊要求染料
同时允许出现的颜色	2	3	＞3	＞3	3	1	2	2
拍摄 512×512 相片所需时间	s～min	ms	ms	ms～s	ms～s	s～min	ms～min	s～min

续表

性质	分类							
能量负载/强度	低	低	低	中	中	高	中-高	中-高
活细胞成像	允许	允许	允许	允许	限制(2D-TIRF)	不允许	限制	限制
后处理要求	不允许	不允许	允许	不允许	允许且每片区域 9～25 张原始图像	允许且每片区域约 100 张原始图像	不允许	允许且每片 >1000 张原始图像
备注	无细胞内成像	局限于靠近覆盖的区域	人工制品风险；更适合分散样本		重建有人为风险	需要高励磁且重构有人为风险	复杂的仪器；光漂白	可能需要设置 TIRF 以获得最佳性能；贴标密度至关重要；在颗粒和细丝上比在体积污渍上表现更好
双镜头应用			I^5M	4Pi	I^5S		4 Pi-STED/iso-STED 20～100 nm	iPALM
z 轴分辨率			70 nm	80 nm	100 nm		20～100 nm	10 nm(景深约 200 nm)

14.4.2 超快瞬态吸收显微成像技术原理

超快瞬态吸收是超快光谱学中研究激光与物质作用最重要的表征手段。超快瞬态吸收表征了探测光的吸收变化(ΔA 吸收变化或 $\Delta T/T$ 归一化透过变化)随泵浦光激发后的时间延迟的函数。其时间分辨率一般为短脉冲激光光源脉冲宽度的 1.0～1.7 倍。超快瞬态吸收光谱与显微镜搭配可以实时观测探测光的吸收变化在空间上的分布动态与演变过程，在光催化、光电催化、太阳能转化和储存、光伏与光电功能材料研究领域有广泛的应用前景。

光谱成像技术是指选择特定光学参数为探测参数(z 轴)，扫描样品表面以表征分析样品特性的技术。目前常用的显微成像技术包括荧光、Raman 散射、二次倍频成像等。显微成像技术的空间分辨能力是实现成像的重要基础。空间分辨率是指能够区分空间上样品形貌的最小响应距离，经验值符合 Abbe 衍射极限定律。空间分辨率是体现空间分辨能力的关键技术指标。

荧光和 Raman 成像方式存在明显的局限性。对于荧光成像，可见光谱范围内存在荧光的物质相当有限，多数材料都需要额外添加荧光制剂才能成像，但是荧光染料本身会对材料体系或生物组织造成未知影响。对于 Raman 光谱成像，受制于目前 Raman 光谱波数分辨率和 Raman 振动本身苛刻的模型和条件，Raman 光谱成像仅用于少数层状纳米材料中。相对这两者，所有的物质都天然存在吸收光谱，瞬态吸收技术不需要在体系中添加其他制剂，实现条件也没有 Raman 光谱苛刻。

超快瞬态吸收成像技术主要有两个方向：一是样品静止放置，使用共聚焦技术控制脉冲激光进行空间平面的扫描；二是使用压电电控位移控制台实现样品步进移动，激光脉冲静止来实现空间扫描，这两种方法都可以实现空间的瞬态吸收光谱成像，但空间扫描要逐点测试，每个点作为成像数据的一个像素，取得一个成像数据需要较长的时间进行数据采集，存在数据采集速度慢、成像分辨率较低、测试较慢的缺点，而且空间分辨率受限于光脉冲聚焦后光斑大小，分辨率无法再提高。此外，超快瞬态吸收光谱一般采用泵浦光和探测光非共轴光路(图 14-2-10)，并且采用普通透镜聚焦光束，因此只能用于表征尺寸较大的宏观样品(2～3 mm)，对于目前广泛研究的微纳结构(500 nm～5 μm)，不具备空间分辨的能力。

随着现代快速检测技术的发展，建立基于 CMOS 面阵高速相机的超快泵浦探测瞬态吸收成像系统及方法已经成熟，可以实现系统的一次成像、快速成像，大大提高了系统的采集效率。如图 14-4-2 所示，探测光可以通过透射和反射两种模式进行成像。样品放置在第一物镜和第一物镜的焦距之间，第二物镜后设置可切换的滤光片；合束光经过第一物镜对样品进行面激发，光透过样品后，用相同焦距的第二物镜对光进行收集，使探测白光和泵浦激发光再次变成平行光；透镜进行聚焦后，采用 CMOS 面阵高速相机采集透镜聚焦后的光进行成像。空间分辨能力可达到≤1 μm，在 100×物镜时，空间分辨能力最高≤500 nm。

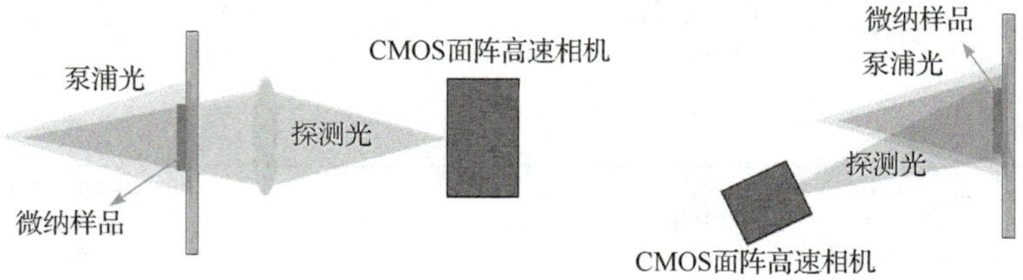

(a)　　(b)

图 14-4-2　超快瞬态吸收显微成像技术的原理示意图

(a) 透射成像；(b) 反射成像

14.4.3　超快瞬态吸收显微成像技术应用实例

瞬态吸收成像(TAM)技术是研究二维半导体激子输运成像的有效工具，是通过共振探测激子带的光漂白监测激子群的动力学过程。Deng 等[17]使用 TAM 对$(C_4H_9NH_3)_2(CH_3NH_3)_{n-1}Pb_nI_{3n+1}$二维钙钛矿中依赖于量子阱厚度的激子扩散和湮灭过程进行研究，并揭示了电子-空穴相互作用和介电屏蔽的关键作用。发现激子扩散常数随量子阱厚度的增加而增大，范围从(0.06 ± 0.03) cm²/s 到(0.34 ± 0.03) cm²/s。这导致激子扩散超过数百纳米。激子湮灭速率比过渡金属二硫化物单层中的激子湮灭速率低一个数量级以上。

习　题

1. 激光产生的原理是什么？简述激光锁模的分类、Kerr 镜自锁模的原理。
2. 光谱频率转换的方式有哪些？简述各自的原理。
3. 啁啾脉冲放大器的工作原理是什么？简述其构造。
4. 简述时间分辨吸收光谱测量系统和双镜法调节光路的原理。
5. 简述超高分辨率显微术的基本原理、分类与应用。
6. 如何应用飞秒时间分辨吸收光谱测量半导体光生电子-空穴的产生、分离和输运过程？以 TiO_2 为例做简要说明。

参考文献

[1] 郭础. 时间分辨光谱基础. 北京：高等教育出版社, 2012.
[2] Fork R L, Greene B I, Shank C V. Generation of optical pulses shorter than 0.1 psec by colliding pulse mode

locking. Appl Phys Lett, 1981, 38: 671-672.

[3] Valdmanis J A, Fork R L, Gordon J P. Generation of optical pulses as short as 27 femtoseconds directly from a laser balancing self-phase modulation, group-velocity dispersion, saturable absorption, and saturable gain. Opt Lett, 1985, 10: 131-133.

[4] Moulton P F. Spectroscopic and laser characteristics of Ti:Al_2O_3. J Opt Soc Am B, 1986, 3(1): 125-133.

[5] Shen Y R. The Principles of Nonlinear Optics. New York: John Wiley& Sons,1984.

[6] (a) Busch G E, Jones R P, Rentzepis P M. Picosecond spectroscopy using a picosecond continuum. Chem Phys Lett, 1973, 18(2): 178-185.

(b) Alfano R R, Shapiro S L. Picosecond spectroscopy using the inverse Raman effect. Chem Phys Lett, 1971, 8(6): 631-633.

[7] Sharma D K, Yip R W, Williams D F, et al. Generation of an intense picosecond continuum in D_2O by a single picosecond 1.06 μ pulse. Chem Phys Lett, 1976, 41(3): 460-465.

[8] Magde D, Windsor M W. Picosecond flash photolysis and spectroscopy: 3,3′-diethyloxadicarbocyanine iodide (DODCI). Chem Phys Lett,1974, 27(1): 31-36.

[9] Topp M R, Rentzepis P M, Jones R P. Time resolved picosecond emission spectroscopy of organic dye lasers. Chem Phys Lett, 1971, 9(1): 1-5.

[10] 翁羽翔, 陈海龙. 超快激光光谱原理与技术基础. 北京: 化学工业出版社, 2013.

[11] Yamaguchi S, Hamaguchi H. Convenient method of measuring the chirp structure of femtosecond white-light continuum pulses. Appl Spectrosc, 1995, 49: 1513-1515.

[12] Lin H, Wang J H, Zhao J W, et al. Molecular dipole-induced photoredox catalysis for hydrogen evolution over self-assembled naphthalimide nanoribbons. Angew Chem Int Ed, 2022, 61(12): e202117645.

[13] Wu K, Chen J, McBride J R, et al. Efficient hot-electron transfer by a plasmon-induced interfacial charge-transfer transition. Science, 2015, 349(6248): 632-635.

[14] Mi Y, Weng Y X. Band alignment and controllable electron migration between rutile and anatase TiO_2. Sci Rep, 2015, 5: 11482-11582.

[15] Huang H W, Lin J J, Zhu G B, et al. A long-lived mononuclear cyclopentadienyl ruthenium complex grafted onto anatase TiO_2 for efficient CO_2 photoreduction. Angew Chem Int Ed, 2016, 55(29): 8314-8318.

[16] Schermelleh L, Heitzmann R, Leonhardt H. A guide to super-resolution fluorescence microscopy. J Cell Biol, 2010, 190(2): 165-175.

[17] Deng S B, Shi E Z, Yuan L, et al. Long-range exciton transport and slow annihilation in two-dimensional hybrid perovskites. Nat Commun, 2020, 11: 664.